星座と其神話

木村鷹太郎著

東京
東盛堂

序文

著者は憚ることなく――世界一切の天文學史中に在つて――左の數點に於て本書は全く新發見であり、世界唯一のものたることを誇るものである。

星座と地理と

一　元來星座圖なるものは、從來の學者が考へた如く、星と星との間に線を引いて、偶然出來た形を人間、動物、器具等としたものでなく、全く地球上各方面の地圖を、種々の形に表はして、其れを天に上げたものであることの發見。

二　其等各星座にある著名の星の名は、其星座が表はす所の土地にある地名なることの發見。

三　其れ故に各星座を續け合はすと、全天の星座圖は大要世界地圖を成すものであることの發見。

四　けれども不思議の取り除けをせねばならぬことは、私の今日までの研究では、歐羅巴丈の地理は皆無で、何れの星座にも代表されて居らぬことである。

五　特に星座の統計上印度地理を表はした星座は最も多く、又た北極中心部は印度星座で、次第に遠くの土地は黄道よりも南部（南天）に置かれて―星座は印度中心で出來て居ることが知られた。（又た其印度が太古の日本民族の土地であつたのである）

日本の皇室は全世界の中心

六　星座なるものは神話に據つて出來て居ることを知らぬものは無いが、星座の神話や史傳が、從來西洋方面に傳はらないで、東洋にのみ――殊に日本にのみ傳はつて居るものがあり、又た從來不明瞭で僅かにコジ付けて滿足して居たものが、日本の史傳に由つて、始めて明瞭にせられ正しき傳が知れることが澤山あつたことを氣付いたのは本書てある。

七　而も全天の中心たる北極に位する星座は、特に日本太古の重要な神々で、所謂ケヒウス星座は日本の氣比の大神てあり、カシオピヤ星座は其后櫃日姫であり、アンドロメダ星座は櫛稻田姫（又は應神天皇）であり、ペルセウス星座は須佐之男尊であるなど、是等所謂『王族星座』なるものは全く日本皇室の祖先で、日本の皇室は此王家の國を承け續き玉ふので、全天の星座圖は、日本皇室中心主義て出來て居る。

日本民族中心主義

八　其他ヘエラクレエス星座は日本武尊たり、サギタリウス星座は相模太郎たり、ケンタウロス(馬人)星座は秦の大津父たり、ボーオーテス星座は坊太郎たり、乙女星座は豐受大女神たり、其他蛇取り星座や、オオリオン星座や、大鷹星座のアンチノウスも、牛車星座も、寶瓶星座も亦日本史上の人物である。殊に人間の形で表はしてある星座は、凡て日本史上の人物てるのは、最も注意すべきことゝ信ずる。プラトーンは此天體史觀に基づいて『理想國』を形成し、『我等の模範的國家は天に在る』と言うて居る。

九　是に由つて觀ると、星座全體は日本民族を中心として出來て居るもので日本民族が此天圖たる星座系統を組織したものと言うて宜いのみならず、又た太古我民族が如何に世界文化の指導者であつたかゞ知られる。

日本古典の星座記事

十　特に日本人が知つて置かねばならぬとは、古事記にも日本書紀にも、天の日槍の名に於て太古の大天文學者ヒッパーコの事（及び其他の事）が記載してあり、又た星座の事も明瞭に書いてあるとの余の國學及び天文學史上の發見である。此事は今から十數年前に拙著日本太古史に書いて置いたが此度も一層明確に之を書いて置いた。國史家や天文學史家は、果して余の國史及び天文學史上の新發見に對して如何なる感があるか。彼等は今も尚ほ無神經、無知覺、白痴的で居ることが出來るであらうか。或は聊かは悟ることが出來るであらうか。彼等は余の新研究を默殺せうとして居るが、實は彼等自身の默死であるのは面白い。――『桓魋それ余を如何にせん』

之れは世界の天文學史上の日本民族に關して、我民族の自覺を促がしたものだが尚ほ私は――

天文學史の大變革

十一　從來の天文學史を根本的に正して、從來西洋の希臘人と思はれたものは、實は日本人又た支那史上の人であり、支那人と思はれたものは印度に於ける人物であり、歐羅巴近古の天文學者と思はれた者も、實は印度太古の人物、而も日本民族であつた事などを明かにして、從來の天文學史に大變革を命じ、根本的に研究を新にせねばならぬ事を明かにした。

世界歴史の大變革

十二　單に天文學史の大革命に止まらず、我等の新研究は一般の世界の歴史の變革を伴ふものである。天文學史の謂ふ所に據ると、星座の大成は埃及アレキサンドリヤの天文學者プトレミイに依るとしてあるが、彼れは西暦紀元二世紀初の人と云ふてあり、亞米利加の發見は十六世紀初としてあり、其差約一千四百五十年程以前に、プトレミイの星座に北亞米利加の地理はペルセウス星座、オオリオン星座等となり、南亞米利加の地理は兎星座、驥麟星座等となて居り、詳細の地名は各星座の星の名となつて居り、又た南洋や、太平洋諸島もマゼランや、クック等より以前に明瞭に星座になつて居ることは、本書の證明した所であつて見ると、西洋の歴史殊にコロムブスの亞米利加發見や、東洋の海洋の發見や探檢等に關する歴史は全部抹殺されねばならぬことゝなり、本書は實に世界歴史に驚くべき根本的大轉覆を持ち來らすものである。

十三　且つ支那の二十八宿なる星座の新研究は、是等は世界一周の地名であることを示めし、太古已に全世界は阿弗利加の中部も、グリーンランドの極地も――此星宿を作つた太古の文明人には知られて居つたことが知られ。舊來の西洋人等の歴史は幼稚極まる不完全極まるものたることが感ぜられるのである。

此くて我等は本書に於て天文、地文、人文を系統綱紀した宇宙觀を得て、其宇內に在つて日本民族が中心たり、又た我皇室が至上の極たることを觀るものて、敢て自ら本書を以つて世界唯一の星座書であると、誇るとも謬りでないと確信する者である。

終りに一言して置くことは、本書の星座圖は所謂プトレミイの製作なるもの其儘の寫してあり、又た其れに向け合せてある地圖も、盡く現行地圖をそのまゝ寫したものであるが、星座の繪を地圖に配して其れに書き込んで『星座地圖』なるものとする其勤勞は、全部、妻政子の助力に待つたものである。

大正十二年七月初夕景乙ヾ星座のスピカが南天に輝く頃

東京にて

木村鷹太郎

天の日槍出石にて天觀測の圖
（アレキサンドリヤに於けるヒッパーコ）
（歴山に於ける舜帝）

星座と其神話目次

第一部　總說

第二部　北天の星座

第八章　室女宮

第九章　天秤宮

第一〇章　天蠍宮

第五部 所謂新星座及び二十八宿等……四一九

（一）

補遺

挿畫

星座と其神話目次　終

星座と其神話

木村鷹太郎著

第一部 總說

第一章 此感じに導かれて

晝《ひる》は太陽《たいやう》がある。夜《よ》は月《つき》がある。月《つき》なき夜《よ》は無數《むすう》の星《ほし》は輝《かゞや》いて居《ゐ》る。あゝ天《てん》は光《ひか》るもの、美《うつく》しいもの、深《ふか》い、神秘《しんぴ》をもつて居《ゐ》るが如《ごと》き感《かん》じのするもの。昔《むかし》のカルダヤ人《じん》や支那人《しなじん》は人類《じんるゐ》の運命《うんめい》は星《ほし》にかゝつて居《ゐ》ると考《かんが》へたも尤《もつと》もである。

私《わたし》が嘗《かつ》て詩人《しじん》バイロン傳《でん》を書《か》いた時《とき》に左《さ》の如《ごと》き章《しやう》がある。

『バイロン其性放縦《そのせいはうじゆう》なり。自《みづか》ら人《ひと》に謂ふて曰《いは》く「余《よ》はチヤイルド・ハロルドたりし時《とき》よりもドン・フアンたりしこと其年月長《そのとしつきなが》し」と。然《しか》りバイロンは寧《むし》ろドン・フアン其《その》人《ひと》なりと謂《い》ふべく、肉欲《にくよく》に放縱《はうじゆう》して、以《も》つて一生《しやう》の多《おほ》くの時間《じかん》を費《つひや》したり。然《しか》りと雖《いへども》胸裏《きようり》には高尚雄大《かうしやうゆうだい》なるものありて存《そん》し、其若《そのわか》かりし日《ひ》はチヤイルド・ハロルドとなり、宇宙《うちう》自然《しぜん》の宏大《くわうだい》なるもの、美麗《びれい》なるものを觀《くわん》じ、高尚《かうしやう》なる情想《じやうさう》を以《も》つて天地《てんち》を愛《あい》したり。

然《しか》りと雖《いへども》バイロンは、人生《じんせい》の僞善《ぎぜん》に富《と》み、競爭《きやうさう》甚《はなはだ》しく、衝突《しようとつ》至《いた》る所《ところ》にあるを經《けい》驗《けん》して、人間社會《にんげんしやくわい》を以《も》つて好《この》ましきものに非《あら》ずとなし、又《ま》た一方《はう》には天地《てんち》自然《しぜん》の莊《さう》嚴美麗《こんびれい》なるを觀《くわん》し、時《とき》に人間界《にんげんかい》を脫《だつ》して、自然界《しぜんかい》に於《おい》て身心《しんしん》の靜平《せいへい》を得《う》るを善《ぜん》なりと感《かん》じたるの時《とき》あり。其時《そのとき》のバイロンや、眞《しん》に純潔高尚《じゆんけつかうしやう》なるものたしなり。

バイロンの天地《てんち》を愛《あい》するや、其情實《そのじやうじつ》に親密《しんみつ》なるものにして、眞《しん》に以《も》つて天地《てんち》を友《とも》とし、自然《しぜん》と共《とも》に語《かた》り、其言語《そのげんご》は人間《にんげん》の言語《げんご》よりも明瞭《めいれう》なりと爲《な》せり。彼《か》れは天地《てんち》を家《いへ》とし、山川河海《さんせんかかい》を友《とも》として之《これ》に言葉《ことば》を交《まじ》ふ。彼《か》れの感情《かんじやう》の高潮《かうてう》せし時《とき》は、自家《じか》の主觀《しゆくわん》に感《かん》ずる所《ところ》の情《じやう》は其身體《そのしんたい》より流《なが》れ出《い》でゝ、以《も》つて自然萬物《しぜんばんぶつ》に瀰《び》

漫《まん》し、自然《しぜん》を情化《じやうくわ》して、以《も》つて生氣《せいき》あること自己《じこ》と同《どう》一なりと思《おも》ふに至《いた》れり。故《ゆゑ》に曰《いは》く

『星《ほし》も山《やま》も生《い》けるに非《あら》ずや。岸打《きしう》つ波《なみ》は精神《せいしん》を有《いう》せざるか。露滴《ろてき》も洞窟《どうくつ》も、共《とも》に幽默《いうもく》なる涙《なみだ》を流《なが》すの情《じやう》なきか』（島篇十六）

と。バイロンに取《と》つては是等《これら》皆情《みなじやう》あり、意《い》あり。彼《か》れ之《これ》を愛《あい》せば、是等《これら》も亦彼《またかれ》を愛《あい》す。さればバイロンの往《ゆ》く所《ところ》、皆其家《みなそのいへ》なり、接《せつ》する所《ところ》は、皆其友《みなそのとも》なり。

『山《やま》の高《たか》き所彼《ところか》れの朋友《ほういう》あり、大洋怒濤《たいやうどたう》の逆《さかま》く所《ところ》、其上《そのうへ》彼れの住所《ぢうしよ》あり。天晴《てんは》れて蒼《あを》く、氣候和煦《きこうわく》なる所《ところ》、彼《か》れ其所《そこ》に逍遙《せうえう》するの力《ちから》と情《じやう》とを有《いう》す。沙漠《さばく》も洞《どう》窟《くつ》も、又《ま》た波濤《はたう》も彼《かれ》に在《あ》つては皆其友《みなそのとも》なり。彼等《かれら》は其語《そのご》を以《も》つて語《かた》ること、人《にん》人《にん》間《げん》の言語《げんご》よりも明瞭《めいれう》なり。自《し》然《ぜん》の文字《もんじ》は日光《につくわう》に由《よ》つて湖面《こめん》に映《うつ》されて存《そん》すればなり』（チヤイルド三ノ一三）

と。此《か》くて彼《か》れ天地《てんち》と親密《しんみつ》なる關係《くわんけい》を結《むす》び

『山及《やまおよ》び星《ほし》、及《およ》び宇宙《うちう》の活靈《くわつれい》を友《とも》として、其《そ》れと共《とも》に談話《だんわ》せり。宇宙《うちう》も、山《やま》も

星《ほし》も、亦《ま》た彼《か》れに魔術《まじゆつ》を敎《をし》へ、彼《かれ》に向《むか》つて「夜《よる》の書《しよ》」を繙《ひもと》き、幽玄《いうげん》よりは聲《こゑ》ありて、宇宙《うちう》の驚歎《きやうたん》、及《およ》び其秘密《そのひみつ》を啓示《けいじ》せり』（夢八）

バイロン夜《よる》を好《この》む、其森嚴《そのしんげん》なる趣《おもむき》を愛《あい》するなり。「マンフレッド」が夜《よる》に當《あた》りて獨《ひと》り其感《そのかん》に堪《た》へざるを寫《うつ》せるは、これ即《すなは》ちバイロン自己《じこ》を描《えが》けるなり。バイロンは、「夜《よる》は人間《にんげん》の容貌《ようばう》よりも親《した》し」となして曰《いは》く、

『星《ほし》は進《すゝ》み、月《つき》は雪山《せつざん》の戴《いたゞ》きに輝《かゞや》く――美《び》なり。我《わ》れ自然《しぜん》と共《とも》に逍遙《せうえう》す。何《なん》となれば夜《よる》は人間《にんげん》の容貌《ようばう》よりも親《した》しければなり。星《ほし》の光微《ひかりかす》かにして、蔭《かげ》ほの暗《くら》き所《ところ》に於《おい》て我《われ》は他界《たかい》の言語《げんご》を學《まな》べり』（マンフレッド四）

と。

歌仙人麿《かせんひとまろ》にも亦同樣《またどうやう》の思想《しさう》あり。

『大空《おほぞら》は戀《こひ》しき人《ひと》の形見《かたみ》かも
物思《ものおも》ふごとにながめらるらむ』

チャイルド・ハロルドたるバイロンの夜《よる》の觀想《くわんさう》は、極《きは》めて健全《けんぜん》、且《か》つ美麗《びれい》なるものなり。

夜《よ》は深《ふ》けたり。宇宙《うちう》の夜《よ》に當《あた》り、一人此處《いちにんここ》に立《た》ちて其高尚森嚴《そのかうしやうしんげん》にして、又《ま》た無限《むげん》なるに對《たい》して、誰《たれ》か神氣《しんき》を高《たか》めざるものあらん。チヤイルド・ハロルド觀《くわん》ずらく

「星辰《せいしん》これ天《てん》の詩《し》なるかな。汝《なんぢ》の輝《かゞや》く紙面《しめん》に於《お》て、我《わ》れ帝國及《ていこくおよ》び人間《にんげん》の運命《うんめい》を讀《よ》む。我《わ》れ偉大《ゐだい》ならんと感奮《かんぷん》せる時《とき》は、其歸向《そのきかう》する所《ところ》は、此肉體《このにくたい》を脱却《だつきやく》して、以《も》つて汝《なんぢ》と同體《どうたい》たらんとするにあり。實《じつ》に汝《なんぢ》は美麗《びれい》なり、又神秘《またしんぴ》にして、遙《はる》かに在《あ》つて愛情《あいじやう》と敬意《けいい》とを我《わ》が心中《しんちう》に起《お》こさしむ。我等《われら》は運命《うんめい》も、名譽《めいよ》も、權勢《けんせい》も、生命《せいめい》も、皆稱《みなしよう》して「星《ほし》」と云《い》ふ。

『天地寂寞《てんちせきばく》。これ眠《ねむ》れるに非《あら》ず、されども萬物呼吸《ばんぶつこきふ》を收《をさ》む。我等《われら》の深《ふか》き感情《かんじやう》に熱中《ねつちう》せる時《とき》の如《ごと》し。寂《せき》たり莫《ばく》たり、我等《われら》の幽玄《いうげん》なる思想《しさう》に沈《しづ》める時《とき》の如《ごと》し。天《てん》地萬物靜默《ちばんぶつせいもく》なり。天上《てんじやう》の衆星《しうせい》より靜《しづ》けき湖水《こすゐ》の岸《きし》までも、皆強盛《みなきやうせい》なる生活《せいくわつ》に統《とう》一せり。一條微細《でうびさい》の光線《くわうせん》も、空氣《くうき》も樹葉《じゆえふ》も、一として冷々《れい〳〵》たるものなし。

『我《わ》れ獨《ひと》り此《こ》の寂莫《せきばく》に居《を》りて、嚴肅《げんしゆく》なる「無限《むげん》」の感起《かんおこ》り、眞理《しんり》は我體《わがたい》に溶解《ようかい》して流《なが》れ入《い》り、以《も》つて我《わ》れの本我《ほんが》を清《きよ》む。嗚呼《あゝ》是《こ》れ音樂《おんがく》の調《しら》べなり、精神《せいしん》なり、

又《ま》た源泉《げんせん》なり。此《か》くて人《ひと》をして大調和《だいてうわ》を知《し》らしめ、以《も》つて嬌媚《けうび》を注《そゝ》ぎ、宛《あたか》も美《び》の女神《めがみ》の帶《おび》の如《ごと》く、美《び》を以《も》つて萬物《ばんぶつ》を連結《れんけつ》し、我《われ》をして死《し》を恐《おそ》るゝの念《ねん》を去《さ》らしむ。

『古代《こだい》の波斯人《ぺるしやじん》が神机《しんき》を高山《かうざん》の上《うへ》に設《まう》けしも、豈偶然《あにぐうぜん》ならんや。彼等《かれら》此處《ここ》に、墻壁《せうへき》なき殿堂《でんだう》に於《おい》て大精靈《だいせいれい》を求《もと》めたり。かの人間《にんげん》の作《つく》れるの祭壇《さいだん》は、此《か》くの如《ごと》き高大《かうだい》なる禮拜《らいはい》には餘《あま》りに弱《よわ》し。社殿《しやでん》の梁《はりま》又た柱《はしら》、偶像《ぐうざう》の屋根《やね》、ゴヂック式《しき》の伽藍《がらん》を以《も》つて祈禱《きたう》を限《かぎ》る所《ところ》のものを以《も》つて、是等《これら》に比較《ひかく》せよ。』（チヤイルド三ノ八八—九一）と。バイロン『此深玄《このしんげん》なる思想《しさう》を以《も》つて自然《しぜん》を崇拜《すうはい》せり』あゝ、仰《あふ》げば肅々《しゆく〳〵》たる天體《てんたい》、何《なん》ぞ其《そ》れ森嚴《しんげん》にして宏大無邊《くわうだいむへん》なるや。

我等《われら》は天體《てんたい》に關《くわん》して右《みぎ》の如《ごと》き感《かん》じを有《も》つて居《ゐ》る。此感《このかん》じに導《みちび》かれて、天文全體《てんもんぜんたい》と云《い》うではない——天文學《てんもんがく》の一部《ぶ》ではあるが——其範圍《そのはんゐ》は最《もつと》も廣大《くわうだい》な——星座《せいざ》なるものゝ研究《けんきう》に入《はひ》らうとするものである。

第二章　『天の壁立つ極み』――蒼穹の觀念

今《いま》若《も》し晴《は》れた夜《よ》に仰《あふ》いで天《てん》を眺《なが》めると、空《そら》一面《めん》に無數《むすう》の星《ほし》は、宛《あたか》も銀砂子《ぎんすなご》を散《ま》いたやうにきらめいて居《ゐ》る。數《かず》は素《もと》より無限《むげん》であらうが、肉眼《にくがん》を以《も》つて見得《みう》る星《ほし》の數《かず》は大約《たいやく》七千程《ほど》と言《い》はれて居《ゐ》るが、其《そ》れも肉眼《にくがん》の強弱《きやうじやく》に由《よ》つて差《さ》が有《あ》ることゝ思《おも》はれる。又《ま》た若《も》し高度《かうど》の望遠鏡《ばうゑんきやう》を用《もち》いると今日《こんにち》では殆《ほとん》ど一億《おく》五千萬程《まんほど》も認《みと》められるとのことである。

此《この》無限《むげん》の天空《てんくう》は、深《ふか》さも知《し》れず、奥《おく》も知《し》れぬ天海《てんかい》で、詩人《しじん》は之《これ》を形容《けいよう》して

『天《あま》の海《うみ》に雲《くも》の浪立《なみた》ち月《つき》の船《ふね》
　星《ほし》の林《はやし》に漕《こ》ぎかへる見《み》ゆ』（人麿）

と歌《うた》うて居《ゐ》る。けれども一方《ほう》又《ま》た同《おな》じ天空《てんくう》を、諸《もろ〳〵》の天體《てんたい》が登《のぼ》つたり沈《しづ》んだり、往《いつ》たり來《き》たりするのを見《み》ると、天《てん》は宏大《くわうだい》な圓天井《まるてんじやう》の如《ごと》き感《かん》じもせられて、我《わ》が「祝詞《のりと》」

の記者《きしや》は

『天《あま》の壁立《かべた》つ極《きは》み』

の言葉《ことば》と觀念《くわんねん》とを以《も》つて天《てん》を形容《けいよう》して居《ゐ》る。これが即《すなは》ち圓天井《まるてんじやう》のことで、穹蒼《きうさう》とか穹窿《きうりう》とか云《い》ふのもこれである。此《この》『天《あま》の壁《かべ》』なる語《ご》を歐語《おうご》に譯《やく》したものは「Arch-teichoで、其《そ》れがArctieと訛《なま》り、普通《ふつう》に北極圈《ほくきよくけん》のことゝ解《かい》されて居《ゐ》る。

我等《われら》が單純《たんじゆん》に天《てん》を眺《なが》めると種々《しゆぐ》の星《ほし》は下《した》から仰《あふ》ぎ見《み》る此圓天井《このまるてんじやう》の壁《かべ》の内面《ないめん》に、紋《もん》を畫《ゑが》き、座《ざ》を占《し》め、又《ま》た此内《このうち》に運動《うんどう》し去來《きよらい》して居《ゐ》るやうに感《かん》ぜられる。

此天《このあま》の壁立《かべた》つ圓天井《まるてんじやう》の思想《しさう》から、星《ほし》に關《くわん》する思想《しさう》は系統《けいとう》せられ發達《はつたつ》して來《き》たもので、現時《げんじ》の天文學《てんもんがく》と雖《いへども》、天體《てんたい》を扱《あつか》ふには、矢張《やは》り此圓天井《このまるてんじやう》の觀念《くわんねん》を利用《りよう》して居《ゐ》る。

古歌《こか》に

『天《あま》つ星道《ほしみち》も宿《やど》りもありながら
空《そら》に浮《う》きても思《おも》ほゆるかな』

第三章　天體概觀

此圓天井内《このまるてんじやうない》に附着《ふちやく》し、去來《きよらい》する種々《しゆ〴〵》の天體《てんたい》は、之《これ》を分類《ぶんるゐ》すると恒星《こうせい》、遊星《いうせい》、月《つき》、彗星《すゐせい》、流星等《りうせいとう》となる。

恒星——とは不變《ふへん》の星《ほし》と云《い》ふことであるが、地球《ちきう》は西《にし》から東《ひがし》へ自轉《じてん》する所《ところ》からして、我等《われら》の見《み》る所《ところ》の星《ほし》の多《おほ》くは、東《ひがし》から西《にし》へ回《まは》るやうに思《おも》はれるが、其星《そのほし》と星《ほし》との相互《さうご》間《かん》の位置《ゐち》は變《かは》らないから、之《これ》を恒星《こうせい》と云《い》うのである。

太陽——我《わ》が地球《ちきう》の屬《ぞく》する太陽《たいやう》も恒星《こうせい》の一つであつて、他《た》の恒星《こうせい》よりも近《ちか》くもあり、種々《しゆ〴〵》非常《ひじやう》なる關係《くわんけい》がある所《ところ》から、其光《そのひかり》や、熱《ねつ》や、運動《うんどう》や、黑點《こくてん》や、成分《せいぶん》や、地《ち》球《きう》其他《そのた》との距離《きより》や、凡《すべ》ての事《こと》最《もつと》も注意《ちうい》して研究《けんきう》されて居《ゐ》る。太陽《たいやう》と地球《ちきう》との平均距《へいきんきよ》離《り》は凡《およ》そ三千八百萬里《まんり》で・光線《くわうせん》が地球《ちきう》に達《たつ》するには八分《ふん》十八秒《べう》かゝる。又《ま》た其大《そのおほ》いさは直徑《ちよくけい》約《やく》三十五萬《まん》三千百二十里《り》、我地球《わがちきう》の直徑《ちよくけい》の百八倍《ばい》七である。

距離。光年――太陽以外《たいやういぐわい》の恒星《こうせい》は餘《あま》り遠《とほ》く、如何《いか》に強力《きやうりよく》の望遠鏡《ばうゑんきやう》を以《もつ》てしてもたゞ光《ひかり》の點《てん》としか見《み》えず又《ま》た、其大小《そのだいせう》の如《ごと》きは測量《そくりやう》する基礎《きそ》がないから、多分《たぶん》は大抵《たいてい》太陽《たいやう》の大《おほ》さのものと假定《かてい》して置《お》いてある。又其距離《またそのきより》の如《ごと》きも知《し》れて居《ゐ》るのは極《きは》めて小數《せうすう》の星《ほし》である。凡《すべ》て恒星《こうせい》の距離《きより》は我々《われ〳〵》の使用《しよう》する星《ほし》とか、キロメートルの如《ごと》き小《ちひ》さなもので表《あら》はすことが出來《でき》ぬから「光年」と云《い》ふもので表《あら》はすことになつて居《ゐ》る。其《そ》れは光線《くわうせん》は一秒《べう》に我《わ》が約《やく》七萬《まん》六千(三十萬《まん》キロメートル)里《り》を走《はし》るから、一年間《ねんかん》には二萬五千億里餘《よ》で、これが一光年《くわうねん》の距離《きより》である。

恒星の等級――我等《われら》恒星《こうせい》の等級《とうきふ》を表《あら》はすに、一等星《とうせい》、二等星《とうせい》、三等星等《とうせいとう》の名《な》を以《も》つてするが、其《そ》れは必《かなら》ずしも星《ほし》の大小《だいせう》を示《しめ》すものでなく、光《ひかり》の強《つよ》く、明《あか》るいので順序《じゆんじよ》が付《つ》けてある。だから星《ほし》は小《ちひさ》くとも近《ちか》くにあるものは光《ひかり》が強《つよ》く明《あか》るく見《み》えるから、其《そ》れ等《ら》が上《うへ》になつて居《ゐ》る。最《もつと》も眼《め》の善《よ》い人《ひと》の肉眼《にくがん》で五等星《とうせい》、六等星位《とうせいくらゐ》までは見《み》えるとのこと。今星《いまほし》の等級《とうきふ》に由《よ》つて其見《そのみ》える數《すう》を出《だ》すなら、大約《おほよそ》で

一等星　二十

二等星　六十

三等星　二百二十　　四等星　五百

五等星　千四百　　六等星　四千八百

七等星　一萬三千

其他《そのた》十五等星《とうせい》まで位《くらゐ》は望遠鏡《ばうゑんきやう》で見《み》えて、星《ほし》の數《かず》は總計《そうけい》一億《おく》五千萬程《まんほど》とのことである。

恒星の距離——恒星《こうせい》と地球《ちきう》との距離《きより》の今《いま》まで知《し》られて居《ゐ》るものは極《きは》めて少數《せうすう》で、馬人星座《はじんせいざ》のリーギルなる一等星《とうせい》の距離《きより》は最《もつと》も近《ちか》いもので、四光年《くわうねん》。雁星座《がんせいざ》のデネブ星《せい》は六光年《くわうねん》五分《ぶん》の一。天琴星座《てんきんせいざ》の織女星《しよくぢよせい》は十六光年《くわうねん》。大犬星座《だいけんせいざ》の天狼星《てんらうせい》は十七光年《くわうねん》。アルクツロス星《せい》は二十五光年半《くわうねんはん》。牛車星座《ぎうしやせいざ》のカペラ星《せい》は七十光年《くわうねん》となつて居《ゐ》る。

遊星——又《ま》た惑星《わくせい》、又《ま》た行星《かうせい》とは恒星《こうせい》の間《あひだ》を遊行《いうかう》し回《まは》る星《ほし》の名《な》である。太陽系《たいやうけい》の諸星《しよせい》は太陽以外皆遊星《たいやういぐわいみないうせい》で、水星《すゐせい》、金星《きんせい》、火星《くわせい》、小遊星《せういうせい》、木星《もくせい》、土星《どせい》、天王星《てんわうせい》、海王星等《かいわうせいとう》で、我地球《わがちきう》も遊星《いうせい》の一つである。是等《これら》の諸星《しよせい》は各大《かくおほ》さや軌道《きだう》を異《こと》にして、其《そ》れぞれ別箇《べつこ》の研究《けんきう》に値《あたひ》する。

月——は又《ま》た衞星《ゑいせい》と稱《しよう》せられ、地球《ちきう》には一つの月《つき》があり、火星《くわせい》には二つ、木星《もくせい》には八つ、土星《どせい》には十あつて、又《ま》た別《べつ》に幅《はゞ》の廣《ひろ》い、幾重《いくへ》にも重《かさ》なつた環《わ》が土星《どせい》を取《と》り卷《ま》いて居《ゐ》るのは一種特別《しゆとくべつ》のものである。天王星《てんわうせい》には四つ、海王星《かいわうせい》には一つの月《つき》がある。是等《これら》の月《つき》は皆其《みなその》屬《ぞく》する本星《ほんせい》の周圍《しうゐ》を回《めぐ》りつゝ太陽《たいやう》を回《まは》るのである。そして其等《それら》の月《つき》と本星《ほんせい》と、太陽《たいやう》との關係《くわんけい》に由《よ》つて日蝕《けつしよく》や月蝕《げつしよく》が出來《でき》る。

○○彗星——は箒星《はゝきぼし》で、通例《つうれい》箒《はゝき》の如《ごと》き形《かたち》をして天空《てんくう》を掃《は》いて回《まは》るから其名《そのな》がある。普通《ふつ》に頭《かしら》と尾《を》とから成《な》り立《た》つて居《ゐ》て、長《なが》く尾《を》を引《ひ》いたものもあり、短《みじか》いものもあり、環狀《わじやう》をして、中心《ちうしん》に核《さね》のあるものもある。又《また》は蝦《えび》の形《かたち》をしたものもある。彗星《すゐせい》の實質《じつしつ》は極《きは》めて輕《かる》いもので宇宙《うちう》の塵《ちり》と云《い》はれ、太陽《たいやう》に近《ちか》づく時《とき》は其引力《そのいんりよく》で種々《しゆぐ》に形《かたち》を變《へん》ずる。其軌道《そのきだう》は楕圓《だゑん》のものもあり、又《ま》た拋物線《はうぶつせん》のものもあり、太陽《たいやう》に近《ちか》づいて又《ま》た歸《かへ》つて來《く》るものもある、遂《つひ》に歸《かへ》つて來《こ》ぬものもある。彗星《すゐせい》は實《じつ》に天界《てんかい》に於《おい》ての奇觀《きくわん》であり、又《ま》た壯觀《さうくわん》である。

○○流星——夜突然光《よるとつぜんひかり》を放《はな》つて飛《と》ぶ星《ほし》がある、これは流星《りうせい》なるもので、宇宙塵《うちうちん》と云《い》う小《ちひ》さな天體《てんたい》が太陽《たいやう》を回《めぐ》る時《とき》、偶々《たま〳〵》地球《ちきう》の近《ちか》くを通《とほ》つて空氣中《くうきちう》に入《はひ》つて、其《そ》れを通過《つうくわ》する際空氣《さいくうき》と摩擦《まさつ》して火《ひ》を出《だ》すのである。

是等《これら》諸天體《しよてんたい》は其顯著《そのけんちよ》なものであるが、是等《これら》以外《いぐわい》に銀河《ぎんが》なるものがある、星霧《せいむ》なるものがある。

銀河——又《ま》た天《あま》の河《がは》なるものは、肉眼《にくがん》を以《も》つて見《み》ると、乳《ちゝ》のやうな、白色《はくしよく》の帶《おび》が天《てん》を取《と》り卷《ま》いて居《ゐ》るやうに見《み》えるが、強力《きやうりよく》の望遠鏡《ばうゑんきやう》で見《み》ると、其白色《そのにくしよく》と見《み》えたものは、小《ちひさ》い光《ひかり》の點《てん》となつて仕舞《しま》うて、其《そ》れは各別々《かくべつ〳〵》の星《ほし》であることが知《し》られる。

星霧——なるものが所々《しよ〳〵》にある。其《そ》れは霧《きり》のやうに光《ひか》つて居《ゐ》る團體《だんたい》で、其如何《そのいか》なるものであるかは天文學者《てんもんがくしや》の目下《もくか》尚《な》ほ熱心《ねつしん》に研究中《けんきうちう》である。

黄道光——なるものがある。日沒後《にちぼつご》又《また》は日出前《につしゆつぜん》に、西天《せいてん》、又《ま》た東天《ようてん》に白《しろ》い、かすかな光《ひかり》の舌《した》のやうな形《かたち》をしたものが現《あら》はれることがある。これは黄道光《くわうだうくわう》なるもので一種《しゆ》銀河《ぎんが》を見《み》たやうなものである。これは大氣外《たいきぐわい》にある無數《むすう》の小天體《せうてんたい》が、重《かさ》なつて太陽《たいやう》の光《ひかり》を反射《はんしや》するのであらうと說明《せつめい》する人《ひと》もある。

第四章　星座の形成

星座――茲《こゝ》に我等《われら》は星座《せいざ》を研究《けんきう》すると言《い》うが、遊星《いうせい》や彗星《すゐせい》には素《もと》より星座《せいざ》は無《な》い。此《こゝ》に星座《せいざ》と云《い》うのは恒星《こうせい》に就《つい》てゞある。そして天《てん》の大部分《だいぶぶん》は此恒星《このこうせい》のものである。

今若《いまも》し此宏大無邊《このくわうだいむへん》の天《てん》を觀察《くわんさつ》し、記載《きさい》し、又《また》は研究《けんきう》するに付《つ》いても、如何《いか》にして之《これ》を扱《あつか》ふべきかは問題《もんだい》で、何《なに》かの目標《もくへう》、區域《くゐき》、名稱《めいしよう》を付《つ》けねば、何《な》とも致《いた》し方《かた》がない。宛《あたか》も地球《ちきう》を扱《あつか》ふには地球《ちきう》に經度緯度《けいどゐど》を引《ひ》いたり、山川河海《さんせんかかい》で國土《こくど》を境界《きやうかい》したりするやうに、天《てん》も亦此《またか》くの如《ごと》き、區劃《くくわく》を必要《ひつえう》とする。

其所《そこ》で古人《こじん》は星座《せいざ》なるものを考《かんが》へた。支那《しな》では北極の星宿《しゆく》や、二十八宿などの天《てん》の區分《くぶん》を行《おこな》うたが、現今行《げんこんおこな》はれて居《ゐ》るのは――又我等《またわれら》が此《こゝ》に研究《けんきう》せんとするのは西洋《せいやう》から傳《つた》へて來《き》た星座なるもので(其起原《そのきげん》は東洋《とうやう》)是等《これら》が實《じつ》に天《てん》の區劃《くくわく》の始《はじ》まりである。

其後《そのご》學術的《がくじゆつてき》に一層正確《そうせいかく》にする考《かんが》へで赤經赤緯、黄經黄緯、又《ま》た銀經銀緯等《とう》の方法《はうはふ》が出來《でき》て居《ゐ》て、學術的嚴密《がくじゆつてきげんみつ》なものであるが、矢張舊來《やはりきうらい》の星座《せいざ》は甚《はなは》だ便利《べんり》で、又《ま》た趣味《しゆみ》があり、其《そ》れに歴史《れきし》が伴《ともな》ひなどして居《ゐ》る所《ところ》から、天文學者《てんもんがくしや》は、依然星座《いぜんせいざ》に由《よ》つて天《てん》空《くう》の區分《くぶん》や、目標《もくへう》や、位置《ゐち》を定《さだ》めることを爲《な》して居《ゐ》る。

我等《われら》は此太古《このたいこ》から傳《つた》はつて居《ゐ》る、最《もつと》も歴史的《れきしてき》な、最《もつと》も趣味《しゆみ》ある此星座《このせいざ》に就《つ》いて研《けん》究《きう》し度《た》いと思《おも》ふ者《もの》である。けれども我等《われら》の本領《ほんりやう》は天文學其《てんもんがくその》ものではない。其《そ》れ故《ゆゑ》に星座《せいざ》に關《くわん》しても、其實地《そのじつち》に天文觀察《てんもんくわんさつ》とか、計算《けいさん》とかには、其專門《そのせんもん》の人《ひと》があるから、其方面《そのはうめん》の事《こと》は其等《それら》の專門家《せんもんか》に讓《ゆづ》つて置《お》く。けれども其等《それら》星座《せいざ》なるものは始《はじ》め如何《いか》にして作《つく》られたか、其《そ》れ等《ら》に屬《ぞく》する神話《しんわ》や、傳說《でんせつ》や、歴史《れきし》や、航海《かうかい》や、又《ま》た其等《それら》と一般《はん》の人文歴史《じんぶんれきし》との關係如何《くわんけいいかん》などの事《こと》、卽《すなは》ち記述的星座研究《きじゆつてきせいざけんきう》は天文學研究《てんもんがくけんきう》の本領外《ほんりやうぐわい》で、寧《むし》ろ天文學《てんもんがく》に趣味《しゆみ》を有《も》ち、又《ま》た天文《てんもん》に關《くわん》する或程度《あるていど》の知識《ちしき》を有《も》つた歴史學者《れきしがくしや》、地《ち》理《り》學者《がくしや》、言語學者《げんごがくしや》、神話學者等《しんわがくしやとう》の研究範圍《けんきうはんゐ》に屬《ぞく》するものと謂《い》ふべく、此方面《このはうめん》の事《こと》は、天文學者其《てんもんがくしやその》ものには却《かへ》つて短所《たんしよ》であつて、自《おのづか》ら別箇《べつこ》の研究的專門《けんきうてきせんもん》を成《な》して居《ゐ》ると言《い》はねばならぬ。

星座畫の起原——星座《せいざ》なるものが、現今《げんこん》のやうな種々《しゆじゆ》の畫《ゑ》に作《つく》られたのは果《はた》して何時《いつ》からであるかは、わからぬのであるが、餘程太古《よほどたいこ》のやうである。星座《せいざ》に關《くわん》して天文學者《てんもんがくしや》の名《な》の知《し》れて居《ゐ》るのは有名《いうめい》な天文學《てんもんがく》の祖《そ》とも云《い》ふべきヒッパーコであつて、彼《か》れが大部分《だいぶぶん》作《つく》つたかとも思《おも》はれるが、其後《そのご》西暦《せいれき》二世紀《せいき》の初《はじ》め頃《ごろ》の埃及《えぢぷと》の天《てん》文學者《ぶんがくしや》プトレミイに至《いた》つて殆《ほとん》ど太成《たいせい》して、彼《か》れは四十八星座《せいざ》を纒《まと》めて後世《こうせい》に傳《つた》へて居《ゐ》る。本書《ほんしよ》が此《こゝ》に星座《せいざ》の繪《ゑ》として出《だ》して居《ゐ》るのは、プトレミイの傳《つた》へた畫《ゑ》と云《い》うてあるものである。

其後《そのご》、後代《こうだい》の天文學者《てんもんがくしや》や、航海者等《かうかいしやら》が、四十八星座《せいざ》では不足《ふそく》を感《かん》じたから、尚《な》ほ星座《せいざ》を加《くは》へることになり、合計《がふけい》八十五星座《せいざ》になつて居《ゐ》る。そして其加《そのくは》へられた星座《せいざ》は、一般《はん》に新《あたら》しいもの、新《あらた》に作《つく》られたものと謂《い》はれて居《ゐ》るが、必《かな》ずしもさうではなく、プトレミイでは四十八星座《せいざ》にしたが、其他《そのほか》にも昔《むかし》から在《あ》つた星座《せいざ》で、プトレミイが採用《さいよう》せないて置《お》いたものが、何《なん》とかして傳《つた》はつて、後世再《こうせいふた》び用《もち》ゐ出《だ》されたものであることが知《し》られる。（此《こ》れは後《のち》に說《と》く）

星座表――今《いま》此《こゝ》に八十五星座《せいざ》の表《へう》を擧《あ》げるが、先《ま》づプトレミイの四十八星座《せいざ》より始《はじ》めることにする。

乃《すなは》ちプトレミイの四十八星座《せいざ》は、黄道《くわうだう》の北《きた》に二十一星座《せいざ》、黄道《くわうだう》に十二星座《せいざ》、黄道《くわうだう》の南《みなみ》に十五星座《せいざ》がある。其等《それら》は

(一)北天の星座

小熊《こぐま》 Ursa Minoris

大熊《おほくま》 Ursa Majoris

龍《りう》 Draco

氣比宮《けひのみや》(ケヒウス) Cepheus

橿日宮《かしひのみや》(カシオピヤ) Cassiopia

櫛稻田姫《くしいなだひめ》(アンドロメダ) Andromeda

須佐之男命《すさのをのみこと》(ペルセウス) Perseus

坊太郎《ぼうたらう》(ボオーテス) Bootes

北冠《きたかんむり》　Corona Borealis
ヘエラクレエス　Herekles
天琴《てんきん》　Lyra
歸雁《きがん》　Kygnos
牛車《ぎつしや》　Auriga
蛇取り《へびとり》 }
蛇《へび》 }　Ophiuchos
矢《や》　Sagitta (Alahanca)
大鷹《おほたか》と、アンチノウス　Aquila et Antinou
入鹿《いるか》　Dolphinus
駒《こま》　Equuleus
天馬《てんま》　Pegasos
北方《ほくはう》三角《かく》　Triangulum Beroalis

(二)黃道にある星座

白羊《はくやう》 Aries

金牛《きんぎう》 Tauros

双兒《さうし》 Geminii

巨蟹《きよかい》 Cancer

獅子《しし》 Leo

室女《しつぢよ》 Virgo

天秤《てんびん》 Libla

天蠍《てんかつ》 Scorpion

人馬《じんば》 Sagittarius

磨羯《まかつ》 Capricornus

寶瓶《はつへい》 Aquarius

雙魚《さうぎよ》 Pisces Borealis

(三)南天の星座

大魚《おほうを》　Cetos

オオリオン　Orion

エーリダノス河《かは》　Eridanos

兎《うさぎ》　Lepus

大犬《おほいぬ》　Canis Majoris

小犬《こいぬ》　Canis Minoris

アルゴ丸《まる》　Argo Navis

水蛇《みづへび》　Hydra

杯泉《はいせん》　Krateros

烏《からす》　Corvus

馬人《ばじん》　Centauros

狼《おほかみ》　Lupus

花筐《はなかたみ》 Ara
南冠《みなみかむり》 Corona Australis
南魚《みなみうを》 Piscis Australis

以上《いじやう》はプトレミイの星座《せいざ》である。此他《このほか》に——

ベレニケーの髮《かみ》 Coma Berenice

は小星團《せうせいだん》でプトレミイは星座《せいざ》に數《かぞ》へなかつたが。十六世紀末《せいきすゑ》にチコ・ブラヘ Tycho Brahe が星座《せいざ》に入《い》れたと云《い》うてある。

南方《なんぽう》十字架《じか》 Crux

なるものはロイエル Royer が星座《せいざ》に入《い》れた。

十六世紀《せいき》の航海業者等《かうかいげふしやら》は南天星座《なんてんせいざ》の數《かず》を加《くは》へた。其内《そのうち》十二は一千六百〇三年頃《ねんころ》の獨逸《といつ》の天文學者《てんもんがくしや》ヨハン・バイエル J. Bayer の重要星圖《ぢうえうせいづ》に載《の》つて居《ゐ》る。其《そ》れは

極樂鳥《ごくらくてう》 Apus

避役《カメレオン》　Chameleon
旗魚《かぢき》　Dorado
鶴《つる》　Grus
小水蛇《こみづへび》　Hydrus
印度人《いんどじん》　Indus
蠅《はへ》　Apis（Muska）
孔雀《くじやく》　Pavo
鳳凰《ほうわう》　Phoenix
南方《なんぽう》三角《かく》　Triangulum Australis
巨嘴鳥《はしぶと》　Toucan
飛魚《とびうを》　Volans

である。十六世紀《せいき》にペートル・プランキウス Peter Plancius は――

鳩《はと》（ノアの）　Columba

を作《つく》つた。千六百二十四年頃《ねんごろ》の人《ひと》バルトスキウス Bartschius は左《さ》の數星座《すうせいざ》を加《くは》へた。

麒麟《きりん》 Camelopardus

一角獸《かくじう》 Monokeros (Uni-corn)

一千六百九十年《ねん》にプロシヤ人《じん》ヘベリウス Hevelius は左《さ》の數星座《すうせいざ》を加《くは》へた。

獵犬《れふけん》 Canes Venetici

蜥蜴《とかげ》 Lacerta

小獅子《こじし》 Leo Minor

山猫《やまねこ》 Lynx

楯《たて》 Scutum Sobiesci

六分儀《ぶんぎ》 Sextant

小狐《こぎつね》と鵝鳥《がてう》 Vulpecula et Anser

一千七百五十二年《ねん》に佛國有名《ふつこくいうめい》の天文學者《てんもんがくしや》ラカイユ cIaaille は左《さ》の數星座《すうせいざ》を加《くは》へた。

空氣《くうき》ポムプ Anilia Pneumatica

彫刻刀《てうこくたう》　Caelum
羅《ら》針盤《しんばん》　Circinos
火爐《くわろ》　Fornax
時《と》計《けい》　Horologium
机山《つくゑやま》　Mons Mensae
顯微鏡《けんびきやう》　Microscopium
四分儀《ぶんぎ》　Norma (Quadrant)
八分儀《ぶんぎ》　Octans
畫架《ぐわか》　Equus Pitcorius
網《あみ》　Reticulum
彫刻室《てうこくしつ》　Sculptoris
遠目《とほめ》鏡《がね》　Telescopium

ラカイユはアルゴ丸星座《まるせいざ》を四つに分《わか》つたと云《い》はれて居《ゐ》るが、其《そ》れは以前《いぜん》からさうなつて居《ゐ》たので、彼《か》れに始《はじ》まつたのでないことは後《のち》に述《の》べる（日本《にほん》では六つに分《わか》つてあつた）。

如何にして星座繪は出來たか（舊來の偶然說）―― 右諸星座《みぎしよせいざ》の繪《ゑ》は種《しゆ》種《じゆ》のものがあつて、人間《にんげん》、天使《てんし》、動物《どうぶつ》、山《やま》・河《かは》、器具等《きぐとう》があり、殊《こと》に動物《どうぶつ》には怪物《くわいぶつ》もあつて、半身《はんしん》は獸《けもの》、半身《はんしん》は魚《うを》のがあり、半身《はんしん》は人間《にんげん》、半身《はんしん》は馬《うま》のがあり、又《ま》た其《その》の姿勢《しせい》や、形《かたち》の甚《はなは》だ不自然《ふしぜん》のものがあるが、是等《これら》は果《はた》して如何《いか》にして作《つく》られたであらうか、或《あるひ》は何等《なんら》かの見本《みほん》を寫《うつ》したものであらうか、又《また》は偶然《ぐうぜん》コンナものが出來《でき》たから其《そ》れで我慢《がまん》して居《ゐ》るのであらうか。若《も》し自由《じいう》に想像《さうざう》で作《つく》つたとすれば、動物《どうぶつ》でも人間《にんげん》でも今少《いますこ》し自然的《しぜんてき》に窮屈《きうくつ》でないやうな形《かたち》に出來《でき》さうなものが無數《むすう》にある。其《その》窮屈《きうくつ》な形體《かたち》、不自然《ふしぜん》な姿勢《しせい》などのあるのは、何等《なんら》か規定拘束《きていかうそく》の條件《でうけん》があるのでは無《な》からうか。從來《じうらい》の星座《せいざ》を扱《あつか》ふ者《もの》で、是等《これら》の疑問《ぎもん》を出《だ》して考《かんが》へた者《もの》が果《はた》して有《あ》るであらうか。我等《われら》の今《いま》まで知《し》つた範圍《はんゐ》で見《み》ると、從來《じうらい》の學者《がくしや》は、是等《これら》のことに就《つい》ては何《なん》等《ら》の注意《ちうい》を拂《はら》はなかつたと見《み》える。

大抵《たいてい》の人々《ひと〴〵》は思《おも》うて居《ゐ》る、星座《せいざ》は天《てん》の或範圍《あるはんゐ》の數個《すうこ》の『星《ほし》と星《ほし》とに勝手《かつて》に線《せん》を引《ひ》て見《み》て、其《そ》れで出來上《できあが》つた形《かたち》に、動物《どうぶつ》や、英雄《えいゆう》や、器具《きぐ》の名《な》を付《つ》けたもので』、『昔《むかし》の人《ひと》の迷想《めいさう》に出《で》たもので、實《じつ》は少《すこ》しも似《に》て居《ゐ》ない。それを無理《むり》に線《せん》で引張《ひつぱ》り附《つ》けて似《に》さしたのである』、『併《しか》も今日《こんにち》我等《われら》は其等《それら》の星々《ほし〴〵》によつてとても是等《これら》の動物《どうぶつ》や、英雄《えいゆう》や、女神《めがみ》を想像《さうざう》し得《え》ないほどに不自然《ふしぜん》なものである』と。此《か》くの如《ごと》きは一般《はん》の人《ひと》々《びと》も學者《がくしや》も思《おも》う所《ところ》、言《い》ふ所《ところ》であるが、其《そ》れが全《まつた》く誤《あやま》つて居《ゐ》る。

地圖を天へ上げたもの――彼等人々《かれらひと〴〵》の言《い》ふ所《ところ》は、星《ほし》と星《ほし》とを線《せん》で引張《ひつぱ》つて見《み》たら偶然或形《あるかたち》が出來《でき》た、其《そ》れを仕上《しあ》げて、動物《どうぶつ》や、英雄《えいゆう》や、器《うつは》の名《な》を附《つ》けたとのことで、偶然盲動の結果《けつくわ》として居《ゐ》るが、如何《いか》に我等《われら》星《ほし》と星《ほし》とを線《せん》で連《つら》ねても、星座《せいざ》の繪《ゑ》の如《ごと》き形《かたち》は決《けつ》して出來《でき》るものではない。或《あ》る意志《いし》を以《も》つて、或《あ》る考《かんが》へを以《も》つて「何々《なに〳〵》の畫《ゑ》を作《つく》る」との方針《はうしん》で行《ゆ》かぬ以上《いじやう》は決《けつ》して此《か》くの如《ごと》き畫《ゑ》は出來《でき》るものでない。況《いは》んや勝手に線《せん》を引《ひ》つ張《は》り廻《ま》はしたら、益々《ます〳〵》物《もの》の形《かたち》は出來《でき》るものでない。今若《いまも》し我等《われら》の精密《せいみつ》なる觀察《くわんさつ》の研究《けんきう》に依《よ》つて見《み》ると、是等《これら》は決《けつ》して偶然的《ぐうぜんてき》のものではなく非常《ひじやう》の苦《く》心《しん》を以《も》つて、或《あ》る形《かたち》、又《また》は或輪廓的模型《あるりんくわくてきもけい》の内《うち》に入《い》れて、又其模型《またそのもけい》にある種《しゆ》種《じゆ》の條件《でうけん》に從《したが》うて其形《そのかたち》を仕《し》上《あ》げたものであることが知《し》られたのである。

其《その》輪廓的模型とは或《ある》一定《てい》の地理——地《ち》形《けい》、山川《さんせん》、河海《かかい》、都市《とし》等《とう》であつて、先《ま》づ始《はじ》めから、其模型《そのもけい》たる一定の範圍の土地、其れには國名か、其地の民族名か、又は神話名ある土地の山や、川や、都市を前定した地圖を置いて、其れを星座繪の形に爲し、其繪の範圍即ち分野に或星の群を包有せしめ、其繪の一定の位置に來る星に、成る可く其れに一致するか、又は其近くの、山か、川か、岬か、都市かの固有名詞を以つて命名するのである。かの星《ほし》と星との間《あひだ》に線《せん》を引《ひ》いて人間《にんげん》とか、動物《どうぶつ》とか、器《き》具《ぐ》とかの形《かたち》の如《ごと》く見《み》せるのは、後世直觀《こうせいちよくくわん》の便利《べんり》の爲《た》めにしたことで、始《はじ》めから線《せん》で連《つら》ねたら、偶然其形《ぐうぜんそのかたち》に出來《でき》たと云《い》ふのではない。

要《えう》するに星座《せいざ》の繪《ゑ》は一定《てい》の範圍《はんゐ》と固有《こいつ》の名稱《めいしよう》ある地理《ちり》が輪廓《りんくわく》になつて、其《そ》れを其《その》名《な》の本體《ほんたい》たる地形《ちけい》に形作《かたちづく》つたものである。それだからエーリダノスの河星座《かはせいざ》と云《い》はい、エーリダノス即《すなは》ちナイル河《がは》を模《も》型《けい》にしたものたるとは朔瞭《のいれう》である。又《ま》たケヒウス星座《せいざ》と云《い》はゞ「ケヒの國《くに》」（恒河口等《こうかくちとう》の名《な》）の地圖《ちづ》で、これに當《あ》てはめてケヒウスなる神《かみ》の像《ざう》を畫《ゑが》き、川《かは》の線《せん》や海岸線《かいがんせん》で、手《て》や足《あし》や、衣物《きもの》のひだなどを描《ゑが》き、此書《このゑ》を天《てん》へ上《あ》げて、或《ある》一定範圍《ていはんゐ》の星《ほし》の群《むれ》を此繪《このゑ》の範圍《はんゐ》內《ない》に包有《はうゆう》せしめるので、星座圖《せいざづ》は全《まつた》く地《ち》圖《づ》を天《てん》に上《あ》げたものたることが認《みと》められる。凡《すべ》ての星座《せいざ》（プトレミイの星座《せいざ》に就《つ》いて云《い》ふ）は盡《ことごと》く此《こ》うして出來《でき》て居《ゐ》るものであることは、後々《のちのち》の星座各章《せいざかくしやう》で認《みと》められるのである。

此原則發見の動機――右《みぎ》の斷案《だんあん》に達《たつ》するまでの私《わたくし》の小歷史《せうれきし》を言《い》うなら――私《わたくし》は星座《せいざ》に對《たい》しては長《なが》い前《まへ》から趣味《しゆみ》を以《も》つて居《ゐ》た。始《はじ》め注意《ちうい》を引《ひ》いたのは『エーリダノス』の『河《かは》』星座《せいざ》、是《こ》れは西洋《せいやう》の學者等《がくしやら》は、何《いづ》れの河《かは》を象《かた》どつたものか判《わ》からぬ。或《あるひ》はライン河《かは》だ、或《あるひ》はポー河《かは》だなんと言《い》うて、一人《にん》としてナイル河《がは》だと言《い》うた者《もの》はなく、畢竟不明瞭神話的《ひつきやうふめいれうしんわてき》の河《かは》であるなど丶言《い》うて居《ゐ》るが、私《わたくし》は、そんなことは無《な》いと思《おも》ひ、其星座《そのせいざ》の形《かたち》を熟視《じゆくし》した。且《か》つ其河《そのかは》の流《なが》れを示《しめ》す所《ところ》の、南《みなみ》から北《きた》へ向《むか》ふ矢《や》がある。直《す》ぐ判《わ》かつた。南《みなみ》から北《きた》へ流《なが》れる有名《いうめい》な河《かは》はナイル河《がは》であると。其後《そのご》其星座《そのせいざ》にある星《ほし》と地名《ちめい》との對譯《たいやく》を試《こゝろ》み、其河《そのかは》の神話《しんわ》を知《し》つて、愈々《いよ〳〵》ナイル河《がは》たることが明確《めいかく》になり、歐米學者《おうべいがくしや》の頭腦《づなう》の鈍《どん》なのを驚《おどろ》いた。是《これ》まで幾《いく》千幾《いく》百年《ねん》の長《なが》い年月《としつき》幾《いく》百幾《いく》千の學者《がくしや》も有《あ》つたらうが、是《こ》れが知《し》れなかつたのだらうかと。聊《いさゝ》か彼等《かれら》の頭《づ》腦《なう》を輕蔑《けいべつ》し度《た》いやうな氣《き》が起《おこ》つた。是《こ》れが星座《せいざ》の此種《このしゆ》の研究《けんきう》の第《だい》一歩《ぽ》であつた。次《つぎ》に『大魚星座《だいぎよせいざ》』を考《かんが》へた。これは印度《いんど》と亞拉比亞《あらびあ》と、波斯《ぺるしや》との間《あひだ》の印度洋《いんどやう》と直《す》ぐ知《し》れた。其後《そのご》又《ま》た『オオリオン星座《せいざ》』も北《きた》アメリカを形《かたち》にしたものたることも知《し》れた。此《こ》の通《とほ》りにして見《み》ると、『凡《すべ》ての星座圖《せいざづ》は盡《ことごと》く地圖《ちづ》ではないか』との疑問《ぎもん》が起《おこ》り、此疑問《のぎもん》を先驅《せんく》にして星座《せいざ》凡《すべ》ての研究《けんきう》に進《すゝ》んだ。其結果《そのけつくわ》は右《みぎ》の如《ごと》く『星座圖《せいざづ》は、地圖《ちづ》を天圖《てんづ》にしたものである』との斷案《だんあん》を優々《いう〳〵》と得《え》たのである。

支那の「分野」說、希臘の「天捧」說――史記《しき》の天官書《てんくわんしよ》に『冠帶《くわんたい》を內《うち》にし、夷《い》狄《てき》を外《そと》にし、中國《ちうごく》を分《わか》ちて十有《いう》二州《しう》と爲《な》し、仰《あふ》いでは象《しよう》を天《てん》に觀《み》、俯《ふ》しては類《るゐ》を地《ち》に法《かつと》る。天《てん》に日月《じつげつ》あり、地《ち》に陰陽《いんやう》あり。天《てん》に五星《せい》あり、地《ち》に五行《ぎやう》あり。天《てん》に列宿《れつしゆく》あり、地《ち》に州域《しうゐき》あり』と云《い》うて、私《わたくし》の言《い》ふ所《ところ》に似《に》て居《を》り、或《あるひ》は大昔《おほむかし》は、此事《このこと》を知《し》つて居《ゐ》たかとも思《おも》はれるが、後世《こうせい》になつては、全《まつた》く此事《このこと》は忘《わす》れて仕舞《しま》うて、そして是《こ》れは天地《てんち》が始《はじ》めから同樣《どうやう》に出來《でき》て居《ゐ》ると云《い》ふ一種《しゆ》の神秘論《しんぴろん》であるが、實《じつ》は天《てん》には何等《なんら》自然《しぜん》に其樣《そのやう》なものはなく、全《まつた》く地圖《ちづ》を天圖《てんづ》にしたまでだが、其學術的《そのがくじゆつてき》のことは史記《しき》も知《し》つて居《を》らぬ。又《ま》た昔《むかし》から支那《しな》で「天文《てんもん》の分野《ぶんや》」なることを言《い》うて、天文《てんもん》と地理《ちり》との間《あひだ》に一種《しゆ》の運命上《うんめいじやう》の關係《くわんけい》のあることを言《い》うが、素《もと》より始《はじ》めは私《わたくし》が右《みぎ》に言《い》うたことを知《し》つて居《ゐ》たかも知《し》れぬが、後世《こうせい》になつて星占《ほしうらなひ》をする時代《じだい》には、其事《そのこと》は全然《ぜんぜん》忘《わす》れられ、たゞ星《ほし》の位置《ゐち》を見《み》て漠然《ばくぜん》と卜占《うらなひ》に使用《しよう》することになつたに過《す》ぎず、彼等《かれら》は、地圖《ちづ》が天《てん》に上《あげ》られたと言《い》ふことの如《ごと》きは夢《ゆめ》にも知《し》らぬ。又《ま》た其範圍《そのはんゐ》は全世界《ぜんせかい》で、今《いま》の支那本國《しなほんごく》の如《ごと》き狹《せま》いものでない事《こと》（後《のち》に說《と》く）などは益々《ます〳〵》知らぬのである。

希臘《ぎりしや》でも『神《かみ》は何々《なに〳〵》を天《てん》に上《あ》げて星座《せいざ》にした』など、例《れい》せばバッカスが、アリアドネに與《あた》へた冠《かんむり》を、アリアドネの死後《しご》天《てん》に投《な》げ上《あ》げたら、其玉冠《そのぎよくくわん》は愈々《いよ〳〵》輝《かゞや》くやうになつて、天《てん》に留《とゞ》まつて星座《せいざ》になつたとか、大小熊星座《だいせういうせいざ》はカンリストとアルカスとの熊《くま》が天《てん》へ上《あ》げられたとかは言《い》うてあるが、其《そ》れが「北冠《きたかんむり》」の地《ち》「小熊《こぐま》」の地《ち》「大《おほ》熊《くま》」の地《ち》の地圖《ちづ》であることは學者《がくしや》少《すこ》しも知《し》らず、たゞ神話的に、其等《それら》のものが直接《ちよくせつ》天《てん》に上《あ》げられて星《ほし》になつたと解《かい》して居《ゐ》る、『地圖《ちづ》を天圖《てんづ》にした』と云《い》ふ學術的《がくじゆつてき》の事《こと》は未《いま》だ知《し》られなかつたのである。

此《こ》の通《とほ》りに一定《てい》の土地《とち》——地形《ちけい》、地名《ちめい》（物名《ぶつめい》、神名《しんめい》、又《また》は人名《じんめい》）山《やま》、川《かは》、都市《とし》の位置《ゐち》が規定《きてい》して提出《ていしゆつ》されて居《ゐ》て、其《そ》れで星座圖《せいざづ》を作《つく》るのであるから、其畫《そのゑ》に無理《むり》の當《あた》る所《ところ》や、不自然《ふしぜん》の姿《すがた》や、又《また》は化物的《ばけものてき》にせねばならぬことがある。けれども是等《これら》種《しゆ》種《じゆ》の條件《でうけん》の下《もと》に意匠《いしやう》したものとしては、非常《ひじやう》に巧妙愉快《こうめうゆくわい》なものが少《すくな》くない。特《こと》に或《ある》土地《とち》又《また》は海《うみ》を隔《へだ》てつゝも、其《そ》れを他方《たはう》の其《そ》れに聯結《れんけつ》するには——例《たと》へば大魚星座《おほうをせいざ》、龍星座《りうせいざ》、蛇取星座《へびとりせいざ》の如《ごと》き、大魚《おほうを》又《また》は蛇《へび》の體《からだ》を一ト巻《ま》き巻《ま》いて他方《たはう》へ移《うつ》るなど、なか〳〵面白《おもしろ》い意匠《いしやう》である。

されば星座圖《せいざづ》は繪《ゑ》で表《あら》はした地圖《ちづ》とも謂《い》うべきものだから、之《こ》れを寫《うつ》して書《か》き傳《つた》へる時《とき》なども、最《もつと》も精密《せいみつ》に古畫《こぐわ》——原畫《げんぐわ》に據《よ》り、其形《そのかたち》や線《せん》を崩《くづ》さぬやう、線《せん》や何《なに》かを略《りやく》さぬやう、位置方角《ゐちはうかく》を誤《あやま》らぬやうにせねばならぬ。只《た》だ輪廓《りんくわく》ばかりではいけぬ。

細かい内部《ないぶ》の點《てん》も線《せん》も、忠實《ちうじつ》に保存《ほぞん》して傳《つた》へねばならぬ。然《しか》るに世間《せけん》て星座圖《せいざづ》を表《あら》はして居《ゐ》るのを見《み》ると、粗末極《そまつきよく》まるものが少《すく》ない、方角《はうがく》や、委《くは》しい點《てん》などは度外視《どぐわいし》したものが多《おほ》い。

研究注意三箇條――　右《みぎ》の如《ごと》く一旦《たん》星座《せいざ》形成《けいせい》の原理《げんり》が知《し》れた以上《いじやう》は、我等《われら》の範圍《はんゐ》とする星座《せいざ》研究《けんきう》に於《おい》ては、（一）先《ま》づ星座《せいざ》繪圖《ゑづ》と地圖《ちづ》とを對照《たいせう》し、其形《そのかたち》の上《うへ》から其繪圖《そのゑづ》は、世界上《せかいじやう》果《はた》して何國《なにこく》の地理《ちり》であるかを明《あきら》かにし、次《つぎ》に（二）其星座《そのせいざ》の一定位《ていゐ》置《ち》にある星《ほし》の名《な》と、其地《そのち》圖上《づじやう》の其位置《そのゐち》に當《あた》るらしい地名《ちめい》とを研究《けんきう》して對譯《たいやく》を試《こゝろ》みて其天圖《そのてんづ》と地圖《ちづ》との一致《ち》を證《しよう》し、又《ま》た其次《そのつぎ》に（三）其國土《そのこくど》、人種名等《じんしゆめいとう》に附屬《ふぞく》して居《ゐ》る神《しん》話傳說等《わでんせつとう》を研究《けんきう》して、其星座圖《そのせいざづ》と、地理《ちり》との一致《ち》の理由《りいう》を加《くは》へるのである。

印度中心と起原――此方針《このはうしん》で、最《もつと》も古《ふる》くから、且《か》つ正統《せいとう》として傳《つた》へられて居《ゐ》るプトレミイの星座圖《せいざづ》の凡《すべ》てを研究《けんきう》すると、殆《ほとん》ど全世《ぜんせ》界各所《かいかくしよ》の地圖《ちづ》乃《すなは》ち印度《いんど》、東亞《とうあ》、太平洋《たいへいやう》、南洋《なんやう》、南北《なんぼく》アメリカ、阿弗利加《あふりか》全部等《ぜんぶとう》の地圖《ちづ》は天圖《てんづ》即《すなは》ち星座圖《せざづ》となつて居《な》ることが知《し》られる。たゞ歐羅巴《ようろつぱ》のみは何等《なんら》の星座《せいざ》にもなつて居《を》らぬ。

そして其等《それら》の星座《せいざ》を達觀《たつくわん》すると、印度《いんど》の地圖《ちづ》が最《もつと》も多《おほ》く、最《もつと》も精密《せいみつ》に形《かたち》に表《あら》はされて居《ゐ》る。今其《いまそ》の星座《せいざ》になつて居《ゐ》る土地《とち》の多少《たせう》を表《へう》にすると、

印度《いんど》星座《せいざ》	二十四
南洋星座《なんやうせいざ》	九
極東《きよくとう》及支那《およびしな》星座《せいざ》	五
阿弗利加《あふりか》星座《せいざ》	四
アメリカ南北《なんぼく》	四
中央亞細亞《ちうあうあじあ》	一
歐羅巴《ようろつぱ》	〇
（研究未成《けんきうみせい》のもの）	一

であつて、印度《いんど》星座《せいざ》が最《もつと》も多《おほ》い所《ところ》、又《ま》た其他《そのた》のことを考《かんが》へること、此等《これら》星座《せいざ》は印度《いんど》で作《つく》られたことが察《さつ》せられる。若《も》し埃及《えぢぷと》か、バビロニヤで作《つく》られたならば、其國《そのくに》に關《くわん》する星座《せいざ》が澤山《たくさん》あるべき筈《はず》だが、アススリヤ、バビロニヤのもの丶如《ごと》きは一つもな

く、埃及《えぢぷと》のはエーリダノス即《すなは》ちナイル河星座《がはせいざ》が一つあるばかり、支那《しな》も僅《わづ》かに楊子《やうす》江以南《かういなん》のものが一つ、以北《いほく》のものが一つに過《す》ぎぬ。又《ま》た希臘神話《ぎりしやしんわ》の名《な》が澤山《たくさん》あるけれども、其等《それら》の地理《ちり》は印度《いんど》が重《おも》であつて、今《いま》の歐羅巴《ようろつぱ》の希臘《ぎりしや》のものなどは皆無《かいむ》である。して見《み》ると、矢張《やは》り最《もつと》も多《おほ》い國《くに》の印度《いんど》が是等星座《これらせいざ》の原産地《げんさんち》だと考《かんが》へられても、當然《たうぜん》と思《おも》はれる。若《も》し然《しか》りとすると、天文學史《てんもんがくし》は勿論《もちろん》、一般《はん》の人文歴史《じんぶんれきし》にも大變革《だいへんかく》と大訂正《だいていせい》とが行《おこな》はれねばならぬことゝなる。

印度から埃及へ――　次《つぎ》に又《ま》た日本《にほん》に傳《つた》はつて居《ゐ》る史料《しれう》には、印度《いんど》から埃及《えぢぷと》へ天文星座《てんもんせいざ》が傳《つた》へられて、其《そ》れが神《かみ》に祭《まつ》られたことが書《か》いてある――が、此事《このこと》は本《ほん》書《しよ》の後部《こうぶ》に『星座研究史論《せいざけんきうしろん》』の部《ぶ》に述《の》べる。

諸星座の配列――且《か》つ是等諸星座《これらしよせいざ》で、北極即《すなは》ち北天《ほくてん》の中央附近《ちうあうふきん》のものは盡《ことごと》く印度《いんど》であり、次第《しだい》に遠《とほ》い國《くに》のものは黄道附近に置《お》いてある。又《ま》た黄道《くわうだう》十二宮も殆《ほとん》ど印度星座《いんどせいざ》が多數《たすう》で、支那《しな》が一つ、阿弗利加《あふりか》ものが二つあるばかり。それから南天星座《せいざ》の多《おほ》くは南洋《なんやう》のもの、北太平洋《きたたいへいやう》のもの、南北《なんぼく》アメリカのもの、遠《とほ》く埃及《えぢぷと》のもので、

たゞ三つ印度《いんど》のものが交《まじ》つて居《ゐ》る。(プトレミイ星座《せいざ》に就《つ》いて云《い》ふ)

丁度此配列《ちやうどこのはいれつ》の有様《ありさま》は史記《しき》「天官《てんくわん》」の書《よ》が『冠帯《くわんたい》(文明國《ぶんめいこく》)を内《うち》にし・夷狄《いてき》を外《そと》にし、中國《ちうごく》を分《わか》ちて十有《いう》二州《しう》とし』と云《い》ふに當《あた》つて居《ゐ》る。乃《すなは》ち内《うち》とは北天《ほくてん》の圏内《けんない》を云《い》ひ、外《そと》とは南天《なんてん》を云《い》ひ、中國《ちうごく》十有《いう》二州《しう》とは黄道《くわうだう》十二州《きう》の國《くに》を云《い》ふたもの丶やうてある。

神話、傳說の出所、解釋の新方面――右《みぎ》の如《ごと》く、舊來《きうらい》の天文學史《てんもんがくし》に於《おい》ては、星座《せいざ》の如《ごと》きも西洋方面《せいやうはうめん》で出來《でき》たもの丶やうに思《おも》ひ、東洋《とうやう》や、印度《いんど》や、アメリカや、アフリカ等《とう》の如《ごと》きは殆《ほとん》ど關《くわん》する所《ところ》に非《あら》ず、印度《いんど》の如《ごと》きは天文學史上《てんもんがくしじやう》どんな位置《ゐち》のものかすらも知《し》らなかつたものだが、此我等《このわれら》の研究《けんきう》に據《よ》れば、全《まつた》く東西位置《とうざいゐち》を異《こと》にし、星座《せいざ》の中心《ちうしん》は印度《いんど》であり、印度《いんど》で作《つく》つたものたることを考《かんが》へられるやうになり・歐羅巴《ようろつぱ》の如《ごと》きは星座中《せいざちう》に一投票《とうへう》も持《も》たぬことになると、從來星座《じうらいせいざ》に附《つ》いて居《ゐ》た神話傳說《しんわでんせつ》の出所《しゆつしよ》や解釋《かいしやく》にも革命《かくめい》が來《こ》ねばならぬ。

そして希臘神話《ぎりしやしんわ》が大部分《だいぶぶん》を占《し》めて居《ゐ》るが、其希臘《そのぎりしや》が西洋《せいやう》の希臘《ぎりしや》でなく、『阿弗利加《あふりか》や、印度《いんど》の太古《たいこ》の希臘民族《ぎりしやみんぞく》』(日本民族《にほんみんぞく》)が其希臘神話《そのぎりしやしんわ》の持主《もちぬし》であつたとの説明《せつめい》となる。又た日本的《にほんてき》の神話傳説《しんわでんせつ》もあるが、其《そ》れも太古《たいこ》の『印度時代《いんどじだい》の日本《にほん》』民族《みんぞく》が提供《ていきよう》したものであつて、現時《げんじ》の諸國民《しよこくみん》は、太古《たいこ》に在《あ》つて、或《あるひ》はアフリカに或《あるひ》は印度《いんど》に、流《る》轉《てん》し、移動《いどう》し、集合《しふがふ》し、離散《りさん》したもので、現時《げんじ》は現時《げんじ》の如《ごと》く諸國《しよこく》に落《お》ち付《つ》いたものであることが考《かんが》へられる。

從《したが》つて星座《せいざ》の神話傳説《しんわでんせつ》の出所《しゆつしよ》も、亦新《またあたら》しい方面《はうめん》が發見《はつけん》されて、解釋《かいしやく》も趣《おもむき》を異《こと》にし、眼界《がんかい》も材料《ざいれう》も大《おほ》きくなつて、舊來《きうらい》の不明《ふめい》の箇所《かしよ》は明瞭《めいれう》となり、舊來《きうらい》の無學《むがく》は學《まな》ぶことが出來《でき》、舊來《きうらい》の誤謬《ごびう》は訂正《ていせい》され、尚《な》ほ又《ま》た新《あたら》しい面白《おもしろ》い結果《けつくわ》が、將來《しやうらい》の研究《けんきう》に約束《やくそく》されるやうになつた。

之《こ》れと同時《どうじ》に世界《せかい》一般《はん》の人文史《じんぶんし》に大變動《だいへんどう》の起《おこ》るも當然《たうぜん》であるが、これは本書《ほんしよ》の後《こう》部《ぶ》に論《ろん》ずることにする。

余の新發見――此《こ》の通《とほ》りに『星座圖《せいざづ》は地圖《ちづ》を天上《てんじやう》に上《あ》げたもの』のであることゝ、又《ま》た『其星座《そのせいざ》の天球《てんきう》に於《お》ける配置《はいち》は印度中心《いんどちうしん》』で、『星座圖《せいざづ》は印度《いんど》で出來《でき》たもの』とのことは全《まつた》く著者《ちよしや》の新發見《しんはつけん》て、此事《このこと》は、日本《にほん》及《およ》び世界《せかい》の天文學史界《てんもんがくしかい》に報告《はうこく》して置《お》く。

以上《いじやう》は星座《せいざ》の新研究《しんけんきう》の結果《けつくわ》を總說《そうせつ》したものだが、尙《な》ほ次《つぎ》に星座《せいさ》の各論《かくろん》には入《い》つて、然《しか》る後《のち》に又《ま》た再《ふた》び達觀的研究論《たつくわんてきけんきうろん》に出《で》るてあらう。

以上《いじやう》は本書《ほんしよ》の總論《そうろん》であるが、次《つぎ》に星座《せいざ》の本論《ほんろん》即《すなは》ち各個《かくこ》の星座《せいざ》を研究《けんきう》する。

第二部　北天の星座

緒言　北極に近き星座

全天《ぜんてん》の星座《せいざ》は（一）北天《ほくてん》と、（二）黄道帶《くわうだうたい》と、（三）南天《なんてん》との三つに區分《くぶん》したが、其北《そのほく》天《てん》にある星座《せいざ》は、北極《ほくきよく》に近《ちか》いものから順《じゆん》に擧《あ》げると、

小熊星《こぐませい》――これに北極星《ほくきよくせい》がある。

大熊星《おほぐませい》

龍《りう》

氣比《けひ》ノ宮《みや》（ケヒウス）

櫃日《かしひ》ノ宮《みや》（カシオピヤ）

櫛《くし》・稻田《ゐなだ》姫《ひめ》（アンドロメダ）

須佐之男《すさのを》ノ命《みこと》（ペルセウス）

坊太《ぼうた》郎《らう》
北冠《きたかんむり》
ヘエラクレエス
蛇取《へびとり》（及《およ》び蛇《へび》）
天琴《てんきん》
雁《かりがね》
矢《や》
大鷹《おほたか》と、アンチノウス
天馬《てんば》
牛車《ぎうしや》
入鹿《いるか》
相馬《さうま》
北方《ほくはう》三角《かく》
等《とう》の二十一星座《せいざ》である。

第一章　大熊星座

大熊星座——羅甸名《らてんめい》ウルサ・マヨール。Ursa Major は北天《ほくてん》に於《お》ける最《もつと》も顯《いちじる》しい星座《せいざ》で、大《おほ》きな體《からだ》と長《なが》い尾《を》を有《も》つた熊《くま》の形《かたち》を以《も》つて表《あら》はされて居《ゐ》る。此星座《このせいざ》は昔《むかし》から北斗《ほくと》七星《せい》と稱《しよう》されたもので、乃《すなは》ち大熊星座《おほくまぜいざ》中《ちう》の最《もつと》も明瞭《めいれつ》な七星《せい》から名付《なづ》けたものである。此《この》七星《せい》を北斗《ほくと》と云《い》ふのは、七星《せい》を線《せん》で結《むす》んだ形《かたち》が、斗《と》即《すなは》ち柄杓又《ひしやくまた》は銚子《てうし》の形《かたち》だからである。「斗《と》」をヂッペル Dipper と謂《い》ひ、水《みづ》の中《なか》に突《つ》き込《こ》み、水《みづ》をかき回《まは》し、水《みづ》を杓《く》むことを意味《いみ》する即《すなは》ち柄杓《ひしやく》である。

第一圖　柄杓七星

北極の指針——凡《およ》そ天文《てんもん》を扱《あつか》ふには先《ま》づ方角《はうがく》の本《もと》として北極《ほくきよく》を知《し》らねばならぬが、其《そ》れを知《し》るには此《この》七星《せい》が一種《しゆ》の指針《ししん》となるのである。其《そ》れは此《この》「斗《と》」即《すなは》ち柄杓《ひしやく》の頭《あたま》の二つの星《ほし》を結《むす》んで其線《そのせん》を開《ひら》いた方《はう》に指《し》

線《せん》を引《ひ》き延《の》ばすときは、約《やく》其《その》五倍《ばい》の所《ところ》に北極星《ほくきよくせい》がある。北極星は正北極《せいほくきよく》にあるので

第二圖

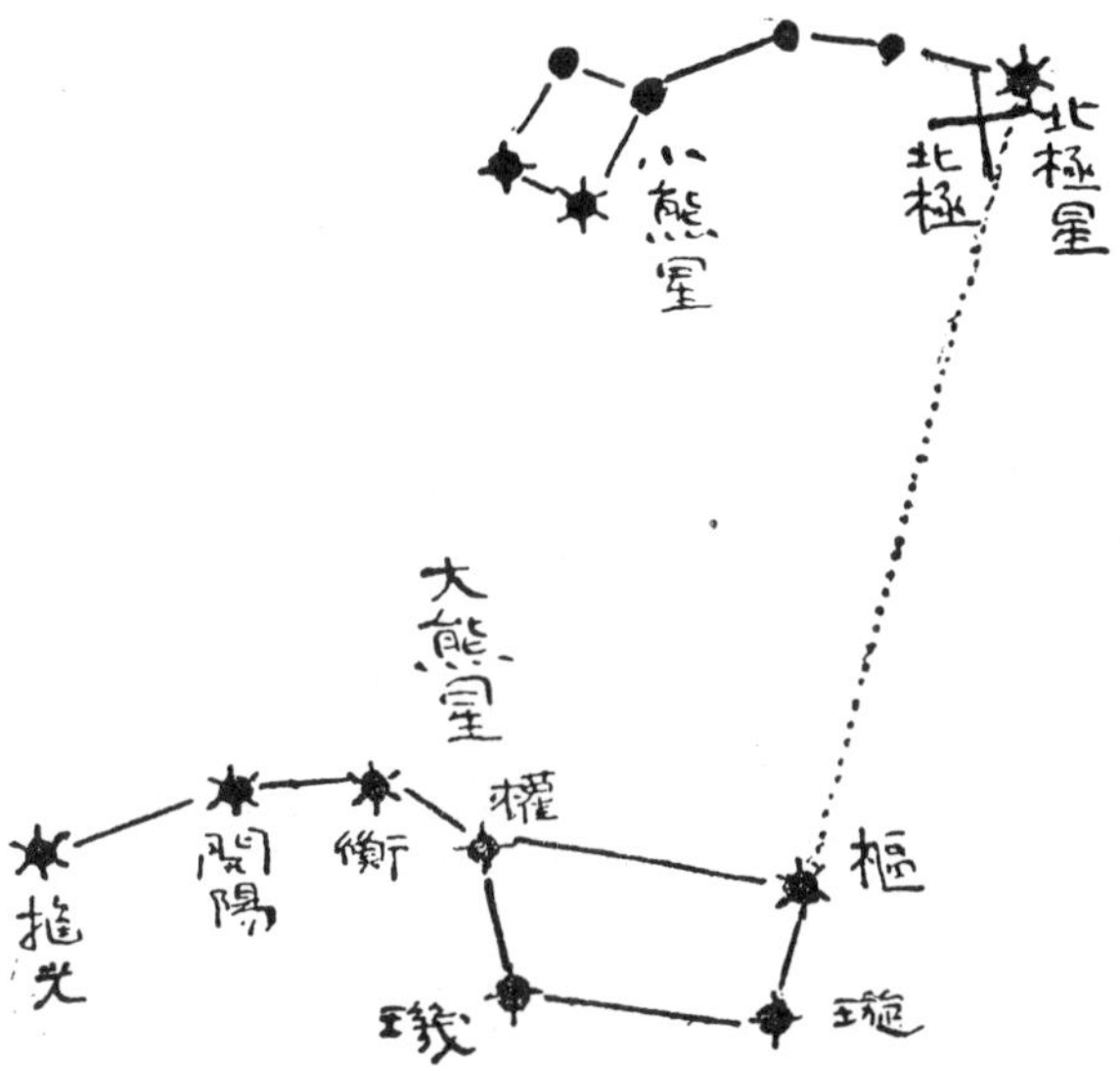

北極指針

なく、殆《ほとん》ど北極《ほくきよく》の側《そば》にある所《ところ》から北極《ほくきよく》星《せい》と云《い》ふて居《ゐ》る。此北斗七星《このほくとしちせい》の居所《ゐどころ》は毎日時間《まいにちじかん》に由《よ》つて何時《いつ》も變《かは》つて居《ゐ》るが星座《せいざ》の形《かたち》は其《その》まゝで、今云《いまい》ふた指線《しせん》は何時《いつ》も北極《ほくきよく》を指《さ》して居《ゐ》るから、夜中《やちう》に磁針《じゆしん》などの無《な》い時《とき》に北《きた》を知《し》るには、仰《あふ》いで此星《このほし》の指《さ》し示《しめ》しを受《う》ければ善《よ》い。

意《おも》ふに此大熊星座《このおほくませいざ》は北斗《ほくと》七星《せい》の柄杓星座《せいざ》と云《い》ふべきものであつたが、後《のち》に星座地理《せいざちり》が擴《ひろ》まつて、今《いま》の大熊《おほくま》の形《かたち》になつて、其柄杓《そのひしやく》を其内《そのうち》に包含《はうがん》するやうになつたものと思《おも》はれる。何故《なぜ》ならば北斗《ほくと》七星《せい》は大熊《おほくま》の體《からだ》の輪廓《りんくわく》にも何《なん》にも殆《ほとん》ど關係《くわんけい》なく、熊《くま》の形《かたち》は、尚《な》ほ他《た》の大地理《だいちり》に依《よ》つて

作《つく》られて居るやうだからである。だから此星座地理《このせいざちり》を知《し》るには、第《だい》一に北斗《ほくと》の柄杓《ひしやく》

第三圖

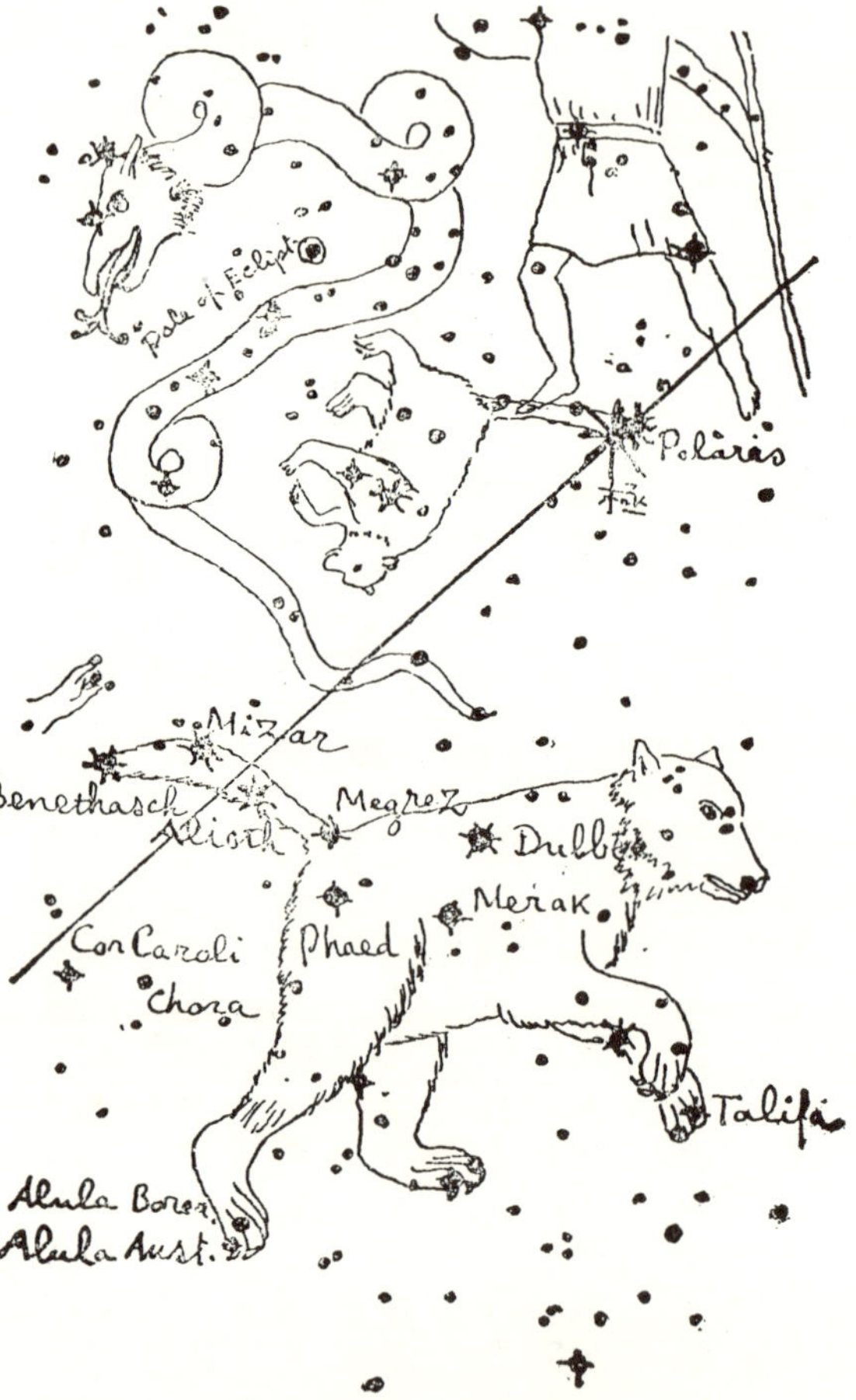

北極附近星座

星座地理《せいざちり》を發見《はつけん》し、次《つぎ》に擴大《くわくだい》して熊《くま》の形《かたち》を作《つく》れば自然《しぜん》に其全體《そのぜんたい》の地理《ちり》が知《し》れるわけ

第四圖

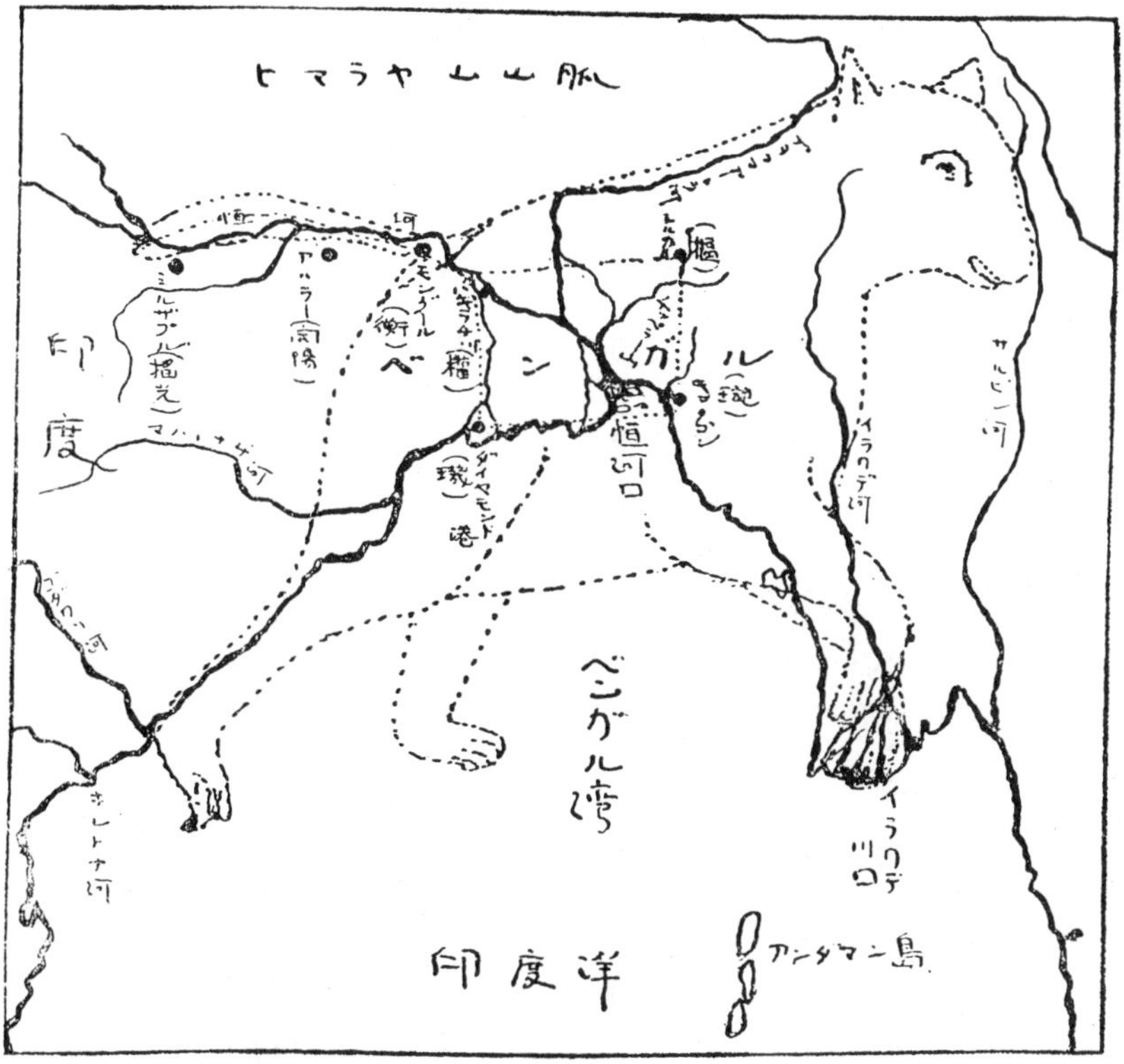

大熊星座

である。然《か》らば柄杓七星——は何處《どこ》を象《かたど》つたものであらうか。此《この》七星《せい》は最《もつと》も古《ふる》い星座《せいざ》である上《うへ》に、我等《われら》は、星座《せいざ》は印度《いんど》で大成《たいせい》されたものたることを唱《とな》へる者《もの》であるから、先《ま》づ印度《いんど》に着眼《ちやくがん》する。此星座《このせいざ》は、ヂッペルDipperと謂《い》ひ・印度《いんど》恒河口《こうかくち》の東《ひがし》にチッペラーTipperah 山地《やまち》方《はう》があつて、TをDに變《か》へたら、チッペラーはヂッペルであるから、先《ま》づ此恒河口《このこうかくち》の東《ひがし》の地《ち》を柄杓《ひしやく》の頭《あたま》と假定《かてい》すれば、恒河《こうか》の形《かたち》は柄杓《ひしやく》の柄《え》の形《かたち》と全《まつた》く同《おな》じであることが知《し》られ、茲《ここ》にヂッペル星座《せいざ》の見當《けんたう》が付《つ》いた。

七星地名——　北斗《ほくと》七星《せい》は柄杓《ひしやく》の頭《あたま》の方《はう》から左《さ》の順序《じゆんじよ》になつて居《ゐ》て、地名《ちめい》に當《あ》てると、

（漢名）	（洋名）	（印度地名）
天樞《てんずう》……	ヅッペ(Duppe)……	チッペラー（シルカル）
天璇《てんせん》……	メラク(Merak)……	キッタゴン
天璣《てんき》……	ファイド(Phaed)……	ダイヤモンド港《かう》
天權《てんけん》……	メグレッ(Megrez)……	バギラチ（川のムルシダバッド）
玉衡《ぎよくかう》……	アリオート(Alioth)……	モングール
開陽《かいやう》……	ミザル(Mizar)……	アルラー
搖光《えうくわう》……	ベネタスク(Benethaskh)……	ミルザプル

てある。

天樞——は極《きよく》であり、棒《ぼう》であり、ヂッペルである所《ところ》からヅッペと訛《なま》つて星《ほし》の名《な》となつて居《ゐ》る。

天璇——の璇《せん》は「おつくり玉《だま》」白玉《はくぎよく》を意味《いみ》して、チッペラー地方《ちはう》の南《みなみ》のキッタゴン——是《こ》れに白玉《はくぎよく》(パリス)神話《しんわ》や、舊名《きうめい》の考證《かうしよう》がある。洋名《やうめい》メラクは Mir-ak が語《こ》源《げん》で、寫《うつ》し照《て》らすを意味《いみ》する。

天璣——はカクメ玉《だま》なるもので、金剛石《こんがうせき》を意味《いみ》し、フグリ河口《かこう》のダイヤモンド港《かう》の名《な》に對譯《たいやく》される。洋名《やうめい》フアイドは希臘語《ぎりしやご》光《ひか》り輝《かゞや》くを意味《いみ》する。

天權——は「重《おも》さ」「力《ちから》」を意味《いみ》し、バギラチ河《かは》 Bhagirathi (Bag-radio) は其別譯《そのべつやく》に當《あた》つて居《ゐ》る。洋名《やうめい》メグレヅも亦希臘語《またぎりしやご》メガで大《だい》と力《ちから》とを意味《いみ》して別譯《べつやく》である。

玉衡——は「一様《やう》に、平《たひら》に、盡《ことごと》く皆《みな》」を意味《いみ》し、洋名《やうめい》アリオート Ali-oth は「皆《みな》成《なる》」を意味《いみ》し、現地名《げんちめい》モングールは又其別譯《またそのべつやく》である。(Mon-gyhr = Mon-gaur)

開陽——は男性發揮《だんせいはつき》、發行《はつかう》を意味《いみ》し、星《ほし》の名《な》ミザル (Mizar = Missi-ar) は其對譯《そのたいやく》。

パトナの西《にし》の現在地名《げんざいちめい》アルラー Ar-rah も亦其對譯《またそのたいやく》。

搖光——光《ひかり》をゆり動《うご》かし見《み》せる意味《いみ》で、星《ほし》の名《な》ベネタスクも、現在地名《げんざいちめい》ミルザプルも皆同《みなおな》じ意味《いみ》の對譯《たいやく》である。(Bene-tha-sch = Phaine-thao-sch. Mirzapur = Mir-sophro)以上《いじやう》て北斗《ほくと》七星《せい》の地理《ちり》は正確《せいかく》に知《し》られたと云《い》ふてもよい。

ベンガルと大柄杓と熊——且《か》つ又《ま》た此地名《このちめい》の指示《さしじめ》す範圍《はんゐ》を見《み》ると、殆《ほとん》どこれは印度《いんど》のベン・ガル全體《ぜんたい》を示《しめ》すものと觀《くわん》ぜられる。そこで『ベン・ガル』とは又《ま》た大杯《おほさかつき》、大柄杓《おほひしやく》、大銚子《おほてうし》を意味《いみ》するのも面白《おもしろ》い。だからベン・ガルの「ガル」は水量《すゐりやう》のガロン」と同語《どうご》、「斗《と》」を意味《いみ》する(ガロンは西洋《せいやう》では、昔《むかし》は其量不定《そのりやうふてい》であつたが、日《に》本《ほん》では「斗《と》」と譯《やく》してある)。

けれども此柄杓又《このひしやくまた》は大銚子《おほてうし》星座《せいざ》が如何《いか》にして大熊星座《おほくませいざ》になつたてあらうか。日本語《にほんご》を以《も》つてすれば説明《せつめい》は意外《いぐわい》に簡單《かんたん》である。柄杓《ひしやく》は汲《く》むもの、汲《く》むなる語《こ》はクマ、クミ、クム、クメて、「クマ」即《すなは》ち「熊《くま》」である。且《か》つ希臘語《ぎりしやご》「クマ」又《ま》たクマノ(Kyma, Kymano 熊野《くまの》)は波立《なみた》つこと、水《みつ》をかき廻《ま》はすこと等《たど》を意味《いみ》し、又《ま》た凡《すべ》て膨脹《ぼうちやう》したものをクマと云《い》ふのである。さらば水汲《みづく》むこともクマ、肥大膨脹《ひだいぼうちやう》したものもクマで、此《こ》に熊《くま》の語源《ごげん》を得《え》、大柄杓《おほひしやく》が大熊《おほくま》となるのである。

「クマノ」は「クマ」の語尾變化《ごびへんくわ》で、日本《にほん》の熊野は北斗が祭つてあると云《い》ふのも、此《この》大熊星座《おほいうせいざ》を云《い》ふたもので、印度《いんど》のチッペラー山《やま》が熊野山《くまのやま》で、日本《にほん》の熊野《くまの》は其寫《そのうつ》しである。そして熊野詣《くまのまゐ》りの修行者《しゆぎやうしや》が勸進柄杓を持《も》つのは此地理《このちり》の記號的因縁《きがうてきいんえん》である。

大熊星になつたカンリスト媛と其子小熊星――希臘神話《ぎりしやしんわ》にカンリスト媛《ひめ》が大熊星《おほいうせい》になつた話《はなし》がある。希臘神話《ぎりしやしんわ》と言《い》へど實《じつ》は印度《いんど》の神話《しんわ》である。其話《そのはなし》にはアルカヂヤの國《くに》（熊《くま》の國《くに》、又《ま》た肥《ひ》の國《くに》）の祖先《そせん》はアルカスなる人《ひと》で、此人《このひと》から其《その》國號《こくがう》は起《おこ》つたが、彼《か》れはゼウスを父《ちゝ》としカンリスト媛《ひめ》から生《うま》れた者《もの》である。カンリスト媛《ひめ》の名《な》は『最《もつと》も美《うつく》しき者《もの》』を意味《いみ》し、アルカヂヤの森《もり》や荒野《あれの》を好《この》んだ仙女《せんぢよ》であつて、處女《しよぢよ》の女神《めがみ》たり狩《かり》の女神《めがみ》たるアルテミスの侍從《じじう》であつた所《ところ》から、童貞《どうてい》を守《まも》るべき義務《ぎむ》があつたが、ゼウスの戀《こひ》を許《ゆる》した爲《た》めに、アルテミス女神《ぢよしん》の罰《ばち》を受《う》けたとのことである。又《ま》た他《た》の話《はなし》に據《よ》ると、ゼウスの神《かみ》の妻《つま》たるヘーラ女神《ぢよしん》が、ゼウスとカンリストとの戀愛關係《れんあいくわんけい》を發見《はつけん》したから、ヘーラ女神《ぢよしん》は嫉妬《しつと》を以つてカンリストを熊《くま》にして仕舞《しま》ひ、是《これ》まで狩獵《かり》に使用《しよう》された獵犬《れふけん》は、今《いま》はカンリストに敵《てき》たうやうになり、又《また》アルテミス女神《ぢよしん》は、彼女《かのぢよ》を射殺《いころ》し給《たま》ふた。けれどもゼウスは未《いま》だ生《うま》れぬ彼女《かのぢよ》の子供《こども》アルカスを助《たす》け、又《また》母《はゝ》を天《てん》に上《あ》げて星座《せいざ》にし給《たま》ふた。ヘーラ女神《ぢよしん》の怒《いか》りは尚《な》ほ熄《や》まず、大熊星《だいいうせい》をして、決《けつ》して水平線下《すゐへいせんか》に降《くだ》ることを許《ゆる》さず、永久天《えいきうてん》に在《あ》つて、休《やす》むことなく、極《きよく》の周圍《しうゐ》を迴《まは》るやうにした。

又《また》他《た》の話《はなし》に據《よ》るとカンリスト媛《ひめ》は熊《くま》にせられて、犬《いぬ》を恐《おそ》れるやうになり、自分《じぶん》が熊《くま》でありながら熊《くま》を恐《おそ》るやうになつた。或日《あるひ》一青年《せいねん》が狩《かり》をして居《ゐ》る時《とき》に彼女《かのぢよ》に出《で》逢《あ》ふた。彼女《かのぢよ》は其青年《そのせいねん》を見《み》て、これは自分《じぶん》の子《こ》アルカスが成長《せいちやう》したのであることを認《みと》めて、立止《たちど》まつて彼《か》の青年《せいねん》を抱《だ》かうと思《おも》ふた。青年《せいねん》は驚《おどろ》いた。忽《たちま》ち槍《やり》を揚《あ》げて、今《いま》や將《まさ》に彼女《かのぢよ》を突《つ》かんとしたが、大神《おほがみ》ゼウスは之《こ》れを見《み》て母殺《はゝころし》の罪《つみ》を犯《をか》さぬやうにと制止《せいし》し、兩者《りやうしや》を捕《とら》へ去《さ》つて之《これ》を天《てん》に揚《あ》げ、母《はゝ》を大熊星《だいいうせい》に、子《こ》を小熊星《せういうせい》にし給《たま》ふた。所《ところ》が妻《つま》ヘーラ女神《ぢよしん》は、此《か》く競爭《きやうさう》する女性《ぢよせい》と其子《そのこ》とが天《てん》に上《あ》げられた光榮《くわうえい》を嫉《ねた》み、大祖大洋《たいそたいやう》の神《かみ》の所《ところ》へ行《い》つて訴《うつた》へて云《い》ひ給《たま》ふに『ゼウスの神《かみ》は尙《な》ほ此女性《このぢよせい》を妻《つま》にして自分《じぶん》を追《お》ひ出《だ》す考《かんが》へである。若《も》し妾《わたし》の爲《た》めを思《おも》ひ給《たま》はゞ、此罪《このつみ》ある母子《おやこ》をして決《けつ》して汝《なんぢ》の水《みづ》に下《くだ》らしめること無《な》いやうに爲《な》し給《たま》へ』と。大洋《たいやう》の神《かみ》は其願《そのねが》ひを容《い》れて、此大熊《このおほくま》と小熊《こくま》との星《ほし》をして、決《けつ》して水平下《すゐへいか》に來《きた》らしめることなく、永久休《えいきうやす》まず、くる〳〵と北極《ほくきよく》の周圍《しうゐ》をめぐらしめるやうに爲《な》し給《たま》ふたと。

『カンリスト』は『ベン・ガル』――前《さ》きにベンガルは柄杓《ひしやく》を意味《いみ》し、其汲《そのく》むなる語《ご》が熊《くま》であるとを言《い》ふたが、カンリストなる女性《ぢよせい》の名《な》も、Callistで、其《その》カをガに發音《はつおん》したらGallistで、ベン・ガルBen-Gallと同《おな》じ意味《いみ》であるのは注意《ちうい》すべきとである。

大熊地理　――此《か》くて大熊《おほくま》はベンガルと同《おな》じ名《な》であるとすれば、此星座地理《このせいざちり》は容易《ようい》に知《し》れることで、前《まへ》に云《い》ふた柄杓星團《ひしやくせいだん》を其中《そのうち》に含《ふく》んだ大《おほ》きな熊《くま》の畫《ゑ》が出來《でき》、頭《あたま》はサルビン河《がは》の上流《じやうりう》に當《あた》り、背線《はいせん》はプラフマプートラ河《がは》とガンジス河《かこう》との流《なが》れの線《せん》に附《つ》き、尾《を》は恒河《こうか》のミルザプルの町《まち》に至《いた》り、前足《まへあし》はイラワチ河《がは》の線《せん》に沿《そ》ひ、又《ま》た其《その》河口《かこう》の突出部《とつしゆつぶ》に一致《ち》し、後足《あとあし》の右《みぎ》は中印度《ちういんど》の海岸線《かいがんせん》の形《かたち》である。

第二章　小熊星座

小熊星座——羅《ら》甸名《てんめい》ウルサ・ミノール Ursa Minor は、北極星《ほくきよくせい》の近《ちか》くに在《あ》つて大熊星《だいゆうせい》と其形《そのかたち》殆《ほとん》ど同《おな》じである。小熊《こぐま》の尾《を》に北極星がある。天文學者《てんもんがくしや》の云《い》ふ所《ところ》に據《よ》ると、是等《これら》の星座《せいざ》の作《つく》られた時代《じだい》には、「極《きよく》」は龍星座《りうせいざ》の近《ちか》くに在《あ》つたと思《おも》はれる。そして航海者等《かうかいしやとう》は長《なが》い間《あひだ》、小熊星全體《せうゆうせいぜんたい》を見當《けんたう》として方角《はうかく》を定《さだ》めたものゝやうだとして居《ゐ》る。

第五圖

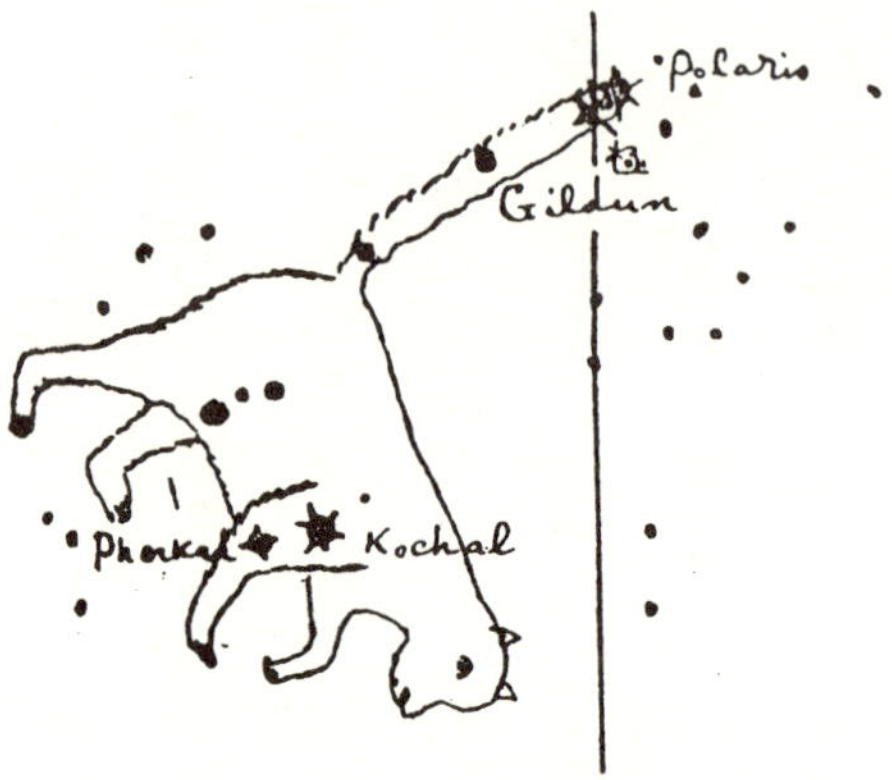

小熊星座

北印度ベハール——小熊星座《せうゆうせいざ》の地理《ちり》は星座圖《せいざづ》を見《み》たばかりでは殆《ほとん》ど發見《はつけん》されぬ。けれども、神話《しんわ》に、大熊星《だいゆうせい》の近《ちか》くにあること、極《きよく》の近《ちか》くにあることゝを考《かんが》へ、又《ま》た北印度《きたいんど》「ベハール」が英語等《えいごとう》の熊《くま》を意味《いろ》する Bear

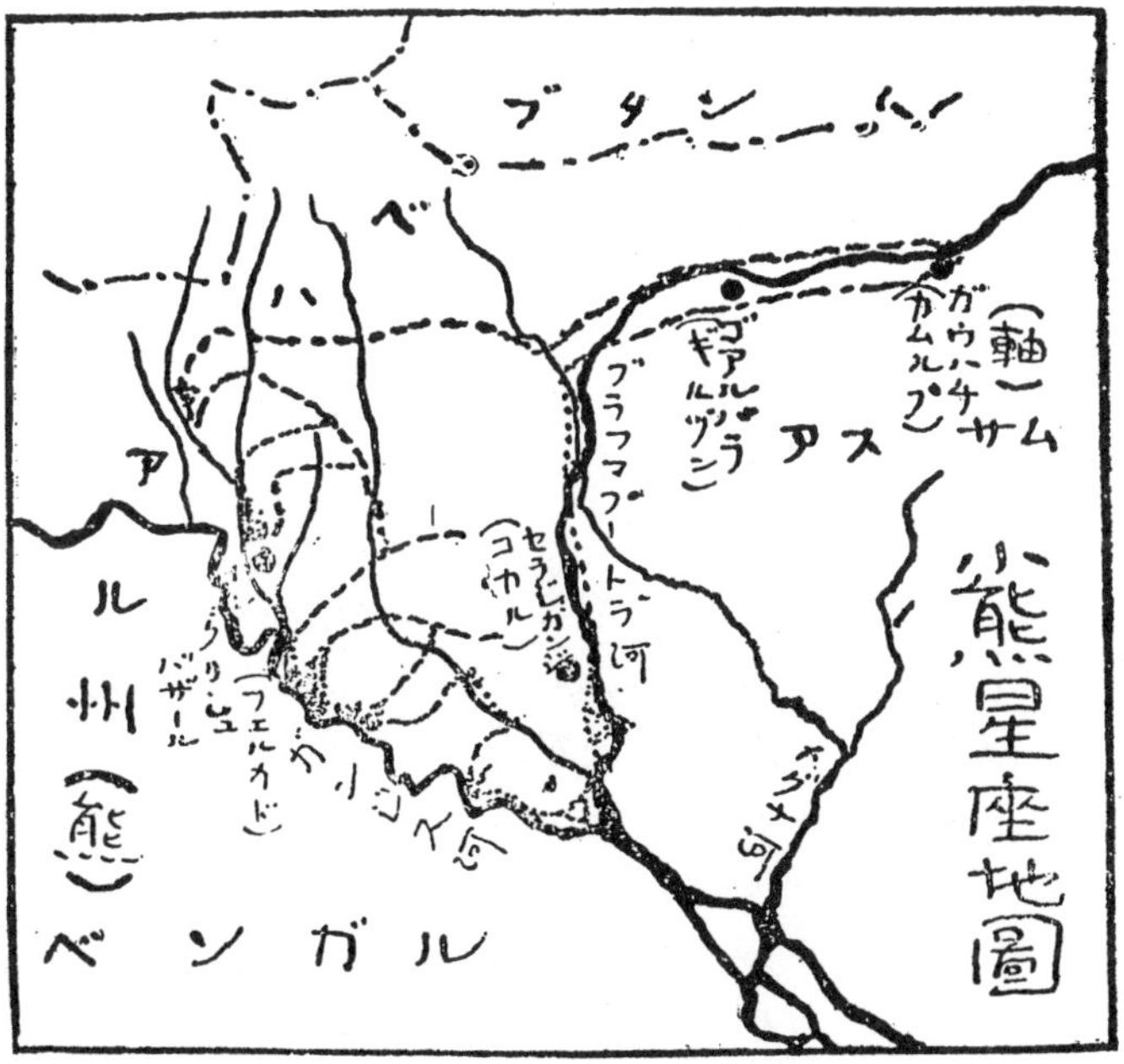

第六圖　小熊星座地圖

が「ベアール」と發音《はつおん》されて訛《なま》つたものと考《かんが》へて、着眼點《ちやくがんてん》を心ハールに定《さだ》めて見《み》たら、好結果《かうけつくわ》が得《え》られる。熊の體と尾との關《くわん》係《けい》は、ブラフマ・プートラ河《がは》の流《なが》れる角《かど》に當《あた》り、足《これ》から頭《かしら》は、恒河《こうか》とブラフマプートラとの中《ちう》間地《かんち》、即《すなは》ちベハールとしたら、星座圖《せいざづ》の小熊《こぐま》の形《かたち》が正確《せいかく》に畫《ゑが》かれる。

此星座《このせいざ》の熊《くま》の尾《を》に、最《もつと》も重要《ちうえう》な北極星《ほくきよくせい》がある。又此星座《またこのせいざ》の神話《しんわ》は、大熊星《だいいうせい》の部《ぶ》に其子《そのこ》として述《の》べて置《お》いたから、此《こゝ》には略《りやく》して可《よ》いと思《おも》ふ。

星の地理── 熊《くま》の尾《を》の尖《さき》にある北極星はアスサムのブラフマプートラ河《がは》に沿《そ》ふたガウハチ一名《めい》カムルプに當《あた》つて居《ゐ》る。カムルプ Kamrup(＜Camera-upsi)は圓《まる》天井《てんじやう》の頂《ちやう》上《じやう》即《すなは》ち「軸《ぢく》」を意味《いみ》し・即《すなは》ち極《きよく》である。尾《を》の中間《ちうかん》にあるギルヅンの星《ほし》はカムルプから西《にし》のゴアルパラの別譯《べつやく》で、(Gildun＝Goalpara)「黄金《わうごん》の重《おも》さ」を意味《いみ》して居《ゐ》る。

小熊《こぐま》の體《からだ》の右《みぎ》の方《かた》のコカルの星《ほし》は其位置《そのゐち》に相當《さうたう》するセイラジ・ガンジの別譯《べつやく》で、「焼《や》ける」を意味《いみ》する。(Kach-al＜Kogka-al＝Seiraji-ganji＜Seiros, ganz)其西《そのにし》のフエルカド Pher-kad の星《せい》は、其《そ》れに相當《さうたう》した位置《ゐち》の イングリシユ・バザールに當《あた》つて居《ゐ》る。即《すなは》ちフエル・カドの「フエル」は物《もの》を持寄《もちよ》る市場《しぢやう》を意味《いみ》して「バザール」に當《あた》り、「カド」は角《かど》でイングリシユの語源《ごげん》「アングル」に當《あた》つて居《ゐ》る。必《かなら》ずしもこれは英國《えいこく》の市場《しぢやう》を意味《いみ》せぬ。

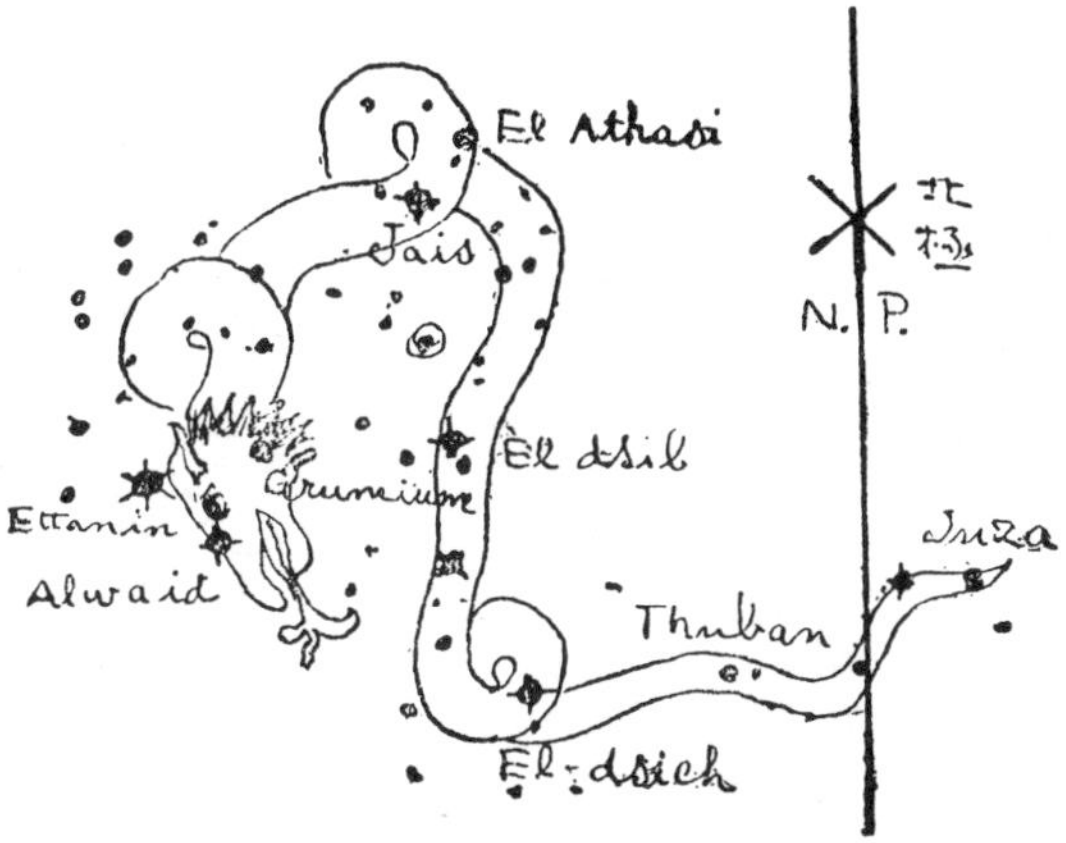

第七圖　龍星座

第三章　龍星座

龍星座――羅甸名《らてんめい》ドラコ Draco は北極星近《ほくきよくせいちか》く、又《ま》た小熊星座《こぐませいざ》の隣《となり》にある星座《せいざ》で其形《そのかたち》は長《なが》い龍《りう》が其身《そのみ》を三個所《かしよ》捩《ね》ぎ巻《ま》いて屈折《くつせつ》して居《ゐ》る。其《そ》れは果《はた》して何物《なにもの》を象《かたど》つたのであらうか。

緬甸ペグの三大河――龍《りう》と云《い》ふから考《かんが》へると、必《かなら》ず水《みづ》や、川《かは》や、池《いけ》に關係《くわんけい》あると見《み》ねばならぬ。其着眼《そのちやくがん》で研究《けんきう》を進《す》めると、是《こ》れは下緬甸《しもびるま》のペグに於《お》ける三つの有名《いうめい》な河《かは》を、かの如《ごと》き形《かたち》を以《も》つて繋《つな》いだもので、龍《りう》の捩《ね》ぢれ巻《ま》かれて居《ゐ》る部分《ぶぶん》は一つの河《かは》から他《た》の河《かは》を結《むす》び、又《ま》た連《つら》ねる記號《きがう》で、此《この》やり方《かた》は此他《このほか》の星座《せいざ》にもあることを茲《こゝ》に一言《ごん》して置《お》く。

先《ま》づ此龍《このりう》は頭部《とうぶ》及《およ》び口《くち》は左《ひだり》、カラダン河《かは》の河口《かはぐち》に當《あた》り、其《それ》から一と捩《ね》ぢして其右《そのみぎ》

第八圖

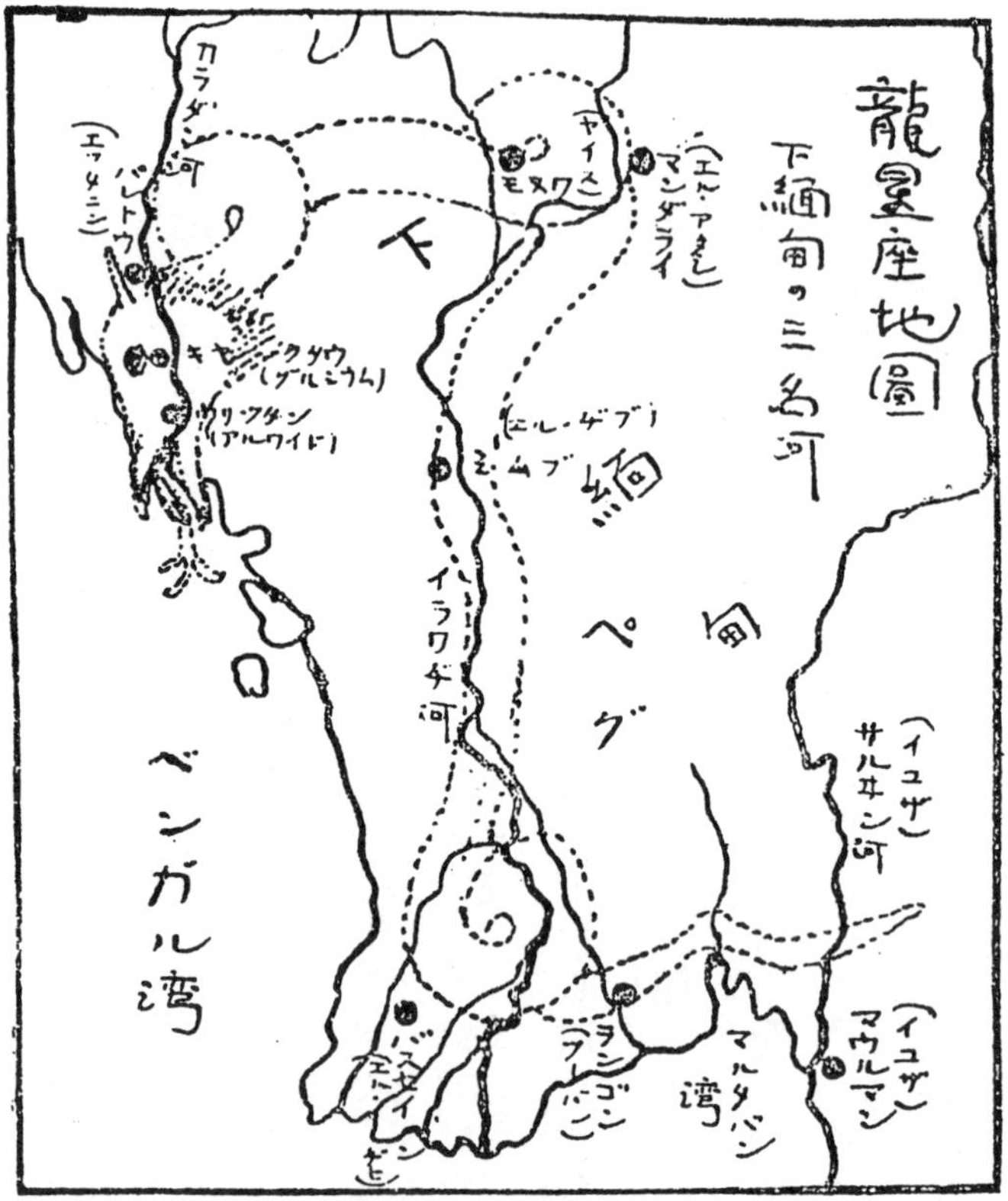

龍星座地圖

のイラワヂ河《かは》に移《うつ》り、マンダライ附近《ふきん》から星座《せいざ》の如《ごと》き曲折《きよくせつ》を以《も》つて其河《そのかは》に沿《そ》ふて南《みなみ》して河口《かはぐち》に至《いた》り其所《そこ》で又《ま》た一ト捩《ね》ぢして右《みぎ》してマルタバン灣《わん》の曲線《きよくせん》を帶《お》び、尾《を》は聊《いさゝ》かサルキン河《がは》にかゝつて終《をは》つて居《ゐ》るので、此《この》ペグの土《と》地《ち》の河《かは》を主《しゆ》として作《つく》つた星座圖《せいざづ》たることは明瞭《めいれう》である。

龍星座と眞善美の三河——此《この》ペグ Pegu(Peg)なる希臘語《ぎりしやご》の地名《ちめい》は源流《げんりう》噴《ふん》泉《せん》、發出《はつしゆつ》等《とう》を意味《いみ》して龍《りう》の觀念《くわんねん》を運《はこ》んで居《ゐ》る。又《ま》た龍《りう》の歐語《おうご》ドラコー(Draco, Dragon語源《ごげん》Dora-ago)は「授《さづ》け與《あた》ふ」を意味《いみ》する所《ところ》から、右《みぎ》三つの河《かは》の名《な》を檢査《けんさ》すると、皆《み》な其意味《そのいみ》で成《な》つて居《ゐ》ることが知《し》られる。第《だい》一カラダン河は語源《ごげん》Cala-addaで「美《び》を與《あた》ふ」を意味《いみ》し、イラワヂ河はIra-addiで「眞《しん》を與《あた》ふ」を意味《いみ》し、サルキン河は健康生命《けんかうせいめい》を與《あた》ふ——「善《ぜん》を與《あた》ふ」を意味《いみ》し、眞《しん》、善《ぜん》、美《び》を與《あた》へられたことを意味《いみ》し、龍《りう》は、此《か》くて三つの河《かは》の名《な》を一つに結《むす》んで、こゝに龍《りう》の要素《えうそ》が完成《くわんせい》するのである。

星の地名——　此星座《このせいざ》の星《ほし》の名《な》は、先《ま》づ龍《りう》の頭部《とうぶ》から始《はじ》めると——アルワイドAlwaid(-Wady)の名《な》がある。「初瀬《はつせ》」を意味《いみ》し、現名《げんめい》ウルイッタン Ur-ittang(Ur-edita)と對譯《たいやく》てある。其北《そのきた》のグルミウム Grumium(Granma)は「書《か》く河《かは》」と譯《やく》して、キヤウクタウ Kyank-tawの土地《とち》である。又其北《またそのきた》のエッタニン Ettanin(Edit-anin)は「古《ふる》河《かは》」古瀬《ふるせ》を意味《いみ》してパレトワ(Palae-edita)の地名《ちめい》である。

其《そ》れから龍《りう》は一ト巻《ま》き巻《ま》いて右《みぎ》へ行《いつ》てヤイス Jais(Iayso)の星《ほし》は「寢《ね》る」を意味《いみ》

し、イラワヂ河上流枝流《がはじやうりうしりう》キンヂン河《がは》のモヌワ Monywa(Mono-iaya)「一人《ひとり》かも寝《ね》ん」の町《まち》の名《な》であり、又《ま》た其右《そのひがし》のエル・アタシ El Athasr(Anthos)の星《ほし》は「花《はな》の都《みやこ》」を意味《いみ》して、イラワヂ河《がは》のマンダライ「花《はな》の都《みやこ》」の名《な》である。

其《そ》れから龍《りう》は一ト巻《ま》きして南《みなみ》へ下《くだ》つて、エル・ヂブ El-dsib(sib)の星《ほし》は、同族《ごうぞく》、又《ま》た人民《じんみん》の町《まち》を意味《いみ》して、イラワヂ河《がは》に沿《そ》うて居《ゐ》るミムブ Mimbu 即《すなは》ち「民部《みんぶ》」である。其《そ》れから南《みなみ》へ下《くだ》り終《をは》つて又《ま》た一と巻《ま》きして居《ゐ》る部分《ぶぶん》にエル・ヂヒ El-dsichなる星《ほし》がある。其《その》 dsich は獨逸語《どいつご》のジヒ Sich で自己同《じこどう》一の都《みやこ》を意味《いみ》してイラワヂ河口《がはぐち》近《ちか》くのバスセイン B-assein(assent)の對譯《たいやく》である。

其《そ》れから右《みぎ》して尾《で》の部分《ぶぶん》にツーバン Thuban(Do-bian)の星《ほし》がある。「生命《いのち》を上《あ》げる」を意味《いみ》してランゴン Ra-angon の別譯《べつやく》である。又《ま》た其右《そのみぎ》、龍《りう》の尾《を》の最《もつと》も端《はし》のイユザ Juza(Iô-Za)は「健全《けんぜん》」を意味《いみ》してサルキンの別譯《べつやく》である。此《か》くして此星座《このせいざ》の形《かたち》と、名《な》と、地理《ちり》とは明瞭《めいれう》に一致して、十分《ぶん》の説明《せつめい》を得たものである。

第四章　氣比ノ宮星座(ケヒウス)

ケヒウス星座——Cepheus。これはエチオピヤ王《わう》ケヒウスが、左《ひだり》の手《て》に棒《ぼう》を持ち、右《みぎ》の手《て》を擧《あ》げて物《もの》を指《さ》しつゝ眺《なが》め居《ゐ》る形《かたち》。——果《はた》して何《なに》を爲《な》しつゝあるのであらうか。又《ま》た此星座《このせいざ》の形《かたち》は果《はた》して何處《どこ》であらうか。

恒河口の北一帶——　其《その》エチオピヤ王《わう》と云《い》ふてある所《ところ》から考《かんが》へると、或《あるひ》はエチオピヤの地形《ちけい》を象《かたど》つたのかと思《おも》はれるが、エチオピヤは世界上《せかいじやう》一個所《かしよ》でない。阿《あ》弗利加《ふりか》にもあつた、小亞細亞《せうあじあ》にもあつた、ベルチスタンにもあつた、が何《いつ》れのエチオピヤも此星座《このせいさ》の形《かたち》になつて居《を》らぬ。印度《いんど》が星座《せいざ》大成地《たいせいち》である。大小熊星《だいせういうせい》、北極星《ほくきよくせい》に當《あた》る星《ほし》も印度《いんど》の土地《とち》に其地名《そのちめい》を發見《はつけん》する以上《いじやう》は、北極《ほくきよく》に近《ちか》い星座地理《せいざちり》は、又《ま》た大《だい》小熊星地理《せういうせいちり》の近《ちか》くと見《み》るが當然《たうぜん》で、我等《われら》は其《そ》れを恒河口《こうかくち》の北《きに》一帶《たい》の土地《とち》に認《みと》め得《え》たのである。

ケヒウスの頭《あたま》は南《みなみ》、足《あし》は北《きた》。普通《ふつう》の地理《ちり》の南北《なんぼく》では、彼《かれ》は逆立《さかだち》して居《ゐ》る。彼《か》れの頭《あたま》から帽子《ばうし》の後《うし》ろへそつた有様《ありさま》は恒河口《こうかくち》の西《にし》の部分《ぶぶん》と如何《いか》にもよく合《あ》うて居《ゐ》る。彼《か》れの右《みぎ》の手《て》の屈折《くつせつ》は、恒河口《こうかくち》の東《ひがし》からアラカンの地《ち》に南《みなみ》に向いて居《ゐ》て、これも見事《みごと》に地形《ちけい》に一致《ち》して居《ゐ》る。彼《か》れの左《ひだり》の手《て》は恒河《こうか》の流《なが》れに並行《へいかう》して、持《も》つて居《ゐ》る棒《ぼう》は、バギラチ河《がは》、フグリ河《がは》を象《かたど》つて居《ゐ》る。彼《か》れの右《みぎ》の手《て》はメグナ河《がは》に沿《そ》うて屈《くつ》して居《ゐ》り、左《ひだり》の足《あし》はブラフマプートラ河《かは》に沿《そ》ふて伸《の》びて居《ゐ》る。

第九圖

北

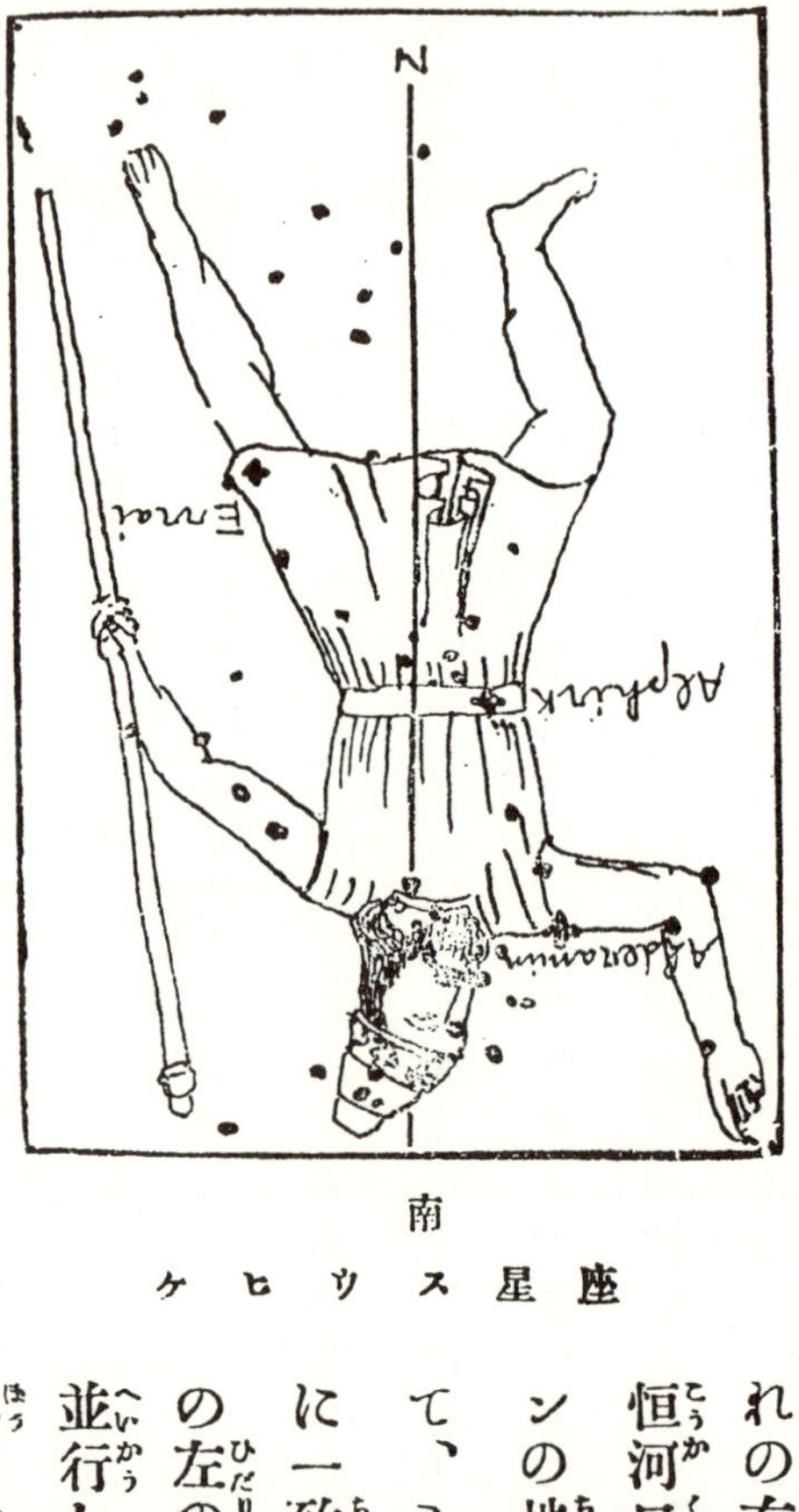

南

ケヒウス星座

星の地名―― 彼《か》れの右《みぎ》の腕《うで》にアルデラミン Al-deremin(Al-termin) の星《ほし》があつ

て、「凡《すべ》て善《よ》く仕《し》上《あ》げる」を意味《いみ》し、恒河口《こうかこう》の東《ひがし》のスードラマ Sudrama の對譯《たいやく》になつて居《ゐ》る。彼《か》れの帶《おび》にアルフイルク Alphirk(Al-pherok)の星《ほし》があつて、「凡《すべ》て重《おも》きに任《にな》ふ」を意味《いみ》し、メグナ河《かは》のブラフマ・アンベリエーB-rahm-an-berieh の對《たい》譯《やく》である。彼《か》れの左《ひだり》の足《あし》にイライ Errai(Irrui) の星《ほし》があつて「突進《とつしん》」を意味《いみ》し、ブラフマプトラ河《かは》の南《みなみ》へ折《を》れる角《かど》のチウブリ(Dhubri<Dia-ubri) の對《たい》譯《やく》である。

第十圖

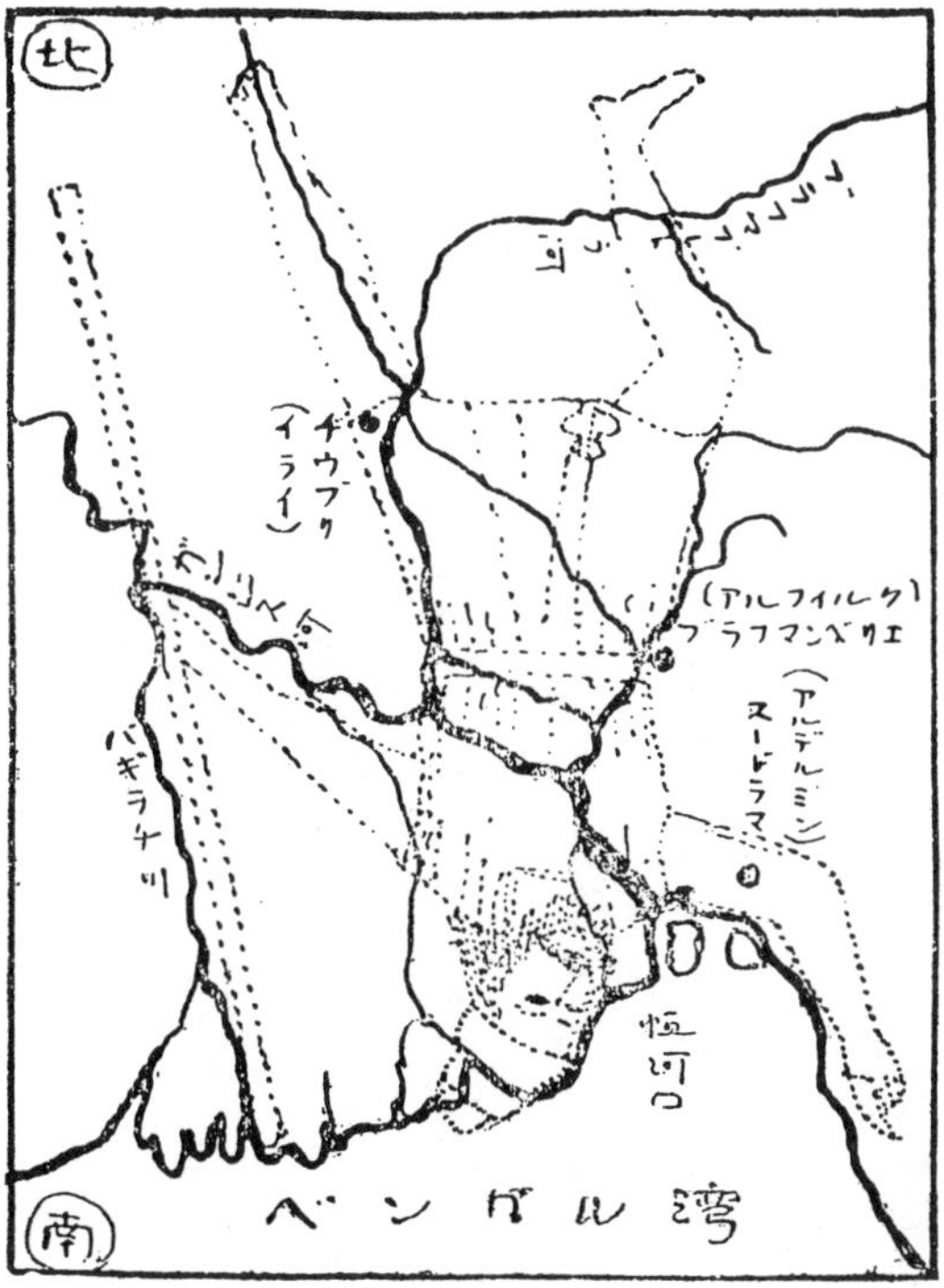

氣比の宮星座地圖

氣比の大神——ケヒウスなる人《ひと》は希臘神話《ぎりしやしんわ》にはカシオピヤの夫《をつと》、アンドロメダの父《ちゝ》と云《い》ふてあつて、其他何等聞《そのほかなんらきこ》える所《ところ》がないけれども、其樣《そのやう》な無意味《むいみ》の者《もの》が星《せい》座《ざ》に上《あ》がることはなく、必《かなら》ず非常《ひじやう》の人物或《じんぶつあるひ》は神《かみ》であつたこと丶考《かんが》へねばならぬ。然《しか》るに西洋方面《せいやうはうめん》には何等傳《なんらつた》ふる所《ところ》はないが、日本《にほん》には傳《つた》はつて居《ゐ》て、神社《じんじや》まで存在《そんざい》して尊敬《そんけい》を受《う》けて居給《ゐたま》ふ氣比《けひ》の大神《おほかみ》である。

横文字《よこもじ》で Cepheus と書《か》いてケヒウスと云《い》ふが、日本的《にほんてき》に發音《はついん》するとケヒ・ウシで、乃《すなは》ち『氣比氏《けひうち》』である。此神《このかみ》は越前《ゑちぜん》の角鹿《つぬが》に坐《ま》しますとあるが、「越《ゑち》の國《くに》」はエチ・オピヤ Ethi-opia でないか。日本《にほん》では古事記《こじき》に此神《このかみ》は又《ま》た「御《み》けつの大神《おほかみ》」と云《い》ふてあつて、これは食物《しよくもつ》の神《かみ》と解《かい》してあるが、「けつ」とは希臘語《ぎりしやご》ゲッ Gety で、凡《すべ》て物《もの》の本元《ほんげん》、源頭《げんとう》を意味《いみ》する語《ご》である。そしてケヒウスの名《な》も亦元《またげん》、頭《とう》、心頭《しんとう》等を意味《いみ》して名稱《めいしよう》の意義《いぎ》は同《おな》じである。

天文及び地理の神―― 日本《にほん》の所謂正史《いはゆるせいし》なるものには此神《このかみ》のことは餘《あま》り十分《ぶん》に傳《つた》はつて居《を》らぬが、種々《しゆく》の書物《しよもつ》に出《で》て居《ゐ》る所《ところ》を綜合《そうがふ》すると、此神《このかみ》は天文及《てんもんおよ》び地理《ちり》等《とう》に明《あきら》かに、又《ま》た種々有要《しゆくいうえう》な知識《ちしき》の神《かみ》であつて、後代《こうだい》に繰《く》り下《さ》げては日本《にほん》では吉備《きび》の眞備《まび》になつて居《ゐ》る。吉備《きび》は「氣比《きひ》」で、眞備《まび》は文字《もんじ》通《どほ》りの全《まつた》く備《つた》はるの意味《いみ》てあり、又《な》た英語《えいご》等《とう》の「マプ」又《また》は「マピ」て、地圖《ちづ》を意味《いみ》して、此神《このかみ》は地理《ちり》・天文《てんもん》の神《かみ》たることが考《かんが》へられる。又《ま》た尚《な》ほ後代《こうだい》に繰《く》り下《さ》げては引路の地圖《ちづ》の所有者《しよいうしや》加古川《かこがは》本藏《ほんざう》なるものとなり、西洋《せいやう》に傳《つた》はつては地圖《ちづ》製作者《せいさくしや》トスカネリ・ポンゾーなる人物《じんぶつ》になつて居《ゐ》る。本藏がポンゾーとなつて居《ゐ》るのは面白《おもしろ》い。これは「本源《ほんげん》」の神《かみ》ケヒウスの名《な》の意味《いみ》である。（是等《これら》の人物《じんぶつ》は現日本《げんにほん》ても西洋《せいやう》でも、又《ま》た其年表時代《そのねんぺうじだい》の人《ひと》ではない）

星座《せいざ》のケヒウスは棒《ぼう》を持《も》つて居《ゐ》る。トスカネリは「パウロ」と云《い》ひ、「棒《ぼう》」を意味《いみ》する。蓋《けだし》これは天體觀測用《てんたいくわんそくよう》のものと思《おも》はれる。又《ま》た右《みぎ》の手《て》を擧《あ》げ、物《もの》を指《ゆび》さし、仰《あふ》いで其《そ》れを見《み》て居《ゐ》るのは、天體觀測《てんたいくわんそく》の姿《すがた》と察《さつ》せられる。

尚《な》ほ、日本《にほん》ては爲朝傳《ためともでん》に出《で》る紀平治《きへいぢ》（Cepheis《キヘイシ》）なる地理學者《ちりがくしや》は、此神《このかみ》の改作《かいさく》である。此星座《このせいざ》の地理《ちり》は恒河口《こうかこう》から北《きた》一帶《たい》の地《ち》であることは前《まへ》に言《い》ふた通《とほ》りだが、其氣比《そのけひ》の宮《きう》は、フグリ河《かは》の口《くち》のカンニング港《かう》（Canning）で、此神《このかみ》の一名《めいい》伊奢沙和氣命《ざさわけのみこと》即《すなは》ち E-zasa(zao) は風本《かざもと》、管《くわん》などを意味《いみ》する地名《ちめい》である。

妻カシオピヤと娘アンドロメダ—— ケヒウスの妻《つま》はカシオピヤと云《い》ひ其星座《そのせいざ》がある。日本古典《にほんこてん》の氣比《けひ》の宮《みや》には、仲哀天皇《ちうあいてんのう》や神功皇后《じんごうくわうごう》が參詣《さんけい》し給《たま》ふて、仲《ちう》哀天皇《あいてんのう》の別號《べつがう》を氣比《けひ》の宮《みや》と云《い》ひ、これはケヒウスのことで、神功皇后《じんごうくわうごう》は別名《べつめい》樫日《かしけひ》の宮《みや》と云《い》ひ、これが「カシイの宮《みや》」即《すなは》ちカシ・オピヤのことで、西洋《せいやう》ではケヒウスの妻《つま》と云《い》はれてある。又《ま》た仲哀《ちうあい》・氣比宮《けひのみや》と、神功《じんこう》・樫日宮《かしはひのみや》との間《あひだ》の皇子《わうじ》は應神天皇《おうじんてんのう》で、應《おう》神《じん》とは Odin=Addin=And-ingで「若《わ》かく爲《な》す」を意味《いみ》し、希臘神話《ぎりしやしんわ》には娘《むすめ》アンドロメダの名《な》になつて居《ゐ》る。其《そ》れは Andro-meda が矢張《やは》り「若《わ》かく爲《な》す」を意味《いみ》して應《おう》神《じん》と同《おな》じ名《な》であるが、たゞ男女《だんぢよ》の性《せい》が異《こと》なつて居《ゐ》る。だから支那名《しなめい》では此《この》アンドロメダ星座《せいざ》を天大將軍《てんたいしやうぐん》と云《い》うて居《ゐ》る。即《すなは》ち應神《おうじん》、又《ま》たオーヂンのことである。

此《こ》の通《とほ》りであるから、是等《これら》の人物《じんぶつ》は

エチオピヤとは……………越《えち》の國《くに》

ケヒウスとは……………氣比《けひ》

カシオピヤとは……………………橿日《かしひ》

アンドロ・メダとは…………櫛稲田《くしいなだ》姫《ひめ》、又《ま》た應神《おうじん》に當《あた》つて、西洋流《せいやうりう》にケヒウスと云《い》ふ人物《じんぶつ》は、日本的《にほんてき》に氣比氏、又《また》は氣《け》比《ひ》大人《うし》即《すなは》ち氣《け》比《ひ》の大神《おほがみ》で、此星座《このせいざ》は日本的《にほんてき》に「氣比星座《けひせいざ》」と呼《よ》んで當然《たうぜん》である。

又《ま》た是等《これら》三柱《はしら》の人物《じんぶつ》に就《つ》いては別《べつ》の神話《しんわ》があるが、其《そ》れはペルセウス星座《せいざ》の部《ぶ》に述《の》べることにする。けれども尚《な》ほ一言《ごん》して置《お》くことは、此《この》ケヒウスなる神《かみ》か人《ひと》かは始《はじ》めは波斯《べるしや》の別名《べつめい》であつたが、印度《いんど》の此地《このち》は、一種《しゆ》の垂跡地《すゐせきち》たることである。兎《と》に角《かく》に、我等《われら》今《いま》まで單《たん》に古典《こてん》に、文字《もんじ》ばかりで讀《よ》んで居《ゐ》た、仲哀天皇記《ちうあいてんのうき》の氣比《けひ》の大神《おほがみ》は、西洋《せいやう》には、此《か》く肖像《せうざう》にまで造《つく》られ、天《てん》にまで上《あ》げられてあることを知《し》り心中愉快《しんちうゆくわい》ならざるを得《え》ぬ。

第五章　橿日宮星座（カシオピヤ）

カシオピヤ星座――Cassiopeia は、ケヒウス星座《せいざ》の南《みなみ》に、婦人《ふじん》が椅子《いす》に腰《こし》かけ兩手《りやうて》を擧《あ》げて居《ゐ》る形《かたち》。北極《ほくきよく》近《ちか》くにある美《うつく》しい星座《せいざ》であり、又《ま》た其大《そのおほ》きな星《ほし》を連《つら》ねた形《かたち》が女王《ぢよわう》の椅子《いす》として有名《いうめい》である。此星座《このせいざ》には六等星《とうせい》よりも輝《かゞや》く三十の星《ほし》があつて常《つね》に北極《ほくきよく》を中《なか》に隔《へだ》てゝ大熊星《たいいうせい》に向《むか》ひ合《あ》ふて居《ゐ》る。一千五百七十二年《ねん》に此《この》星座《せいざ》に、一時《じ》金星《きんせい》の最《もつと》も明《あか》るい時《とき》よりも倘《な》ほ明《あか》るい星《ほし》が現《あら》はれたことがある。

第十一圖

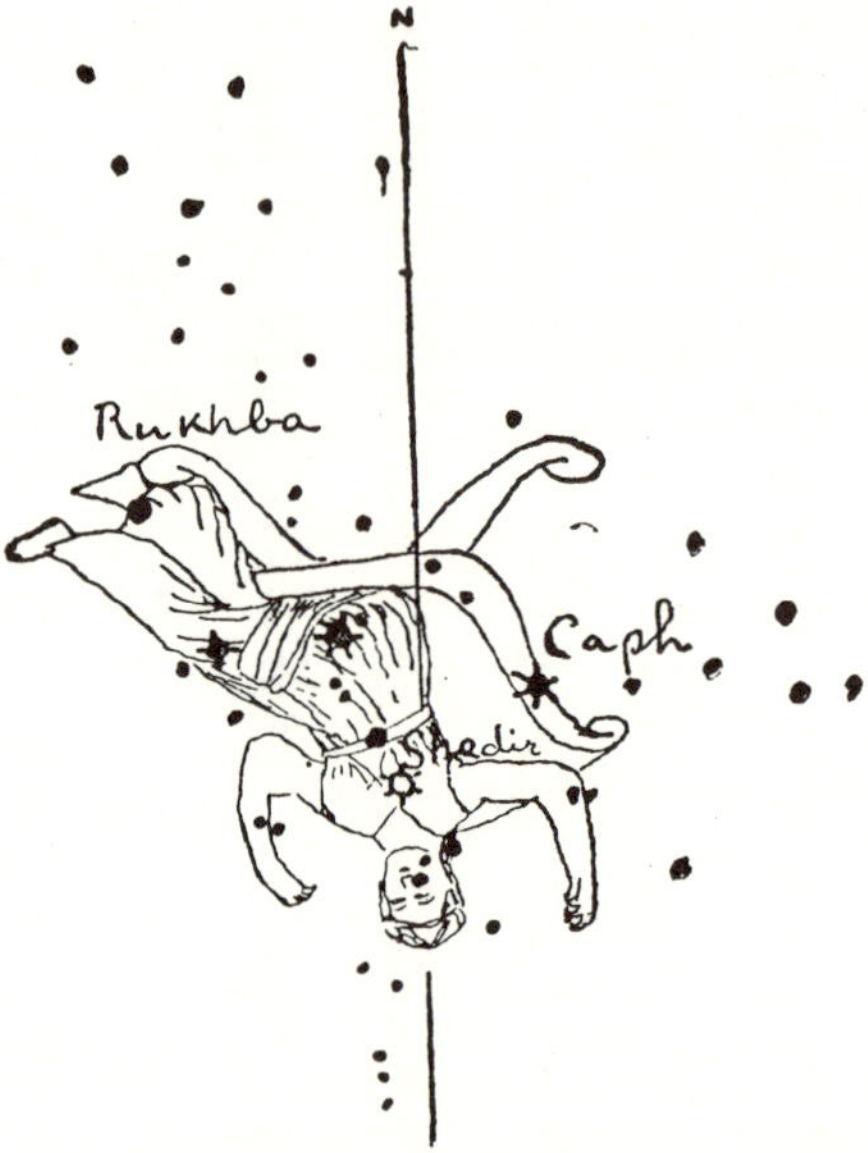

カシオピヤ星座

カシオピヤ―― はケヒウスの妻《つま》アンドロメダの母《はゝ》てあるから、此《この》

第二十圖

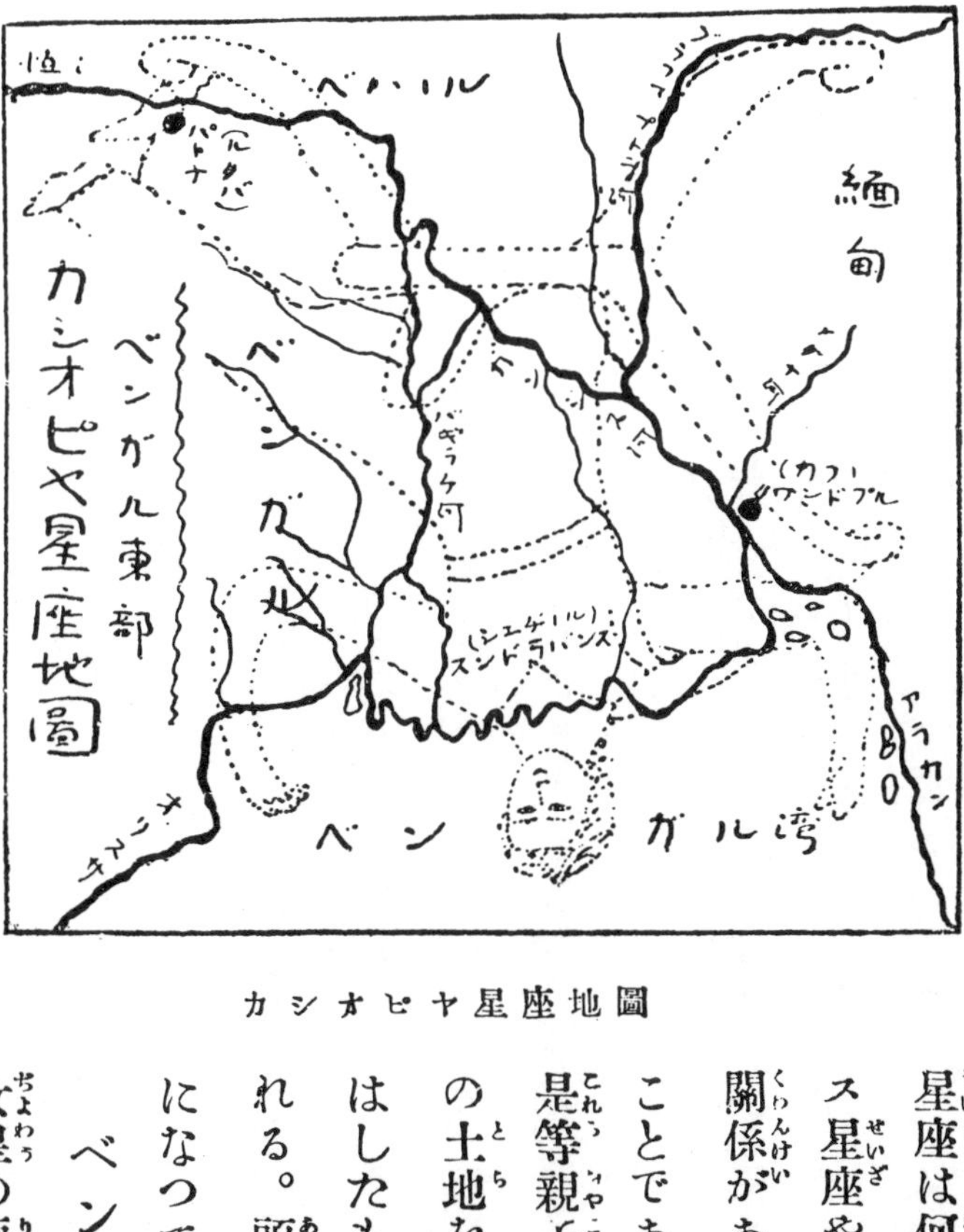

カシオピヤ星座地圖

星座《せいざ》は何《なに》かの點《てん》に於《おい》てケヒウス星座《せいざ》やアンドロメダ星座《せいざ》と關係《くわんけい》があるは當然《たうぜん》考《かんが》へられることである。素《もと》より其筈《そのはず》で、是等《これら》親子《おやこ》の三星座《せいざ》は殆《ほとん》ど同一《どう》の土地《とち》を多少《たせう》の相違《さうゐ》の形《かたち》で表《あら》はしたものなることが觀取《みと》られる。頭《あたま》は三者共《しやとも》に南《みなみ》の方角《はうがく》になつて居《ゐ》る。

ベンガル東部――乃《すなは》ち女皇《ぢよわう》の兩方《りやうはう》の手《て》を擧《あ》げて居《を》るは、右《みぎ》はアラカン海岸線《かいがんせん》、左《ひだり》はオリスサ海岸線《かいがいせん》である。彼女《かのぢよ》の椅子《いす》は一層面白《そうおもしろ》いほど明瞭《めいれう》で、前足《まへあし》の部分《ぶぶん》はガンジス河《がは》の線《せん》を利用《りよう》し、後足《あとあし》はブラフマ・プートラ河《がは》を利《り》用《よう》し、後《うし》ろに倚《よ》りかゝる部分《ぶぶん》は、兩《りやう》河の合流《がふりう》から海《うみ》に入《い》る點《てん》をチッペラー山《やま》の方《はう》へ曲《まが》つた線《せん》に依《よ》つたもので、誰《たれ》でも一目《もく》したら首肯《しゆかう》されることゝ信《しん》ずる。

星の地名―― 女王《ぢよわう》の胸《むね》にあるシェヂール Shedir(Sched-ir)の星《ほし》は其部分《そのぶぶん》の海岸《かいがん》スンドラバンス Snndrabans(Syn-drawn) の對譯《たいやく》で、禁裡《きんり》、九重《こゝのへ》、圍《かこ》ひ、沿《そ》ふ等《など》を意《い》味《み》する。

椅子《いす》にあるカフ Kaph（Gap） の星《ほし》は一口《ひとくち》に呑《の》むを意味《いみ》してメグナ河口《かこう》の南《みなみ》のクワンド・プル Chand-pur の對譯《たいやく》である。(支《し》那《な》名《めい》は王良《わうりやう》四)

是《こ》の部分《ぶぶん》のルクバ Rukhba(Rhakh-bu)の星《ほし》は織《お》ること、又《ま》た美辭《びじ》を意味《いみ》して昔《むかし》はパッタリ・プートラと云《い》はれ、現在《げんざい》はパトナ(Patna ∧ Phatna)と謂《い》はれる、其對譯《そのたいやく》である。

美の誇りの罰――此女王《このぢよわう》は素《もと》より非常《ひじやう》の美人《びじん》ではあるが、自分《じぶん》の美容《びよう》自慢《じまん》で海《うみ》の仙女《せんによ》の美《び》よりも尚《な》ほ美《うつく》しとの稱讚《しやうさん》を得《え》ようとしたから、海《うみ》の仙女等《せんによら》は其《そ》れを怒《いか》つて、直《す》ぐ、海《うみ》の怪物《くわいぶつ》を送《おく》つて女王《ぢよわう》の土地《とち》を荒《あ》らさした。或時《あるとき》神託《しんたく》があつて、其海《そのかい》神《じん》の怒《いかり》を宥《なだ》めるには、娘《むすめ》アンドロメダを捧《さゝ》げよとの事《こと》であつたから、心中《しんちう》非常《ひじやう》に悲《かな》しんだが、已《やむ》むを得《え》ぬことだから神託《しんたく》の通《とほ》りにして、アンドロメダを海岸《かいがん》の岩《いは》に鐵《てつ》の鎖《くさり》で縛《しば》り付《つ》けて置《お》いた。其時丁度英雄《そのときちやうどえいゆう》の神《かみ》ペルセウスがコルゴン退治《たいぢ》に行《いつ》て、其《その》歸《かく》り途《みち》に、空《そら》を飛《と》んで來《き》て、上《うへ》から見下《みおろ》すと、若《わか》い婦人《ふじん》が鎖《くさり》で繋《つな》がれて居《ゐ》るから、下《お》りて來《き》て理由《りいう》を問《と》うた。

若《わか》い婦人《ふじん》は其名《そのな》と其理由《そのりいう》を告《つ》げた。ペルセウスは、其怪物《そのくわいぶつ》を退治《たいぢ》して、其婦人《そのふじん》を救《すく》ひ、兩親《りやうしん》の承諾《しようだく》を得《え》てアンドロメダと結婚《けつこん》し、暫時《ざんじ》其家《そのいへ》に養子《やうし》の體《てい》で兩親《りやうしん》に孝行《かうかう》し、妻《つま》を愛《あい》し、神祇《しんぎ》を崇敬《すうけい》して居《ゐ》たが、年《とし》を經《へ》て、妻子《さいし》を伴《ともな》ふて本國《ほんごく》アルゴス（印《いん》度《ど》）に歸《かへ》つた。

此事件《このじけん》は波斯《ぺるしや》（ペルセウスの名《な》は其《そ》れ）での出來事《できごと》であつたが、彼等《かれら》東《ひがし》へ來《き》てから父母《ふぼ》ケヒウスやカシオピヤや、妻《つま》アンドロメダの地名《ちめい》も印度方面《いんどはうめん》に出來《でき》、其星座《そのせいざ》地理《ちり》は印度《いんど》の其《そ》れで表《あら》はされてある。

第六章　櫛稲田姫星座（アンドロメダ）

アンドロメダ星座――Andromedaは、少女《せうぢよ》が左右《さいう》の手《て》を鎖《くさり》で、物《もの》に縛《しば》り付《つけ》られて居《ゐ》る形《かたち》である。これはケヒウスとカシオピアとの娘《むすめ》であることは前《まへ》に言《い》うた通《とほ》りである。

父母のと同じ土地――それ故《ゆゑ》に此星座《このせいざ》も亦殆《またほとん》どケヒウスやカシオピアの土地《とち》を象《かたど》つたもので、大同小異《だいどうせうい》に過《す》ぎぬ。乃《すなは》ち彼女《かのぢよ》の頭《あたま》は恒《こう》河《が》の海《うみ》に入《い》つた部分《ぶぶん》のスン・デープ水道《すゐだう》に當《あた》り、右《みぎ》の手《て》はメグナ河《がは》の線《せん》を利用《りよう》し、鎖《くさり》は其上流《そのじやうりう》である。左《ひだり》の手《て》はホーリンゴツタ河《がは》の線《せん》を利用《りよう》し、

第三十圖

アンドロメダ星座

彼女《かのぢよ》の右胴《みぎどう》から膝《ひざ》又《また》足《あし》に至《いた》る部分《ぶぶん》はブラフマ・プートラ河《がは》の右《みぎ》の枝流《しりう》の線《せん》を遡《さかのぼ》つ

て、ヤムナ河《がは》に會合《くわいがふ》する其北《そのきた》の方《かた》までの線《せん》を利用《りよう》し、左《ひだり》の足《あし》はガンジス河《がは》に沿《を》うて、

第十四圖

アンドロメダ星座地圖

パガルプルの町《まち》の當《あた》りに足《あし》尖《さき》がある。

星の地名——　彼女《かのぢよ》の頭《あたま》のアルフエレツ Alpheretz (Al-phresi)の星《ほし》の名《な》は「深《ふか》き心《こゝろ》」を意味《いみ》して、恒河《こうか》の流《なが》れ込《こ》んで居《ゐ》る海《うみ》の名《な》スンデープ Sun Deep の對譯《たいやく》に當《あた》つて居《を》り、帶《おび》にあるミラク Mi-rach の星《ほし》はガンジス河《がは》のクスチヤ Kustia の町《まち》の名《な》に當《あた》り、岸《きし》水汀《すゐてい》、櫛《くし》、「水《みづ》ぎは立《た》つて美《うつく》しく」「櫛稲田《くしいなだ》」等《とう》を意味《いみ》して星《ほし》の名《な》に

對譯《たいやく》になつて居《ゐ》る。足《あし》にあるアラマク Ala-mak の星《ほし》は「凡《すべ》て仕上《しあ》げ」を意味《いみ》してバガルプル Bhaga-l-pur と對譯《たいやく》である。

今前《いままへ》に述《の》べたケヒウスと、カシオピヤと、又《ま》た此《この》アンドロメダ星座《せいざ》の地理《ちり》を見《み》ると、三者殆《しやはとん》ど同《ごう》一で、たゞ其形《そのかたち》が異《ことな》つてあるばかりてある。それは親子《おやこ》三人《にん》の神話《しんわ》を星座《せいざ》にしたからである。

此星座《このせいざ》の神話《しんわ》は前《まへ》に言《い》うたから、此《こゝ》には略《りやく》するが、アンドロメダの名《な》は Andromeda「加《か》・美《み》」で美《うつく》しさ、若《わか》さを増《ま》すことを意味《いみ》し、日本神代《にほんしんだい》の須佐之男命《すさのをのみこと》の妻《つま》になつた奇《くし》・稲田姫《いなだひめ》に當《あた》るのてある。奇稲田姫《くしいなだひめ》の名《な》の「奇《くし》」は美《び》と、若《わか》くなすことをゝ意《い》味《み》し、稲田《いなだ》は語源《ごげん》 Oena-adda(Vena-adda)「美《び》を加《くは》へ」、「生命《いのち》を與《あた》へる」ことなどを意味《いみ》する。

第七章　須佐之男尊星座（ペルセウス）

ペルセウス星座―― Perseus は前《まへ》に言《い》うた天《てん》の王族星座《わうぞくせいざ》と親密《しんみつ》な關係《くわんけい》の星座《せいざ》である。此星座《このせいざ》の形《かたち》は彼《かれ》がゴルゴンの首《くび》を獲《え》て走《はし》り迯《に》げ歸《かへ》る時《とき》の姿《すがた》で、右手《みぎて》はハルペーの劍《けん》を持《も》つで居《ゐ》る。身《み》に纒《まと》うて居《ゐ》るのは隱《かく》れ簔《みの》であらう。

ペルセウス傳―― 此星座《このせいざ》は何《いづ》れの土地《とち》を形《かたち》にしたものであるかは一見《けん》しては知《し》り難《かた》い。殆《ほとん》ど見當《けんたう》が付《つ》かん。が、ペルセウスの傳《でん》を知《し》り、彼《か》れが行《いつ》たゴルゴンの地《ち》は亞米利加《あめりか》であることが知《し》れたら　自然《しぜん》に見當《けんたう》が付《つ》き、其《そ》れが北亞米利加《きたあめりか》であることが知《し》れる。

ペルセウスの神話《しんわ》も、素《もと》より歐羅巴《ようろつぱ》希臘《ぎりしや》のものでなく、印度《いんど》の神話《しんわ》である。ペルセウスの母《はゝ》はダナエと謂《い》ひ(恒河《こうか》口《こう》)、父《ちゝ》は大神《おほがみ》ゼウスであるが、是《これ》より前《さき》ダナエの父《ちゝ》アルゴス王《わう》アクリシオスは、其娘《そのむすめ》に生《うま》れる子《こ》は自分《じぶん》の死《し》の原因《げんいん》になるとの豫言《よげん》を受《う》けたから、父《ちゝ》はダナエをして一切《さい》の男子《だんし》に會《あ》はさぬやう密室《みつしつ》に閉《と》ぢ込《こ》めて置《お》いたが、ゼウスの神《かみ》は黄金《わうごん》の雨《あめ》の姿《すがた》で此姫《このひめ》に通《かよ》うて、ペルセウスなる男子《だんし》が生《うま》れることになつた。父《ちゝ》はあくまでも神託《しんたく》の運命《うんめい》を避《さ》ける爲《た》めに母子《おやこ》を大《おほ》きな箱船《はこぶね》に乗《の》せて、長《なが》い間《あひだ》の食料《しよくれう》を積《つ》み込《こ》んで、其《そ》れを流《なが》した。アルゴスとは恒河《こうか》口《こう》の東南《とうなん》、昔《むかし》のアルゲントの土《と》地《ち》である。又《ま》たダナエの土地《とち》は天琴星座《てんきんせいざ》のデネブ星《せい》の地《ち》で、デネブはダナエの訛《なよ》りであることは前《まへ》に説明《せつめい》した。

第十五圖

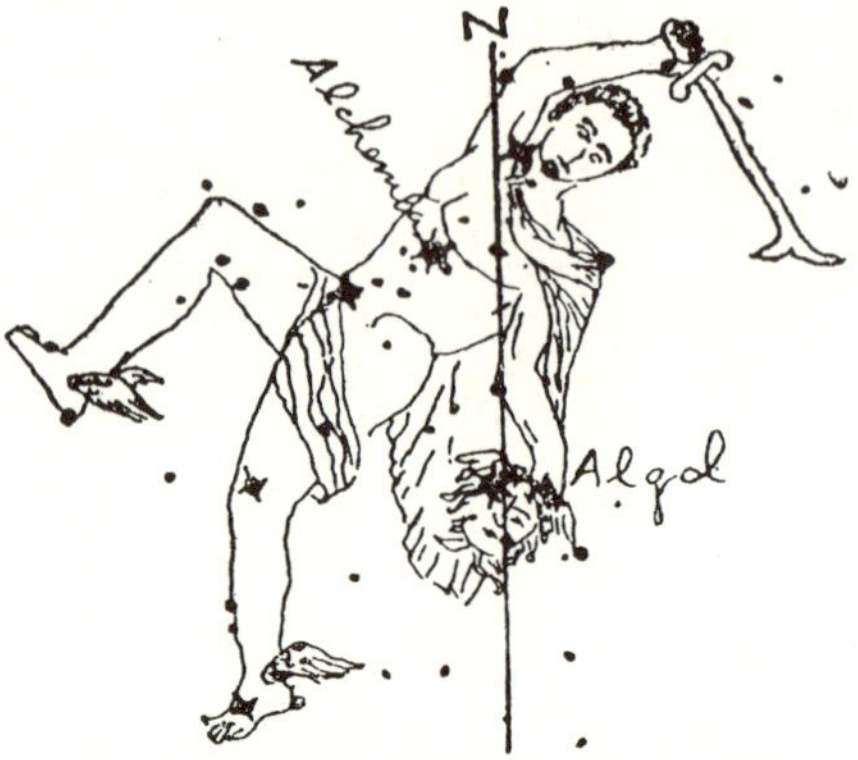

ペルセウス星座

ダナエ母子《おやこ》は漂《たゞよ》ひ流《なが》れて錫蘭島《せいろんたう》——一名《めい》ダナエの島《しま》の海《うみ》も通《とほ》り、其《そ》れから大洋《たいやう》を流《なが》れて終《つひ》にセリフオス島《たう》（亞拉比亞《あらびあ》海岸《かいがん》）に着《つ》いて、母子《おやこ》共《とも》に其土地《そのとち》の王《わう》に保護《はご》せられ、ペルセウスも成長《せいちやう》して完全《くわんぜん》な敎育《けういく》を受《う》け、後《のち》には船《ふね》乗《の》りとなつて諸方《しよはう》に航海《かうかい》して居《ゐ》た。

第十六圖

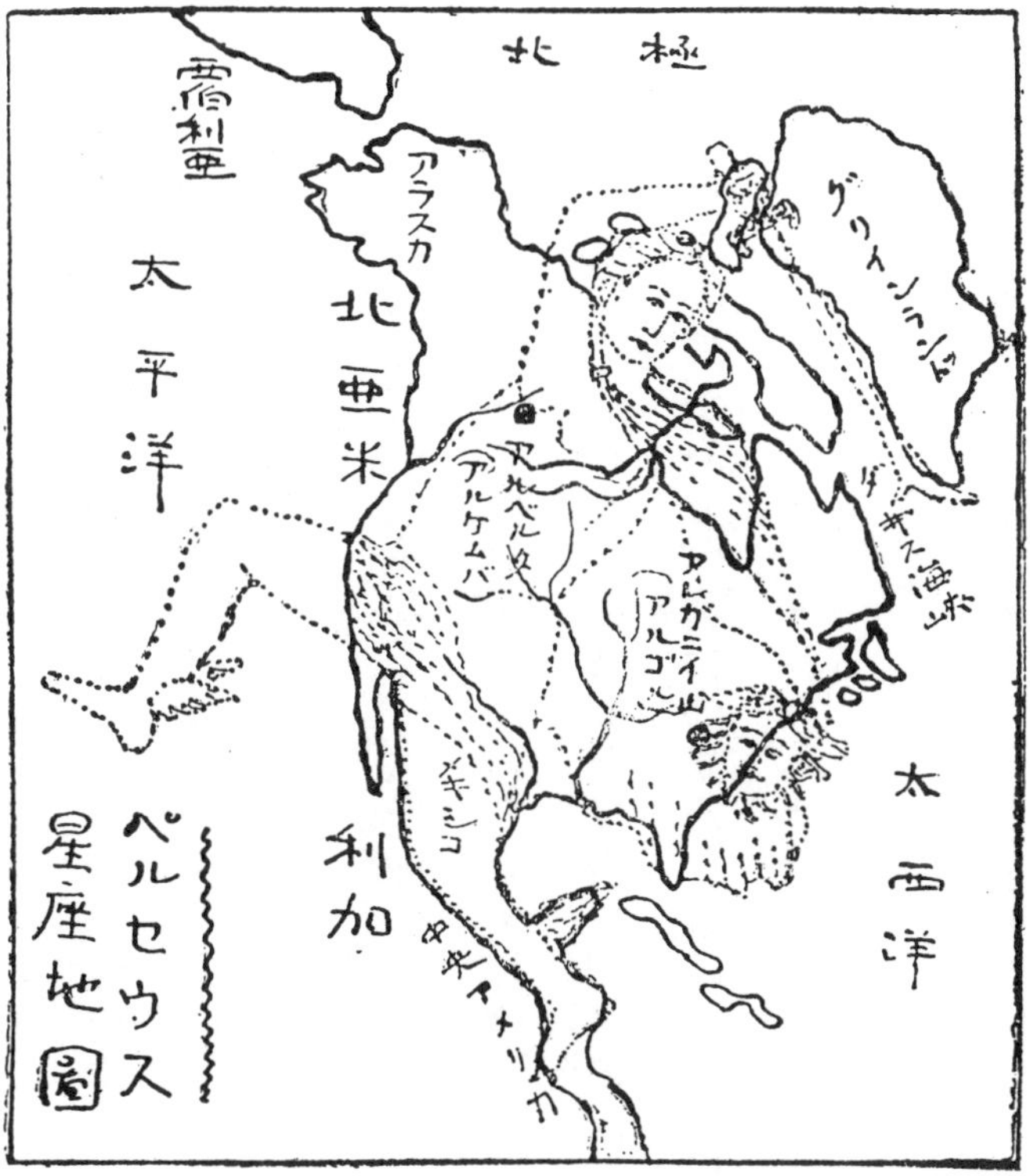

ペルセウス星座地圖

或時《あるとき》王《わう》の宴會《えんくわい》があつた時《とき》、人々《ひとびと》は競《きそ》うて見事《みごと》なものを献上《けんじやう》して王《わう》を祝賀《しゆくが》したが、ペルセウスは貧乏《びんばふ》な船《ふな》乗《の》り小僧《こぞう》で、何《なに》も献上《けんじやう》するものが無《な》い。人々《ひとびと》が嘲《あざ》けるのに激《げき》して、『自分《じぶん》は、諸君等《しよくんら》の献《けん》上品《じやうひん》に優《まさ》つてゴルゴンの首《くび》を献上《けんじやう》しよう』と言《い》ひ放《はな》つた。王《わう》は其物《そのもの》を強《し》ひて求《もと》めた。

ゴルゴンの首取り――

元來《ぐわんらい》ゴルゴンとは、海《うみ》の神《かみ》フォルキスの三人娘《にんむすめ》で、姉《あね》をステノ（力《ちから》。カナダ）、次《つぎ》をヨルヤレ（自由《じいう》解放《かいはう》。ルイジアナ）、末《すゑ》をメヅサ（美成《びせい》、メキシコ）と云《い》ひ、上《うへ》の二人《にん》は不死《ふし》であるが、メヅサは人間性《にんげんせい》を有《も》つて居《ゐ》て殺《ころ》すことが出來《でき》る。メヅサは始《はじ》め非常《ひじやう》の美人《びじん》であつたが、其住《そのす》んで居《ゐ》る土地《とち》は太陽《たいやう》の照《て》らさぬ面白《おもしろ》くない所《ところ》であるから、アテイナ女《ぢよ》神《しん》に願《ねが》うて、日《ひ》の光《ひかり》のある所《ところ》に出《だ》して貰《もら》うやうにと言《い》うたが許《ゆる》されず、大《おほい》にアテイナ女神《ぢよしん》を怨《うら》んで廣言《くわうげん》するに「若《も》し人《ひと》が一度《ど》自分《じぶん》の美《び》を見《み》たなら、決《けつ》してアテイナ女《ぢよ》神《しん》を美《うつく》しいと言《い》ふことは無《な》くなる」と、此傲慢《このがうまん》な言葉《ことば》は大《おほい》にアテイナ女神《ぢよしん》を怒《いか》らして之《こ》れが爲《た》めに女神《ぢよしん》はメヅサを醜《みにく》い恐《おそ》ろしい姿《すがた》に化《くわ》し、色《いろ》は青白《あをじろ》く、言《い》うに言《い》はれぬ悲想《ひさう》を含《ふく》み、髮《かみ》の毛《け》は一本《ぽん》々々毒蛇《どくじや》となつて、焔《ほのほ》の舌《した》を吐《は》き、其周圍《そのしうゐ》には羽根《はね》があり、手《て》には眞鍮《しんちう》の爪《つめ》があり、其目《そのめ》の恐《おそ》ろしさは、一ト目《め》見《み》たら其物《そのもの》は石《いし》に化《な》つて仕《し》舞《ま》うと云《い》ふ化物《ばけもの》となつた。ペルセウスは之《これ》を退治《たいぢ》して其首《そのくび》を取《と》つて來《こ》ねばならぬのである。

首途――ペルセウスはゴルゴンの首《くび》を取《と》つて來《く》ることを約束《やくそく》したが、ゴルゴンの國《くに》は果《はた》して何處《どこ》であるか、見當《けんたう》さへ付《つ》かぬ。海岸《かいがん》へ出《で》て考《かんが》へて居《ゐ》ると、大事業《だいじげふ》の保護神《はごじん》アテイナ女神《ぢよしん》と、地理《ちり》の神《かみ》ヘルメースとが現《あら》はれて、ペルセウスを勵《はげ》まし、又《ま》た行《ゆ》くべき路《みち》や、路《みち》を敎《をし》へる者《もの》の居《ゐ》る所《ところ》を敎《をし》へ給《たま》うた。其時《そのとき》女神《ぢよしん》は光《ひか》り輝《かゞや》く楯《たて》を與《あた》へて、其《そ》れにゴルゴンの姿《すがた》を寫《うつ》して、其首《そのくび》を切《き》ることを敎《をし》へ給《たま》ひ、又《ま》た其首《そのくび》を入《い》れる革嚢《かはぶくろ》を與《あた》へ給《たま》うた。又《ま》たヘルメースは羽《は》根《ね》ある飛《ひ》行《かう》の草鞋《わらじ》を與《あた》へ、又《ま》たゴルゴンを斬《き》る刀《かたな》と、其首《そのくび》を入《い》れる囊《ふくろ》とを與《あた》へた。

ペルセウスは其地《そのち》(亞拉比亞《あらびあ》)を出立《しゆつたつ》し、北西《はくせい》に向《むか》つて歐羅巴《ようろつぱ》を横《よこ》ぎり、氷州《ひようしう》(實《じつ》は眼の地《アイスランド》)スピッツ・ベルゲン(齒《は》の山《やま》)、グリーン・ランド(實《じつ》は老人國《グローンランド》)等《とう》に立寄《たちよ》り、其《そ》れから南《みなみ》へ行《いつ》て夕日《ゆふひ》媛《ひめ》の地《ち》へスペリヤに行《ゆ》き、アトラス山《やま》の頂上《ちやうじやう》から彼方《かなた》を指《さ》して行《ゆ》くべき所《ところ》を敎《をし》へられ、又《ま》た其身《そのみ》を甲《よろ》ふ隱《かく》れ簑《みの》と甲《かぶと》とを與《あた》へられた。そして指《さ》し示《しめ》された直西《ちよくせい》は中央亞米利加《ちうあうあめりか》である。

亞米利加行き――ペルセウスは夕日《ゆふひ》媛《ひめ》の所《ところ》から出立《しゆつたつ》して大洋《たいやう》の波路《なみち》のはてに漂《たゞよ》へる、海月《くらげ》なす、形作《かたちづく》られぬ國《くに》へ行《いつ》た。見《み》ると三人《にん》のゴルゴンは大《おほ》きな象程《ざうほど》の身體《からだ》を横《よこた》へて眠《ねむ》つて居《ゐ》る。其中《そのうち》二人《にん》は豚《ぶた》のやうに寢《ね》て居《ゐ》るがメヅサ(メキシコ卽《すなは》ち「石《いし》に化《くわ》す」を意味《いみ》し、日本文献《にほんぶんけん》の所謂《いはゆる》「石《いは》たゝす常世《とこよ》の國《くに》」)は少《すこ》しも休《やす》みなく動《うご》いて居《ゐ》る。其姿《そのすがた》は如何《いか》にも美《うつく》しく、容貌《かほ》には憂《うれひ》を含《ふく》んで居《ゐ》るので、ペルセウスは可愛《かあい》そうの感《かん》じが起《おこ》つた。又其頸《またそのくび》は象牙《ざうげ》のやうに白《しろ》く、艶々《つや〱》して居《ゐ》るので、ペルセウスはこれが他《はか》の二人《にん》であつたならと思《おも》うたが、暫《しばら》くするとメヅサの髮《かみ》の中《なか》から毒蛇《どくじや》が頭《あたま》を出《だ》し、舌《した》を吐《は》く、又《ま》た其翼《そのつばさ》を擴《ひろ》げ、眞鍮《しんちう》の爪《つめ》を出《だ》し、美人《びじん》のやうでも矢張《やは》りゴルゴンの一人《にん》である。ペルセウスは空中高《くうちうたか》く上《あが》つて楯《たて》の面《おもて》にメヅサの姿《すがた》を寫《うつ》し、其《そ》れで見當《けんたう》を付《つ》けて、彼女《かのぢよ》の首《くび》を切《き》り、急《いそ》ぎ革嚢《かはぶくろ》に入《い》れ、空中高《くうちうたか》く翱《かけ》り上《あが》つて、元《も》と來《き》た道《みち》へ飛《と》び歸《かへ》つた。——星座《せいざ》の畫《ゑ》は此時《このとき》の有様《ありさま》を象《かたち》にしたものである。

歸途——ペルセウスは元《も》と來《き》た路《みち》を急《いそ》ぎアトラスの夕日媛《ゆふひひめ》の國《くに》へ行《ゆ》き、阿弗利《あふり》加《か》南方《なんぱう》エチオピヤへ行《ゆ》き。又《ま》た紅海《こうかい》からパレスチナの方《はう》を經《へ》て波斯《べるしや》に來《き》て、アンドロメダを救《すく》うて結婚《けつこん》し、暫《しばら》く此地《このち》に滯在《たいざい》し、妻《つま》を連《つ》れて歸國《きこく》(印度《いんど》へ)することになつた。本國《ほんごく》へ歸《かへ》る途中《とちう》セリフオス島《たう》に立寄《たちよ》つて、直《すぐ》に王《わう》の前《まへ》に出《で》て、『約束《やくそく》のゴルゴンの首《くび》を見《み》られよ』と言《い》うて、差《さ》し出《だ》すや否《いな》や、其場《そのは》に居《ゐ》た王《わう》も人々《ひと〱》も、机《つくゑ》も椅子《いす》も盡《ことごと》く石《いし》に化《かは》つたとのこと。それからペルセウスは又《ま》た其地《そのち》を出發《しゆつぱつ》して、父《ちゝ》の國《くに》アルゴス(印度《いんど》)へ歸《かへ》つた。

此《この》ペルセウスは「波斯彦《ぺるしやひこ》」で、「周《しう》・若《わか》」を意味《いみ》し、波斯《ぺるしや》の舊名《きうめい》をスサの國《くに》と謂《い》ひ、神《しん》話《わ》の比較研究《ひかくけんきう》に據《よ》ると、彼《か》れは我須佐之男命《わがすさのをのみこと》と同一人物《どういつじんぶつ》で、スサは波斯《ぺるしや》である以上《いじやう》は、其名《そのな》は對譯《たいやく》になつて居《ゐ》る。そして其《そ》の意味《いみ》は「百合《スサ》・若《ネオ》」である。(ペルセウスの詳《しやう》傳《でん》は。拙著《せつちよ》「希臘羅馬神話《ぎりしやろーましんわ》」を見《み》られよ)天文學者《てんもんがくしや》セイスは「ペルセウス」とは「破《やぶ》る者《もの》」を意味《いみ》して惡《あく》を破《やぶ》る者《もの》、人《ひと》を救《すく》ふ者《もの》の記號《きがう》と云《い》うて居《ゐ》るは誤謬《ごびう》である。

コロムブス以前に――

亞米利加《あめりか》は西暦《せいれき》十五世紀《せいき》にコロムブスに由《よ》つて發見《はつけん》されたと云《い》うことになつて居《ゐ》るが、ペルセウス神話《しんわ》は、太古《たいこ》既《すで》に亞米利加《あめりか》の發見《はつけん》を傳《つた》へて居《ゐ》る。スカンヂナビヤ人《じん》の史傳《しでん》にはヘル・ユルフソン(百合若《ゆりわか》)なる者《もの》が最初《さいしよ》に亞米利加《あめりか》を發見《はつけん》したと云《い》うてあるが、これは須佐之男命《すさのをのみこと》即《すなは》ち百合若《ゆりわか》の事《こと》であるが、詳論《しやうろん》は略《りやく》して置《お》く。

若《も》し已《すで》に米國《べいこく》は須佐之男族《すさのをぞく》に由《よ》つて發見《はつけん》されて居《ゐ》たとすれば、舊來《きうらい》の世界歴史《せかいれきし》は大《おほい》に訂正《ていせい》されねばならぬ。又《また》コロムブスなる者《もの》も西洋歴史《せいやうれきし》から抹殺《まつさつ》されて、東洋《とうやう》人《じん》たることが證明《しようめい》される運命《うんめい》にある以上《いじやう》は、世界《せかい》の歴史《れきし》は勿論《もちろん》大訂正《だいていせい》を爲《な》さねばならぬのである。

亞米利加星座――ペルセウスのゴルゴン退治《たいぢ》は亞米利加《あめりか》のことであるとすると、其星座地理《そのせいざちり》は自然《しぜん》に其着眼《そのちやくがん》が出來《でき》る。先《ま》づ彼《か》れの左足《さそく》は中央亞米利加《ちうあうあめりか》の細長《ほそなが》い部分《ぶぶん》に配當《はいたう》され、彼《か》の羽根《はね》の草鞋《わらぢ》は出張《では》つて居《ゐ》るユカタン國《こく》に當《あた》つて居《ゐ》るなどは否《いな》む可《べ》からざる形狀《けいじやう》の一致《ち》である。彼《か》れの腹《はら》から胸《むね》の輪廓《りんくわく》はロッキー山脈《さんみやく》に當《あた》り、頭《あたま》はカナダの西北部《せいほくぶ》、劍《けん》はグリーンランドとの間《あひだ》のダビス海峽《かいけふ》を象《かた》どり、彼《か》れのメヅサの首《くび》を蔽《おほ》うて居《ゐ》る外套《ぐわいたう》や、左《ひだり》の手《て》はラブラドールから南部《なんぶ》にかけてメキシコ灣《わん》の線《せん》を利用《りよう》したもので、此星座《このせいざ》は北《きた》アメリカたることが知《し》られる。

星の地名――且《か》つ此星座《このせいざ》の星《ほし》の、ゴルゴンの首《くび》にあるアルゴル Algol(Al-gai-ol)は「大陵上《たいりようあが》り」「大山積《おほやまつみ》」を意味《いみ》して、米國《べいこく》の丁度其部分《ちやうどそのぶぶん》のアレガニイ Alegany(Al-gai-anyo)山脈《さんみやく》の名《な》に對譯《たいやく》される。此《この》アルゴルの星《ほし》は惡魔星《あくませい》、又《また》は目《め》ばたき惡魔《あくま》の名《な》がある。何故《なぜ》ならば此星《このほし》は二日《か》、二十時《じ》、四十九分毎《ふんごと》に突然光《とつぜんひかり》がうすくなり、其光《そのひかり》の四分《ぶん》の一を失《うしな》ひ、又《ま》た數分《すうふん》の後《のち》になると段々光《だん〳〵ひかり》が増《ま》し、其《そ》れから三四時間《じかん》すると又《ま》た本《ほと》の輝《かゞや》きに歸《かへ》るのである。そして其最《そのもつと》も明《あか》るい時《とき》は二等星程《とうせいほど》で、其暗《そのくら》くなる時《とき》は四等星程《とうせいほど》になる。此變化《このへんくわ》は肉眼《にくがん》でも見《み》える。

ペルセウスの胸《むね》にあるアルケムバAlchemba(Al-gein-ba)は「大《おほい》に積《つ》む」又《ま》た「重《おも》く」を意味《いみ》してカナダ西部《せいぶ》のアルベルタ(Al-ber-ta)州《しう》の對譯《たいやく》であつて、愈々此星座《いよ〳〵このせいざ》が亞米利加《あめりか》の聊《いさ》か東部《とうぶ》に偏《へん》した地理《ちり》(何故《なぜ》ならば彼《かれ》は歐羅巴《ようろつぱ》の方《はう》からアメリカへ行《いつ》たから)であることが證明《しようめい》される。尙《な》ほ北亞米利加《きたあめりか》を星座《せいさ》とした完全《くわんぜん》なものは後《のち》に說《と》くオオリオン星座《せいざ》である。

第八章　坊太郎星座（ボー・オーテス）

坊太郎星座——希臘名《ぎりしやめい》ボーオーテ Bo-otes。此星座《このせいざ》は百姓星座《ひやうせいざ》、又《ま》た牛追《うしお》ひ星座《せいざ》、牧夫星座《ぼくふせいざ》、又《ま》た熊追星座《くまおひせいざ》など解《かい》せられ、譯《やく》せられて傳《つた》はつて來《き》て居《ゐ》る大《おほ》きな星座《せいざ》であるが、果《はた》して其意味《そのいみ》であらうか。彼等《かれら》はボオーテス Boótes を Bous 即《すなは》ち牛《うし》と解《かい》し、從《したが》つて牛追《うしお》ひ、農夫《のうふ》などゝ云《い》ふのであるが、其解釋《そのかいしやく》は果《はた》して正當《せいたう》であらうか。アルクツロスの大《おほ》きな星《ほし》が此星座《このせいざ》にあつて、其《そ》れが熊追《くまお》ひと解釋《かいしやく》されるやうだから、又《ま》た熊追《くまお》ひなどゝ謂《い》はれて居《ゐ》るが、其語《そのご》の解釋《かいしやく》は果《はた》して正《たゞ》しいであらうか。此星座《このせいざ》が此《か》く種々《いろ〳〵》に呼《よ》ばれるのは、此《この》「ボーオーテス」なる語《ご》の眞《しん》の深意《しんい》が解《かい》されぬ所《ところ》から此《か》く多《おほ》く別々《べつ〳〵》の名《な》で呼《よ》ばれるのでは無《な》からうか。

チツペラー山、アラカン地方——此星座《このせいざ》は北極《ほくきよく》近《ちか》くに置《お》いてある所《ところ》から考《かんが》へても、大熊星《だいいうせい》やケヒウス星座《せいざ》近《ちか》くに其地理《そのちり》を求《もと》めても間違《まちが》ひて無《な》からう。これは恒河口《こうかこう》の東南《とうなん》一帯《たい》チッペラー山《やま》からアラカン地方《ちはう》を形《かたち》にしたもので、此人物《このじんぶつ》の右《みぎ》の肩《かた》から頸《くび》の線《せん》はチッペラー山《やま》の南《みなみ》の川《かは》、胸部《きようぶ》の線《せん》はカルナフリ川《かは》の線《せん》であり、其持《そのも》つて居《ゐ》る棒《ぼう》はスン・デープ即《すなは》ちスチックスの「棒《ステツキ》」であり、(Sun Deep=Styx=Stick)頭《あたま》はチッペラー山《やま》、左《ひだり》の手《て》は其地方《そのちはう》の幾條《いくすぢ》の川《かは》であり、右足《みぎあし》の屈《かゞ》み具合《ぐあひ》は其海岸線《そのかいがんせん》に一致《ち》し、左足《ひだりあし》はアラカン山《やま》の線《せん》に由《よ》つて作《つく》られて居《ゐ》る。然《しか》らば此星座地理《このせいざちり》はチッペラー山《やま》からアラカンの土地《とち》を形《かたち》にしたものと斷定《だんてい》して善《よ》いと信《しん》ずる。次《つぎ》に星《ほし》と地名《めい》との一致《ち》を見《み》よう。

星の地名——此星座《このせいざ》にある星《ほし》は、彼《か》れの顔面《がんめん》の星《ほし》ネッカル Nekk-ar は英語等《えいごとう》のネック即《すなは》ち「頸《くび》」を意味《いみ》し。恒河口《こうかくち》の東《ひがし》のチッペラー山《やま》が頸《くび》、又《ま》た頭《あたま》、又《ま》た首《くび》を意味《いみ》して其《そ》れの對譯《たいやく》である。

彼《かれ》の右《みぎ》の肩《かた》のアルカルウルオプス Al-kal-ur-ops の星《ほし》は「凡《すべ》ての・美《び》を・得《え》たる・地《ち》」を意味《いみ》し、其海岸《そのかいがん》のシッタクム(Sittacum, Sit-tax-um)で、仕度《したく》、美装《びさう》、化粧《けしやう》等《とう》を意味《いみ》して對譯《たいやく》である。

彼《か》れの帶《なび》の右《みぎ》の端《はし》のミラク Mir-ak の星《ほし》は、見《み》る、鏡《かゞみ》、寫《うつ》し等《とう》を意味《いみ》してカルナフリ河《がは》のキッタゴン、別名白玉《べつめいしらたま》、透明《とうめい》、寫《うつ》し見《み》るを意味《いみ》する土地《とち》の名《な》を別譯《べつやく》したものである。

彼《か》れの股《また》の間《あひだ》にある最《もつと》も光輝《くわうき》あるアルクツロスの黄《き》色《いろ》の星《ほし》は、天全體の中でも第四番目の明るい星で、大熊星《だいいうせい》の尾《を》の曲《まが》りに從《したが》ふて行《ゆ》くと直《す》ぐ發見《はつけん》される。

第十七圖

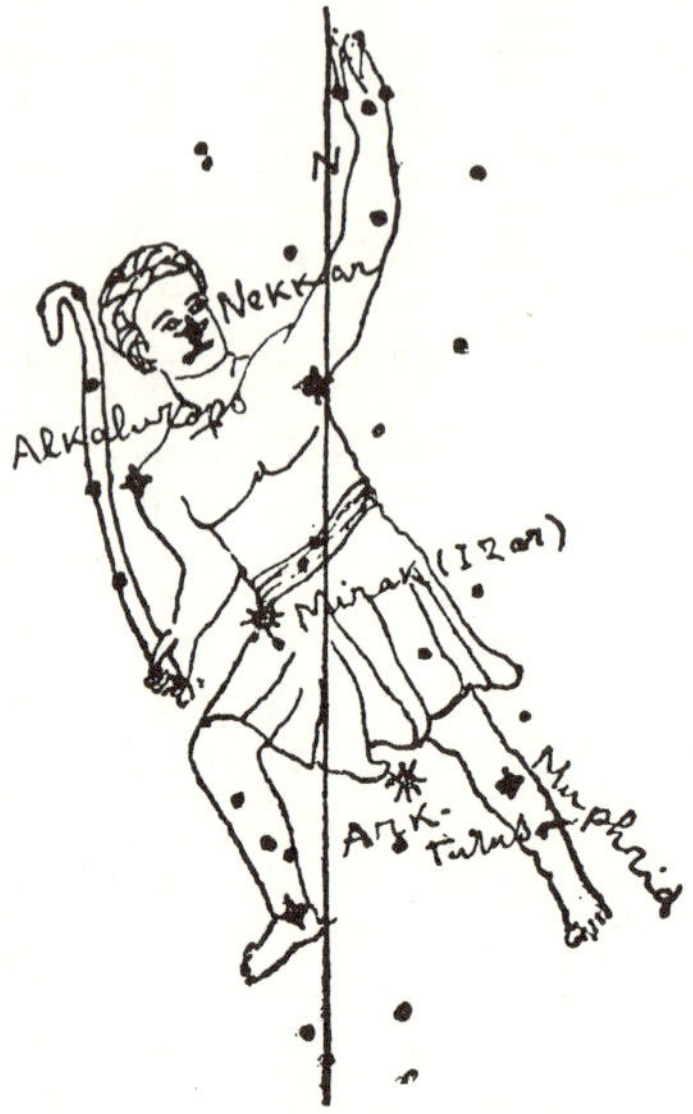

ボオーテス星座

此星《このほし》の名《な》アルクツロスは從來《じゆうらい》 Arkt-ouros「熊番《くまはん》」と譯《やく》してあるが、其《そ》れは從《じう》來西洋學者《らいせいやうがくしや》の語源學《ごげんがく》の間違《まちが》ひで、實《じつ》は Ar-kti-ouros と分解《ぶんかい》して讀《よ》むべき名《な》で、「捧《さゝ》げ立《た》てる山《やま》」を意味《いみ》し、此星座《このせいざ》の土地《とち》の名山《めいざん》アラカン山《やま》 Ara-can の別譯《べつやく》で、又《ま》た「花立《はなた》て」「渇仰《かつかう》」「奉献《ほうけん》」山《やま》であり、決《けつ》して舊來《きうらい》の解《かい》した如《ごと》き熊番《くまはん》では無《な》い。支那名《しなめい》は大角《たいかく》と云《い》うが、「角《つの》」は希臘語《ぎりしやご》ッノ Thunoで「捧《さゝ》げる」を意味《いみ》し、大角は大《おほい》に捧《さゝ》げ奉献《ほうけん》することで、アラカンや、アルクツロスと對譯《たいやく》になつて居《ゐ》る。それで此國《このくに》を又《ま》たビツニヤ Bi-thuno-ia 即《すなは》ち「活角國《いくつのこく》」とも云《い》うてある。

第十八圖

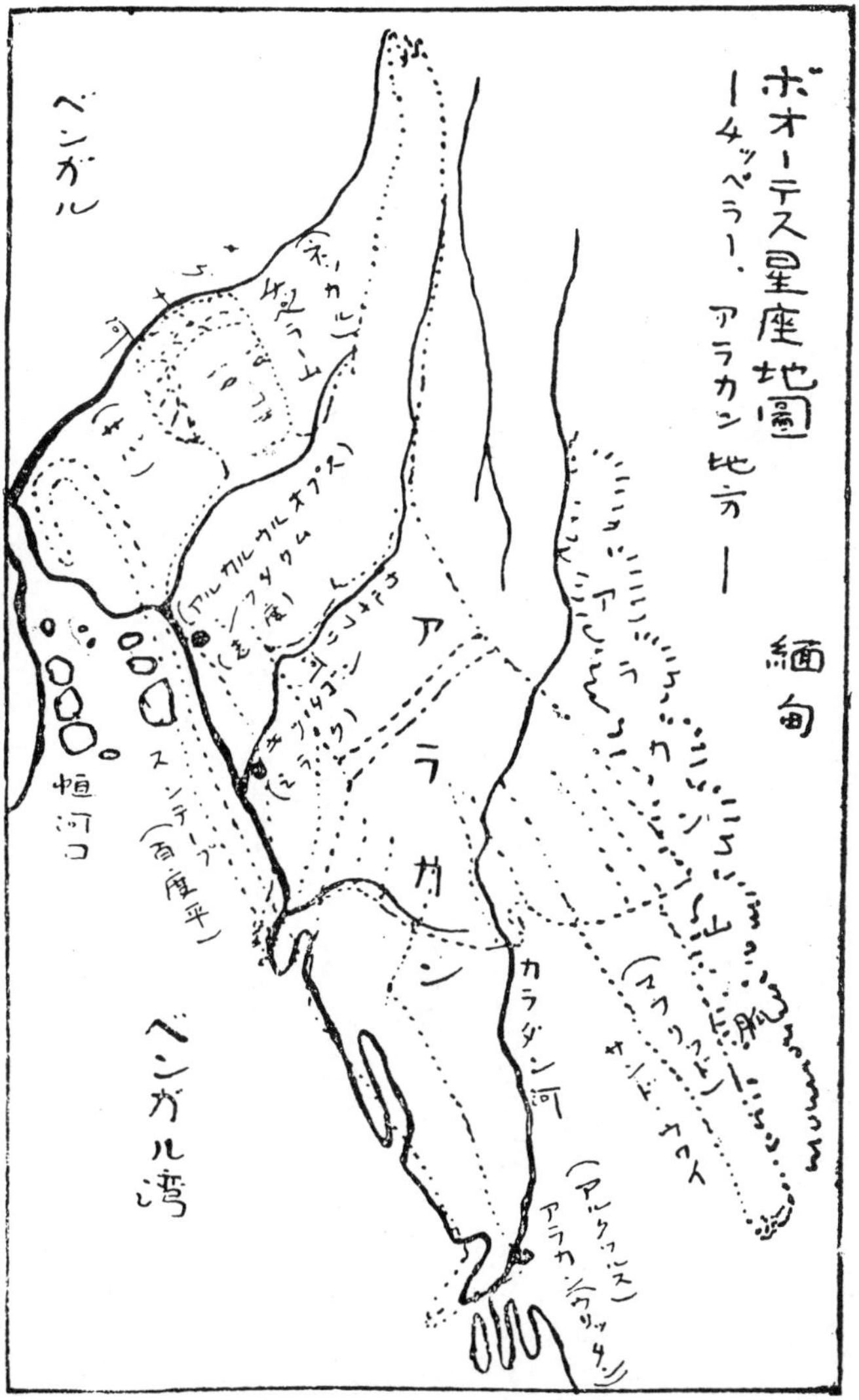

ボオーテス星座地圖

彼《か》れの左《ひだり》の足《あし》にマフリッドMuphrid(M-aph-rid)の星《ほし》がある。其《そ》れは「送《おく》り去《さ》る」を意味《いみ》してアラカンの南《みなみ》へ續《つゞ》くサンド・ウワイSand-way即《すなは》ち英語《えいご》の「センド・アエー」と同《おな》じである。此通《このとほ》りに此星座《このせいざ》にはチッペラー山《やま》からアラカン全部《ぜんぶ》即《すなは》ち北《きた》から南《みなみ》、ボーオーテスの頭《あたま》から足《あし》までの地名《ちめい》が順序正《じゆんじよただ》しく出《で》て居《ゐ》る。

ボーオーテスは坊太郎ー元來此《ぐわんらいこの》チッペラー山《やま》からアラカンの土地《とち》は昔《むかし》のサバ即《すなは》ち西王母《せいわうぼ》の地《ち》で、之《これ》を娑婆《さは》と云《い》ひ、又《ま》た狹穗《さは》と云《い》ひ、狹穗は棒《さは》であり、又《ま》たボ。ーである。又《ま》た其《その》サホなる語《ご》は希臘語《ぎりしやご》であるが、之《これ》を羅《ろ》甸譯《てんやく》するとサナ、又《ま》たサンとなり、生命《せいめい》、健康《けんかう》、小兒《せうに》、三、長《なが》きもの、等《とう》を意味《いみ》し、小兒《せうに》を英語《えいご》等でボーイ、又《ま》たボイと謂《い》ひ、日本語《にほんご》でボーと謂《い》ひ、「坊《はう》」と書《か》き、此《この》サホの土地《とち》の代表者《だいへうしや》として之《これ》を「坊太郎《はうたらう》」の名《な》を以《も》つて表《あら》はしても當然《たうぜん》である。

そこで原名《げんめい》ボーオーテスBo-ôtesの語《ご》を研究《けんきう》すると、其前半語《そのぜんはんご》ボーは「坊《はう》」で、後半《こうはん》語《ご》オーテスは增長者《ぞうちやうしや》を意味《いみ》し即《すなは》ち「太郎《たらう》」である。然《しか》らばボーオーテスは坊太郎《はうたらう》のことで、日本《にほん》の金比羅御利證《こんぴらごりしよう》の主人公《しゆじんこう》たるエライ、有名《いうめい》な小兒《せうに》である。

苟《いやしく》も天文星座《てんもんせいざ》に上《あ》げられる程《ほど》の人物《じんぶつ》又《また》は事件《じけん》は、必《かなら》ず或《あ》る意味《いみ》があり、又《ま》たは偉《い》大《だい》なるものであるべき筈《はず》で、古人《こじん》が、單《たん》に何等《なんら》の傳説《でんせつ》も、神話《しんわ》も、功績《こうせき》も、大《だい》も、美《び》もない、名《な》もない農夫《のうふ》や、牛追《うしお》ひを星座《せいざ》に上《あ》げる道理《だうり》がない。此坊太郎《このはうたらう》の話《はなし》の如《ごと》きは、實《じつ》に見事《みごと》なもので、且《か》つ金比羅《きんぴら》(Compila＝Mala＝棒)即《すなは》ちゼウスの神《かみ》の援助《ゑんじよ》談《だん》である。(金比羅《こんぴら》の神《かみ》を梵語《ぼんご》クンビラと解《かい》して鰐《わに》だなどゝ云《い》ふ馬鹿《ばか》の梵語學者《ぼんごがくしや》もある)

此地《このち》はサバの土地《とち》で昔《むかし》はSabaと書《か》き、又《ま》たSeoba即《すなは》ち西王母《シオバ》とも書《か》いた。西王母《シオバ》は桃《もゝ》の女神《めがみ》、長生《ちやうせい》の女神《めがみ》で、坊太郎傳説《はうたらうでんせつ》には西王母《シオバ》の桃《もゝ》のことが大問題《だいもんだい》となつて居《ゐ》る。志度《しど》(シド。シタク)寺《でら》の出來事《できごと》は其地《そのち》のSit-tacum即《すなは》ちシタクであり、又《ま》たSitで、「シド」と發音《はつおん》される。其地《そのち》のことである。

坊太郎《はうたらう》の忠僕《ちうぼく》に百度平《すんどへい》なる者《もの》がある。これは此地《このち》の海《うみ》の名《な》Sun Deep スン・ドエープをズン・ドヘーと發音《はつおん》したもので、深《ふか》きことを意味《いみ》し、又《ま》た棒《ぼう》の意味《いみ》があつて、昔《むかし》は此《こ》の海《うみ》をスチユギオス、又《ま》たスチツクスの海《うみ》と謂《い》ひ、「ステツキ」即《すなは》ち「杖《つゑ》」を意味し、坊太郎《ばうたらう》が右手《みぎて》に持つて居《ゐ》る棒《ぼう》は、此海《こうみ》の名《な》を形《かたち》にしたもの、又《ま》た百度平《ずんどへい》を杖《つゑ》にして表《あら》はしたものである。

實《じつ》に此星座《このせいざ》の史傳《しでん》の如《ごと》きは、日本人《にほんじん》でなければ到底《たうてい》知ることの出來《でき》ぬものである。決《けつ》して牛追《うしお》ひでも、農夫《のうふ》でも、牧夫《ぼくふ》でも、又《ま》たは熊番《くまはん》でもない。立派《りつぱ》に「坊太郎星《ばうたらうせい》座《ざ》」と云《い》ふべきである。

第九章 北冠星座

北冠星座——冠星座《かんむりせいざ》に二つあつて、一つを北冠《きたかんむり》と云《い》ひ、他《た》を南冠《みなみかんむり》と謂《い》ふ。北冠《きたかんむり》 Corona Borealis はヘーラクレースと坊太郎星座《ばうたらうせいざ》との中間《ちうかん》に在《あ》る星座《せいざ》で、蔦《つた》の冠《かんむり》に二た流《なが》れのリボンの折《を》れ屈《かゞ》んだ形《かたち》のものを以《も》つて表《あら》はしてあり。其環狀《そのくわんじやう》に從《したが》つて、ゲムマの星《ほし》を親玉《おやだま》にして、小《ちひ》さい星《ほし》が連《つら》なつて居《ゐ》て、如何《いか》にも一見《けん》して、美《うつく》しい星座《せいざ》である。此《この》ゲムマの星《ほし》は二等星《とうせい》と三等星《とうせい》との間《あひだ》の星《ほし》である。

ブラフマプートラ河とガンジス河との會流地――世界種々《せかいしゆ〴〵》の部分《ぶぶん》の地形《ちけい》や地名《ちめい》を知《し》つて居《ゐ》て、始《はじ》めに星座《せいざ》の繪《ゑ》を作《つく》つた人《ひと》の手心《てごゝろ》を心得《こゝろえ》た者《もの》に取《と》つては、星座地理《せいざちり》を發見《はつけん》するには、あまり困難《こんなん》ではないが、一般《はん》の人《ひと》に取《と》つては決《けつ》して容易《ようい》のことではない。此北冠《このきたかんむり》星座《せいざ》の如《ごと》き、一寸着眼《ちよつとちやくがん》に困《こま》つたものであるが、一旦《たん》氣《き》が付《つ》いて見《み》れば、其長《そのなが》い波《なみ》なすリボンの右《みぎ》の方《はう》はブラフマプートラの流《なが》れ、左《ひだり》の方《はう》はガンジス河《かは》の流《なが》れの屈折《くつせつ》の具合《ぐあひ》に當《あ》てゝ見《み》たら、殆《ほとん》ど其《そ》れが一致《ち》するを見《み》るであらう。素《もと》より屈折《くつせつ》の程度《ていど》は誇大《こだい》であり、リボンの長《なが》さは兩河《りやうか》の長《なが》さに比較《ひかく》すれば短《みじ》かいが、其《そ》れは意匠《いしやう》に由《よ》つて美術化《びじゆつくわ》したもので、此間《このかん》に非常《ひじやう》の面白味《おもしろみ》がある。

其冠《そのかんむり》の輪《わ》の部分《ぶぶん》は兩河《りやうか》が合併《がつぺい》して南《みなみ》へ流《なが》れ、其所《そこ》へ東《ひがし》からメグナ河《かは》が會流《くわいりう》する其北《そのきた》の角《かど》の土地《とち》一帶《たい》を象《かたど》つたもので、――其地《そのち》を現名《げんめい》メグラ Meghra(Megara)と云《い》ひ、大《だい》と力《ちから》とを意味《いみ》し、又《ま》たマガリ Magalli 即《すなは》ち「勾《まがり》」の古名《こめい》があつて環《くわん》又《ま》た冠《かんむり》を意味《いみ》するのである。

ゲムマの星――は又《ま》たアルフエッカ(Gemma, Al-phecca)と謂《い》ひ、一は羅甸語《らてんご》。

他《た》は希臘語《ぎりしやご》で、定め、結びを意味《いみ》し、又《ま》たゲムマは寶玉《はうぎよく》を意味《いみ》し、糸に貫くを意味《いみ》する所《ところ》から、支那名《しなめい》で此星《このほし》を貫索と謂《い》うてある。此《この》ゲムマの地《ち》は星座《せいざ》の右《みぎ》の下《した》の方《はう》に當《あた》る所《ところ》、即《すなは》ちメグナ河《がは》の東岸《とうがん》に、古代名《こだいめい》ジングー（Jungo, Zugo）の地《ち》があつて、これが結《ゆ》び定《さだ》め、繫《つな》ぎ合《あ》はすことを意味《いみ》して、ゲムマ又《ま》たアルフエツカ、又《ま》た貫索《くわんさく》の對譯《たいやく》になつて居《ゐ》る。（東京《とうきやう》で小供《こども》が約束《やくそく》して誓《ちか》ふ時《とき》にゲンマンと云《い》うて指《ゆび》と指《ゆび》とを繫《つな》ぎ合《あ》はす、其《その》語《ご》は此《この》ゲンマである）

第九十圖

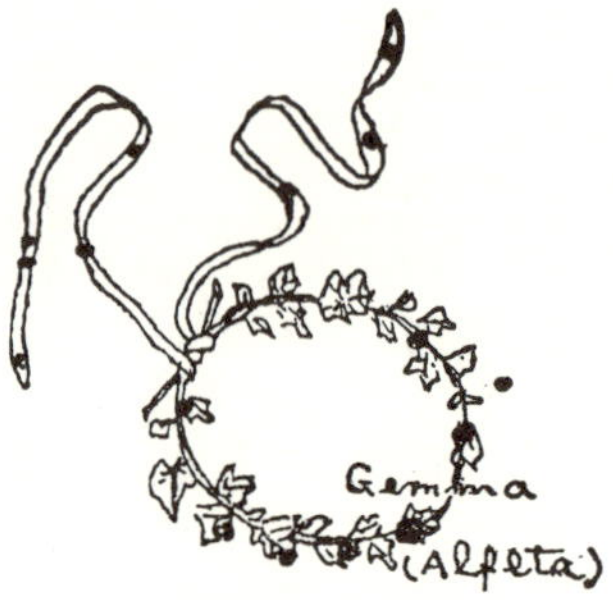

北冠星座

榮の神の蔦の冠――元來此冠《ぐわんらいこのかんむり》は古《いにしへ》から言《い》ひ傳《つた》ふる如《ごと》く、酒神《しゆじん》バツカスがアリアドネ姫《ひめ》に與《あた》へたものである。此《この》アリアドネ姫《ひめ》はクレタ王《わう》ミノスの娘《むすめ》で、ミノタウルと云《い》ふ人牛《ひとうし》の妹《いもうと》である。迷宮《めいきう》の中《うち》でアテンスの英雄《えいゆう》テセウスが、其人牛《そのひとうし》に殺《ころ》されるべきを、彼《かの》女《ぢよ》は導《みちび》きの糸《いと》を與《あた》へて其危難《そのきなん》を救《すく》ひ、テセウスと結婚《けつこん》してアテンスへ行《ゆ》く途中《とちう》で、テセウスは薄情《はくじやう》にも此恩《このおん》ある女性《ぢよせい》をナキソス島《たう》へ見棄《みす》てゝ歸國《きこく》した。姫《ひめ》は失望《しつばう》し、

悲歎《ひたん》に暮《く》れて居《を》た。其所《そこ》へ榮《さかえ》の神《かみ》、何時《いつ》も若《わか》きバッカスの神《かみ》は、數多《あまた》の男女《だんぢよ》の從者《じゆうしや》

第十二圖

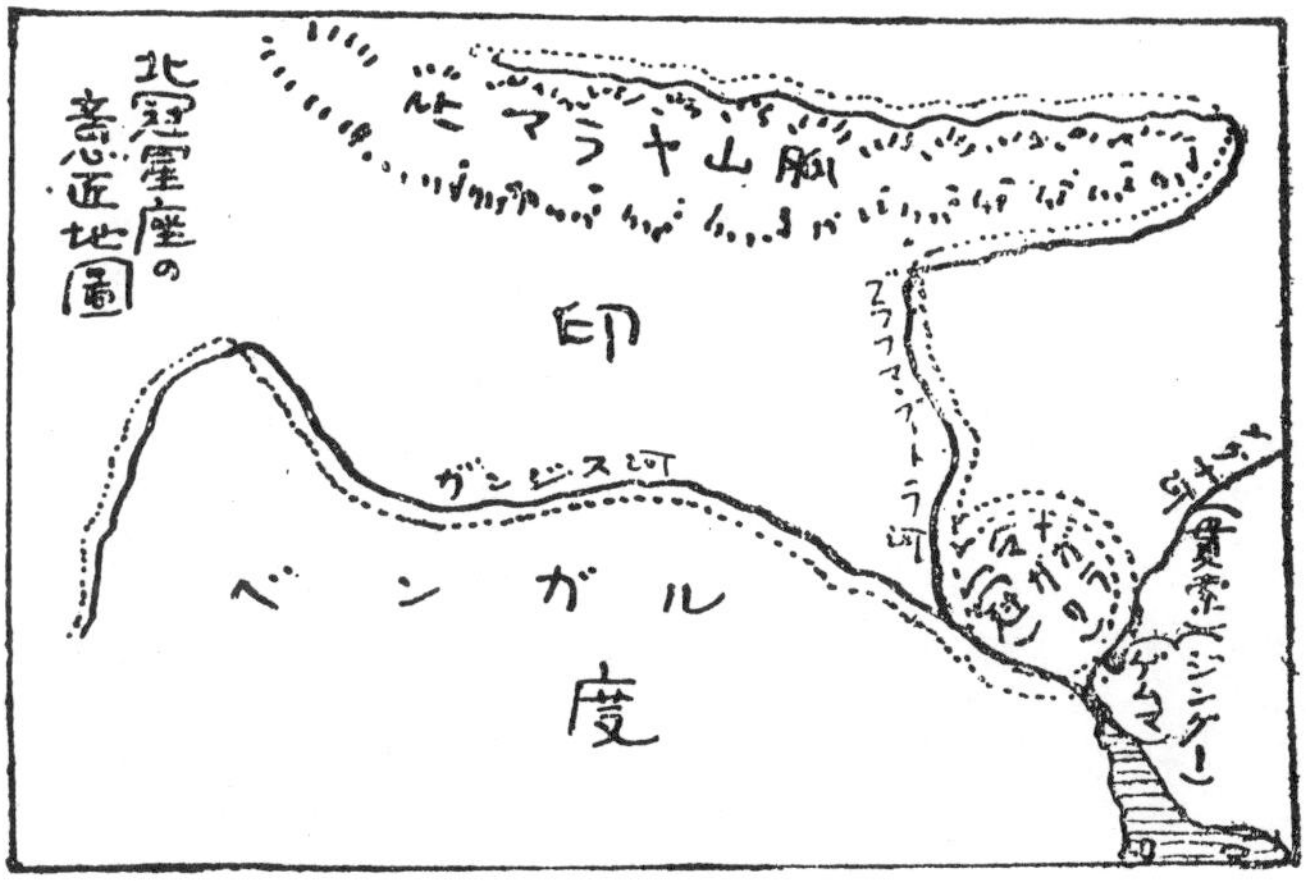

北冠星座の意匠地圖

をつれて、謠《うた》ひつゝ踊《をど》りつゝ來《き》て、此女性《このぢよせい》を見《み》て慰《なぐさ》め、又《また》戀仲《こひなか》となつて結婚《けつこん》し玉《たま》ひ、アリアドネは薄情《はくじやう》な英雄《えいゆう》には棄《す》てられたが、情厚《なさけあつ》い酒《さけ》の神《かみ》の妻《つま》となつた。此女性《このぢよせい》が死《し》んだ時《とき》に、バッカスの神《かみ》が與《あた》へた黄金《わうごん》の冠《かんむり》は天《てん》に上《あ》げられて、其天空《そのてんくう》へ上《あ》がるに從《したが》つて、其飾《そのかざ》つてある寶石《ほうせき》は愈々《いよいよ》輝《かゞや》いて星《ほし》になり、遂《つひ》に天《てん》に留《とゞ》まつて星座《せいざ》となり、ヘエラクレエス星座《せいざ》とボーオーテス星座《せいざ》との間《あひだ》にあることゝなつた。

此女性《このぢよせい》の名《な》アリアドネ Ari-adne とは「彌喜《よろこ》ばしき」を意味《いみ》し、酒《さけ》の神《かみ》バッカスの蔦《つた》の冠《かんむり》は又《ま》た榮《さかえ》を意味《いみ》し、英語《えいご》 Ivy は種々《しゆじゆ》

に變化《へんくわ》して Ive, ibe, など〻なり、Eu-oe > I-oe 即《すなは》ち「彌《い》や上《うへ》」を意味《いみ》し、愈々《いよ〳〵》上《のぼ》り榮《さか》えを意味《いみ》し、榮《さかえ》の神《かみ》の記號《きがう》である。日本字《にはんじ》「つた」を蔦《つた》と書《か》き、「艸《くさ》」と「鳥《とり》」とで、鳥《とり》はドリ Doris「登《のぼ》る」を意味《いみ》し、蔦《つた》は登《のぼ》り、榮《さか》への木《き》を意味《いみ》するのである。又《ま》た蔦《つた》は友情《いうじやう》の記號《きがう》として尊重《そんちよう》される。此蔦《このつた》の冠《かんむり》の地《ち》は「大友《おほとも》」の地《ち》であることは、前《まへ》に云《い》うた印度《いんど》の此地《このち》の古代《こだい》に大友《おほとも》の名《な》があり、又《ま》たゲムマの星《ほし》の名《な》も地名《ちめい》にあることが、此地の古代地圖で知《し》られる。

第十章　ヘエラクレエス星座

ヘエラクレエス星座――Herakles は琴星座《ことせいざ》と北冠星座《きたかんむりせいざ》との間《あひだ》に在《あ》つて、ヘエラクレエスが右膝《みぎひざ》を下《した》に折《を》つて左《ひだり》の手《て》に獅子《しし》の皮《かは》を持《も》ち、右手《みぎて》は棒《ぼう》を振《ふ》り上《あ》げて居《ゐ》る姿《すがた》である。昔《むかし》は此星座《このせいざ》をヘエラクレエスと知《し》らず、又《ま》た何者《なにもの》が、何《なに》をして居《ゐ》るかも知《し》れず、人々《ひと〴〵》種々《しゆ〴〵》の意見《いけん》を提出《ていしゆつ》したが、遂《つひ》にエラトステネースの説《せつ》に由《よ》つて是《こ》れはヘエラクレエスてあるとのことに落《お》つ付《つ》いたのである。又《ま》た彼れの右《みぎ》の手《て》に棍棒《こんぼう》も持《も》たせてなく、手《て》を揚《あ》げて居《ゐ》るのみであつて、唯《た》だ「膝《ひざ》まづける人《ひと》」と云《い》ふ名《な》の星座《せいざ》であつたとのことである。此星座《このせいざ》は頭《あたま》は南《みなみ》、足《あし》は北《きた》に逆立《さかだ》ちして居《ゐ》る。ヘエラクレエスの功名赫々《こうみやうかく〳〵》たる英雄《えいゆう》たるに反《はん》し、此星座《このせいざ》には特《こと》に著《いちじる》しい星《ほし》が無《な》いが、美《うつく》しい双子星《ふたこせい》が澤山《たくさん》ある。

ヘーラクレース傳――此《この》ヘーラクレース星座《せいざ》は其地理發見《そのちりはつけん》に聊《いさゝ》か困難《こんなん》であるから、先《ま》づヘーラクレースの傳記《でんき》から說《と》き進《すゝ》めば、地理的着眼《ちりてきちやくがん》と了解《れうかい》とを得《う》るは、或《あるひ》は困難《こんなん》てないと信《しん》ずる。

希臘神話《ぎりしやしんわ》の中《うち》で異常《いじやう》の膂力家《りよりよくか》で、又《ま》た人生《じんせい》の善《ぜん》を計《はか》つた大英雄《だいえいゆう》は實《じつ》にヘーラクレースである。彼《か》れは生《うま》れてから死《し》ぬるまで、身體上《しんたいじやう》精神上《せいしんじやう》、有《あ》らゆる困難辛苦《こんなんしんく》を甞《な》め死《し》ぬる時《とき》は、自身《じしん》て火葬《くわそう》の薪《たきゞ》を集《あつ》めて、自《みづか》ら其上《そのうへ》に其身《そのみ》を横《よこ》たへて焼《や》け死《し》んだ人《ひと》であつたが、死《し》んで後《のち》は神《かみ》は彼《か》れの靈魂《れいこん》を天《てん》に上《あ》げて神《かみ》と爲《な》し、又《ま》た星座《せいざ》に爲《し》た。然《しか》り彼《かれ》は火《ひ》の中《なか》に泰然《たいぜん》たる不動明王《ふどうみやうわう》である。

ヘーラクレースには十二勞役《らうえき》なるものがあつて人《ひと》の能《よ》くせぬ所《ところ》の功業《こうげふ》を成《な》し遂《と》げた。彼《かれ》は希臘神話中《ぎりしやしんわちう》の英雄《えいゆう》であるが、此希臘《このぎりしや》は印度太古《いんどたいこ》の希臘《ぎりしや》であつて、今《いま》の歐羅《ようろつ》巴《ぱ》希臘《ぎりしや》には關係《くわんけい》は少《すこ》しもない。乃《すなは》ち昔《むかし》のグプタ國《こく》はヘーラクレースの別譯《べつやく》、恒河《ガンジス》は彼《か》れの力《ちから》の形容《けいよう》となつて居《ゐ》る。

第二十一圖

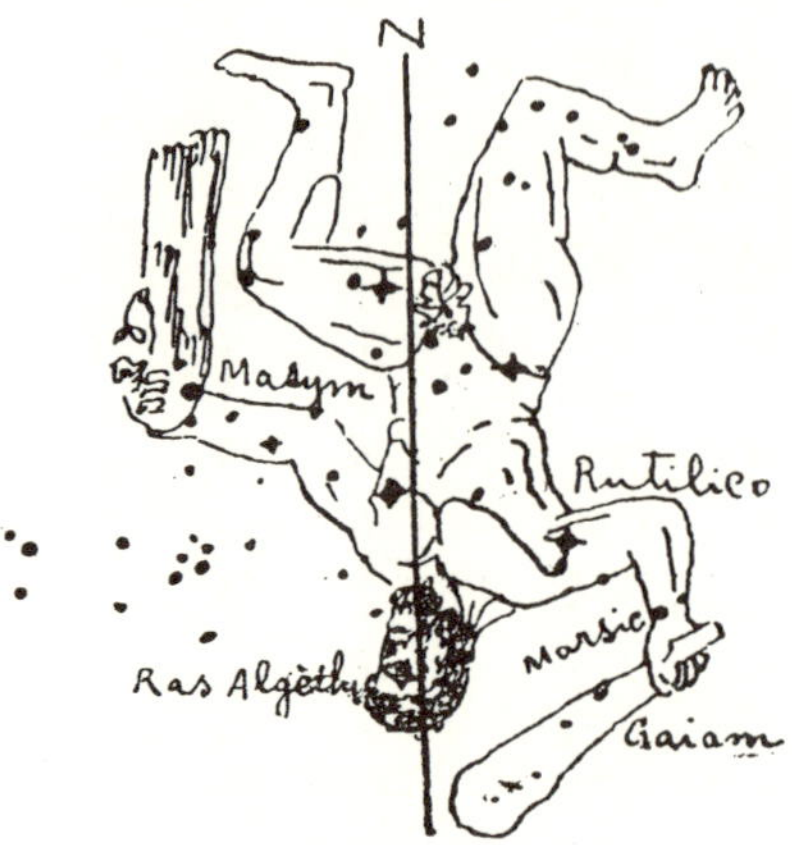

ヘエラクレエス星座

阿弗利加コンゴー行き——彼《か》れの十二功業中《こうげふちう》の第《だい》十と第十一とは阿弗利加《あふりか》に於《お》けるもので、先《ま》づゲールオネスの赤牛《あかうし》を取《と》つて來《く》ることであつた。これはアビスシニヤからナイル河流域《がはりうゐき》一帶《たい》の地理《ちり》神話《しんわ》である。（著者《ちよしや》の郷里《きやうり》には此事《このこと》は「鬼牛《おにうし》」として諸祭禮《しよさいれい》のネリとして出《だ》される）。つぎは夕日姫《ゆふひひめ》ヒスペリヤの黄金《こがね》の林檎《りんご》を取《と》つて來《く》ることで、これは阿弗利加西偏《あふりかせいへん》ヒスペリヤの探檢《たんけん》と云《い》うても善《よ》い。又《ま》た蓋此時《けだしこのとき》のことであらうか。水神《すゐじん》の子《こ》で、アンタイオスなる大力《だいりき》の惡徒《あくと》に角力《すまふ》を挑《いど》まれて彼《か》れを殺《ころ》

第二十二圖

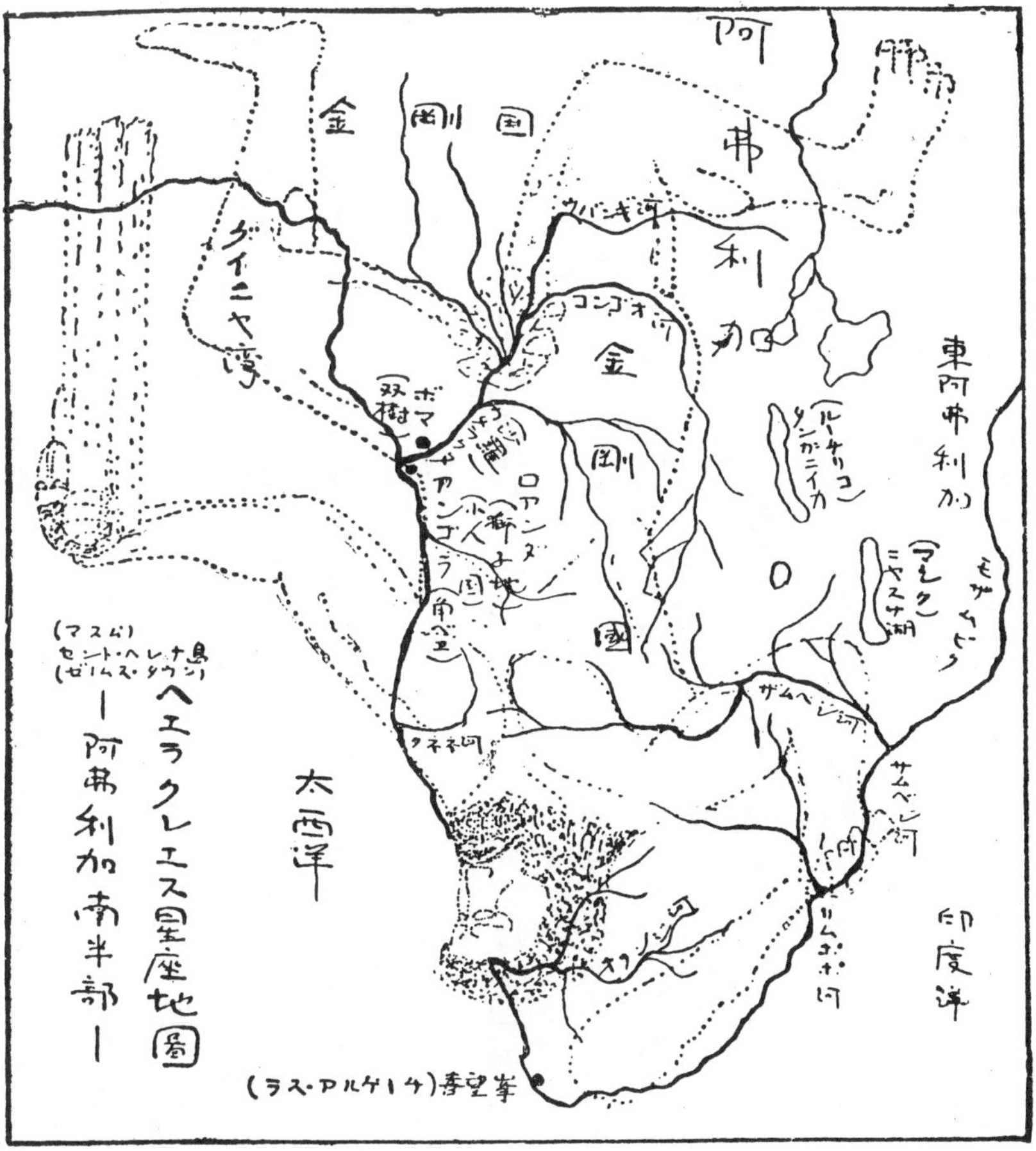

ヘエラクレエス星座地圖

したことがある。又《ま》た其角力《そのすまふ》に疲《つか》れて寢《ね》て居《ゐ》ると小人《こびと》が澤山《たくさん》出て來《き》たから、其《その》中《うち》の一人《ひとり》を携《たづさ》えて居《ゐ》る獅子《しし》の皮《かは》に包《つゝ》んで、土《みや》産《げ》として本《ほん》國《ごく》に歸《かへ》つた話《はな》しがあるが。其角力《そのすまふ》のことはコンゴー河《がは》を謂《い》うたもので、コンゴーとは金剛力《こんがうりょく》を意味《いみ》し、ヘーラクレースの金剛力《こんがうりき》の名《な》であり、ロアンダの地《ち》は獅子《しし》の地《ち》、アンゴラは小人國《せうじんこく》である。そして阿弗利加《あふりか》のコンゴー即《すなは》ち Con-go の「ゴー」はガンガ河《がは》の「恒《ゴー》」と同語《どうご》で、「行《ゆ》く」(go, gang)を意味《いみ》して、印度《いんど》のガンガ河《がは》と、阿弗利加《あふりか》のコンゴー河《がは》とは、ヘーラクレース神話《しんわ》に於《おい》て、親戚的關係《しんせきてきくわんけい》の河《かは》であることを示《しめ》して居《ゐ》る。此意味《このいみ》の河《かは》は尙《な》ほ他《た》に――バビロニヤのチグリス河(語源《ごげん》Syn-gress)があつて、佛書《ぶつしよ》には何《いづ》れも恒河《こうか》又《ま》た克伽河《こうかがは》と書《か》いてあるから、研究者《けんきうしや》は、三者《しや》を區別《くべつ》して讀《よ》まねばならぬ。特《こと》に釋迦涅槃時《しやかねはんじ》の恒河《こうか》は阿弗利加《あふりか》のコンゴー河《がは》であることを一言《ごん》して置《お》く)。

ヘーラクレースの本國《ほんごく》は印度《いんど》の恒河流域《こうかりうゐき》であるが、其遠征地《そのゑんせいち》(蓋本元國《けだしほんげんこく》)は阿弗利加《か》であることを考《かんが》へ、又《ま》た此星座地理《このせいざちり》は印度《いんど》の何處《いづこ》にも一致《ち》せぬことを知《し》るに於《おい》ては、今《いま》や着眼《ちやくがん》を阿弗利加《あふりか》に向《む》けて、金剛河《こんがうがは》、金剛國《こんがうこく》を中心《ちうしん》として其地形《そのちけい》を求《もと》めるは必《かなら》ずしも誤《あやま》つて居《を》らぬと信《しん》ずる。

又《ま》た彼《か》れの頭部《とうぶ》即《すなは》ち南端《なんたん》にある星《ほし》にラス・アルゲーチ Al-gethi 岬《みさき》『喜望岬《きばうみさき》』なる

名《な》があるに考《かんが》へると、阿《あ》弗《ふ》利《り》加《か》着眼《ちやくがん》が最《もつと》も合理的《がふりてき》になる。

星座の阿弗利加の形――此《こ》うして此星座《このせいざ》の繪《ゑ》を阿《あ》弗《ふ》利《り》加《か》南部《なんぶ》に求《もと》めると、彼《か》れの頭《あたま》は喜望峰地《きはうはうち》ナマカ・ランドに當《あた》り、右《みぎ》の手頸《てくび》はリムポポ河《がは》とザムベシ河《がは》との線《せん》の間《あひだ》にあり、彼《かれ》の胸《むね》はダマラ・ランドに當《あた》り、腹《はら》から股《また》のあたりは金剛國《こんがうこく》、股《また》の右《みぎ》左《ひだり》に別《わか》れる具合《ぐあひ》は金剛川《こんがうがは》の流《なが》れの線《せん》に從《したが》ひ、左《ひだり》の手《て》は海《うみ》の方《はう》へ出《で》て居《ゐ》る。そして其《その》手《て》に獅子《しし》の皮《かは》を持《も》つて居《ゐ》るのは、ネメヤの獅子《しゝ》乃《すなは》ち「獅子宮《しゝきう》」の獅子《しゝ》の皮《かわ》で、小人《せうじん》國《こく》へ行《い》つた時《とき》の彼《か》れの所持品《しよぢひん》である。

星の地名――星座《せいざ》の南端《なんたん》――頭《あたま》のアルゲーチ岬《ラス》 Ras Al-gethi 特《こと》にラス即《すなは》ち「岬《みさき》」と云《い》うて居《ゐ》る。其《そ》れは歡喜《くわんき》、喜望岬《きはうみさき》を意味《いみ》し、喜望峯《きはうはう》を意味《いみ》することは明瞭《めいれう》である。ドクトル・セイススと云《い》ふ、何時《いつ》も愚説《ぐせつ》を吐《は》くが藝《げい》の學者《がくしや》は、此《この》「アルゲーチ岬《みさき》」の星《ほし》の名《な》を「打《う》ち壊《くだ》く」「彼《か》れの頭《あたま》」など、譯《やく》して居《ゐ》るが、無論誤《むろんあやま》つて居《ゐ》る。右《みぎ》の腋《わき》にあるルーチリコ Rutilicoの星《ほし》は赤《あか》き光《ひかり》の美《び》を意味《いみ》し、タンガニイカの湖水《こすゐ》も、(Tan-ganyika) も日光美《につくわうび》の沼《ぬま》を意味《いみ》して、對譯《たいやく》になつて居《ゐ》る。手頸《てくび》のマシック (Masia)の星《ほし》は「新《あら》たに登《のぼ》る」を意味《いみ》し Nyasa(Neo-asa) 湖《こ》の對譯《たいやく》になつて居《ゐ》る。彼《か》れの棍棒《こんぼう》のガイアム Gaiam の星《ほし》は「行《ゆ》く」を意味《いみ》し、トランス・ヴール國即《こくすなは》ち「安全《あんぜん》に・行《ゆ》く」の對譯《たいやく》である。彼《か》れの左《ひだり》の手《て》のマスム ma-sym は「我《わ》が住《す》む所《ところ》」を意味《いみ》して大西洋上《だいせいやうじやう》の聖《せんと》ヘレナのゼームス・タウン James Town の譯《やく》である。ゼームスは Iam が語幹《ごかん》、「アム」Am「我《わ》れ在《あ》り」が其語源《そのごげん》で、我《わ》れ住《す》む所《ところ》即《すなは》ち星《ほし》の名《な》「眞《ま》住《す》む」である。

第十一章　蛇取星座

蛇取星座——Ophi-uchos はヘエラクレエスの南《みなみ》、天蠍星座《てんかつせいざ》の北《きた》に、一人《にん》の男《をとこ》が片膚《かたはだ》ぬぎて、大《おほ》きな、うねくり回《まは》つた長《なが》い蛇《へび》、殆《ほとん》ど五十度《ど》の間《あひだ》に亘《わた》る蛇《へび》を、兩手《りやうて》を以《も》つて握《つか》んで居《ゐ》る。彼《か》れの右足《みぎあし》は銀河《ぎんが》の一方《はう》の枝《えだ》の流《なが》れに浸《ひた》つて居《ゐ》る。蛇《へび》の頭《あたま》は北《きた》冠星座《かんむりせいざ》の南《みなみ》に當《あた》り、其尾《そのを》は大鷹《おほたか》の南《みなみ》に當《あた》つて居《ゐ》る。——そも、是《これ》は何者《なにもの》の形《かたち》であらうか。水《みづ》の流《なが》れか、島々《しま〲》の鎖《くさり》の如《ごと》く連《つらな》つて居《ゐ》るのを表《あら》はしたものであらうか　然《しか》らば何處《どこ》か。

馬來群島――蛇取星座《へびとりせいざ》の希臘語《ぎりしやご》は Ophi-uchos「蛇取《へびとり》」を意味《いみ》するが、其蛇《そのへび》なる語《ご》は繩《なは》、紐等物《ひもとうもの》を縛《しば》るもので、「ナハ」とも同《おな》じ意義《いぎ》である。そこで東洋《とうやう》の新研究《しんけんきう》者《しや》の着眼《ちやくがん》は常《つね》に東洋《とうやう》にあつて、其《そ》れはスマトラ、瓜哇《じやわ》、ボルネオ、ケレベス、フイリッピン等《とう》の島々《しま〲》を繋《つな》いで、星座《せいざ》の形《かたち》としたものとの直觀《ちよくくわん》を得《え》たのである。

星座《せいざ》の繪《ゑ》を地圖《ちづ》に當《あ》てはめて見《み》ると、ボルネオ島《たう》は蛇取《へびと》りの肩《かた》から胴《どう》を爲《な》し、スマトラ、瓜哇《じやわ》は蛇《へび》の尾《を》に當《あた》り、其《そ》れに一ト卷《ま》き卷《ま》いて居《ゐ》るはスマトラから瓜哇《じやわ》へ移《うつ》ることの旨《むね》を含《ふく》み、ケレベス島《たう》で蛇取《へびとり》の左《ひだり》の手《て》を表《あら》はし、其部《そのぶ》の蛇體《じやたい》の屈折《くつせつ》は其島《そのしま》のメナドの曲《まが》りと一致《ち》し、蛇體《じやたい》は北《きた》に向《むか》つて一ト卷《ま》きして居《ゐ》るはフイリッピンのミンダナナ島《たう》を示《しめ》し、次《つぎ》の一と卷《ま》きはルゾン島《たう》や其他《そのた》の小《ちひさ》い島々《しま〲》を含《ふく》み、其所《そこ》に蛇《へび》の口《くち》は北《きた》を向《む》いて開《ひら》いて居《ゐ》る――此形《このかたち》は地圖《ちづ》を見《み》たら直《す》ぐ首肯《しゆかう》されるのである。

ボルネオ「蛇取《へびと》り」――先《ま》づ此星座《このせいざ》の繪《ゑ》と地圖《ちづ》とを合《あは》せて見《み》たら、ボル・ネオ島《たう》は蛇取《へびと》りてあるが、元來《ぐわんらい》ボル・ネオ Bor-neo とは希臘語《ぎりしやご》「取《とり》・繩《なは》」で、繩《なは》は蛇《へび》であり、口繩《くちなは》である。且《か》つケレベス（セレベス）島《たう》の東《ひがし》の方《かた》をバンダ海《かい》と云《い》ふが、バンダ Banda は繩《なは》・海《うみ》は沖《おき》、これが沖繩《おきなは》で、「蛇《へび》の海《うみ》」を意味《いみ》し、日本《にほん》の沖《おき》繩《なは》の名《な》は之《これ》を寫《うつ》したものゝやうである。

第二十三圖

蛇遣星座

星の名——蛇取《へびとり》の顏《かほ》に二等星《とうせい》の「アラグエー」岬《みさき》即《すなは》ち Ras Alha-gue の名《な》の星《ほし》がある。其《そ》れはボルネオ島《たう》の北端《ほくたん》にある小《ちひさ》い島《しま》、バン・グエー Ban-guey を謂《い》ふたものゝやうである。乃《すなは》ちアラ・グエー岬《みさき》に對《たい》してバン・グエーの「バン」は「アラ」に當《あた》り、「パン」、「凡《すべ》て」を意味《いみ》し、グエーとグエーとは全《まつた》く同《おな》じ語《ご》であるが、未《いま》だ意義《いぎ》を審《つまびら》かに

第二十四圖

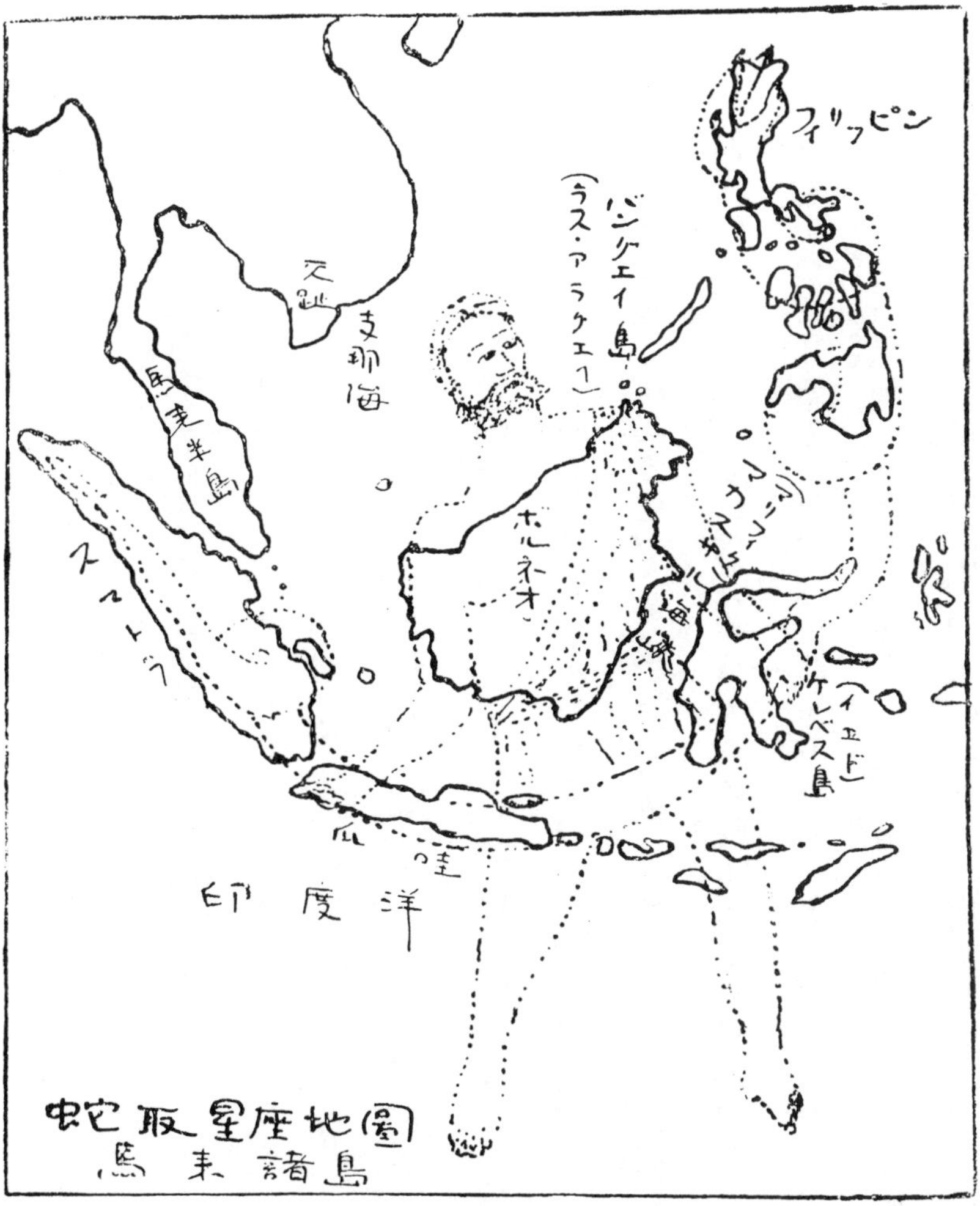

蛇取星座地圖

せぬ。

蛇取《へびとり》の左《ひだり》の手《て》のマリ・フィク(Marific)の星《ほし》は蓋《けだし》ボルネオ島《たう》とケレベス島《たう》との間《あひだ》のマカスサル Ma-cassar乃《すなは》ち美成《びせい》を意味《いみ》する海峡《かいけふ》を云《い》うたもので、「マリ・フィク」は成《せい》美《び》、美形《びけい》の海《うみ》を意味《いみ》する語《ご》と解《かい》せられる。左《ひだり》の手頸《てくび》のイエド Jedの星《ほし》は蓋《けだし》 Eid顯章《けんしやう》を意味《いみ》し、ケレベス Celebes(Kleo) 島《たう》の名《な》、禮式《れいしき》、顯章《けんしやう》との對譯《たいやく》である。

ラオコオンと國姓爺の蛇――巻《ま》き着《つ》く蛇《へび》と闘《たゝか》うことの有名《いうめい》な話《はな》しは、希《ぎり》臘神話《しやしんわ》のラオコオンと、日本《にほん》の國姓爺《こくせんや》・鄭成功《ていせいこう》とであるが、實《じつ》は同《どう》一人《にん》の二つに傳《つた》はつたものに過《す》ぎぬ。そして此星座《このせいざ》は其蛇《そのへび》を畫《ゑ》にしたものだが、此星座《このせいざ》の繪《ゑ》はラオコオンが蛇《へび》に締《し》め殺《ころ》された趣《おもむき》とは異《ちが》うて、人《ひと》が蛇《へび》を握《つか》み締《し》め、蛇《へび》は切《しき》りに苦悶《くもん》して居《ゐ》る形《かたち》であるから、西洋《せいやう》の學者等《がくしやら》は、これはラオコオンの蛇《へび》とは氣《き》が付《つ》かぬらしいが、日本《にほん》に傳《つた》はる神話《しんわ》を以《も》つてすると、是《こ》れは矢張《やは》り其蛇《そのへび》たることが知《し》られる。

希臘神話《ぎりしやしんわ》に據《よ》ると、希臘軍《ぎりしやぐん》がトロイを征伐《せいばつ》した時《とき》、戰爭《せんさう》が餘《あま》りに長《なが》びくのに倦《う》んで、ユリセースの考案《かうあん》で大《おほ》きな木馬《もくば》を作《つく》り、其中《そのうち》に數多《あまた》の兵士《へいし》を忍《しの》ばせ、之《これ》をトロイ城外《じやうぐわい》に置《お》いて希臘軍《ぎりしやぐん》は圍《かこ》みを解《と》いて歸國《きこく》したやうに見《み》せかけ、此木馬《このもくば》を城内《じやうない》に引《ひ》き入《い》れしめ、時《とき》を見《み》て兵士《へいし》は木馬《もくば》の中《なか》から出《で》て、城《しろ》の内《うち》と外《そと》から相應《あひおう》じて一擧《きよ》に城《しろ》を落《おと》さうとの策略《さくりやく》が行《おこな》はれた。トロイ軍《ぐん》は其策略《そのさくりやく》に陷《おちい》つた。其時《そのとき》ラオコオンと云《い》ふ祭司《さいし》は大《おほい》に其《そ》れに反對《はんたい》し、又《ま》た木馬《もくば》の横腹《よこはら》に槍《やり》を突《つ》き立《た》てたが、何事《なにごと》もなかつた。木馬《もくば》は城中《じやうちう》に引《ひ》き入《い》れられた。ラオコオンは濱邊《はまべ》に出《で》て二人《にん》の子供《こども》を手傳《てつだ》はせて神《かみ》に禱《いの》つて居《ゐ》たら、海《うみ》から大蛇《だいじや》が二匹《ひき》出《で》て來《き》て、彼《か》れと其子供《そのこども》とを締《し》め殺《ころ》した。其時《そのとき》のラオコオンの奮闘《ふんとう》は非常《ひじやう》なもので、自分《じぶん》の子供《こども》の締《し》め殺《ころ》されるのを目前《もくぜん》に見《み》つゝ自分《じぶん》も亦《また》締《し》められて居《ゐ》て、如何《いかん》ともすることの出來《でき》ぬ。心身上《しんしんじやう》の苦痛《くつう》は極《きは》まつたのである。所《ところ》がこれが日本《にほん》へ傳《つた》はつて居《ゐ》る話《はな》しは、最《もつと》も勇壯《ゆうさう》なもので、大蛇《だいじや》の如《ごと》きは何《なん》のその、勢《いきほひ》である。近松《ちかまつ》の「國姓爺後日合戰《こくせんやごじつかつせん》」の國姓爺《こくせんや》は、實《じつ》はラオコオンと同人物《どうじんぶつ》で、韃靼《だつたん》の六王子《わうじ》なるものが國姓爺《こくせんや》の居城《きよじやう》を征《せ》める時《とき》、妖術《えうじゆつ》を以《も》つて大蛇《だいじや》を送《おく》つた話《はな》しが其《そ》れてある。其記事《そのきじ》は『駙馬鐵平虚空《ふばてつぺいこくう》に向《むか》つて秘文《ひもん》を唱《とな》へば、忽《たちま》ちに黑雲凌《こくうんしの》ぐ梢《こずゑ》の空《そら》、九萬九千の鱗《うろこ》の光《ひかり》、惡龍王《あくりうわう》の眼《め》は鏡《かゞみ》、角《つの》は劍《けん》……。大將國姓爺裝《たいしやうこくせんやしやう》束脱《そくぬ》ぎ棄《す》て、日本扮装《にほんでだち》に身《み》を固《かた》め……大蛇《だいじや》は尾先《びさき》の利剣《りけん》に地《ち》を敲《たゝ》き、枯木《こぼく》の角《つの》を振《ふり》立《た》て〳〵、紅《くれなゐ》の舌《した》を捲《ま》き立《た》て、吐《は》く息《いき》は猛火《まうくわ》を吐《は》くに異《こと》ならず、國姓爺《こくせんや》事《こと》ともせず、五體《たい》を固《かた》め五臟《ざう》の力《ちから》を眼《め》に入《い》れ、山《やま》の端《は》出《い》づる朝日《あさひ》の如《ごと》く、喝《かつ》と睨《にら》みつくれば、さしもの大蛇鱗《だいじやうろこ》を伏《ふ》せ首《くび》を垂《た》れて漂《たゞよ》ふたり……。大蛇《だいじや》は尚《な》ほも一《ひ》と呑《の》みと、頰《ほゝ》を振《ふ》て馳《は》せかゝる、又振返《またふりかへ》つてハタと睨《にら》めば、睨《にら》め付《つ》けられて二十尋餘《ひろあま》りの身《み》を縮《ちゞ》め、帶《おび》をたゝみし如《ごと》くにて、蜒《うね》り、うねつて睨《にら》み合《あ》ひ、……やあ、物々《ものもの》しとむんづと抱《いだ》きウンと締《しめ》れば尾《を》を返《か》へし、腰を七卷くる〳〵。くるり〳〵。くる〳〵〳〵。息《いき》は吹鞴《ふいご》、尾筒《をづゝ》は鞴《ふいご》、土石《どせき》を飛《と》ばす其響《そのひゞき》、鼕々《たう〳〵》、鼕々《たう〳〵》と鳴《な》り渡《わた》り、捲《ま》いつ解《ほ》どいつ揉《も》み合《あ》ひしは、此世《このよ》の業《わざ》とは見《み》えざりし。勇士《ゆうし》の早業力業《はやわざちからわざ》に大蛇《だいじや》の飛行自在《ひかうじざい》も盡《つ》き、弱《よわ》る所《ところ》を胴中《どうなか》に確《しか》と乘《の》り、大刀《たち》振《ふ》り上《あ》げて元首《もとくび》フッツと切《き》り落《おと》し……『駙馬鐵平大《ふばてつぺいおほい》に怒《いか》り、五行破《ぎやうやぶ》りの秘文《ひもん》を唱《とな》へ、天地《てんち》を責《せ》めて祈《いの》ると見《み》えしが、大蛇《だいじや》の胴骨《どうこつ》動《うご》き出《い》で、忽ち五箇の頭を生じ、一身五頭に十の角、十の眼を瞋らし、……和國《わこく》の神力國《しんりよくこく》姓爺《せんや》が五體《たい》に加《くは》はり、兩足兩手《りやうあしりやうて》に五箇《こ》の頭取《あたまと》つて押《おさ》へ……』と云《い》ふ有樣《ありさま》。其奮闘《そのふんとう》ぶりはラオコオンと同《おな》じてあるが、蛇《へび》に打勝《うちか》つ點《てん》に於《おい》ては傳《でん》を異《こと》にして居《ゐ》る。又《また》ヘエラクレエス的《てき》である。

さらば此星座《このせいざ》の畫《ゑ》は、ラオコオンと同《おな》じものではあるが、日本《にほん》のラオコオン即《すなは》ち國姓爺《こくせんや》を畫《ゑが》いたものと謂《い》ふべきである。殊《こと》に國姓爺《こくせんや》の父《ちゝ》は「鄭芝龍《ていしりう》」即《すなは》ち「龍《りう》の調《てう》伏《ふく》」を意味《いみ》する名《な》で、別名《べつめい》を「老一官《ラオイツカン》」と云《い》ひ、其《そ》れが「ラオコオン」と同名《どうみやう》の少異《せうい》と思《おも》はれ、而《しか》も「ラオイカン」の方《はう》が正《たゞ》しい言葉《ことば》のやうで Lo-ikan「明瞭《めいれう》に見《み》る」を意味《いみ》し、其《そ》れが訛《なま》つてラオコオン Laokoon となつたのである。だから國姓爺《こくせんや》は頻《しき》りに睨《にら》むとか、力《ちから》を眼《め》に込《こ》めるとか云《い》うてある。此名《このな》は國姓爺《こくせんや》の父《ちゝ》の名《な》であるが、傳説《でんせつ》では父子《ふし》一體《たい》に、混合《こんがふ》したものと見《み》れば、國姓爺《こくせんや》の蛇《へび》は明《あきら》かにラオコオンの蛇《へび》であることが斷言出來《だんげんでき》る。（詳細《しやうさい》の比較研究《ひかくけんきう》は略《りやく》す）

ヘエラクレエスの九頭龍――國姓爺《こくせんや》が切《き》つた一匹《びき》の蛇《へび》は五頭《とう》になつたとあるが、此《か》く一匹《びき》が增加《ぞうか》することはヘエラクレエスが九頭龍《とうりう》を退治《たいぢ》する時《とき》、其《その》一頭《とう》を切《き》ると二つの頭《あたま》の芽《め》が出《で》るとの――其蛇《そのへび》に似《に》て居《ゐ》る。彼《か》れのは九頭龍《とうりう》、國姓爺《こくせんや》のは五頭龍《とうりゅう》の相違《さうゐ》はある。且《かつ》地理問題《ちりもんだい》は此《ここ》に略《りゃく》すが、其土地《そのとち》は同《おな》じ土地《とち》なのである。さらばヘエラクレエスの蛇《へび》も、ラオコオンの其《そ》れも、國姓爺《こくせんや》のも實《じつ》は同《おな》じ蛇《へび》であるが、傳《つた》へ方《かた》が種々《しゅ〴〵》異《こと》なつたものと察《さつ》せられる。

琉球傳說の蛇――此《この》ラオコオンや、老一官《ラオイツカン》の地名《ちめい》は「目《め》」「見《み》る」を意味《いみ》し、英語《えいご》Look と同語《どうご》で、希臘《ぎりしや》ではリウキーLeukê となる。此印度《このいんど》のアラカンの地《ち》の民族《みんぞく》をキクロプス Cyklops と云《い》ひ、一ッ目《め》、又《ま》た菊園人種《きくぞのじんしゅ》と云《い》ひ、此民族《このみんぞく》が東南《とうなん》に流《なが》れて太平洋《たいへいやう》に出《で》て、前記《ぜんき》の瓜哇《じやわ》、スマトラ、ボルネオ、フイリツピン等《とう》に移住《いぢう》して、キクラデス即《すなは》ち「菊族《きくぞく》」の土地《とち》が出來《でき》、ボルネオが其中心《そのちうしん》となり、星座圖《せいざづ》の蛇取人《へびとりにん》となり、蛇《へび》は、彼《か》れを中心《ちうしん》として圓《ゑん》を作《つく》り、菊花《きくくわ》の狀《じやう》を呈《てい》するのである。そして專《もっぱ》らスマトラと、瓜哇《じやわ》とをリユーキーと云《い》ひ、「琉球《りうきう》」となり、弓張月《ゆみはりづき》の琉球《りうきう》は實《じつ》は是《こ》れを謂《い》うたものである。だから琉球《りうきう》の傳說《でんせつ》に『往古《わうこ》太平山《たいへいざん》の前《まへ》の海《うみ》に一つの虬《みづち》ありて常《つね》に風雨《ふうう》を起《おこ》し、洪波《こうは》を致《いた》し、五穀《こく》を損《そこな》ひ洲民《しうみん》を害《がい》すること多《おほ》かりければ、先王《せんわう》深《ふか》く愁《うれ》ひて、天地《てんち》に祈禱《きたう》し、親《みづか》ら潮《しほ》に浸《ひた》りて彼《か》の虬《みつち》を殺《ころ》し、之《これ》を瓶架山《へいかざん》（ペダン）の東谷《とうこく》に埋《ウブ》め玉《たま》ふ、今《いま》の舊虬《きうかイな》(バリサン山《ざん》)山《やま》これなり』とあるは、此星座《このせいざ》の畫《ゑ》に一致《ち》して居《ゐ》るやうてある。思《おも》ふに民族《みんぞく》の東漸《とうぜん》と共《とも》に蛇傳説《へびでんせつ》も東遷《とうせん》して、其《そ》れが變形《へんけい》して土地《とち》に應《ちう》じた形《かたち》として傳《つた》へられたものであらう。

忠臣水滸傳の蛇遣ひ——其後編第《そのこうへんだい》二に『一人《にん》の男手《をとこて》ぬぐひをとりて頭《あたま》を包《つゝ》み、片《かた》はだぬぎて、左《ひだり》の手《て》に大《おほ》きなる蛇《へび》をつかみ』と云《い》ふ記事《きじ》があるが、又《ま》た其《そ》れに續《つゞ》いて藥賣《くすりう》りの話《はな》しがある。思《おも》うに是《こ》れは此星座《このせいざ》の畫《ゑ》を云《い》うたものであらう。其《その》片《かた》はだぬぎや、大蛇《だいじや》を左《ひだり》の手《て》でつかむなどは全《まつた》く其通《そのとほ》りである。此男《このをとこ》の名《な》は千邪鬼《センザキ》彌《ヤ》五郎《ゴロウ》とあるが、其《そ》れを別譯《べつやく》すると Scien-sagi Io-gauros で、ラオコオンや、國姓《こくせん》爺《や》(Cog-scren-ia) と同意義《どういぎ》であるが説明《せつめい》は略《りやく》する。

醫王アスクラピオス——又《ま》た別傳《べつでん》に據《よ》ると、此蛇取《このへびとり》は希臘神話《ぎりしやしんわ》の醫王《いわう》アスクラピオスだと謂《い》うてあるが、此神《このかみ》は柱《はしら》に蛇《へび》の巻《ま》き付《つ》いた形《かたち》を記號《きがう》としてあつて、此星座《このせいざ》の觀念《くゝんねん》と一致《ち》して居《ゐ》る。そしてアスクラピオスの名《な》は As-cla-pios で千崎彌《せんざきや》五郎《らう》、國姓爺等《こぜやとう》と對譯名《たいやくめい》で、日本《にほん》では豊《とよ》・朝倉《あさくつ》・曙立王《あけたつのみこ》として垂仁天皇記《すゐじんてんわうき》に出《で》て居《ゐ》る。

說明《せつめい》は略《りやく》する。又《ま》た忠臣水滸傳《ちうしんすゐこでん》の此部分《このぶぶん》にも藥賣《くすりう》りの話《はな》しがあるのは、醫王《いわう》アスクラピオスに緣《えん》あることが知《し》られる。

第十二章　天琴星座

——牽牛。織女。張騫。天の河

天琴星座——Lyraはヘエラクレエスの左《ひだり》にある小《ちひ》さな星座《せいざ》である。此琴《このこと》はヘルメースが始《はじ》めて發明《はつめい》して作《つく》つた琴《こと》で、龜《かめ》の甲《かふ》に二本《ほん》の角《つの》を作《つく》り付《つ》け、其《そ》れに横木《よこぎ》をはめて、絃《いと》を張《は》つたものである。

此星座《このせいざ》の最《もつと》も明《あか》るい星《ほし》はベガ Vega で、其光輝《そのくわうき》は全天《ぜんてん》に於《お》いて第《だい》七番目《ばんめ》、北半球《きたはんきう》の天《てん》に於《おい》ては第《だい》三番目《ばんめ》の最《もつと》も輝《かゞや》いて居《ゐ》る星《ほし》であり、一等星《とうせい》の標準《へうじゆん》の星《ほし》よりも尚《な》ほ輝《かゞや》きが大《だい》である。其光《そのひかり》の色《いろ》は白《しろ》い青色《あをいろ》、宛《あたか》も金剛石《こんがうせき》の光《ひかり》を見《み》るやうである。其星《そのほし》の大《おほき》さは我太陽《わがたいやう》の約《やく》百倍大《ばいおほき》い。此星《このほし》は附近《ふきん》の二つの小《ちひ》さな星《ほし》と等邊《などへん》三角《かく》を作《つく》つて居《ゐ》て、夏の天《てん》に於《お》ける一種《しゆ》の奇觀《きくわん》である。又《ま》た此《この》ベガと、アルクツルスと、北極星《ほくきよくせい》との三つは大《おほ》きな三角《かく》を作《つく》つて居《ゐ》て、ベガが殆《はとん》ど其直角點《そのちよくかくてん》に當《あた》つて居《ゐ》る。春分秋分等《しゆんぶんしうぶんとう》の歳差《さいさ》の爲《た》めに、今《いま》より約《やく》一萬四千年前《ねんぜん》には此《この》ベガは北極星《ほくきよくせい》であつたが、其《そ》れと同《おな》じく今後《こんご》一萬三千年《ねん》したら又《ま》た其位置《そのゐち》に歸《かへ》るのである。近來《きんらい》の計算《けいさん》に依《よ》ると、天體《てんたい》の大系統《だいけいとう》の運行《うんかう》する道《みち》の頂上《ちやうじやう》は天琴星座《てんきんせいざ》を指《さ》して居《ゐ》るから、今《いな》から五十萬年後《ねんご》には地球《ちきう》は此青白《このあをじろ》い、偉大《ゐだい》な星《ほし》を頂上《ちやうじやう》に仰《あふ》ぐことになるてあらうとのことである。

琴の由來――此琴《このこと》はヘルメース手製《てせい》の琴《こと》を表《あら》はしたものである。ヘルメースは異常《いじやう》の神《かみ》で、父《ちゝ》はゼウス、母《はゝ》はマイヤ。アルカヂヤのクレネの岩屋《いはや》で生《うま》れた神《かみ》。普《ふ》通《つう》の人間《にんげん》の兒童《じどう》とは別《べつ》で、朝生《あさうま》れる時《とき》は母《はゝ》の膝《ひざ》から跳《と》び出《だ》し、正午《しやうご》には其所《そこ》らに落《お》ちて居《ゐ》た龜《かめ》の甲《かふ》を拾《ひろ》うて其兩端《そのりやうたん》に穴《あな》を明《あ》けて内面《ないめん》のうつろに七つの絃《いと》を張《は》つてリラ琴《こと》を作《つく》り、其《そ》れをかき撫《な》で、美妙《びめう》の音《おと》を出《だ》すやうにした。夕方《ゆふがた》には空腹《くうふく》を感《かん》じて、母《はゝ》が眠《ね》て居《ゐ》るひまに竊《ひそ》かに拔《ぬ》け出《だ》して、遠《とほ》くアロポーンの牧場《ぼくぢやう》へ行《いつ》て犢《こうし》五十頭《とう》を盜《ぬす》み出《て》し、牛の足跡《あしあと》をくらます爲《た》めに、木《き》の葉《は》をあたり一面《めん》にまき散《ち》らし、安全《あんぜん》な所《ところ》へ行《だ》て、平氣《へいき》で其内《そのうち》の二頭《とう》を屠《はふ》つて食《しよく》し、何喰《なにく》はぬ顔《かほ》してクレネの山《やま》の自身《じしん》の寝床《ねどこ》に歸《かへ》つて臥《ね》て居《ゐ》た。アポローンは直《ず》ぐ、牛《うし》を失《うしな》うたことを知《し》つて、力《ちから》を盡《つ》くして捜《さう》索《さく》したが、只木《たゞき》の葉《は》が散《ち》つて居《ゐ》るので、牛《うし》は何處《どこ》へ行《いつ》たか知《し》れなかつたが、一人《ひとり》の農夫《のうふ》が之《これ》を告げたので、始《はじ》めてヘルメースの爲業《しわざ》と知《し》れ、童子《どうじ》をオリムポスにつれ

第二十五圖

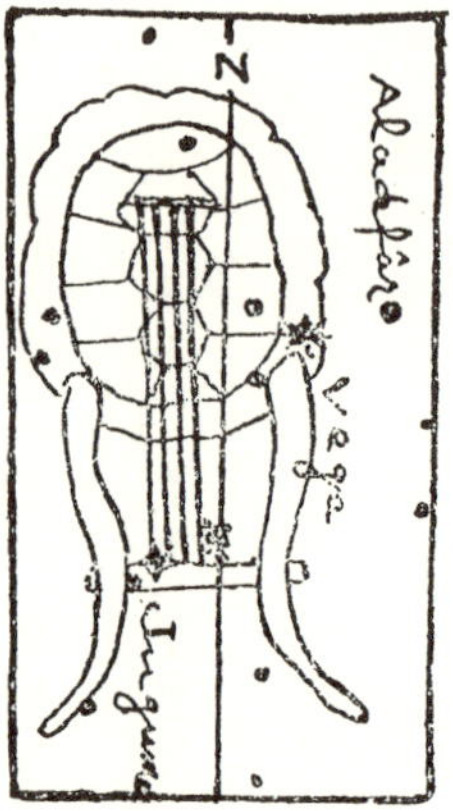

天琴星座

て來《き》て吟味《ぎんみ》したが容易《ようい》に白狀《はくじやう》せぬ。其《そ》れのみならず、其詰問中《そのきつもんちう》にアポローンは弓矢《ゆみや》と箙《えびら》とを盗《ぬす》まれたのである。けれどもヘルメースが、こんなことをするのは、その智恵《ちゑ》を表《あら》はす爲《た》てあるから、やがて白狀《はくじやう》をして、自分《じぶん》が發明《はつめい》した其《そ》のリラ琴《こと》をアポローンに與《あた》へて、牛二頭《うしとう》に代《か》へて和睦《わぼく》することになつた——其琴《そのこと》は此天琴星座《このてんきんせいざ》となつたのである。

星の地名——印度メグラ——室女宮《しつぢよきう》や、ヘエラクレエス星座《せいざ》の如《ごと》き、阿弗《あふ》

利加《りか》の大《おほ》きな地理《ちり》に比較《ひかく》すると、此《こ》の天琴星座《てんきんせいざ》の地理《ちり》は最《もつと》も小《ちひ》さなもので、ブラフマプートラ河《がは》と、メグナ河《がは》との會合地點《くわいがふちてん》との狹《せま》い小《ちひ》さな土地《とち》に過《す》ぎぬ。けれども有《いう》名《めい》な一等星《とうせい》があり、又《ま》た東洋《とうやう》には最《もつと》も有《いう》名《めい》な神話《しんわ》がある星座《せいざ》である。此地點《このちてん》は今《いま》はメグラと云《い》ひ、昔《むかし》はメガラと云《い》ふて、其《そ》の南《みなみ》の尖《とが》つた部分《ぶぶん》が琴《こと》の土地《とち》である。此地《このち》の古代地圖《こだいちづ》は不《ふ》思議《しぎ》にも日本《にほん》に「大分古地圖《おほいたこちづ》」として傳《つた》はつて居《ゐ》て、偶然吾等《ぐうぜんわれら》の研究《けんきう》の無《む》二の好材《かうざい》料《れう》となつた。そして大分《おほいた》とは「大《だい》の土地《とち》」を意味《いみ》してメガラ、メグラ（Megara, Meghra）

第二十六圖

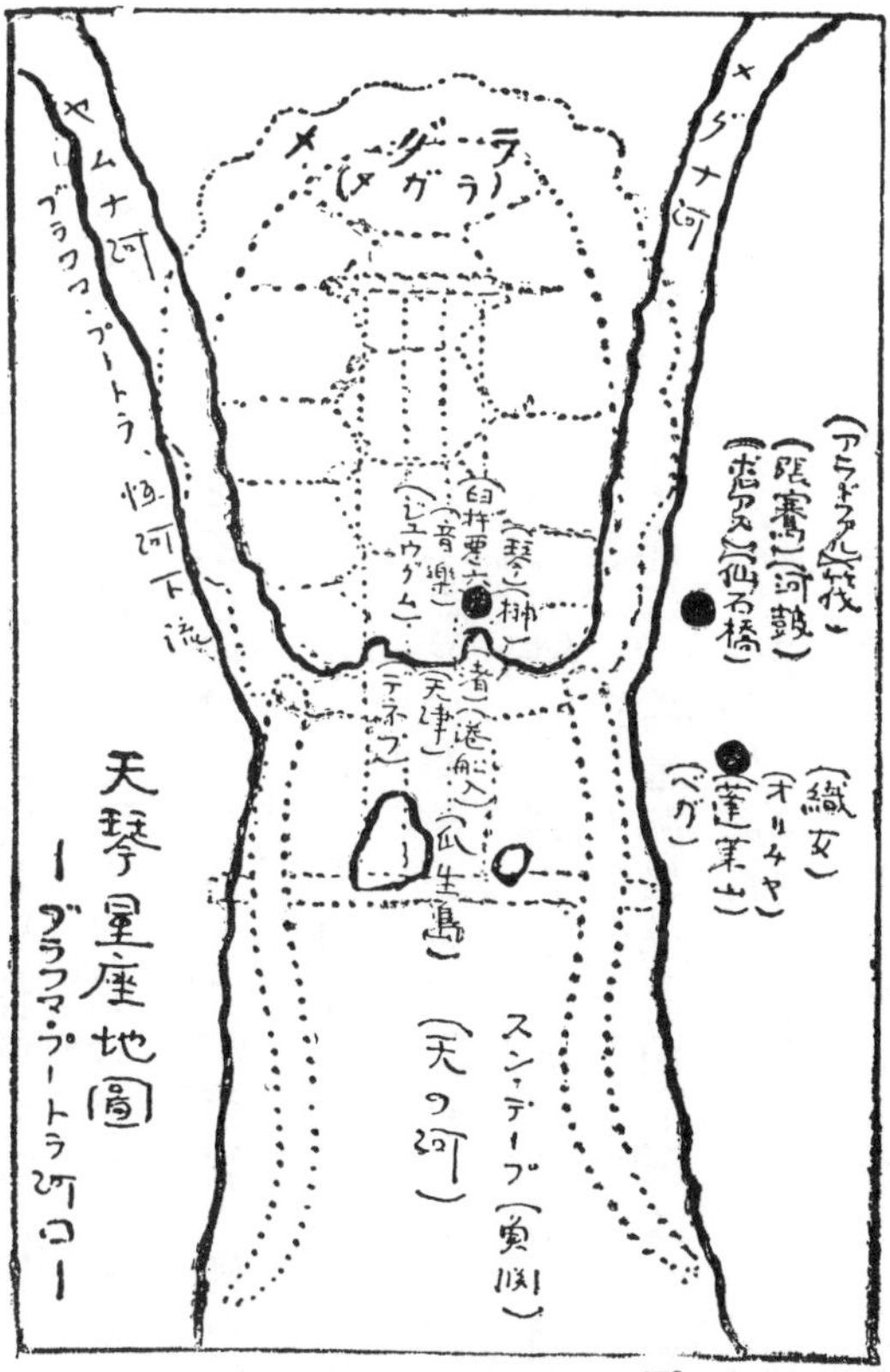

天琴星座地圖

と對譯《たいやく》になつて居《ゐ》る。

ジューグム——此地《このち》に『臼杵《うすき》惡《あく》六屋《や》敷《しき》』なる地名《ちめい》があるが、ウスキ・アクロクを Our-sci Ag-logus と書《か》けば「音樂《おんがく》・琴《こと》上《あ》げ」「愉快《ゆくわい》」を意味《いみ》し 星座《せいざ》のジューグム Jugum（Iô-geum）の星《ほし》の名《な》の對譯《たいやく》に當《あた》つて居《ゐ》る。即《すなは》ちジューグムとは「歡喜《くわんき》を與《あた》へる」「パイアンの樂《がく》を奏《そう》す」を意味《いみ》して、ヘルメースが手製《てせい》の琴《こと》をアポローンに與《あた》へたことの紀念地《きねんち》名《めい》である。日本《にほん》で之《これ》を「いをかひ星《ほし》」と云《い》ふてある。

ベガ——其東南《そのとうなん》にベガ Vega の星《ほし》がある。これは一等星《とうせい》の有名《いうめい》なもので織《お》り上《あ》げを意味《いみ》し、我々《われ〴〵》東洋《とうやう》では之《これ》を織女《しよくぢよ》と謂《い》うて、七夕神話《たなばたしんわ》が出來《でき》るのである。此《この》ベガに當《あた》る土地《とち》はメグナ河《かは》の東岸《とうがん》に、古地圖《こちづ》に蓬萊山《ほうらいさん》と云《い》ふがある。其《そ》れが「美觀《びくわん》」を意《い》味《み》して「織《お》り成《な》す」の別譯《べつやく》であり、希臘《ぎりしや》に傳《つた》はつて居《ゐ》る此地《このち》の神話《しんわ》（プラトーンのファイドロス篇《へん》の土地《とち》）には、此《こ》れがオリチヤ Oreithyia 即《すなは》ち「織《お》り女《め》」としてある。

アラドファアル——此織女星《このしよくぢよせい》の北《きた》にアラドファアル Aladfar（A-lazo-fer）の星《ほし》がある。「つかみ去《さ》る」を意味《いみ》し、地圖《ちづ》に仙石橋《せんごくはし》とあるが其《そ》れで、仙石《せんこく》（Sen-Cog）とは重《おも》さ物《もの》を運《はこ》ぶことで、對譯《たいやく》である。希臘《ぎりしや》に傳《つた》はる神話《しんわ》では、此地《このち》でオリチヤなる少女《せうぢよ》が友達《ともだ》と共《とも》に遊《あそ》んで居《ゐ》たら、北風《きたかぜ》の神《かみ》（又《ま》た大鷹《おほたか》）ボレアスが彼女《かのぢよ》をつかみ去《さ》つたと云《い》うてある。

鷹に取られて――希臘神話《ぎりしやしんわ》にはオリチヤなる女《をんな》が北風《きたかぜ》の神《かみ》ボレアスに取《と》られたと云《い》うてあるが、著者《ちよしや》の郷里《きやうり》伊豫《いよ》の宇和島《うわしま》には、此地《このち》のことで、織女《しよくぢよ》の夫《をつと》が鷹《たか》に取《と》られた神話《しんわ》が有名《いうめい》な「げゝ花《はな》」の歌《うた》になつて居《ゐ》て、

『げゝ花《はな》〳〵、なぜ泣《な》きやる〳〵、
親《おや》がないが子《こ》が無《な》いか〳〵。
親《おや》もござる、子《こ》もござる〳〵。
おいとし殿御《とのご》や鷹匠町《たかじやうまち》〳〵、
鷹に取られて今日《けふ》七日《なぬか》〳〵、
七日《か》と思《おも》へば十五日《にち》〳〵。
十五のほそ路出《みちで》て聴《き》けば〳〵、

皷や太皷でお囃しやる〳〵。
あんまり聴きたさ會いたさに〳〵、

＊　＊　＊　＊

七つなからに、おさ入《い》れて〳〵、
一とまへ織《お》つてはなぎにかけ〳〵、
二たまへ織《お》つてはおごに巻《ま》き〳〵、
三まへ織《お》るまに日《ひ》が暮《く》れて〳〵。

＊　＊　＊　＊

とあつて、鷹《たか》即《すなは》ちボレアスに取《と》られたこと、「十五のほそ路《みち》」は、此星座《このせいざ》のジウグムのこと、又《ま》た其《そ》れが音樂《おんがく》及《およ》び囃《はや》しの土地《とち》たることが察《さつ》せられ、其《そ》れから織女《しよくぢよ》の本業《ほんげふ》機織《はたお》りのことが云《い》うてあるのは、此星座《このせいざ》地理《ちり》を説明《せつめい》して居《ゐ》るのである。

織女――此星座《このせいざ》の最《もつと》も明《あか》るい星《ほし》なるべガ即《すなは》ち織女星《しよくぢよせい》は史記《しき》天官篇《てんくわんへん》には『織女《しよくぢよ》は天《てん》女孫《によそん》なり』と云《い》うてあり、又《ま》た他《た》の書物《しよもつ》には星占《ほしうら》を書《か》いて『織女《しよくぢよ》の三星《せい》は天女《てんによ》なり、果蓏《くわか》絲《し》帛珍寶《はくちんはう》を主《つかさど》る。王者神明《わうしやしんめい》に至孝《しかう》なれば三星俱《せいとも》に明《あきら》かなり。然《しか》らざれば暗《く》うして微《び》。天下《てんか》の女工廢《ぢよこうすた》れ、明《めい》なれば理《をさ》まる。大星怒《だいせいいか》つて角《つの》れば布帛涌貴《ふはくようき》す云々《うんぬん》」と。

牽牛星——織女王《しよくぢよわう》ベガは銀河《ぎんが》又《ま》た天《あま》の河《がは》なるものゝ東《ひがし》に在《あ》つて、天の河を隔てゝ西に牽牛星《けんぎうせい》がある。此牽牛星《このけんぎうせい》は「大鷹《おほたか》とアンチノース星座《せいざ》」のアルタイル Altair 星《せい》のことて「元《もと》の殿御《とのご》」を意味《いみ》し、織女《しよくぢよ》の戀《こひ》しい夫《をつと》である。大鷹《おほたか》の名《な》の希臘語《ぎりしやご》 Hiera は犧牲《ぎせい》を意味《いみ》するから、支那《しな》では之《こ》れが名《な》になつて居《ゐ》る。此牽牛《このけんぎう》と、織女《しよくぢよ》と、天《あま》の河《がは》との三つがあつて、こゝに日本及《にほんおよ》び支那《しな》の美《うつく》しい七夕神話《たなはたしんわ》が出來《でき》るのである。（大《おほ》鷹《たか》とアンチノース星座《せいざ》は後《のち》に別《べつ》に説《と》く）。

日本の七夕神話——此織女《このしよくぢよ》と牽牛《けんぎう》との日本《にほん》の七夕神話《たなはたしんわ》では、此《この》二星《せい》は一年《ねん》の中《うち》に、たゞ一夜《や》七月《ぐわつ》七日《か》に會《あ》ふことが出來《でき》る定《さだ》めの夫婦《ふうふ》て、如何《いか》にも物足《ものた》らぬ、思《おも》ひやられる仲《なか》である。若《も》し一雨《あめ》でも降《ふ》ると天《あま》の河《がは》は水增《みづま》して、年《とし》に一度《ご》の其《そ》れすらも會《あ》へぬと云《い》ふはかない夫婦《ふうふ》である。戀《こひ》に同情深《どうじやうふか》い日本《にほん》の歌人《かじん》は、大《おほい》に其《そ》れを氣《き》にして種々《しゆ〴〵》の歌《うた》がある。

秋風《あきかぜ》の吹《ふき》にし日《ひ》より久方《ひさかた》の
　天《あま》の川原《かはら》に立《た》たぬ日《ひ》はなし。
契《ちぎ》りけん心《こゝろ》ぞつらき棚機《たなばた》の
　年《ねん》に一度《ひとたび》あふは會《あ》ふかは。
年毎《としごと》に逢《あ》ふとはすれど棚機《たなばた》の
　ぬる夜《よ》の數《かず》ぞ少《すく》なかりける。

張騫、天の河の水上探撿――支那《しな》には之《これ》に關《くわん》した神話《しんわ》が左《さ》の如《ごと》く傳《つた》はつて居《ゐ》る――『今《いま》は昔《むかし》漢《かん》の武帝《ぶてい》の代《だい》に張騫《ちやうけん》（騫《さい》と書《か》くは學者《がくしや》の誤《あやま》り）と云《い》ふ人《ひと》ありけり、天皇《てんのう》其人《そのひと》を召《め》して天《あま》の河《がは》の水上《みなかみ》尋《たづ》ねて參《まゐ》れと仰《おほ》せ給《たま》ひて遣《つか》はしければ、張騫宣旨《ちやうけんせんじ》を奉《たてまつ》りて浮木《うきぎ》に乘《の》つて河《かは》の水上《みなかみ》を尋《たづ》ね行《ゆ》きければ遙《はるか》に一の所《ところ》に至《いた》れり。其所《そこ》に見《み》も知《し》らず、其《これ》に常《つね》に見《み》る人《ひと》には似《に》ぬ樣《さま》したる者《もの》の機《はた》をあまた立《た》てゝ布《ぬの》を織《お》る。亦《また》知《し》らぬ翁《おきな》ありて牛《うし》を牽《ひか》へて立《た》てり。張騫《ちやうけん》『これは何《いか》なる所《ところ》ぞ』と問《と》ひければ、『これは天《あま》の河《がは》と云《い》ふ所《ところ》なり』と答《こた》ふ。張騫《ちやうけん》又《ま》た『此人々《このひとぐ》は何《いか》なる人々《ひとぐ》ぞ』と問《と》ひければ、『我《われ》等《ら》はこれ織女《たなばた》、牽星《ひこぼし》となむ云《い》ふ』と。彼人《かのひと》『おん身《み》は何《いか》なる人《ひと》ぞ』と問《と》ひければ、張騫《ちやうさい》『我《われ》をば張騫《ちやうけん》となむ云《い》ふ。天皇《てんのう》の仰《おほ》せに依《よ》つて天《あま》の河《がは》の水上《みなかみ》尋《たづ》ねて參《まゐ》れと仰《おほ》せを被《かふむ》り來《きた》れるなり』と答《こた》ふれば、此人々《このひとびと》『これこそ天《あま》の河《がは》の水上《みなかみ》なれ。今《いま》は歸《かへ》りね』と云《い》ひたるを聞《き》きて張騫《ちやうけん》歸《かへ》りにけり。……張騫《ちやうけん》未《いま》だ歸《かへ》り參《まゐ》らざる時《とき》に天文《てんもん》の者《もの》七月《ぐわつ》七日《か》に參《まゐ》りて天皇《てんのう》に奏《そう》しけるやう、『今日《けふ》天《あま》の河《がは》の邊《ほとり》に、知《し》らぬ星出來《ほしでき》たり』と天皇《てんのう》之《これ》を聞《き》き給《たま》ひ、怪《あや》しみ思《おも》ひ給《たま》ひけるに、此張騫《このちやうけん》が返《かへ》り來《き》て申《まを》しける言《ことば》を聞《き》き給《たま》ひにぞ、天文《てんもん》の者《もの》の知《し》らぬ星出來《ほしでき》たりと申《まな》しゝは、張騫《ちやうけん》が行《ゆ》きたりけるが見《み》えけるなりけり。げに尋《たづ》ね行《ゆ》きたりけるにてぞと信《しん》じ思《おも》ひ給《たま》ひける。然《さ》れば天河《あまのがは》は天《てん》に有《あ》れども、天《てん》に昇《のぼ》らぬ人《ひと》も此《か》くなむ見《み》えけるを思《おも》ふに、彼《かれ》の張騫《ちやうけん》も只者《たゞもの》には非《あら》ざりけるにやとぞ世《よ》の人疑《ひとうたが》ひけるとなん語《かた》り傳《つた》へたるとや。』(今昔物語集《こんじやくものがたりしふ》)

此《か》く不思議《ふしぎ》な人物張騫《じんぶつちやうけん》。人《ひと》か星《ほし》か。星《ほし》か土地《とち》か。此知《このし》らぬ星《ほし》とは天琴星星《てんきんせいざ》の右《みぎ》の肩《かた》のアラドフアールの星《ほし》のことで、張騫《ちやうけん》とは對譯《たいやく》の名《な》である。此星《このほし》は又《ま》た前《まへ》に言《い》うた如《ごと》く希臘神話《ぎりしやしんわ》の北風《きたかぜ》の神《かみ》ボレイヤスのことで、張騫《ちやうけん》は又其對譯《またそのたいやく》である。さらばアラドファールと――ボレイヤス――張騫《ちやうけん》――仙石等《せんごくとう》は皆對譯《みなたいやく》で、運《はこ》び去《さ》る、上《あ》げ擴《ひろ》がる等《とう》を意味《いみ》し、オリチヤが取《と》り去《さ》られ、けど花《はな》の夫《をつと》が取《と》り去《さ》られた神話《しんわ》の意味《いみ》が解《かい》される。

又《ま》たボレイヤスの語幹希臘語《ごかんぎりしやご》「ボル」、「パル」は「筏《いかだ》」又《また》はカノー舟《ふね》を意味《いみ》する所《ところ》から、張騫《ちやうさい》は浮木《うきぎ》に乘《の》つて來《き》たと云《い》うてある。「又《ま》た羽《は》ばたき」「騷《さは》ぎ上《あが》る」を意味《いみ》する所《ところ》から、「たゝら」の意味《いみ》があつて、希臘語《ぎりしやご》で又《ま》た之《これ》をダルダネル（Dardanell ＜Tar-dan-ell）即《すなは》ち「河《かは》のたゝら」と云《い》ひ、「河鼓《かこ》」の意譯《いやく》が出來《でき》る。そして地圖《ちづ》の仙石橋《せんごくはし》が其《そ》れに當《あた》つて居《ゐ》るから、織女星《しよくぢよせい》の北《きた》に河鼓星《かこせい》があると云《い》うてある。

第十三章　天の河—銀河

—(天琴星座のつゞき)—

天の河——張騫《ちやうけん》が天《あま》の河《がは》の水上《みなかみ》を尋《たづ》ねて行《いつ》たら、彼《か》れが天《てん》に星《ほし》となつて天文《てんもん》の者《もの》に見《み》えたと云《い》はゞ不思議《ふしぎ》であるが、星座《せいざ》や星《ほし》の名《な》は、先《ま》づ地上《ちじやう》にあつたことを天《てん》に上《あ》げたに過《す》ぎぬとの、我等《われら》の新研究《しんけんきう》が明瞭《めいれう》になつた以上《いじやう》は、何等不思議《なんらふしぎ》でもなく、敢《あへ》て驚《おどろ》くにも足《た》らぬ。——地上《ちじやう》の天《あま》の河《がは》と、天文《てんもん》の天《あま》の河《かは》とがあることを心得《こゝろえ》て居《を》らねばならぬ。

地上の天の河——張騫《ちやうけん》は何處《どこ》から何《ど》う行《いつ》たか、海《うみ》から行《いつ》たか、河《かは》を溯《さかのぼ》つたか、それも不明《ふめい》となつて居《ゐ》るが、實《じつ》は張騫《ちやうけん》なる實人《じつじん》があつたとすれば海《うみ》から行《いつ》たもので漢《かん》の武帝《ぶてい》の時《とき》は其國《そのくに》は印度《いんど》である。都《みやこ》はベンガル東部《とうと》のキッタゴンである。其所《そこ》から張騫《ちやうけん》はブラフマブートラ河口《かこう》を溯《さかのぼ》つて、メグラの地《ち》まで行《い》つたに過《す》ぎぬのである。

だから支那《しな》所傳《しよでん》にも『天《あま》の河《がは》は海《うみ》と通《つう》ず』と云《い》うてあつて、天《てん》か地《ち》かの疑念《ぎねん》が起《おこ》される。彼《か》れは地上《ちじやう》の天《あま》の河《がは》の織女《しよくぢよ》の地《ち》まで行《いつ》たことを、天《てん》に上《あ》げて傳《つた》へたに過《す》ぎぬのである。そして地上《ちじやう》の天《あま》の河《がは》とはブラフマプートラ河《がは》の下流《かりう》から海《うみ》に續《つゞ》いた航路《かうろ》のことである。

天文學上の天の河——天《あま》の河《がは》は天漢《てんかん》と云《い》ひ、銀河《ぎんが》と云《い》ひ、又《ま》た乳路《にうろ》、希臘《ぎりしや》語《ご》てガラキシイなどゝ云《い》はれて居《ゐ》て、月《つき》のない夜《よ》肉眼《にくがん》て見《み》ても淡白色《たんはくしよく》の、銀《ぎん》のやうな、乳《ち》のやうな色《いろ》をした、幅《はゞ》の廣《ひろ》い帶《おび》の星雲《せいうん》のやうなものが天《てん》を横《よこ》ぎつて居《ゐ》る。其《その》幅《はゞ》は廣《ひろ》い所《ところ》で三十度《ど》以上《いじやう》の所《ところ》もあり、又《ま》た十度程《ちうどほど》にか見《み》えぬ所《ところ》もあり、又其光《またそのひか》りも明《あか》かに強《つよ》い所《ところ》や、弱《よわ》く暗《くら》い所《ところ》もあり、又《ま》た穴《あな》の明《あ》いた所《ところ》もあり、又《ま》た長《なが》く切《き》れた所《ところ》もあつて——其《そ》れが全天《ぜんてん》をぐるりと取《と》り巻《ま》いて居《ゐ》る。そして其帶《そのおび》と赤道《せきだう》とは六十三度《ど》の傾斜《けいしや》を有《いう》し、赤道《せきだう》で一角獸星座《かくじうせいざ》と大鷹星座《おほたかせいざ》で出會《であ》ひ、北天《ほくてん》では橿日宮星座《はしひのみやせいざ》で北《ほく》極《きよく》二十七度《ど》に接近《せつきん》し、南天《なんてん》では十字星座《じせいざ》て最《もつと》も南極《なんきよく》に接近《せつきん》して居《ゐ》る。

天《あま》の河《がは》は肉眼《にくがん》で見《み》ると乳路《にうろ》とか、銀河《ぎんが》とかに見《み》えるが、實《じつ》はこれは星《ほし》が重《かさ》なつて居《ゐ》るから其《そ》う見《み》えるので、強度《きやうど》の望遠鏡《ばうゑんきやう》を用《もち》ゐると、其等《それら》の乳状《にうじやう》の白《しろ》いものは皆個《みなこ》々の星《ほし》と判《わか》つてしまう。又《ま》た満天《まんてん》の恒星《こうせい》は多《おほ》く銀河附近《ぎんがふきん》に集《あつ》まつて居《ゐ》ることが知《し》られてから、星《ほし》の分布《ぶんぷ》や其他之《そのたこれ》に關《くわん》する問題《もんだい》を考《かんが》へるには、必《かなら》ず銀河《ぎんが》を重要《ぢうえう》な對象《たいしやう》とせねばならぬ。

第二十七圖

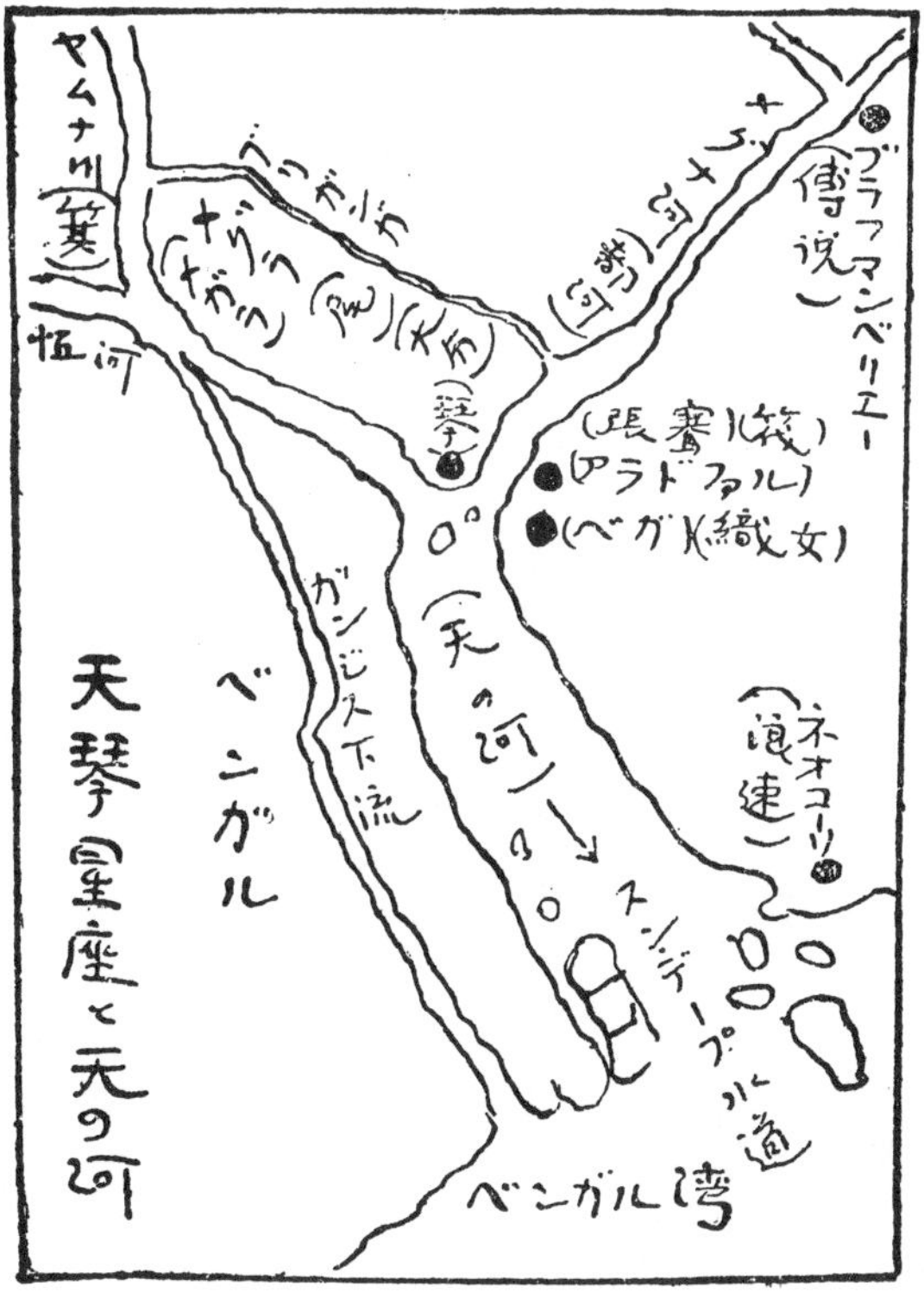

天琴星座と天河

此銀河《このぎんが》が全天《ぜんてん》を取《と》り卷《ま》く其路筋《そのみちすぢ》にある星座《せいざ》を擧《あ》げるなら――先《ま》づ歸雁星座《かりがねせいざ》から始《はじ》めるなら次《つぎ》は氣比宮《けひのみや》、橿日宮《かしひのみや》、櫛稻田姫《くしいなだひめ》、須佐之男星座《すさのをせいざ》で、これから銀河《ぎんが》は北《きた》の方《はう》へ弓《ゆみ》のやうに大《おほ》きく曲《まが》り、牛車《ぎうしや》、金牛《きんぎう》、双兒《ふたご》、オオリオン、小犬《こいぬ》、大犬《おほいぬ》の星座《せいざ》あたりでは銀《ぎん》河《が》の幅《はゞ》は最《もつと》も廣《ひろ》く、それからアルゴ丸星座《まるせいざ》の部分《ぶぶん》に至《いた》つては、銀河《ぎんが》は甚《はなは》だ狹《せま》くなり、十字架星座《じかせいざ》に至《いた》つては最《もつと》も狹《せま》くなつて居《ゐ》る。馬人《ばじん》、南方《なんぽう》三角形《かくけい》、狼《おほかみ》、花筐星座《はながたみせいざ》のあたりは、銀河《ぎんが》の形《かたち》は複雜《ふくざつ》となり、天蠍星座《てんかつせいざ》からは銀河《ぎんが》は二流《なが》れに分《わか》れ、一脈《みやく》は蛇取《へびとり》星座《せいざ》を通《とほ》り、他《た》は人馬《じんば》、大鷹《おほたか》とアンチノウス、弓《ゆみ》の矢《や》、ヘエラクレエス、天琴星座《てんきんせいざ》等《とう》を通《とほ》つて、こゝに始《はじ》めに出立《しゆつたつ》した歸雁星座《かりがねせいざ》に歸《かへ》り、銀河《ぎんが》の流《なが》れを一廻《まは》りするのである。

けれども我等《われら》の研究《けんきう》の範圍《はんゐ》と目的《もくてき》とは他《ほか》にある。乃《すなは》ち銀河《ぎんが》とか乳路《にうろ》とかなどの言《こと》葉《は》で表《あら》はすものよりも、寧《むし》ろ天《あま》の河又《がはまた》は天漢《てんかん》の名《な》を以《も》つて呼《よ》ぶべき其《そ》れである。

ブラフマプートラ河口より太平洋まで——前《まへ》に言《い》うた如《ごと》く、牽牛織《けんぎうしよく》女《ぢよ》の地《ち》はメグラの地《ち》であり其處《そこ》へ張騫《ちやうさい》が行《いつ》て、天《あま》の河《がは》の水上《みなかみ》は『此處《ここ》だ』と敎《をし》へられたとすれば、天《あま》の河《がは》の源《みなもと》はブラフマプートラ河《がは》の下流《かりう》である。支那《しな》の書物《しよもつ》に天《あま》の河《がはノ》の記事《きじ》があつて、天文《てんもん》の其河《そのかは》を謂《い》うてもあるが、又《ま》た大體《だいたい》地上《ちじやう》の或意味の天《あま》の河《がは》を謂《い》うもので、ブラフマ・プートラ河《がは》の下流《かりう》が海《うみ》に入《はい》つて、東南馬來半島《とうなんまれいはんとう》のシンガボールから北太平洋《きたたいへいやう》を一と廻《まは》りして、南洋《なんやう》オーストラリヤまで來《き》て、天《あま》の河《がは》は終《をは》るとしてある。そして其《そ》れは太古《たいこ》の海洋探檢《かいやうたんけん》、又《また》は交通《かうつう》を示《しめ》すもので、太古《たいこ》の海上《かいじやう》歴史《れきし》に、從來《じうらい》と異《ちが》うた光明《くわうみやう》を投《とう》ずるのである。今其記事《いまそのきじ》を左《さ》に載《の》せ、簡略《かんりやく》な說明《せつめい》と地理《ちり》とを下段《げだん》に註釋《ちうしやく》として置《お》く。

『天漢《てんかん》は東北方《とうほくはう》――
　箕《き》、尾《び》の間《あひだ》に起《おこ》り
乃《すなは》ち別《わか》れて南北道《なんほくだう》となり
南《みなみ》は傅說《ふえつ》を經《へ》て
魚淵《ぎよゑん》に入《い》り
籥《つく》を開《ひら》き
冕《べん》を戴《いたゞ》き
河鼓《かこ》を鳴《な》らし
北《きた》は――龜宿《きしゆく》を經《へ》て

○箕《き》はヤムナ河方面《がはゝうめん》。
　尾《び》はメグナ河方面《はうめん》
○ブラフマンベリエー
○スン・デープ水道《すゐだう》
○ジユーグムの星《ほし》の地《ち》
○北冠星座《ほくくわんせいざ》の地《ち》メグラ
○河鼓星《かこせい》の地《ち》
○天琴星座《てんきんせいざ》の龜《かめ》の甲《かふ》の地《ち》

箕の邊《へん》を貫《つらぬ》き
次《つぎ》に斗魁《とくわい》を絡《まと》ひ
左旗《さき》を冒り
又《ま》た南道《なんだう》——天津《てんしん》の邊《ほとり》に合《あ》ふ
二道《だう》相合《あひあ》ひて又南《またみなみ》に行《ゆ》き
分《わか》れて瓠瓜《こくわ》を夾《はさ》み
人星《じんせい》を杵《きよ》の畔《ほとり》に絡《まと》ひ
造父《ざうふ》
騰蛇《とうだ》精《くは》しく
王良《わうりやう》
附路《ふろ》
閣道平《かくだうたひら》なり。

○ヤムナ河方面《はうめん》の地《ち》
○ヤムナ河中《かはなか》の島《しま》?
○同《どう》?
○兩河會合地《りやうかくわいがふち》。歸雁星座《きがんせいざ》のデネブ星《せい》の名《な》。
——大分古地圖《おほいたこちづ》の港船入、長濱社《ちやうひんしや》の所《ところ》
○合流《がふりう》
○瓜生《うりふ》島(大分古地圖《おほいたこちづ》)
○河中《かちう》の島《しま》の名《な》?
○?
○?
○橿日宮星座《かしびのみやせいざ》
○?
○?

此大陵《このたいりよう》に登《のぼ》り
天船《てんせん》に浮《うか》び
直《たゞち》に巻舌《けんぜつ》に至《いた》り、又《ま》た南《みなみ》に往《ゆ》く
五車《しや》に駕《の》りて
北河《ほくか》の南東《なんとう》
井水《せいすゐ》の位《ゐ》に向《むか》ひ
吾驂《ごきん》に入《い》り
水位《するゐ》過了《くわれう》して東南《とうなん》に游《あそ》ぶ。
南河《なんか》を經次《へめぐ》りて
闕宮《けつきう》に向《むか》ひ
天狗《てんぐ》

○ペルセウス星座《せいざ》アルゴル。アラカン海岸《かいがん》
マスカル島《たう》(大山積《おほやまつみ》、大三島《おほみしま》)
○シツタクム。天川屋《あまがはや》の船《ふね》
○キツタゴン。昔《むかし》の鐘巻《かねまき》、舌《した》の地《ち》
○牛車星座《ぎうしやせいざ》。サンド・ウエイ
○双兒宮《さうじきう》。カラダン河《がは》
○イラワデ河《がは》。雨水《うすゐ》。寶瓶宮《はうへいきう》
○マルタバン。(マル、馬《うま》。タブ、桶入《をけい》る)
○水《みづ》の想像的《さうざうてき》の流《なが》れ、東南《とうなん》して太平洋《たいへいやう》に
○小犬星座《こいぬせいざ》。日本島《にほんたう》
○カムサツトカ
○大犬星座《おほいぬせいざ》。北支那《きたしな》、滿蒙《まんもう》、朝鮮《てうせん》、西伯利《しべり》
亞《あ》の地《ち》

天紀《てんき》　○南東《なんとう》して、サンドキッチ島《たう》のマプイ島《たう》
天稷七星《てんしよくせい》と、南《みなみ》の畔《ほとり》に　○アルゴ(稷)丸《しよくまる》の船星座《ふなせいざ》。オ、スタラリヤ
天河《てんが》沒《ぼつ》す』　○沒《ぼつ》は十字《に》架《か》星座《せいざ》

以上《いじやう》は銀河《ぎんが》にある地理《ちり》、地名《ちめい》となつた星《ほし》や星座《せいざ》を讀《よ》み込《こ》んだものであるが、又《ま》たこれは前《まへ》に言《い》うた如《ごと》く、ブラブマプートラ河口《かこう》から東南《とうなん》、アラカンの地《ち》、イラワデ河《か》口《こう》から東南《とうなん》して馬來半島《まれいはんたう》に沿《そ》うて、シンガポールに至《いた》り、其《そ》れから太平洋《たいへいやう》に出《で》て日《に》本即《ほんすなは》ち小犬星座《こいぬせいざ》のプロクオン(前犬星《ぜんけんせい》)等《とう》から、北《きた》してカムサツトカに至《いた》り、大犬星《おほいぬせい》座《ざ》を見舞《みま》ひ、南東《なんとう》してサンドキッチ島《たう》に行《ゆ》き、又々《またく》南下《なんか》して船星座《ふなせいざ》のオ、スタラリヤに行《ゆ》き、ニユー・ジーランドの十字形星座《じけいせいざ》まで行《ゆ》くてことを書《か》いたのである。

第十四章　歸雁星座（かりがね）

歸雁星座――　希臘名《ぎりしやめい》キグノス Kygnos 此星座《このせいざ》は空飛《そらと》ぶ鳥《とり》の形《かたち》を、人《ひと》が下《した》から仰《あふ》いで腹部《ふくぶ》を見《み》るやうに畫《ゑが》いてある。此星座《このせいざ》は始《はじ》めはたゞ鳥《とり》と云《い》うたが、オヰヂウスが白鳥《はくてう》と云《い》うたから後其名《のちそのな》になつて來《き》たが、實《じつ》は白鳥《はくてう》と云《い》ふよりも其形《そのかたち》は雁《がん》である。其南《そのみなみ》を指《さ》して飛《と》んで居《ゐ》るのを見《み》ると歸雁《きがん》（かりがね）であらねばならぬ。其翼《そのつばさ》を張《は》つて、長《なが》い首《くび》と、尾《を》とがまつ直《す》ぐに十字形《じけい》になつて居《ゐ》る所《ところ》から南方《なんぱう》十字形《じけい》に對《たい》して、此星座《このせいざ》は一名《めい》北方《ほくはう》十字形《じけい》とも呼《よ》ばれる。

此星座《このせいざ》は天空《てんくう》に於《おい》ては實《じつ》に見事《みごと》で、何人《なんぴと》にも容易《ようい》に認《みと》め得《え》られる壯麗《さうれい》なものであるが、又其《またそ》れに銀河《ぎんが》が流《なが》れて居《ゐ》る所《ところ》から星座《せいざ》に一層《さう》の美《び》を加《くは》へ、双眼鏡《さうがんきやう》でも見《み》ると、愈々《いよ〳〵》立派《りつぱ》である。

此星座《このせいざ》には一等星《とうせい》に近《ちか》い星《ほし》が一つ、三等星《とうせい》が五つ、四等星《とうせい》、五等星《とうせい》が澤山《たくさん》あるが其銀河帶《そのぎんかたい》にある所《ところ》から六等星《とうせい》は甚《はなはだ》しく多《おほ》く、望遠鏡《ばうゑんきやう》で見《み》ることになると、此星座《このせいざ》程星《ほどほし》の多《おほ》いものはない。

雁《がん》の腹部《ふくぶ》にあるデネブの星《ほし》は一等星《とうせい》に近《ちか》い大《おほ》きな星《ほし》である。嘴《くちばし》にあるアルビレオの星《ほし》は最《もつと》も奇麗《きれい》な二つ星《せい》で、小《ちひさ》い望遠鏡《ばうゑんきやう》でも有《も》つて居《ゐ》る人《ひと》は、友人《いうじん》を招待《せうだい》して此星《このほし》を眺《なが》め樂《たの》しむ程《ほど》のものである。又《ま》た此星座《このせいざ》には澤山《たくさん》の星雲《せいうん》もある。

第二十八圖

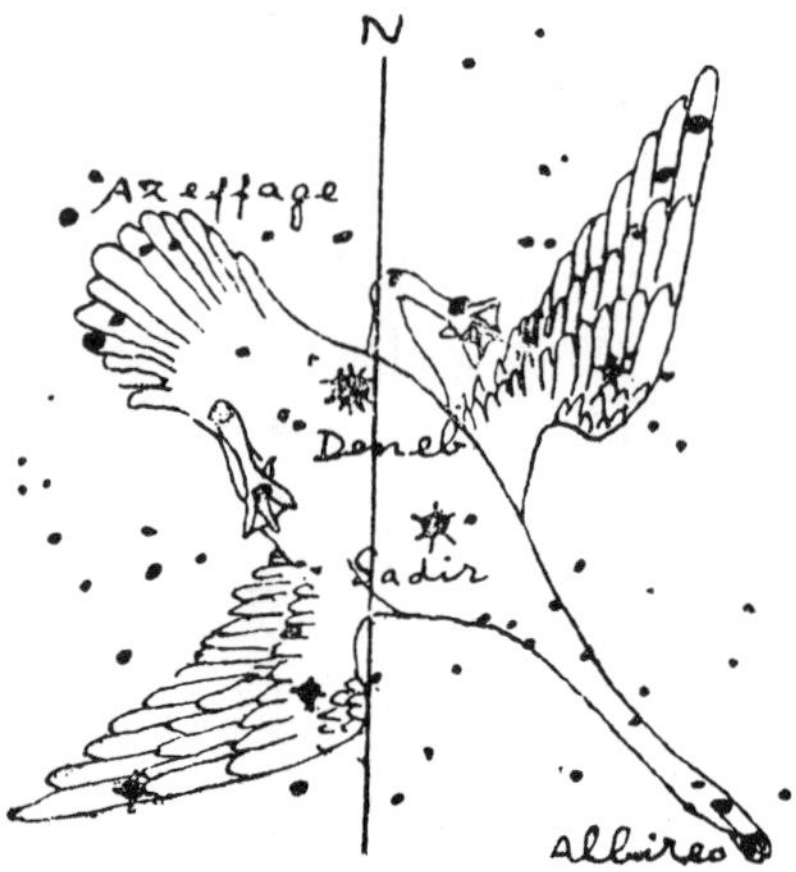

歸雁星座

恒河口――今其星座圖《いまそのせいざづ》を地圖《ちづ》に合《あは》せて見《み》ると雁《がん》の首《くび》は河口《かはぐち》からアラカンに沿《そ》うて、河《かは》の流《なが》れと同《おな》じ方向《はうかう》に海《うみ》に突《つ》き出《だ》し、尾《を》はブラフマ・プートラ河《がは》と、ガンジス河《がは》との會流《くわいりう》する地點《ちてん》から河《かは》の流《なが》れに沿《そ》うて其兩岸《そのりやうがん》の地《ち》に當《あた》り、雁《がん》の左《ひだり》の翼《つばさ》はチッペラー山地方《やまちはう》で、左《ひだり》の足《あし》はメグナ河《がは》とチッペラー山《やま》との間《あひだ》にあり、右《みぎ》の翼《つばさ》は河口《かはぐち》の海岸線《かいがんせん》と一致《ち》して、地圖《ちづ》と、星座圖《せいざづ》とは、しつくりと一致《お》して居《ゐ》る。

星の名――雁《がん》の嘴《くちばし》のアルビレオ Albireo(Al-boreo)は「重《おも》さ」を意味《いみ》し、アラカン海岸《かいがん》のマスカル(Ma-scal)と云《い》ふ小《ち》さな島《しま》の名《な》と對譯《たいやく》になつて居《ゐ》る。胸部《きようぶ》のサヂイル Sad-ir は恒河口《こうかぐち》の小《ちひさ》い島《しま》にあるハチヤ、Hat-ia と對譯《たいやく》で「堂《だう》の小舍《こや》」を意味《いみ》する。

第二十九圖

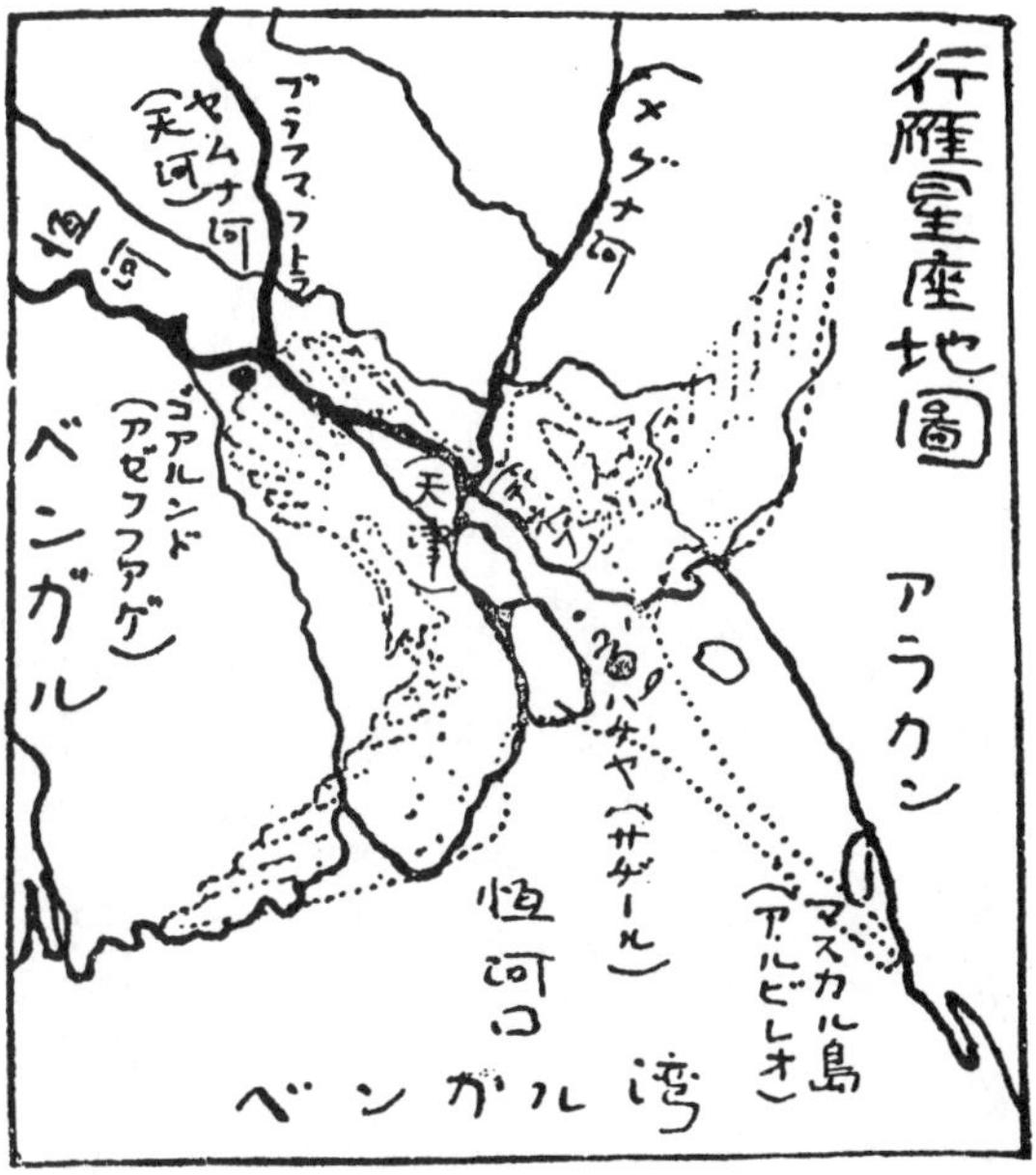

行雁星座地圖

腹部《ふくぶ》の一等星《とうせい》デネブ Deneb の名《な》は、恒河《こうか》とメグナ河《がは》との合流《がふりう》點《てん》、天琴星座《てんきんせいざ》の「天津《てんしん》」と同《おな》じ所《ところ》で、此地《このち》をダナエと云《い》ひ、それがダナベと發音《はつおん》され、其《そ》れが又《ま》た小變化《せうへんくわ》をしてデネブとなつたもので、(又《ま》たダン(壇《だん》)の浦《うら》とも云《い》はれ)「上《あ》げる」「與《あた》へる」「若《わか》く」を意《い》味《み》する。

尾《を》のアゼフファグ Azeffage(A-zeô-fuge) の星《ほし》はゴアルンド Goal-undo の地名《ちめい》に對《たい》譯《やく》され「とび立《た》つ胸《むね》」を意味《いみ》する。

雁とガンガ河——右《みぎ》の如《ごと》く、雁星座《がんせいざ》の地理《ちり》は恒河《こうか》の河口《かこう》であるが、雁《がん》のガンと、恒河《こうが》のゴー、又《また》ガンガ、又《また》ガンジスと、語源上《ごげんじやう》の關係《くわんけい》を考《かんが》へると、全《まつた》く同《おな》じ言葉《ことば》で、雁《がん》は「行雁《かうがん》」など云《い》ひ、渡《わた》り鳥《どり》、行《ゆ》く雁《がん》で、「行《ゆく》」を漢語《かんご》で「コウ」と云《い》ひ、英語《えいご》「ゴウ」(Go)と同《おな》じく、獨逸語《どいつご》ガング Gang と云《い》ひ、ガンガと同《おな》じである。ガンジスは Gang-isos が語源《ごげん》で「いそしく行《ゆ》く」を意味《いみ》し、又《ま》た「行尊《かうそん》」と云《い》ひ、「行《ゆ》く水《みづ》の……」など、日本文學《にほんぶんがく》に出《で》て居《ゐ》ることもある。そして其行雁星座《そのかうがんせいざ》が、「行《ゆ》く河《かは》」の河口《かはぐち》にあるのは、恒河《こうか》は雁河《がんか》と云《い》うてもよいことを示《しめ》して居《ゐ》る。

蘇武の雁——此鳥《このとり》は如何《いか》なる鳥《とり》か。舊來の説明《せつめい》では日神《ひのかみ》の子《こ》ファイトーンが、一日《にち》、日輪《にちりん》の車《くるま》を御《ぎよ》し損《そこ》ねて、ゼウスの神《かみ》の雷電《らいでん》を以《も》つて天《てん》から撃《う》ち落《おと》されて、エリダヌス河《がは》へ墜《お》ちた時《とき》、親友《しんいう》キグノスが彼《か》れの非運《ひうん》を悲《かな》しみ、數々《しばしば》河《かは》の底《そこ》へもぐりこんて、ファイトンの屍骸《しがい》の散《ちら》ばつて居《ゐ》るのを拾《ひろ》うたから、神々《かみがみ》はキグノスを白鳥《はくてう》にした、其白鳥《そのはくてう》は此星座《このせいざ》に上《あ》げられたとのことであるが、前《まへ》にも云《い》うた如《ごと》く、此鳥《このとり》は白鳥《はくてう》ではなく、雁《がん》のやうであるから、此神話《このしんわ》は當《あた》つて居《を》らぬ。此鳥《このとり》が南《みなみ》へ向《むか》つて飛《と》んで居《ゐ》る所《ところ》から見《み》れば、明《あきら》かに歸雁《きがん》である。且《か》つ雁《がん》は行《ゆ》く鳥《とり》であつて春秋往來《しゆんしうわうらい》する所《ところ》から文使《ふみつかひ》の鳥《とり》とせられて居《ゐ》る。其文使《そのふみつかひ》の最《もつと》も有名《いうめい》な事件《じけん》は、天漢（天《あま》の河《がは》）元年《ぐわんねん》に匈奴《きようど》に使《つかひ》した蘇武《そぶ》の雁《がん》であつて、此星座《このせいざ》は其雁《そのがん》を象《かたど》つたもので、天漢《てんかん》と雁《がん》との關係《くわんけい》を確《たし》めて居《ゐ》る。支那歴史《しなれきし》の傳《つた》へる所《ところ》に據《よ》ると『天漢元年《ぐわんねん》、中郎將蘇武《ちうらうしやうそぶ》を匈奴《きようど》に遣《つか》はす。單于《ぜんう》（匈奴王《きようどわう》）之《これ》を降《くだ》さんと欲《ほつ》し、武《ぶ》を大窖中《だいかうちう》に置《お》き絶《たえ》て飲食《いんしよく》せしめず。武《ぶ》、雪《ゆき》と旃毛《せんまう》とを齧《か》んで之《これ》を咽《の》み數日死《すうじつし》せず。匈奴以《きようども》つて神《かみ》なりと思《おも》ひ、武《ぶ》を北海無人《ほくかいぶじん》の處《ところ》に徙《うつ》して羝《をひつじ》を牧《か》はしめて曰《いは》く、羝乳《をひつじち》せば乃《すなは》ち歸《かへ》ることを得《え》んと。武《ぶ》、北海《ほくかい》の上《ほとり》に徙《うつ》されてより、野鼠《のねずみ》を掘《はつ》て之《これ》を食《しよく》し、起臥《きか》にも漢《かん》の節《せつ》を持《も》す。李陵《りりよう》、武《ぶ》に謂《いつ》て曰《いは》く、人生《じんせい》朝露《てうろ》の如《ごと》し、何《なん》ぞ自《みづか》ら苦《くる》しむこと此《か》くの如《ごと》くなるやと。陵《りよう》、衞律《ゑいりつ》と匈奴《きようど》に降《くだつ》て皆富《みなふう》貴《き》なり、律《りつ》も亦屢々《またしばしば》武《ぶ》に降《かう》を勸《すゝ》む。終《つひ》に肯《がへん》ぜず。漢《かん》の使者《ししや》匈奴《きようど》に至《いた》る。匈奴詭言《きようどきげん》して、武《ぶ》已《すで》に死《し》せりと。漢使《かんし》之《これ》を知《し》つて云《い》ふ、天子《てんし》、上林《じやうりん》の中《うち》に射《い》て雁《がん》を得《え》たり。足《あし》に帛書《はくしよ》あつて云《い》ふ、武大澤《ぶだいたく》の中《うち》に在《ゐ》りと」匈奴隱《きようどかく》す能《あた》はず、乃《すなは》ち武《ぶ》をして還《かへ》らしむ。武《ぶ》匈奴《きようど》に留《とゞ》まること十九年《ねん》、始元《しげん》六年《ねん》歸《かへ》る。始《はじ》め強壯《きやうさう》を以《も》つて出《い》で還《かへ》るに及《およ》びて須《しゆ》髮《はつ》盡《ことごと》く白《しろ》し。拜《はい》して典屬國《てんぞくこく》と爲《な》す』と。

蘇武《そぶ》は漢《かん》の武帝《ぶてい》の時《とき》、即《すなは》ち西暦《せいれき》一百年頃《ねんごろ》の人《ひと》と支那《しな》歴史《れきし》にはなつて居《ゐ》るが、實は神話時代の人で、北人神話《ほくじんしんわ》にはトールの神《かみ》、日本神代《にほんじんだい》では健御雷《たけみかづち》の神《かみ》のことで、支《し》那史《なし》は其《そ》れを漢代《かんだい》の其年代中《そのねんだいちう》に取《と》り入《い》れたに過《す》ぎぬのである。そして漢人種《かんじんしゆ》は波斯《ぺるしや》メヂヤから東《ひがし》は印度《いんど》まで移動《いどう》して居《を》り、匈奴《きようど》も亦《また》ウラル邊《へん》から東方《とうはう》へ並行《へいかう》して遷《うつ》て居《ゐ》る人種《じんしゆ》だから、地理《ちり》の考究《かうきう》には此考《このかんが》へて行《ゆ》かねばならぬが、舊派《きうは》の支那學者《しながくしや》などには此見識《このけんしき》がないから、何等《なんら》の結果《けつくわ》も得《え》られぬ。今詳細《いましやうさい》の考證《かうしよう》は此《こゝ》に略《りやく》して、蘇《そ》武《ぶ》の匈奴《きようど》に於《お》ける地理《ちり》を略説《りやくせつ》するならば、匈奴《きようど》とはキオヌと發音《はつおん》し（ヒヨンスーでは無《な》い）Kyôn で犬戎《けんじう》を意味《いみ》し、昔《むかし》のスキチヤ民族《みんぞく》である。蘇武《そぶ》が始《はじ》めて行《い》つて「大《おほ》窖《ちなぐら》」に入《い》れられたとは黑海《こくかい》の西《にし》の「ルーマニヤ」の意譯《いやく》地名《ちめい》である。（日蓮《にちれん》の佐渡《さど》、

塚原《つかはら》）

サモエドは蘇武——　彼《かれ》は後《のち》に北海《ほくかい》の上《ほとり》の無人《ぶにん》の地《ち》に徙《うつ》されたとあるが、果《はた》して何處《どこ》であるか。舊派《きうは》支《し》那《な》歴史《れきし》家《か》等《ら》は、此北海《このほくかい》とはバイカル湖だなど丶考《かんが》へて居《ゐ》て、其馬鹿《そのばか》らしさはお話《はな》しにならぬ。是《これ》はウラル地方《ちはう》の終北《しうほく》、西史《せいし》の所謂《いはゆる》ヒペルボレアスなる土地《とち》で現名《げんめい》サモエドである。此地《このち》にヤルマル Yal-mal(Alo-mole) の名《な》があつて、「食《しよく》・鼹鼠《もぐらもち》」を意味《いみ》し、蘇武《そぶ》が野鼠《のねずみ》を掘《ほつ》て食《しよく》したとの事《こと》を表《あら》はして居《ゐ》る。其《その》サモエド Samo-yed(Samo Edo＝Same-eat) とは三つに解釋《かいしやく》される意味《いみ》があつて、(一)露西亞人等《ろしあじんとう》は之《これ》を「自己《じこ》を食《しよく》す」と解《かい》し、嘗《かつ》ては食人《しよくじん》々種《たね》であつたかを表《あら》はすものと云《い》うて居《ゐ》るが、其《そ》れはサモエドを英語《えいご》のセーム・イートの意味《いみ》即《すなは》ち「同《どう》一・食《しよく》」で其《そ》う解《かい》したのと思《おも》はれるが、實《じつ》は其《そ》うではない。(二)サモは「同《どう》一不變《ふへん》の若《わか》さ」を意《い》味《み》し、之《これ》を希臘《ぎりしや》日本語的《にほんごてき》クサ Xa 即《すなは》ち草《くさ》と解《かい》し、「草《くさ》を食《しよく》す」として蘇武《そぶ》が『草實《くさのみ》を去《さ》つて之《これ》を食《しよく》し』と云《い》ふ語《ご》と解《わか》るが、(三)又《ま》た「同《どう》一不變《ふへん》、健全生存《けんぜんせいぞん》」と解《かい》せられて、蘇武《そぶ》の文字《りんじ》の意味《いみ》と發音《はつおん》とを考《かんが》へて、希臘語英語等《ぎりしやごえいごとう》の Saô, Save(Sov) として、其《その》「ソブ」が「生命《せいめい》・健在《けんざい》」即《すなは》ち「常盤《ときは》」「同《おな》じ姿《すがた》で居《ゐ》る」で、「サモ・エド」の對譯《たいやく》に當《あた》つて居《ゐ》る。彼《かれ》が「大澤《だいたく》の中《うち》に在《あ》る」と雁書《がんしょ》して送《おく》つた其大澤《そのだいたく》とはサモエドの、オビ河《がは》の東《ひがし》のタズ(Taz)河口《かこう》のことでこれはタクTax(タクズ)の訛《なま》りと察《さつ》せらる。單于《ぜんう》の居《ゐ》る所《ところ》は昔《むかし》のシビル Sib-ir の町《まち》で、今《いま》の西伯利亞《しべりあ》のトボルスクであるが、其《その》シブ Sib なる語《ご》は降和《かうわ》を意味《いみ》するから、單于《ぜんう》が蘇武《そぶ》に「降《かう》を勸《すゝ》めた」とある。其《その》事《こと》を行《おこな》ふ者《もの》をシビル(Sib-ier)と謂《い》ひ、其《そ》れがシベリヤの國名《こくめい》となつたのである。又《また》た蘇武《そぶ》が典屬國《てんぞくこく》の官名《くわんめい》となつたとあるが、其《そ》れは「シベリヤ」の別譯《べつやく》である。

彼《かれ》が兎《と》にも角《かく》にもして、能《よ》く生命《せいめい》を保存《ほぞん》し健在《けんざい》したことが「ソブ」SoV＝Saveの名《な》であるが、其《そ》れが天下《てんか》を周流削平《しうりうさくへい》即《すなは》ち典屬國《てんぞくこく》の職《しよく》を行《おこな》うた我《わ》が健《たけ》・御雷《みかづち》の神《かみ》と同《おな》じ意味《いみ》の名《な》である。「建《たけ》」は健全《けんぜん》を意味《いみ》し、「御雷《みかづち》」とは Meka-ductiで「長途《ちやうと》を導《みちび》く」即《すなは》ち此神《このかみ》は健全《けんぜん》に長途《ちやうと》を導《みちび》く點《てん》に於《おい》て全《まつた》く蘇武《そぶ》である。

健御雷神《たけみかづちのかみ》と同《おな》じな北人神話《ほくじんしんわ》のトールの神《かみ》も、旅行《りよかう》や天下周流《てんかしうりう》の神《かみ》で、此神《このかみ》がイオッンハイム(西伯利亞《しべりあ》の蝦夷地《えぞち》)へ旅行《りよかう》する時《とき》に、ウトガルドのロキなる酋長《しうちやう》の所《ところ》で引《ひ》き留《と》められたことが、蘇武《そぶ》が單于《ぜんう》に引《ひ》き留《と》められたことに當《あた》つて居《ゐ》る。

天漢元年と始元六年と天の河の地――　漢《かん》の武帝時代《ぶていじだい》は未《いま》だ支那《しな》の土地《とち》ではなく、印度《いんど》恒河口に都《みやこ》がある。恒河口《こうかぐち》が天の河の源《みなもと》と云《い》うてあつて、其《そ》れが天漢であることは天琴星座《てんきんせいざ》に謂《い》うて置《お》いたが、蘇武《そぶ》の出立地《しゆつたつち》は此處《ここ》のことて、其地理《そのちり》的《てき》の名《な》を天漢元年《てんかんぐわんねん》と云《い》ふ時間的名稱《じかんてきめいしよう》にしたものである。彼《か》れは始元《しげん》六年《ねん》に歸《かへ》つた。天漢元年《てんかんぐわんねん》の地《ち》は、又《ま》た始元《しげん》の地《ち》で（大分《おほいた》古地圖《こちづ》の地《ち》）其地《そのち》はセナSena國《こく》て六を意味《いみ》するから六年《ねん》と云《い》うてある。蘇武《そぶ》十九年《ねん》匈奴《きようど》に居《ゐ》たが、其天琴《そのてんきん》の地《ち》にジユーグムの地《ち》がある。其發音《そのはつおん》で十九年《ねん》と云《い》うたものと考《かんが》へられる。天漢《てんかん》、天琴《てんきん》の地《ち》は又《ま》た「白《しろ》」の地《ち》てあるから、彼《かれ》は白髪《はくはつ》て歸《かへ》つたと云《い》うてある。そして歸雁星座《かりがねせいざ》の中《うち》の最《もつと》も明《あか》い星《ほし》の名《な》デネブが蘇武《そぶ》の出立地《しゆつたつち》で、天津《てんしん》の星《ほし》の名《な》となつて居《ゐ》て、天《あま》の河《がは》卽《すなは》ち天漢《てんかん》の津《つ》の土地《とち》に當《あた》つて居《ゐ》る。

『花筐』の雁――　謠曲《えうきよく》花筐《はながたみ》に繼體天皇《けいたいてんのう》（印度日本《いんどにほん》）の寵愛《ちようあい》を受《う》けた照日《てるひ》の前《まへ》が田舍《ゐなか》（滿洲《まんしう》）から印度《いんど》の都《みやこ》の方《はう》へ出《で》て來《く》る途中《とちう》、此雁《このがん》の土地《とち》に來《き》て『都《みやこ》への道敎《みちをし》へてたべ。「よしなふ人《ひと》は敎《をし》へずとも都《みやこ》への道《みち》しるべこそ候《さふら》へ。あれ御覧候《ごらんさふら》へ、雁金《かりがね》の渡《わた》り候《さふらふ》。「其上名《そのうへな》におふ蘇武《そが》が旅雁《りよがん》。「玉章《たまづさ》をつけし南《みなみ》の都路《みやこぢ》に「我《われ》をも共《とも》に連《つ》れて行《ゆ》け。『宿《やど》かりがねの旅衣《たびごろも》飛《た》び立つばかりの思《おも》ひかな』と、其《その》「飛《と》び立《た》つ思《おも》ひ」の語《ご》が雁《かり》の尾《を》のアゼフフアギの星《ほし》の名《な》になつて居《ゐ》て、其《そ》れが恒河《こうか》が南《みなみ》へ曲《まが》る角《かど》のゴアルンドの土地《とち》で、「雁《かり》とび立《た》つ」を意味《いみ》する。

一羽《は》の雁《がん》と雖《いへども》、苟《いやしく》も天文《てんもん》の星座《せいざ》に上《あ》げられるには必《かなら》ず意味《いみ》あり歷史《れきし》あるもので、此雁《このかり》の歷史《れきし》と地理《ちり》とは是《こ》れであることがわかつたと信《しん》ずる。

第十五章　大鷹とアンチノウス星座

大鷹とアンチノウス星座――Aquila et Antinous は銀河《ぎんが》の中《なか》に、天琴星座《てんきんせいざ》の殆《ほとん》ど南《みなみ》にある。此星座《このせいざ》にはアルタイルと云《い》ふ有名《いうめい》な一等星《とうせい》に近《ちか》い星《ほし》がある。星座《せいざ》の形《かたち》は大鷹《おほたか》が其爪《そのつめ》に一青年《せいねん》を摑《つか》んで飛《と》んで居《ゐ》る。此青年《このせいねん》の名《な》はアンチノウスと云《い》ひハドリヤン帝《てい》の小姓《こしやう》である。此星座《このせいざ》は、人《ひと》に由《よ》つて大鷹《おほたか》と、アンチノウスとを二つに分《わか》つ者《もの》があるが、二《ふた》つが一《ひと》つになつて始《はじ》めて意味《いみ》があるのだから、始《はじ》めから一つのものと云《い》はねばならぬ。銀河《ぎんが》は此星座《このせいざ》に於《おい》て甚《はなは》だ輝《かゞや》いて居《ゐ》る。

モンゴル、スンガリヤ、西藏――此星座《このせいざ》は形《かたち》を見《み》て、其地理《そのちり》を求《もと》めるのは少《すこ》し考《かんが》へが付《つ》き兼《か》ねるが、先《ま》づ其《その》一等星《とうせい》アルタイル Altair(Alta-ir) が『アルタイ山《さん》』を意味《いみ》する點《てん》から考《かんが》へて、其地理《そのちり》を中央亞細亞《ちうあうあじや》に求《もと》めたら、案外容易《あんぐわいようい》である。乃《すなは》ち大鷹《おほたか》の首《くび》はアルタイ山脈《さんみやく》の東方《とうはう》コブド Kobdo のあたりでアルタイルの星《ほし》は其《その》點《てん》にある。大鷹《おほたか》の體《からだ》は東《ひがし》の方《はう》モンゴリヤの中《なか》ばまである。アンチノウスの頭《あたま》はスンガリヤの南方新疆《なんぽうしんきやう》に當《あた》り、左右《さいう》の手《て》の伸《のば》し具合《ぐあひ》は昆崙山《こんろんざん》、阿爾金山脈連互《あるきんさんみやくれんこう》の形《かたち》である。

第十三圖

大鷲とアンチノウス星座

彼《か》れの胴《どう》は西藏《ちべつと》、彼《か》れの足《あし》の曲折《きよくせつ》の具合《ぐあひ》はヒマラヤ山脈《さんみやく》や恒河《こうか》の線《せん》を利用《りよう》し、彼《か》れの羽織《はおり》は、西藏《ちべつと》と支那《しな》との境《さかひ》に當《あた》つて居《ゐ》る。

アンチノウスの話し——アンチノウスは鷹《たか》に取《と》られて居《ゐ》るが、鷹《たか》に取《と》られた者《もの》の話《はなし》は希臘神話《ぎりしやしんわ》、其他《そのた》にも尚《な》ほあつて、アンチノウスの別傳《べつでん》である。希臘神話《ぎりしやしんわ》のガニメデース、ヒヤシンス、著者《ちよしや》の郷里《きやうり》字和島《わしま》の「けげ花《はな》」等《とう》が其《そ》れである。

第三十一圖

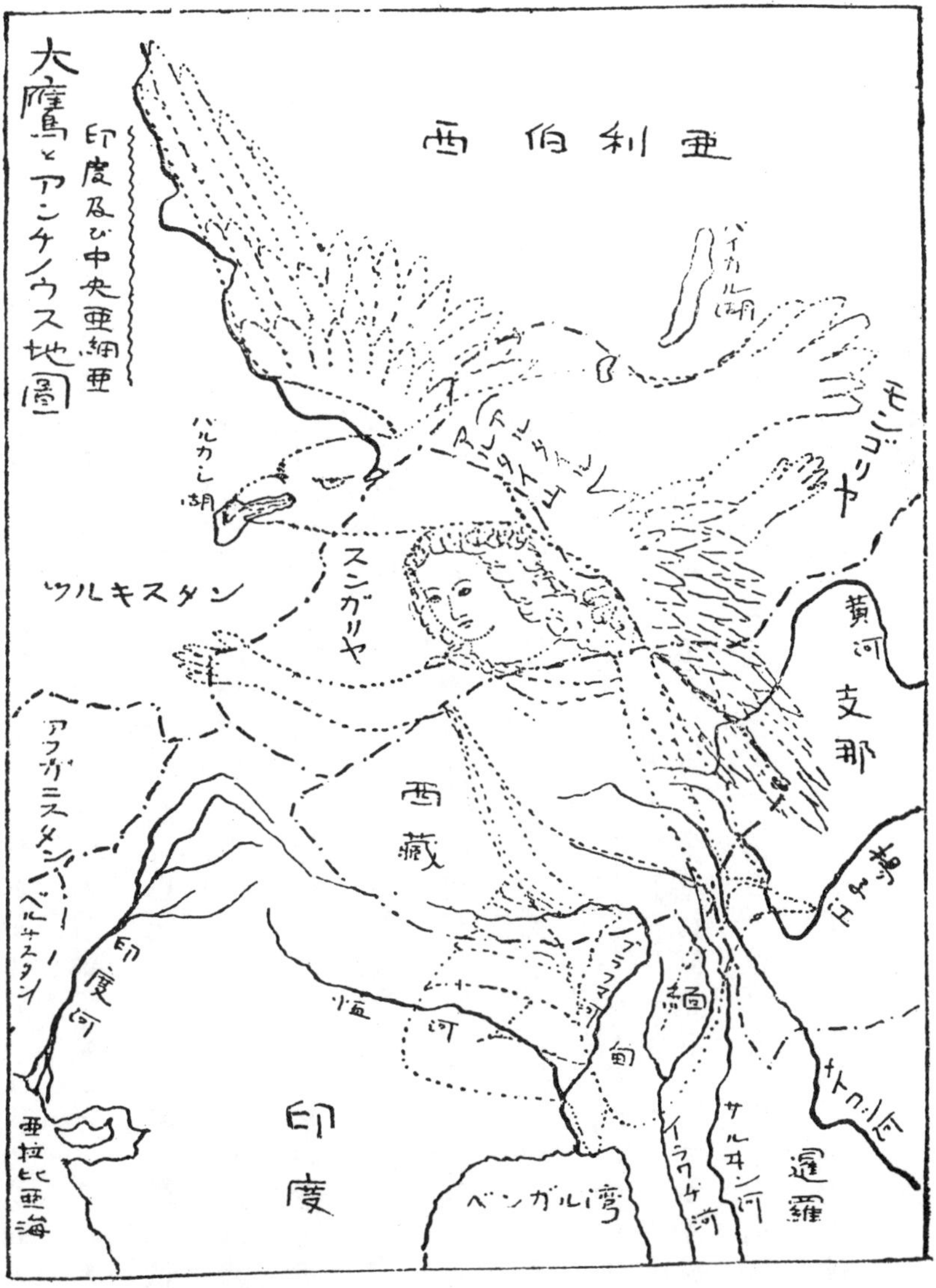

大鷹とアンチノウス星座地圖

此星座《このせいざ》のアンチノウスは太古《たいこ》の東洋神話《とうやうしんわ》が羅馬史《ろうまし》の中《なか》に取《と》り入《い》れて傳《つた》へられたもので、決《けつ》して西洋《せいやう》の羅馬時代《ろうまじだい》の事《こと》ではない。けれども羅馬傳説《ろうまでんせつ》に據《よ》ると、アンチノウスは小亞細亞《せうあじあ》のビッニャのもので、紀元《きげん》百十七年《ねん》から百三十八年《ねん》の頃《ころ》、羅馬帝《ろうまてい》ハドリヤンの治世《ちせい》の人物《じんぶつ》で、皇帝《くわうてい》の寵愛《ちやうあい》を受《う》けた美《うつく》しい小姓《こしやう》であつたが、何《なに》か幽鬱《いううつ》の事《こと》があつてか、ナイル河《かは》に溺《おぼ》れ死《し》んだ――神秘《しんぴ》の夭死《えうし》をした。ハドリヤン帝《てい》は非常《ひじやう》に此美少年《このびせうねん》を惜《を》しんで、自分《じぶん》から其身代《そのみがは》りになつても善《よ》いと言《い》うた程《ほど》であつて、此《この》美少年《びせうねん》の爲《た》めに、紀念碑《きねんひ》が建《た》てられたり、祭禮《さいれい》が行《おこな》はれたりした。其《そ》れのみならずメタルが鑄《ゐ》られ、國中到《こくちういた》る所《ところ》に此美少年《このびせうねん》の像《ぞう》が建《た》てられ、彼《かれ》を神《かみ》の位《くらゐ》に祭《まつ》り、人々《ひと〴〵》をして禮拜《らいはい》せしめ、又《ま》た彼《か》れの名《な》に因《ちな》んだ種々《しゆ〴〵》の祭禮《さいれい》が行《おこな》はれ、彼《か》れの名《な》に由《よ》つて神《しん》託《たく》が出《だ》され、彼《か》れの名《な》に由《よ》つて都市《とし》が建《た》てられ、美術家等《びじゆつかなど》は理想化《りさうくわ》したアンチノウスを表《あら》はさうとして澤山《たくさん》の名作《めいさく》が出來《でき》たと云《い》ふことである。けれども鷹《たか》に取《と》られたことは、彼《かれ》に就《つ》いて謂《い》うてないが、星座圖《せいざづ》には其《そ》れが畫《か》いてあるから、其事《そのこと》も傳説《でんせつ》として考《かんが》への中《うち》に置《お》かねばならぬ。

ヒヤシンスの話し――アンチノウスの傳說《でんせつ》を讀《よ》んだ者《もの》で、苟《いやしく》も比較研究《ひかくけんきう》の心《こゝろ》あるものは、必《かなら》ず希臘《ぎりしや》神話《しんわ》のヒヤシンスの話《はなし》を思《おも》ひ出《だ》すであらう。

ヒヤシンスと云《い》ふ美少年《びせうねん》があつた。アポローンの神《かみ》は大《おほい》に此美少年《このびせうねん》を愛《あい》し、此少年《このせうねん》が淵《ふち》に魚《さかな》を取《と》りに行《ゆ》く時《とき》は網《あみ》を持《も》つて隨《つ》いて行《ゆ》き、野山《のやま》に獵《かり》をする時《とき》は犬《いぬ》を連《つ》れて一所《しよ》に行《ゆ》き、何時《いつ》も離《はな》れる事《こと》が無《な》かつたが、或時《あるとき》鐵輪《かなわ》投《な》げの遊《あそ》びをして居《ゐ》たら、誤《あやま》つて其《そ》れがヒヤシンスに當《あた》つて、忽《たちま》ち氣絕《きぜつ》し、種々《しゆぐ》手《て》を盡《つ》くしたが遂《つひ》に活《い》きかへらすことが出來《でき》ず、宛《あたか》も園《その》に咲《さ》く花《はな》が、莖《くき》から折《を》れて其頸《そのくび》を傾《かたむ》けて地《ち》にうな垂《た》れたやうに、彼《か》れはアポローンの肩《かた》にもたれて死《し》んだ。アポローンは非常《ひじやう》に悲《かな》しんで言《い》うに『あゝ、我《わ》が爲《た》めに、其若《そのわ》かやかな生命《せいめい》を奪《うば》はれて死《し》なねばならぬか、あゝヒヤシンスよ。我《わ》れ若《も》し汝《なんぢ》に代《かは》ることが出來《でき》るなら代《かは》つて死《し》に度《た》いけれども、不死《ふし》の我身《わがみ》には其《そ》れは出來《でき》ぬ。此後《このご》我立琴《わがたてごと》は汝《なんぢ》を紀念《きねん》し、我《わ》が歌《うた》は汝《なんぢ》を謠《うた》ひ、汝《なんぢ》は我《わ》が悲《かな》しみを紀念《きねん》する花《はな》となれ』と。アポローンが此《こ》う言《い》うや否《いな》や、今《いま》まで地《ち》に流《なが》れて草《くさ》葉《は》を染《そ》めたヒヤシンスの血潮《ちしほ》は、忽《たちま》ち百合《ゆり》(又《ま》た蓮《はす》とも)のやうな花《はな》になつて、美少《びせう》年《ねん》の名《な》ヒヤシンスを此花《このはな》の名《な》に付《つ》けて、春毎《はるごと》に其運命《そのうんめい》を紀念《きねん》して居《ゐ》ると。

此《こゝ》に所謂《いはゆる》ヒヤシンスの花《はな》は百合《ゆり》の花《はな》、又《また》は蓮《はす》の花《はな》のやうなと云《い》うてあつて、今日《こんにち》の所謂《いはゆる》ヒヤシンスとは異《ちが》うて居《ゐ》る。善《よ》く考《かんが》へれば春《はる》の野邊《のべ》に咲《さ》く「けゞ花《はな》」(蓮華草《れんげさう》とも云《い》ふ)のことである。

此《か》くヒヤシンスの死《し》を惜《をし》まれた有様《ありさま》は、全《まつた》くアンチノウスの夫《そ》れと同《おな》じで、アンチノウスは希臘神話《ぎりしやしんわ》の別傳《べつでん》たることが容易《ようい》に考《かんが》へられる。

ガニメデースの話し――鷹《たか》に取《と》られた話《はなし》で、右《みぎ》と同《おな》じものがガニメデースの神話《しんわ》である。希臘神話《ぎりしやしんわ》に據《よ》ると、ゼウスの神《かみ》には、美《うつく》しい酒杯持《さかづきも》ちのヘーベなる少女《せうぢよ》があつたが、或時宴會《あるときえんくわい》の席上《せきじやう》、月經《げつけい》のそゝうを爲《な》した爲《た》めに、其職《そのしよく》をやめたとも云《い》はれ、又《ま》たヘーラクレースが昇天《しようてん》した時《とき》、其妻《そのつま》となつた爲《た》めに酒杯持《さかづきも》ちをやめたとも云《い》はれて居《ゐ》る。此《この》ヘーベに代《かは》つたのがガニメデースと云《い》ふ美少年《びせうねん》であるが、始《はじ》め此少年《このせうねん》がトロイのイダ山《やま》で友達《ともだち》と遊《あそ》んで居《ゐ》たら、ゼウスの神《かみ》が大鷹《おほたか》の形《かたち》に化《ば》けて彼《かれ》を天《てん》に取《と》り去《さ》つたと云《い》はれて居《ゐ》る。

「げゞ花」の話し――アンチノウスも、ヒヤシンスも、ガニメデースも、三者《しや》同《おな》じ者《もの》の別傳《べつでん》だが、尚《な》ほ著者《ちよしや》の郷里《きやうり》宇和島《うわじま》に「げゞ花《は》」の歌《うた》があつて、同《おな》じ者《もの》を精《せい》密《みつ》に、美《うつく》しく日本《にほん》に傳《つた》へて居《ゐ》る。そして以上《いじやう》三者《しや》を綜合的《そうがふてき》に調和《てうわ》して居《ゐ》る。げゞ花《はな》とは今俗《いまぞく》に所謂《いはゆる》蓮華草《れんげさう》なるものゝ正《たゞ》しい名《な》である。其歌《そのうた》は

一

げゞ花《はな》、げゞ花《はな》何故《なぜ》泣《な》きやる、何故《なぜ》泣《な》きやる。
親《おや》が無《な》いか子《こ》が無《な》いか、子《こ》が無《な》いか。
親《おや》もござる子《こ》もござ《ゐ》〱
おいとし殿御《とのご》や鷹匠町《たかじやうまち》〱
鷹《たか》にとられて今日《けふ》七日《なぬか》〱
七日《なぬか》と思《おも》へば十五日《にち》〱。

二

十五のほそ路《みち》出《で》て聴《き》けば〱

鼓《つゞみ》や大鼓《たいこ》でおはやしやる〳〵
あんまり聴《き》きたさ會《あ》ひたさに〳〵
伯母女《をばぢよ》の所《ところ》へ寄《よ》つてから〳〵
綿帽子《わたばうし》借《か》しやれと言《い》うたれば〳〵
有《あ》るもの無《な》いとてお借《か》しやらぬ〳〵。

三

あつ腹立《はらた》ちや腹立《はらた》ちや〳〵。
其《そ》れ程《ほど》お腹《はら》が立《た》つならば〳〵
七《な》つなからに筬《をさ》入《い》れて〳〵
一《ひ》とまへ織《お》つてはなぎにかけ〳〵
二《ふ》たまへ織《お》つてはをごに卷《ま》き〳〵
三まへ織《お》るまに日《ひ》が暮《く》れて〳〵。

四

あんな小屋《こや》に宿《やど》とろか〳〵
宿《やど》はもつとも取《と》つたれど〳〵
蓆《むしろ》はせゝかし夜《よ》は長《なが》し〳〵
朝《あさ》とく起《お》きてそら見《み》れば〳〵
十七八の傾城《けいせい》が〳〵
紫《むらさき》杯《さかづき》手《て》にすゑて〳〵

五

一杯上《はいあが》れや丹波様《たんばさま》〳〵
二杯上《はいあが》れや織部様《おりべさま》〳〵
三杯上《はいあが》れやお尺取《しやくと》り〳〵
肴《さかな》が無《な》いとて上《あ》がらんか〳〵
おらゝの國《くに》の肴《さかな》には〳〵
赤瓜《あかうり》、白瓜《しろうり》、まくは瓜《うり》〳〵。

げゝ花《はな》は花《はな》か人《ひと》か。ヒヤシンスは人《ひと》が花《はな》になつた名《な》と云《い》うてある。此等《これら》四人《にん》は鷹《たか》に取《と》られた者《もの》て、實《じつ》は同《どう》一人《じん》が樣々《さまぐ》に傳《つた》へられたことが察《さつ》せられる。げゝ花歌《くわうた》には機《はた》織《おり》のことが云《い》うてあつて、明《あきら》かに彼女《かつぢよ》は天琴星座《てんきんせいざ》の織女《じよくぢよ》たることが知《し》られる。彼女《かのぢよ》は鷹《たか》に取《と》られた夫《をつと》を慕《した》うて居《ゐ》る。其《そ》れが大鷹星座《おほたかせいざ》のアルタイル星《せい》で、「夫《をつと》」を意味《いみ》して居《ゐ》る。アンチノウスは羅馬帝《ろうまてい》ハドリヤンの小姓《こしやう》としてあるが、ハドリヤンとは日《に》本語《ほんご》「ハットリ」即《すなは》ち「服部《はつとり》」のことで、秦姓《はたせい》である。だから支那《しな》の書物《しよもつ》に羅馬《ろうま》を「太《たい》秦《しん》」と書《か》いてある。

又《ま》たアンチノウスと、ヒヤシンスと、ガニメデースと、げゝ花《くわ》との名《な》を語源的《ごげんてき》に研究《けんきう》すると、四者《しや》同《おな》じ意味《いみ》の對譯《たいやく》たることが知《し》られるが、此《こゝ》には略《りやく》して置《お》く。

又《ま》た此《この》げゝ花《くわ》の歌《うた》の地理《ちり》は、恒河口《こうかぐち》即《すなは》ち天琴星座《てんきんせいざ》地理《ちり》の所《ところ》から溯《さかのぼ》つて、カスミールから、アフガニスタン邊《へん》まで行《ゆ》く道筋《みちすぢ》が歌《うた》に詠《よ》み込《こ》んであるが、其説明《そのせつめい》も略《りやく》するが、げゞ花《くわ》たるアンチノウス（民族《みんぞく》？）が、其《そ》れから尚《な》ほ東北《とうほく》に進《すゝ》んで西藏《ちべつと》、スンガリヤ、モンゴリヤ方面《はうめん》に關係《くわんけい》を有《いう》し、そして其《そ》れが其地《そのち》の形《かたち》を星座《せいざ》として有《あ》つやうになつたことゝ考《かんが》へられる——太古《たいこ》の印度方面《いんどはうめん》との交通《かうつう》は又《ま》た是《こ》れであつたことは種々《しゆゝ》の書物《しよもつ》に書《か》いてある。

ガンダルバとガンダーラ——尚《な》ほ又《ま》た、印度神話《いんどしんわ》のガンダルバなるものが、右《みぎ》四人《にん》と同《おな》じ傳《でん》を有《も》つて居《ゐ》るが、ガンダルバとは印度西北境《いんどせいほくきやう》のガンダーラの國《こく》名《めく》、げゞ花歌《はなうた》の地理《ちり》の終《をは》つて居《ゐ》る所《ところ》で、此處《こゝ》から彼《か》れはインドラの神《かみ》に、天《てん》に取《と》り上《あ》げられたので、矢張《やは》りアンチノウスの別傳《べつでん》である。

アルタイルの星とアルタイ山——此星座《このせいざ》のアルタイルは牽牛星《けんぎうせい》と云《い》ふて、たなばたの織女《しよくぢよ》の夫《をつと》と云《い》ふてある。又此星座《またこのせいざ》と織女星《しよくぢよせい》ベガのある星座《せいざ》とは、天文《てんもん》では天《あま》の河《がは》を挾《はさ》んで向《むか》ひ合《あ》ふて居《ゐ》るが、此星座《このせいざ》の形《かたち》はモンゴリヤ、西藏《ちべつと》で、鷹《たか》に取《と》られて行《いつ》た土地《とち》を形《かたち》にしてある。そして其地《そのち》にアルタイ山《さん》の名《な》が出來《でき》たと思《おも》はれる。アルタイル Alta-ir(——ier) とは「元《もと》の殿御《とのご》」を意味《いみ》し、げゞ花歌《はなうた》に「おいとし殿御《とのご》」とあるは此殿御《このとのご》たるアルタイルのことである。又《ま》た之《これ》を「大郎《おほいらつ》」とも云《い》ひ、昔《むかし》モンゴリヤ西部《せいぶ》を瓦剌《オーイラツ》 Oirats と云《い》ふたが此日本語名《このにほんごめい》である。繼體天皇《けいたいてんわう》（滿州《まんしう》より印度《いんど》へ入《じ》りし天皇《てんわう》）の皇子皇女《わうじわうぢよ》に大郎《おほいらつ》の皇子《わうじ》、大郎《おほいらつ》の皇女《わうぢよ》などあるは、此地名《このちめい》に元《もと》づいたものと思《おも》はれる。

此《この》アンチノウス即《すなは》ちアルタイルの事《こと》が、著者《ちよしや》の郷里《きやうり》にまで、手毬歌《てまりうた》となつて傳《つた》はつて居《ゐ》る所《ところ》を見《み》ると、太古《たいこ》此地方《このちはう》と此人種《このじんしゆ》との日本民族關係《にほんみんぞくくわんけい》が思《おも》はれざるを得《え》ぬ。

第十六章　天馬星座

天馬星座——希臘名《ぎりしやめい》ペガッス Pegasoso 馬體《ばたい》の半身《はんしん》、羽根《はね》が生《は》えて居《ゐ》て、櫛稲田《くしいなだ》姫《ひめ》、氣比宮《きひのみや》、歸雁星座《かりがねせいざ》の南《みなみ》に、大《おほ》きな形《かたち》を以《も》つて天空《てんくう》を西《にし》の方《はう》に向《むか》つて駈《か》けて居《ゐ》る。此星座《このせいざ》は頭《あたま》は南《みなみ》、足《あし》は北《きた》になつて居《ゐ》て、何等《なんら》馬《うま》の形《かたち》はなく、輪廓線《りんくわくせん》は四角形《かくけい》だから、天馬《てんば》の大《だい》四角《かく》と呼《よ》はれて居《ゐ》る。星《ほし》は二等星《とうせい》が三つ、三等星《とうせい》が一つ等《とう》てある。

北部支那——此星座《このせいざ》の形《かたち》は北方支那《ほくはうしな》以外世界上《いぐわいせかいじやう》他《た》に無《な》い。頭《あたま》を南《みなみ》即《すなは》ち下《した》にし、足《あし》は北《きた》とし上《うへ》とした形《かたち》。頭《あたま》は山東半島《さんとうはんたう》に當《あた》り、翼《つばさ》は黄河《くわうか》の西《にし》の部分《ぶぶん》。胸《むね》は渤海灣《ぼつかいわん》の西岸《せいがん》、右足《うそく》は渤海灣《ぼつかいわん》の西北岸《せいほくがん》の線《せん》を利用《りよう》し、左足《さそく》から腹部《ふくぶ》の線《せん》は長城《ちやうじやう》の線《せん》を利用《りよう》して出來《でき》て居《ゐ》る形《かたち》である。

星の地名――此星座《このせいざ》の形《かたち》は支那《しな》北部《ほくぶ》であるが、尚《な》ほ其星《そのほし》の名《な》を研究《けんきう》すると、一層明確《そうめいかく》になる。天馬《てんば》の口《くち》はエ・ニフ E-nif(―Nephe)の星《ほし》の名《な》は語源《ごげん》ニヘ即《すなは》ち膠《にべ》、にべ、にかはで、膠州灣《かうしうわん》の地名《ちめい》に當《あた》つて居《ゐ》る。羽根《はね》のさきにあるアルゲニブ Algenib (Al-gene)の星《ほし》は太原府《たいげんふ》の譯名《やくめい》たるは明瞭《めいれう》である。天馬《てんば》の左《ひだり》の足《あし》の根《ね》にあるシイト Sheat(Sheet)の星《ほし》は保定府《ほていふ》の意譯《いやく》で、保《やすん》じ定《さだ》める、即《すなは》ち英語《えいご》のシイトと同語《どうご》である。又《ま》た其少《そのすこ》し東《ひがし》のサッド Sad の星《ほし》は英語系《えいごけい》の Sat, Sit と同語《どうご》で、坐《すわ》り居《を》ること、又《ま》た彥《ひこ》たり、主人《しゆじん》たることを意味《いみ》して北京《ぺきん》の名《な》の別譯《べつやく》である。何故《なぜ》ならは北京《ぺきん》は「キタの京《みやこ》」で、「キタ」は希臘語《ぎりしやご》 Keita 又《ま》た Keita で、「其所《そこ》に同《おな》じく居《を》る」ことを意味《いみ》し、サッドの星《ほし》の名《な》の別譯《べつやく》だからであつて、此星座《このせいざ》は支那北部《しなほくぶ》、山東直隷《さんとうちよくれい》、山西等《さんせいとう》を其地理《そのちり》とするものたることが知《し》られる。――けれども何故《なぜ》支那《しな》北部《ほくぶ》に此星座《このせいざ》の地《ち》理《り》が置《お》かれるかの説明《せつめい》は古來《こらい》何人《なんぴと》も説明《せつめい》し得《え》た者《もの》がない。

ゴルゴンの血――此天馬《このてんば》は、ペルセウスがゴルゴンのメヅサの首《くび》を切《き》つた時《とき》其血《そのち》が海《うみ》の上《うへ》に落《お》ちて白馬《しろうま》――月毛《つきげ》の駒《こま》と化《は》つたもので、ミユーズ等《とう》に愛《あい》された。此馬《このうま》が其蹄《そのひづめ》で地《ち》を踏《ふ》んだら、其所《そこ》にはヘリコン山《さん》の泉《いづみ》が湧《わ》き出《い》で、又《ま》たヒツポクレネの泉《いづみ》が湧《わ》き出《で》たと傳《つた》へられて居《ゐ》る。是等《これら》の話《はなし》は畢竟《ひつきやう》メヅサの血統《けつとう》を引《ひ》いた民族地《みんぞくち》方《はう》の傳説《でんせつ》である。

然《しか》らば天馬《てんば》の地《ち》とは何處《どこ》であるか。此天馬《このてんば》は駈《か》けて居《ゐ》る。

第二十三圖

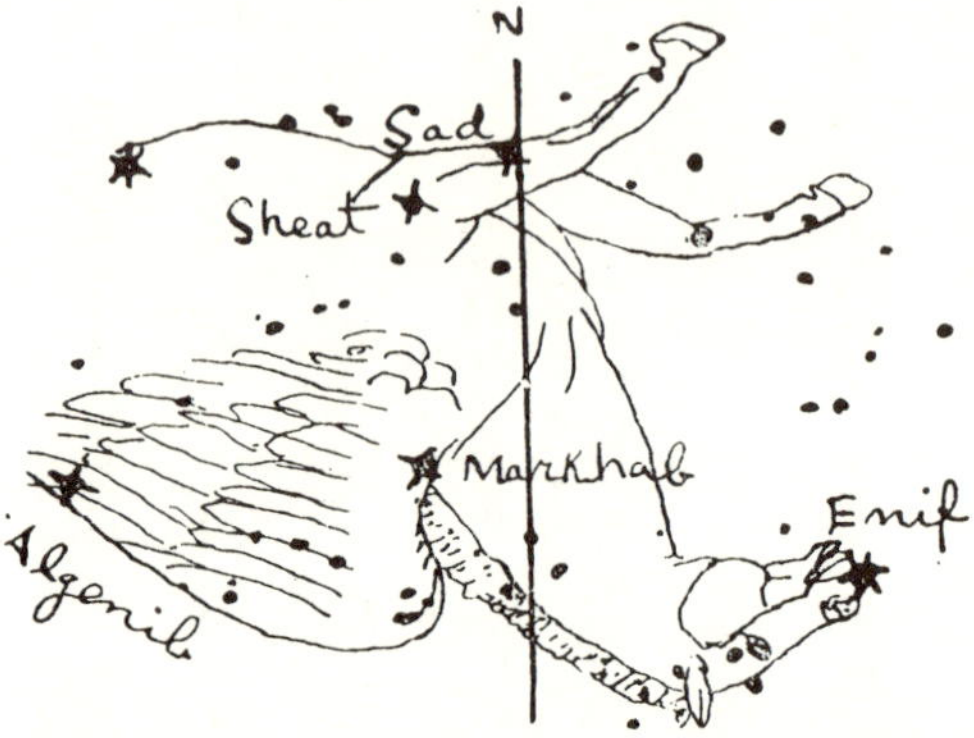

天馬星座

天馬星座《てんばせいざ》の形《かたち》は支那北部《しなほくぶ》であるが、其本源地《そのほんげんち》は印度緬甸《いんどびるま》のペグの地《ち》である。何故《なぜ》ならば天馬《てんば》はペグ・アシスと云《い》ひ、ペグは緬甸《びるま》のペグ Pegn のことて・此天馬《このてんば》の蹄《ひづめ》で打《う》ち彈《はじ》いて上《のぼ》ることを「ペグ・アシス」と云《い》ふので、美《うつく》しい言葉《ことは》で譯《やす》すると「馬琴《ばきん》」である。

第三十三圖

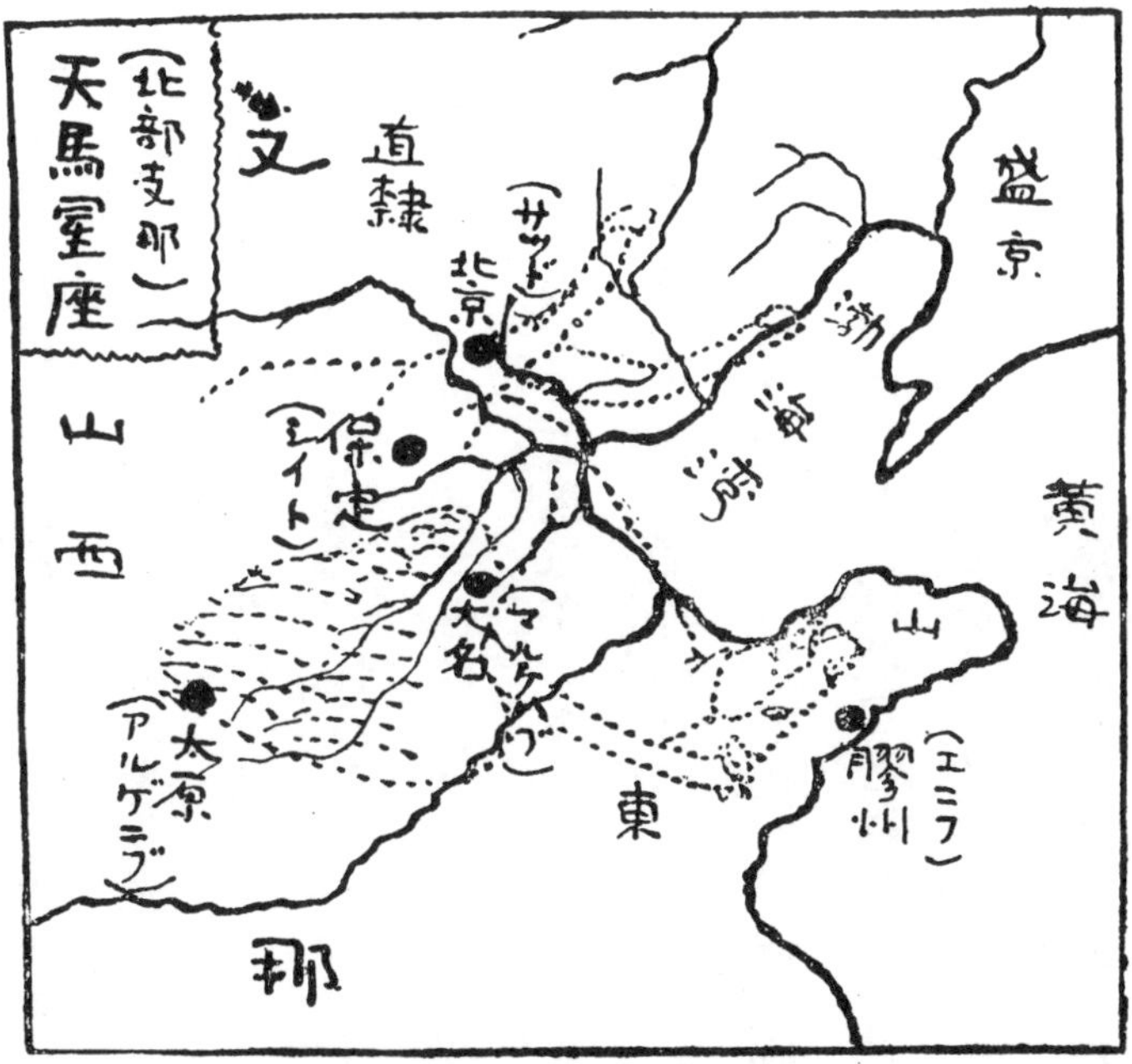

天馬星座地圖

種々に傳はる天馬―此天馬《このてんば》には色々《いろく》の神話《しんわ》があつて、第《だい》（一）は聖德太子《しやうとくたいし》が夢殿《ゆめどの》に行《ゆ》かれる時《とき》に乘《の》り給《たま》うた天《てん》馬《ば》。第《だい》（二）はベレロフオーンが東方《とうはう》を征伐《せいばつ》する時《とき》に乘《の》つた天馬《てんば》。第《だい》（三）には仲國《なかくに》が小督《こがう》局《つぼね》を迎《むかひ》に行《ゆ》く時《とき》乘《の》つた天馬《てんば》――皆印度《みないんど》からの話《はなし》である。

ベレロフオーンの天馬――ベレロフオーンはコリントス（恒河口《こうがぐら》）王《わう》グラウコスの子《こ》で、馬術《はじゆつ》の名人《めいじん》である。或事情《あるじやう》の爲《た》めに彼《か》れはルキヤ(北緬馬《きたびろま》)王《わう》の朝廷《てうてい》へ行《いつ》た。其時《そのとき》、其土地《そのとち》の害《がい》をするキマイラと云《い》ふて、頭《かしら》は獅子《しゝ》、胴《どう》は羊《ひつじ》、尾《を》は蛇《へび》の怪獸《くわいじう》があつて、ルキヤ王《わう》は其《そ》れを退治《たいぢ》し度《た》く思《おも》ふて居《ゐ》た。其處《そこ》へベレロフォーンが來《き》て、其《そ》れを退治《たいぢ》することを承諾《しようだく》し、神託《しんたく》に依《よ》つて、アテイナ神社《じんじや》へ參詣《さんけい》したら、夢《ゆめ》の告《つ》げがあり、又《ま》た天馬《てんば》を賜《たま》はつた。ベレロフォーンは其天馬《そのてんば》に乘《の》つて天空《てんくうたか》高く翔《かけ》り、怪獸《くわいじう》キマイラの上《うへ》に飛《と》びおりて其《そ》れを退治《たいぢ》した。此《この》話《はなし》は印度《いんど》での事《こと》で、キマイラとはヒマラヤ山《さん》を怪獸《くわいじう》に象《かたど》つたものである。そしてアテイナ女神《ぢよしん》は巳《み》の神《かゥ》、天馬《てんば》は午《うま》、キマイラは未《ひつじ》を云《い》ふたものである。ベレロフォーンは其《を》れから尚《な》ほ十二支《し》の順序《じゆんじよ》に從《したが》つて此天馬《このてんば》に打乘《うちの》つてソリミ即《すなは》ち申《さる》の國《くに》たる西《ちべ》藏《つと》の敵《てき》を討《う》ち、酉《とり》の地《ち》たる蒙古《もうこ》を征伐《せいばつ》し、戌《いね》の國《くに》たる支那《しな》北部《ほくぶ》から、アムール方面《はうめん》へ出《で》た。アムールから西伯利亞《しべりあ》などはマリチメ・プロンスと言《い》ひ、其《その》「マリ」は「海《うみ》」でもあるが又《ま》た、「夢《ゆめ》」でもあり、「馬《うま》」でもあつて、之《これ》を沿海州《えんかいしう》と云《い》ふは通稱《つうしよう》であるが、又《ま》た「馬《うま》の止《よゞ》まる所《ところ》」駒込《こまごめ》を意味《いみ》して、天馬《てんば》は此《こゝ》に止《とゞ》まつたので、其《そ》の驅《か》け行《ゆ》く姿《すがた》が此《この》星座《せいざ》の形《かたち》である。そしてベレロフォーンは神《かみ》にも人《ひと》にも非常《ひじやう》に尊敬《そんけい》されたが、此《たゞ》に彼《か》れは慢心《まんしん》して、天《てん》にまでも登《のぼ》るとの野心《やしん》を起《おこ》した爲《た》めに、神々《かみ〳〵》は其《そ》れを惡《にく》んで、馬《うま》を怒《いか》らして彼《かれ》をして落馬《らくば》せしめたから、ベレロフォーンは跛足《びつこ》となり、又《ま》た盲目《めくら》となつて、終生《しうせい》アレヤの野《の》で數奇孤獨《すうきこどく》の生活《せいくわつ》をして居《ゐ》たとのことである。此通《このとほ》り、天馬《てんば》の出立點《しゆつたつてん》は緬甸《びるま》であるが、其行《そのゆ》き終《をは》つた所《ところ》は戌《いぬ》の地支那北部《ちしなほくぶ》である所《ところ》から、此星座地理《このせいざちり》は、北部支那《ほくぶしな》になつて居《ゐ》る理由《りいう》が知《し》られる。

聖徳太子の天馬――日本《にほん》の聖徳太子時代《しやうとくたいしじだい》は、まだ日本民族《にほんみんぞく》は印度《いんど》に居《ゐ》た時代《じだい》で、決《けつ》して今《いま》の日本《にほん》ではない。太子《たいし》が夢殿《ゆめどの》に入《い》つて天馬《てんば》に乘《の》つて夢遊《むいう》を爲《な》し給《たま》ふ話《はなし》がある。「夢遊《むいう》」を英語《えいご》で Mare と謂《い》ひ、又《ま》た其《そ》れが「馬《うま》」を意味《いみ》する語《ご》と同語《どうご》である。それは「ユメ」と「ウマ」とは實《じつ》は同語《どうご》だからである。そして前《まへ》に言《い》ふたマリチメ・プロビンスの「マリ」Mari は此夢遊《このむいう》を意味《いみ》し、太子《たいし》の天馬行空《てんばかうくう》も亦《また》アムール、西伯利亞《しべりあ》の此地《このち》に行《ゆ》き給《たま》ふたことは、詳細《しやうさい》の「夢殿《ゆめどの》」事件《じけん》の研究《けんきう》で知《し》ることが出來《でき》るのである。此事件《このじけん》は非常《ひじやう》に愉快《ゆくわい》なものだが、餘《あま》りに長《なが》いから略《りやく》して置《お》く。

仲國の天馬――仲國《なかくに》が小督局《こがうのつぼね》をお迎《むか》へに行《ゆ》く時《とき》に、寮《れう》のお馬《おうま》を賜《たま》はつて、『時《とき》の面目《めんぼく》、畏《かしこま》つて、やがて出《い》づるや秋《あき》の夜《よ》の、月毛《つきげ》の駒《こま》も心《こゝろ》して、雲井に翔《か》れ、時《とき》の間《ま》も、いそぐ心《こゝろ》の行方《ゆくへ》かな』の寮《れう》の御馬《おうま》は天馬《てんば》であつて。此馬《このうま》も雲井《くもゐ》に翔《かけ》るのである。彼《かれ》は都《みやこ》の西嵯峨《にしさが》へ行《ゆ》くとあるが、此《この》牡鹿《をしか》鳴《な》く嵯峨《さが》は、決《けつ》して日本《にほん》の京都《きやうと》の西《せい》郊《かう》ではなく、『三五夜中《やちう》の新月《しんげつ》の色《いろ》。二千里《り》の外《そと》』の遠《とほ》き。『御幸《みゆき》絶《た》えにし跡《あと》ながら、千代の古道たどり來《き》し』と云《い》ふ所《ところ》で、ベレロフォーンの行《いつ》た所《ところ》、聖徳太子《しやうとくたいし》の行《ゆ》きまし〻所《ところ》。仲國《なかくに》の行《いつ》た法輪近《ほふりんちか》くの『片折戸《かたをりと》したる　所《ところ》とは、實《じつ》は滿州《まんしう》の柳條邊墻《りうでうへんしやう》で圍《かこ》うた遼《れう》の地《ち》の奉天《ほうてん》のことである。

此地《このち》へ行《ゆ》くに當《あた》り『月毛《つきげ》の駒《こま》よ、心《こゝろ》して雲井《くもゐ》に翔《かけ》れ、時《とき》の間《ま》も急《いそ》ぐ心《こゝろ》の行方《ゆくへ》かな』が此星座《このせいざ》の形《かたち》の氣分《きぶん》を表《あら》はして居《ゐ》るのみならず、其地理《そのちり》を考《かんが》へると、天馬《てんば》は今《いま》や將《まさ》に滿州《まんしう》の地《ち》に足《あし》を着《つ》けんとする所《ところ》で、天馬星座《てんばせいざ》の地《ち》が支那北部《しなほくぶ》に取《と》られたのは、實《じつ》に全《まつた》く此歴史的理由《このれきしてきりゆう》であることが知《し》れるであらう。

第十七章 牛車星座

牛車星座―― 羅甸名《らてんめい》アウリガ Auriga、若《わか》い人物《じんぶつ》が軛《くびき》に其身《そのみ》を着《つ》けて、重《おも》い車《くるま》を牽《ひ》いて居《ゐ》る形《かたち》である。從來馭者星座《じうらいぎよしやせいざ》など云《い》ふてこれを御者《ぎよしや》として扱《あつか》ふて居《ゐ》るが、此畫《このゑ》の姿《すがた》を見《み》よ。決《けつ》して御者《ぎよしや》どころではなく、自分《じぶん》は牛馬《ぎうば》の代用《だいよう》をして居《ゐ》て、重《おも》い勞役《らうえき》に服《ふく》して居《ゐ》る形《かたち》である。或《あ》る星座《せいざ》の畫《ゑ》には、此青年《このせいねん》に鞭《むち》を持《も》たしたのなどがあるが、其《そ》れは此星座《このせいざ》の性質《せいしつ》を知《し》らぬ、後世《こうせい》の皮相學者《ひさうがくしや》の戲作畫《げさくぐわ》と思《おも》はれる。

此星座《このせいざ》にはカペラと云《い》ふ、白《しろ》い色《いろ》の輝《かゞや》いた、美《うつく》しい一等星《とうせい》がある。近世《きんせい》の研究《けんきう》に據《よ》ると、此星《このほし》は非常《ひじやう》の大《おほ》きさで、吾《わ》が太陽《たいやう》などよりも光輝《くわうき》があり、百二十倍《ばい》も輝《かゞや》いて居《ゐ》るとのことである。此星座《このせいざ》には此外《このほか》に二等星《とうせい》、三等星等《とうせいとう》の目《め》に着《つ》く星《ほし》が五つあつて、五角形《かくけい》を爲《な》して居《ゐ》る。

北米アラスカ――今此星座《いまこのせいざ》の形《かたち》に從《したが》うて其地理《そのちり》を求《もと》めると、北米《ほくべい》アラスカが其《そ》れに一致《ち》して居《ゐ》る。此車力《このしやりき》の前《まへ》に横《よこ》たはつて居《ゐ》る曲線物《きよくせんぶつ》は車《くるま》の軛《くびき》で、其《そ》れはアラスカのユーコンYukon(Yoke)河即《すなは》ち「軛《くびき》」河《がは》の名《な》が第《だい》一之《これ》を證明《しようめい》して居《ゐ》る。彼《か》れの右《みぎ》の手《て》はベーリング海峡《かいけふ》に面《めん》する方《はう》の海岸線《かいがんせん》に沿《そ》うて南下《なんか》し、彼《か》れの左《ひだり》の手《て》は大約《たいやく》アラスカとカナダとの境界線《きやうかいせん》に當《あた》つて居《ゐ》る。彼《か》れの右足及《みぎあしおよ》び其屈折《そのくつせつ》の形《かたち》はアラスカ半島《はんたう》に當《あた》り、其左《そのひだり》の足《あし》は東《ひがし》の方《かた》へ折《を》れて、シトカ・ランド地方《ちはう》に當《あた》つて居《ゐ》る。

第三十四圖

牛車星座

或《あ》る星座畫《せいざぐわ》には此人物《このじんぶつ》の肩即《かたすなは》ちカペラの星《ほし》の位置《ゐち》に當《あた》る所《ところ》に小《ちひ》さな鹿《しか》を畫《ゑが》いたものがあるが思《おも》ふに其《そ》れは後代《こうだい》の畫《ゑ》で、實《じつ》は此星座《このせいざ》はアラスカたることを示《しめ》すものである。何故《なぜ》ならば、アラスカとは種々《しゆ〴〵》の意味《いみ》もあるが、又《ま》た「若《わか》き鹿《しか》」を意味《いみ》し、ala は「始《はじ》め」、「若《わか》き」を意味《いみ》し、sca は「シカ」の發音《はつおん》のまゝに鹿《しか》を意味《いみ》し、此星座《このせいざ》はアラスカたることを示《しめ》すものだからである。けれども鹿《しか》を書《か》いた星座《せいざ》は後代《こうだい》の戯作《げさく》又《また》は僞作《ぎさく》である。

第三十五圖

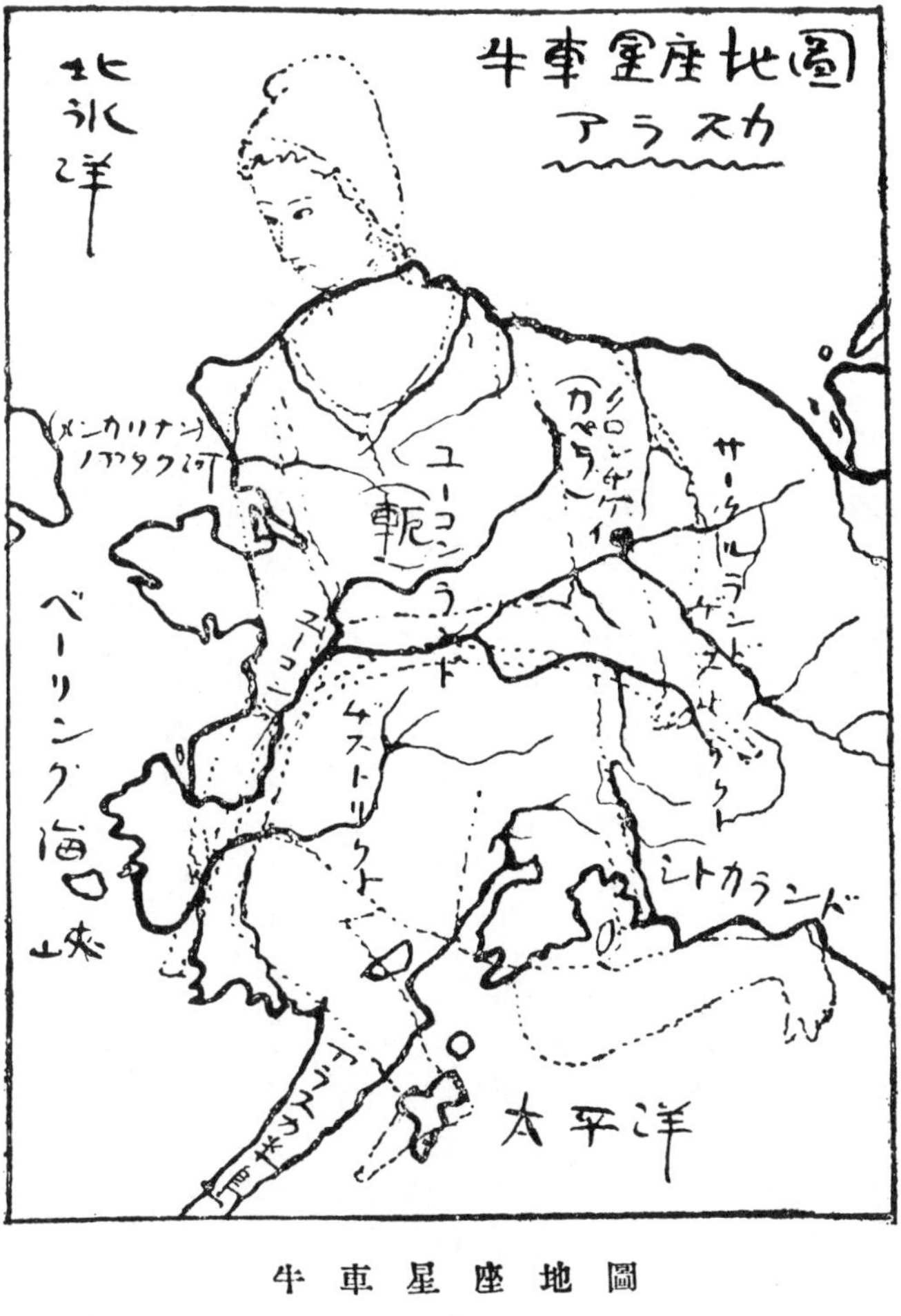

牛車星座地圖

孝子の軛神話——此星座《このせいざ》の意味《いみ》も神話《しんわ》も從來《じうらい》の星學史家《せいがくしか》には知《し》れて居《ゐ》ない。其起原《そのきげん》なども希臘《ぎりしや》民族《みんぞく》は知《し》つて居《を》らず、大《おほい》に當惑《たうわく》して、たゞ舊來傳《きうらいつた》へ來《きた》つたまゝの畫《ゑ》を傳《つた》へ「銀河中《ぎんがちう》に座《ざ》せる人《ひと》」と稱《しよう》して居《ゐ》た。又《ま》た星學者等《せいがくしやら》の或者《あるもの》は、例《れい》に由《よ》つて例《れい》の如《ごと》く、ヨウフラテス河畔《かはん》の人々《ひと〴〵》から此星座《このせいざ》は起原《きげん》したものなどと言《い》ふて居《ゐ》る。

舊來《きうらい》の人々《ひと〴〵》の言《い》ふが如《ごと》く、此星座《このせいざ》はヘーフアイストスの子《こ》で、駟馬《しば》の車《くるま》を發明《はつめい》したエレクテオスではない。そんな輕《かる》い勞力《らうりよく》の無《な》い人物《じんぶつ》を表《あら》はしたものでなく、アウリガ Au-riga の名《な》は「重《おも》く」「遠《とほ》く」の念《ねん》を表《あら》はして居《ゐ》る。

然《しか》らば此車力《このしやりき》は何者《なにもの》であるか。苟《いやしく》も星座《せいざ》に上《あ》げられる程《ほど》のものは、有名《いうめい》なものでなければならぬ。昔《むか》しヘーラ女神《ぢよしん》に仕《つか》へて居《ゐ》たクヂツペと云《い》ふ老母《らうぼ》があつた。此度《このたび》新《あらた》にヘーラ女神《ぢよしん》の像《ざう》がアルゴスに出來《でき》たとの事《こと》で、參詣《さんけい》し度《た》いと思《おも》ふけれど、年《とし》を取《と》つて歩《ある》くことが出來《でき》ぬのを殘念《ざんねん》に思《おも》ふた。老母《らうぼ》にビトンとクレオビスとの二人《ふたり》の子《こ》があつて極《きは》めて孝行者《かうかうもの》である所《ところ》から、老母《らうぼ》を車《くるま》に乘《の》せて、ちやうど牛《うし》が居《ゐ》なかつたから、自分等《じぶんら》二人《にん》で牛《うし》の代《かは》りに、其身《そのみ》を軛《くびき》に縛《しば》り付《つ》けて車《くるま》を牽《ひ》いて、夏《なつ》の炎天《えんてん》、汗《あせ》を流《なが》し、塵《ちり》にまみれ、長《なが》い途《みち》を厭《いと》はずアルゴスの神社《じんじや》に着《つ》いた。星座《せいざ》の畫《ゑ》は其車《そのくるま》を牽《ひ》きつゝある形《かたち》である——參詣《さんけい》の群衆《ぐんしう》は此信神《このしんじん》な老母《らうぼ》や、孝行《かうかう》の子供等《こどもら》を優待《いうたい》した。其《そ》宮《みや》の祭司《さいし》は此老女《このらうぢよ》の信神《しんじん》厚《あつ》い者《もの》であることを知《し》つて居《ゐ》るから、祭司《さいし》の取《と》りなしに依《よ》らず、老女《らうぢよ》自《みづか》ら女神《ぢよしん》に祈禱《きたう》せよと云《い》ふた。老母《らうぼ》は自《みづか》ら女神《ぢよしん》に近《ちか》づいて其威德《そのゐとく》を頌《たゝ》へ、自分《じぶん》の子等《こら》の孝行《かうかう》をほめ、牛《うし》に代《かは》つて遙々《はる〴〵》自分《じぶん》を此處《ここ》まで車《くるま》に乘《の》せて牽《ひ》いて來《き》て吳《く》れたことなどを語《かた》り、此信神《このしんじん》と孝行《かうかう》とにめで、願《ねがは》くは女神《ぢよしん》が、最《もつと》も善《よ》しと見《み》そなはす賚物《たまもの》を與《あた》へ給《たま》へと祈《いの》つた。すると女神《ぢよしん》の像《ざう》の眼《め》は輝《かゞや》き、雷《らい》は鳴《な》り始《はじ》め、雲《くも》からは雨《あめ》が降《ふ》つて來《き》て、群衆《ぐんしう》のものは靜《しづ》まりかへつた。老女《らうぢよ》は二人《ふたり》の子《こ》を探《さが》すと、二人《ふたり》とも心地《こゝち》よげに眠《ねむ》つたやうな笑顏《ゑがほ》をして死《し》んで居《ゐ》た。即《すなは》ちヘーラ女神《ぢよしん》は此二人《このふたり》の魂《たましひ》を自由《じいう》の、許《ゆる》しの土地《とち》たる極樂《ごくらく》へ送《おく》つたのである。

これは牛車《ぎうしや》の轅《よこぎ》と軛《くびき》との神話《しんわ》で、牛《うし》に代《かは》つた二人《ふたり》の子《こ》は軛《くびき》と轅《よこぎ》との重《おも》き繫縛《けいばく》と、其長《そのなが》い旅行《りよかう》を終《をは》つて、其繫縛《そのけいばく》を解《と》かれて自由《じいう》となつた其樂《そのたの》しみの哲理《てつり》が具體的神話《ぐたいてきしんわ》になつたもので、ソークラテースの臨終《りんじう》の時《とき》、足《あし》を縛《しば》られて居《ゐ》た鎖《くさり》を解《と》かれた時《とき》、非常《ひじやう》に快樂《くわいらく》を感《かん》じ、快樂幸福《くわいらくかうふく》は苦痛《くつう》を去《さ》ることであるとの哲理《てつり》を說《と》いたと同《おな》じことである。

此老母《このらうぼ》の名《な》クチッペは老牛《らうぎう》を意味《いみ》し、其子《そのこ》ビトン Bitou は長《なが》き間《あひだ》、長《なが》き物《もの》、轅《よこぎ》を意味《いみ》し、クレオビスは輪《わ》と繋縛《けいばく》とを彰《あら》はす軛《くびき》を意味《いみ》し、こゝに牛《うし》と、轅《よこぎ》と、軛《くびき》又《ま》た頸環《くびわ》との思想《しさう》がある。

此神話《このしんわ》はサンド・ウエイ即《すなは》ち「遠《とほ》くへ行《ゆ》く」を意味《いみ》する所《ところ》からアルゴス（アラカン）まで行《ゆ》くことであるが、後《のち》に此人種《このじんしゅ》が東北遠《とうほくとほ》くへ移住《へぢう》してアラスカへ行《ゆ》き、此《この》神話《しんわ》の人名《じんめい》を地名《ちめい》に命名《めいめい》し、又《ま》た其國《そのくに》の形《かたち》を、人《ひと》が牛車《うしぐるま》を牽《ひ》いて居《ゐ》る形《かたち》に現《あら》はしたものである。

アラスカの地名――アラスカにユーコン・ランド（Ynkon = Yoke）の地方《ちはう》がある。車《くるま》の轅《よこぎ》のことで、此兄弟《このきやうだい》ビトンの名《な》の別譯《べつやく》である。其東部《そのとうぶ》にサークル・ランド Cirele land の地方《ちはう》があつて、環《わ》を意味《いみ》し、乃《すなは》ち頸環《くびわ》、又《ま》た軛《くびき》であつて、クレオビスの名《な》の別譯《べつやく》である。トマス・モーアの「ユトピヤ」に、此地《このち》の人民《じんみん》が腕環《うでわ》や、頸環《くびわ》や、金《きん》の鎖《くさり》などを着《つ》けて居《ゐ》るのは奴隷《どれい》か、牛馬《ぎうば》のやうだと評《ひやう》してあるのも理由《りいう》がある。又《ま》た其南方海岸《そのなんはうかいがん》の地《ち》をシトカ・ランドと云《い》ふて Sit 座《ざ》するを意味《いみ》し、老母《らうぼ》が年《とし》とつて歩《ある》くことが出來《でき》ず、家《いへ》に居《ゐ》ることを意味《いみ》する土地《とち》である。神《かみ》は此兄弟《このきやうだい》の靈魂《れいこん》を自《じ》由極樂《いうごくらく》のエルーシャへ送《おく》つたと云《い》ふことだが、アラスカとは Ala-sca で、又《ま》た「全《まつた》く好《す》き自由《じいう》」を意味《いみ》する地名《ちめい》である。

星の名――此星座《このせいざ》の左《ひだり》の肩《かた》にある一等星《とつせい》たるカペルラ Capella は英語《えいご》 Chapel に當《あた》り、小會堂《せうくわいだう》を意味《いみ》し、支那《しな》では天庫樓《てんころう》と謂《い》ふてあるが、此地《このち》の現時有名《げんじいうめい》な金産《きんさん》地《ち》たるクロンヂケ Clondike(Cleion-dike クロンダイク)の名《な》は捧《さ》げし庫《くら》を意味《いみ》して此星《このほし》の名《な》と對譯《たいやく》である。右《みぎ》の肩《かた》にあるメンカリナン Men-kali-nan の星《ほし》は「新美川《しんびがは》」を意味《いみ》し、此地《このち》のノアタク Noa-tak(neo-dac) 川《かは》の對譯《たいやく》である。

星座の名の意義――此星座《このせいざ》の漢名《かんめい》五車《しや》は、五つの星《ほし》があるからとの說明《せつめい》を爲《な》す者《もの》があるが、其《そ》れは間違《まちが》ひ。若《も》し然《しか》らば何故《なにゆゑ》に五角形《かくけい》の星座《せいざ》を五車《しや》など圓形《ゑんけい》の車《くるま》の名《な》を持《も》つて來《き》たか。五車《しや》とは牛車《ぎうしや》のことである。何故《なぜ》ならば「五」はギオ geo 又《ま》たギヴ give で、與《あた》へる、送《おく》る、移《うつ》す、行《ゆ》く等《とう》を意味《いみ》し、漢語《かんご》「牛《ぎう》」のギウの發音《はつおん》は是《こ》れである。だから、五車《しや》は「牛車《ぎうしや》」と斷定《だんてい》され、又《ま》た此牛車《このぎうしや》に老母《らうぼ》を乘《の》せて牽《ひ》いたとの神《んわ》に一致《ち》するのである。

「馭者」に非ず——羅甸語名《らてんごめい》アウリガは歐米《おうべい》の學者等《がくしやら》が語源《ごげん》を知《し》らぬ爲《と》めに御《ぎよ》者《しや》又《ま》は馭者《ぎよしや》と譯《やく》し、其《そ》れを眞似《まね》て日本《にほん》でも馭者星座《ぎよしやせいざ》など云《い》ふて居《ゐ》るが、此星座《このせいざ》は決《けつ》して馭者《ぎよしや》の畫《ゑ》でなく、車力即《しやりきすなは》ち牛車《ぎうしや》の牛《うし》に代《かは》つて人間《にんげん》が牽《ひ》いて居《ゐ》るので、漢名《かんめい》の「五車《しや》」即《すなは》ち「牛車《ぎうしや》」が正《たゞ》しい名《な》である。羅甸名《らてんめい》アウリガ Au-riga(auo-rego)は「送《おく》り遣《や》る。遠《とほ》くへ」を意味《いみ》し、「風《かぜ》の司《つかさ》」を意味《いみ》して、支那《しな》の書物《しよもつ》に「軫《しん》を車《しや》とし、風《かぜ》を主《つかさど》る」とある。其語《そのご》がアウリガである。

且《か》つアラスカの地《ち》は十二支《し》の丑即《うしすなは》ち牛《うし》の地《ち》で、此星座《このせいざ》を牛車《ぎうしや》と謂《い》ふは最《もつと》も正當《せいたう》で、御者《ぎよしや》、馭者《ぎよしや》などの名《な》は無學《むがく》、誤譯《ごやく》に過《す》ぎぬ。車力星座《しやりきせいざ》ならまだしも。

第十八章　矢星座　――一名《めい》カリマタ星座《せいざ》

矢星座――羅甸名《らてんめい》サギッタ Sagitta 大鷹星座《おほたかせいざ》の北《きた》、歸雁星座《かりかねせいざ》の南《みなみ》にある小《ちひ》さな、けれども昔《むかし》からの古《ふる》い星座《せいざ》である。サギタリウス即《すなは》ち相模《さがみ》太郎星座《たらうせいざ》は西《にし》に向《むか》つて弓《ゆみ》を引《ひ》いて居《ゐ》るが、此矢《このや》は東《ひがし》へ向《むか》つて飛《と》んで居《ゐ》て、此兩星座《このりやうせいざ》は何等《たんら》關係《くわんけい》ないことを示《しめ》して居《ゐ》る。太古《たいこ》の天文詩人《てんもんしじん》アラッスは

『誰《た》れが射《い》たるか知《し》れぬ矢《や》が
空《そら》に高《たか》く飛《と》んで居《ゐ》る』

と云《い》ふて居《ゐ》るが、果《はた》して誰《たれ》に射《い》られたか知《し》れぬであらうか。西洋人《せいやうじん》や其他《そのた》の人《ひと》では知《し》れぬかも知《し》れぬが、苟《いやしく》も日本人《にほんじん》で、日本《にほん》の歴史《れきし》を學《まな》んだものには明瞭《めいれう》に知《し》られるのである。

瓜哇の「矢ワ」―― 此星座《このせいざ》の形《かたち》は瓜哇《じやわ》である。瓜哇《じやわ》はジヤワと云《い》ふけれども實《じつ》はヤワて、『矢《や》ワ』即《すなは》ち矢《や》の發音《はつおん》の長引《ながび》いたものに過《す》ぎぬ。殊《こと》に瓜哇《じやわ》とボルネオとの間《あひだ》の海峽《かいけふ》の名《な》をカリマタ海峽《かいけふ》と云《い》ふのは、日本語《にほんご》「雁俣《かりまた》」の矢《や》で、瓜哇《じやわ》を「矢ワ《やわ》」と云《い》ふのは正當《せいたう》とたの是認《ぜにん》を與《あた》へる一階段《かいだん》である。

第三十六圖

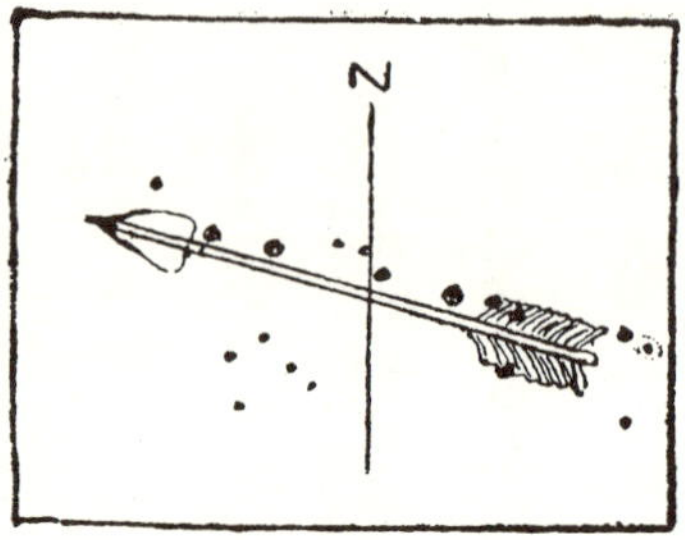

矢星座

鎭西八郎爲朝の矢―― 西洋人等《せいやうじんら》は此矢《このや》は誰《たれ》に射出《いだ》された矢《や》かを知《し》らぬが、日本的研究《にほんてきけんきう》の豊富な材料を有《も》つて居《ゐ》る我等《われら》から云《い》はゞ、此矢《このや》は明《あきら》かに太古《たいこ》に在《あ》つて源爲朝《みなもとためとも》が射放《いはな》つた矢《や》であると斷言《だんする》する。

爲朝《ためとも》は伊豆《いづ》の大島《おほしま》に流《なが》されて、十年間《ねんかん》に附近《ふきん》の島々《しまじま》を征服《せいふく》し、堂々《だうだう》其地方《そのちはう》の王《わう》となつて居《ゐ》た。其《そ》れが爲《た》めに伊豆《いづ》の官衙《くわんが》の小役人等《こやくにんら》は平《へい》家《け》の朝旨《てうし》を受《う》けて、爲朝《ためとも》を亡《ほろ》ぼさうとして狩野介茂光《かのうのすけもちみつ》は軍艦《ぐんかん》を以《も》つて爲朝《ためとも》を征《せ》めに來《き》た。其時爲朝《そのときためとも》は大船俣《おほかりまた》の矢《や》を以《も》つて一發《はつ》で其船《そのふね》を射沈《いしづ》めたのである。

此爲朝《このためとも》の流《なが》された伊豆《いづ》の大島《おほしま》とは、實《じつ》は日本《にほん》の伊豆《いづ》の大島《おほしま》ではなく、馬來半島《まれいはんたう》は伊豆半島《いづはんたう》と譯《やく》され、スマトラ、瓜哇等《じやわとう》は大島《おほしま》のことで、日本地理《にほんちり》は是等《これら》を寫《うつ》したものである事《こと》は、日本民族研究叢書《にほんみんぞくけんきうさうしよ》『爲朝《ためとも》とタメルラン』に詳論《しやうろん》して置《お》いた。

爲朝《ためとも》が狩野介茂光《かのゝすけもちみつ》の軍艦《ぐんかん》を射沈《いしづ》めた其《そ》の**大雁俣の矢**は、其地《そのち》に紀念《きねん》せられて、明瞭《めいれう》に**カリマタ海峡**の名《な》として今《いま》も其《その》まゝであり、此大島《このおほしま》たる瓜哇《じやわ》の島《しま》が矢《や》の島《しま》「矢《や》ワ」星座《せいざ》となつて居《ゐ》るのである。

第七十三圖

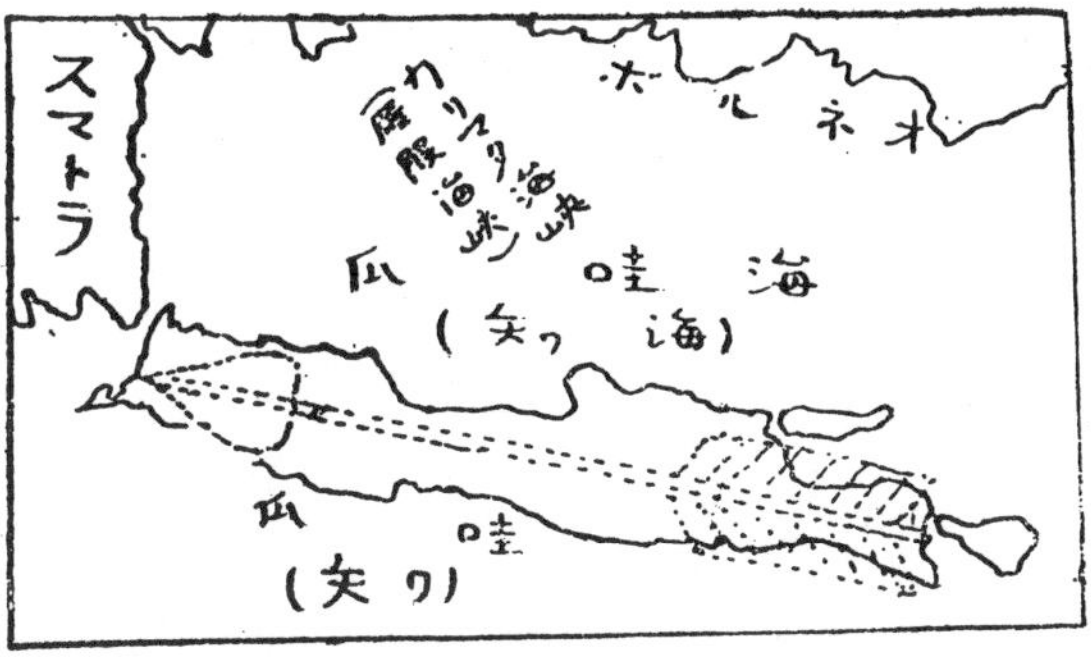

矢星座地圖

別名アラハンカは「楞伽」——此星座《このせいざ》を別名《めい》アラハンカ Alahanca＝A-lanca と謂《い》ひ、ランカ英語《えいご》の lance 即《すなは》ち槍《やり》、矢《や》を意味《いみ》し、佛典《ぶつてん》では楞伽經《らんかきやう》の名《な》となつて弓矢《ゆみや》のことが謂《い》ふてあるなども面白《おもしろ》く、佛典《ぶつてん》の楞伽山《らんかさん》とは瓜哇《じやわ》、スマトラであることも、新研究《しんけんきう》は堂《だう》々證明《しようめい》し得《う》るのである（錫蘭島ではない）。

或人《あるひと》は此矢《このや》はヘーラクレースがスチンファルスの鳥《とり》を射《い》た矢《や》だなど、言《い》ふて居《ゐ》るか、全然《ぜんぜん》的外《まとはづ》れの説《せつ》である。

第十九章　入鹿星座

入鹿星座――羅甸名《らてんめい》デルフイヌス Delphinus。入鹿《いるか》の北《きた》の方《はう》を頭《あたま》にして、矢《や》と大鷹《おほたか》との東《ひがし》にある。別名《べつめい》を「ヒヨウブ（ヨブ）の棺《くわん》」と謂《い》はれて居《ゐ》る。此星座《このせいざ》には三等星《とうせい》二つ、四等星《とうせい》二つなどがある。

第三十八圖

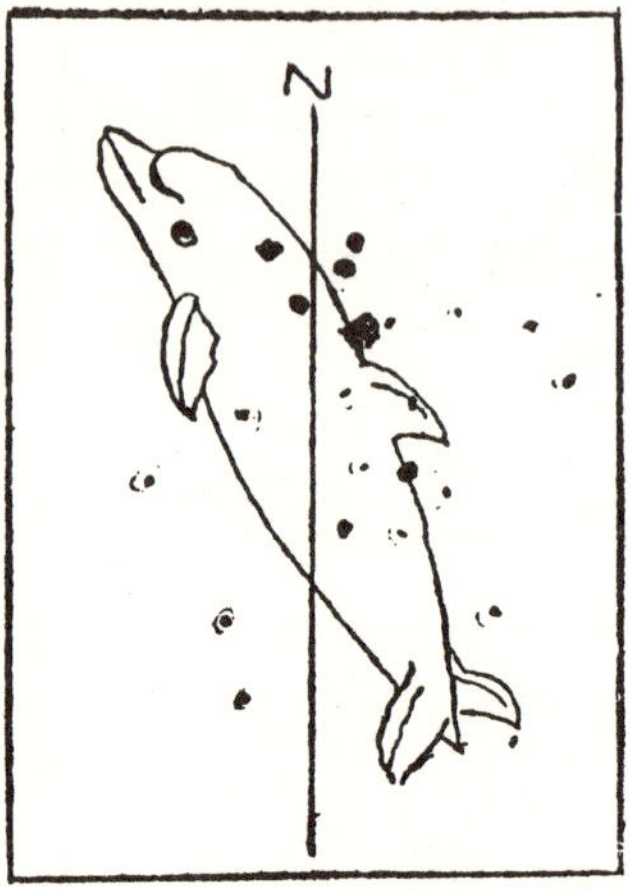

入鹿星座

此入鹿――は動物《どうぶつ》として表《あら》はされ、又《また》た人間《にんげん》としても表《あら》はされて居《ゐ》る。希臘神話《ぎりしやしんわ》に據《よ》ると、海神《かいしん》ポセイドーンか、海《うみ》の祭司《さいし》族《ぞく》たる『黒眼勝《くろめが》ち』の美《うつく》しいアムフイトリテ又《また》たサラキヤ（大・佛《おほさらき》）なる女神《めがみ》を慕《した》ふて、自分《じぶん》の妻《つま》とし度《た》かつたが、女神《めがみ》は巧《たく》みに優美《いうび》な姿《すがた》で遁《に》げて其接近《そのせつきん》を避《さ》け給《たま》うたから、海神《かいしん》も言葉《ことば》をかはすことが出來《でき》ず、之《これ》を悲《かな》しんで入鹿を使《つかひ》として自分《じぶん》の思《おも》ひを傳《つた》へしめ給《たま》ふた。入鹿《いるか》は巧妙《こうめう》な言葉《ことば》で、遂《つひ》に女神《めがみ》を説得《せつとく》して、アムフイトリテは正式《せいしき》に海神《かいじん》の皇后《くわうごう》となることを承諾《しようだく》し給《たま》うた。海神《かいじん》は其《そ》の報酬《はうしう》として入鹿《いるか》を天《てん》に上《あ》げて星座《せいざ》にし給《たま》うたとのことである。そしてアムフイトリテ女神《めがみ》は入鹿の背《せ》に乗《の》り

第三十九圖

入鹿星座地圖

蝦夷の冠《かんむり》を戴《いただ》いた姿《すがた》で現《あら》はしてある。

蘇我の入鹿——何心《なにごころ》なく希臘神話《ぎりしやしんわ》や、日本《にほん》の歴史《れきし》を讀《よ》み去《さ》ると、何《なん》でもなく

讀《よ》み去《る》るが、一寸踏《ちよつとふ》み止《とゞ》まつて考《かんが》へると、意外《いぐわい》の事《こと》が知《し》れて來《く》る。此星座《このせいざ》の入鹿《いるか》は日本史上《にほんしじやう》で皇極女帝《ぢよてん》の御代《みよ》に天位《てんゐ》を窺覦《きゆ》した蘇我《そが》の入鹿《いるか》と同《おな》じものである。入鹿《いるか》は大極殿で中大兄《なかのおほえ》の皇子《くわうし》や中臣《なかとみ》の鎌足等《かまたりとう》に殺《ころ》される時《とき》に、女帝《ぢよてい》の御座の下に就いて叩頭《かう》《とう》して『臣《しん》は當《まさ》に嗣位《しゐ》に居《ゐる》べき天《てん》の子《こ》なり、臣罪《しんつみ》を知《し》らず、乞《こ》ふ審察《あきら》め給《たま》へ』と云《い》ふたは、彼《か》れがアムフイトリテ女神《ぢよしん》の御座《ぎよざ》たる入鹿《いるか》であることを示《しめ》して居《ゐ》る。入鹿《いるか》の父《ち》は蝦夷即《すなは》ちエビであつて、アムフイトリテ女神《ぢよしん》はエビを冠《かんむり》にして居給《ゐたま》ふたとのことに緣《えん》がある。且《か》つ入鹿《いるか》は『乞《こ》ふ審察《あきら》め給《たま》へ』と云《い》ふたが、其《そ》れは女神《ぢよしん》サラキヤSalacia の意味《いみ》で、審察《あきらめ》を意味《いみ》するのである。だから女帝《ぢよてい》の重祚《ちうそ》の御名《おな》は齊明天皇《せいめいてんわう》で、「齊《ひと》しく明《あきら》かに」を意味《いみ》して居《ゐ》る。

又《ま》た傳說《でんせつ》に據《よ》ると、入鹿《いるか》は齊明女皇《せいめいぢよわう》に戀《こひ》をしたとのことであるが、これは海神《かいじん》ポセイドーンがアムフイトリテ女神《ぢよしん》を戀《こ》ひ給《たま》ひ、入鹿《いるか》を使者《ししや》とし給《たま》ふたこととの別傳《べつでん》である。入鹿《いるか》は巧妙《かうめう》な言葉《ことは》で女神《めがみ》を說得《せつとく》したとのことてあるが入鹿《いるか》の希臘語《ぎりしやご》 Dol-phinは「巧妙《かうめう》」を意味《いみ》するのてある。

恒河口、アラカンの海――此星座《このせいざ》は恒河口《こうかくち》のアラカンの海《うみ》を象《かたど》つたもので、アラカンの地《ち》から北《きた》チッペラー山《やま》の地《ち》を棒《ぼう》、さほ、「さほあが」即《すなは》ち蘇我《そが》の地《ち》と云《い》ひ、棒《ぼう》は Pole で、又《ま》た「極《きょく》」を意味《いみ》し、大極殿《だいきょくでん》、皇極天皇等《くわうきょくてんのうとう》の名《な》になつて居《ゐ》るから、アムフイトリテ女神《ぢょしん》は入鹿《いるか》に乘《の》つて居給《ゐたま》ふと云《い》ふのである。又《ま》た恒河《こうか》の河口《かはぐち》から少《すこ》し溯《さかのぼ》つてメグナ河《がは》とブラフマ・プートラ河《がは》との會流《くわいりう》する北角《きたかど》が、蝦夷《えび》の地《ち》、北冠星《きたかんむりせい》座《ざ》の地《ち》である所《ところ》から、女神《ぢょしん》は蝦《えび》を冠《かんなり》にして居給《ゐたま》ふと云《い》ふてある。

此《こ》のやうに比較研究《ひかくけんきう》をして見《み》ると、此星座《このせいざ》の神話《しんわ》も明確《めいかく》になるが、日本歴史《にほんれきし》の眞《しん》相《さう》のどんなものかも、亦《ま》た自然《しぜん》に會得《ゑとく》される。

第二十章　相馬星座

相馬星座――羅甸名《らてんめい》 Equuleus。入鹿《いるか》と天馬《てんば》との間《あひだ》にある小《ちひさ》い星座《せいざ》で、駒《こま》の首《くび》を形《かたち》としてある。望遠鏡《ばうゑんきやう》で見《み》ると此星座《このせいざ》には澤山《たくさん》の双子星《ふたごぼし》や三つ子星《ごぼし》があり、四等《とう》星《い》は一つある。

第十四圖

相馬星座

印度西部カチアワル――此星座《このせいざ》は印度《いんど》西部《せいぶ》カチアワル（グゼラット）を形《かたち》としたもので、星座《せいざ》の名《な》エクーレウスは其對譯《そのたいやく》である。カチアワル Kathi-awar(Kathi-aveo)は「其《その》まゝ御《ご》堅固《けんこ》・冀《こひね》ふ」を意味《いみ》し、エクーレウスの語源《ごげん》 Equ-olos は「馬《うま》、目《め》、冀《こひね》ふ・堅固《けんご》」を意味《いみ》し、又《ま》た Sô-omma と希臘譯《ぎりしややく》されると、其發音《そのはつおん》は日《に》本語《ほんご》ソーマ即《すなは》ち相馬《さうま》である。そして相馬《さうま》は昔《むかし》から繋馬《つなぎうま》を以《も》つて記章《きしやう》として居《ゐ》る。

第四十一圖

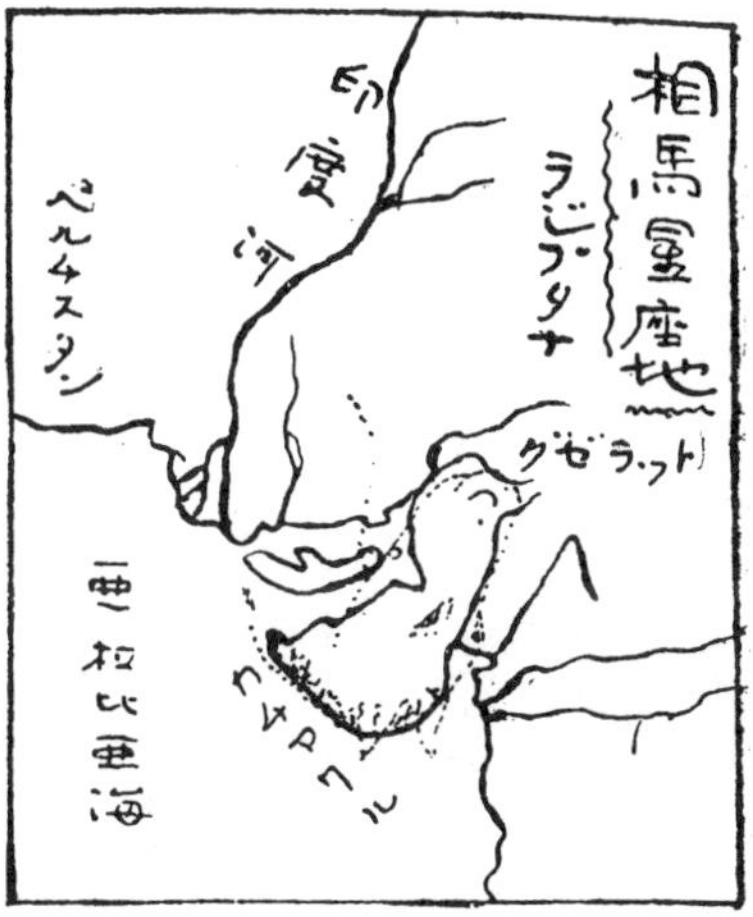

相馬星座地圖

此《この》カチアワルは相馬《さうま》・小次郎《こじらう》・將門即《まさかどすなは》ちグゼラットの土地《とち》である。又《ま》た此地《このち》は後《のち》に説《と》く双兒宮《さうじきう》即《すなは》ちカストルとポラックスとの地《ち》で、此馬《このうま》はカストルの馬《うま》と言《い》ひ傳《つた》へて居《ゐ》るのも理由《りいう》がある。

我々《われわれ》は此星座《このせいざ》を「駒《こま》」など丶言《い》ふよりも寧《むし》ろ相馬星座《さうませいざ》と云《い》ふ方《はう》が歷史的《れきしてき》に、地理的《ちりてき》に又《ま》た對譯的《たいやくてき》に正當《せいたう》と信《しん》ずる。

第二十一章　三角星座

三角星座――羅甸名《らてんめい》ツリアングルム Tri-angulum。櫛稲田姫星座《くしいなだひめせいざ》の膝《ひざ》の南《みなみ》にある小《ちひ》さな、長《なが》い三角形《かくけい》の星座《せいざ》で、又《ま》た北方《ほくはう》三角《かく》とも言《い》ふが、何等《なんら》言《い》ふべき程《ほど》のことはない。土地《とち》は印度《いんど》恒河《こうか》とブラフマプートラ河《かは》との間《あひだ》の三角《かく》になつた地《ち》を河口《かはぐち》まで長《なが》い三角《かく》に延《の》ばしたものではなからうかと思《おも》はれる。何故《なぜ》ならば、カシオピヤと、白《はく》羊宮《やうきう》（ヒマラヤ）との間《あひだ》にあつて、其地形《そのちけい》が一致《ち》して居《ゐ》るやうだから。此星座《このせいざ》は小《ちひさ》いものだけれども、プトレミイの古《ふる》い星座《せいざ》である。

第四十二圖

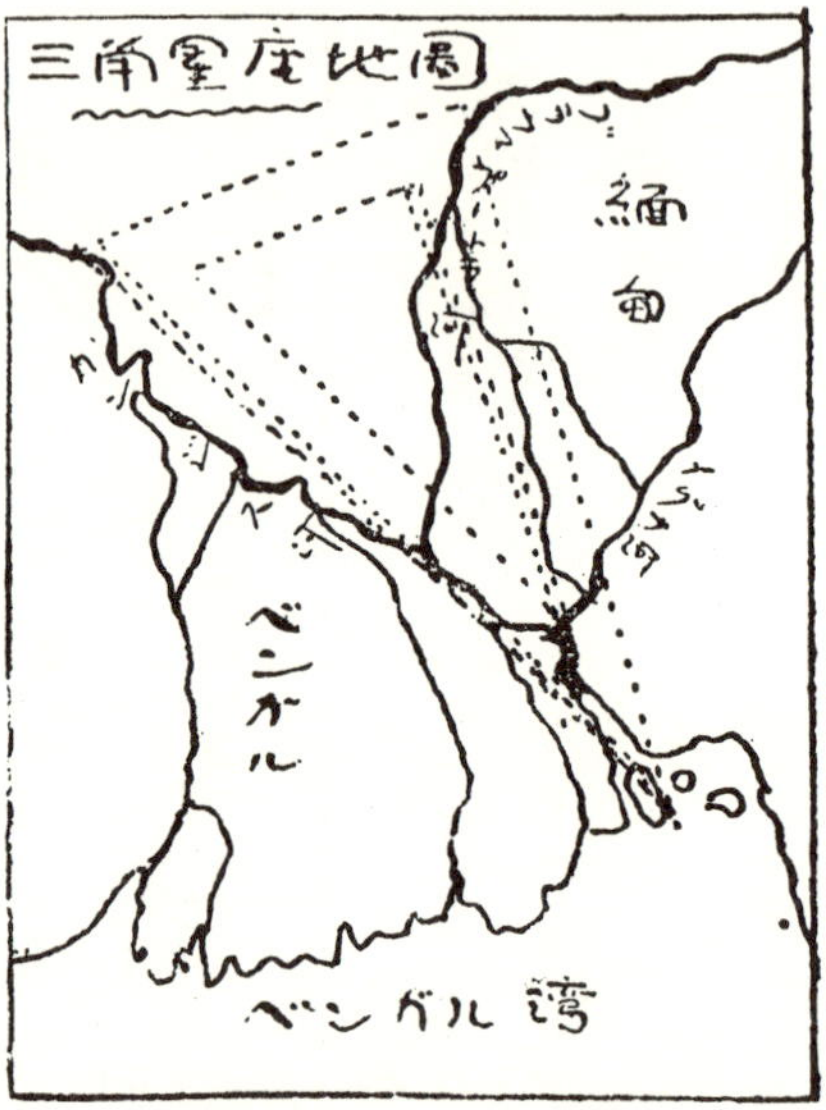

三角星座地圖

以上《いじやう》でプトレミイの北天《ほくてん》二十星座《せいざ》を述《の》べ終《をは》つた。次《つぎ》に黄道《くわうだう》に於《お》ける十二星座《せいざ》を研《けん》究《きう》する。

第三部 黄道帶の星座

黄道帶

地軸の傾斜と黄道―― 地球《ちきう》の軸《ぢく》は軌道面《きだうめん》に直立《ちよくりつ》して居《ゐ》るのでなく、其面《そのめん》とは目下《もくか》は六十六度《ど》三十三分《ぶ》の角度《かくど》を以《も》つて傾《かたむ》いて居《を》り、地球《ちきう》の赤道《せきだう》とは二十三度二十七分の點《てん》で切《き》れ合《あ》ふて居《ゐ》る。そして地球《ちきう》は此傾《このかたむ》きで太陽《たいやう》を廻《まは》つて居《ゐ》るので春夏秋《しゆんかしう》冬《とう》が出來《でき》、又《ま》た天界《てんかい》の視野《しや》に變化《へんくわ》を生《しやう》じ、北天《ほくてん》が廣《ひろ》く見《み》える樣《やう》になつたり、又《ま》た南《なん》天《てん》が廣《ひろ》く見《み》えるやうになり、地平《ちへい》から上《あが》つて來《く》る星《ほし》があり、地平下《ちへいか》に降《くだ》る星《ほし》もある。(實《じつ》は地球《ちきう》の軸《ぢく》の傾斜《けいしや》即《すなは》ち黄道《くわうだう》の傾斜《けいしや》は二十八度《ご》から、二十一度《ど》の間《あひだ》を往來《わうらい》して居《ゐ》る)

此地球《このちきう》の赤道《せきだう》から南北各《なんぼくかく》二十三度《ご》二十七分《ぶ》の角《かく》に赤道《せきだう》と並行《へいかう》して線《せん》を畫《ゑが》いたものを北回歸線、南回歸線と稱《しよう》し、此兩線《このりやうせん》の間《あひだ》を回歸帶《くわいきたい》と謂《い》ひ、此間《このあひだ》を太陽《たいやう》が往來《わうらい》するので、之《こ》れを黄道帯と謂《い》ふのである。

そして太陽《たいやう》が北の回歸線《くわいきせん》に達《たつ》した時《とき》は、北半球《きたはんきう》の夏至で、南《みなみ》の回歸線《くわいきせん》に達《たつ》した時《とき》は冬至である。又《ま》た赤道《せきだう》と黄道《くわうだう》との切《き》れ合《あ》ふ點《てん》を分點と云《い》ひ、三月《ぐわつ》二十一日《にち》の春分と、九月《ぐわつ》二十四日《か》の秋分とで、晝夜平分《ちうやへいぶん》の時《とき》である。其春分《そのしゆんぶん》は、太陽《たいやう》が白羊宮《はくやうきう》に入《い》る時《とき》で、秋分《しうぶん》は天秤宮《てんしようきう》に入《い》る時《とき》であつた。是《こ》れは今《いま》から凡《おそ》二千年前《ねんぜん》のことで、其《その》時《とき》の春分《しゆんぶん》には太陽《たいやう》は白羊宮《はくやうきう》に入《はひ》つて、白羊宮《はくやうきう》の星座《せいざ》と、春分點《しゆんぶんてん》とは一致《ち》して居《ゐ》た。けれど黄道中《くわうだうちう》の春分點《しゆんぶてん》は少《すこ》しづゝ即《すなは》ち一年《ねん》に五十秒《べう》二四二と云《い》ふ割合《わりあひ》で背進《はいしん》するから、二千年前《ねんまへ》には春《はる》の初《はじめ》は太陽《たいやう》は白羊宮《はくやうきう》に入《はひ》つたものだが、今日《こんにち》では其點《そのてん》から三十度《ど》ばかり離《はな》れて、双魚宮《さうぎよきう》には入《い》ることになつて居《ゐ》る。然《しか》し其呼《そのよ》び方《かた》は其《その》まゝにして置《お》いて、單《たん》に之《こ》れを黄道《くわうだう》の其點《そのてん》の記號《きがう》として使用《しよう》してある。だから一年《ねん》に五十秒餘《べうよ》春分點《しゆんぶんてん》が背進《はいしん》すると、今《いま》から約《やく》二萬五千八百年《ねん》の後《のち》には以前《いぜん》の白羊宮《はくやうきう》は春分點《しゆんぶんてん》の所《ところ》へ歸《かへ》つて來《く》ることになる。

元來此《ぐわんらいこ》の春分點《しゆんぶんてん》の移動《いどう》する理由《りいう》は、地軸《ちぢく》を延長《えんちやう》した天軸《てんぢく》は、永久《えいきう》に北極《ほくきよく》を指《さ》さないで、徐々《じよ〳〵》と天《てん》を廻《まは》つて圓《えん》を畫《ゑが》いて居《ゐ》るからである。故《ゆゑ》に地軸《ちぢく》は今《いま》は小熊星座《せういうせいざ》の北《ほく》極星《きよくせい》を指《さ》して居《ゐ》るが、次第《しだい》に動《うご》いて約《やく》一萬三千年《ねん》の後《のち》には、北極《ほくきよく》から四十七度《ど》も動《うご》いて天琴星座《てんきんせいざ》の織女星《しよくぢよせい》が殆《ほとん》ど北極星《ほくきよくせい》になり、それから又《ま》た一萬三千年《ねん》を經《へ》たら今《いま》の位置《ゐち》に歸《かへ》つて來《き》て、地軸《ちぢく》は北極星《ほくきよくせい》を指《さ》すやうになる。

黄道十二宮―― 此太陽《このたいやう》の道《みち》を意味《いみ》する黄道《くわうだう》は、昔《むかし》から十二に區分《くぶん》して、星座《せいざ》を配當《はいたう》し、黄道十二宮（星座《せいざ》）と云《い》ひ、又《ま》た月《つき》や、時節《じせつ》を割《わ》り當《あ》てゝ、太陽《たいやう》が各季節《かくきせつ》の始《はじ》めには或《ある》一定《てい》の十二宮中《きうちう》に入《い》るのである。

天文學者《てんもんがくしや》は十二宮《きう》の起點《きてん》を春分《しゆんぶん》の白羊宮《はくやうきう》とし、其《そ》れから金牛宮《きんぎうきう》から双魚宮《さうぎよきう》を以《も》つて終《をは》りとし、又《ま》た白羊宮《はくやうきう》に歸《かへ》る順序《じゆんじよ》にして居《ゐ》るが、暦《こよみ》の方面《はうめん》からして一二三四などの數《すう》の意味《いみ》や、月《つき》の名《な》や、十二宮《きう》の名《な》を研究《けんきう》すると、一月《ぐわつ》が寶瓶宮《はうへいきう》で、磨羯宮《まかつきう》が十二月《ぐわつ》に當《あた》ると云《い》ふ順序《じゆんじよ》になつて居《ゐ》る。又《ま》た是《こ》れに暦《こよみ》の二十四節即《せつすなは》ち――立春《りつしゆん》、雨水《うすゐ》、啓蟄《けいちつ》、春分《しゆんぶん》、清明《せいめい》、穀雨《こくう》、立夏《りつか》、小滿《せうまん》、芒種《ばうしゆ》、夏至《げし》、小暑《せうしよ》、大暑《たいしよ》、立秋《りつしう》、處暑《しよしよ》、白《はく》露《ろ》、秋分《しうぶん》、寒露《かんろ》、降霜《かうさう》、立冬《りつとう》、小雪《せうせつ》、大雪《たいせつ》、冬至《とうじ》、小寒《せうかん》、大寒《たいかん》を配當《はいたう》すると左《さ》の通《とほ》りである。

春
- 一月 寶瓶宮——雨水(立春)
- 二月 双魚宮——啓蟄
- 三月 白羊宮——清明——春分

夏
- 四月 金牛宮——(小満、穀雨、立夏)
- 五月 双児宮——芒種
- 六月 巨蟹宮——夏至(小暑、大暑、夏至)

秋
- 七月 獅子宮——立秋
- 八月 室女宮——處暑
- 九月 天秤宮——白露——秋分

冬
- 十月 天蠍宮——寒露(立冬)
- 十一月 人馬宮——降霜
- 十二月 磨羯宮——冬至(小雪、大雪、冬至、小寒、太寒)

從來《じうらい》の暦《こよみ》には二十四節《せつ》を各月《かくげつ》に二つづゝ配當《はいたう》してあるが、其《そ》れは必《かな》ずしもさうでなく、其々《それ〳〵》の名稱《めいしやう》の意義《いぎ》から考《かんが》へて、右《みぎ》のやうな配當《はいたう》にするが正當《せいたう》である。尚《な》ほ十二宮《きう》の意義《いぎ》などは、其《そ》れ〳〵の部《ぶ》に於《お》いて委《くは》しく説明《せつめい》する。

「動物圏」「獸帶」の名は誤譯――　黄道《くわうだう》とは太陽《たいやう》の道《みち》を意味《いみ》するので、希臘語《ぎりしやご》でこれをゾーヂアコス Zodiakosと謂《い》ひ、從來殆《じうらいほとん》ど一切《さい》の學者等《がくしやら》之《これ》を又《ま》た獸帶《じうたい》と云《い》ひ、或《あるひ》は動物帶《どうぶつたい》など〻謂《い》ふて居《ゐ》る。其彼等《そのかれら》の説明《せつめい》では此《この》十二宮《きう》は動物《どうぶつ》の星座《せいざ》が多《おほ》く、動《ごう》物《ぶつ》、生物《せいぶつ》を希臘語《ぎりしやご》で Zao, Zoos など云《い》ふから、其道《そのみち》をゾーヂアコスと云《い》ふとのことであるが、黄道《くわうだう》十二宮《きう》は必《かな》ずしも動物《どうぶつ》のみでなく、動物《どうぶつ》ならざる天女《てんによ》もあり、人間《にんげん》もあり、寶瓶《はうへい》もあり、天秤《てんしやう》もある。若《も》し是《こ》れを動物帶《どうぶつたい》など云《い》ふとすれば、天界凡《てんかいすべ》ては殆《ほとん》ど動物《どうぶつ》て、星座《せいざ》の動物《どうぶつ》でないものは幾何《いくら》あるであらう。プトレミイの四十八星《せい》座《ざ》中《ちう》でも僅《わづ》かに十種《しゆ》ばかりが動物《どうぶつ》でなく、他《た》は盡《こと〴〵》く動物《ごうぶつ》である。だから若《も》し動物《どうぶつ》と云《い》ふ名《な》を黄道帶《くわうだうたい》に命名《めいめい》するならば星座全體《せいざぜんたい》は動物園《どうぶつゑん》で、特《こと》に黄道《くわうだう》のみに其名《そのな》を付《つ》けるべき理由《りいう》がない。

黃道《くわうだう》の希臘語《ぎりしやご》「ゾーヂアコス」の第《だい》一語幹《ごかん》 Zao は Zan, Sao, Sana と同語《どうご》で、生《せい》命《めい》、動力《どうりよく》、新鮮等《しんせんとう》を意味《いみ》するが、又《ま》たゼーウス等《とう》の神名《しんめい》になる語《ご》で、Zan, San(Sun)となり、太陽を意味《いみ》するから、天文上《てんもんじやう》の此場合《このばあひ》に於《おい》ては、決《けつ》して獸帶《じうたい》、動物帶《どうぶつたい》などと言《い》ふべきでなく「太陽《たいやう》・道《だう》・帶《たい》」Za-odi-a(r)kos の意味《いみ》で使用《しよう》せねばならぬ。然《しか》るに從來《じうらい》の學者《がくしや》は、此《この》 Zao の語《ご》が Zan, San 即《すなは》ち太陽《たいやう》を意味《いみ》することの語源學《ごげんがく》を知《し》らなかつた爲《た》めに、右樣《みぎやう》の誤譯《ごやく》を爲《な》し來《きた》つて、幾《いく》百千年《ねん》の昔《むかし》から幾《いく》百千萬の人々《ひとびと》が、之《これ》を獸帶《じうたい》などの誤譯語《ごやくご》で通《とほ》して來《き》たので、如何《いか》にも全世界の學者の無學――はコンナものであるかと、怪《あや》しまざるを得《え》ぬのである。

さらば、一旦其語《たんそのご》の意義《いぎ》が明瞭《めいれう》となり、舊來《きうらい》の「獸帶《じうたい》」等《とう》の名《な》は誤譯《ごやく》であつたと知《し》れた以上《いじやう》は、天文學者《てんもんがくしや》は以後斷然此誤譯名《このごやくめい》は其使用《そのしよう》を中止《ちうし》し、外國語《ぐわいこくご》の字書類は當然訂正《たうぜんていせい》し、獸帶《じうたい》、又《また》は動物帶《どうぶつたい》などの語《ご》は之《これ》を取《と》り去《さ》り、昔《むかし》からの「黃道《くわうだう》」又《また》は「太《たい》陽道《やうだう》」とせねばならぬ。黃道《くわうだう》の名《な》は蓋《けだ》し太陽《たいやう》の黃金《くわうごん》の光《ひかり》を以《もつ》て呼《よ》んだものであらう。

バビロニヤのものに非ず――西洋《せいやう》の天文學者等《てんもんがくしやら》は、黄道帶《くわうだうたい》なるものはバビロニヤ起原《きげん》のものであつて、其《そ》う云《い》ふ理由《りいう》は此《か》く〳〵である。其星座《そのせいざ》の形《かたち》や神話《しんわ》の性質《せいしつ》は――例《たと》へば室女宮《しつぢよきう》、磨羯宮《まかつきう》、人馬宮《じんばきう》、馬人星座《ばじんせいざ》、蛇取星座等《へびとりせいざとう》は著《いちじる》しくバビロニヤ的《てき》であると言《い》ふて居《ゐ》るが、素《もと》よりバビロニヤ起原《きげん》のものもあるだらうが、其《その》組織的《そしきてき》に完成《くわんせい》された今日《こんにち》の星座《せいざ》は、一としてバビロニヤものは無《な》い。若《も》しバビロニヤで出來《でき》たとすれば、バビロニヤのもの、其近《そのちか》くのもの――物《もの》でも地理《ちり》でも――が有《あ》りさうなものだが、物《もの》も地理《ちり》もバビロニヤ的《てき》は一つもなく、支那《しな》のものが一つ、阿弗利加《あふりか》のものが二つ、他《た》は盡《ことごと》く印度《いんど》のものであることは、十二宮《きう》の各論《かくろん》で明確《めいかく》に知《し》られるから、我等《われら》は論《ろん》より證據《しようこ》として、先《ま》づ十二宮凡《きうすべて》の詳細《しやうさい》な研究《けんきう》に進《すゝ》まう。そうしたらバビロニヤ主義《しゆぎ》は何《なん》のことは無《な》く、何時《いつ》とはなしに消《き》えて仕舞《しま》うと思《おも》ふ。

今《いま》十二宮《きう》の研究《けんきう》に進《すゝ》むに就《つ》いて、一般《ぱん》は通例白羊宮《つうれいはくやうきう》を第《だい》一としてあるが、私《わたくし》は右《みぎ》云《い》ふた如《ごと》く、暦關係《こよみくわんけい》と、數及《すうおよ》び月《つき》の名《な》の順序《じゆんじよ》に從《したが》ひ、「一」「一月《ぐわつ》」「寶瓶宮《はうへいきう》」から說《と》き始《はじ》めることとし、順次《じゆんじ》二、三、四と進《すゝ》むやうにする。

第一章　寶瓶宮

寶瓶宮——羅甸名《らてんめい》アカリウス Aquarius 希臘名《ぎりしやめい》ヒドロコオス Hydrochoos。前者《ぜんしや》は若水《わかみづ》、後者《こうしや》は井戸汲《ゐとく》みを意味《いみ》し、人《ひと》が立《た》つて左《ひだり》の手《て》を上《あ》げ肩衣《かたぎぬ》のやうなものを羽《は》織《お》り、右《みぎ》の手《て》には瓶《かめ》を持《も》つて其瓶《そのかめ》からは水《みづ》が流《なが》れ出《で》て居《ゐ》る形《かたち》。其水《そのみづ》は流《なが》れて南魚星《なんぎよせい》座《ざ》の口《くち》に流《なが》れ込《こ》むやうになつて居《ゐ》る。此星座《このせいざ》は天馬星座《てんばせいざ》の南《みなみ》に在《あ》つて三等星以上《とうせいいじやう》の星《ほし》はないから餘《あま》り目《め》につかぬ。黄道《くわうだう》に於《お》ける此星座《このせいざ》の記號《きがう》は♒で水《みづ》を意味《いみ》する。日本《にほん》の暦本《こよみほん》の「雨水《うすゐ》」の節《せつ》を之《こ》れに當《あ》てゝ當然《たうぜん》と信《しん》ずる。

後印度、馬來半島星座——舊來《きうらい》の學者《がくしや》は例《れい》に依《よ》つて此星座《このせいざ》は埃及《えぢぷと》のものでナイル河《がは》の氾濫《はんらん》は此寶瓶《このはつへい》の水《みづ》から出《で》るものとして考《かんが》へたので、これは埃及《えぢぷと》で出來《でき》た星座《せいざ》であらうと云《い》ひ、又《ま》たバビロニヤ主義《しゆぎ》の人《ひと》は、バビロニヤの太古《たいこ》から此星座《このせいざ》の形《かたち》はあるから、バビロニヤ起源《きげん》であると云《い》ふが、果《はた》して其《そ》うであらうか。我等《われら》は全然《ぜん〳〵》

其《そ》れを否定《ひてい》する。

我等《われら》は先《ま》づ此星座《このせいざ》の形《かたち》を見《み》るに、此星座《このせいざ》は後印度《こういんど》、即馬來諸國《すなはちまれいしよこく》と其半島《そのはんたう》とを形《かたち》にし、寳瓶《はうへい》はイラワヂ河《がは》であることを認《みと》むるのである。寳瓶《はうへい》を持《も》つて居《ゐ》る人《ひと》の左《ひだり》の手《て》は東京《トンキン》の北部《ほくぶ》から東《ひがし》、廣東《かんとん》に流《なが》れ込《こ》む西河《せいか》に沿《そ》うて伸《の》ばし、右《みぎ》の手《て》には寳瓶《はうへい》を持《も》つて居《ゐ》る。其寳瓶《そのはうへい》からは水《みづ》が滾々《こんこん》と流《なが》れ出《で》て、アンダマン諸島《しよたう》と、ニコバル諸島《しよたう》とを洗《あら》うてマラッカ海峽《かいけふ》の方《はう》へ流《なが》れて居《ゐ》る。此人《このひと》の右足《みぎあし》の屈折《くつせつ》は馬來半島《まれいはんたう》の形《かたち》そのまゝで、兩足共《りやうあしとも》に其流《そのなが》れ出《で》る川《かは》を渉《わた》つて居《ゐ》る。彼《か》れの羽織《はお》り物《もの》は安南《あんなん》、交趾《かうし》を象《かたど》つたものであるが、星座《せいざ》の繪《ゑ》では、現在《げんざい》の地圖《ちづ》に對《たい》しては少《すこ》し羽織《はおり》が短《みじか》い。其《そ》れは昔《むかし》の陸地測量圖《りくちそくりやうづ》は、現今程《げんこんほど》の精密《せいみつ》で無《な》かつたことを斟酌《しんしやく》して考《かんが》へねばならぬ。

星の地名―― 水汲《みづく》む人《ひと》の右《みぎ》の肩《かた》にサダルメリク Sad-al-melik の星《ほし》があつて、「言葉《ことば》・凡《すべ》て・音樂的《おんがくてき》」を意味《いみ》し、イラワデ河《がは》のマンダライ Man-dalay が「凡《すべ》て・言葉《ことば》」を意味《いみ》して對譯《たいやく》に當《あた》つて居《ゐ》る。彼《か》れの右足《みぎあし》の膝《ひざ》にあるシイト Scheat の星《ほし》は、座席《ざせき》を意味《いみ》して、マレイ半島《はんたう》の其部分《そのぶぶん》にあるクラ Kra 座鞍《ざあん》の對譯《たいやく》に當《あた》つて居《ゐ》る。

第四十三圖

寶瓶宮

イラワデ河とマライ半島——舊來《きうらい》の天文學者等《てんもんがくしやら》は、此星座《このせいざ》の意味《いみ》を解《かい》して、ナイル河《がは》が膨脹《ぼうちやう》して兩岸《りやうがん》に氾濫《はんらん》し、爲《た》めに耕地《かうち》が澤山水《たくさんみづ》を得《う》る季《き》を示《しめ》すもので埃及《えぢぷと》で出來《でき》た星座《せいざ》と云《い》ふて居《ゐ》るが、其實《そのじつ》此星座《このせいざ》を見《み》れば、埃及《えぢぷと》には何《なん》の關係《くわんけい》もなく全然《ぜんぜん》後《こ》印度の畫であることは明瞭《めいれう》で、舊來《きうらい》の説明《せつめい》は何《なん》の眞理《しんり》もない事《こと》になる。

若《も》し舊説《きうせつ》が失脚《しつきやく》したとすると、何人《なんぴと》が此《この》星座《せいざ》の眞《しん》の傳説《でんせつ》又《また》は神話《しんわ》を我等《われら》に敎《をし》へる者《もの》ぞ。あゝ世界廣《せかいひろ》しと雖《いへども》一人《にん》もないと云《い》ふに至《いた》つては悲《かな》しいではないか。我等《われら》はヘルメースの神《かみ》、言葉《ことば》の神《かみ》に願《ねが》ふたら或《あるひ》は何等《なんら》か得《う》る所《ところ》があるかも知《し》れぬ。

既《すで》に星座《せいざ》全體《ぜんたい》の形《かたち》が後《こ》印度《いんど》であるとすれば、研究《けんきう》の手蔓《てづる》はあると言《い》ふてもよく、

實《じつ》にイラワデ河《がは》と馬來半島《まれいはんたう》と、即《すなは》ち「寶瓶《はうへい》と人《ひと》」とが、此星座《このせいざ》の神話《しんわ》の種子《しゆし》を成《な》し

第四十四圖

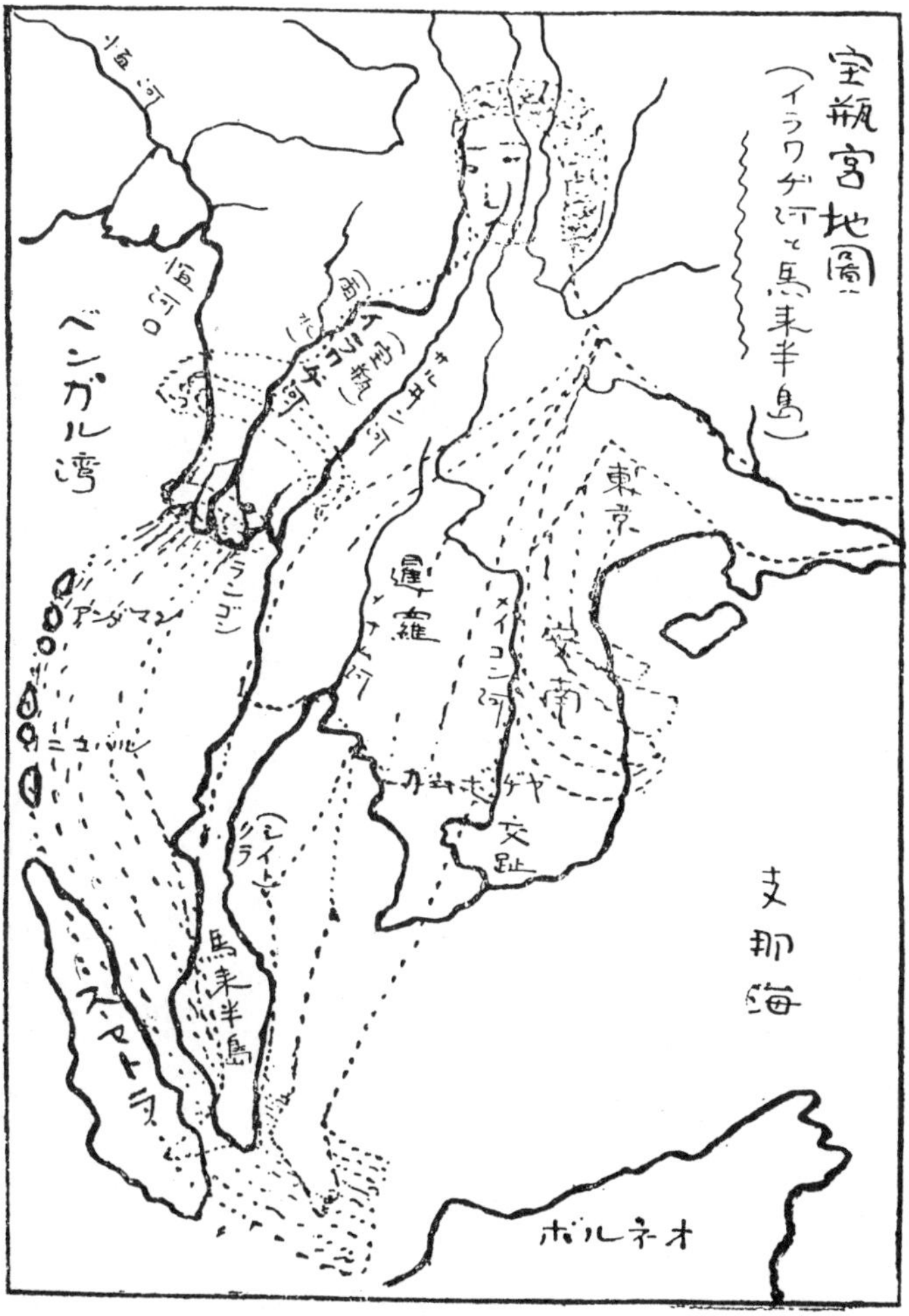

寶瓶宮地圖

て、其《そ》れが日本《にほん》に傳《つた》はつて居《ゐ》るのである。其《そ》れを始《はじ》めから明瞭《めいれう》に發表《はつぺう》したら、一般《はん》

の人《ひと》は驚《おどろ》き、或《あるひ》は著者《ちよしや》に向《むか》つて侮蔑《ぶべつ》の言《げん》を發《はな》つであらうが、眞理《しんり》は蔽《おほ》はれるものでなく、日本歴史《にほんれきし》の不信《ふしん》が又《また》も出《で》て來《く》る——そして此星座《このせいざ》傳說《でんせつ》の太古《たいこ》のものが、德川《とくがは》史《し》の元祿頃《げんろくごろ》に繰《く》り下《さ》げられて居《ゐ》ることが知《し》れるのである。

イラワデ河（寶瓶。寶井）—— 此地《このち》のイラワデ河語源《がはごげん》 Airo Waddyは Aqua-aries と對譯《たいやく》で、源水《げんすゐ》、流出《りうしゆつ》、足《あし》を洗《あら》ふ、尊貴《そんき》の水等《みづとう》を意味《いみ》し、之《こ》れが寶瓶《はうへい》と譯《やく》されて居《ゐ》る。さらば又《ま》た此水汲《このみづく》みの人《ひと》を「寶井氏」と譯《やく》して果《はた》して惡《わる》いであらうか。

其源泉流出《そのげんせんりうしゆつ》を人名《じんめい》にして「源助」として誤《あやま》つて居《ゐ》るであらうか。

足《あし》を洗《あら》ひ、川《かは》を渡《わた》るの意味《いみ》で之《これ》を「涉川」と號《がう》しても差支《さしつかへ》はあるまい。

ランゴン（寶晉）—— イラワデ河口《かこう》にランゴン（蘭貢《らんごん》）町《まち》がある。語源《ごげん》 Ra-angonで「安《やす》く上《あ》げ進《しん》ぜる」を意味《いみ》し、其發音《そのはつおん》と意味《いみ》との混合《こんがふ》て「螺舍」（Rha-scia）と云《い》ふても誤《あやま》つて居《を》らぬ。又《ま》た「善哉庵」の意味《いみ》もある。

其意譯《そのいやく》で「寶晉」（すゝむ）と云《い》ふは最《もつと》も簡明《かんめい》な譯語《やくご》でないと誰《たれ》が言《い》ふか。

馬來半島（人の身）——馬來半島《まれいはんたう》は、之《これ》を馬齡《まれい》と書《か》いて「年《ね》」を意味《いみ》し、馬鈴薯《ばれいしよ》となつて之《これ》を「著子」と譯《やく》しても可《よ》からう。又《ま》たマラ Mala なる語《ご》は「杜」「人」「長《なが》いもの」とも譯《やく》される。「六合庵」「六病」などは Logo-an, Logu-bio の發音《はつおん》で「長《なが》い物《もの》」を意味《いみ》する。馬來即《まれいすなは》ち「人《ひと》」は Hit 又《ま》た It で、英語《えいご》の「其《それ》」である。馬來岬角は「其角」と譯《やく》して誰《たれ》か反對《はんたい》する者《もの》があるか。

此《か》く語源學《ごげんがく》の援助《ゑんじよ》で研究《けんきう》して行《ゆ》くと、一語《ご》々《ゞ》に我等《われら》は不思議《ふしぎ》の感《かん》に撃《う》たれざるを得《え》ぬ。

イラワデ河《がは》は寶瓶《ほうへい》であり「寶井《たからゐ》」であり、馬來岬《まれいかふ》は「其角《きかく》」と譯《やく》され、蘭貢《らんごん》は「晉子《しんし》」又《また》は「寶晉子《はうしんし》」と譯《やく》されるに於《おい》ては、德川時代《とくがはじだい》の人《ひと》と稱《しよう》してある俳諧師《はいかいし》寶井其角《たからゐきかく》の名《な》や、別號《べつがう》が盡《こと〴〵》く此《こゝ》に出《で》て來《く》るのは不思議千萬《ふしぎせんばん》である。

寶井其角《たからゐきかく》の別名《べつめい》は――源助《げんすけ》。著子《しよし》。晉子《しんし》。雷柱《らいちう》。涉川《せふせん》。螺舍《らしや》。善哉庵《ぜんさいあん》。六合庵《がふあん》。六病庵《びやうあん》。寶晉齋《はうしんさい》及《およ》び其他《そのた》奇妙《きめう》な名《な》であつて、右《みぎ》に擧《あ》げた種々《しゆ〴〵》の對譯《たいやく》になつて居《ゐ》る。

何故《なぜ》であるか。

（一）或《あるひ》は德川時代《とくがはじだい》の近古《きんこ》を、太古《たいこ》の埃及《えぜぷと》のプトレミーが先《ま》づ書《か》いて置《お》いたか。或《あるひ》は時代錯誤的《じだいさくごてき》に盗《ぬす》んで置《お》いたか。
(二)又《また》は日本歴史《にほんれきし》が印度地理小説《いんどちりせうせつ》と、プトレミーとを盗《ぬす》んだか。
(三)東西兩　者《とうざいりやうしや》全《まつた》く偶然《ぐうぜん》の暗合《あんがふ》か。
(四)又は日本の年表は誤謬。地理も現日本でなく、太古の印度日本時代のものを、後代——徳川時代に繰り下げたか。

我等《われら》は最後《さいご》の第《だい》四説《せつ》を採《と》るが最《もつと》も正當《せいたう》とする者《もの》である。

『年の瀬や　——　寶瓶星座《はうへいせいざ》の寶井河《たからゐがは》たるイラ・ワヂから流《なが》れ出《で》る河《かは》は、馬來半島《まれいはんたう》に沿《そ》ふてマラッカ海峽《かいけふ》を流《なが》れることになつて居《ゐ》る。そして馬來《まれい》は「年《とし》」を意味《いみ》するとせば、寶瓶《はうへい》から出《で》る水《みづ》は「年《とし》の瀬《せ》」である。又《ま》た馬來《まれい》は一と柱《はしら》で・人又《ひとまた》は人《ひと》の身《み》を意味《いみ》するから、「水《みづ》の流《なが》れと人《ひと》の身《み》は」の句《く》も出來《でき》るわけである。

其角《きかく》と大高源吾《おほたかげんご》とは、此句《このく》の附合《つけあひ》を以《も》つて有名《いうめい》であるが、今《いま》は其《そ》れを一般《はん》に説《と》くには少《すこ》し早過《はやす》ぎるが、馬來半島《まれいはんたう》のマラッカ Malakka が「源吾《げんご》」の飜譯例《ほんやくれい》になつて居《ゐ》ること丈《だけ》を一言《ごん》して置《お》く。

十二月末日《ぐわつまつじつ》、明《あ》くれば正月《しやうぐわつ》、磨羯宮《まかつきう》に難船《なんせん》した濟矩它國《まつくたこく》（嚢の國《ふくろのくに》）の福《ふく》の船《ふね》は、安《あん》全《ぜん》に歸《かへ》つて來《き》べき順序《じゆんじよ》で、『明旦《あした》待《ま》たるゝ其寶船《そのたからぶね》』である。

寶瓶氏の羽織――寶瓶《いらわで》は寶井《たからゐ》、馬來《まれい》は其角《きかく》。彼《か》れは松平壹岐守《まつだひらいきのかみ》から羽織《はおり》を拜《はい》領《りやう》し、其《そ》れを又《ま》た大高《おほたか》に遣《や》つたとのことだが、此星座《このせいざ》の寶瓶氏《はうへいし》も羽織《はおり》のやうなものを着《き》て居《ゐ》る。其羽織《そのはおり》の第一《だい》の施主《せしゆ》松平壹岐《いき》（生氣《いき》、呼吸《いき》）とは安南（新鮮《しんせん》）、交趾（長息《ちやうそく》）の別譯《べつやく》であるが説明《せつめい》は略《りやく》して置《お》く。

ガニメデースの東藏こ西藏――希臘傳説《ぎりしやでんせつ》の言《い》ふ所《ところ》に據《よ》ると、此寶瓶氏《このはうへいし》はガニメデースなる者《もの》で、彼《か》れは天《あま》つ神《かみ》の酒杯《さかづき》持ちであるが、始《はじ》めゼウスが大鷹《おほたか》に化《な》つて彼《かれ》を天《てん》に取《と》り上《あ》げたと云《い》ふてある。そして是《こ》れが「大鷹《おほたか》とアンチノウス」星座《せいざ》の、アンチノウス其人《そのひと》である。だから彼《か》れは此《こゝ》に水瓶即《みづがめすなは》ち「壺《つぼ》」を持《も》つて居《ゐ》るが、前《まへ》に述《の》べた大鷹星座《おほたかせいざ》の彼《か》れは、西藏《ちべつと》と印度《いんど》北部《ほくぶ》との形《かたち》になつて居《ゐ》て、西藏《ちべつと》 Tibet とは又《ま》たツボツト Tubot とも云《い》ひ、「壺の國《つぼのくに》」を意味《いみ》し、彼《か》れが大鷹《おほたか》に取《と》られぬ前《まへ》に壺《つぼ》たる寶瓶《はうへい》を持《も》つて居《ゐ》た如《ごと》く、彼《か》れは天《てん》に上《あ》げられて壺《つぼ》の國《くに》に居《ゐ》るのである。壺の國《つぼのくに》たる西藏《ちべつと》は亞細亞《あじあ》に於《お》ける諸大河《しよたいか》の源頭地《げんとうち》で、アカリウスたる寶彼氏《そうへいし》即《すなは》ちガニメデースが西藏《ちべつと》に行《いつ》たのも深《ふか》い意味《いみ》がある。民族關係《みんぞくくわんけい》か、河源探險《かげんたんけん》か。何《いつ》れも同時《どうじ》に可能《かのう》で、蓋然《がいぜん》である。そして移動《いどう》の順序《じゆんじよ》を言《い》はゞ、第《だい》一寶瓶宮《はうへいきう》たる後印度《ごいんど》から、恒河口《こうかこう》の天《てん》琴星座《きんせいざ》の地《ち》へ、其《そ》れから大鷹方面《おほたかはうめん》の中央《ちうあう》亞細亞《あじあ》へ行《ゆ》くのである。從來《じうらい》チベットを西藏として居《ゐ》たが、東藏は何處《どこ》とも誰《たれ》も言《い》はなかつたが、此研究《このけんきう》で始《はじ》めて後印度《ごいんど》イラワヂ一帶《たい》の地《ち》が東藏《とうざう》たることが知《し》れ・何《いづ》れも壺《つぼ》の國《くに》、寶瓶《はうへい》の國《くに》である。（此發見《このはつけん》が、太古亞細亞史《たいこあじあし》研究《けんきう》の一端緒《たんちよ》となるべきことを預言《よげん》して置《お》く）

又《ま》た寶瓶氏《はうへいし》たる寶井其角《たからゐきかく》なるものが、大寶《おほたかす》即《すなは》ち大高源吾《おほたかげんご》を顯《あら》はした如《ごと》く、此寶瓶《このはうへい》宮《きう》のカニメデースは鷹《たか》に取《と》られて、――大鷹《おほたか》に關係《くわんけい》があるのも比較研究上《ひかくけんきうじやう》、十分注《ぶんちう》意《い》すべき問題《もんだい》である。

一月。立春。雨水――此星座《このせいざ》は一月《ぐわつ》に當《あた》り・日本《にほん》の暦《こよみ》の節《せつ》は立春《りつしゆん》と雨水《うすゐ》とで、前《まへ》にも言《い》うた如《ごと》く此星座《このせいざ》の地《ち》たる「馬來《まれい》」は一柱《ちつ》を意味《いみ》して「一」であり、一月《ぐわつ》の觀念《くわんねん》が此《こゝ》にある。又《ま》た舊正月時分《きうしやうぐわつじぶん》は雨水《うすゐ》と云《い》ふべき時節《じせつ》てないが、イラ・ワヂが雨水を意《い》味《み》するから、これが節《せつ》の一つの名《な》になつて居《ゐ》る。又《ま》た此星座《このせいざ》の羅甸名《らてんめい》Aqua-arius は若水等《わかみづとう》を意味《いみ》するが、又《ま》た若春《アカ・アル》即《すなは》ち立春である。（Aqua＝若・Arius(Airo)＝上る，＝Spring(up)＝春)

○此星座《このせいざ》を日本的《にほんてき》に直《なほ》すなら、寳井星座《たからゐせいざ》又《また》は若水星座《わかみづせいざ》が最《もつと》も當《あた》つて居《ゐ》る。

第二章　双魚宮

双魚宮――羅甸名《らてんめい》ピスケス Pi-sces。二月《ぐわつ》の星座《せいざ》に當《あた》るが、舊來《きうらい》の黄道順《くわうだうじゆん》では第《だい》二番《ばん》のもので、天馬《てんば》とアンドロメダとの南《みなみ》にある。晝夜平分《ちうやへいぶん》の春分點《しゆんぶんてん》は、今《いま》から二千年前《ねんまへ》には白羊宮《はくやうきう》に在《あ》つたが、今《いま》は其背進《そのはいしん》の爲《た》めに双魚宮《さうぎよきう》の星座《せいざ》に在《あ》るやうになつて、其點《そのてん》が天球《てんきう》の經度《けいど》即《すなは》ち赤經を計《はか》る起點《きてん》で、殆《ほとん》ど地上《ちじやう》のグリニチのやうなものである。目下《もくか》の實際《じつさい》は其《そ》うであるが、名稱《めいしよう》は依然《いぜん》白羊宮《はくやうきう》としてある。其黄道上《そのくわうだうじやう》の記《き》號《がう》は ♓ である。

此星座《このせいざ》には特《とく》に目立《めだ》つ星《ほし》は無《な》いが、たヾリボンの結《むす》び目《め》の部分《ぶぶん》に三等星《とうせい》のアルリシャ又《また》の名《な》ノヅスの星《ほし》がある。星座《せいざ》は甚《はなは》だ長《なが》く、東西約《とうざいやく》五《ご》十度に亘《わた》つて居《ゐ》る。星座《せいざ》の形《かたち》は二つの魚《うを》がリボンで尾《を》を縛《しば》られて、赤道《せきだう》の北《きた》の一點《てん》から、一つは右上《みぎうへ》の方《はう》へ、一つは右下《みぎした》の方《はう》へ向《むか》つて行《いつ》て居《ゐ》る圖《づ》である。

第四十五圖

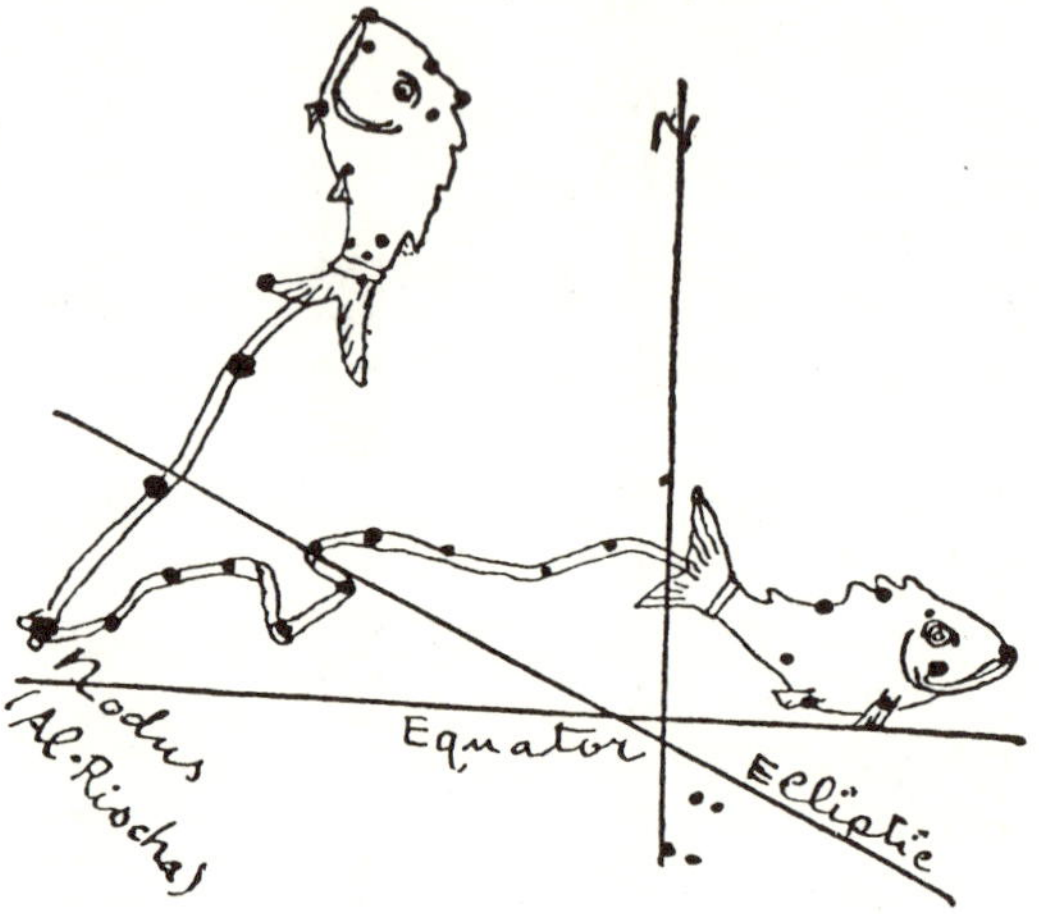

双魚宮

昔《むかし》は春分《しゅんぶん》の時《とき》は、太陽《たいやう》が白羊宮《はくやうきう》へ入《はひ》つたが、黄道《くわうだう》が西《にし》へすざつたに付《つ》いて、今《いま》では太陽《たいやう》は春分《しゅんぶん》に双魚宮《さうぎょきう》に入《い》るやうになつた。

ベンガル灣――相當《さうたう》の準備的研究《じゅんびてきけんきう》が無《な》い者《もの》で、此双魚星座《このさうぎょせいざ》はベンガル灣方面《わんはうめん》の印度洋《いんどやう》を包圍《はうゐ》した形《かたち》であることを知《し》り得《う》る者《もの》があるであらうか。善《よ》く希臘神話《ぎりしやしんわ》を新研究的《しんけんきうてき》に知《し》り、又《ま》たよく日本文學《にほんぶんがく》を新研究《しんけんきう》的《てき》に研究《けんきう》した者《もの》でない以上《いじやう》は、殆《ほとん》ど之《これ》に氣付《きづ》き、又《ま》た證明《しょうめい》することは出來《でき》ぬであらう。其準備的知《そのじゆんびてきち》識《しき》を以《も》つてして考《かんが》へると、リボンの結《むす》び元《もと》は蓋錫蘭島《けだしせいろんたう》である。右北《みぎきた》へ行《いつ》て居《ゐ》る魚《うを》は恒河口《こうかこう》を示《しめ》し、右《みぎ》に行《いつ》て居《ゐ》る魚《うを》はニコバル島《たう》からマラッカ海峡《かいけふ》へ向《むか》つて居《ゐ》て、是等《これら》三點《てん》が何《いづ》れも魚《うを》の地《ち》たることを示《しめ》すものである。且《か》つリボンの結《むすび》目《め》の星《ほし》の名《な》アル・リシャAl-Rischa(Al-rizo)とは「凡《すべ》ての民族《みんぞく》の根本《こんぽん》」を意味《いみ》して錫《せい》蘭島《ろんたう》のアダムス山《さん》の名《な》に當《あた》つて居《ゐ》る。何《な》故《ぜ》ならば、アダムは人類《じんるゐ》の祖先《そせん》と云《い》はれて居《ゐ》るから。又《ま》た此星《このほし》をノッズ Nodus (Notus) と云《い》ふは南風《なんぷう》を意味《いみ》し、セイロン島《たう》 Ceylong (Cooling, Ceeling) は清涼《せいりやう》を意味《いみ》し、南風《なんぷう》のことであつて、星《ほし》の名《な》は見事此地《みごとこのち》名《めい》の對譯《たいやく》である。又《ま》た此南風《このなんぷう》はビーナス神話《しんわ》に必要《ひつえう》な南風《なんぷう》ゼフイリスであることは、後《のち》に出《で》る室女宮《しつぢよきう》に述《の》べる。

第六十四圖

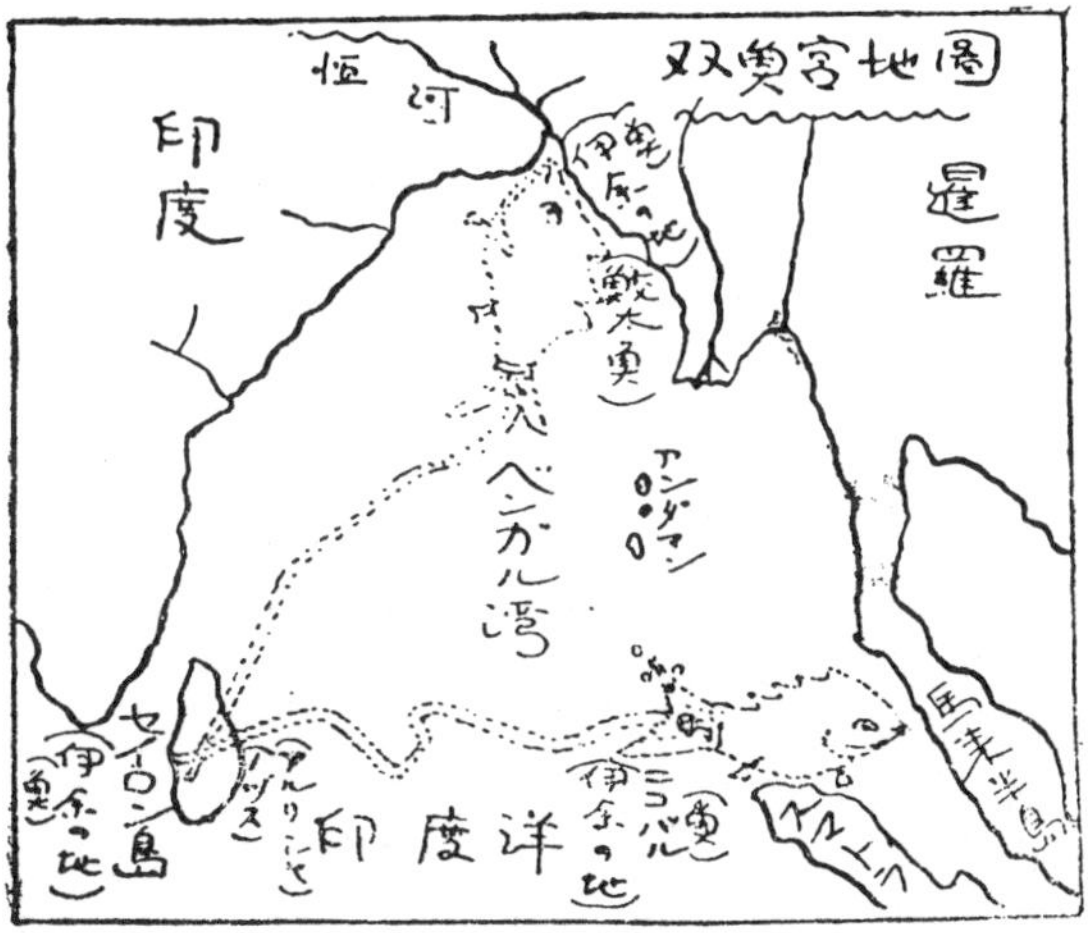

双魚宮地圖

ビーナスとキュピッドの話――此二《この》つの魚《うを》は如何《いか》なる素性《すじやう》のものであるか。希臘神話《ぎりしやしんわ》の謂《い》ふ所《ところ》に據《よ》ると、ビーナス女神《ぢよしん》と、其子《そのこ》キュピッドとはチホンと云《い》ふ風《かぜ》の神《かみ》があまりに追《お》ひまはすので、其《そ》れを遁《のが》れる爲《た》めに、二人《にん》は自《みづか》ら魚《うを》に化《な》つた。そしてビーナスは上《うへ》の方《はう》の魚《うを》であり。キュピッドは下《した》の方《はう》の魚《うを》である。此二《この》つの魚《うを》の來歴《らいれき》や、本地《ほんち》やは第《だい》八章室女宮《しやうしつぢよきう》の部《ぶ》に詳細《しやうさい》に論《ろん》ずることにする。

双魚と伊余の二名――日本《にほん》の古典《こてん》に伊余《いよ》の二名《ふたな》の島《しま》の名《な》がある。其伊豫《そのいよ》とはイホ(イヨ)即《すなは》ち「魚《いは》」のことで、二名《ふたな》とは「二つ」を意味《いみ》し、双魚《さうぎよ》の觀念《くわんねん》が存《そん》して居《ゐ》る。且《か》つ二名《ふたな》、二つなどの語源《ごげん》はブタ Buthaで、淵《ふち》と同語《どうご》であり、深淵《しんゑん》に沈《しづ》むことを意味《いみ》し、沈《しつ》んで新らしくなることをも意味《いみ》する。希臘語《ぎりしやご》のイオニヤとは Io-nia「魚《うを》二つ」「伊豫《いよ》の二名《めい》」を意味《いみ》する名《な》で、又《ま》た双魚《さうぎよ》のことである。

日本《にほん》古典《こてん》の第《だい》一の伊豫《いよ》の二名《ふたな》は小亞細亞《せうあじあ》の西岸《せいがん》イオニヤの地《ち》であるが、其地名《そのちめい》は東漸《とうぜん》して印度《いんど》へ來《きた》り、錫蘭島《せいろんたう》が伊豫《いよ》であり、其一《その》つの魚《うを》の右《みぎ》の上《うへ》に行《いつ》て居《ゐ》る其恒河《そのこうか》口《くち》の東部《とうぶ》も魚《いを》の地《ち》(伊豫《いよ》)であり、又《ま》た右《みぎ》の方下《はうした》へ行《いつ》て居《ゐ》る魚《うを》のニコバル群島《ぐんたう》も魚《いを》の地《ち》である。(此《この》ニコバル群島《ぐんたう》が魚《うを》の地《ち》たることは、「上書《うへつぶみ》」なるもの丶第《だい》三卷《くわん》三十二綴《せつ》に、島人《たうじん》皆《みな》魚《うを》の皮《かは》を衣服《いふく》として居《ゐ》る云々《うんぬん》とあるに由《よ》つても知《し》ることが出來《でき》る)。

秦の始皇の鮫太魚―― 此魚星座《このうをせいざ》に關《くわん》しては秦《しん》の始皇帝《しくわうてい》の神話《しんわ》がある。此《こゝ》に秦《しん》の始皇帝《しくわうてい》と云《い》ふが、此時《このとき》の秦《しん》は決《けつ》して今《いま》の支那本部《しなほんぶ》に居《ゐ》たのではなく、印度《いんど》ベンガルが其國《そのくに》であつたのである。新《あらた》に學術的《がくじゆつてき》に歴史地理《れきしちり》を研究《けんきう》したら知《し》れる。又《ま》た年《ねん》代《だい》も甚《はなは》だ不明《ふめい》である。そして鮫太魚《こうたいぎよ》の事件《じけん》は恒河口《こうかくち》である。其傳説《そのでんせつ》に據《よ》ると――

始皇帝《しくわうてい》は不死《ふし》の仙藥《せんやく》を求《もと》める爲《た》めに方士徐市《はうしじよし》を遣《つか》はして、蓬萊《ほうらい》の島《しま》へ至《いた》らしめた。けれども蓬萊《ほうらい》の島《しま》は知《し》れぬ。徐市《じよし》は譴責《けんせき》されんことを恐《おそ》れて詐《いつは》つて云《い》ふに、海上《かいじやう》に龍神《りうじん》が鮫太魚《こうたいぎよ》に化《な》つて難《なや》ますから蓬萊《ほうらい》へ行《ゆ》くことが出來《でき》ぬ。皇帝自《くわうていみづか》ら海上《かいじやう》に幸《みゆき》あつて龍神《りうじん》を退治《たいぢ》せられねばならぬ由《よし》を奏《そう》した。皇帝《くわうてい》げにもと思《おも》ふて數萬《すまん》の大船《たいせん》を漕《こ》ぎ雙《なら》べ、連弩《れんど》を用意《ようい》して船《ふね》を出《だ》した。之罘《しふ》の大江《たいかう》を渡《わた》る時《とき》に龍神《りうじん》五百丈計《ちやうはかり》なる鮫大魚と云《い》ふ魚《うを》に變《へん》して浪《たみ》の上《うへ》に浮《うか》び出《で》た。頭《あたま》は獅子《しし》の如《ごと》く、遙《はるか》なる天《てん》に延揚《のびあが》り、背《せ》は龍蛇《りうだ》の如《ごと》く萬頃《はんけい》の浪《なみ》に横《よこたは》つて居《ゐ》た。數萬艘《すまんさう》の大船《たいせん》は四方《はう》に漕《こ》ぎ分《わか》れて、三百萬人《にん》の兵《つはもの》供舩《ともふなばた》を叩《たゝ》き大鼓《たいこ》を打《う》ち同時《どうじ》に連弩《れんど》を放《はな》つたから、鮫太魚の一魚《ぎよ》は其毒矢《そのどくや》の爲《た》めに射殺《いころ》され、蒼海萬里《さうかいばんり》の波《なみ》の色皆血《いろみなち》に成《な》つて流《なが》れた。始皇其夜《しくわうそのよ》龍神《りうじん》と自《みづか》ら戰《たゝか》ふと夢見《ゆめみ》て、翌日《よくじつ》から病重《やまひおも》く、沙丘《さきう》の平臺《へいだい》と云《い》ふ所《ところ》で崩御《ほうぎよ》あつたと。

これが鮫大魚の傳說《でんせつ》であるが、果《はた》してこれが星座《せいざ》の魚《うを》に當《あた》つて居《ゐ》るかどうかは說《せつ》明《めい》を要《えう》する。素《もと》より此記事《このきじ》と星座《せいざ》の魚《うを》の繪《ゑ》とは少《すこ》しも一致《ち》して居《を》らぬ。或《あるひ》は寧《むし》ろ大《たい》魚星座《ぎよせいざ》の其《そ》れのやうでもある。が其《そ》れは印度西海《いんどせいかい》の大魚《たいぎよ》で、ベンガル灣《わん》の魚《うを》ではない。そして魚《うを》の形《かたち》は古人《こじん》の想像《さうざう》であるが、其配置《はいち》と、全體《ぜんたい》の輪廓《りんくわく》とは、明《あき》かにベンガル灣《わん》であるから、解釋《かいしやく》は其地理《そのちり》で得《え》ねばならぬ。

恒河口は鮫太魚――鮫太魚《こうたいぎよ》の出《で》た所《ところ》は之罘《しふ》の大江《たいかう》とあるが、これは今《いま》の支那《しな》の之罘《チーフー》でなく、印度《いんど》の恒河口《こうかこう》の神話的《しんわてき》の名《な》、Sypho《シフ》聲《こゑ》、とゞろき、太皷《たいこ》、大砲《たいほう》等《とう》を意味《いみ》する地《ち》で、其《そ》れから南《みなみ》へ一帶《たい》を現名《げんめい》 Sun Deep と云《い》ひ、「大深《おほふか》」を意味《いみ》し、「深《ふか》」はフカ即《すなは》ち鱶《ふか》であり、又《ま》た鮫《さめ》である。其《そ》れを鮫太魚《こうたいぎよ》と云《い》うたもので、其一魚《そのぎよ》を射殺《ころ》したとあるは、星座《せいざ》の北《きた》に向《むか》つて行《い》つた其魚《そのうを》である。

二月。啓蟄——此星座《このせいざ》は二月《ぐわつ》を表《あら》はすもので、二（月《ぐわつ》）の「ニ」はイオ・ニ゚ヤの「ニ゚」又《ま》た双兒宮《さうじきう》のケミ・ニ゚のニと同《おな》じである。二つは二名《ふたな》の「フタ」で、希臘語《ぎりしやご》源《げん》は Butha 深《ふか》、淵《ふち》、沈《しづ》む、新《あら》に、洗《あら》ふ、などを意味《いみ》し、二月《ぐわつ》の別名《べつめい》更衣《きさらぎ》 Xa-ara-age は「美《うつく》しく・新《あらたに》・行《おこな》ふ」を意味《いみ》し、「フタ」と同《おな》じ意味《いみ》である。

此月《このつき》の節《せつ》は啓蟄《けいちつ》で、虫類《むしるゐ》が、冬籠《ふゆごもり》から起《お》き出《で》る時節《じせつ》と云《い》うてあるが、「淵《ふち》から、更《さら》に美《うつく》しくなつて出《で》る」と同《おな》じ意味《いみ》で更衣《きさらぎ》とは此事《このこと》である。又《ま》た魚《うを》のピスキス Pi-sei はスキが語幹《ごかん》で、「梳《す》き」「櫛《くし》けづり」「更《さら》に美《うつく》しくなること」を意味《いみ》し、更衣《きさらぎ》（Xa-ara-age）と同意義《どういぎ》である。

○日《に》本名《ほんめい》。二名星座《ふたなせいざ》。

第三章　白羊宮

白羊宮——羅甸名《らてんめい》アリエス Aries。三月《ぐわつ》の星座《せいざ》に當《あた》り、舊來《きうらい》の黄道順《くわうだうじゆん》では第一《だい》番《ばん》のものであつて、今《いま》から二千年前《ねんぜん》には太陽《たいやう》が此星座《このせいざ》の位置《ゐち》に來《き》た時《とき》、即《すなは》ち三月《ぐわつ》二十一日《にち》は春分《しゆんぶん》の節《せつ》に入《はひ》つて、四月《ぐわつ》二十日《か》に其節《そのせつ》を出《で》るのであつたが、黄道帶《くわうだうたい》が西《にし》に後《あと》とすざりする爲《た》めに、今《いま》は白羊宮《はくやうきう》の名《な》と其記號《そのきがう》♈とを殘《のこ》して、其實《そのじつ》は双魚宮《さうぎよきう》が入り代《かは》つて居《ゐ》る。此星座《このせいざ》を見付《みつ》けるには白羊《はくやう》の頭《あたま》にある三つの星《ほし》を目當《めあ》てにする。其《その》中《うち》の最《もつと》も大《おほ》きな星《ほし》をハマルと云《い》ひ、支那名《しなめい》は婁宿《ろうしゆく》三、其次《そのつぎ》はシェラタンと云《い》ひ支那《しな》名《めい》は婁宿《ろうしゆく》二である。

ヒマラヤ山星座——白羊宮《はくやうきう》は果《はた》して何《なに》を象《かたど》つたものであるか。前《まへ》に云《い》うた如《こと》く印度《いんど》が十二宮《きう》の中心《ちうしん》だとすれば、白羊宮《はくやうきう》の地理《ちり》も素《もと》より印度《いんど》に求《もと》むべきである。『羊《ひつじ》』をラと云《い》ひ、ラムと云《い》ひ、ラマと云《い》ひ、ブ・ラマと云《い》うは「ブ」なる敬語《けいご》を冠《くわん》したものであり、梵語系《ぼんごけい》ではブ・ラフマと云《い》うて居《ゐ》る（Ra, Rha, Ram, Rama, Rhama, B-Rahma)。此着眼《このちやくがん》からして印度《いんど》地理《ちり》を見《み》ると、ブラフマ・プトラの名《な》を負《お》うた河《かは》が印度《いんど》にある。「ブラフマ」は素《もと》より「羊《ひつじ》」であり、「プトラ」とは種々《しゆく》の材料《ざいれう》に依《よ》つて研究《けんきう》するとブト Butho(-ra) で、「洗《あら》ひ」「新《あらた》にし」從《したが》つて「白《しろ》く」することを意味《いみ》して、ブラフマ・プトラ河《かは》に「白羊《はくやう》」の名《な》は存《そん》して居《ゐ》て、白羊としたのは、甚《はなは》だ注意《ちうい》した飜譯《ほんやく》で單《たん》に牡羊《をひつじ》など云《い》うては不精密《ふせいみつ》である。

一旦此見當《たんこのけんたう》を得《え》た以上《いじやう》は白羊宮《はくやうきう》と、此河《このかは》との關係《くわんけい》を見《み》ねばならぬ。先《ま》づ星座圖《せいざづ》の羊《ひつじ》の前足《まへあし》を見《み》るに、其左右《そのさいう》の足《あし》の姿勢《しせい》は、全《まつた》くブラフマ・プトラ河《かは》が東《ひがし》から流《なが》れて來《き》て南《みなみ》へ折《を》れる其部分《そのぶぶん》の形《かたち》に添《そ》うたものである。又《ま》た後足《あとあし》の形《かたち》の不自然的《ふしぜんてき》に屈曲《くつきよく》して居《ゐ》るのは、其範圍《そのはんゐ》を恒河《こうか》以《い》北《ほく》に限《かぎ》つて、クシ川《かは》の曲折《くつせつ》に象《かたど》つたものと見《み》ねばならぬ。又其頭《またそのあたま》はブタンで、角《つの》のあたりにプナカ、クルハカングリ山《さん》、クハマルアリ山《さん》があつて、星座《せいざ》の三つの大《おほ》きな星《ほし》は其等《それら》に當《あた》り、尾《を》の部分《ぶぶん》はネーパルで、カタマンヅの町《まち》は尾《を》のボテインの星《ほし》に當《あた》つて居《ゐ》て、此部分《このぶぶん》に此星座《このせいざ》の地理《ちり》の在《あ》ることが知《し》られる。

星の地名——此白羊《たのはくやう》の頭《あたま》に三つの大《おほ》きな星《ほし》があつて、其等《それら》は皆《みな》プタンに於《お》けるヒマラヤ東部《とうぶ》の高峯《かうほう》である。先《ま》づ其左《そのひだり》のハマル Hamal はヒマラヤ山東部《さんとうぶ》のクハマル（アリ）Chinalh(-ari) がハマルと變化《へんくわ》したものと察《さつ》せられ、「足高《あしたか》」を意味《いみ》する。其東《そのひがし》のシエラタン Sheratan の語源は Skie-radan「天《てん》へ昇《のぼ》る道《みち》」を意味《いみ》して、現名《げんめい》ウヅ山《さん》 udu、古代名《こだいめい》 Emodus「天路山《てんろさん》」に當《あた》つて居《ゐ》る。又《ま》た其隣《そのとなり》の星《ほし》メサルチン Mesartiu 語源《ごげん》 Messa-artus はプナカ Punakha で「舟持《ふねも》ち」を意味《いみ》する地名《ちめい》に當《あた》つて居《ゐ》る。

第四十七圖

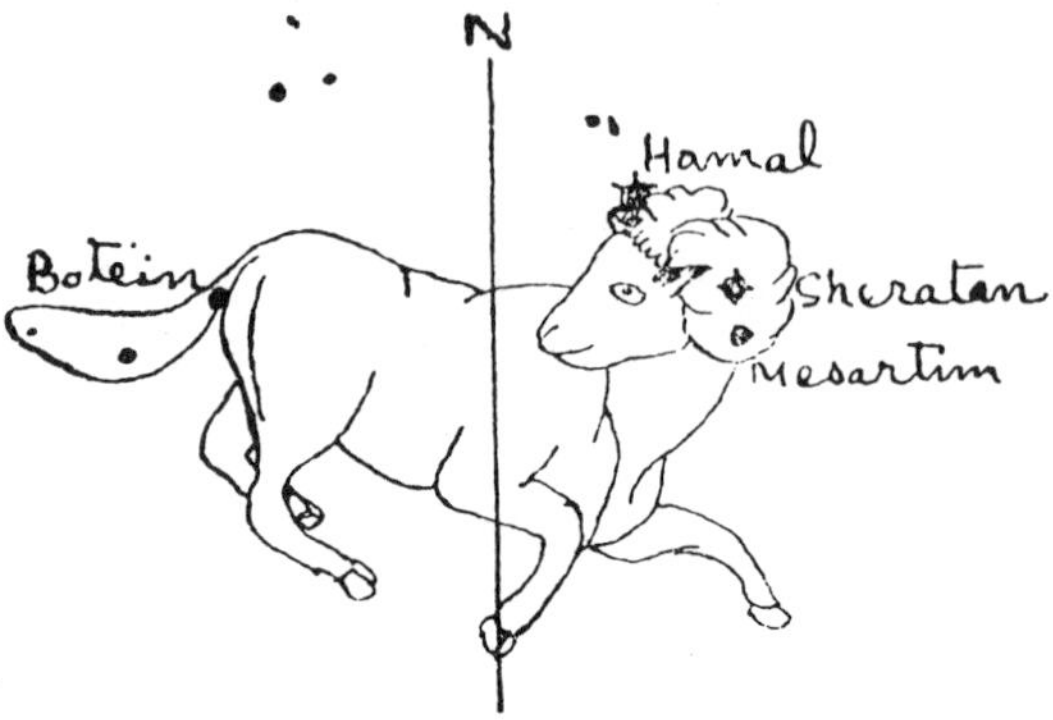

白羊宮

又《ま》た白羊《はくやう》の尾《を》のボテイン Botein の星《ほし》は希臘語《ぎりしやご》 Buzein を語源《ごげん》として「堅《かた》く固《かた》める」こと、又《ま》た「肩《かた》もむ」ことを意味《いみ》して其地《そのち》のカタマンヅの町《まち》に當《あた》つて居《ゐ》る。

ヒマラヤは古典富士山——前《まへ》にも云《い》うた如《ごと》く、羊《ひつじ》(Plitus) は又《ま》たラー

第四十八圖

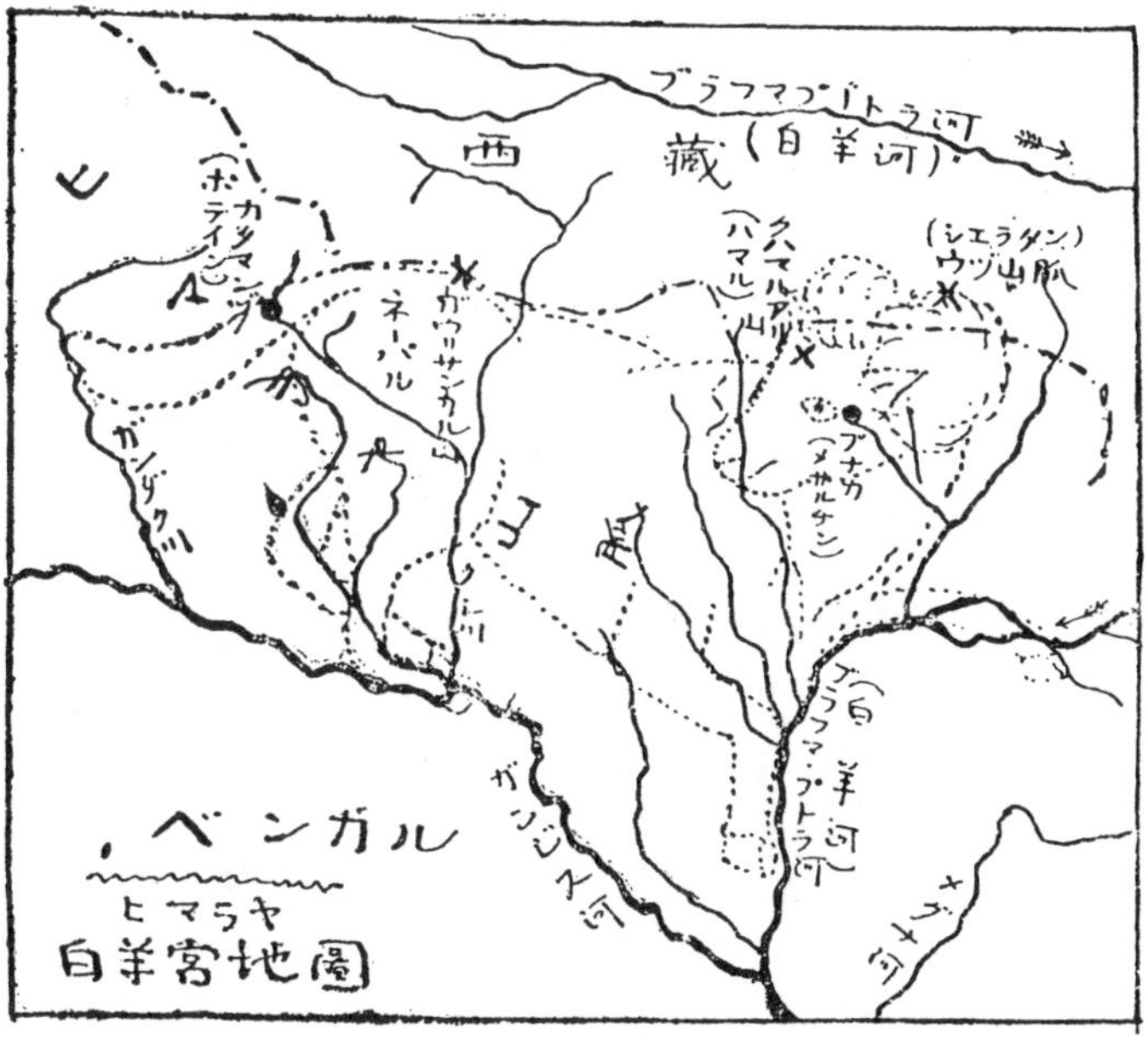

圖地宮羊白

ラム、ラマと云うて「靈《れい》」、「生《せい》命《めい》」、「光線發射《くわうせんはつしや》」、「上登《じやうと》」等《とう》を意味《いみ》し、「生命《せいめい》」、「靈《れい》」等《とう》を又《ま》た別《べ》語《ど》「プシ Psy」と謂《い》うが、希臘字《ぎりしやじ》「プシ」は漢字《かんじ》ハップン字《し》で書《か》いた「士《し》」で、此語《このご》は日本《にほん》の名山《めいざん》「富士《ふじ》」の名《な》の起原《きげん》を爲《な》して居《ゐ》る——富士はプシである。だから富士《ふじ》は「不盡」、「不死」など書《か》くことがある。古典時代《こてんじだい》の日本民《にほんみん》族《ぞく》は印度《いんど》に居《ゐ》たもので、日本富《にほんふ》士《じ》はヒマラヤ殊《こと》にブラフマ・プトラ山《さん》を寫《うつ》したものであつて、日本《にほん》の富士山《ふじさん》に關《くわん》する神話《しんわ》傳説《でんせつ》古典《こてん》等《とう》一切《さい》は印度《いんど》のもので、日本《にほん》のかの山《やま》には何《なん》の傳説《でんせつ》も神話《しんわ》もないのである。

白羊宮星座《はくやうきうせいざ》の名《な》はアリエスと云《い》うて「足《あし》を上《あ》げる」「登《のぼ》り上《あが》ること」又《ま》た「足高《あしたか》」を意《い》味《み》するから、孝靈天皇《かうれいてんのう》の時《とき》富士山《ふじさん》「湧《わ》き出《で》た」即《すなは》ち登《のぼ》り上《あ》がつたと言《い》ひ傳《つた》へてある富士傳説《ふじでんせつ》にある足高《あしたか》の明神《みやうじん》とはクハマルアリ Khamalhari(Kham-alh-ari) 山《さん》のことで「足高《あしたか》」を意味《いみ》し、これが白羊宮《はくやうきう》「アリエスの山《やま》」の對譯《たいやく》に當《あた》つて居《ゐ》る。又《ま》た「アリエス」の名《な》は此神話《このしんわ》に由《よ》つて始《はじ》めて説明《せつめい》される。又《ま》た星座《せいざ》の星《ほし》のハマルはクハマルの變化《へんくわ》である(Hamal=Khama-al)。日本書紀《にほんしよき》垂仁天皇紀《すゐじんてんのうき》(埃及日本《えぢぷとにほん》)に天日槍《あまのひほこ》が持《も》つて來《き》た「足高の玉」と書《か》いてあるは此星座圖《このせいざづ》のことである。

役《えん》の行者《ぎやうじや》の登《のぼ》つた富士《ふじ》とはヒマラヤの此部分《このぶぶん》である。有名《いうめい》なかぐや媛《ひめ》の富士《ふじ》も是《こ》れであつて、藥《くすり》を燒《や》いた峯《みね》はクルハカングリ峯《みね》である。又《ま》た富士傳説《ふじでんせつ》には必《かなら》ず出《で》る淺門女神《せんげんぢよしん》は西《にし》の方《かた》のガウリサンカル(エベレスト)峯《ほう》で、淺間《せんげん》の別語《べつご》に當《あた》つて居《ゐ》る。日蓮《にちれん》(實《じつ》は印度人《いんどうじん》)の登《のぼ》つた富士《ふじ》も、カタマンヅ星座《せいざ》のボテインの星《ほし》の位置《ゐち》である。

此白羊――は、日本《にほん》に傳《つた》はるヒマラヤ山神話《さんしんわ》（富士傳説《ふじでんせつ》）に據《よ》ると、西天《せいてん》から飛《と》んで來《き》たもので、此山《このやま》を「生命牡鹿《いのちをじか》の隱《かく》れ家《が》」と言《い》ひ、又《ま》た「鹿《か》の子《こ》まだらに雪《ゆき》」など云《い》ひ、日本《にはん》で鹿《しか》とする所《ところ》は、彼《か》れにあつては羊《ひつじ》である。其本元地《そのほんげんち》たる西天《せいてん》とはマサカ山《やま》、高加索山《かうかそすさん》のことで、これが正鹿山《まさかやま》即《すなは》ち羊《ひつじ》の山《やま》であつて、印度《いんど》の星座《せいざ》の山《やま》の本原《ほんげん》の山《やま》である。

此星座《このせいざ》の羊《ひつじ》はヤソンが大遠征《だいゑんせい》をして取《と》りに行《いつ》た金羊《きんやう》で、此金羊《このきんやう》はアタマスの子《こ》フリクソスと妹《いもうと》ヘレイとを背《せ》に載《の》せて空中《くうちう》を飛《と》び、大海《だいかい》を超《こ》えて、「印度希臘《いんどぎりしや》」からアヤの國《くに》（メキシコ）へ行《いつ》た。途中《とちう》ヘレイは目《め》が眩《くら》んで海《うみ》へ落《お》ち、フリツクス一人彼國《にんかのくに》へ行《いつ》た。其後同族《そのごどうぞく》のヤソンなる者《もの》は大遠征《だいゑんせい》をして、此金羊《このきんやう》の皮《かは》を取《と》つて來《く》るのである。

清明。春分。三月。彌生――羊《ひつじ》をラムと云《い》ひ、又《ま》たブ・ラマと謂《い》ひ、Rhaが語幹《ごかん》で太陽《たいやう》、日光等《につくわうとう》を意味《いみ》し、此季節《このきせつ》を「清明《せいめい》」と云《い》うは其日光《そのにつくわう》の性質《せいしつ》である。又《ま》た其意味《そのいみ》と共《とも》に羊《ひつじ》の角《つの》の二つに分《わか》れて居《ゐ》る形容《けいよう》を取《と》つて春分《しゆんぶん》をも意味《いみ》させてある。又《ま》た太陽《たいやう》をサンと云《い》ひ、又《ま》た「三《さん》」の同語源《どうごげん》で、此星座《このせいざ》は三月《ぐわつ》に當《あた》るのである。又《ま》た羅《ら》甸名《てんめい》アリエスは足高《あしたか》、上登《のぼ》るを意味《いみ》し、彌《い》や上《うへ》・彌生《やよひ》を意味《いみ》するなど、暦《こよみ》に於《おい》ては此星座《このせいざ》は、從來《じうらい》一般《はん》の爲《な》し來《きた》つた通《とほ》り、第《だい》一番《ばん》に置《お》くべきものでなく、第《だい》三番《ばん》に置《お》くが正當《せいたう》の順序《じゆんじよ》なのである。

○日本名《にほんめい》。牡鹿星座《をじかせいざ》。

第四章　金牛宮

金牛宮——希臘名《ぎりしやめい》タウロス Tauros。四月《ぐわつ》の星座《せいざ》に當《あた》り、舊來《きうらい》の黄道順《くわうだうじゆん》では第《だい》二宮《きう》て、記號《きがう》は♉。星座《せいざ》の形《かたち》は角《つの》を揮《ふる》つて突進《とつしん》して居《ゐ》る牛《うし》の前半體《ぜんはんたい》で、ペルセウスと牛車星座《ぎうしやせいざ》との南《みなみ》にある。此星座《このせいざ》はヒヤデスと、プレヤデスとの二つの星團《せいだん》があるので最《もつと》も輝《かゞや》き、又《ま》た神話的《しんわてき》にも有名《いうめい》である。牛《うし》の角《つの》の上《うへ》の方《はう》の端《はし》に二等星《とうせい》のヱル・ナツ星《ほし》があり、牛《うし》の右《みぎ》の眼《め》の部分《ぶぶん》に一等星《とうせい》のアルデバランを主《しゆ》とするヒヤデス星團《せいだん》があり、牛《うし》の肩《かた》の部分《ぶぶん》にプレヤデスの星團《せいだん》がある。プレヤデスの光《ひかり》は聊《いさゝ》か薄《うす》いが詩歌《しか》に於《お》いては美《うつく》しく輝《かゞや》いて居《ゐ》る。

金牛の形と印度の牛込――相當着眼點《さうたうちやくがんてん》の地形《ちけい》や地名《ちめい》を知《し》つて、之《こ》れに星座《せいざ》の形《かたち》を比較《ひかく》することの氣《き》が付《つ》いた者《もの》には、此星座《このせいざ》は印度《いんど》の昔《むかし》のウキシ・インッス Ux-intus 即《すなは》ち「牛込《うしごめ》」の地《ち》を象《かたど》つたものたる事《こと》は、左《さ》まで困難《こんなん》なく知《し》ることが出來《でき》る。ウキシ・インッスとは今《いま》のパトナ附近《ふきん》であつて、其恒河《そのこうか》の流《なが》れの北《きた》の方《はう》より會流《くわいりう》するガンダク河《かは》やラプチ河《かは》は、先《ま》づ第一《だいいち》に角《つの》の形《かたち》を爲《な》して居《ゐ》ることに氣《き》が附《つ》く、又《ま》た南《みなみ》から會流《くわいりう》する河々《かは〳〵》の曲折《きよくせつ》の形狀《けいじやう》は牛《うし》の左《ひだり》の足右《あしみぎ》の足《あし》の曲折其《きよくせつその》まゝであるなど、確《たしか》に之《こ》れが星座《せいざ》の地理《ちり》と察《さつ》せられる。

星の地名――此星座《このせいざ》の牛《うし》の目《め》に當《あた》る部分《ぶぶん》にある一等星《とうせい》アルデバラン Alde-baran が主《しゆ》となつて、ヒヤデス星團《せいだん》を作《つく》つて居《ゐ》る。此《この》アルデバランはパトナに當《あた》つて居《ゐ》る。パトナは舊名《きうめい》パライボートラ Palai-bothraと云《い》ひ、舊佛又《きうぶつまた》は古寺《こじ》を意味《いみ》し、今此星《いまこのほし》の名《な》アルデバランは Alte-baran 即舊佛《きうぶつ》、舊體《きうたい》、古寺等《こじとう》を意味《いみ》し、パライ・ボートラと對譯《たいやく》になつて居《ゐ》る。其星團《そのせいだん》ヒヤデス Hya-des は「水《みづ》」を意味《いみ》し、大神《おほがみ》ゼウスヤ、バッカスが乳母《うば》の功《こう》を賞《しやう》して星座《せいざ》に上《あ》げたものと云《い》うてある。

第九十四圖

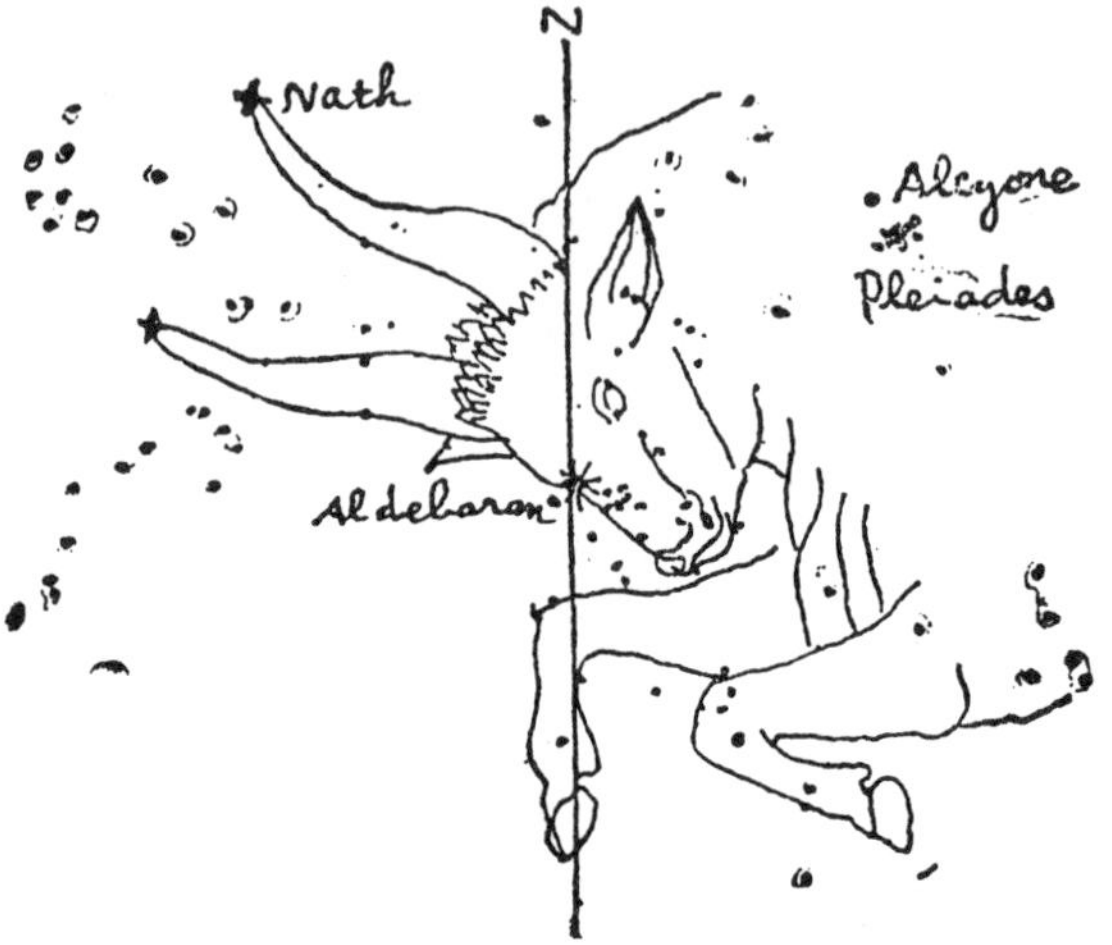

金牛宮

此星座《このせいざ》には有名《いうめい》なプレヤデス、支那《しな》では昴星《ばうせい》と云《い》ふ星團《せいだん》がある。プレヤデス Ple-iades(P-eleia-des) とは棚機姫《たなばたひめ》を意味《いみ》し、七つの星《ほし》を七人《にん》の女性《ぢよせい》の名《な》に配當《はいたう》したもので、其内《そのうち》の一つたるメロオペ Merope が夕顔《ゆふがほ》、黄昏《たそがれ》、暮《く》れ、お仕舞《しまひ》を意味《いみ》し、其《そ》れがバトナから東《ひがし》のモングール Mon-ghyr(Mon-gaur) の地《ち》の譯名《やくめい》に當《あた》つて居《ゐ》る。西洋《せいやう》では之《これ》をクレタと謂《い》ひ、日本《にほん》では暮地《くれち》又《ま》た黒田《くろた》と云《い》ひ暮《く》れを意味《いみ》する。

日本《にほん》で此昴星《このばうせい》を「すばる星《ほし》」と云《い》ふは羅甸語《らてんご》 Summar スマルの變化《へんくわ》と考《かんが》へられる。

第十五圖

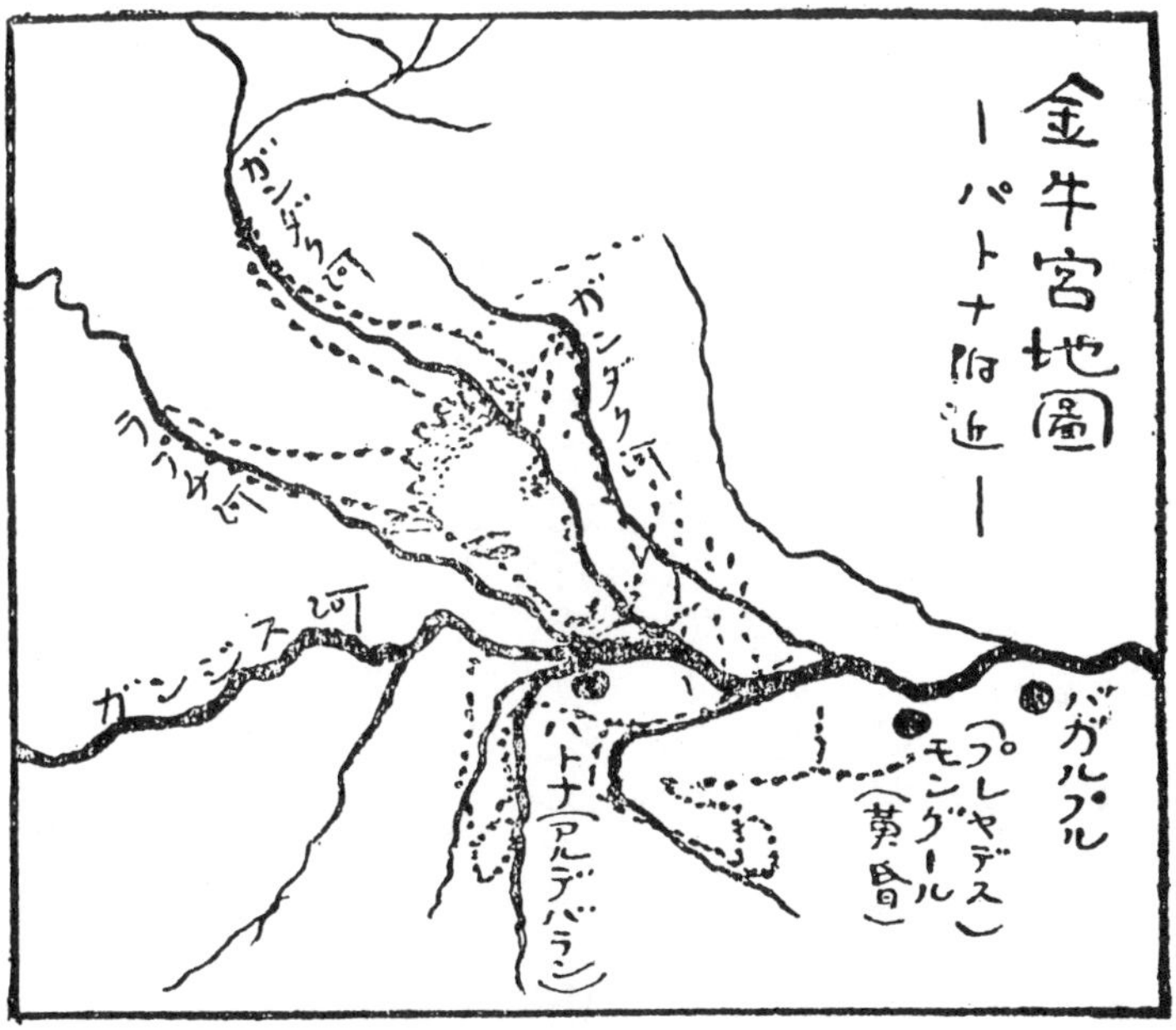

金牛宮地圖

「締《し》まる」ことと織《お》り成《な》すことを意味《いみ》する。

牛《うし》の右《みぎ》の角《つの》にナヅ Nath の名《な》の星《ほし》がある。これは Nadi Niteo の變化《へんくわ》で、「光《ひかり》」「子供《こども》」などを意味《いみ》し、ガンダク Gandak(Gano-Deko) 河即《がはすなは》ち「光待《ひかりま》つ」を意味《いみ》する河《かは》の名《な》と對譯《たいやく》になつて居《ゐ》る。

さらば星座《せいざ》の形《かたち》と其在《そのあ》る星《ほし》の名《な》とは、パトナ附近《ふきん》の河《かは》の形《かたち》や都市《とし》の名《な》に極《きは》めてよく符《ふ》合《がふ》して居《ゐ》ることが知《し》れる。

ゼウスの牛とヨウロッパ媛——此牛星座《このうしせいざ》はどんな神話《しんわ》、又《また》來歷《らいれき》に基《もと》づいたものであるか。其《そ》れにはゼウスの牛《うし》の神話《しんわ》と、源氏《げんじ》の夕顏《ゆふがほ》との話《はなし》がある。

希臘神話《ぎりしやしんわ》（實《じつ》は東洋《とうやう》、専《もつぱ》ら印度神話《いんどしんわ》）の云《い》ふ所《ところ》に據《よ》ると、ゼウスの神《かみ》はホイニシヤ王《わう》の娘《むすめ》ヨウロッパ媛《ひめ》を愛《あい》して、或日《あるひ》娘《むすめ》が海邊《かいへん》で遊《あそ》んで居《ゐ》る時《とき》、自《みづか》ら牛《うし》の姿《すがた》に化《な》つて媛《ひめ》に近《ちか》づいた。媛《ひめ》は其牛《そのうし》の柔和《にうわ》そうなのに心《こゝろ》を許《ゆる》し、其《そ》れをなでたり、又《ま》た乘《の》つたりして居《ゐ》たが、今《いま》までおとなしうして居《ゐ》た牛《うし》は、忽《たちま》ち勢《いきほひ》付いて、女《をんな》を乘《の》せたなり、起《た》ち上《あ》がつて海《うみ》の方《はう》に行《いつ》て海《うみ》の上《うへ》を駈《か》け出《だ》した。媛《ひめ》は友達《ともだち》を呼《よ》んで助《たす》けを求《もと》めたが何《なん》の効《かう》もない。媛《ひめ》は今《いま》はあきらめて、牛《うし》に向《むか》つて、汝《なんぢ》は何者《なにもの》ぞ、又《ま》た自分《じぶん》を何處《どこ》へ連《つ》れて行《ゆ》く氣《き》かと問《と》ふた。牛《うし》は答《こた》へて『恐《おそ》れることは無《な》い。我《われ》はゼウスの神《かみ》で、おん身《み》に戀《こ》ひして、假《かり》に牛《うし》の形《かたち》になつて居《ゐ》るのである。クレタは我乳母《わがうば》の地《ち》だから其所《そこ》へ行《いつ》て、おん身《み》と結婚《けつこん》するのである』と。此《この》二人《にん》の間《あひだ》にミノースと、ラダマントスと、サルペードーンとの三人《にん》の子《こ》が出來《でき》た。

此點《このてん》で一寸研究《ちよつとけんきう》をして見《み》ると、金牛星座《きんぎうせいざ》の其牛《そのうし》は、ゼウスの化《な》つた牛《うし》を象《かたど》つたもので、ヨウロッパ媛《ひめ》の名《な》は語源《ごげん》 Eury-opia「夜《よ》の目《め》」「夜《よ》の國《くに》」「夕顔《ゆふがほ》」「おしまひ」等《とう》を意味《いみ》し、プレヤデス七女性中《ぢよせいちう》のメルオペイ Mer-ope(Moir-ope)が其對譯《そのたいやく》に當《あた》つて居《ゐ》る。

此星座《このせいざ》を金牛《きんぎう》と云《い》ふのは、或《あるひ》はゼウスが日光《につくわう》の神《かみ》て其光《そのひかり》を黄色《きいろ》にたとへて、此牛《このうし》を金牛《きんぎう》と云《い》ふたのとも思《おも》はれる。

源氏の夕顔――右《みぎ》のゼウスとヨーロッパ媛《ひめ》との話《はなし》は、日本《にほん》の源氏《げんじ》夕顔《ゆふがほ》の巻《まき》に由《よ》つて、一層明瞭《そうめいれう》と詳細《しやうさい》とを得《う》るのである。ゼウスの神《かみ》は光《ひか》る源氏《げんじ》となつて居《ゐ》る。光《ひか》る源氏《げんじ》は大貳《だいに》の乳母《うば》の病氣《びやうき》を見舞《みまひ》に行《いつ》たら、其隣家《そのりんか》の美《うつく》しい娘夕顔《むすめゆふがほ》に目《め》がとまり、遂《つひ》に戀仲《こひなか》になつて屢々通《しば〳〵かよ》うて來《く》ることになつた。(田舍源氏《ゐなかげんじ》には夕顔《ゆふがほ》は黄昏《たそがれ》としてあり、母《はゝ》の名《な》は淩晨《しのゝめ》である。そして源氏物語《げんじものがたり》よりも田舍源氏《ゐなかげんじ》の方《はう》が話《はなし》の筋《すぢ》が明瞭《めいれう》てあり、又《また》た他《た》の有益《いつえき》な材料《ざいれう》があるから、兩者合《りやうしやあは》せて此話《このはなし》の材料《ざいれう》にする)。

或《ある》一夜《や》源氏《げんじ》は或危難《あるきなん》を避《さ》けて、夕顔《ゆふがほ》を連《つ》れて一つの古寺《ふるでら》へ行《いつ》て、一夜《や》を明《あ》かして居《ゐ》たら、夕顔《ゆふがほ》は頻《しき》りに物恐《ものおそ》れを爲《な》し、中夜《ちうや》に鬼《おに》の面《めん》した者《もの》が現《あら》はれたから、彼女《かのぢよ》は驚《おどろ》いて死《し》んで仕舞《しま》ふた——田舎《ゐなか》源氏《げんじ》では彼女《かのぢよ》の母《はゝ》が光源氏《ひかるげんじ》を殺《ころ》さうとして鬼女《きぢよ》の姿《すがた》で此寺《このてら》へ來《き》たとしてある。

今此《いまこの》一段《だん》を簡短《かんたん》に研究《けんきう》すると、源氏《げんじ》が見舞《みま》ふた大貳《だいに》の乳母《うば》とは牛《うし》の角《つの》のエル・ナツ El Nathの星《ほし》で、語源《ごげん》は Nadi で、南印度《みなみいんど》のマハー・ナヂと同《おな》じ語《ご》で、これが大《だい》貳《に》の對譯《たいやく》である。ゼウスはクレタ即《すなは》ち暮田《くれた》は乳母《うば》の國《くに》と云《い》うたが、源氏《げんじ》にも此夕顔《このゆふがほ》の地《ち》に乳母《うば》があつて、其所《そこ》で源氏《げんじ》は夕顔《ゆふがほ》に會《あ》うたのである。

夕顔《ゆふがほ》又《ま》た黄昏《たそかれ》の名《な》は素《もと》よりプレヤデスの一人《ひとり》であつて、土地《とち》は前《まへ》に云《い》うたモングールである。此夕顔《このゆふがほ》が入相星《いりあひほし》プレヤデスに屬《ぞく》する者《もの》であることは、田舎《ゐなか》源氏《げんじ》も證明《しようめい》する。元來《ぐわんらい》プレヤデス P-eleiasの語幹《ごかん》 eleia 即《すなは》ち「入《い》り」なる語《ご》は希臘語《ぎりしやご》で「急《きふ》に投《な》げる」「打《う》つ」「激《はげ》しく迫《せま》る」「逐《お》ふ」「取《と》り巻《ま》く」「入《い》れ込《こ》む」「入相《いりあひ》」等《とう》を意味《いみ》するが、夕顔《ゆふがほ》の母《はゝ》は或人《あるひと》から或事《あること》に因《よ》つて迫られて、多勢を以《も》つて討《う》ち取《と》るなど云《い》はれたことがあるは、彼女《かのぢよ》は「入相《いりあひ》」たることを示《しめ》して居《ゐ》る。

牛の角の鬼女の面——夕顔《ゆふがほ》の母凌晨《はゝしのゝめ》が、古寺《ふるでら》で光源氏《ひかるげんじ》や、夕顔《ゆふがほ》などを威《おど》した鬼女《きちよ》の面《めん》には、牛の角がある。これは此星座《このせいざ》の牛《うし》の角《つの》であることは十分《ぶん》に察《さつ》せられる。又《ま》た此女性《このぢよせい》の夫《をつと》は泥藏《ごろざう》と云《い》ふが、これはプレヤデスの父《ちゝ》アトラス A-tlasのことて、アは敬語《けいご》トラスが訛《なま》つて濁《にご》つてドロゾーとなつたものか、又《また》はタウロスなる語《ご》が濁《にご》つて訛《なま》つたか、何《いづ》れかであらう。且《か》つア・トラスも「重《おも》きに任《た》える」を意味《いみ》し、牛《うし》の重《おも》きを擔《にな》ふと同《おな》じ意味《いみ》で、金牛星座《きんぎうせいざ》全體《ぜんたい》の代表者《だいへうしや》である。

夕顔等《ゆふがはら》が古寺《ふるでら》へ行《いつ》たことはバトナへ行《いつ》たので、前《まへ》にも云《い》ふた如《ごと》く、パトナの舊名《きうめい》はバライボートラと云《い》ひ、舊佛《きうぶつ》を意味《いみ》し、從《したが》つて古寺《ふるでち》である。凌晨《しのゝめ》が此古寺《このふるでら》で「富《ふ》士山《じさん》を透《すか》した蒲《がま》の簾《すだれ》」のことを言《い》ふて居《ゐ》るが、蒲《がま》の簾《すだれ》とはパトナの又《また》の舊名《きうめい》パッタリ・ボートラ Pattali-bodraのことである。又《ま》た「富《ふ》士《じ》山《さん》を透《すか》した」とあるは、ヒマラヤ山《さん》を遙《はる》かに後《うしろ》にしたことを云《い》ふたものである。ヒマラヤは富《ふ》士《じ》山《さん》であることは白羊宮《はくやうきう》の部《ぶ》に言《い》ふて置《お》いた。

再言《さいげん》すれば泥藏即《どろざうすなは》ちタウロスたる「牛《うし》」の名《な》のある者《もの》の妻凌晨《つましのゝめ》は、パトナで鬼女《きちよ》の牛の角の面を用《もち》ゐたのは矢張《やは》り牛《うし》で、見《み》事《ごと》此星座《このせいざ》に於《お》ける角《つの》に當《あた》り、ガンダク河《がは》と、ラブト河《がは》とがパトナ附近《ふきん》で角《つの》のやうになつて居《ゐ》る形《かたち》を示《しめ》すのである。又《ま》た此凌晨《このしのゝめ》は、數々《しばしば》或人《あるひと》から金《かね》を受《う》けることを言《い》ふて居《ゐ》る。そして大《だい》ガンダク河《がは》はパトナ附近《ふきん》で恒河《こうが》に流《なが》れ合《あ》ひ、小《せう》ガンダク河《がは》はモングール即《すなは》ち黄昏《たそがれ》の地《ち》に流《なが》れ合《あ》ふて居《ゐ》て、此河《このかは》の名《な》ガン・ダク」は「光待《ひかりま》つ」を意味《いみ》し、光《ひかり》は金色《きんいろ》で、金《かね》を待《ま》つの意味《いみ》であるから、此女性《このぢよせい》が金《かね》のことを言《い》ふとしてあり、是《こ》れが又《ま》た金牛《きんぎう》の名《な》があるわけかとも思《おも》はれる。

プレイヤデス七星の話し——以上《いじやう》はプレイヤデスを金牛星座《きんぎうせいざ》に於《お》ける一箇《こ》のものとして扱《あつか》ふたが、又《ま》た此星團《このせいだん》には獨立《どくりつ》した神話《しんわ》が傳《つた》へられて居《ゐ》る。元來此入《ぐわんらいこのいり》相星團《ちよせいさん》はアトラスの神《かみ》の七人娘《にんむすめ》で、月《つき》の神《かみ》アルテミス從屬《じうぞく》の仙女《せんによ》であつたが、一日《にち》オオリオン（參宿《さんしゆく》）が、ボイオーチヤ（牛込《うしこみ》）で彼等《かれら》を見《み》そめて追《お》つかけた。女等《をんなら》はオオリオンの追《お》つかけるに苦《くる》しみ、神々《かみがみ》に祈《いの》つて自分等《じぶんら》の形《かたち》を變《か》へることを求《もと》めた。ゼウスの神《かみ》は彼等《かれら》を變形《へんけい》して鳩《はと》となし、又《ま》たプレヤデス（棚機《たなはた》）の星座《せいざ》にした。其數《そのかず》は七つであるが吾等《われら》の見《み》るのは六つで、他《た》の一つのエレクトラ（絲織姫《いとおりひめ》）の星《ほし》は、其《その》子《こ》ダルダヌスの建《た》てたツロイ城《じやう》の沒落《ぼつらく》を見《み》た爲《た》めに、其時《そのとき》以來《いらい》顔《かほ》の色蒼《いろあを》ざめ、又《ま》た慰《なぐさ》めを失《うしな》うて彗星《すゐせい》となり黒髮《くろかみ》の結《むす》ぼゞれたる思《おも》ひ」で、髮《かみ》を長《なが》く後《うしろ》に垂《た》れ亂《みだ》して、尚《な》ほ天《てん》の諸方《しよはう》に遍歷《へんれき》したと傳《つた》へられて居《ゐ》る。又《また》一説《せつ》に據《よ》ると、かの失《うしな》はれたフレヤデス中《ちう》の一つの星《ほし》はメロオペであつて、シシホスなる人間《にんげん》の妻《つま》となつた爲《た》めに、其《その》不死《ふし》を失《うしな》うたとも謂《い》はれて居《ゐ》る。又《ま》たオオリオンがメロオペ（夕顏《ゆふがほ》）を戀《こひ》した時《とき》、女《をんな》の父《ちゝ》オイノピオン（Oinopion＝Oeni-opion）が酒《さけ》を以《もつ》てオオリオンを泥醉《でいすゐ》せしめて盲目《まうもく》にして仕舞《しま》ふたとも謂《い》うてある。

此處《ここ》て此神話《このしんわ》を研究《けんきう》すると、光源氏《ひかるげんじ》はオオリオンに當《あた》り、夕顔《ゆふがほ》はメロオペで、其《その》見《み》そめたボイオーチヤとは明《あきら》かに牛《うし》の地《ち》即《すなは》ちウキシンツスなる牛込《うしごみ》である。又《ま》た彼《かれ》等《ら》七人《にん》の女性《ぢよせい》は鳩《はと》になつたとあるが、これはパトナの地名《ちめい》になつて居《ゐ》る。鳩《はと》の希臘《ぎりしや》語《こ》はハトPhatoで、其《そ》れが印度《いんど》ではパト・ナ Pat-na（鳩名《はとな》）となつて居《ゐ》る。そして彼等《かれら》は星座《せいざ》に上《あ》けられたとは即《すなは》ち此《この》パトナの地《ち》が星座《せいざ》になつたことを云《い》ふたことは明瞭《めいれう》である。又《ま》たメロオペの父《ちゝ》「オイノピオン」とは「鬼《おに》の面《めん》」を意味《いみ》し、夕顔《ゆふがほ》の母《はゝ》が用《もち》ゐるて脅《おど》かした鬼女《きぢよ》の面《めん》に當《あた》り、其鬼女《そのきぢよ》には牛《うし》の角《つの》があつて、父《ちゝ》タウロスたる泥藏《どろざう》の「牛《うし》」に當《あた》つて居《ゐ》る。

棚機七姫とプレヤデス七姫――プレヤデスは右云《みぎい》ふた如《ごと》く七人《にん》あるが、其《そ》れは日本《にほん》で棚機《たなばた》七姫《ひめ》として、美《うつく》しい名《な》を以《もつ》て傳《つた》はつて居《ゐ》る。語源説明《ごげんせつめい》は略《りやく》して其對譯《そのたいやく》を出《いだ》さば左《さ》の通《とほ》りである。

○棚機《たなはた》七姫《ひめ》　○プレヤデス七姫《ひめ》

秋《あさ》さり姫《ひめ》……マイヤ(Maia)

朝顏姫《あさがほひめ》……アステロペ(Aster-ope)

ともし火《ひ》姫《ひめ》(夕顏《ゆふがほ》)……メロオペ(Mer-ope)

絲織姫《いとおりひめ》……エレクトラ(Electra)

さゝがに姫《ひめ》……タウゲタ(T'augeta)

梶《かぢ》の葉《は》姫《ひめ》……ケーライノ(Kelaino)

百子《もゝこ》姫《ひめ》……アルクオネ(Alkyone)

穀雨。小滿。立夏――此金牛宮《このきんぎうきう》に當《あた》る曆《こよみ》の節《せつ》は穀雨《こくう》、小滿《せうまん》、立夏《りつか》を以《も》つてすべきで、穀雨とは、水《みづ》を意味《いみ》し、養《やしなひ》の乳母《うば》たりしヒヤデス星團《せいだん》の對譯《たいやく》ではないか。小滿とはブレヤデス（實《じつ》はP-eleiades）で、物《もの》を入《い》れ込《こ》み、滿《み》てること。語《ことは》の始《はじ》めの「プ」は小《ちひ》さき事《こと》、又《ま》た敬語《けいご》で、小滿《せうまん》は明《あき》らかにプレヤデスの星團《せいだん》の名《な》である。立夏《りつか》とはエル・ナツの星《はし》の名《な》の對譯《たいやく》で、エルは物《もの》の「初《はじめ》」、ナツは「夏《なつ》」即《すなは》ちエル・ナツの星《はし》は立夏《りつか》の節《せつ》の名《な》になつて居《ゐ》る。

○日本名《にほんめい》、牡《を》牛《うし》座星《せいざ》。

第五章　双兒宮

双兒宮——羅甸名《らてんめい》ゲミニ Gemini。五月《ぐわつ》に當《あた》る星座《せいざ》、舊來《きうらい》の黄道順《くわうだうじゆん》では第《だい》三番《ばん》のもので、記號《きがう》はⅡ。天《あま》の河《がは》を隔《へだ》てゝ金牛星座《きんぎうせいざ》の東《ひがし》にある。形《かたち》は希臘神話《ぎりしやしんわ》のカストールとポラックスとの双兒《ふたご》が肩《かた》を並《なら》べて坐《すは》つて居《ゐ》る。右《みぎ》の方《はう》の青年《せいねん》カストールの頭部《とうぶ》に一等星《とうせい》よりは聊《いさゝ》か光《ひかり》の弱《よわ》い白《しろ》いカストールの星《ほし》があり、支那《しな》で之《これ》を北河《ほくか》二と云《い》ひ、有名《いうめい》な二重星《ちうせい》である。左《ひだり》の方《はう》の青年《せいねん》の頭《あたま》には一等星《とうせい》で橙色《だい〳〵いろ》のポラックスの星《ほし》がある。之《これ》を北河《ほくか》三と云《い》ふ。此他《このほか》二人《にん》の體《からだ》の中央部《ちうあうぶ》を東西《とうざい》に横《よこ》ぎつて二つ三つの星《ほし》が列《れつ》を爲《な》し、又《ま》た足《あし》の部分《ぶぶん》にも其《そ》れと並行《へいかう》に二つ三つの星《ほし》があるのが目《め》に付《つ》く。太陽《たいやう》は殆《ほとん》ど五月《ぐわつ》二十日頃《かごろ》から大凡《おほよそ》六月《ぐわつ》二十一日《にち》、即《すなは》ち最《もつと》も日《ひ》の長《なが》い時《とき》まで双兒宮《さうじきう》に在《あ》る。

印度河流域——一見《けん》した所《ところ》では此星座《このせいざ》の形《かたち》は、果《はた》して何《いづ》れの地《ち》を象《かたど》つたかは容易《ようい》に知《し》れぬと思《おも》ふ。しかし双兒《さうじ》カストールとポラックスとは、日本神代《にほんしんだい》の香取《かとり》、鹿島《かしま》の二柱《ふたはしら》の神《かみ》に當《あた》つて居《を》り、香取《かとり》の地名《ちめい》は印度河上流《いんどがはじやうりう》の東《ひがし》の一帶《たい》カトリ Khatri-aeであり、鹿島《かしま》は、其下流《そのかりう》の東《ひがし》の方《かた》、今《いま》のカチアワルの島《しま》に當《あた》つて居《ゐ》ることが豫《あらかじ》め知《し》れて居《ゐ》る新研究者《しんけんきうしや》に取《と》つては、星座地理《せいざちり》の發見《はつけん》はあまり困難《こんなん》では無《な》かつた。

此等《これら》双兒宮《きうじきう》は、二人《ふたり》が肩《かた》を並《なら》べて、其部分《そのぶぶん》を印度河《いんどがは》に當《あ》て、物《もの》に腰《こし》かけて足《あし》を印《いん》度《ど》東海岸《とうかいがん》まで伸《の》ばした形《かたち》で、印度河《いんどがは》の屈曲《くつきよく》は二人《にん》の肩《かた》のあたりの輪廓線《りんくわくせん》に一致《ち》し、カストールの左《ひだり》の足《あし》はガンジス河《がは》の流《なが》れに沿《そ》ひ、其他《そのほか》二人《にん》の足《あし》は皆東海岸《みなとうかいがん》の河《かは》の流《なが》れの形《かたち》に隨《したが》つたものであるなどは。此星座圖《このせいざづ》の作者《さくしや》が、如何《いか》に印度地圖《いんどちづ》を明知《めいち》して此《この》二人《にん》の姿《すがた》を其《そ》れに當《あ》てはめて畫《ゑが》いたかの緻密《ちみつ》なやり方《かた》に敬服《けいふく》せざるを得《え》ない。

星の地名――　右《みぎ》の方《はう》の青年《せいねん》の頭《あたま》にカストールの一等星《とうせい》があるが、其《そ》れは印度《いんど》の其部分《そのぶぶん》の總稱《そうしよう》たるカス・ミルの別名《べつめい》で、地名《ちめい》はカス・ミルと云《い》ひ、星《ほし》の名《な》はカス・トールと云《い》ひ、上半語《じやうはんご》は何《いづ》れも「カス」下半語《かはんご》は「ミル」と「トール」との相違《さうゐ》で、意味《いみ》は同《おな》じく、美《うつく》しく化装《くわさう》することを意味《いみ》して、又《ま》た日本語《にほんご》春日《かすが》である。

左《ひだり》の方《はう》の青年《せいねん》の頭《あたま》にあるポラックス Polluxは語源《ごげん》 Poly-leukesて「長途《ちやうど》の幸運《かううん》」を

意《い》味《み》し、カチアワル Kathi-awar の島《しま》の名《な》を負《お》うたものである。カチアワルとは、「カチ」は日本語《にほんご》陸行《かち》を意味《いみ》し、アワルは羅典語《らてんご》 ave-ar 日本語《にほんご》「健康《けんかう》に」を意味《いみ》する別《わか》れの時《とき》の「アバヨ」(aveo)に當《あた》る語《ご》で、長途《ちやうと》の健全《けんぜん》を祝《しゆく》する語《ご》の地名《ちめい》即《すなは》ち——「鹿島立《かしまだ》ち」なる語《ご》の起原《きげん》は此《こゝ》にある。

第五十一図

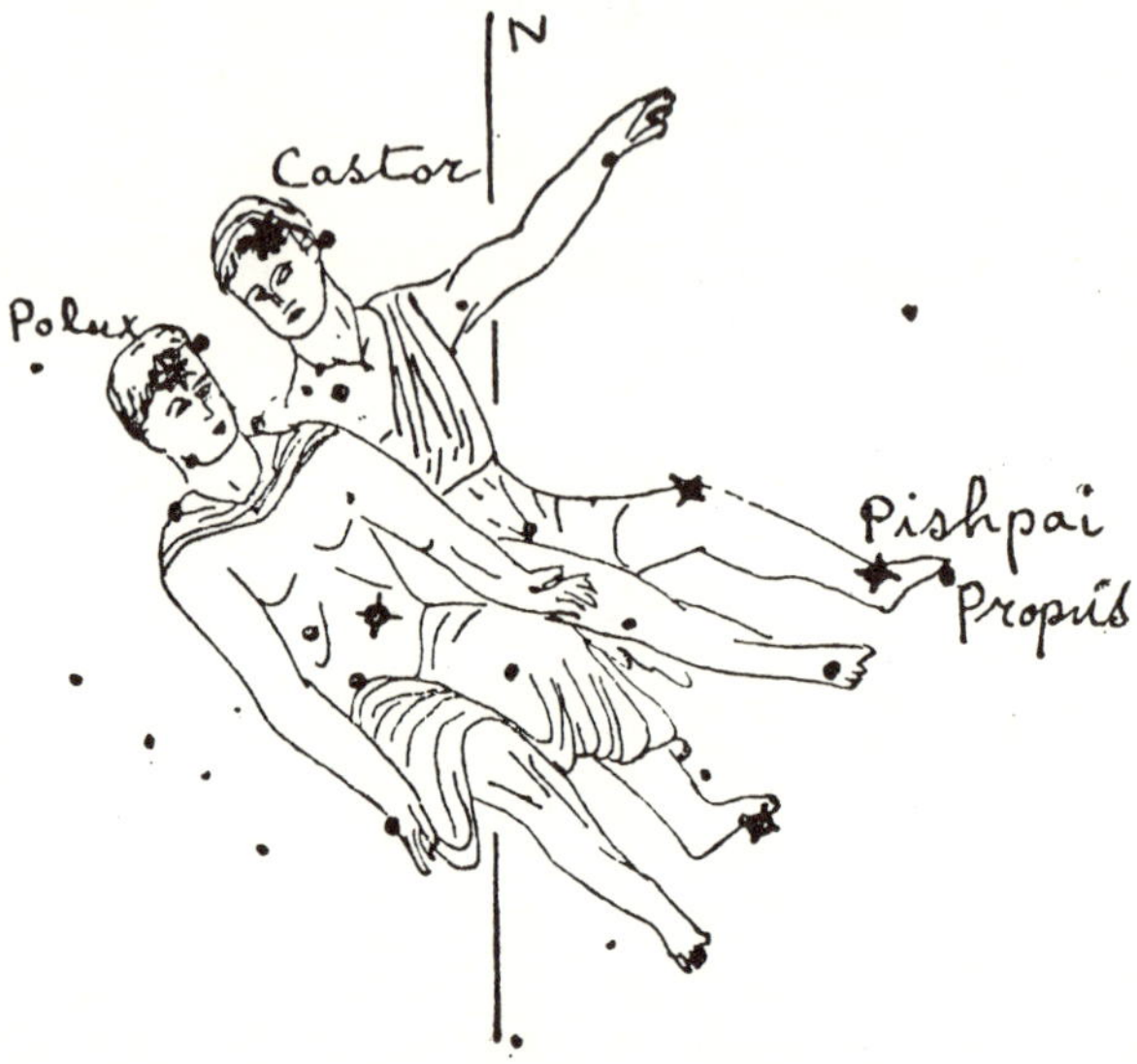

双児宮

又《ま》たカストルの足《あし》の先《さ》きにピシユパイなる星《ほし》がある。これは Pisci-pai の變化《へんくわ》で「魚若《うをわか》」を意味《いみ》し、ガンジス河口《かこう》の東部《とうぶ》を魚《いよ》の地《ち》、イヨ(伊豫《いよ》)ニヤンと云《い》ふに當《あた》つて居《ゐ》る。又《ま》たプロープス Prôpus なる星《ほし》がある。これは、目《め》、見《み》る。馬《うま》などを意味《いみ》する語《ご》で、前《まへ》の魚《うを》の地《ち》の陸《りく》の部分《ぶぶん》の名《な》である。

第五十二圖

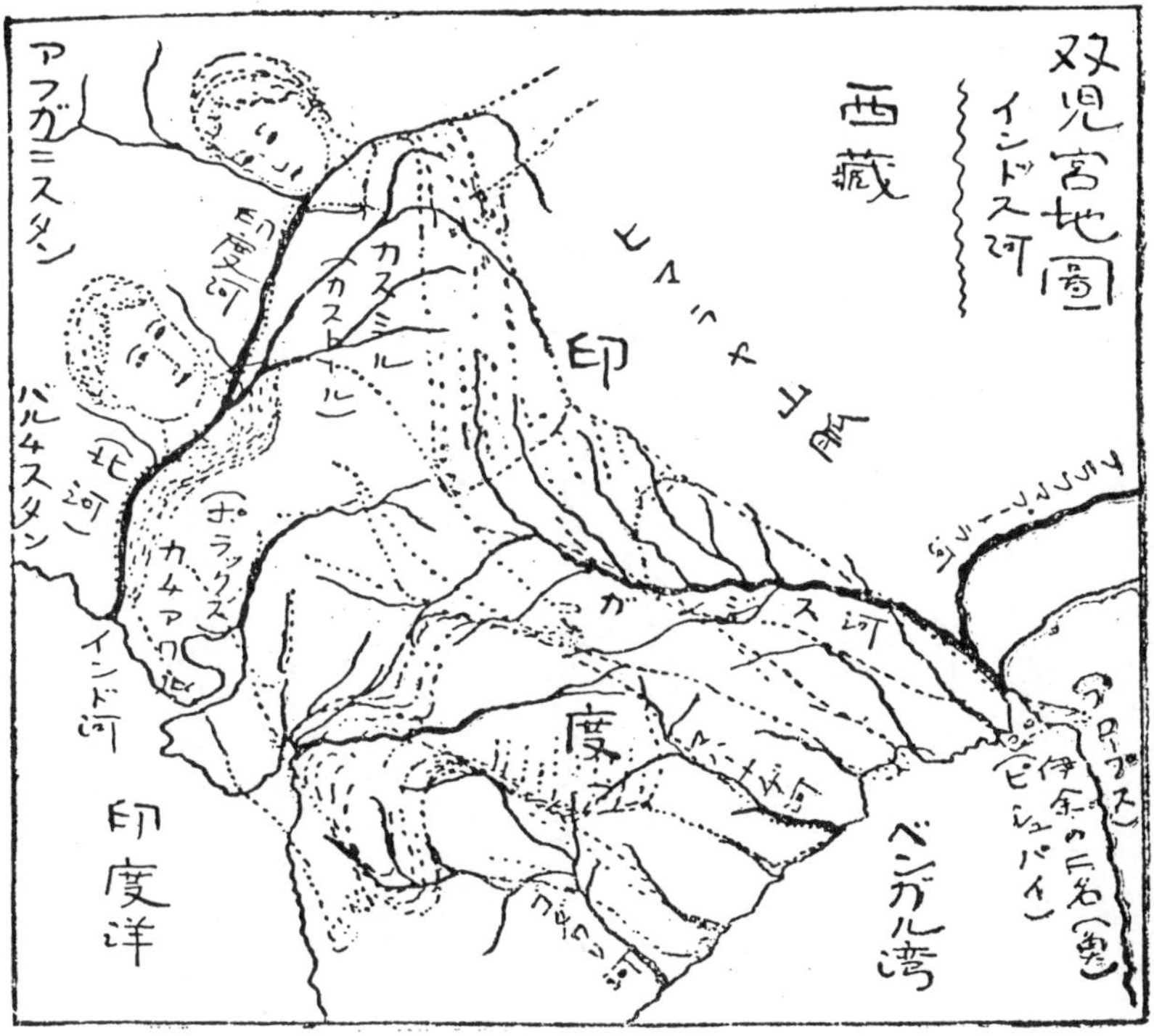

双兒宮地圖

さらば是《これら》の星《ほし》の名《な》は、印度《いんど》の其部分《そのぶぶん》の地《ち》名《めい》の別譯《べつやく》で、此星座《このせいざ》は印度河《いんどがは》、ガンジス河《がは》から、南《みなみ》はマハー・ナヂ河《かは》、ゴダワリ河《がは》て輪廓《りんくわく》されたものである。

支那名「北河」は

印度河――此星座《このせいざ》を支那名《しなめい》「北河《ほくか》」と云《い》ふが、勿論支那《もちろんしな》の方角《はうがく》で名付《なづ》けたのでも何《なん》でもない、何等支那《なんらしな》に關係《くわんけい》もなく、これも印度河《いんどがは》の一種《しゆ》の譯名《やくめい》である。何故《なぜ》ならば印度河《いんどがは》の名《な》インドは Ind ∧ And ∧ Add と變化《へんくわ》した語《ご》で、若《わか》きこと、加《くは》へること、壯大《さうだい》なることを意味《いみ》し、其《その》「壯大《さうだい》」なる語《ご》の別譯《べつやく》希臘語《ぎりしやご》は(Keta《キタ》 Ketos)即《すなは》ち日本語《にほんご》「北《きた》」だからである。

カストールとポラックス――希臘神話《ぎりしやしんわ》に據《よ》ると、此双兒《このふたご》はチンダレウスなる王《わう》の兒《こ》であるとも云《い》ひ、又《ま》たゼウスの子《こ》であるとも云《い》はれて居《ゐ》る。そしてカストールは馬《うま》を馴《な》らすに長《ちやう》へ、ポラックスは拳術《けんじゆつ》に長《ちやう》じて居《ゐ》た。二人共《にんとも》カリドンの猪《ゐのし》狩《が》りや、アルゴ丸《まる》の遠航《ゑんかう》にはスパルタを代表《だいへう》して行《いつ》た英雄《えいゆう》である。其妹《そのいもうと》に絶世《ぜつせい》の美人《びじん》、トロイ十年《ねん》の大戰爭《だいせんさう》の原因《げんいん》を爲《な》したヘレンがある。

事《こと》に依《よ》つてカストールは殺《ころ》された。ポラックスは心甚《こゝろはなは》だ慰《なぐさ》まぬから、大神《おほがみ》ゼウスは彼等兄弟《かれらきやうだい》に許《ゆる》すに、隔日毎《かくじつごと》に不死《ふし》の神々《かみ〴〵》の世界《せかい》に二人共《にんとも》に住《す》み、又《ま》た隔日毎《かくじつごと》に死《し》の國《くに》に二人《にん》一所《しよ》に住《す》むことを以《も》つてして、彼等兄弟《かれらきやうだい》は始《はじ》めて滿足《まんぞく》したとのことである。スパルタでは此二柱《このはしら》は靑年《せいねん》の保護者《ほごしや》として尊《たつと》ばれ、又《ま》た戰爭《せんさう》の時《とき》は二人《にん》は馬《うま》に乘《の》つて戰場《せんぢやう》に現《あら》はれて、勝利《しようり》を與《あた》へる者《もの》として尊崇《そんすう》されて居《ゐ》る。又《ま》た船乘《ふなのり》は海上安《かいじやうあん》全《ぜん》の爲《た》めに此《この》二柱《はしら》を信心《しんじん》する。此神《このかみ》の祭禮《さいれい》の時《とき》は尚武《しやうぶ》の舞踊《ぶよう》が行《おこな》はれる。又《ま》たスパルタの王家《わうか》は此兄弟《このきやうだい》から系圖《けいづ》を引《ひ》くことを名譽《めいよ》にして居《ゐ》た。

羅馬《ろーま》には一種勇壯《しゆゆうさう》な神話《しんわ》が傳《つた》はつて居《ゐ》て、是等《これら》二柱《はしら》の英雄《えいゆう》は世界《せかい》を征服《せいふく》する天軍《てんぐん》の大將《たいしやう》として尊崇《そんしう》して居《ゐ》る。其《そ》れ故《ゆゑ》に今《いま》も羅馬《ろーま》に行《ゆ》くとモンテ・カバルロには、双兒《ふたご》の見事《みごと》な大立像《だいりつざう》が立《た》つて居《ゐ》る。

武甕槌神と經津主神——カストールとポラックスとは日本神代《にほんしんだい》の經津主《ふつぬし》と武甕槌《たけみかつち》の神《かみ》とに當《あた》つて居《ゐ》て、カストールは經津主《ふつぬし》即《すなは》ち香取《かとり》の神《かみ》、ポラックスは武甕槌《たけみかつち》、鹿島《かしま》の神《かみ》で、日本歷史《にほんれきし》で、此《この》二神《しん》は日本《にほん》の爲《た》めに『天下《てんか》を周流削平《しつりうさくへい》』した有功《いうこう》の神《かみ》とするのは羅馬人《ろーまじん》の信仰《しんかう》と同《おな》じである。又《ま》た此《この》二人《にん》は一神《しん》であるやうで二神《しん》である、何時《いつ》でも二人《にん》は打連《うちつ》れて活動《くわつどう》して居《ゐ》て、確《たし》かに「双兒《ふたご》」の感《かん》を與《あた》へる。

其鹿島《そのかしま》の神《かみ》に當《あた》るポラックスは語源《ごげん》 Poly-lucksで「長途《ちやうと》の幸福《かうふく》」を意味《いみ》し、別名《べつめい》をポリデウケース Poly-deuces と云《い》ひ、これも同《おな》じ意味《いみ》で、日本《にほん》で旅立《たびだ》ちを「鹿島立《かしまだ》ち」と云《い》ふに當《あた》つて居《ゐ》る。此神《このかみ》は遠行旅行《ゑんかうりよかう》の神《かみ》だからである。此神《このかみ》は拳術《けんじゆつ》に長《ちやう》じて居《ゐ》るが、武甕槌神《たけみかつちのかみ》からは鹿島神刀流《かしましんたうりう》の棒《ほう》を使《つか》ふ術《じゆつ》、又《また》は劍術《けんじゆつ》が傳《つた》へられて居《ゐ》る。其《そ》れだから或書物《あるしよもつ》に載《の》せてある双兒宮《さうじきう》にポラックスは棒《ほう》を持《も》つて居《ゐ》る畫《ゑ》がある。

印度河口《いんどかこう》の東部《とうぶ》の島《しま》カチアワル Kathi-awar(Kathi-aveo)は「旅行無事《りよかうぶじ》を望《のぞ》む」を意味《いみ》し、其《その》 aveo は日本語《にほんご》で人《ひと》と別《わか》れる時《とき》に言《い》ふ「アバヨ」で「健全《けんぜん》を冀《こひねが》ふ」を意味《いみ》し、「冀《こひねが》ふ」を Sci (好《す》き)と云《い》ひ其變化《そのへんくわ》は Sca, Sica となり「鹿《か》」島《しま》は此地《このち》の名《な》であつて、愈々《いよ〳〵》鹿島立《かしまだ》ちの起原《きげん》は明確《めいかく》になつた。

カストールは經津主神《ふつぬしのかみ》、香取《かとり》の神《かみ》で、印度河上流《いんどがはじやうりう》カスミルは前《まへ》に言《い》うた如《ごと》くカストールと同意義《どういぎ》の語《ご》であるが、香取《かどり》の名《な》はカトリ・アヱ Khatri-aeの舊名《きうめい》で傳《つた》はつて居《ゐ》る。又《ま》た現名《げんめい》ラジブタナは Raj-puta-na で「主《ぬし》・經津《ふつ》・名《な》」と譯《やく》され、此地《このち》は經津主《ふつぬし》の名《な》を負《お》うたものである。其中間《そのちうかん》の語《こ》「プタ」は希臘語《ぎりしやご》 Butha, Butho, Buthu となる語《こ》で、佛《ぶつ》・浮圖《ふと》、菩提《ぼだい》、位牌《ゐはい》を意味《いみ》し、經津主神《ふつぬしのかみ》を齋主《いはひぬし》の神《かみ》と云《い》ふは此理由《このりいう》である。

カストールは又《ま》た馬《うま》を馴《な》らすに長《ちやう》じて居《ゐ》るとのことて、其《その》カスミルの地《ち》は別名《べつめい》馬《うま》、目《め》、見《ゐ》るの意味《いみ》があり、又《ま》たアドラスタイ Adrastae の名《な》は「轡《くつわ》」を意味《いみ》して、馬《うま》を馴《な》らす意味《いみ》がある。

北人神話《はくじんしんわ》では武甕槌《たけみかつち》、ポラックスの神《かみ》はトールの神《かみ》となり、經津主《ふつぬし》カストールの神《かみ》は其同行《そのどうかう》のロキなるものとなり、又《ま》た速走の神《かみ》チャルフイはラン Ran の地名《ちめい》となつて居《ゐ》る。そしてトールの神《かみ》の出立點《しゆつたつてん》は此印度《このいんど》の鹿島《かしま》である。耶蘇教《やそけう》では武甕槌《たけみかつち》の神《かみ》を天使《てんし》ミカエルとし、經津主《ふつぬし》の神《かみ》をラフアエルとして居《ゐ》る。

此《この》二神《しん》を希臘語《ぎりしやご》でヂオスクリ Dio-sc-uri と云《い》うが、其《そ》れは「大鹿島《おほかしま》」を意味《いみ》するのである。

五月。芒種――此星座《このせいざ》は五月《ぐわつ》に當《あた》るが、これは印度河星座《いんどがはせいざ》で、前《まへ》に云《い》うた如《ごと》く印度《いんど》の語源《ごげん》は Adda で、アタへる、與《あた》へるを意味《いみ》し、別語《べつご》 Give, Geo で「ゴ」即《すなは》ち「五」だからである。又《ま》た暦《こよみ》の芒種の節《せつ》は、希臘《ぎりしや》、羅甸語《らてんご》ボウ・シユ Buo-scio で、双《ふた》兒《ご》、又《ま》た「種子《しゆし》の多大《ただい》」をも意味《いみ》し、其《そ》れを日本《にほん》の暦《こよみ》の節《せつ》として用《もち》ゐてある。

○日本名《にほんめい》、ふたご星座《せいざ》。

第六章　巨　蟹　宮

巨蟹宮――羅甸名《らてんめい》 Cancer。六月《ぐわつ》に當《あた》る星座《せいざ》。舊黄道順《きうくわうだうじゆん》の第《だい》四番《ばん》。記號《きがう》は ♋ で左右《さいう》、前後《ぜんご》に行《ゆ》き得《う》る形《かたち》を示《しめ》して居《ゐ》る。形《かたち》は蟹《かに》の腹《はら》の面《めん》。此星座《このせいざ》は甚《はなは》だ明瞭《めいれう》でないが、牛車《ぎうしや》と、双兒《ふたご》とは西《にし》にあり。水蛇《みづへび》と、獅子《しし》と大熊《おほくま》とは東《ひがし》から近《ちか》づいて居《ゐ》る。

此星座《このせいざ》は甚《はなは》だつまらぬものだけれども古《ふる》くから最《もつと》も有名《いうめい》なのには驚《おどろ》かざるを得《え》ぬ。

此星座《このせいざ》には四等星以上《とうせいいじやう》のものはない。蟹《かに》の腹部《ふくぶ》の中央《ちうあう》にプラエセペなる星《ほし》の集團《しふだん》がある。此星團《このせいだん》は天氣豫報《てんきよはう》になるものと云《い》うて古來有名《こらいいうめい》である。

太陽《たいやう》は此星座《このせいざ》へ來《き》た時《とき》が最《もつと》も北《きた》へ來《き》て、北《きた》の回歸線《くわいきせん》へ來《き》た時《とき》、即《すなは》ち夏至で、これから南《みなみ》へ行《ゆ》くのである。

恒河下流ガンガリダイ――此星座《このせいざ》の形《かたち》はガンジス河《がは》の下流《かりう》バギラチ河流域《かはりうゐき》の地圖《ちづ》に當《あた》つて居《ゐ》て、澤山《たくさん》の支流《しりう》があり、又《ま》た其流《そのなが》れ出《で》る澤山《たくさん》の川口《かはぐち》は、宛《あたか》も蟹《かに》の手《て》のやうであつて、其《そ》れを星座《せいざ》の形《かたち》にしたものである。此地方《このちはう》の總稱《そうしよう》をガンガリダイ Gangari-dai と云《い》ひ、これが「蟹《かに》の地《ち》」を意味《いみ》することは後《あ》との說明《せつめい》で知《し》ることが出來《でき》る。

星の地名―― 此星座《このせいざ》の右《みぎ》の方《はう》にテグミネの星《ほし》の名《な》があるが、其《そ》れは羅甸語《らてんご》の Tegminen で、覆《おほ》ふ物《もの》・秘藏《ひざう》等《とう》を意味《いみ》し、カルカツタの東南《とうなん》のポート・カンニングのことである。乃《すなは》ちカンニング Canning とは鑵《くわん》に入《い》れることを意味《いみ》し、又《ま》た書物《しよもつ》を書《しよ》寫《しや》することを意味《いみ》し、日本《にほん》の文學《ぶんがく》には書寫山と云《い》うてある。又《ま》た其左《そのひだり》の方《かた》にプラエセペ Praesepe の星《ほし》があるが、其《そ》れは羅甸語《らてんご》で槽《をけ》又《ま》た蜂《はち》の巣《す》を意味《いみ》し、カル・カツタのことである。何故《なぜ》ならばカル・カツタの「カル」の語源《ごげん》は Kal, Gall, Gaulos で、從來《じゆうらい》の天文學者《てんもんがくしや》の言《い》ひ來《きた》つた如《ごと》く、槽《をけ》又《また》は蜂《はち》の巣《す》を意味《いみ》するからである。

如何なる蟹―― 此蟹《このかに》は神話《しんわ》又《また》は史傳《しでん》に於《お》いては如何《いか》なる蟹《かに》であるか。新研究《しんけんきう》者《しや》には天來《てんらい》の材料《ざいれう》が天啓《てんけい》された。古事記《こじき》、應神天皇記《おうじんてんのうき》に、天皇《てんのう》が宮主矢河枝姫《きうしゆやがはえひめ》の家《いへ》

（印度時代《いんどじだい》の日本《にほん》、恒河口《こうかこう》の地《ち》）で宴會《えんくわい》し玉《たま》うた時《とき》の御歌《ぎよか》に

『此蟹《このかに》や　何處《いづこ》の蟹《かに》。
百傳《も・つた》ふ　つぬがの蟹《かに》。
横《よこ》さらふ　いづくに至《いた》る』

との蟹《かに》は此星座《このせいざ》の蟹《かに》である。何故《なぜ》ならば『つぬがの蟹《かに》』の其《その》「つぬが」は「つるが」であつて、此《この》ガンガリダイの今《いま》のカルカッタだからであるが、尚《な》ほ此蟹《このかに》の詳細《しやうさい》な話《はな》しがある。

第五十三圖

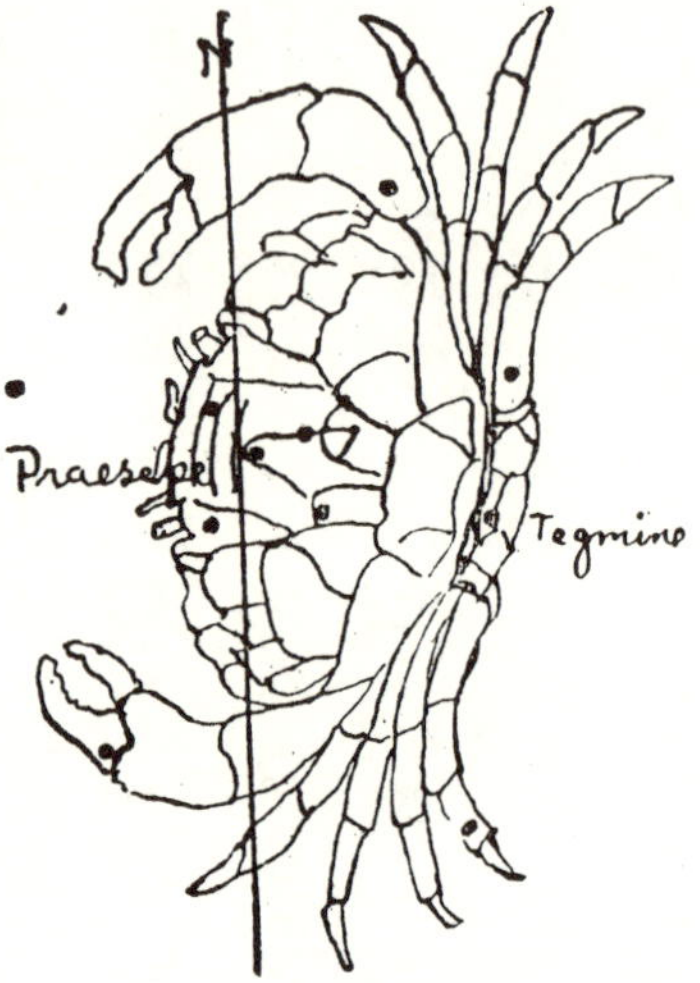

巨蟹宮

つるがの蟹こヅルガ女神——

元亨釋書《げんきやうしやくしよ》第《だい》二十八巻《くわん》に、此《この》つるがの蟹《かに》の話《はな》しが有《あ》つて、又《ま》た其《そ》れがヅルガ女神《ぢよしん》の話《はな》してあることが知《し》れる——『昔山城《むかしやましろ》の國相良郡《くにさがらぐん》（又《ま》た久世郡《くせぐん》とも）綺田村《かんはたむら》に一人《にん》の美女《びぢよ》あり、嘗《かつ》て佛道《ぶつだう》を信《しん》ず。或時里人《あるときさとびと》あまたの蟹《かに》を捉《とら》へて煮《に》て喰《く》はんとす。かの女《ぢよ》

是《これ》を見《み》てあはれみ、美食《びしよく》にかへて蟹《かに》を盡《ことごと》く池《いけ》に放《はな》つ。又其父《またそのちゝ》ある時野《ときの》に出《い》でゝ、蛇《へび》の蟇《がま》を呑《の》むを見《み》てあはれみ、若《も》し蟇《がま》を放《はな》ちやらば我娘《わがむすめ》を汝《なんぢ》に與《あた》へんと云《い》ふ。蛇之《へびこれ》を聽《き》き入《い》れたるさまにて蟇《がま》を吐《は》きて去《さ》らむ。其夜衣《そのよい》冠《くわん》の若人來《わかうどきた》りて、約《やく》の如《ごと》く娘《むすめ》を與《あた》へよと云《い》ひて一室《しつ》に入《い》り、忽《たちま》ち大蛇《だいじや》と變《へん》じて女《をんな》の身《み》をまとふ。時《とき》に前《まへ》の日助《ひたす》けられたるあまたの蟹此處《かにこゝ》に集《あつ》まり、大蛇《だいじや》の遍身《へんしん》を螯《はさ》み殺《ころ》して女《をんな》を救《すく》ひ、大蟹《おほがに》は去《さ》り、小蟹《こかに》はそこに死《し》す。よりて其所《そこ》に蟹及《かにおよ》び蛇《へび》の屍骸《しかい》を埋《うづ》め、寺《てら》を建《た》て、普門山《ふもんざん》・蟹滿《かにまん》

第五十四圖

巨蟹宮地圖

寺《じ》と號《がう》す。又《ま》た紙幡寺《かみはたでら》とも云《い》ふよし』(京傳稻妻表紙《きやうでんいなづまへうし》より拔萃《ばつすゐ》す)

此話《このはなし》は決《けつ》して日本《にほん》のことではなく、太古《たいこ》の『印度日本《いんどにほん》』の話《はな》してある。其相良郡《そのさがらぐん》とはカルカッタを云《い》ひ、綺田村《かんはたむら》とはカルカッタの西《にし》のホウラーHowrah(希臘語源《ぎりしやごげん》Hôra)のことで美《うつく》しきもの、畫絹《ゑぎぬ》、又《ま》は母衣等《ほろとう》を意味《いみ》し、畫絹《ゑぎぬ》のカンバスをカンハタと云《い》うたのである。其所《そこ》に一人《にん》の美女《びぢよ》があつたとはカルカッタのことで、又《ま》たカリカタとも云《い》ひ、「カリ女神《ぢよしん》の所《ところ》」を意味《いみ》する。此《この》カリ女神《ぢよしん》は印度敎《いんどけう》で有名《いうめい》なヅルガ女神のことで、ヅルガが日本《にほん》では「つるが」(敦賀《つるが》)又《ま》た「つぬが」となつて居《ゐ》るのである。そして此女神《このぢよしん》は蟹《かに》の化身《けしん》とも云《い》ふべきで、手《て》は蟹《かに》と同《おな》じく十本《ほん》あつて、一本《ぽん》ごとに鋭《するど》い突《つ》き通《とほ》し、斷《た》ち切《き》る性質《せいしつ》の武器《ぶき》を持《も》たせてある。

元來《ぐわんらい》ヅルガとは何《なに》を意味《いみ》するかと云《い》ふに、蟹《かに》の性質《せいしつ》を形容《けいよう》した「横行《わうかう》」を意味《いみ》し、Durga は英語《えいご》の Through であり、希臘語《ぎりしやご》の Thor-ga で自在《じざい》に行《ゆ》く、十分《ぶん》に行《ゆ》く、横行《わうかう》することを意味《いみ》する名《な》であつて、古典《こてん》に所謂《いはゆる》つぬが(敦賀《つるが》)とはヅルガ女神《ぢよしん》のカルカッタの事《こと》である。(印度學者《いんどがくしや》や、西洋《せいやう》の學者達《がくしやら》が「ヅルガ」の語《ご》を解釋《かいしやく》して、「行《ゆ》くて

と難《かた》し」「難行《なんぎやう》」など云《い》うて居《ゐ》るは、大《おほい》に誤《あやま》つたことで、全《まつた》く反對《はんたい》の意味《いみ》になつて居《ゐ》るなどは、笑止《せうし》の至《いた》りである）

日本語《にほんご》の蟹《かに》は「ガニ（gani）」と云《い》ひ、英語《えいご》や其他《そのた》で gan, gong, gone と同《おな》じく、羅甸《らてん》語《ご》で Cancer と云《い》うが、其《その》カ。をガ。に發音《はつおん》すると Gan-ger で、下半語《しもはんご》「グル」は獨逸語《どいつご》系《けい》「完全《くわんぜん》」「滿了《まんれう》」を意味《いみ》するガル gar と同語《どうご》で、ヅルガの意味《いみ》と同《おな》じである。希臘語《ぎりしやご》のカルキノス Kar-kinos のカルを前《まへ》の如《ごと》くガルとして考《かんが》へると、「完全《くわんぜん》に行《ゆ》く」を意《い》味《み》して、又《また》羅甸語《らてんご》の其《そ》れと同《おな》じ意味《いみ》になる。小舟《カノー》（前後《ぜんご》に行《ゆ》き得《う》る）、管《くわん》、罐《くわん》なども同語《どうご》と思《おも》はれる。

其所《そこ》で印度《いんど》の此蟹《このかに》の地《ち》たるガンガリダイ Gan-gari-dai は「蟹《かに》・滿《まん》・地《ち》」を意味《いみ》して元亨釋書《げんきやうしやくしよ》に「蟹滿寺《かにまんじ》」を建《た》てたとの其名《そのな》に當《あた》つて居《ゐ》る。そして小《ち》さな蟹《かに》は死《し》んだが、巨《おほき》い蟹《かに》は殘《のこ》つたと云《い》うてあつて、其《そ》れが即《すなは》ち巨蟹宮《きよかいきう》となつたので、又《ま》たヅルガ女神信仰《ぢよしんしんかう》の一面《めん》を示《しめ》し、當然星座《たうぜんせいざ》に上《あ》げられるに値《あたひ》するものである。

猿蟹合戰―― おとぎ話《はなし》に有名《いうめい》な猿蟹合戰《さるかにかつせん》を行《おこな》ふた蟹《かに》は、矢張《やは》り此蟹《このかに》である。

これはおとぎ話《はな》しに過《す》ぎぬと言《い》ひ去《さ》らば其《そ》れ切《き》りだが、實《じつ》は民族關係《みんぞくくわんけい》や、歴史地理《れきしちり》や、信仰《しんかう》に關《くわん》する事件《じけん》で、蟹種族《かにしゆぞく》と猿種族《さるしゆぞく》とがあつて、蟹《かに》は一度猿《ひとたびさる》の爲《た》めに大《おほい》に苦《くる》しめられた。其復讐《そのふくしう》の爲《た》めに蟹《かに》の友人《ともだち》が來《き》た。其等《それら》は剃刀《かみそり》、針《はり》、石臼《いしうす》、栗《くり》、蜂及《はちおよ》び其他《そのた》で、殆《ほとん》どヅルガ女神《ぢよしん》の武器《ぶき》と同《おな》じものである。女神《ぢよしん》の左右《さいう》十の手《て》の武器《ぶき》は槍《やり》、刀《かたな》、三叉戟《みつまたほこ》、鐵輪《てつわ》、斧《をの》（クラブ）楯及《たておよ》び其他《そのた》で、蟹《かに》の十本《ほん》の手《て》と同《おな》じである。特《こと》に蟹《かに》黨《たう》に石臼《いしうす》があるのは、カルカッタが石臼神話《いしうすしんわ》のある土地《とち》だからである。

ヘエラクレエスの蟹――希臘神話《ぎりしやしんわ》には、ヘエラクレエスがレルナイヤの水《みづ》蛇《へび》を退治《たいぢ》て居《ゐ》た時《とき》に、出《で》て來《き》て此英雄《このえいゆう》の足《あし》をはさんだのは此大蟹《このおほがに》で、彼《か》れは此蟹《このかに》を殺《ころ》したが、神《かみ》は之《これ》を天《てん》に上《あ》げたと言《い》うて居《ゐ》る。

天氣豫報傳説――天文詩《てんもんし》人《じん》アラッスは、此星座《このせいざ》は天氣豫報《てんきよはう》になると云《い》うて居《ゐ》る。『プラエセペ（槽星《おけぼし》）を注意《ちうい》せよ、蟹星座《かにせいざ》の分野《ぶんや》の遙《はる》か北《きた》に、小《ちひさ》さき霧《きり》の如《ごと》きもの浮《うか》ぶ。一つは北《きた》に一つは南《みなみ》に、是《こ》れ等《ら》は槽星《おけぼし》が分《わ》け隔《へだ》てる二つの愚朴《ぐぼく》な護法神《ごはふしん》で、空《そら》よく晴《は》れた時是等《ときこれら》二つの星《ほし》は時《とき》に全《まつた》く消《き》え失《う》せて、其隔《そのへだ》てた所《ところ》から近《ちか》づき動《うご》いた如《ごと》く見《み》えることがある。其時《そのとき》は強《つよ》き暴風《あらし》が野《の》をかすめる。二つの星《ほし》には變《かは》りなく、槽《をけ》星《ほし》が曇《くも》りすゝけた時《とき》は、雨《あめ》の徵候《ちようこう》。若《も》し北《きた》の護法《ごはふ》が蒸氣に曇つて、南《みなみ》の護法《ごはふ》が映《て》る時《とき》は南風《なんぷう》の望《のぞ》みあり、曇《くも》りと晴《は》れとが二つの星《ほし》に入《い》り更《かは》らば、其時《そのとき》は北風吹《きたかぜふ》くと知《し》る可《べ》し』と云《い》うて居《ゐ》る。そして天文學者《てんもんがくしや》が其《そ》れに理屈《りくつ》を付《つ》けて、此星座《このせいざ》は微《かす》かな光《ひか》りの星《ほし》だから夜《よる》の薄雲《うすぐも》が或星《あるほし》にかゝつたとせば、其《そ》れは雲《くも》が濃《こ》くなることを知《し》らせる天氣豫報《てんきよほう》となり得《う》るなどゝ言《い》うて居《ゐ》るが、浮雲《うきぐも》は此星座《このせいざ》ばかりでなく、何《いづ》れの星《せい》座《ざ》にてもかゝり、又《ま》た去《さ》る。決《けつ》して此星座《このせいざ》計《はか》りを蔽《おほ》ふ如《ごと》きことはなく、又《ま》た此星座《このせいざ》を蔽《おほ》ふとしても其《そ》れが天氣豫報《てんきよほう》になると云《い》うが如《ごと》き緣起說《えんぎせつ》は立《た》ちやうがない。

　實《じつ》は是《こ》れは星座《せいざ》其《その》ものを言《い》うたのでなく、此星座《このせいざ》の土地の事《こと》を云《い》うものである。此星座《このせいざ》の地理《ちり》は恒河《こうか》下流《かりう》ガンガリダイの地《ち》、此地《このち》のポート・カンニングは前《まへ》に言うた如《ごと》く、書寫を意味《いみ》し、日本《にほん》に所謂《いはゆる》書寫山で、此山《このやま》は天氣豫報《てんきよほう》となるのである。義《よし》經記《つねさき》に、海上天候《かいじやうてんこう》の變化《へんくわ》を氣付《きづ》いた時《とき》、辨慶《べんけい》が『あれこそ播磨《はりま》の書寫《しよしや》の嶽《たけ》の見《み》ゆるや』と云《い》うて居《ゐ》る。又《ま》た太平記《たいへいき》十一卷《くわん》に書寫山《しよしやさい》の事《こと》が云《い》うてあるは　右《みぎ》に引用《いんよう》した天文詩人《てんもんしじん》アラッスの謂《い》うて居《ゐ》ることの別傳《べつでん》とも思《おも》はれる。其《そ》れは後醍醐天皇《ごだいごてんのう》（年表《ねんぺう》は採用《さいよう》せず）が書寫山《しよしやさん》へ行幸《みゆき》成つた時《とき》『開山《かいざん》性空上人の御影堂《みえいだう》を開《ひら》かるゝに年來《ねんらい》秘しけるものと覺《おぼ》えて（テグミネの星《ほし》の名《な》の意味《いみ》「秘藏《ひざう》」）、重寶《ちゆうはう》ども多《おほ》かりけり。……片時《かたとき》の程《ほど》に書《か》きたる御經《おきやう》（カンニング港《かう》の名《な》の意義《いぎ》）……又《ま》た齒禿《はちび》て、僅《わづ》かに殘《のこ》れる杉《すぎ》の足駄《あしだ》あり、是《こ》れは上人當山《しやうにんたうざん》より毎日比叡山《まいにちひえいざん》へ御入堂《ごにふだう》の時《とき》、海道《かいだう》三十五里《り》の間《あひだ》を一時《じ》が内《うち》に歩《あゆ》ませ給《たま》ひし足駄《あしだ》なり（「二の星《ほし》消《き》える」「強《つよ》き暴風《ばうふう》」に當《あた》る）。又《ま》た布《ぬの》にて縫《ね》ひたる香《かう》の袈裟《けさ》あり、是《これ》は上人御身《しやうにんおんみ》を放《はな》たず、長時《ちやうじ》に（バラナゴールの地名《ちめい》）懸《か》けさせ給《たま》ひけるが、香の煙にすゝけたる（「槽星《おけほし》の曇《くも》りすゝけ」）を御覽《ごらん》して、あはれ洗はゞや（「雨《あめ》の徴候《ちようこう》」地名《ちめい》セラムプル）と仰《おほ》せられける時《とき》、常隨給仕《じやうずゐきふし》の乙護法《おとこはふ》是《これ》を洗《あら》ひて參《まゐ》り候《さふら》はんと申《まを》して遙《はる》かに西天《せいてん》を指《さ》して飛《と》び去《さ》りぬ。且《しばら》くありて此袈裟《このけさ》をば虚《こ》空《くう》に懸《か》け乾《かは》かす。宛《あたか》も一片《ぺん》の雲《くも》の夕日《ゆふひ》に映《えい》ずるが如《ごと》し（南《みなみ》の護法映《ごはふて》る）。上人護法《しやうにんごはふ》を呼《よ》びて此袈裟《このけさ》をば如何《いか》なる水《みづ》にて洗《あら》ひたりけるぞと問《と》はせ給《たま》へば、護法《ごはふ》、日本《にほん》の内《うち》には然《しか》るべき清冷水候《せいれいすゐさふら》はて、天竺《てんぢく》の無熱池《むねつち》の水《みづ》にて濯《すゝ》ぎて候《さふら》ふなりと答《こた》へ申《まを》されたりし御袈裟《おんけさ》なり。生木化佛《せいぼくけぶつ》の觀世音《くわんぜおん》、稽首生木如意輪《けいしゆせいぼくによいりん》(南風《なんぷう》)。能滿有情福壽願《のうまんうじやうふくじゆぐわん》、亦《やく》滿往生《まんわうじやう》極樂願《ごくらくぐわん》、百千倶服《ぐふく》悉所念《しつしよねん》(「ボレアス」「持來《ちらい》」「北風《ほくふう》」)と、天人降下《てんにんかうか》供養《くやう》し奉《たてまつ》る像《ざう》なり』とあつて、好《よ》き風《かぜ》や雨《あめ》で草木《くさき》を育《そだ》てる功徳《くどく》を謂《い》うたものであるが、同時《どうじ》に天氣豫報《てんきよはう》の意味《いみ》も含《ふく》まれて居《ゐ》る。

又《ま》た此《この》性空上人《しやうにん》の名は此星座《このせいざ》の蟹《かに》を意味《いな》することゝ思《おも》はれる。何故《なぜ》ならば和漢《わかん》三才圖會《さいづゑ》に『蟹《かに》は其内空《そのないくう》なるを以《も》つて、無腸公子《むちやうこうし》と云《い》ふ』とあるからである。又《ま》た此《こゝ》に乙護法《おとごはふ》なる者《もの》があるが、これは愚朴者《ぐぼくしや》を意味《いみ》し、原詩《げんし》のAsellusの對譯《たいやく》になつて居《ゐ》る。又《ま》た此地《このち》に二つの重《おも》き大仁王《だいにわう》が、奇蹟的《きせきてき》に一人《にん》に擔《にな》はれて北《きた》へ行《いつ》た話《はな》しがあるが・此事《このこと》に關係《くわんけい》があると思《おも》はれる。日本《にほん》の書物《しよもつ》に「香《かう》の煙《けむり》に曇《くも》る」とあるは、アラッスの詩《し》には「蒸《む》し上《あが》る氣《き》に曇《くも》る」と云《い》うてある。「生木化佛《せいぼくけぶつ》……生木如意輪《せいぼくによいりん》」は南風の性能《せいのう》であり、「能滿福壽《のうまんふくじゆ》、百千倶服《ぐふく》」は北風《ほくふう》ボレヤスの性能《せいのう》で、ボレヤスとは、「持《も》ち來《きた》す」を意味《いみ》する名《な》である。其所《そこ》でアラッスは南風《なんぷう》や北風《ほくふう》を謂《い》うて居《ゐ》る。素《もと》より此土地《このとち》は天氣《てんき》の精靈《せいれい》の在《あ》る所《ところ》となつて居《ゐ》るが、其地《そのち》を象《かたど》つた星座《せざ》其《その》ものには天氣豫報《よほう》の効力《かうりよく》はないのである。

此通《このとほ》りに星座《せいざ》と土地《とち》とを混同《こんどう》して天氣豫報《てんきよほう》の星座《せいざ》などゝ言《い》はれたのは、此他《このほか》に、南天星座《なんてんせいざ》の「花筐《はながたみ》」(祭壇《さいだん》と譯《やく》してある)が其《そ》れである。

此星座《このせいざ》は星座《せいざ》としてはつまらぬものであるが、昔《むかし》から不思議《ふしぎ》に有名《いうめい》なのは、右《みぎ》の如《ごと》き種々澤山《しゆくたくさん》の神話《しんわ》を有《も》つて居《ゐ》る土地《とち》を星座《せいざ》にしたからのことゝ思《おも》はれる。

六月。夏至。回歸——右諸神話中蟹滿寺《みぎしよしんわちうかにまんじ》に關《くわん》する神話《しんわ》は最《もつと》も注意《ちうい》すべきもので、此六月《このぐわつ》は Logu(Long) 長《なが》きこと、横行《わうかう》を意味《いみ》して蟹《かに》の名《な》の觀念《くわんねん》が月《つき》の名《な》に含《ふく》まれて居《ゐ》る。又《ま》た此神話《このしんわ》には夏至《げし》と回歸《くわいき》との思想《しさう》もある。乃《すなは》ち六月《ぐわつ》は「みな月《つき》」(皆月《みなつき》)十二支《し》の巳《み》(蛇《へび》)に當《あた》り、太陽《たいやう》が頂天《ちやうてん》に達《たつ》した時《とき》で、其蛇《そのへび》を蟹《かに》がはさみ殺《ころ》して蟇《かへる》を助《たす》けたのは、頂上《ちやうじやう》に達《たつ》した太陽《たいやう》を回歸《くわいき》せしめた事《こと》で、蟹《かに》は「完《まつた》く行《ゆ》き終《をは》り」蟇《かへる》は「かへる」即《すなは》ち「回歸《くわいき》」である。(十二月《ぐわつ》の冬至《とうじ》の回歸《くわいき》にはバスコ・ダ・ガマ即《すなは》ち蟇《がま》(かへる)の話《はなし》があるも之《こ》れと一對《つゐ》のことである)。

○日本名《にほんめい》、おほ蟹星座《かにせいざ》。

第七章　獅子宮

獅子宮――羅甸名《らてんめい》レオ Leo。支那名《しなめい》は軒轅《けんゑん》、黄帝《くわうてい》の別名《べつめい》である。七月《ぐわつ》に當《あた》る星《せい》座《ざ》、舊黄道宮順《きうくわうだうきうじゆん》の第《だい》五番《ばん》である。黄道《くわうだう》の記號《きがう》は ♌。星座《せいざ》の形《かたち》は獅子《しし》奮迅《ふんじん》の姿《すがた》西《にし》に向《むか》つて居《を》り、大熊星座《だいいうせいざ》の直《す》ぐ南《みなみ》に在《あ》る。此星座《このせいざ》には一等星《とうせい》レグルスの星《ほし》を始《はじ》めとして、二等星《とうせい》デネボラ、アルギエバ其他《そのた》數個《すうこ》の星《ほし》がある。今此星座《いまこのせいざ》を見附《みつ》けることは案外容易《あんぐわいようい》で、大熊星《だいいうせい》の足《あし》の下《した》、即《すなは》ち南《みなみ》に當《あた》つて明《あかる》い星《ほし》の系統《けいとう》は其《そ》れである。獅《し》子《し》の頭部《とうぶ》は大《おほ》きな曲《まが》つた鎌《かま》の形《かたち》を爲《な》し、胴《どう》の部分《ぶぶん》には不等邊長方形《ふとうへんちやうはうけい》が横《よこた》はつたやうに星《ほし》が四つあり、尾《を》には又《ま》た星《ほし》が三角《かく》を作《つく》つて居《ゐ》る。

楊子江南の支那――　此星座圖《このせいざづ》の獅子《しし》は、慥《たし》かに獅子奮迅《ししふんじん》の情態《じやうたい》と思《おも》はれるが、獅子《しし》としては甚《はなは》だ勢《いきほひ》の無《な》い繪《ゑ》であり、又《ま》た其姿勢《そのしせい》は不自然《ふしぜん》である。其《そ》れは止《や》むを得《え》ぬ。一定《てい》の地理的輪廓《ちりてきりんくわく》の中《うち》に獅子《しし》を畫《ゑが》かねばならぬからである。そして此獅子《このしし》は支那《しな》楊子江《やうすかう》以南《いなん》で、支那《しな》、震旦等《しんたんとう》は獅子國《ししこく》を意味《いみ》するのであるが、揚子江《やうすかう》以北《いほく》は實《じつ》は支那《しな》ではなく、犬星座《いねせいざ》に屬《ぞく》する委奴國《いぬこく》である。

第五十五圖

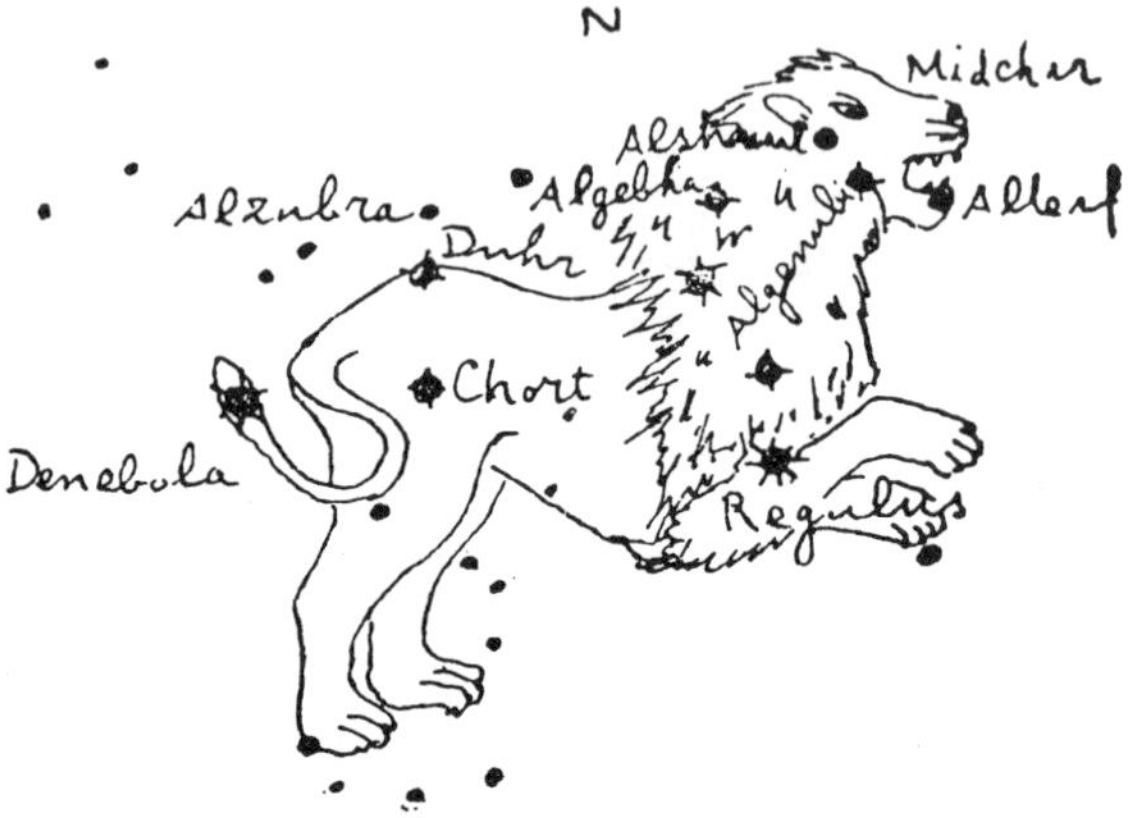

獅子宮

獅子《しし》の頭《あたま》から尾《を》の尖《さき》に至《いた》るまでの輪廓《りんくわく》は、楊子江《やうすかう》である。獅子《しし》は口《くち》を開《あ》いて居《ゐ》る。其《そ》れは浙江省《せつかうしやう》の杭州《かうしう》と紹興《せうこう》との間《あひだ》の入海《いりうみ》である。前足《まへあし》を一つ上《あ》げて臺灣《たいわん》にかけて居《ゐ》る。後足《あとあし》はメイコン河《がは》を輪廓《りんくわく》にして東京北部《とんきんほくぶ》にかゝつて居《ゐ》る。

震旦、支那、獅子——尚《な》ほ研究《けんきう》を進《すゝ》めるには、支那《しな》の名稱《めいしよう》を明瞭《めいれう》にして置《お》かねばならぬが、其順序《そのじゆんじよ》を逆《ぎやく》にして「獅子《しし》」なる言葉《ことば》から研究《けんきう》することにする。支那《しな》なる語《ご》は獅子《しし》を意味《いみ》するからである。羅甸語《らてんご》で獅子《しし》をレオ Leo と云《い》ふが、其《そ》れは希臘語《ぎりしやご》ルオー Lyó から出《で》たもので、自《じ》

第五十六圖

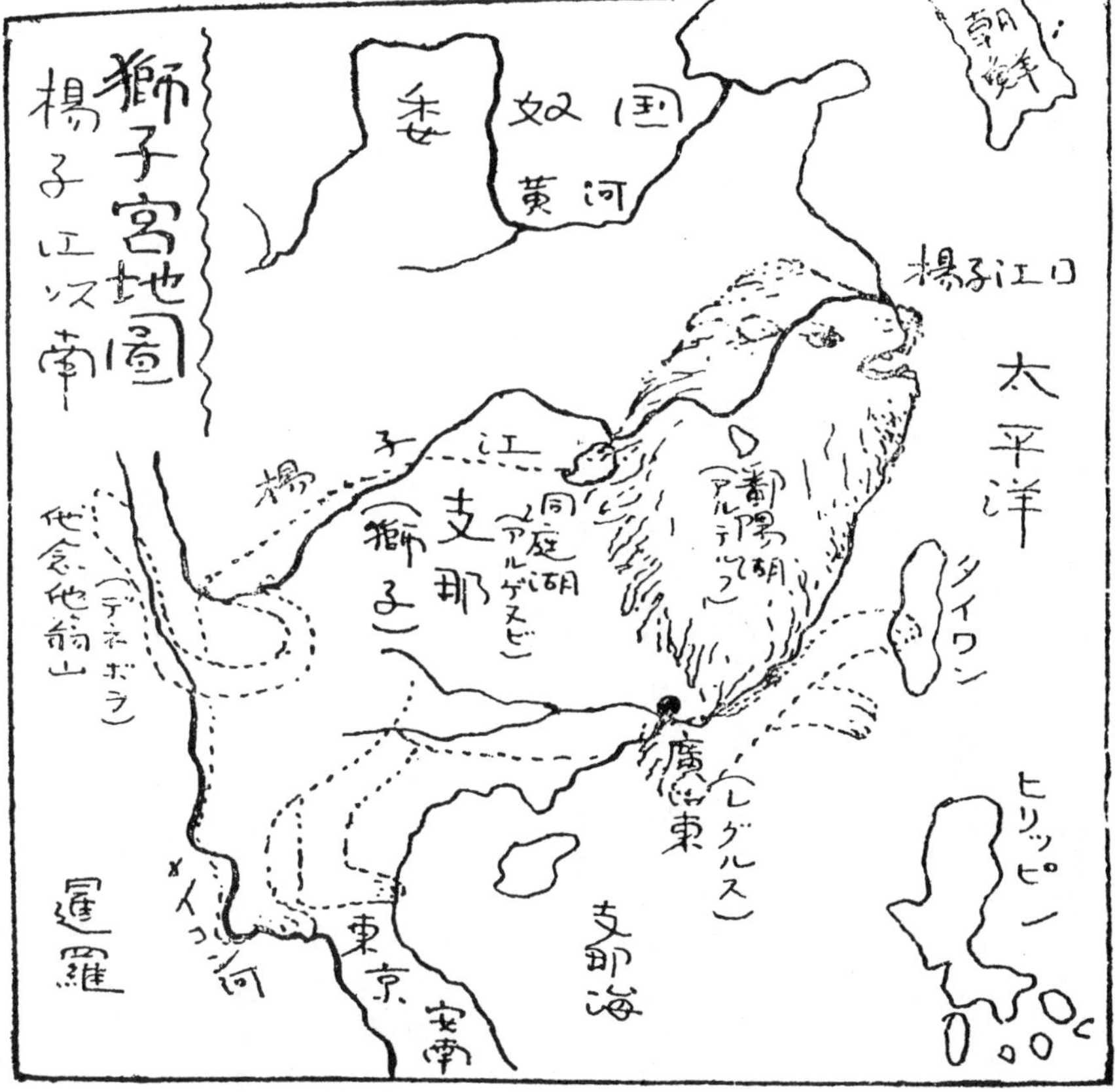

獅子宮地圖

由自在《いうじざい》、好《す》きのまゝ、解放等《かいはうとう》を意味《いみ》し、獸王《じうわう》ではレオとなり、蛇類《じやるゐ》では龍《りう》となり、何《いつ》れも同語《どうご》の變化《へんくわ》である。同時《どうじ》に又《また》「好《す》き」(自由自在《じいうじざい》)なる語《ご》は Soi て、自由自在《じいうじざい》に種々《しゆく》の意味《いみ》を以《も》つて變化《へんくわ》し使用《しよう》される語《ご》で、其同《そのおな》じ語源《ごげん》がスキ Sci と發音《はつおん》されて「好《す》き」(戀《こひ》)、「空《す》き」(天《てん》)となり、シキ Sici と發音《はつおん》されて「色《しき》(シキ)」「識《しき》」となり、其美《そのび》裝外皮《さうぐわいひ》の點《てん》から「皮《ひ》」「膚《ふ》」を意味《いみ》してスキン Scin, Skin と發音《はつおん》される、(だからヘーラクレースも獅子《しし》の皮《かは》を持《も》ち、オオリオンも獅子《しし》の皮《かは》を持《も》って居《ゐ》る) 其《その》ss が合《がっ》して「シ」となつて、「シン」と發音《はつおん》されて「秦《しん》」又《ま》た「清《しん》」となる。だから秦《しん》を「ハダ・シン」と云《い》ふは「膚《はだ》 Skin」のことである。又《ま》た Scin の語尾《ごび》に母音《ぼいん》「ア」が加《くは》って「支那《しな》」と發音《はつおん》される。

又《ま》た其語尾《そのごび》變化《へんくわ》したもの即《すなは》ち古代高獨逸語《こだいかうどいつご》ではシンタン Scintan と云《い》ひ、即《すなは》ち震《しん》旦《たん》で支那古代名《しなこだいめい》である。然《しか》らば支那《しな》も、清《しん》も、秦《しん》も、震旦《しんたん》も、獅子《しし》も皆同語《みなどうご》であって、支那《しな》は星座《せいざ》に獅子《しし》の形《かたち》を以《もっ》て表《あら》はしてあることが知《し》られて、我等《われら》の語源論《ごげんろん》も立派《りっぱ》に證明《しようめい》されて居《ゐ》る。

又《ま》た此星座《このせいざ》を支那名《しなめい》で、黄帝《くわうてい》の別名軒轅《べつめいけんゑん》と云《い》ふのは蓋《けだ》しケンネンの發音《はつおん》の假字《かじ》で、「能力《のうりよく》」を意味《いみ》した Cennen(Can)で、自由自在《じいうじざい》と同《おな》じ意義《いぎ》ではなからうかと思《おも》はれる。だから黄帝《くわうてい》も、バッカスも獅子《しし》に化《な》つたとの傳説《でんせつ》がある。

レグルス星と廣東――此星座《このせいざ》には明《あか》るい星《ほし》が可《か》なり多《おほ》い。其内《そのうち》獅子《しし》の前足《まへあし》にあるレグルス Regulus の星《ほし》は一等星《とうせい》で、其《そ》れが廣東《かんとん》の譯名《やくめい》であるなどは、最《もつと》も明瞭《めいれう》で何人《なんぴと》も否《いな》むことが出來《でき》ぬ。廣東《かんとん》とは、英語《えいご》や其他《そのた》で、地方《ちはう》とか、區《く》とか、縣《けん》とかを意味《いみ》する語《ご》 Canton で、星《ほし》の名《な》レグルスは其《そ》の羅甸語《らてんご》たるに過《す》ぎず、極《きは》めて明瞭《めいれう》な對譯《たいやく》である。又《ま》た其《そ》の星《ほし》の位置《ゐち》も甚《はなは》だよく廣東《かんとん》の位置《ゐち》に合《あ》ふても居《ゐ》る。支那名《しなめい》は文王と云《い》ふてあるが、これもレグルスの對譯《たいやく》で、小王《せうわう》又《ま》た王子《わうじ》を意味《いみ》するからである。これは地名《ちめい》を星《ほし》に名付《なつ》けたもので、獅子《しし》が野獸《やじう》の王《わう》だから此星《このほし》の名《な》があるなどの解釋《かいしやく》は當《あた》つて居《を》らぬ舊說《きうせつ》である。

楊子江沿岸の地名と星の名――此星座《このせいざ》の星《ほし》の名《な》は多《おほ》くは獅子《しし》の頭部《とうぶ》から背《せ》を通《とほ》つて、尾《を》に至《いた》る線《せん》に在《あ》るもので、又《ま》た其《そ》れが星座地理《せいざちり》の上部輪廓《じやうぶりんくわく》たる楊子江《やうすかう》の流《なが》れに一致《ち》して、其沿岸《そのえんがん》の地名《ちめい》が星《ほし》の名《な》に對譯《たいやく》されて居《ゐ》るのは一種《しゆ》の觀物《みもの》である。

先《ま》づ河口《かはぐち》の方《はう》から上流《じやうりう》へ溯《さかのぼ》る順《じゆん》に研究《けんきう》して行《ゆ》くと、

ミツギル（揚州《やうしう》）――獅子《しし》の口《くち》の上《うへ》にミヅキル Midchir(Mid-chir) の星《ほし》がある。水《みづ》激《げき》し揚《あが》ることを意味《いみ》して、楊子江北岸《やうすかうほくがん》の「揚州《やうしう》」の譯《やく》になつて居《ゐ》る。

○○○○○○アルシエマル（江寧《かうねい》）――其左《そのひだり》にアルシエマル Alshemal(Al-schemal) の星《ほし》がある。之《これ》は江寧《かうねい》なる地名《ちめい》と對譯《たいやく》になつて居《ゐ》る。江寧《かうねい》とは發音《はつおん》コウネイで、英語《えいご》鑄造《ちうざう》、貨幣《くわへい》を意味《いみ》する Coin 又《また》 Coyne（コウネイ）で、アルシエマルの語幹《ごかん》 Scheme と對譯《たいやく》になつて居《ゐ》る。

○○○○○アルテルフ（鄱陽湖《はんやうこ》）――其右《そのみぎ》の方《はう》にアルテルフ Alterf の星《ほし》がある。羅甸語《らてんご》アルテル「交番《かうはん》」を意味《いみ》し、鄱陽湖《はんやうこ》の鄱《はん》は「番《はん》」を語幹《ごかん》にした字《じ》で、交番《かうはん》のアルテルフの星《ほし》に當《あた》つて居《ゐ》る。

○○○○アルゲバ（病慶《あんけい》）――尙《な》ほ西《にし》のアルゲバ Al-gebha の星《ほし》は、楊子江《やうすかう》の北側《きたがは》の安慶《あんけい》に當《あた》つて居《ゐ》る。アル・ゲバとは「與《あた》へる」を意味《いみ》し、安慶《あんけい》は日本語《にほんご》古代希臘語《こだいぎりしやご》「上《あ》ンゲ」の發《はつ》音變化《おんへんくわ》で即《すなは》ち與《あた》へるを意味《いみ》して對譯《たいやく》である。

○○○○○アルゲヌビ（洞庭湖《どうていこ》）――其南《そのみなみ》の方《かた》にアルゲヌビ Algenuli (Al-geno-obi) の星《ほし》があつて、「多《おほ》く、産《さん》する、女《をんな》」「お多福《たふく》」を意味《いみ》し、「娘《むすめ》」を意味《いみ》し、英語《えいご》や其他《そのた》のドーテール Daughterが「洞庭《どうてい》」の發音字《はつおんじ》で表《あら》はされて居《ゐ》る、其湖水《そのこすゐ》の名《な》と對譯《たいやく》である。

ヅール(漢口《かんこう》)――其左《そのひだり》のヅール Duhr の星《ほし》は、門《かど》、口等《くちとう》を意味《いみ》する Thur, door で、漢口《かんこう》に當《あた》つて居《ゐ》る。

アルズブラ(宜昌《ぎしやう》)――其左《そのひだり》にアルズブラ Alzubra(Al-sub-orior)の星《ほし》がある。進《す》み、上《あが》り行《ゆ》くことを意味《いみ》し、「宜《よろ》しく昌《さか》え」の宜昌《ぎしやう》の地名《ちめい》の對譯《たいやく》である。

コルト(重慶《ぢうけい》)――其南《そのみなみ》にコルト Chort の星《ほし》が獅子《しし》の臀部《でんぶ》にある。語源《ごげん》は希臘語《ぎりしやご》Chorasの變化《へんくわ》で、歡喜《くわんき》、踊躍《ようやく》、即《すなは》ち慶《けい》を重《かさ》ぬるを意味《いみ》する重慶《ぢうけい》の地名《ちめい》の對譯《たいやく》である。

デネボラ(他念他翁山《たねんたをうざん》)――獅子《しし》の尾《を》にあるデネボラ Dene-bola の星《ほし》は「美人《びじん》を與《あた》ふ」を意味《いみ》し、楊子江《やうすかう》の上流地《じやうりうち》の支那名《しなめい》他念他翁山《たねんたをうざん》(語源《ごげん》、Dana-endow)高《たか》さ二萬二千六百四十尺《しやく》が其對譯《そのたいやく》になつて居《ゐ》る。此《この》「美人《びじん》を與《あた》ふ」の地理小説《ちりせうせつ》は馬琴《ばきん》の朝夷巡島《あさひなじゆんたう》記第《きだい》七編卷《へんくわん》の三ノ五、美人磐手《びじんいはて》の段《だん》に出《で》て居《ゐ》る。朝夷時代《あさひなじだい》は現日本《げんにほん》の土地《とち》ではない。磐手《いはて》 Io-adde は他念他翁《たねんたをう》、又《ま》たデネボラの對譯《たいやく》である。又《ま》た楊子江《やうすかう》とは若《わか》き美人《びじん》を意味《いみ》する名《な》である。此星《このほし》は五帝座一と云《い》ふてあるが、此部分《このぶぶん》にある楊子江《やうすかう》はムル・ウ

獅子星座の諸星と地名

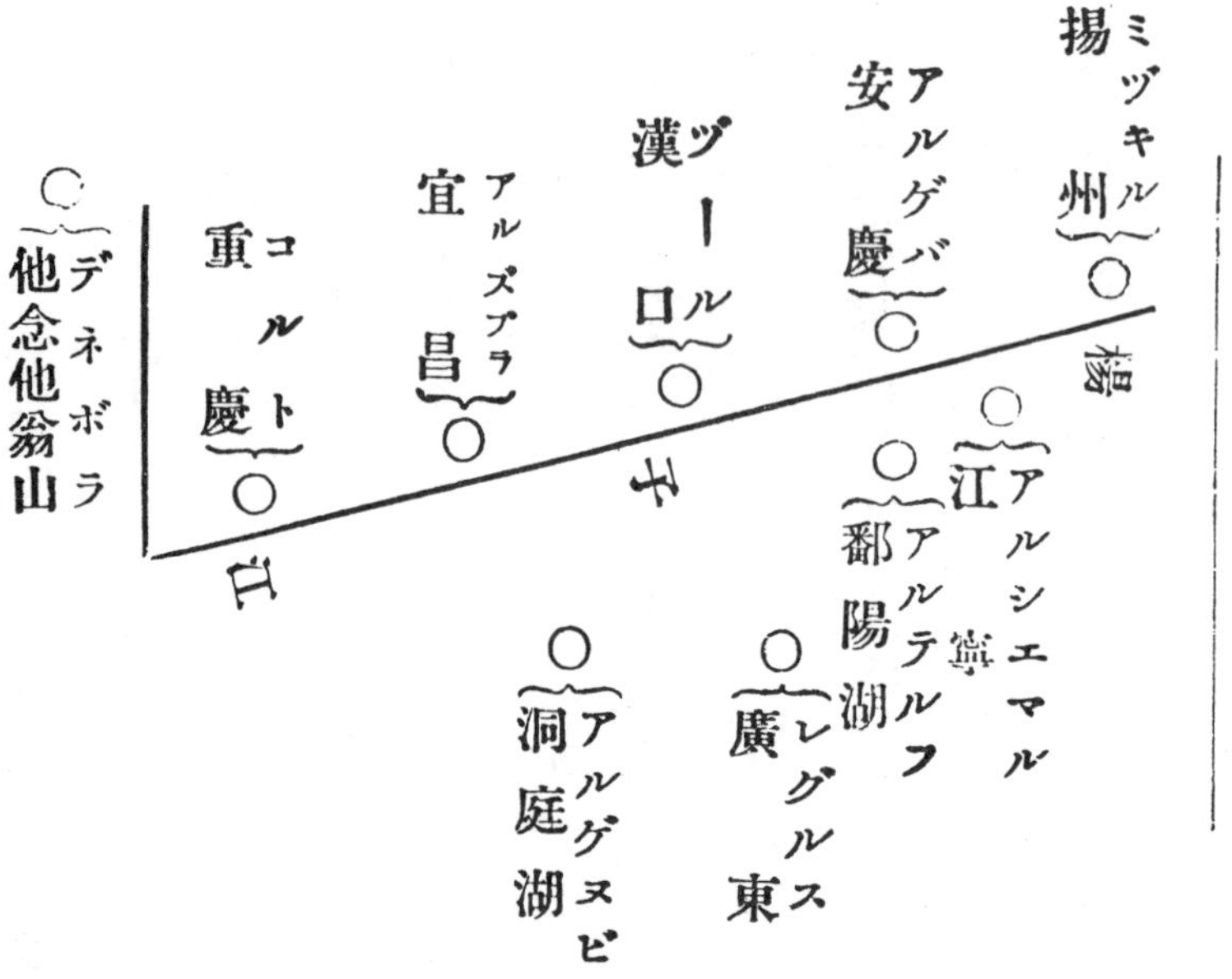

スサ Mur ussa (Mnrio-ousia) と云《い》ふて、「多色《たしよく》の座《ざ》」を意味《いみ》し即《すなは》ち五帝座《ていざ》（白《しろ》、黄《き》、黒《くろ》、赤《あか》、蒼《あを》）を意味《いみ》するのである。

今《いま》、右《みぎ》の星《ほし》の名《な》と地名《ちめい》とを照表《せつぺう》にするならば上《かみ》の通《とほ》りである。

十二支の亥の獅子――支那《しな》に此《この》通《とほ》りに獅子《しし》の國《くに》の名《な》があるのは世界《せかい》の國《こく》名《めい》が、十二支《し》の名《な》で呼《よ》ばれて居《ゐ》て、其《その》十二番目《ばんめ》の亥《ゐ》(ゐ)に當《あた》つて居《ゐ》り・亥《ゐ》が又《ま》た獅子《しし》と呼《よ》ばれるからである。亥《ゐ》とは最終《さいしう》、大成《たいせい》、大老《たいらう》、安居等《あんきよとう》を意味《いみ》し、獅子《しし》の好《す》き、自由等《じいうとう》の意味《いみ》があるが、又《ま》た「老《お》ひ」と、「終《を》へ」との意味《いみ》もある。

世界《せかい》の十二支《し》の國名《こくめい》は、バビロニヤ方面《はうめん》から起《おこ》つて、西《にし》は阿弗利加《あふりか》のモロッコまで行《いつ》たものと、東南《とうなん》は印度《いんど》、馬來方面《まれいはうめん》へ行《いつ》たものと、又《ま》た東北《とうほく》して蒙古《もうこ》、滿洲《まんしう》、支《し》那《な》方面《はうめん》へ來《き》たものとがあつて、今此支那《いまこのしな》の方《はう》へ來《き》た順序《じゆんじよ》を謂《い》はゞ、

子《ね》の國《こく》——古代《こだい》カルダヤ

丑《うし》の國《こく》——波斯古代《べるしやこだい》の Uxi ウシ

寅《とら》の國《こく》——アススリヤ國《こく》（チグリス河《がは》の名《な》に）

卯《う》の國《こく》——カルマニヤ（波斯東部《べるしやとうぶ》）

辰《たつ》の國《こく》——ドランギヤナ（昔《むかし》の波斯《べるしや》の東《ひがし》）

巳《み》の國《こく》——昔《むかし》のエチオピヤ（今《いま》のバルチスタン）

午《うま》の國《こく》——昔《むかし》のアドラスタイ（今《いま》のカシユミール）

未《ひつじ》の國《こく》——ヒマラヤ山系《さんけい》（専《もつぱ》ら其東《そのひがし》、ブラフマ・プートラ）

申《さる》の國《こく》——西藏《ちべつと》のソロモン山《ざん》の名《な》にあり

酉《とり》の國《こく》——蒙古《もうこ》

戌《いぬ》の國《こく》——滿州《まんしう》、アムール、朝鮮《てうせん》、日本等《にほんとう》

亥《ゐ》の國《こく》——支那《しな》

此《この》十二支《し》の十二番即《ばんすなは》ち最終《さいしう》が亥《ゐ》即《すなは》ち獅子《しし》て、其名《そのな》に基《もと》づき、其國《そのくに》の形《かたち》に據《よ》つて、此《この》星座《せいざ》の繪《ゑ》が出來《でき》て居《ゐ》る。

獅子奮迅の神話——　此獅子《このしし》の神話《しんわ》の新《あたら》しいと舊《ふる》いとは今順序《いまじゆんじよ》は問《と》はぬこととして、佛法《ぶつぽふ》の「付法傳統《ふはふでんとう》三十三祖《そ》」の中《うち》に彌遮迦尊者《みさかそんじや》が、法《はふ》を波須密尊者《ほすみつそんじや》に傳《つた》へた時《とき》に『即《すなは》ち獅子奮迅《ししふんじん》三昧《まい》に入《い》り、身《み》を太虚《たいきよ》に騰《あ》げ、又《ま》た本座《ほんざ》に復《かへ》つて化《くわ》す』（和漢《わかん》三才圖繪《さいづゑ》）とある所《ところ》の此《こ》の「獅子奮迅《ししふんじん》」は此星圖《このせいづ》の獅子《しし》のことで、蓋《けだ》し西藏《ちべつと》のサカ Saca から支那《しな》へ行《いつ》たことで、「身《み》を太虚《たいきよ》に騰《あ》ぐ」とは西藏《ちべつと》を昔《むかし》 Synano シナノと謂《い》ひ、「最《もつと》も高《たか》く登《のぼ》る」を意味《いみ》するので、即《すなは》ちサカから西藏《ちべつと》を經《へ》て、獅子國《ししこく》へ行《いつ》たのであらう。

宋の獅子——　又《ま》た太平記《たいへいき》三十八卷《くわん》に宋と元との戰爭談《せんさうだん》として元《げん》の老皇帝《らうくわうてい》は夢《ゆめ》に、宋の幼皇帝《えうくわうてい》は勇猛忿迅の獅子となり、元《げん》の老皇帝《らうくわうてい》は白色柔和《はくしよくにうわ》の羊《ひつじ》となつたが、羊《ひつじ》は二本《ほん》の角《つの》と尾《を》とを折《を》つて無《な》くした。占《うらな》ふ者《もの》が占《うらな》うて云《い》ふに、其《そ》れは賀すべきこと、羊《ひつじ》から、角《つの》と尾《を》とを取《と》り去《さ》つたら王《わう》である。獅子《しし》は身中《しんちう》の虫《むし》で自滅《じめつ》すると云《い》うたとの話《はな》しがあるが、これは年表的《ねんぺうてき》宋《そう》や元時代《げんじだい》の事《こと》ではなく、尚《な》ほ太古《たいこ》の神話《しんわ》で、獅子宮《しししきう》の土地《とち》たる支那《しな》と、白羊宮《はくやうきう》の土地《とち》たるヒマラヤ東部《とうぶ》との土地《とち》關係《くわんけい》を神話《しんわ》に作《つく》つたものである。

ネメヤの獅子――希臘神話《ぎりしやしんわ》のヘエラクレエスの退治《たいぢ》したネメヤの獅子《しし》も亦此《またこの》獅子《しし》である。ヘエラクレエスは一身《しん》の運命上已《うんめいじやうや》むを得《え》ず奴隷《どれい》となつてヨウルステオスなる王《わう》に事《つか》へた。王《わう》は彼《か》れに十二の大業《たいげふ》を命《めい》じ、其《そ》れを成《な》し遂《と》げたら自由《じいう》にしてやるとの事《こと》であつた。其第《そのだい》一の仕事《しごと》はネメヤの獅子《しし》を退治《たいぢ》することである。乃《すなは》ちネメヤの森《もり》に非常《ひじやう》な獅子《しし》が住《す》んで居《ゐ》た。ヘエラクレエスは人々《ひとびと》の諫《いさ》めも聽《き》かないで森《もり》を探《さ》がし、洞穴《ほらあな》には入《い》つて獅子《しし》に出會《であ》うた。然《しか》し彼《か》れの弓矢《ゆみや》は用《もち》を爲《な》さぬ。彼《か》れは何時《いつ》も携《たづさ》えて居《ゐ》る棍棒《こんぼう》で打《う》ち斃《たふ》し、手《て》で其喉頸《そののどくび》を摑《つか》んで締《し》め殺《ころ》し、其皮《そのかは》を被《かぶつ》て歸國《きこく》した。憶病《おくびやう》なヨウルステオス王《わう》は其《そ》れを見《み》て、驚《おどろ》いて壺《つぼ》の中《なか》に隱《かく》れ、（「壺入《つぼい》りの大《だい》臣《じん》」）ヘエラクレエスに都入《みやこい》りを禁《きん》じたとのことである。

此《この》ネメヤとは支那南方《しななんはう》のことで、乃《すなは》ち前《まへ》に謂《い》うた宋《つ》の國《こく》である。又《ま》た南方支那《なんはうしな》を昔《むか》しマンジMange(Manage)の國《こく》と謂《い》うたが、居住《きよぢう》、執事等《しつじとう》を意味《いみ》して、又《ま》たネメヤ(Nemo)は其對譯《そのたいやく》である。さらば此希臘《このぎりしや》へ傳《つた》はつて居《ゐ》るネメヤの獅子《しし》も、宋《そう》の獅子《しし》も、奮迅《ふんじん》の獅子《しし》も皆同《みなおな》じ、南方支那《なんはうしな》の事《こと》で、其地形《そのちけい》が此星座《このせいざ》の形《かたち》となつたのである。

獅子關係の支那と阿弗利加――ヘエラクレエスは此後何時《こののちいつ》も獅子《しし》の毛皮《けがは》を着《き》、又《ま》た何時《いつ》も棍棒《こんぼう》を携《たづさ》えて居《ゐ》るが、彼《か》れが阿弗利加《あふりか》へ行《いつ》た時《とき》にも、此支那《このしな》で分《ぶん》捕《ど》つた獅子《しし》の皮《かは》を持《も》ち、棍棒《こんぼう》を携《たづさ》えて居《ゐ》るから、阿弗利加南部《あふりかなんぶ》を象《かたど》つたヘエラクレエス星座《せいざ》は其姿《そのすがた》で表《あら》はしてある。支那文明《しなぶんめい》か又《また》は人種《じんしゆ》が、阿弗利加《あふりか》に關係《くわんけい》があることを示《し》めすものゝやうである。

七月。立秋――獅子《しし》の奮迅。新鮮《しんせん》を希臘語《ぎりしやご》ナナツ Neanias と謂《い》ひ、日本語《にほんご》七ツである。其《そ》れが七月《ぐわつ》の月《つき》の名《な》に用《もち》ひられて居《ゐ》る。獅子《しし》なる語《ご》は前《まへ》に言《い》うた通《とほ》りスキSci 自由《じいう》、我儘《わがまゝ》、虚《すき》を意味《いみ》し、我《あ》が「明《あ》き」等《とう》の念《ねん》が「秋《あき》」と同語《どうご》で、茲《こゝ》に立秋《りつしう》なる節《せつ》の名《な》が此星座《このせいざ》に配當《はいたう》されるのである。

第八章　室女宮

室女宮――羅甸名《らてんめい》ヸルゴ Virgo。八月《ぐわつ》に當《あた》る星座《せいざ》、舊黄道順《きうくわうだうじゆん》の第《だい》六番《ばん》である。

此星座《このせいざ》は大熊星《だいいうせい》と坊太郎星座《ぼうたらうせいざ》との南《みなみ》にある廣大《くわうだい》な星座《せいざ》で、若《わか》い女《をんな》の羽根《はね》ある天使姿《てんしすがた》、ゆたかな着物《きもの》を着《き》、左《ひだり》の手《て》は膝《ひざ》まで垂《た》れて天文冬《てんもんこう》を持《も》ち、右《みぎ》の手《て》は聊《いさゝ》か擧《あ》げて（或《ある》畫《ゑ》に據《よ》ると、穀物《こくもつ》の穗《ほ》を持《も》つて）居《ゐ》る。埃及《えぢぷと》の星座畫《せいざぐわ》には羽根《はね》が無《な》いとのことである。黄道《くわうだう》に於《お》ける記號《きがう》は ♍ である。

此星座《このせいと》には膝《ひざ》のあたりに、最《もつと》も美《うつく》しい一等星《とうせい》スピカがあつて、清《きよ》い白光《はくくわう》に輝《かゞや》いて居《ゐ》る。右《みぎ》の胸《むね》にヸンデミヤトリクスの三等星《とうせい》があり、其他《そのほか》ザヸヤワ、ザンヤワ、パルリマ等《とう》の星《ほし》がある。

此星座《このせいざ》の女性《ぢよせい》は何者《なにもの》であらうかに就《つい》ては、昔《むかし》から種々《しゆ〴〵》の說《せつ》があつて、或人《あるひと》は其穀《そのこく》物《もつ》の穗《ほ》を持《も》つて居《ゐ》る所《ところ》から、之《こ》れをデーメーテールの娘《むすめ》ペルセフオネー（豊受姫《とようけひめ》）だ

第五十七圖

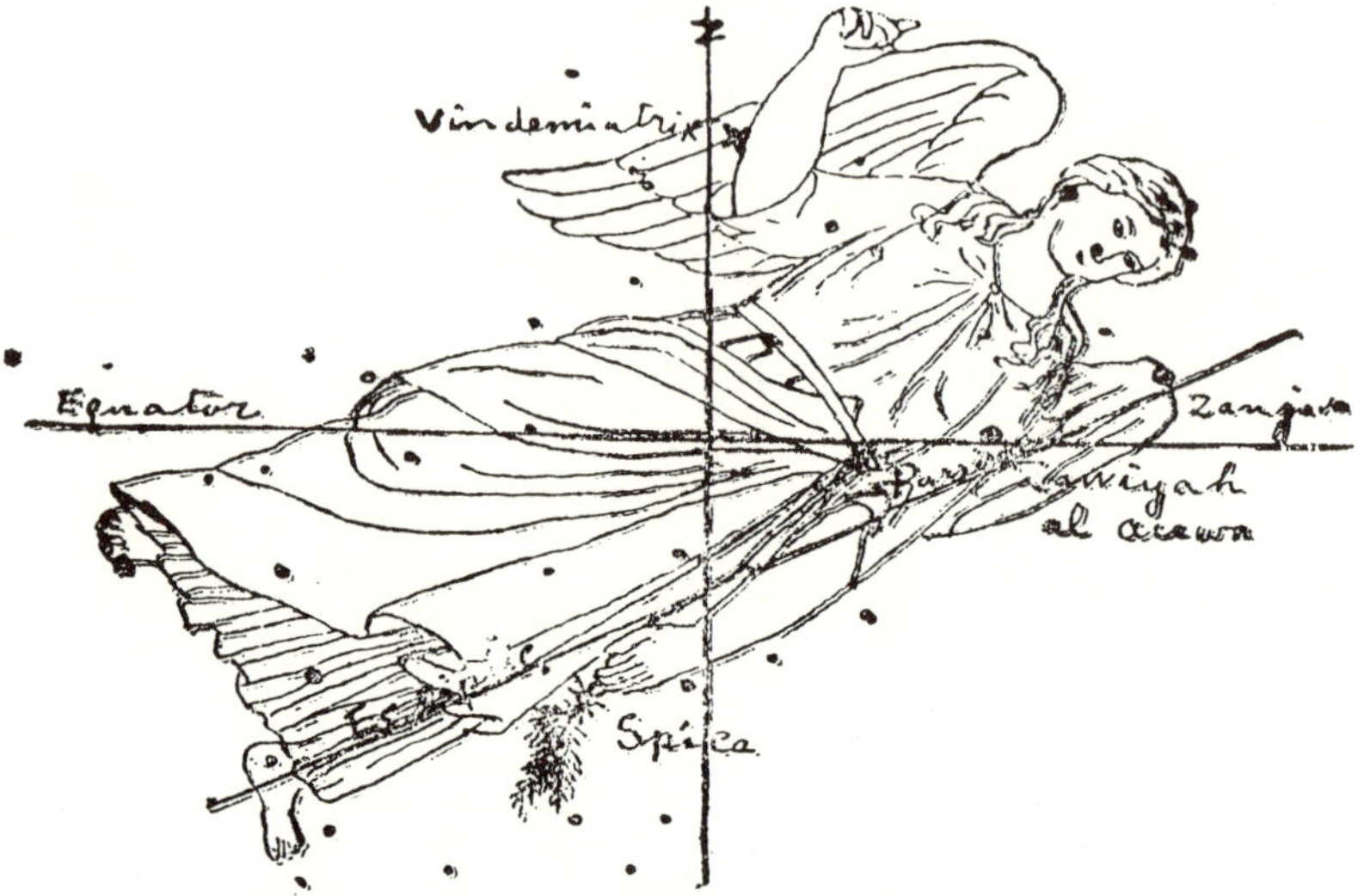

室女宮

とし、或人《あるひと》は正義《せいぎ》の女神《ぢよしん》アストラヤと云《い》ひ、又《また》イカリオスの不運《ふうん》の娘《むすめ》エリゴネだと云《い》ひ、又《また》はシリヤのアスタルテ女神《ぢよしん》、埃及《えぢぷと》のバトール、希臘《ぎりしや》のアフロヂテ即《すなは》ちビーナスだと云《い》ひ、又《また》は耶蘇《やそ》の母《はゝ》マリヤだと云《い》ひ、此女性《このぢよせい》は中々《なか〱》の人氣者《にんきもの》、評判娘《ひやうばんむすめ》である。是等《これら》の説《せつ》の中《うち》全然《ぜんぜん》中《あた》らぬものもあるやうだが、比較研究上《ひかくけんきうじやう》澤山《たくさん》の異《ことな》る名《な》も、實《じつ》は同《おな》じ人物《じんぶつ》を意味《いみ》するものがあつて、大要《たいえう》シリヤのアスタルテ、希臘民族《ぎりしやみんぞく》のアフロヂテで、或《あるひ》はペルセフォネーも同《どう》一人物《じんぶつ》かも知《し》れ

第五十八圖

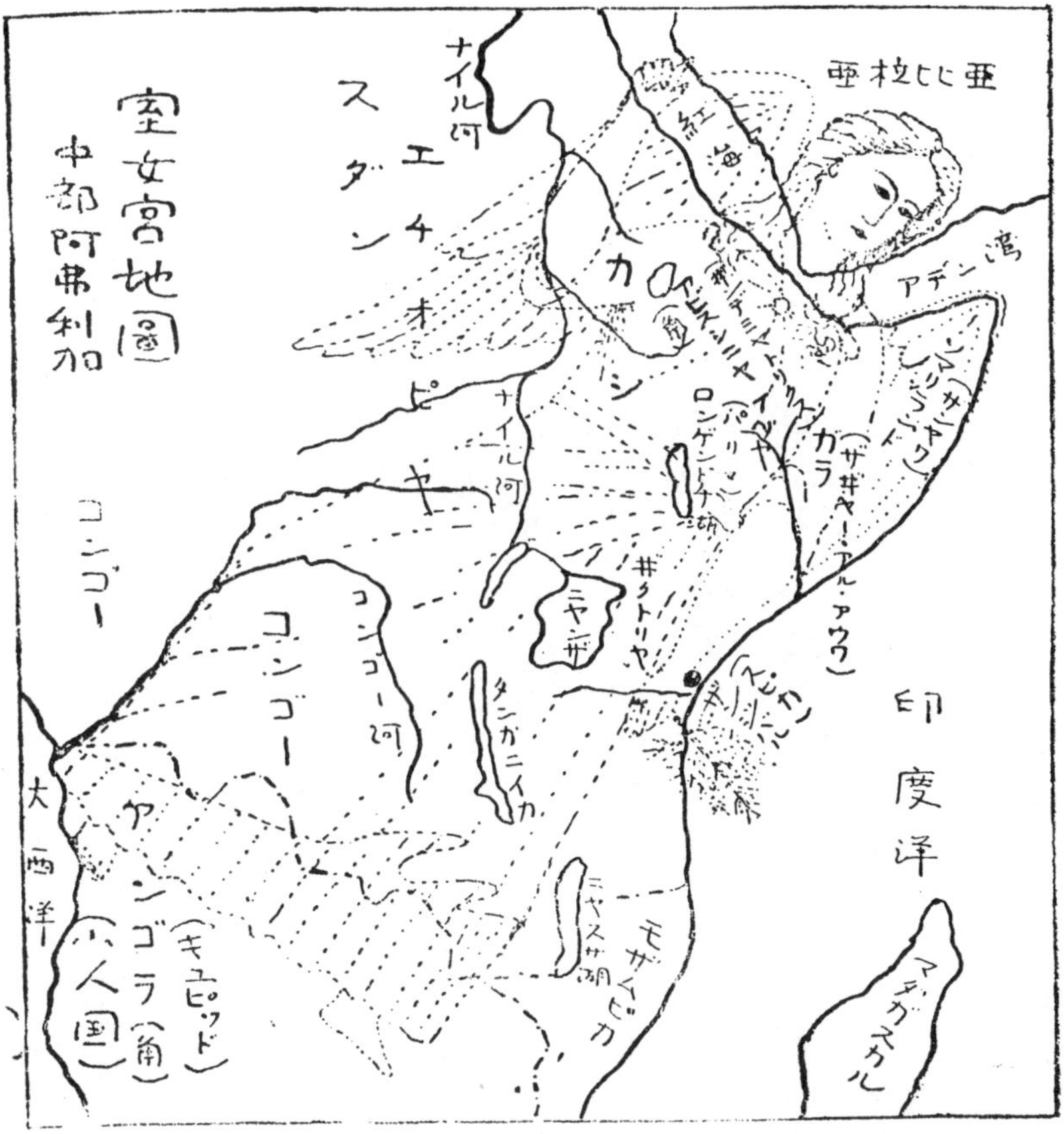

室女宮地圖

ぬ。美《び》と、愛《あい》と、天産豊富《てんさんほうふ》の女神《めがみ》である。私《わたし》は其明瞭《そのめいれう》を致《いた》す爲《た》めに、此女性《このぢよせい》はビーナス又《また》の名《な》アフロヂテだと言《い》うもので、後々《のちく》に其《そ》れを説明《せつめい》するが、先《ま》づ此星座《このせいざ》の地理《ちり》から研究《けんきう》するが最《もつと》も確實《かくじつ》な方法《はうはふ》で、明瞭《めいれう》な結果《けつくわ》に達《たつ》することが出來《でき》る。

中部阿弗利加東南斜貫――此星座圖《このせいざづ》は中部阿弗利加《ちうぶあふりか》を紅海《こうかい》の入口邊《いりぐちへん》から東《とう》南《なん》に斜《なゝめ》に貫《つらぬ》いたもので、特《こと》に彼女《かのぢよ》の左《ひだり》の肩《かた》の羽根《はね》がソマリ・ランドの北角《ほくかく》に當《あた》つて居《ゐ》るのが第《だい》一の着眼點《ちやくがんてん》である。其《そ》れから彼女《かカぢよ》の左《ひだり》の手《て》から足《あし》は、東南《とうなん》に一線《せん》を畫《ゑが》いてニヤッサ湖《こ》の南《みなみ》に至《いた》り、左右《さいう》の肩《かた》の輪廓《りんくわく》はアデン岬角《かふかく》の紅海《こうかい》に當《あた》り、彼女《かのぢよ》の右《みぎ》の手《て》から足《あし》の尖《さき》に至《いた》るまでの輪廓《りんくわく》はナイル河《かは》の支流《しりう》アトバラ河《がは》から南《みなみ》、コンゴー河《かは》の流《なが》れに沿《そ》うたものであることが觀取《みと》られる。

星の名と地名――女性《ぢよせい》の左《ひだり》の肩《かた》にザン・ヤヴ Zan-java の星《ほし》があつて、其《そ》れはソマリ・ランドの對譯《たいやく》で、棒長《さはなが》を意味《いみ》するのである。彼女《かのぢよ》の左《ひだり》の手《て》にザヰヤー・アル・アウヲー Zawiya-al-auo の星《ほし》がある。其《そ》れはソマリランドの西南《せいなん》のガラ Galla 國《こく》の別譯《べつやく》で、「管《くだ》」、又《ま》た「風吹《かぜふ》く」を意味《いみ》し、オシリス神話《しんわ》のチフオンの神《かみ》の名《な》に當《あた》つて居《ゐ》る（河圖星座《かとせいざ》を見《み》よ）。彼女《かのぢよ》の帶《おび》の星《ほし》はパルリマ Par-rima と云《い》うてガラ國《こく》の其部分《そのぶぶん》の地名《ちめい》イベヤ Ibea 取《と》り卷《ま》くもの即《すなは》ち帶《おび》の對譯《たいやく》である。彼女《かのぢよ》の左手《さしゆ》に糸杉《いとすぎ》のやうなものを持つて居《ゐ》る。其星《そのほし》はスピカ Spica と云《い》うて香料《かうれう》の木《き》を意味《いみ》し、支那名《しなめい》では天《てん》文《もん》と云《い》ひ、天文冬《てんもんとう》のことである。其《そ》れは東阿弗利加《ひがしあふりか》のザンジバル Zanzi-bar (Senti-bar)に當《あた》り、此地名《このちめい》は「香料《かうれう》を持來《もちこ》す者《もの》」を意味《いみ》する。

彼女《かのぢよ》の右《みぎ》の手《て》にヰンデ・ミヤトリクス Vinde-miatrix(Wind-matrix)の星《ほし》が有《あ》つて、「風《かぜ》の慈母《じぼ》」を意味《いみ》し、「息長足《おきながた》らし」を意味《いみ》し、胸《むね》と、風《かぜ》と、息《いき》と、生命《いき》とは同《おな》じ意《い》味《み》て、其息《そのいき》を足《た》らし與《あた》へる其母《そのはゝ》が「アビスシニヤ」A-bysso-oeniaの意味《いみ》、又《ま》たヰンデ・ミヤトリクスの意味《いみ》である。然《しか》るに從來《じうらい》の解釋者《かいしやくしや》は之《これ》を狹《せま》く英語等《えいごとう》の Vintage葡萄《ぶだう》の收穫《しうくわく》のみと解《かい》して生命《いのち》などの意味《いみ》あることを知《し》つて居《を》らぬ。又《ま》た葡萄《ぶだう》にも「生命《いのち》」の意味《いみ》があることも知《し》つて居《を》らぬ。(葡萄酒《ぶだうしゆ》を「生命《オード》の水《ヰー》」と云《い》うではないか。希臘語《ぎりしやご》の葡萄《ぶだう》はイノシ Oinos即《すなは》ち日本語《にほんご》の生命《いのち》である。)

右《みぎ》の通《とほ》り、此星座《このせいざ》の星《ほし》の名《な》が明《あきら》かに地名《ちめい》を指《さ》し示《しめ》して、此星座《このせいざ》は阿弗利加《あふりか》の此部《このぶ》分《ぶん》たることが確實《かくじつ》に知《し》れるのである。

室女宮、神夏磯姫、カシオピヤ――室女宮《しつぢよきう》は文字《もじ》の示《しめ》す如《ごと》く、室《しつ》に居《を》る女《をんな》、即《すなは》ち處女《しよぢよ》のことで、古代《こだい》にカシオピヤ Cassi-opia と云《い》うたもので、其《その》「カシ」なる語《こ》は家《いへ》又《また》室《しつ》を意味《いみ》し、「オピヤ」は顔《かほ》、目《め》、女《をんな》、國《くに》などを意味《いみ》し、室女《しつぢよ》とカシオピヤとは對譯《たいやく》になつて居《ゐ》る。日本書紀《にほんしよき》景行天皇《けいかうてんのう》の神《かん》・夏磯姫《かしひめ》とは此土地《このとち》を神化《しんくわ》したもの、即《すなは》ち室女《しつぢよ》であり、カシオピヤである。

豊受大神とお多福

――處女《しよぢよ》を英語《えいご》でダウターDaughterと謂《い》うが、これはお多福《たふく》の語源《ごげん》で、其中《そのなか》のu字《じ》はvと同字《どうじ》で、vはフと發音《はつおん》することがあり、uも自然《しぜん》同發音《どうはつおん》の可能《かのう》があるから、ダウターを羅馬字《ろーまじよ》讀みにする時《とき》はDa《ダ》-u《フ》-gh《グ》(-ter)即《すなは》ち「ダフグ」で濁音《だくおん》を淸音《しんおん》に直《なほ》し、敬語《けいご》「御《お》」を冠《かぶ》したら「お・タフク」ではないか。さらば室《しつ》女宮《ぢよきう》はお多福星座《たふくせいざ》と云《い》うても善《よ》いので、「豊《ゆた》かに與《あた》へられたる者《もの》」「豊《ゆたか》に受《う》けたる者《もの》」を意味《いみ》する。

前《まへ》に、此女神《このぢよしん》が穀物《こくもつ》の穂《ほ》を持《も》つて居《ゐ》る所《ところ》から考《かんが》へて、ペルセフォネ女神《ぢよしん》でもあらうと云《い》うたが、ペルセフォネーは比較研究上日本《ひかくけんきうじやうにほん》の伊勢《いせ》外宮豊受《げぐうとよく》女神《ぢよしん》のことであるが、「豊受《とよく》」の文字《もんじ》は、明《あきら》かにお多福即《たふくすなは》ち乙女《おとめ》の意味《いみ》と同《おな》じであるのみならず、又《ま》た其發音《そのはつおん》も同《おな》じで、豊受はトヨク、トウケ、トユケと讀《よ》ませてあつて、處女《しよぢよ》ドウターDo-u-gh(-ter) のドウグ(テル)の濁音《だくおん》を清音《しいおん》に發音《はつおん》したらトウク(豊受《とよく》)たることは一見《けん》直《たゞち》に認《みと》められる。又《ま》た此《これ》と同體《どうたい》のペルセフオネ女神《ぢよしん》に系圖《けいづ》を引《ひ》く氏族《しぞく》をコウレイ Koure族《ぞく》と云《い》ひ、「處女《しよぢよ》」「乙女《おとめ》」を意味《いみ》するのである。

著者《ちよしや》の鄕里《きやうり》宇和島《うわしま》では、「お多福芽吹《たふくめふ》く、風《かぜ》が吹《ふ》きや好吹《よふ》く』と云《い》ふ童謠《どうえう》があるが、是《こ》れがお多福星座《たふくせいざ》の土地《とち》アビスシニヤに關《くわん》したもので、其《その》アビスシニヤは A-Busso-cenia て、「お多福芽吹《たふくめふ》く」を意味《いみ》する。昔《むかし》は Auxmi Tarum (Auxo-ommi-Tarum) と云《い》うたが、同《おな》じ意味《いみ》の芽《め》の角《つの》ぐむことを云《い》うたものである。支那《しな》で此星座《このせいざ》を角宿《かくしゆく》と謂《い》ひ『造化萬物布君《ざうくわばんぶつふくん》の威信《ゐしん》を主《つかさど》る』と云《い》うてあるのは、實《じつ》に「お多福芽吹《たふくめふ》く」のアビスシニヤ、又《また》は昔《むかし》のオ、クスミ・タルムを謂《い》うたものである。此《この》「角宿《かくしゆく》」の乙女《おとめ》は後《のち》に坊《はう》太郎星座《たらうせいざ》の「大角《だいかく》」(アルクツロス星《せい》)の土地《とち》へ行《ゆ》くことは後《のち》に述《の》べる。

又《ま》た前《まへ》に言《い》うたヰンデ・ミヤトリクスの星《ほし》の名《な》は「風《かぜ》の慈母《じぼ》」て「風《かぜ》が吹《ふ》きや、好吹《よふ》く」の意味《いみ》に當《あた》つて居《ゐ》る。

三種の處女神――希臘《ぎりしや》神話《しんわ》に、ホーライ三女神《ぢよしん》、運命《うんめい》三女神《ぢよしん》、優美《いうび》三女神《ぢよしん》の三種《しゆ》の乙女《おとめ》の神《かみ》があつて、其《そ》れが實《じつ》は此土地《このとち》の神々《かみがみ》である。乃《すなは》ち

(一)ホーライ三女神《ぢよしん》とは、開花《かいくわ》のタロオ女神《ぢよしん》、成長《せいちやう》のアウクス女神《ぢよしん》、結實《みのり》のカルポ女神《ぢよしん》で、アビスシニヤである。

(二)運命《うんめい》三女神《ぢよしん》とは、運命《うんめい》の糸《いと》を績《つむ》ぐクロート女神《ぢよしん》、光明《くわうみやう》の糸《いと》と暗黒《あんこく》の糸《いと》とを撚《よ》り合《あ》はすラケシス女神《ぢよしん》、其《そ》の長短《ちやうたん》を定《さだ》めて切斷《せつだん》するアトロポス女神《ぢよしん》で、是等《これら》女神《ぢよしん》はナイル河《がは》の上流《じやうりう》からメロエまで行《ゆ》く沿道《えんだう》の土地《とち》で、先《ま》づナイル河《がは》の源流《げんりう》を云《い》ひ、次《つぎ》に白《しろ》ナイル、青《あを》ナイルを光明《くわうみやう》と暗黑《あんこく》との糸《いと》に比《たと》へ、次《つぎ》にメロエは「モイライ」即《すなは》ち運《うん》命《めい》の地《ち》で、其所《そこ》でナイル河《がは》の名《な》が實《じつ》は終《をは》つて居《ゐ》るのである。現名《げんめい》をベルベルと謂《い》ふが、其《そ》れは剪《はさ》み切《き》ることを意味《いみ》する地名《ちめい》である。此運命女神《このうんめいぢよしん》の名《な》からナイル河《がは》の名《な》が出來《でき》たのは、世界《せかい》の學者《がくしや》誰《たれ》も知《し》らぬ。「ナイル」とは Ne-ilo の希臘語《ぎりしやご》で、撚《よ》り合《あ》はすを意味《いみ》し、「糸撚河《いとよりがは》」であつて、實《じつ》はベルベルまでがナイル河《がは》であり、其《そ》れから北《きた》の下流《かりう》は河圖《かと》星座《せいざ》の範圍《はんゐ》に屬《ぞく》し、「エーリダノス」即《すなは》ち「足《た》らし」「太郎《たちう》」――埃及《えぢぷと》太《た》

郎河《らうがは》と云《い》ふが正當《せいたう》である。

（三）優美《いうび》三女神《ぢよしん》は豊富開花《ほうふみかいくわ》のタリヤ女神《ぢよしん》、壯大勝利《さうだいしようり》のアグライヤ女神《ぢよしん》、成熟歡喜《せいじくくわんき》のヨウフロスネ女神《ぢよしん》で、カルッーム即《すなは》ち優美《いうび》を意味《いみ》する土地《とち》の女神《ぢよしん》となつて居《ゐ》る。是等《これら》三種《しゆ》の娘《むすめ》の地《ち》が「乙女《おとめ》」の一人格《じんかく》となつて、此《こ》の星座《せいざ》に上《あ》げられたものが、乙《おと》女《め》星座《せいざ》。室女宮《しつぢよきう》である。又《ま》たこれがビーナスであり。日本《にほん》では高姫《たかひめ》、又《ま》たの名《な》下照《したてる》姫《ひめ》、俗《ぞく》に謂《い》ふお鳥様《とりさま》（お多福《たふく》）である。お鳥様《とりさま》の「トリ」の意味《いみ》は希臘語《ぎりしやご》ドリ Dorisで、「豊《ゆた》かに與《あた》へられたる者《もの》」お多福《たふく》と同《おな》じ意味《いみ》の名《な》である。だから又《ま》た此女神《このぢよしん》には羽根《はね》がある。

ビーナス女神こ双魚宮の魚——前《まへ》に双魚宮《さうぎよきう》の部《ぶ》に、其双《そのふた》つの魚《うな》はチフオンの神《かみ》に追《お》はれたビーナスと其子《そのこ》エロスとが魚《うを》に化《な》つて遁《に》げて來《さ》た（印度《いんど》へ）形《かたち》であると謂《い》うたが、今其傳說《いまそのでんせつ》の根源地《こんげんち》を求《もと》めると、其《そ》れは阿弗利加《あふりか》の此乙女《このおとめ》星座《せいざ》の土地《とち》で、此室女宮《このしつぢよきう》の女神《ぢよしん》が、希臘神話《ぎりしやしんわ》に所謂《いはゆる》ビーナス女神《ぢよしん》で、其《そ》れが東行《とうかう》して双魚宮《さうぎよきう》の魚《うを》に化《な》つたのだとのことてある。けれども此女性《このぢよせい》が何故《なにゆゑ》に、又《ま》た如何《いか》にして魚《うを》になつたか――これには地理神話《ちりしんわ》がある。

『阿弗利加』は『矢』なり『魚』なり――女神《ぢよしん》が魚《うを》に化《な》つたとのことを説明《せつめい》するには「阿弗利加《あふりか》」とは何《なに》を意《い》味するかを知《し》らねばならぬ。元來《ぐわんらい》アフリカは今《いま》でこそ其大陸全部《そのたいりくぜんぶ》の名《な》であるが、昔《むかし》は其《そ》うではなかつた。即《すなは》ち大陸《たいりく》の東北《とうほく》の角《かど》を埃及《えぢぷと》と謂《い》ひ、其西部《そのせいぶ》一帶《たい》をリビヤと謂《い》ひ、中央部《ちうあうぶ》をカシオピヤ、エチオピヤと謂《い》うたが、中央部《ちうあうぶ》から南《みなみ》が「アフリカ」の名《な》を負《お》うべき土地《とち》で、ビーナス女神《ぢよしん》がチホンの神《かみ》に追《お》はれて魚《うを》に化《な》つたとは、大湖《たいこ》ニヤンザやガラ地方《ちはう》が「風吹《かぜふ》き」「水出《みづで》る」を意味《いみ》し、これを吹《ふ》き別《わ》けの境《さかひ》として大阿弗利加《だいあふりか》を中央《ちうあう》から南北《なんぼく》に二分《ぶん》して、其南方《そのなんぱう》を本統《ほんとう》のアフリカと謂《へ》うので、女神《ぢよしん》の土地《とち》は其《そ》れになつたことを云《い》うたものと考《かんが》へられる。

元來《ぐわんらい》アフリカとは、希臘語《ぎりしやご》、羅甸語《らてんご》 Aph-ricaで、ビーナス女神《ぢよしん》の別名《べつめい》アフロヂテ Aph-rodi-teと同《おな》じ意味《いみ》であるが、其《その》アフなる語《ご》は突進《とつしん》、射放つ、送《おく》り遣《や》る、矢等を意味《いみ》し、又《ま》た角突き、角《つの》ぐみ、芽《め》ぐむことをも意味《いみ》し、此乙女《このおとめ》星座《せいざ》は漢名《かんめい》角宿と云《い》ひ、「矢《や》」を希臘語《ぎりしやご》ヤ又《ま》たイホ（Ia＝Iô）と云《い》ひ。イホは即《すなは》ち「魚《いを》」で、女神《ぢよしん》アフロヂテが魚《うを》に化《な》つたとは此地理的小説《このちりてきせうせつ》である。

又《ま》たアフリカの「アフ」は「上」「淡《あは》」を意味《いみ》し・下半語《かはんご》リカは國《くに》、道《みち》、路《みち》、又《ま》た大《だい》を意味《いみ》し、「淡道《あはぢ》」とも「東大《とうだい》(寺《じ》)」とも謂《い》うてある。ビーナス女神《ぢよしん》は海《うみ》の淡《あふ》から生《うま》れたと云《い》はれるも此理由《このりいう》である。古事記《こじき》に「淡道《あはぢ》の穗之狹別《はのさわけ》」なる國名《こくめい》があるが、これはホイニシヤ(ペニケー。辨慶《べんけい》)のことでアフロヂテ崇拜《すうはい》の國《くに》であり、此民族《このみんぞく》は地中海《ちちうかい》のカルタゴに「アフリカ」の名《な》を負《お》うた國《くに》を建《た》て、又《ま》た此南阿弗利加《このみなみあふりか》にもアフリカ國《こく》を建《た》てたもので、其建國者《そのけんこくしや》はペニケイ人《じん》たることが日本《にほん》の書物《しよもつ》に傳《つた》はつて居《ゐ》る。(謠《えう》曲《きよく》「安宅《あたか》」の辨慶《べんけい》の旅行《りよかう》は、北《きた》は埃及《えぢぷと》から、南《みなみ》は井クトリヤ・ニヤンザまで、尙《な》ほ南方《なんはう》ナタルまでも行《ゆ》くものであることを一言《ごん》して置《お》く。)

キユーピツド――アフロヂテ女神《ぢよしん》にはキユーピツドと云《い》ふ子供《こども》があつて、永《えい》久《きう》に子供《こども》であり、膚《はだ》は何時《いつ》も赤《あか》い。そして弓矢《ゆみや》を持《も》つて遊《あそ》んで居《ゐ》るが、矢《や》を意味《いみ》するアフロヂテの子《こ》と云《い》へば、矢張《やは》り矢《や》を持《も》つのは當然《たうぜん》で、矢《や》は又《ま》たイホとなる語《ご》である以上《いじやう》は、此子《このこ》も亦《また》母《はゝ》と共《とも》に魚《いを》に化《な》つても異《あや》しむに足《た》らぬ。

此《この》キユピツドの土地《とち》は、乙女星座《おとめせいざ》の足《あし》のあたり、コンゴー河《がは》の海岸《かいがん》一帶《たい》のアンゴラて、此地《このち》は昔《むかし》から小人國《せうじんこく》の稱《しよう》があり、ヘエラクレエスが此國《このくに》へ來《き》たことがある。元來《ぐわんらい》キユピツドは永久小人《えいきうせうじん》であつて、此小人《このせうじん》をピグミイと云《い》ひ、「永久赤子《えいきうあかご》」を意味《いみ》し、ピグミイをキユピツトと云《い》ひ、其變訛《そのへんくわ》がキユピツドとなつたのである。(Pygmy=Cubit=Cupid)又《ま》た其地名《そのちめい》アンゴラ(Angola=Angle)は角《かど》、つの、矢等《やなど》を意味《いみ》すること、母《はゝ》ビーナス女神《ぢよしん》の神性《しんせい》と同《おな》じてある。又其《またその》「放《はな》ら遣《や》る」、「使《つか》はす」の意味《いみ》からして、天使《てんし》として小兒《せうに》の羽根《はね》がある姿《すがた》を以《も》つて、弓矢《ゆみや》を持《も》たして表《あら》はしてある。

双魚の東行——　ビーナスとキユピツドとは右言《みぎい》うたやうに魚《うを》となつた。そして此魚《このうを》が東《ひがし》へ向《むか》つて双魚星座《さうぎよせいざ》になるとすれば、阿弗利加《あふりか》の海《うみ》から東《ひがし》へ行《ゆ》くことて、其事《そのこと》が神秘的《しんぴてき》の文《ぶん》を以《も》つて日本《にほん》に傳《つた》へられて居《ゐ》る。太平記《たいへいき》十八卷《くわん》に『人壽《にんじゆ》二萬歳《さい》の時《とき》に迦葉佛《かせふぶつ》(カシオピヤ)西天《せいてん》に出世《しゆつせ》し玉《たま》ふ。時《とき》に大聖釋迦《たいせいしやか》其授記《そのじゆき》を受《う》けて都卒天《とそつてん》に住《ぢう》し玉《たま》ひしが、我《わが》八相成道《さうせいだう》の後《のち》、遺教流布《ゐけうるふ》の地《ち》何《いづ》れの所《ところ》にかあるべきとて、此南瞻《このなんせん》部州《ぶしう》を遍く飛行《ひかう》して御覽《ごらん》じけるに、曼々《まん〳〵》たる大海《たいかい》の上《うへ》に「一切衆生《さいしゆじやう》悉有佛性《しつうぶつしやう》。如《によ》來常住《らいじやうぢう》、無有變易《なうへんい》」と立《た》つ浪《なみ》の音《おと》あり。此浪《このなみ》の流《なが》れ行《ゆ》く所《ところ》一の國《こく》になつて、吾敎法《わがけうはふ》弘通《ぐつう》する靈地《れいち》たるべしと、思召《おぼしめ》しければ即《すなは》ち此浪《このなみ》の流《なが》れ行《ゆ》くに隨《したが》ひて遙《はる》かに十萬里《り》の蒼海《さうかい》を凌《しの》ぎ給《たま》ふ。此波《このなみ》忽《たちまち》に一葉《えふ》の葦《あし》に凝《こ》り固《かた》まり一つの島《しま》となる、今《いま》の比叡山《ひえいざん》の麓《ふもと》、大宮權現《おほみやごんげん》なり』と。——是《こ》れは阿弗利加《あふりか》東岸《とうがん》マダガスカル島方面《たうはうめん》から、印度《いんど》恒河口《こうかこう》の東《ひがし》アラカンの地《ち》に着《つ》くことを云《い》うたものである。——乃《すなは》ち

マダガスカルの東《ひがし》の方《かた》にマスカレンハス（Ma-sca-renhas＝Masca-aren-has）なる小《ちひさ》い島《しま》があるが、其《そ》れは「悉《しつ》・釋《しやく》・性《せい》・有《いう》」と直譯《ちよくやく》され、『一切衆生悉有佛性《いつしゆじやうしつうぶつしやう》』である。マダガスカル（Madagascar＝Mada-Casc-ar）は「未《ま》だ永《なが》く・若《わ》かき美《び》・ある」即《すなは》ち『如來常《によらいじやう》住《ちう》』を意味《いみ》し、此島《このしま》の首府《しゆふ》アンタナナリウヲ（Antananarivo＝Adda-ana-nari-ou）は希臘語《ぎりしやご》て「有變易《うへんい》・無《む》」と譯《やく》され、即《すなは》ち『無有變易《むうへんい》』の句《く》に當《あた》つて居《ゐ》て、これがビーナス女神《ぢよしん》とキユーピッドとの永久《えいきう》の若《わ》かさと、其不《そのふ》變《へん》とを稱讚《しようさん》する聲《こゑ》であり、又其東《またそのひがし》に向《むか》つて行《ゆ》きつゝあることを示《しめ》すものである。そして其聲《そのこゑ》の地《ち》理上《りじやう》の東北《とうほく》に進《すゝ》んだものは双魚宮《さうぎよきう》の右上《みぎうへ》の魚《うを》となつて印度《いんど》アラカンに着《つ》いたものがビーナス女神《ぢよしん》、淡《あは》の國《くに》、

淡道《あはぢ》の國《くに》である。又右下《またみぎした》の魚《うを》となつたものはアンダマン島《たう》、ニコバル島《たう》に着《つ》いたもので、アンダマンは裸人國《らじんこく》と云《い》ひ、赤裸《あかはだ》の人即《ひとすなは》ちキユピツドの赤子姿《あかごすがた》たることを示《しめ》し、ニコバル島《たう》には魚神話《ぎよしんわ》がある（これは「上記《うへつぶみ》」なる書物《しよもつ》にある）。

海の泡に生れしビーナス女神――以上《いじやう》は魚《うを》に化《な》つたとしてのビーナスとキユピツドとの東《ひがし》に行《いつ》たことを謂《い》うたものであるが、希臘神話《ぎりしやしんわ》には、尙《な》ほ海の泡から上《あが》つたビーナスの事《こと》が、最《もつと》も美《うつく》しく傳《つた》へられて居《ゐ》る。

ビーナスは海《うみ》の泡《あは》から生《うま》れた女神《ぢよしん》で、其《そ》れを海人達《あまたち》がとり上《あ》げて養育《やういく》し敎育《けういく》し、後《のち》に都《みやこ》に上《の》ぼせて、美的勢力《びてきせいりよく》の偉大《ゐだい》な女神《ぢよしん》になり玉《たま》うたと謂《い》はれて居《ゐ》るが、其海《そのうみ》の泡《あは》から生れたとは、阿弗利加《あふりか》生《うま》れて、遠《とほ》く海上《かいじやう》を渡《わた》つて來《き》た神《かみ》たることを意味《いみ》して居《ゐ》る。始《はじ》め此女神《このぢよしん》が海《うみ》の泡《あは》から生《うま》れ玉《たま》うた時《とき》に、其《それ》を發見《はつけん》したのは海《うみ》の仙女達《せんぢよたち》で、女神《ぢよしん》は綠《みどり》の波《なみ》に包《つゝ》まれて居《ゐ》玉《たま》うたのを、彼等《かれら》は親切《しんせつ》に擁《いだ》き上《あ》げて、自分等《じぶんら》の住《す》んで居《ゐ》る珊瑚《さんご》の島《しま》に連《つ》れ歸《かへ》り、非常《ひじやう》の注意《ちうい》を以《も》つて養育《やういく》し、敎育《けういく》した。ビーナス女神《ぢよしん》は漸《やうや》く成長《せいちやう》して敎育《けういく》も完全《くわんぜん》に出來《でき》たから、仙女等《せんぢよら》は之《これ》を濱邊《はまべ》に置《お》くは勿體《もつたい》ない、他《ほか》の神々《かみ〳〵》に紹介《せうかい》する時《とき》は來《き》たと云《い》うて海《うみ》の表《おもて》に連《つ》れ出《だ》したら、海《うみ》の男女《だんぢよ》の神々《かみ〳〵》は女神《ぢよしん》の周圍《しうゐ》に集《あつま》つて來《き》て、聲高《こゑたか》く熱心《ねつしん》に女神《ぢよしん》の絶美《ぜつび》を頌《たゝ》へ、海《うみ》の底《そこ》の深《ふか》い所《ところ》から採《と》つて來《き》た眞珠《しんじゆ》や珊瑚《さんご》や、色々《いろ〳〵》の玉《たま》を女神《ぢよしん》に奉《たてま》つた。そして女神《ぢよしん》を海《うみ》の上《うへ》に波《なみ》の上《うへ》に枕《まくら》さして、軟風《なんぷう》の神《かみ》ゼフイルスに南風《なんぷう》を吹《ふ》かせ、クテラを經《へ》てクプロスの地《ち》に女神《ぢよしん》を送《おく》り附《つ》けしめた。

波より上りしビーナス女神――クプロスの地《ち》では四季《しき》の女神《ぢよしん》ホーライは、ビーナスを歡迎《くわんげい》する爲《た》めに濱《はま》に出《で》て待《ま》つて居《ゐ》た。優美《いうび》女神《ぢよしん》のアグライヤ、ヨウフロスネ、タリヤ等《など》も、新《あらた》に上《のぼ》り玉《たま》う女主人《をんなしゆじん》に對《たい》して其愛情《そのあいじやう》を盡《つ》くさうとして首《くび》をのばして待《ま》つて居《ゐ》た。女神《ぢよしん》を運《はこ》ぶ波《なみ》は次第《しだい》に海岸《かいがん》に近《ちか》づいて薔薇《ばら》の色《いろ》の神《かみ》なる美《うつく》しいビーナス女神《ぢよしん》の一行《かう》は見《み》えた。風《かぜ》は安全《あんぜん》に女神等《ぢよしんら》を濱《はま》に送《おく》り付《つ》けた。女神《ぢよしん》の足《あし》が濱邊《はまべ》の白《しろ》い砂《すな》に觸《ふ》れると同時《どうじ》に、凡《すべ》ての物《もの》に美《び》は輝《かゞや》き、草《くさ》にも木《き》にも花《はな》は咲《さ》きゑみ、ホーライ女神《ぢよしん》や、優美女神《いうびぢよしん》は香氣馥郁《かうきふくいく》たる花環《はなわ》を作《つく》つて女神《ぢよしん》に捧《さゝ》げ、運命女神《うんめいぢよしん》は虹霓《にじ》の着物《きもの》を着《き》せ、百合《ゆり》の花《はな》も、菫《すみれ》も、水仙《すゐせん》も香《かん》ばしく咲《さ》き榮《は》えた。愛《あい》の女神《ぢよしん》は又《ま》た動《どう》物植物《きつしよくぶつ》の生産《せいさん》の神《かみ》であり、又《ま》た花園《くわゑん》や樹《き》々の神《かみ》であつて、野邊《のべ》に緣《あざり》し、谷間《たにま》に春風《しゆんぷう》吹《ふ》くことは、女神《ぢよしん》の威德《ゐとく》に賴《よ》るものである。その繡箔《しうはく》した女神《ぢよしん》の帶《おび》には戀愛《れんあい》と熱情《ねつじやう》とは潛《ひそ》んで居《を》り、又《ま》た智者《ちしや》の智惠《ちゑ》をも奪《うば》ふ所《ところ》の嬉《うれ》しき逢瀨《あふせ》も隱《かく》れて居《ゐ》る。女神《ぢよしん》は實《じつ》に女性《ぢよせい》の美《び》と愛嬌《あいけう》との君主《くんしゆ》で、金色《こんじき》かゞやく樂《たの》しい微笑《ゑまひ》で男子《だんし》の心《こゝろ》を左右《さいう》し玉《たま》うのである。女神《ぢよしん》は今《いま》や長《なが》い海路《うみぢ》の旅《たび》を終《をは》つて、クプロスの濱邊《はまべ》に着《つ》き、潮風《しほかぜ》に亂《みだ》れた黑髮《くろかみ》を櫛《くし》けづり、薄化粧《うすげしやう》をなし、オリムポス指《る》して進發《しんぱつ》し玉《たま》うた。途中《とちう》からは愛《あい》の願《ねかひ》の神《かみ》ヒメロス、愛《あい》の和親《わしん》の神《かみ》ポトス、愛《あい》の睦言《むつごと》の神《かみ》スアデラ、結婚《けつこん》の神《かみ》ヒメン等《ら》は其列《そのれつ》に加《くは》はつて隨行《ずゐかう》した。

これがビーナス女神東行記事《ぢよしんとうかうきじ》であるが、是《こ》れが此星座《このせいざ》と、其阿弗利加地理《そのあふりかちり》とが見《み》事《こと》一致《ち》して、此星座《このせいざ》はビーナスであるとの判斷《はんだん》が出來《でき》るのである。

此記事《このきじ》にホーライ女神《ぢよしん》・優美女神《いうびぢよしん》、運命女神等《うんめいぢよしんとう》の名《な》が出《で》るが、其《そ》れは前《まへ》にも云《い》うた如《ごと》く、ナイル河上流地《がはじやうりうち》に是等《これら》三種《しゆ》の乙女《をとめ》の神《かみ》の土地《とち》があつて、其《そ》れが此記事《このきじ》の中《うち》に現《あら》はれて居《ゐ》るのである。

女神の帯と其土地――ビーナス女神《ぢよしん》の帯《おび》は有名《いうめい》のもので、此《こ》の記事《きじ》に據《よ》ると、其帯《そのおび》には戀愛《れんあい》の熱情《ねつじやう》や、智者《ちしや》の智恵《ちゑ》をも奪《うば》ふ所《ところ》の樂《たの》しき逢瀬《あふせ》も潛《ひそ》んで居《ゐ》るとのことだが、我等《われら》は今此星座地理《いまこのせいざちり》(東行前《とうかうぜん》)に就《つ》いて見《み》るも、全《まつた》く其通《そのとほ》りて、畫《ゑ》の帶《おび》の部分《ぶぶん》の星《ほし》の名《な》パルリマはイベヤ Ibea と謂《い》ひ、「帶《おび》」を意味《いみ》する土地《とち》であつて、其地《そのち》にロンゲン・ドチ Longen-doti(longing, dote)なる湖水《こすゐ》が「戀愛《れんあい》の熱情《ねつじやう》」、「痴愛《ちあい》の逢瀬《あふせ》」を意味《いみ》して、帶《おび》の中《なか》に隱《かく》れて居《ゐ》る。

此地《このち》にナイル河《かは》の上流《じやうりう》にヸクトリヤ・ニヤンザ湖《こ》がある。ニヤンザとは Neo-ana-Zao で「新鮮《しんせん》にそよ吹《ふ》く風《かぜ》」又た「管《くだ》」を意味《いみ》し、其《そ》れがシホン乃《すなは》ちチホン(サイホン)で、双魚宮《さうぎよきう》の女神《ぢよしん》を追《お》うた惡《わる》い神《かみ》と云《い》はれる者《もの》のことである。そして双魚宮《さうぎよきう》に略《りやく》して置《お》いた神話《しんわ》は、此《こゝ》に委《くは》しく述《の》べたことになるのである。

阿弗利加の四星座――今此室女宮即《いまこのしつぢよきうすなは》ち阿弗利加《あふりか》の中央部《ちうあうぶ》に立《た》つて大觀《たいくわん》すると北《きた》にエリダノス河圖星座《かとせいざ》(後《のち》に説《と》く)が、北《きた》は埃及《えぢぷと》から南《みなみ》はベルベル即《すなは》ち北緯約《ほくゐやく》十八度《ど》の所《ところ》まで達《たつ》し、其《そ》の點《てん》から室女宮《しつぢよきう》が引《ひ》き繼《つ》いて、阿弗利加中央《あふりかちうあう》の大部分《だいぶぶん》を占《し》めて南緯《なんゐ》約《やく》八度《ど》餘《よ》の所《ところ》まで達《たつ》し、又《ま》たナイル河《がは》とコンゴー河《がは》との境《さかひ》の地《ち》から南《みなみ》は喜望《きほう》峯《ほう》に至《いた》るまでの土地《とち》をヘエラクレエス星座《せいざ》が充《み》たして居《ゐ》るが、摩羯宮《まかつきう》は北《きた》は埃及《えぢぷと》方《はう》面《めん》から阿弗利加《あふりか》を縦斷《じうだん》して、南《みなみ》は喜望峯《きはうほう》まで伸《の》びて居《ゐ》るのである。

八月、處暑——乙女星座《おとめせいざ》は當然《たうぜん》八月《ぐわつ》のものである。元來乙女《ぐわんらいおとめ》のオトなる語源《ごげん》は八月《ぐわつ》の八の語源《ごげん》と同語《どうご》、羅甸系《らてんけい》アド Add がオド Odd(乙《おと》)になつたもので、其《その》「アッヅ」のアがヤの發音《はつおん》をした時《とき》はヤッツとなり、アッヂ Addi のアがハの發音《はつおん》を取《と》つたときはハチとなり、又《ま》た Adda となつた時は婀娜となる語《ご》で、美《うつく》しく、若《わか》く、豐富《はうふ》なことを意味《いみ》し、八月《ぐわつ》が此愛《このあい》すべき室女宮《しつちよきう》、又《また》は乙女星座《おとめせいざ》に當《あた》るのは當然《たうぜん》である。

又茲《またこゝ》に注意《ちうい》すべき事《こと》は、此黄道宮《このくわうだうきう》の記號《きがう》は丌と女との合成《がふせい》したもので、前者《ぜんしや》は希臘語《ぎりしやご》パイ(Pais)字《じ》で、パイは少女《せうぢよ》、處女《しよぢよ》を意味《いみ》し、且《か》つ支那字《しなじ》の「八」で、支那字《しなじ》の「八」で、今云《いまい》うた「ヤッツ」の語《ご》に當《あた》つて居《ゐ》る。次《つぎ》の字《じ》は純然《じゆんぜん》たる支那字《しなじ》「女《をんな》」であるのは面白《おもしろ》い。そして是等《これら》二字《じ》が乙女《おとめ》を意味《いみ》する。——支那文字《しなもじ》が、所謂希臘製《いはゆるぎりしやせい》の黄道記號《くわうだうきがう》にあるのは、人文歴史《じんぶんれきし》研究者《けんきうしや》に取《と》つて、興味《きようみ》ある問題《もんだい》では無《な》いか。

又《ま》た此月《このつき》の節《せつ》の名《な》に處暑があるは聊《いさゝ》か不思議《ふしぎ》の感《かん》がある。前《さき》に夏至《げし》も去《さ》り、立秋《りつしう》も過《す》ぎたのに尙《な》ほ「暑《しよ》に處《を》る」とは何《なん》の事《こと》か。これも矢張《やは》り乙女《をとめ》星座《せいざ》の地名《ちめい》エチ・オピヤ Aethi-opiaが處暑《しよしよ》を意味《いみ》するからである。

○日本名《にほんめい》・乙女《をとめ》星座《せいざ》。又《また》はお多福《たふく》星座《せいざ》。

第九章　天秤宮

天秤宮――羅甸名《らてんめい》 Libra 九月《ぐわつ》に當《あた》る星座《せいざ》、舊黃道順《きうわうだうじゆん》の七番《ばん》である。夏《なつ》の始《はじ》め室《しつ》女星座《ちよせいざ》の足《あし》に附《つ》いて出《で》て來《く》る。形《かたち》は普通《ふつう》の天秤《てんびん》の桿《さを》と二つの皿《さら》とで、其皿《そのさら》をつるした絲《いと》は亂《みだ》れて居《ゐ》る。其《そ》れは此次《このつぎ》に來《く》る星座《せいざ》天蠍宮《てんかつきう》の爪《つめ》で挾《はさ》んで居《ゐ》て、其爪《そのつめ》が天秤《てんびん》の部分《ぶぶん》を充《み》たして居《ゐ》る形《かたち》だからである。普通《ふつう》、希臘人《ぎりしやじん》は此星座《このせいざ》を用《もち》ひなかつたのは、其理由《そのりいう》である。けれども紀元前《きげんぜん》六百年《ねん》に溯《さかのぼ》つた埃及《えぢぷと》の黃道帶《くわうだうたい》に、何《いづ》れも皆此星座《みなこのせいざ》はある。天文學者《てんもんがくしや》の謂《い》ふ所《ところ》に據《よ》ると、諸他《しよた》の星座《せいざ》が紀元前約《きげんぜんやく》二千年頃《ねんぜん》の古《ふる》い程《ほど》には、此星座《このせいざ》は古《ふる》いとは信《しん》ぜられぬとしてある。此星座《このせいざ》には二等星《とうせい》の北《きた》キフファ Kiffa Borealis と、三等星《とうせい》の南《みなみ》キフファ又《また》ズベネルシエマリ Zubenel-shemali と云《い》ふのが二等邊《とうへん》三角《かく》を斜《なゝめ》に逆立《さかだ》て、其底《そのそこ》の部分《ぶぶん》に在《あ》り、天蠍宮《てんかつきう》（次《つぎ》に述《の》べる）の一等星《とうせい》アンタレス Antares 支那《しな》名天王《めいてんわう》が其《その》三角《かく》の頂上《ちやうじやう》に在《あ》る有様《ありさま》なのである。天秤宮《てんびんきう》の記號《きがう》は♎で、桿《さを》と皿《さら》とを示《しめ》すもので、太陽《たいやう》が此星座《このせいざ》に來《き》た時《とき》は、地球《ちきう》の赤道面《せきだうめん》を南《みなみ》へ横《よこ》ぎる時《とき》で、大凡《おほよそ》九月《ぐわつ》二十二日頃《にちごろ》が晝夜平分點《ちうやへいぶんてん》で之《こ》れが秋分《しうぶん》である。

第九十五圖

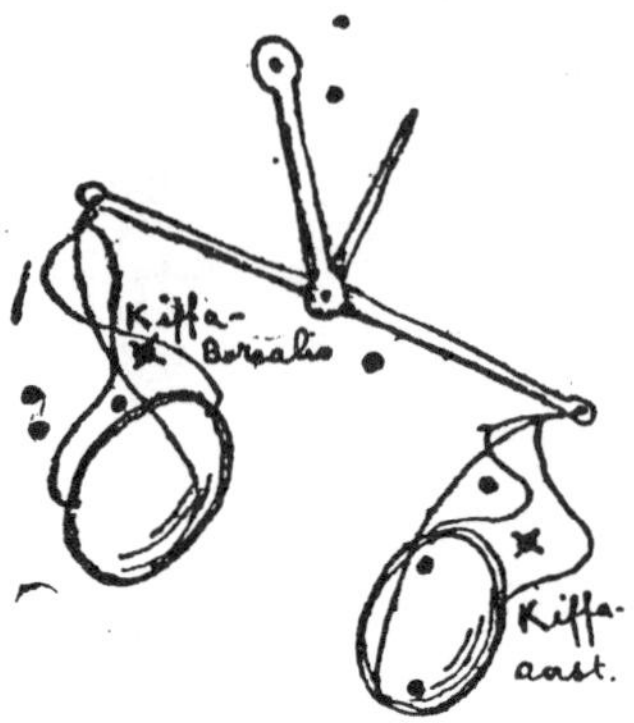

天秤宮

印度チヨタ・ナグプルは天秤地——

今此星座《いまこのせいざ》の圖《づ》ばかりを獨立《どくりつ》させて見《み》ては、果《はた》して其《そ》れは何處《どこ》の土地《とち》を象《かたど》つたものと云《い》ふ判斷《はんだん》は付《つ》かぬことゝ信《しん》ずる。然《しか》してこれを次《つぎ》に述《の》べる所《ところ》の天蠍宮《てんかつきう》と併《あは》せて、續《つゞ》いて、天蠍《てんかつ》の剪爪《はみ》の位置《ゐち》に天秤宮《てんびんきう》を當《あ》てがうて研究《けんきう》すると、天秤《てんびん》の土地《とち》は印度《いんど》ベンガル州《しう》の恒河《こうか》の南《みなみ》、チヨタ・ナグプルの土地《とち》たることが解《と》かるであらう。即《すなは》ち其天《そのてん》秤棒は恒河《ごうが》へ南《みなみ》から流《なが》れ込《こ》むソン河《かは》と、ダモンダ河《かは》とで、稍々《やゝ》斜《なゝめ》に東西《とうざい》に形作《かたちづく》る直線《ちよくせん》が其《そ》れで、其兩《そのふた》つの河《かは》の支流《しりう》の種々曲線《しゆ〴〵きよくせん》を畫《ゑが》いて居《ゐ》るのが、天秤《てんびん》の絲《いと》や、皿《さら》の形《かたち》に見立《みた》てられて居《ゐ》る。

第十六圖

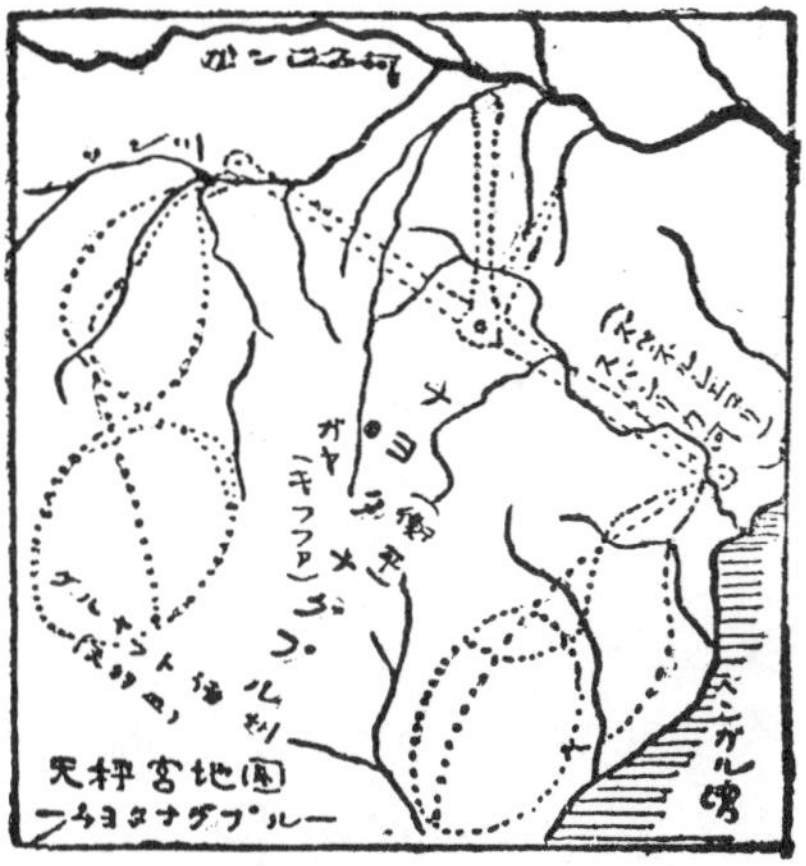

天秤宮地圖

元來《ぐわんらい》チョタ・ナグプル Chota-Nag-pur とは「なぎに懸《か》ける」「桿《さを》につるす」を意味《いみ》し、其《そ》れに天秤《てんびん》の意味《いみ》がある。又《ま》た其地方《そのちはう》をグルヤット諸國《しよこく》 Gurjat Statesと云《い》ふが、今其《いまその》Gを C に發音《はつおん》すると「クルヤット」となり、羅甸語《らてんご》のCuratioの訛《なま》りで、天秤《てんびん》の「皿《さら》」を意味《いみ》する名《な》である。

星の地名――此星座《このせいざ》の西《にし》の方《かた》の北キフファ星《せい》は、ファルグ河《かは》の上《ほとり》にあるガヤの町《まち》の對譯《たいやく》である。乃《すなは》ち「キフファ」は羅甸語《らてんご》のキッパ、希臘語《ぎりしやご》のキホ(Kiffa = Cippa = Kiô)で、行《ゆ》くこと、足《あし》を上《あげ》ること、おどることを意味《いみ》し、ガヤ Gaya は希臘語《ぎりしやご》ガヤ

Gaiaの變化《へんくわ》で同《おな》じ意味《いみ》である。又《ま》た南キフフア星《せい》は一名《めい》をズベンシエマリZuben-shemali(Syn, baino, schemali)と謂《い》ひ、「共《とも》に・行《ゆく》・國《くに》」を意味《いみ》し。行《ゆ》くの意味《いみ》に於《おい》てガヤと同《おな》じく、天秤《てんびん》の棒《ばう》の右《みぎ》の方《はう》に當《あた》るスバンリカ Subanrika(Syn-baino-rego)河《がは》が、全然《ぜんぜん》其《その》對譯《たいやく》地《ち》名《めい》に當《あた》つて居《ゐ》る。

ユリセースの妻糸織姫の話し――此《この》天秤《てんびん》星座《せいざ》は表面《へうめん》からは知《し》れぬが實《じつ》は美《うつく》しい神話《しんわ》にくるまつて居《ゐ》るのである。其《そ》れは機織《はたおり》を以《も》つて有名《いうめい》な、希臘《ぎりしや》神話《しんわ》のユリセースの妻《つま》の話《はなし》なのである。此《この》ユリセースの話《はなし》は勿論《もちろん》今《いま》の希臘《ぎりしや》ではなく、印度《いんど》の話《はな》しであり、其妻《そのつま》ペーネロペは絲織姫《いとおりひめ》を意味《いみ》して、其土地《そのとち》は恒河《こうか》の南《みなみ》、機織《はたおり》の地《ち》である。

絲織姫《いとおりひめ》はスパルタ王《わう》(チヨタ・ナグプルのこと)イカリウスなる者《もの》の娘《むすめ》で、容貌《ようばう》の美《うつく》しいのみならず、又《ま》た精神《せいしん》美《うつく》しく、夫《をつと》ユリセースがツロイ戰爭《せんさう》に行《いつ》て二十年間《ねんかん》家《いへ》に歸《かへ》らず、生死《しやうし》も知《し》れなかつたが、其長《そのなが》い間《あひだ》種々《しゆ〳〵》の誘惑《いうわく》やら・壓迫《あつぱく》に打勝《うちか》つた所《ところ》の貞《てい》節《せつ》世界《せかい》に有名《いうめい》な賢婦人《けんぷじん》である。始《はじ》めイタカ王《わう》ユリセースは多《おほ》くの競爭者《きやうさうしや》に打勝《うちか》つて、ペーネロペーと婚姻《こんいん》の承諾《しようだく》を得《え》て、彼女《かのぢよ》は夫《をつと》の家《いへ》に行《ゆ》く時《とき》になつたら、父《ちゝ》は娘《むすめ》と別《わか》れるのが悲《かな》しく尚《な》ほ家《いへ》に留《とゞ》まつて居《ゐ》るやうに勸《すゝ》めた。ユリセースも強《し》ひて妻《つま》を自分《じぶん》の家《いへ》につれて行《ゆ》かうとは言《い》はず、何《いづ》れでも妻《つま》の選擇の自由に任《まか》した。妻《つま》は父《ちゝ》にも夫《をつと》にも何《なに》も返答《へんたふ》せず、自分《じぶん》の顏《かほ》に顏覆《かほおほ》ひを垂《た》れた。父《ちゝ》イカリオスも此上《このうへ》は強《し》ひて勸《すゝ》めもせなかつたが、妻《つま》たる者《もの》が夫《をつと》の家《いへ》に行《ゆ》くのは當然《たうぜん》だから、ペーネロペーは出立《しゆつたつ》して夫《をつと》の家《いへ》に行《ゆ》くことにした。其時《そのとき》父《ちゝ》と別《わか》れた其場所《そのばしよ》に、彼女《かのぢよ》は「中庸《ちうよう》」に對《たい》して自分《じぶん》の像《ざう》を立《た》てた。

秋分の觀念——此話《このはなし》を、たゞ其《その》まゝに讀《よ》み去《さ》らば何《なん》でもないが、實《じつ》は此中《このうち》に天秤《てんびん》の觀念《くわんねん》があつて、衡平《かうへい》や、中和《ちうわ》や、節度《せつど》や、選定《せんてい》や、別離《べつり》(二つに分《わか》つ)など、又《ま》た一年《ねん》の時《とき》を以《も》つて云《い》はゞ秋分《しうぶん》の思想《しさう》が、美《うつく》しく具體的《ぐたいてき》の事件《じけん》として言《い》ひ表《あら》はされて居《ゐ》るのである。

元來天秤《ぐわんらいてんびん》とは、同等《どうとう》の重《おも》さ二つを計《はか》るもので、平等《びやうどう》には二つに別《わか》つの觀念《くわんねん》がある。ペーネロペーの父《ちゝ》イカリオスの名《な》(Icarios=Equa)は「二分《ぶん》」を意味《いみ》し、二分《ぶん》の娘《むすめ》は「衡《かう》平《へい》」即《すなは》ち「天秤《てんびん》」で「衡平《かうへい》」を羅《ら》甸語《てんご》で Equi-libirium と云《い》ひ、「平等《びやうとう》・天秤《てんびん》」を意味《いみ》する。

天秤の化身糸織姫の像——父《ちゝ》イカリオスが其性質《そのせいしつ》であるから、娘《むすめ》ペーネロペーも天秤《てんびん》の性質《せいしつ》、即《すなは》ち天秤《てんびん》の化身《けしん》とも云《い》ふべき者《もの》であるから、彼女《かのぢよ》と父《ちゝ》とが分《わか》れる時《とき》——二つに分れる時に、別れた場所に「中庸《ちうよう》」即《すなは》ち「二分《ぶん》の中間《ちうかん》」を意味《いみ》する像《ざう》を立《た》てたのである。既《すで》に平等《びやうとう》と中庸《ちうよう》とを得《え》たら安靜《あんせい》が出來《でき》、安靜《あんせい》から貞操《ていさう》不動《ふどう》の徳《とく》が出來《でき》るので、此絲織姫《このいとおりひめ》は天秤《てんびん》の娘《むすめ》、自分《じぶん》も亦天秤《またてんびん》であつて、賢婦人《けんふじん》の名《な》があるのは此理由《このりいう》である。

　彼女《かのぢよ》が父《ちゝ》と別《わか》れる時《とき》に面覆《かほおほ》ひを垂《た》れて、自分《じぶん》の像《ざう》を「中和《ちうわ》」に獻《けん》じたとのことは、此時季《このじき》は晝夜平分《ちうやへいぶん》の時《とき》で、之《これ》を羅《ら》甸語《てんご》で Equi-nox と云《い》ひ、「夜《よる》・平等《びやうとう》」を意味《いみ》するから、彼女《かのぢよ》が面覆《つらおほひ》を垂《た》れたことは夜《よる》を意味《いみ》して、晝夜平分《ちうやへいぶん》即《すなは》ち秋分《しうぶん》を云《い》ふたものである。

　モコスの像——此星座《このせいざ》の傳説《でんせつ》に、始《はじ》めは此天秤《このてんびん》星座圖《せいざづ》は天秤《てんびん》の發明者《はつめいしや》モスコの像《ざう》の繪《ゑ》であつたが、後《のち》に天秤《てんびん》にしたとのことであるが、モスコとは希臘語《ぎりしやご》モーコス Mókos(Mock)で、似《に》せること、眞似《まね》ること、同《おな》じうすることで、二つのもの、「同《どう》等《とう》」の點《てん》に於《おい》て天秤《てんびん》の有《いう》する觀念《くわんねん》と同《おな》じてあつて、モコスは天秤《てんびん》の發明者《はつめいしや》と云《い》ふよりも、矢張《やは》り天秤《てんびん》其物《そのもの》であり、又《ま》た其《そ》れが、天秤《てんびん》の化身《けしん》たるペーネロペーが像《ざう》を立《た》てたとの神話《しんわ》の別傳《べつでん》に過《す》ぎぬのである。

春分《しゆんぶん》の晝夜平分時節《ちうやへいぶんじせつ》は、羊《ひつじ》の角《つの》の二岐《ふたまた》に分《わか》れたものを以《も》つてし、秋分《しうぶん》は天秤《てんびん》の二つの皿《さら》の同等《どうとう》と云《い》ふことを以《も》つて表《あら》はしてある。

韋提希夫人（神話地理）——絲織姫《いとおりひめ》たるペーネロペーの土地《とち》は天秤《てんびん》の地《ち》たるベンガルのチヨタ・ナグプル、長《なが》き物《もの》、棒即《ほうすなは》ち天秤棒《てんびんぼう》の地《ち》であるが、又《ま》た昔之《むかしこれ》をサバライ Sabarai 即《すなは》ち「棒《さを》の地《ち》」と云《い》ふた。棒《さを》は貞操《みさを》である。其《そ》れだからペーネロペー夫《ふ》人《じん》は貞操《みさを》を以《も》つて有名《いうめい》なのである。夫《をつと》ユリセースの地《ち》は、其南方《そのなんぽう》の海岸地《かいがんち》で、現名《げんめい》ダムラ Dhamra は所謂《いはゆる》イタカである。ダムラとは Dam, Dome で室《しつ》を意味《いみ》し、謠曲《えうきよく》「室君《むろぎみ》」の地《ち》である。だから『不思議《ふしぎ》や異香薫《いかうくん》じて、和光《わくわう》の垂跡《すゐせき》、韋提希夫人《ゐだいけふじん》の姿《すがた》を現《あら》はしおはします』と云《い》ひ、又《ま》た月《つき》の御舟《みふね》に棹《さを》さして、『棹《さを》の歌《うた》を歌《うた》はん』と云《い》ふてある。其韋提希夫人《そのゐだいけふじん》とはユリセースのイタケ Ithakeの地名《ちめい》に當《あた》り、棹《さを》の歌《うた》は、天秤《てんびん》の衡《よこぎ》の歌《うた》、又《ま》た貞操《みさを》の歌《うた》のことになつて居《ゐ》る。彼女《かのぢよ》が父《ちゝ》と別《わか》れた所《ところ》に「中庸《ちうよう》」の像《ざう》を立《た》てた所《ところ》とは、中部印度《ちうぶいんど》のマイカル Ma-ikal山脈《さんみやく》のことである。マイカルの「イカ」とは父《ちゝ》イカロス王《わう》の名《な》と同《おな》じく二分《ぶん》、中間《ちうかん》、中庸《ちうよう》を意味《いみ》するのである。

九月。白露、秋分――九月《ぐわつ》は長月と云《い》ひ、天秤《てんびん》の衡木《よこぎ》の長《なが》きことが其《その》九ツの意《い》味《み》を表《あら》はして居《ゐ》る。此星座《このせいざ》に當《あた》る節《せつ》に白露の名《な》があるは、此天秤《このてんびん》の地《ち》にルプナラインRup-na-rainの「洗《せん》・白《はく》・露《ろ》」を意味《いみ》する河《かは》の名《な》と思《おも》はれる。此《こ》の秋《あき》の觀念《くわんねん》と、天秤《てんびん》の平分觀念《へいぶんくわんねん》とは秋分《しうぶん》の季節《きせつ》を示《しめ》して居《ゐ》る。

第十章 天蠍宮

天蠍宮——希臘名《ぎりしやめい》スコルピオン Scorpion。天秤宮《てんびんきう》に續《つゞ》く、十月《ぐわつ》に當《あた》る星座《せいざ》、黄《くわう》道《だう》の第《だい》八番《はん》である。記號《きがう》は♏で、希臘字《ぎりしやじ》のX《クシ》に當《あた》り、櫛《くし》、梳《す》きの語《ご》で、蠍《かつ》をスキオルピオンと云《い》ふ所《ところ》から其頭字《そのかしらじ》を書《か》いたものである。此星座《このせいざ》には一等星《とうせい》で赤色《あかいろ》のアンタレース Antares や、他《ほか》に澤山《たくさん》の二等星《とうせい》がある。此星座《このせいざ》は其大《そのおほ》きな剪刀《はさみ》の爪《つめ》は、前《さ》きには、天秤星座《てんびんせいざ》の在《あ》る部分《ぶぶん》を蔽《おほ》ふて居《ゐ》た。其變化不規則《そのへんくわふきそく》の所《ところ》からして、此星座《このせいざ》は、紀元前《ぎげんぜん》二千年《ねん》に黄道帶《くわうだうたい》が出來《でき》るよりも古《ふる》いものであつたと考《かんが》へられて居《ゐ》る。天《てん》秤宮《びんきう》は是《こ》れよりも後《のち》のものではあるが、決《けつ》して、そんなに新《あたら》しいものではない。何《な》故《ぜ》ならば、既《すで》に埃及《えぢぷと》の黄道帶《くわうだうたい》に存《そん》して居《ゐ》るからである。羅馬《らうま》のユリウス・ケーザルが、其暦《そのこよみ》に使用《しよう》して居《ゐ》る所《ところ》からして、天秤宮《てんびんきう》は世間《せけん》に知《し》られて居《ゐ》たのである。プトレミイは其後《そのご》約《やく》二世紀《せいき》に埃及《えぢぷと》に住《す》んで居《ゐ》たが、バビロニヤ人《じん》や希臘人《ぎりしやじん》の爲《す》る所《ところ》に從《したが》ひ、天蠍《てんかつ》の爪《つめ》を以《もち》つて天秤宮《てんびんきう》を蔽《おほ》はせて居《ゐ》た。

ベンガルより印度南端まで――天秤宮《てんびんきう》が前《まへ》に説《と》いた如《ごと》くベンガルであるとしたら、其連續《そのれんぞく》たる天蠍宮《てんかつきう》の地理《ちり》は、勿論其南《もちろんそのみなみ》に續《つゞ》いた土地《とち》たることは知《し》れるが、我等《われら》は天秤宮《てんびんきう》の地理《ちり》よりも前《さ》きに天蠍宮《てんかつきう》の地理《ちり》を知《し》つたのである。星座《せいざ》圖《づ》と、印度《いんど》の地圖《ちづ》とを比較《ひかく》して見《み》ると、如何《いか》にも明瞭《めいれう》の一致《ち》が兩者間《りやうしやかん》にあることは、一見誰《けんたれ》でも認《みと》められる。

第六十一圖

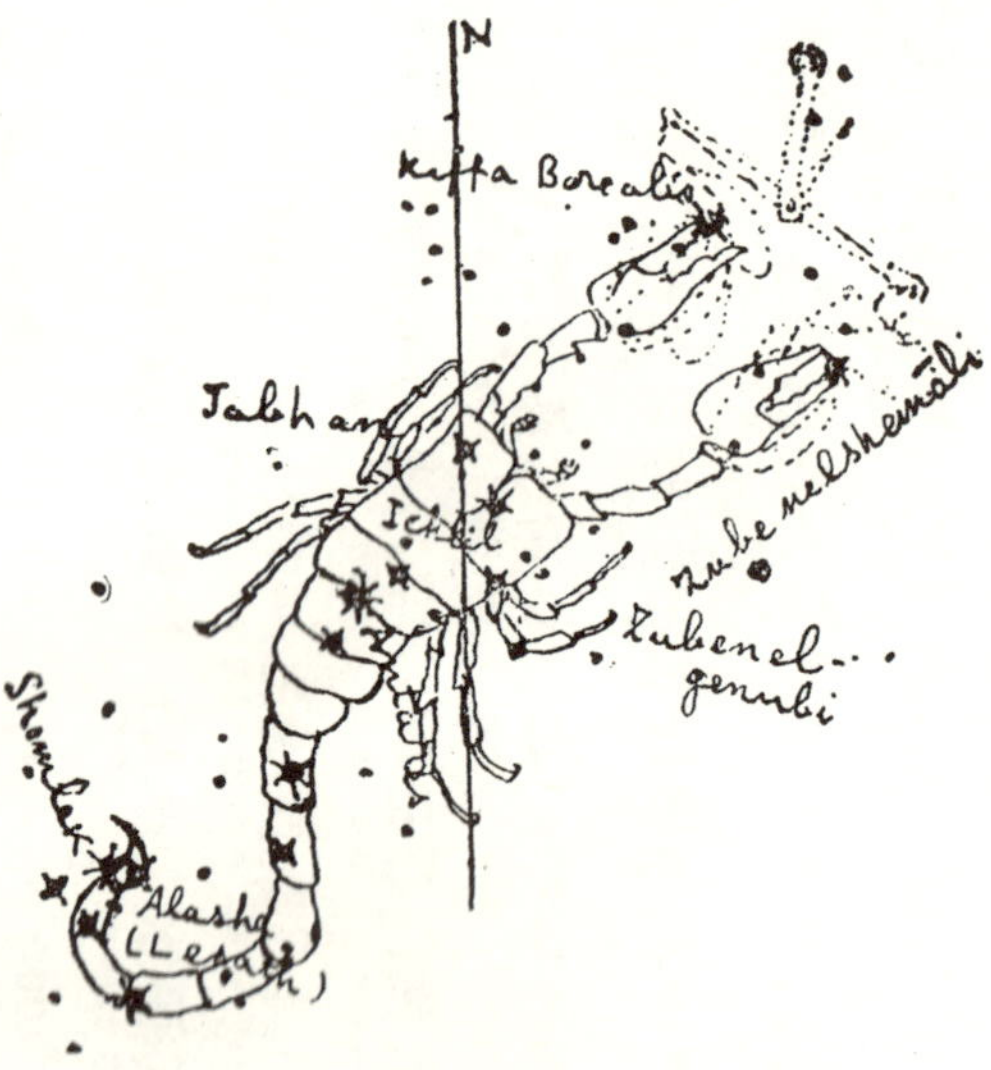

天蠍宮

蠍《かつ》の剪刀《はさみ》の爪《つめ》はベンガルで、其胴《そのどう》の屈折《くつせつ》の具合《ぐあひ》は全然印度《ぜんぜんいんど》東海岸《とうかいがん》で、尾《を》の曲《まが》りは印度《いんど》の南端《なんたん》に當《あた》つて居《ゐ》る。

蠍の國ガツ――形狀《けいじやう》を見《み》て既《すで》に天蠍《てんかつ》の地《ち》は印度東海岸《いんどとうかいがん》一帶《たい》であることは明瞭《めいれう》

であるが、又《ま》た東海岸《とうかいがん》一帯《たい》を現《げん》にガッGhatsと云《い》ふて居《ゐ》るのは『蠍《かつ》』の支那音《しなおん》そのままの名《な》と知《し》れる。ガッとは多く蓄積《ちくせき》することを意味《いみ》し、希臘語《ぎりしやご》カトウ Kato に當《あた》り、英語《えいご》の get, got, gat 等《とう》と同《おな》じく「得《う》る」ことを意《い》味《み》し、之《これ》を「押《おし》」又《ま》たは「肥《ひ》」と譯《やく》することがある。

蠍《かつ》の希臘語《ぎりしやご》スコルピオン(Sci-or-pion)は『盾《たて》(刀《たう》)得《とく》・多《た》』を意味《いみ》し、前《まへ》に云《い》ふた「ガッ」は「得《とく》・多《た》」に當《あた》り、Sci なる語《ご》は又《ま》た Sky となつて、「天《てん》」を意《い》味《み》し、又《ま》た「見《み》る」を意味《いみ》し、こゝにスコルピオンは天蠍《てんかつ》と譯《やく》されるのである。

第二十六圖

天蠍宮星座地圖

日本語《にほんご》の「さそり」は Scia-sôri「刀盾多《かたなたておほ》し」を意味《いみ》し、又《また》「押盾《おしたて》」とも云《い》はれ宣化《せんくわ》天皇《てんのう》の御名《おんな》にもなつて居《ゐ》る。

韓愈《かんいう》の詩《し》に『昨來《さくらい》京官《くわん》を得《え》、壁《へき》を照《て》らして喜《よろこ》んで蠍《かつ》を見《み》る』と云《い》ふ不思議《ふしぎ》な詩《し》があるが、其《そ》れがスコルピオンの語《ご》を分解《ぶんかい》したものであるのは面白《おもしろ》い。

蠍《かつ》は又《ま》た主簿蟲《ちう》と云《い》ふが、これは蠍即《かつすなは》ちカトウ即《すなはち》ガツは主計のことである。これに「喜《よろこ》んで見《み》る」なる Scio-mantha《キヨマサ》（清正《きよまさ》）なる語《ご》を加《くは》へたら果《はた》して如何《いか》んの日本歴史《にほんれきし》觀《くわん》が起《おこ》るか、起《おこ》らぬか。そしてスコルピオンの「ピオン」は「肥《ひ》」を意味《いみ》し、肥前肥後《ひぜんひご》の國名《こくめい》の語源《ごげん》であり、又《ま》た此《この》ガツの地《ち》の南《みなみ》の海《うみ》をアルガリ‥ス（Argalicos = Arc-alicos）即《すなは》ち熊本《くまもと》の海《うみ》と云《い》ふ地名《ちめい》があるに於《おい》ては、果《はた》して如何《いか》んの史觀《くわん》がある。

星の地名—— 其爪《そのつめ》の剪刀《はさみ》にある南北《なんぼく》キフファの星《ほし》はガヤとスバンリカ河《かは》とてあることは天秤宮《てんびんきう》で說明《せつめい》した、此《この》二星《せい》を聯《つら》ねて底《そこ》と爲《な》し、其上《そのうへ》に丈高《たけたか》い二等邊《とうへん》三角《かく》形《けい》を畫《ゑが》き、其頂上《そのちやうじやう》即《すなは》ち天蠍《てんかつ》の胴《どう》の中程《なかほど》のアンタレス Antares 星《せい》は、キシトナ河《がは》の南北《なんぼく》に當《あた》つて居《ゐ》る昔《むかし》のアンダラ國《こく》（安達羅《あんだら》 Andarae ）たることは、發音《はつおん》から云《い》ふも、位置《ゐち》から考《かんが》へるも正確《せいかく》に當《あた》つて居《ゐ》ると云《い》はねばならぬ。此《この》アンダラとは現今《げんこん》のガッの對譯《たいやく》で羅甸語《らてんご》 Add-ara 積《つ》み加《くは》へる、男性《だんせい》、勝《か》つを意味《いみ》し、現名《げんめい》ガッ Ghats は希臘《ぎりしや》語《ご》 Kato で對譯《たいやく》である。然《しか》るに、星《ほし》の名《な》は地名《ちめい》であることを知《し》らぬ天文學者等《てんもんがくしやら》が、小《こ》ざかしう説明《せつめい》して「アンタレスの字義《じぎ》はアンチ・アレース即對火星《すなはちたいくわせい》と言《い》ふことで、其烈々《そのれつ〳〵》たる光《ひかり》と色《いろ》とが壯《さか》んなる火星《くわせい》をさへ顔色《がんしよく》なからしむると云《い》ふ意《い》を巧《たく》みに言《い》ひ表《あら》はしたもの」など言《い》ふに至《いた》つては抱腹絶倒《はうふくぜつたう》の至《いた》り、西洋人等《せいやうじんなど》が此《こ》ンな無知《むち》のウソを言《い》ひ、其《そ》れを日本《にほん》の愚《おろ》かしき學者供《がくしやども》が眞似《まね》して物知《ものし》り顔《がほ》をして居《ゐ》るものもある。又《また》此日本《このにほん》の天文書物製造者《てんもんしよもつせいぞうしや》が「そして此等全體《これらぜんたい》は蝎《かつ》の恐《おそ》ろしさの焦點《せふてん》としてアンタレスの赤《あか》みを與《あた》へたなど、吾人《ごじん》は造物主《ざうぶつしゆ》の藝術的手腕《げいじゆつてきしゆわん》に今更感《いまさらかん》じ入《い》らざるを得《え》ない」など〻、此列星《このれつせい》が始《はじ》めから蝎《かつ》として恐《おそ》ろしく作《つく》られたかの如《ごと》き言《けん》を爲《な》し冗辯多言《じようべんたごん》、「活辯《くわつべん》」に類《るゐ》して嘔吐《おうど》に値《あたひ》する。

蠍《かつ》の尾《を》の尖《さき》にある二つの星《ほし》の右《みぎ》の方《はう》のアレシャ Alesha (Ale-scia = Ale-xyo) 印度南《いんどなん》端西海岸《たんせいかいがん》のアレッピ Alleppi (Al-lapazo) に對譯《たいやく》せられ「凡《すべ》てを掠奪《りやくだつ》し荒《あ》らし去《さ》る」を

意味《いみ》し、日本《にほん》では「あらきその神《かみ》」と云《い》ふてある。又《ま》た西《にし》の星《ほし》なるシヨムレク Shom'lek (Sham-lego) は「侮辱《ぶじよく》の床《とこ》」を意味《いみ》して現名《げんめい》プタナ・プラム Puthana-puram に當《あた》り、厭《いや》な男《をとこ》に對《たい》して「火《ひ》を抱《だ》く思《おも》ひの床《とこ》」を意味《いみ》する。今此《いまこの》二つの星《ほし》の名《な》の意味《いみ》は文耕堂《ぶんかうだう》淨瑠璃《じやうるり》の「河内《かはち》の國姥火《くにうばび》」第《だい》二段《だん》に毛利元就《まうりもとなり》(現日本《げんにほん》でなく、南印度《みなみいんど》の人《ひと》)の妻《つま》が、主人大内義隆《しゆじんおほうちよしたか》の横戀慕《よこれんぼ》に壓迫《あつぱく》せられた時《とき》の感想《かんさう》の言《げん》や、又《ま》た夫元就《をつともとなり》が苛責《かしやく》せられたあらきその森《もり》のことなどに由《よ》つて知《し》ることが出來《でき》るのである。(此戯曲《このぎきよく》の中《なか》に毛利《まうり》一族《ぞく》が希臘語文法《ぎりしやごぶんぽふ》を學習《がくしふ》して居《ゐ》ることが書《か》いてあるのは、最《もつと》も興味《きようみ》ある事件《じけん》である。)

十月。寒露——暦《こよみ》に於《お》ては此星座《このせいざ》は十月《ぐわつ》に當《あた》り、節《せつ》は寒露《かんろ》である。「十」は充實《じうじつ》、肥大《ひだい》で、デカイことである。十《とを》は豊《とよ》で、希臘語《ぎりしやご》 Theo である。希臘語《ぎりしやご》でも羅甸語《らてんご》でも十をデカと云《い》ひ、今《いま》、此星座《このせいざ》の地《ち》は印度南端《いんどなんたん》デツカン、語源《ごげん》はデカ(Deca)の地《ち》てある。又《ま》た暦《れき》の節《せつ》は寒露《かんろ》で、其《そ》れは矢張《やは》り星座《せいざ》の地《ち》ハイデラバツド Hydrabad の「寒《さむ》い露《つゆ》」を意味《いみ》する地名《ちめい》と同《おな》じものである。

○日本名《にほんめい》、さそり星座《せいざ》。

第十一章　人馬宮

相模太郎星座

人馬宮——羅甸名《らてんめい》 Sagittarius。人馬宮《じんばきゅう》は支那名《しなめい》射手《しやしゆ》と言《い》ふてもあるが、耳《みゝ》にも口《くち》にも具合《ぐあひ》の悪《わる》い名《な》。語源的正當《ごげんてきせいたう》の譯《やく》として日本人《にほんじん》には「相模太郎《さがみたろう》」が最《もつと》も正《たゞ》しい。此星座《このせいざ》は十一月《ぐわつ》に當《あた》り、黄道第九番《くわうだうだいばん》である。記號《きがう》は ♐。支那字《しなじ》矢の字《じ》の一點《てん》少《すくな》いものである。形《かたち》は下半身《しもはんしん》は馬《うま》、上半身《かみはんしん》は人《ひと》、羽根《はね》があり、弓《ゆみ》を彎《ひ》いて居《ゐ》る、乃《すなは》ち馬上《ばじやう》の射手《しやしゆ》を形《かたち》としたもの。大鷹星座《おほたかせいざ》と、蛇取《へびと》り星座《せいざ》との中間《ちうかん》の南《みなみ》にあつて南方《なんぱう》の地平《ちへい》近《ちか》くにある。此星座《このせいざ》には一等星《とうせい》はなく、僅《わづ》かに一等星《とうせい》に近《ちか》いものがあるが、銀河《ぎんが》が此星座《このせいざ》を流《なが》れて居《ゐ》る爲《た》めに一種《しゆ》の輝《かゞや》きがあり、又《ま》た此星座《このせいざ》には星團《せいだん》が澤山《たくさん》ある。

後印度全體の形——此奇態《このきたい》の星座《せいざ》は後印度全部《こういんどぜんぶ》を象《かたど》つたもので、先《ま》づ最《もつと》も目《め》に付《つ》くのは羽根《はね》が緬甸《びるま》即《すなは》ち羽根《はね》の足《あし》の大速力《だいそくりよく》の神《かみ》たるヒルマ（ヘルメース）の地《ち》であり、頭《あたま》はメーコン河《か》とサルビン河《か》との北緯《ほくゐ》二十二度《ど》の邊《へん》であり、其《そ》れから北《きた》が烏帽《ゑぼ》子樣《しやう》のものである。彼《か》れの左《ひだり》の手《て》はメーコン河《か》の屈折《くつせつ》して居《ゐ》る部分《ぶぶん》に沿《そ》うて斜《なゝめ》に下《した》を向《む》いて弓《ゆみ》を握《にぎ》つて居《ゐ》る。彼《か》れの右《みぎ》の手《て》の肱《ひぢ》はイラワデ河《か》の北緯《ほくゐ》二十一度《ど》の邊《へん》である。

第三十六圖

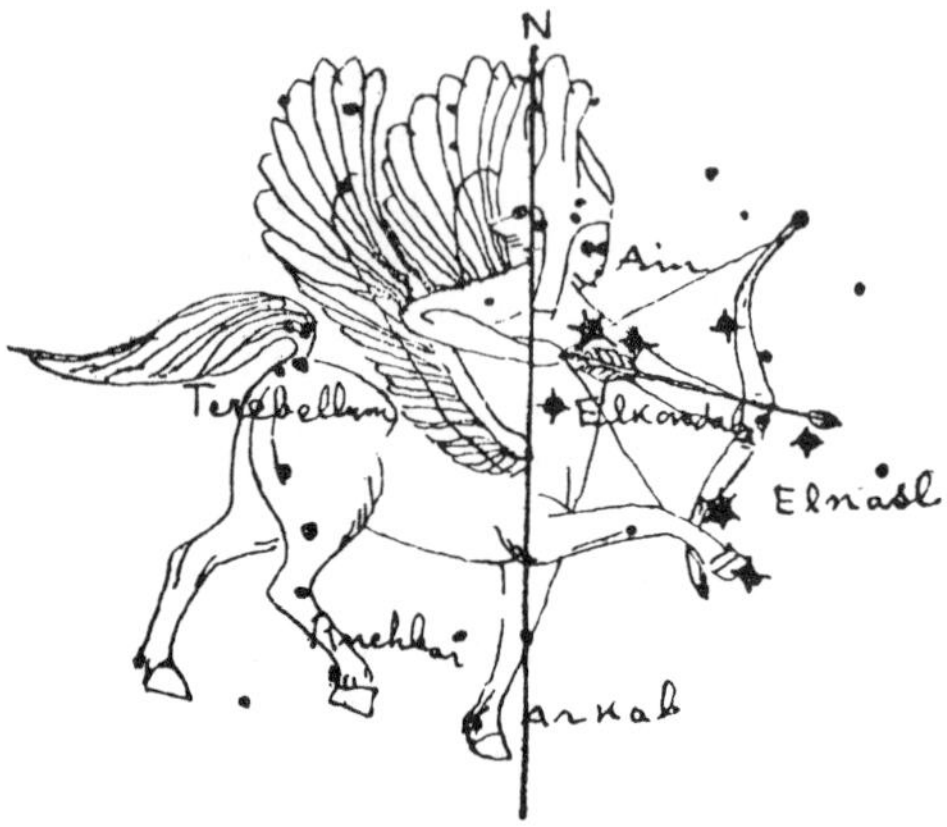

人馬宮星座

弓《ゆみ》の彎曲《わんきよく》は東京《とんきん》から、安南《あんなん》、交趾《かうし》に至《いた》るまでの海岸線《かいがんせん》其《その》まゝで、最《もつと》も此星座《このせいざ》地理《ちり》の明瞭《めいれう》な所《ところ》である。馬《うま》の前足《まへあし》の右《みぎ》は擧《あ》げて蹄《ひづめ》をカムボヂヤ、交趾《かうし》にかけ、左《ひだり》は馬來半《まれいはん》島《たう》に當《あた》つて居《ゐ》る。馬《うま》の後部《こうぶ》や足《あし》は海《うみ》の部分《ぶぶん》になつて居《ゐ》て右足《みぎあし》はイラワデ河口《かこう》から突《つ》き出《だ》し、左足《ひだりあし》の蹄《ひづめ》はアンダマン諸島《しよたう》にかゝつて居《ゐ》る。尾《を》の形《かたち》はガンジス河口《かこう》の海岸線《かいがんせん》と見事《みごと》一致《ち》して居《ゐ》るのは面白《おもしろ》い。

此星座《このせいざ》にある星《ほし》の名《な》で、其尾《そのを》の本《もと》にあるテレベルム Tere-bellum の星《ほし》は「鐘聲騷《しやうせいさわ》

第四十六圖

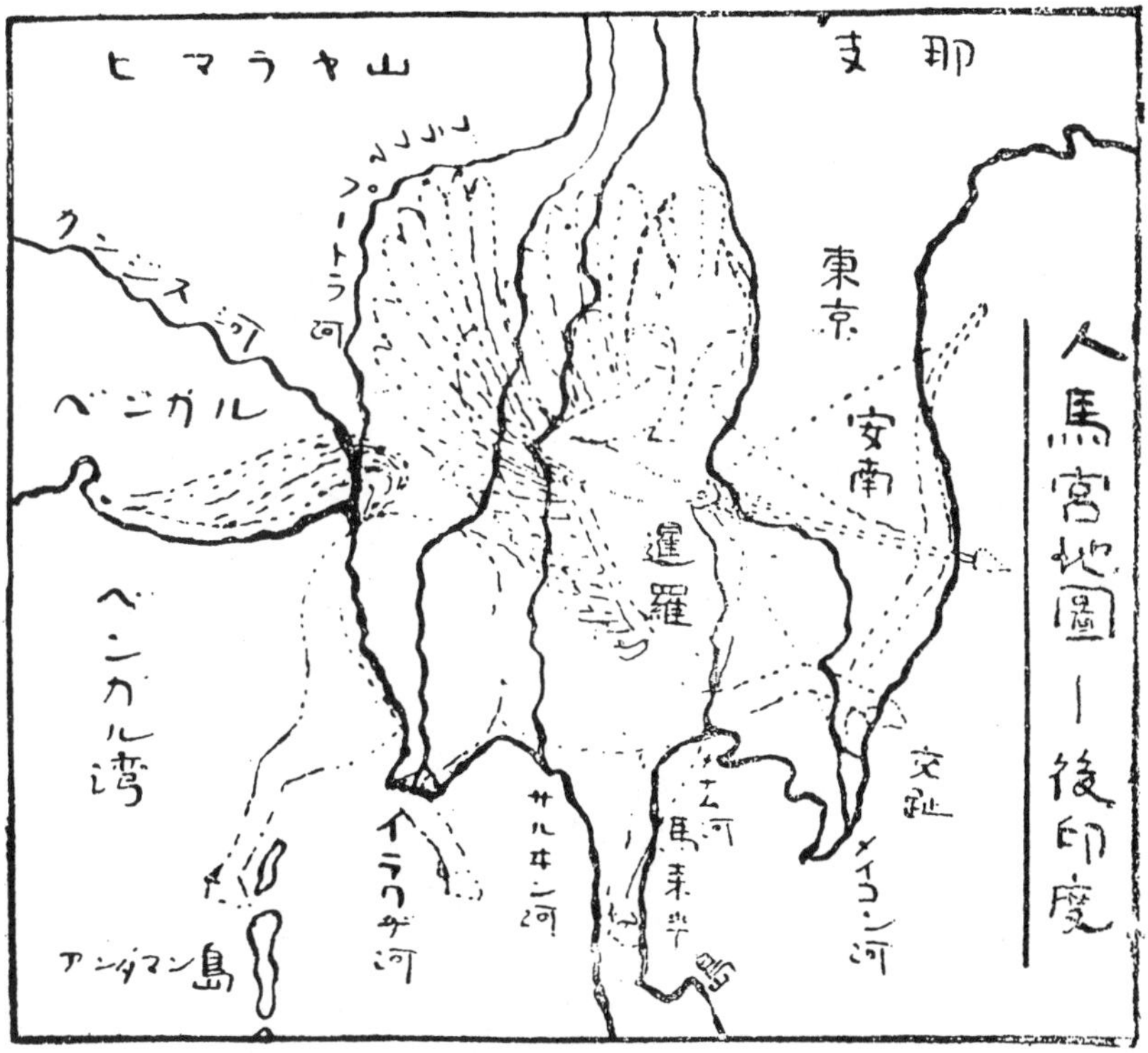

人馬宮星座地圖

ぐ」を意味《いみ》し、緬甸《びるま》西海岸《せいかいがん》のキツタゴンの別名《べつめい》に「鐘《かね》の音《おと》」の名《な》があつて、其《そ》れに當《あた》つて居《ゐ》る。

相模太郎——此《この》星座《せいざ》は何《なに》を象《かたど》つたものであらうかとは西《せい》洋人《やうじん》にも既《すで》に問題《もんだい》となつて、多分《たぶん》之《こ》れはバビロニヤの何《なに》かの神《かみ》であらうなどゝ言《い》ふて居《ゐ》る。勿論《もちろん》バビロニヤには羽根《はね》が生《は》えた人《ひと》や獸《けだもの》の像《ざう》が澤山《たくさん》あるけれども一旦新研究《たんしんけんきう》が證明《しようめい》する如《ごと》く此形《このかたち》は後印度《こういんど》の地圖《ちづ》であるとした以上《いじやう》は、バビロニヤの神《かみ》をわざ／＼後印度《こういんど》に持《も》ち來《きた》つて表《あら》はすと云《い》ふは、めつたに有《あ》るまじき事《こと》である。

此星座《このせいざ》の羅甸名《らてんめい》サギツタリウス Sagit-tarius とは「弓矢《ゆみや》を宗《むね》とし、能《よ》くする、勵《はげ》ます」を意味《いみ》し、語源《ごげん》は Sagum-toro サガミ・タロー（相模太郎《さがみたらう》）であることは羅甸語《らてんご》を知《し》る人《ひと》に於《おい》ては異論《いろん》は無《な》い筈《はず》である。然《しか》らば相模太郎《さがみたらう》とは何者《なにもの》であるか。日本史《にほんし》上《じやう》の英雄《えいゆう》である。射《しや》を善《よ》くし、馬《うま》に騎《の》ることは、全《まつた》く此星座《このせいざ》の通《とほ》りである。外史《ぐわいし》の記事《きじ》は『時宗人《ときむねひと》となり强毅不撓《きやうきふたう》・幼《えう》にして射を善くす。弘長中極樂寺第《こうちやうちうごくらくじてい》に大射《だいしや》す。將軍小笠懸《しやうぐんこかさかけ》を觀《み》んと欲し、顧《かへり》みて諸士《しよし》に命《めい》ず。敢《あへ》て應《おう》ずる者《もの》なし。父時頼《ちゝときより》曰《いは》く「太《た》郎之《らうこれ》を能《よ》くせん」と。太郎《たらう》は時宗《ときむね》の幼字《えうじ》なり。召《め》して場《ば》に上《の》ぼす、時《とき》に年《とし》十一。馬に跨《つ》つて出《い》で、一發して中つ。萬衆齊呼《ばんしうせいこ》す』と。此記事《このきじ》の主人公《しゆじんこう》は、全《まつた》く星座《せいざ》のサギツタリウスに當《あた》つて居《ゐ》る。サギツタリウスは別名《べつめい》をアルクス・ハイモニ Arcus Haemoni と云《い》ふが、これは「一發命中《はつめいちう》」を意味《いみ》し、時宗《ときむね》の其《そ》れに當《あた》つて居《ゐ》る。

相模太郎《さがみたらう》は又《また》蒙古來襲《もうこらいしふ》を撃退《げきたい》した北條時宗《ほうでうときむね》の別名《べつめい》である。此《か》く言《い》ふ以上《いじやう》は、我《われ》等《ら》は舊來《きうらい》の日本歴史《にほんれきし》の年代《ねんだい》と地理《ちり》との變更《へんかう》を唱《とな》へねばならぬ。乃《すなは》ち相模太郎《さがみたらう》の日本《にほん》年表弘安《ねんぺうこうあん》四年《ねん》、西暦《せいれき》一千二百八十一年《ねん》は此星座圖《このせいざづ》を纏《まと》めたプトレミイの西暦《せいれき》一百五六十年《ねん》よりも一千百二十年餘《ねんよ》も後代《こうだい》で、明瞭《めいれう》に時代錯誤《じだいさくご》になつて來《く》る。そして北條《ほうでう》時宗《ときむね》の傳記《でんき》は甚《はなは》だ疑《うたが》はしいもので、神話的《しんわてき》の趣《おもむき》がある。又《ま》た蒙古襲來史《もうこしふらいし》は波斯《ぺるしや》の希《ぎり》臘遠征史《しやゑんせいし》や、印度《いんど》に於《お》げる希臘神話《ぎりしやしんわ》等《とう》の燒《や》き直《な》ほしをしたもので、現日本《げんにほん》の事變《じへん》では無《な》かつたのである。思《おも》ふに時宗《ときむね》はプトレミイ時代《じだい》よりも遙《はる》かに古《ふる》い『印度日本《いんどにほん》』時《じ》代《だい》の英雄《えいゆう》か、又《また》は神《かみ》かと思《おも》はれる。寧《むし》ろ神《かみ》であると斷定《だんてい》する。且《か》つサギッタリウスは「弓《ゆみ》を宗《むね》とする」を意味《いみ》するが、「時宗《ときむね》」なる語《ご》も「Toxi-mne」で「弓《ゆみ》を宗《むね》とする」を意《い》味《み》し、これも其別譯《そのべつやく》に過《す》ぎぬ。けれども若《も》し此時宗《このときむね》は太古《たいこ》の神話的英雄《しんわてきえいゆう》を後代《こうだい》に繰《く》り下《さ》げて日本年表《にほんねんぺう》の時代《じだい》に入《い》れたものに過《す》ぎんとしたら、彼《かれ》は果《はた》して如何《いか》なる太古《たいこ》の英雄又《えいゆうまた》は神《かみ》であらうか。――屈原楚辭《くつげんそじ》の東君《とうくん》、希臘神話《ぎりしやしんわ》のアポローン。

屈原の『東君』――屈原《くつげん》の楚辭《そじ》の中《なか》に東君篇《とうくんへん》がある。是《こ》れが此《この》サギッタリウスを歌《うた》うたもので此星座《このせいざ》を説明《せつめい》する有力《いうりよく》なものである。其文《そのぶん》は——

『○暾《とん》として東方《とつはう》に出《い》でんとして、吾《わ》が檻《をり》を扶桑《ふさう》より照《て》らす。余《よ》が馬《うま》を撫《ぶ》して安《あん》驅《く》すれば、夜皎々《よるかう〱》として既《すで》に明《あきら》かなり。〔扶桑《ふさう》とはサルビン河《か》〕

○龍輈《りうしう》に駕《が》し、雷《らい》に乘《の》り、雲旗《うんき》の委蛇《ゐだ》たるを載《た》ち、長太息《ちやうたいそく》して將《まさ》に上《のぼ》らんとして、心低徊《しんていくわい》して顧懷《こくわい》す。あゝ、聲色《せいしよく》は人《ひと》を娯《たの》しまし、觀《み》る者憺《ものたん》として歸《かへ》ることを忘《わす》る。〔太陽登《たいやうのぼ》らんとしてためらふ形《かたち》〕

○簫鐘瑤簴《せうしようえうぐ》し、篪を鳴《な》らし竿《かん》を吹《き》き、靈保《れいは》の賢姱《けんこ》なるを思《おも》ふ。翾飛《くわんひ》して翠曾《すゐそ》し、詩《し》を展《の》べ舞《ぶ》を會《くわい》し、律《りつ》に應《おう》じ節《せ》に合《あ》ふ。靈《れい》の來《く》るや日《ひ》を蔽《お》へり。〔太陽《たいやう》の上《のぼ》る時《とき》の歡喜《くわんき》、壯快《さうくわい》の情《じやう》〕

○青雲《せいうん》の衣《ころも》、白霓《はくげい》の裳《もすそ》。長矢《ちやうし》を擧《あ》げて天狼を射《い》、余《よ》が弧《こ》を操《と》つて反《かへつ》て淪降《りんかう》し、北斗《ほくと》を援《ひ》いて桂漿《けいしやう》を酌《く》み、余《よ》が轡《くつわ》を撰《こ》つて高《たか》く駝翔《だしやう》すれば、杳《えう》・冥々《めい〱》として以《も》つて東《ひがし》に行《ゆ》く。』〔太陽《たいやう》は西《にし》に行《ゆ》き、夜《よ》は又《ま》た東《ひがし》に歸《かへ》るとの古代信仰《こだいしんかう》〕

相模太郎《さがみたらう》が馬《うま》に騎《の》り弓《ゆみ》を射《い》る如《ごと》く、東君《とうくん》も亦馬《またうま》に騎《の》り、長矢《ちやうし》を擧《あ》げて天狼《てんらう》を射《い》つて居《ゐ》る。そして東君《とうくん》は「太陽《たいやう》」のことである。

日光の神アポローン——日光《につくわう》の神《かみ》で又《ま》た射術《しやじゆつ》の神《かみ》はアポローンがある。此《この》神《かみ》は日輪《にちりん》の馬車《ばしや》を御《ぎよ》し、又《ま》た音樂《おんがく》の神《かみ》であるなどは東君《とうくん》と同《おな》じである。アポローンはルキオス Lykios と云《い》ふ別名《べつめい》があつて、「狼殺《おほかみころ》し」を意味《いみ》するが、其《そ》れは東君《とうくん》が『天《てん》狼《らう》を射《い》る』に當《あた》つて居《ゐ》る。又《ま》たアポローンの妹ダイアナが天狼(星《ほし》)の持主たるオオリオンを射《い》た話《はな》しがある。狼《おほかみ》は又《ま》た Galla と云《い》ひ、波斯《ぺるしや》の別名《べつめい》をガリヤと云《い》ひ、「狼《おほかみ》」と同語《どうご》であり、又《ま》た蒙古《もうこ》即《すなは》ちモン・ゴルのゴルも同語《どうご》の變化《へんくわ》で、時宗《ときむね》が蒙古《もうこ》(波斯《ぺるしや》の別名《べつめい》)を撃滅《げきめつ》したとの事《こと》に當《あた》つて居《ゐ》る。そして時宗《ときむね》は怨敵退治《えんてきたいぢ》の英雄《えいゆう》であると同《おな》じくアポローンにも Alexikakos と云《い》うて怨敵退治者《えんてきたいぢしや》の名《な》がある。

此通《このとほ》りにサギツタリウスは最《もつと》も面白《おもしろ》い傳説《でんせつ》がある星座《せいざ》で、とても西洋《せいやう》の學者等《がくしやら》の知《し》る所《ところ》でない。又《ま》た決《けつ》してバビロニヤの神《かみ》を現《あら》はしたものでもなく、全《まつた》く日本(年《ねん》表《べう》と地理《ちり》とは變更《へんかう》を要《えう》する)の北條時宗——相模太郎を表《あら》はしたもので、支那名《しなめい》の人馬宮《じんばきう》の如《ごと》きは餘《あま》りに無意味《むいみ》。寧《むし》ろ日本《にほん》では「相模太郎星座《さがみたらうせいざ》」と呼《よ》ぶが當然《たうぜん》で、有意《いうい》味《み》と云《い》はねばならぬ。西洋人《せいやうじん》が、此人馬《このじんば》はヘエラクレエスの妻《つま》を犯《をか》さんとした惡《わる》い馬人《はにん》であるなどゝ言《い》うて居《ゐ》るが、そんな無意味《むいみ》の惡馬人《あくばじん》を天《てん》に上《あ》げる馬鹿《はか》はあるまい。

東君地理——サギッタリウスは後印度《こういんど》を象《かたど》つた形《かたち》であることは前《まへ》に言《い》うたが、其東君《そのとうくん》としては東京《とんきん》が東君《とうくん》の京《きやう》であるらしい。安南《あなむ》 Anam(Ana-neam)は朝《あさ》の祝福《しゆくふく》を意味《いみ》し、『夜皎々《よかう〳〵》として既《すで》に明《あき》らかなり』に當《あた》り、交趾《かうらん》は長鳴鷄《ながなきどり》を意味《いみ》し、東天紅《とうてんこう》を鳴《な》く地名《ちめい》である。又《ま》た暹羅《しやむ》は日《ひ》が登《のぼ》り進《すゝ》むを意味《いみ》し、サルビン河《か》は扶桑《ふさう》 Pso 即《すなは》ち生《せい》命《めい》を意味《いみ》するなど、其文章《そのぶんしやう》は悉《ことごと》く此星座《このせいざ》の地名《ちめい》が含《ふく》まされてある。此馬《このうま》の後尾《こうび》にチッベラー山《やま》があつて、北斗《ほくと》に當《あた》つて居《ゐ》る。

十一月。霜降——此星座《このせいざ》は十一月《ぐわつ》に當《あた》つて居《ゐ》る。十一月《ぐわつ》は霜月《しもつき》と云《い》ふが其霜《そのしも》の語源《ごげん》は Sci-moa で、サギッタリウスの別譯《べつやく》になつて居《ゐ》る。そして暹羅《しやむ》の地《ち》を昔《むかし》は眞臘《しんらう》と云《い》うたが、これは日本《にはん》の所謂新羅《いはゆるしらぎ》(しんら、又《ま》たしらき)で、希臘語源《ぎりしやごげん》 Scylla(Sci-olla)で、これもサギッタリウスの別譯《べつやく》である。此星座《このせいざ》の土地《とち》が眞臘《しんらふ》であり、霜《しも》の對譯《たいやく》である所《ところ》から、十一月《ぐわつ》の時節《じせつ》は「霜降《さうこう》」としてある。（支那字《しなじ》「霜《しも》」は「雨《あめ》」と「相《みる》」との二字《じ》の合成《がふせい》で霜《しも》の語幹《ごかん》 Sci = Sky は天即《あめすなは》ち雨《あめ》でもあり、又《ま》た相《み》ることをも意味《いみ》する。）特《とく》に又々《またまた》面白《おもしろ》いのは此星座《このせいざ》か十一を意味《いみ》し、十一月《ぐわつ》に當《あた》る所《ところ》からして、相模太郎《さがみたらう》の極樂寺《ごくらくじ》第《てい》の大射《たいしや》の年《とし》は十一歳としてある。神話《しんわ》などは此《か》くして作《つく》られることを一言《ごん》して置《お》く。

〇日本名《にほんめい》、相模太郎星座《さがみたらうせいざ》。

第十二章　摩羯宮

摩羯宮――羅甸名《らてんめい》カプリ・コルヌス Capri Cornus 十二月《ぐわつ》に當《あた》る星座《せいざ》、黄道《くわうだう》の第《だい》十番《ばん》、記號《きがう》は ♑ で、歸雁星座《きがんせいざ》・入鹿星座《いるかせいざ》を經《へ》て南《みなみ》に當《あた》つて居《ゐ》る。星座《せいざ》の形《かたち》は前半《ぜんはん》身《しん》は山羊《やぎ》て、前額《ぜんがく》に山羊《やぎ》の角《つの》があり、後半身《こうはんしん》は魚《うを》て、尾《を》は高《たか》くはね上《あ》がつて居《ゐ》る。頭部《とうぶ》にダビイの星《はし》があり、尾《を》にデネブ・アルゲヂがある。

春分秋分《しゆんぶんしうぶん》の歳差《さいさ》が黄道《くわうだう》に於《お》ける記號《きがう》を殘《のこ》して星座《せいざ》を西《にし》の方《はう》へ引《ひ》き去《さ》つた前《まへ》までは太陽《たいやう》は冬至《とうし》には此摩羯宮《このまかつきう》に在《あ》つたが、今《いま》は人馬宮《じんばきう》にあるやうになつた。けれども今《いま》は以然《いぜん》の如《ごと》く此黄道宮《このくわうだうきう》と星座《せいざ》とを同《おな》じく見《み》て、此星座《このせいざ》の月《つき》に冬至《とうじ》があるとして扱《あつか》ふことになつて居《ゐ》る。

喜望峯――此星座《このせいざ》は十二月《ぐわつ》に當《あた》り、冬至《とうじ》を示《し》めすものであるから、苟《いやしく》も其地理《そのちり》を求《もと》めんとする者《もの》は、地球上其《ちきうじやうそ》れに應《おう》ずる土地《とち》に卽《すなは》ち南回歸線の通《とほ》つて居《ゐ》る土地《とち》に着眼《ちやくがん》すべきである。そして其條《そのでう》件《けん》のみの土地《とち》では南阿弗利加《みなみあふりか》と、南亞米利加《みなみあめりか》とアウストラリヤとの三つであるが、又《ま》た尚《な》ほ其《その》地形と、星《ほし》の地名と、神話との條件《でうけん》に適合《てきがふ》せねばならぬ。所《ところ》が是等《これら》の條件《でうけん》に應《おう》じて呉《く》れる土地《とち》が一寸見當《ちよつとみあた》らぬ。私《わたくし》は少《すく》なからず恐慌《きようくわう》(パニツク)を感《おう》じた。尚《な》ほ考《かんが》へた、そして神話《しんわ》の複雜《ふくざつ》な研究《けんきう》から正當《せいたう》な結論《けつろん》を得《え》、是《こ》れは阿弗利加南端《あふりかなんたん》の星座《せいざ》であるが、

圖五十六

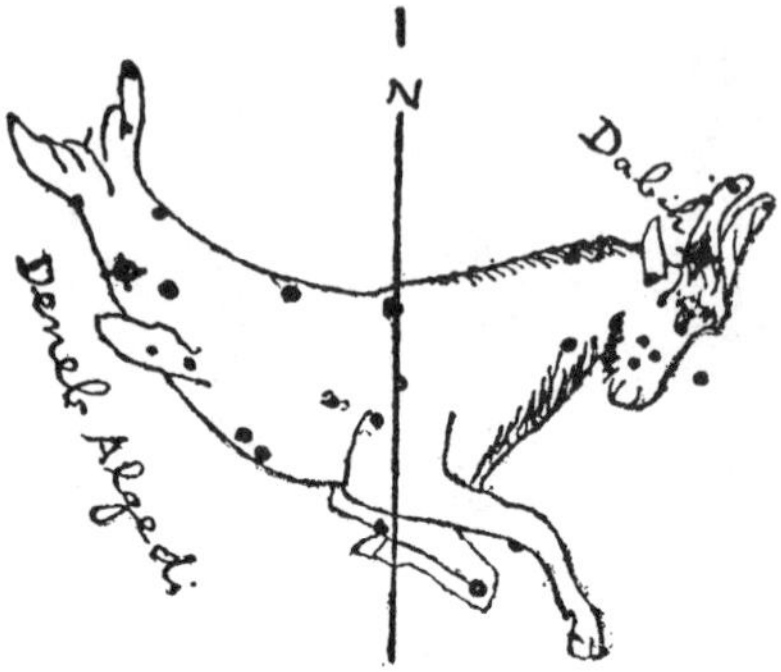

摩羯宮星座

其地には星座の形は合はぬ。其《そ》れには神話《しんわ》的理《てきり》由《いう》があることが知《し》れた。

第六十六圖

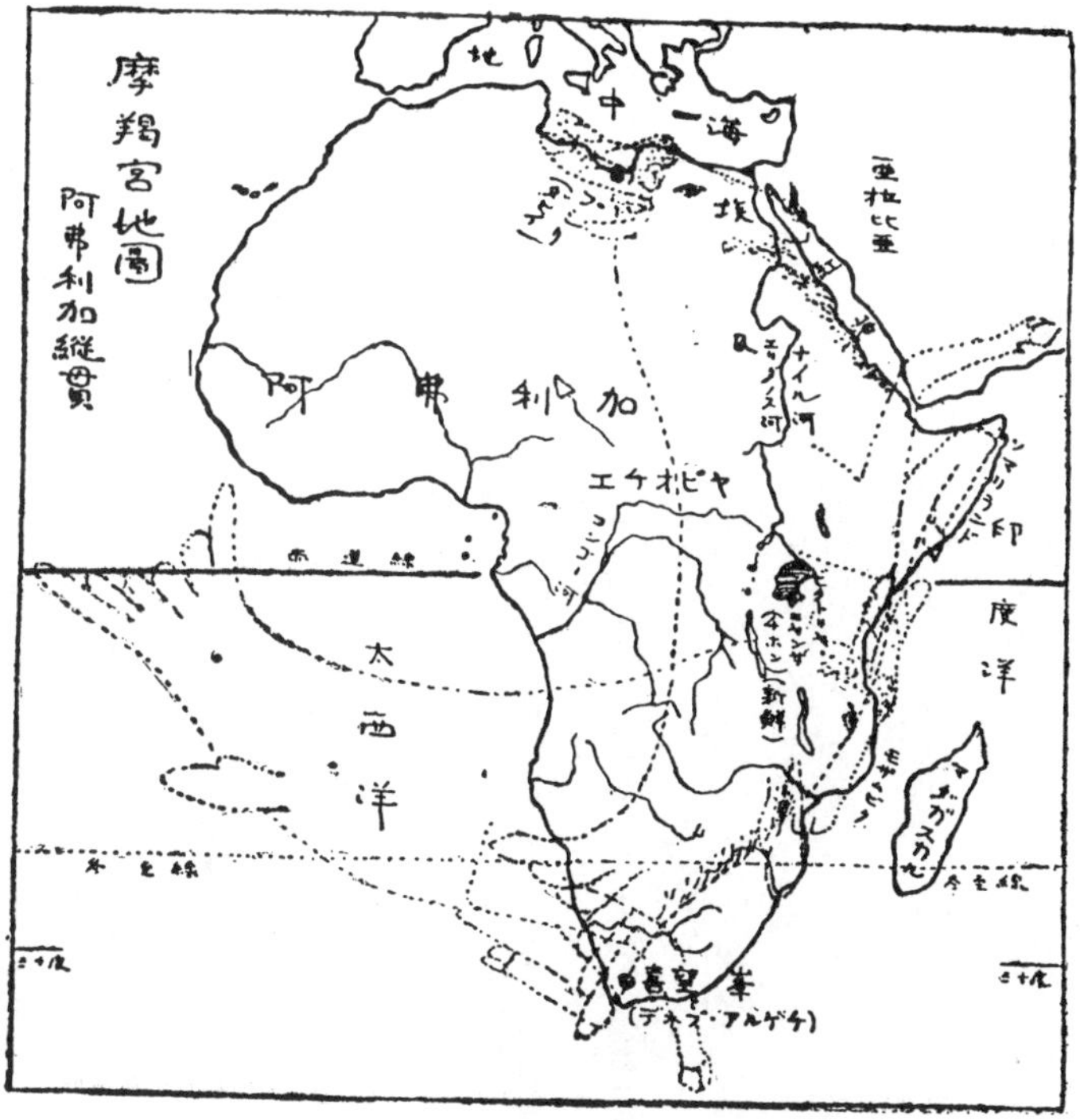

摩羯宮星座地圖

パン(山羊)の若がへり神話

希臘《ぎりしや》神話《しんわ》に據《よ》るとパン(山羊《やぎ》)を以《も》つて表《あら》はす老人《らうじん》が或時《あるとき》戯《たはむ》れにナイル河《か》にとび込《こ》んで、自身《じしん》を變形《へんけい》して、水《みづ》に漬《つか》つた部分《ぶぶん》は魚《うを》となり、上半身《じやうはんしん》は山羊《やぎ》となり、水陸兩棲動物《すゐりくりやうせいどうぶつ》となつて神々《かみがみ》を喜《よろこ》ばした。ゼウスの神《かみ》は其《そ》れを見《み》て面《おも》白《しろ》いと思《おも》はれ、命《めい》じて其姿《そのすがた》を星座《せいざ》にしたとのことである。

今此神話《いまこのしんわ》を一場《ぢやう》の話《はな》しとして仕舞《しま》へば何《なん》の事《こと》もないが、實《じつ》は其内《そのうち》無量《むりやう》の意味《いみ》があつて、是《こ》れに阿弗利加《あふりか》全部《ぜんぶ》、北《きた》から南《みなみ》までの地理《ちり》が含《ふく》まされて、其《そ》れが星座《せいざ》の形《かたち》なのである。けれども此《この》まゝの形《かたち》はパンの南北《なんぽく》の位置《ゐち》に直立《ちよくりつ》の姿《すがた》で――埃及《えぢぷと》から西《にし》への海岸線《かいがんせん》が此動物《このどうぶつ》の頭部《とうぶ》に當《あた》り、胸《むね》は紅海《こうかい》の海岸線《かいがんせん》、右足《みぎあし》はアデンの部分《ぶぶん》に亞拉比《あらび》亞《あ》に跨《また》がり、左足《ひだりあし》はソマリ・ランドの突《つ》き出《で》た部分《ぶぶん》に巧《たく》みに折《を》り入《こ》まれ、其《それ》から下半《しもはん》部《ぶ》は喜望峯《きぼうほう》までの形《かたち》である。

今此直立《いまこのちよくりつ》のまゝの姿《すがた》を右《みぎ》の方《はう》へ横《よこ》にして東西《とうざい》の位置《ゐち》にし、其《そ》れを阿弗利加《あふりか》南端《なんたん》の回歸線《くわいきせん》あたりの海《うみ》に、一種《しゆ》不思議《ふしぎ》の魚《うを》として幻影を現はさしめたら、其《そ》れが今《いま》の星座《ざ》の位置《ゐち》となるのである。再言《さいげん》すれば、南北的《なんほくてき》位置《ゐち》に立《た》つて居《ゐ》る大阿弗利加《だいあふりか》を東西《とうざい》的《てき》の位置《ゐち》に横《よこ》たへて、印度洋南部《いんどやうなんぶ》回歸線《くわいきせん》に當《あた》る海《うみ》に浮《うか》ばせたら善《よ》いのである。

星の地名――其《それ》だから此星座《このせいざ》の星《ほし》の地名《ちめい》は、矢張《やはり》阿弗利加《あふりか》の直立《ちよくりつ》の姿《すがた》に直《なほ》して其《そ》れ〴〵の地名《ちめい》を求《もと》めねばならぬ。乃《すなは》ち角《つの》の部分《ぶぶん》のダビィ Da-bih の星《ほし》は「其所《そこ》・生《せい》命《めい》」を意味《いみ》し、埃及《えじぷと》の西《にし》の方《はう》の海岸地《かいがんち》、今《いま》のシドラ Sid-ra 昔《むかし》の名《な》プシリ Psylli（Psyille)の「生命《せいめい》・其所《そこ》」と對譯《たいやく》になつて居《ゐ》る。此動物《このどうぶつ》の尾《を》にあるデネブ・アルゲヂ Deneb Algedi (Dono, Al-gethi) の星《ほし》は喜望峯を意味《いみ》して、星《ほし》の名《な》と地名《ちめい》とは見事《みごと》に一致《ち》して居《ゐ》る。此《こゝ》に一つ注意《ちうい》して置くことは、此星座《このせいざ》のデネブ・アルゲヂは、ヘエラクレエス星座《せいざ》の頭《あたま》即《すなは》ち阿弗利加《あふりか》南端《なんたん》に當《あた》るラス・アルゲチと同《おな》じ名《な》で、一は Algedi 他《た》は Al-gethi で少《すこ》し異《こと》なつて居《ゐ》るが、實《じつ》は同《おな》じ名《な》であることは、ヘエラクレエスの其地理《そのちり》も此《この》摩羯宮《まかつきう》の其地理《そのちり》も、同《おな》じく阿弗利加《あふりか》たることを示《し》めすことである。

下半部は何故魚か —— パンがナイル河《か》にとび込《こ》んで、何故《なぜ》下半部魚《しもはんぶうを》になつたか。其《そ》れは地名《ちめい》に原因《げんいん》するものである。かのナイル河《か》の上流又《じやうりうまた》は水源《すゐげん》は、丁度阿《ちやうどあ》弗利加中央部《ふりかちうあうぶ》にある、大《おほ》きなビクトリヤ・ニヤンザであるが、パンがナイル河《か》に漬《つか》つたとは、此《この》ニヤンザ湖《こ》の名《な》の意義《いぎ》を説明《せつめい》したもので、ニヤンザ Nyanza (Neo-ana-za) は希臘語《ぎりしやご》で「新鮮《しんせん》に風《かぜ》そよぐ」「身《み》そぎ」を意味《いみ》し、又《ま》た河圖星座中《かとせいざちう》の星《ほし》の名《な》では、アカ・ナル Aka-nar 即《すなは》ち「若《わ》か奈良《なら》」を意味《いみ》し、風《かぜ》そよぐ、身《み》そぎの意味《いみ》が對譯《たいやく》されて居《ゐ》る。即《すなは》ちエジプトなる山羊《やぎ》の老人《らうじん》がナイル河《か》の水源《すゐげん》で身《み》そぎしたと云《い》ふ意味《いみ》である。身《み》そぎした後《のち》は新《あらた》になる、新《あらた》になることをニイと云《い》ひ、二《に》となり、魚《な》(Na)となり、此《こゝ》に魚《うを》に化《な》るとの理由《りいう》がある。

且《か》つ此湖水《このこすゐ》の在《あ》る部分《ぶぶん》はエチ・オピヤ Aethi-opia と云《い》ひ、越《えち》の國《くに》であり、又《ま》たコシ Kush の國《くに》であり、即《すなは》ち「腰《こし》」の國《くに》で、腰以南《こしいなん》は「新《にひ》」即《すなは》ち「魚《な》」となつたのである。

魚《うを》は若《わ》かきこと、若《わ》か返《が》へることを意味《いみ》する。だから此《この》パンが半身魚《はんしんうを》となつた神話《しんわ》は、パン即《すなは》ち老人《らうじん》が若《わ》が返《かへ》つたことを謂《い》うたものである。

前《まへ》に双魚宮《さうぎよきう》の魚《うを》はビーナス女神《ぢよしん》(室女宮《しつぢよきう》)が魚《うを》に化《かは》つたのだと云《い》うたが、室女宮《しつぢよきう》の地理《ちり》も中央阿弗利加《ちうあうあふりか》で、パンが新《あらた》に魚《うな》に化《かは》つたと同《おな》じ土地《とち》で、云《い》はゞ此土地《このとち》は魚に化る土地なのである。

摩羯魚と回歸神話——此星座《このせいざ》をカプリコルヌスと云《い》ひ、日本《にほん》では之《これ》を山羊《やぎ》と譯《やく》して居《ゐ》るが、果《はた》して其《そ》ればかりで善《よ》いのであらうか。支那《しな》では之《これ》を摩《ま》羯宮《かつきう》と云《い》うて居《ゐ》るが、其《そ》れは何《なに》を意味《いみ》して居《ゐ》るか。其《そ》れを明《あきら》かにするには、又《ま》た神話《しんわ》がある。

大唐西域記《たいたうせいゐきき》八巻《くわん》、摩《ま》揭陀《かだ》國《こく》の部《ぶ》に此星座《このせいざ》地理《ちり》に關《くわん》する話《はなし》がある『昔《むかし》漕《さ》矩吒《つくだ》國《こく》に大《だい》商主《しやうしゆ》があつて、天神《てんじん》に事《つか》へるけれども佛法《ぶつぽふ》を信《しん》ぜない。或時《あるとき》多《おほ》くの商人《しやうにん》を引《ひ》きつれて貿易《ぼうえき》の爲《た》めに南海《なんかい》に航海《かうかい》した。所《ところ》が風《かぜ》に遭《あ》うて波激《なみはげ》しく、漂《たゞよ》ひ流《なが》されて路《みち》を失《うしな》ひ、三年《ねん》も經過《けいくわ》して、食料《しよくれう》も竭《つ》き、旦夕《たんせき》に迫《せま》つた。人々《ひと〴〵》は心《こゝろ》を同《おな》うして自分《じぶん》の信《しん》ずる其《そ》れ〳〵の神々《かみ〴〵》を念《ねん》じた。暫《しばら》くすると大《おほ》きな山《やま》が見《み》えて崇《たか》い崖《け》あり、峻《けは》しい嶺《みね》あり、兩《ふた》つの日《ひ》は暉《ひかり》を聯《つら》ね、明《あかり》を重《かさ》ねて照《て》り輝《かゞや》いて居《ゐ》た。商人等《しやうにんら》は其《そ》れを見《み》て相慰めて云《い》うに、我曹《われら》福（さち）あつて此大山《このおほやま》に遇《あ》うた。此中に止まつて、自ら安樂を得るであらうと。大商主《だいしやうしゆ》の言《い》うに其《そ》れは山《やま》ではない、摩竭魚《まかつぎよ》と云《い》うもので、其崇《そのたか》き崖《きし》や峻《けは》しい嶺《みね》は鰭《ひれ》や鬣《たてがみ》で、兩《ふた》つの日《ひ》の暉《ひかり》を聯《つら》ねて居《ゐ》るのは眼《め》の光《ひかり》であると。言《い》ひも終《をは》らぬに舟《ふね》の帆《ほ》は飄《ひるが》へり湊《あつ》まつた。大商主《だいしやうしゆ》は人々《ひと〴〵》に告《つ》げて云《い》うに、我《わ》が聞《き》く所《ところ》では、觀自在《くわんじざい》菩薩《ぼさつ》は、諸《もろ〳〵》の危厄《あやう》い時《とき》に能《よ》く助《たす》けるものであると、されば皆々《みな〳〵》誠《まこと》をこめて其名字《そのめうじ》を唱《とな》へようではないかと。即《すなは》ち聲《こゑ》を同《おな》うし歸命《きみやう》して念《ねん》じたら、高《たか》い山《やま》は隱《かく》れ兩《ふた》つの日《ひ》も亦沒《またしづ》んで、忽《たちま》ち一人《ひとり》の沙門《さもん》が威儀《ゐぎ》を整《とゝの》へ、錫《しやく》を杖《つえつ》き、空《そら》を淩《しの》いで來《く》るのを見《み》たが直《す》ぐ助《たす》けられて時《とき》を踰《こ》えずして本國《ほんごく》へ歸へることが出來《でき》た——と。これは全《まつた》く南方《なんぱう》阿弗利加《あふりか》一帶《たい》の記事《きじ》で、此記事《このきじ》に依《よ》つて凡《すべ》ての事《こと》が説明《せつめい》される。

摩羯と喜望　——前《まへ》に言《い》うた漕《さ》矩陀《た》國《こく》とは印度《いんど》てはなく波斯灣《ぺるしやわん》の奥《おく》の南《みなみ》の方《はう》ゲラ Gerrha のことで、昔《むかし》のテレドン、別名《べつめい》ウル、其《そ》れから南海即《なんかいすなは》ち亞拉比亞海《あらびあかい》へ出《で》で、印度洋《いんどやう》の南方《なんはう》へ航海《かうかい》したのである。(佛典地理《ふつてんちり》には革命《かくめい》を要《えう》する。西域記《せいゐき》の此部分《このぶぶん》は、波斯《ぺるしや》の摩掲陀國《まかだこく》である。)

漕矩陀國《さつくだこく》の商主《しやうしゆ》は、海上不思議《かいじやうふしぎ》の山《やま》を摩竭魚と謂《い》うたが、其《そ》れが字《じ》は異《ちが》うが摩羯宮の名《な》と同《おな》じてある。そして羯《かつ》の字《じ》には「羊《ひつじ》」の意味《いみ》があり、他《た》は魚《うを》であるが、前半身《ぜんはんしん》は羊《ひつじ》で後半身《こうはんしん》は魚《うを》だから、羊《ひつじ》としても魚《うを》としても何《いづ》れにしても善《よ》い。西洋名《せいやうめい》はカプリコルヌス Capricornus で、素《もと》より山羊《やぎ》ではあるが、たゞ山羊《やぎ》とばかり考《かんが》へては餘《あま》りに平凡無意味《へいぼんむいみ》てある。そして此《こゝ》に喜望峯《きはうはう》一帶《たい》の地理《ちり》が、此摩竭魚《このまかつぎよ》の話《はなし》の中《なか》に含《ふく》まされて居《ゐ》るのである。

彼等商人《かれらしやうにん》は『崇《たか》い崖峻《きしけは》しい嶺《みね》』が突然現《とつぜんあら》はれたを見《み》たとあるが、其《そ》れが又《ま》たCapri-Cornus の意味《いみ》である。『兩《ふた》つの日《ひ》が暉《ひかり》を聯《つら》ねて明《あかり》を重《かさ》ねた』とあるが、其《そ》れは其地《そのち》のマタベル・ランドの意義《いぎ》で、語源《ごげん》は Mata-ab-ele「二《ふた》つ・太《たい》陽《やう》」で『照《て》り輝《かゞや》く』の語《ご》はマショナ・ランド Ma-shona で、英語《えいご》 Shone と同《おな》じてある。彼等商人《かれらしやうにん》は、此山《このやま》に入《はい》つて『安樂《あんらく》』を得《え》度《た》いと云《い》うた。其安樂《そのあんらく》を得《う》るの語《ご》が摩竭《まかつ》 Maka-add である。且《か》つ此《この》星座《せいざ》の名《な》カプリ・コルヌス Capri-Cornus は「峯《みね》・喜《き》望《ばう》」を意味《いみ》し、喜望峯《きばうはう》の名《な》に當《あた》つて居《ゐ》る。

此説明《このせつめい》は正當《せいたう》と信《しん》ずる。漕矩陀國《さつくたこく》の商人等《しやうにんら》が此岬角地《このかふかくち》で、此魚《このうを》の幻影《げんえい》を見《み》て喜望《きばう》を懷《いだ》いたり、商主《しやうしゆ》が其《そ》れは摩竭魚《まかつぎよ》であると云《い》うたなど、明《あきら》かに此星座《このせいざ》は喜望峯附近《きばうはうふきん》たることが知《し》られる。

商人等佛《しやうにんらぶつ》を念《ねん》じたら一人《にん》の「沙門」が空中《くうちう》から降《お》りて來《き》たとあるが、其《そ》れはサム・ベシ河《か》のことてある。沙門《さもん》とは Samon で、サム・ベシとは Sam, Busso 沙門《さもん》・佛《ほとけ》を意味《いみ》する。此《か》くて人々《ひと〲》は「救はれた」が、其地《そのち》のルオレンコ・マルクエスは「商人等救《しやうにんらすく》はる」を意味《いみ》し、時《とき》を踰《こ》えずして彼等《かれら》の本國《ほんごく》に歸ることが出來《でき》たとあるが、其《そ》れはフランス・ヴール「送《おく》り返《かへ》す」を意味《いみ》し、又《ま》た冬至《とうじ》が過《す》ぎて回歸《くわいき》の觀念《くわんねん》を含《ふく》んで居《ゐ》る。――以上《いじやう》此《この》摩竭魚《まかつぎよ》記事《きじ》が喜望峯《きばうはう》地理《ちり》に一致して居《ゐ》ることが知《し》られる。そして是《こ》れが黄道冬至線《くわうだうとうじせん》の點《てん》に於《おい》て、星座《せいざ》の形《かたち》に於《おい》て、地名《ちめい》に於《おい》て、神話《しんわ》に於《おい》て凡《すべ》て摩竭魚《まかつぎよ》、摩羯星座《まかつせいざ》の地理《ちり》たることは明瞭《めいれう》となつたのである。――けれども――

バルトロメウ・ヂアスと喜望峯――此《か》く斷言《だんげん》するに於《お》いては、舊派《きうは》の歴史《れきし》家等《から》は、口《くち》を揃《そろ》へて、得《え》たり賢《かし》こしと、我《わ》が此説明《このせつめい》に反對《はんたい》し、喜望峯なる名は西《せい》暦《れき》一千四百八十四年頃《ねんごろ》のポルトガルの航海者《かうかいしや》バルトロメウ・ヂアスから始《はじ》まつたものだ、彼《かれ》より以前《いぜん》に喜望峯《きばうはう》の名《な》は無《な》かつた筈《はず》だと言《い》うであらうが、あゝ淺薄《せんはく》なる學《がく》者等《しやら》よ。西洋人《せいやうじん》の説《せつ》をウソも眞《しん》も判斷《はんだん》し得《え》ぬ學者等《がくしやら》よ、西洋《せいやう》の書物《しよもつ》を飜譯《ほんやく》するばかりが能《のう》である學者等《がくしやら》よ、バルトロメウ・ヂアスなるものは、實《じつ》は此漕矩吒國商主《このさつくだこくしやうしゆ》を改《かい》作《さく》して、其《そ》れを西洋《せいやう》に傳《つた》へたものに過《す》ぎぬことを知《し》らねばならぬ。バルトロメウ・ヂアスとは Bar-thelo-maios Dias で「法華經《はけきやう》を・遠《とほ》くへ・持運《もちはこ》ぶもの」を意味《いみ》することを知《し》らねばならぬ。彼《かれ》はポルトガル人《じん》とあるが「ポルトガル」とは Port Gall で「蓮《れん》華《げ》・運般《うんはん》」を意味《いみ》し、矢張《やは》り「バルトロメウ」と同意義《どういぎ》であることを知《し》らねばならぬ。

これは日蓮《にちれん》(實《じつ》は太古《たいこ》のアポローン)の弟子《でし》たる日持上人(日本年表《にほんねんぺう》はウソ)であることを一言《げん》して置《お》く。西洋史上《せいやうしやう》のバルトロメウ・ヂアズは東洋《とうやう》の此太古《このたいこ》の聖者《せいしや》を盗《ぬす》んで後世《こうせい》の年表《ねんぺう》に繰《く》り下《さ》げたものである。西洋人が解するバルトロメウ・ヂアス以前《いぜん》に、喜望峯《きばうほう》の名《な》は既《すで》にあつたのである。

西洋史よりヂアス抹殺――だから、バルトロメウ・ヂアスの喜望峯航海記《きはうほうかうかいき》事《じ》と、此漕矩吒國商主《このさつくだこくしやうしゆ》の南海航海記事《なんかいかうかいきじ》とを比較《ひかく》して見《み》るが善《よ》い。實《じつ》に全然同《ぜんぜんおな》じであつて、西史《せいし》には阿弗利加《あふりか》の西岸《せいがん》から南下《なんか》して來《く》るやう云《い》うてあるが、其《そ》れは東岸《とうがん》の南下《なんか》を改造《かいざう》したに過《す》ぎぬ。詳細《しやうさい》の論《ろん》は此《こゝ》に略《りやく》して置《お》く。

此《この》バルトロメウなる人物《じんぶつ》(日持上人《にちじしやうにん》)はベーコンの「新《しん》アトランチス島《たう》」(布哇《ふわい》のこと)の中《なか》にも出《で》て來《く》るバルトロメウ上人《しやうにん》で、全世界《ぜんせかい》に法華《はつけ》を弘《ひろ》め一天《てん》四海皆歸妙法《かいかいきめうはふ》を實行《じつかう》した豪傑《がうけつ》である。

此通《このとほ》りにしてカプリコルヌス星座圖《せいざづ》の由來《ゆらい》も、地理《ちり》も明瞭《めいれう》となり。西洋《せいやう》の航海史《かうかいし》や、海上發見史《かいじやうはつけんし》なども訂正《ていせい》され、――少《すく》なくともバルトロメウ・ヂアスを西洋歴史《せいやうれきし》から全然《ぜん〳〵》抹殺《まつさつ》し去《さ》つたのである。

鯱とスタイン・ボツク――日本《にほん》の昔《むかし》の城《しろ》の櫓《やぐら》の上《うへ》に上《あ》げてある傳說的《でんせつてき》のサチホコなる魚《うを》があるが、これが此《この》摩《ま》羯魚《かつぎよ》と同《おな》じもの丶やうである。摩《ま》羯魚《かつぎよ》は前半身鹿《ぜんはんしんしか》で、日本《にほん》の鯱《さちほこ》は魚《うを》のやうな、虎《とら》のやうなものにしてあるが、其後半身《そのこうはんしん》の尾《を》を擧《あ》げて居《ゐ》る形《かたち》は兩者共通《りやうしやきようつう》の姿《すがた》である。又《ま》た摩《ま》羯魚《かつぎよ》の別名《べつめい》をスタイン・ボツク Stein-bock と云《い》ひ、鯱《さちほこ》は鋒《やり》でも戟《ほこ》でもないがサチ・ホコと云《い》ひ、其《その》「ホコ」なる語《ご》をボコとすると、スタイン・ボツクの「ボツク」と同《どう》一語《ご》の少相違《せうさうゐ》たることが考《かんが》へられる。又《ま》たスタインは石《いし》を意味《いみ》し、イシの語源《ごげん》は Is で存在《そんざい》、座居《ざきよ》 sat. sati で「幸福《さち》」の Sati と同語《どうご》で、鯱《さちほこ》の「サチ」と同語《どうご》たることが知《し》れる。そして其《その》「ボツク」も「ボコ」も、前《まへ》に述《の》べた嚢《ふくろ》の國《くに》、福《ふく》の國《くに》たる漕矩陀國《さつくだこく》の商人《しやうにん》が、無事歸來《むじきらい》したとを考《かんが》へて、此語《このご》は英語系《えいごけい》のバツク Back「歸來《きらい》」を意味《いみ》することが知《し》られ、スタイン・ボツクは「幸福《さち》・歸來《ほこ》」を意味《いみ》し、サチボコと同意味《どういみ》たることが斷論《だんろん》される。勿論《もちろん》である、是《こ》れは冬至《とうじ》がすんで一陽來復《やうらいふく》の星座《せいざ》であり、彼等商人《かれらしやうにん》の船《ふね》は、我等《われら》が正月《しやうぐわつ》に祝《いは》ふ所《ところ》の寶船《たからぶね》の入港《にふかう》を意《い》味する、御芽出度《おめでた》い星座《せいざ》なのである。

ヴスコダ・ガマ――喜望峯航海史《きはうほうかうかいし》には、又《ま》たヴスコダ・ガマなる名《な》は離《はな》れることか出來ぬこと丶なつて居《ゐ》るが、實《じつ》はこれは前《まへ》に言《い》うたバルトロミウ・チアズの改《かい》作的人物《さくてきじんぶつ》、實《じつ》は同《どう》一人物《じんぶつ》のやうである。何故《なぜ》ならばチアズは前《まへ》に述《の》べた如《ごと》く、漕矩《さつく》陀國《たこく》即《すなは》ち福《ふく》、囊國《ふくろくに》の商主《しやうしゆ》と同《どう》一人《にん》だが、今此《いまこの》ヴスコダ・ガマ（Vasco da Gama）の名《な》を見《み》ると、其《その》ヴスコなる語《ご》は「囊《くろ》」、荷物《にもつ》即《すなは》ち漕矩《さつつ》を意味《いみ》し、ヴスコダは漕矩陀《さつくた》と同《どう》語《ご》の飜譯《ほんやく》である。又《ま》たガマ Gama なる名《な》は英語系《えいごけい》の Cam と同《おな》じく、「來《く》る」、又《ま》た「歸《かへ》り來《く》る」を意味《いみ》する。且《か》つ日本語《にほんご》ガマは蟆《がま》、又《ま》た「カヘル」と云《い》ひ即《すなは》ち「歸《かへ》る」で、ヴスコダ・ガマは愈々《いよいよ》「福歸《ふくかへ》る」を意味《いみ》し、チアズ即《すなは》ち漕矩陀國《さつくたこく》の商主《しやうしゆ》と同《どう》一人《にん》たることが察《さつ》せられる。

且《か》つ彼《か》れが此地《このち》へ航海《かうかい》してナタル國《こく》を發見《はつけん》したのはクリスマス即《すなは》ち冬至《とうじ》の日《ひ》であつたと傳《つた》へられて居《ゐ》るのは、彼《かれ》は矢張《やは》り一陽來復氏として、此星座傳說《このせいざでんせつ》の同《どう》一人《にん》の別傳《べつでん》と見《み》るべきである。（此《この》ヴスコダ・ガマは「印度副王《いんどふくしゆ》」の稱《しよう》があるが、日本《にほん》では蟇《がま》の妖術《えうじゆつ》を遣《つか》ふ所《ところ》の天竺德兵衞《てんぢくとくべゑ》――即《すなは》ち印度《いんど》副王《ふくわう》として傳《つた》へられて居《ゐ》る)。

十二月、冬至、回歸――十二月《ぐわつ》は十二支《し》のお仕舞《しま》ひて亥《ゐ》即《すなは》ち「終《を》へ」「居《ゐ》」である。英語《えいご》で十二をツヱルフ twelve と云《い》うが、これはツヱル Dwell と同《おな》じて、其所《そこ》に居住むことを意味《いみ》する。だから、漕矩陀國《さつくたこく》の商人等《しやうにんら》が不思議《ふしぎ》な山《やま》を見《み》た時《とき》に『我《われ》曹幸《らさち》あつて此大山《このおほやま》に遇《あ》うた、此中《このなか》に止まつて、安樂《あんらく》を得《え》やう』と云《い》うて「ツヱル」居住の思想《しさう》を發表《はつぺう》して居《ゐ》る。けれども又《ま》た佛經《ぶつきやう》の力《ちから》に由《よ》つて本國《ほんごく》に歸ることが出來《でき》たと云《い》うてあるは、回歸思想《しさう》が表《あら》はされて居《ゐ》るのである。

又《ま》た最《もつと》も注意《ちうい》すべき面白《おもしろ》いことは、此星座《このせいざ》の黄道宮《くわうだうきう》の記號《きがう》は何《なん》となく漢字《かんじ》のやうであるが、思《おも》うにこれは「歸《かへ》」るの草體《さうたい》♑で即《すなは》ち回歸思想《くわいきしさう》を表《あら》はしたもので、漢字《かんじ》と太古《たいこ》の世界文明《せかいぶんめい》との關係《くわんけい》を考《かんが》へる一種《しゆ》の史的材料《してきざいれう》である。

小雪、大雪、小寒、大寒――の節《せつ》の名《な》が、十二月《ぐわつ》から一月《ぐわつ》にかけてあるが、これは矢張《やは》り十二月《ぐわつ》に屬《ぞく》するものと思《おも》はれる。其《それ》も面白《おもしろ》いことには前《まへ》にも言《い》うたバルトロメウ・チアズの航海記事《かうかいきじ》の中《なか》にある。乃《すなは》ち彼等《かれら》は南緯《なんゐ》二十九度(殆《ほとん》ど冬至線《とうじせん》)の南方《なんほう》に進《すゝ》み、尚《な》ほ一ヶ月南《みなみ》へ進行《しんかう》したら小寒大寒《せうかんたいかん》、非常《ひじやう》の寒《さむ》さて、水夫等《すゐふら》は是《こ》れから前《さき》へ進《すゝ》むことを承知《しようち》せないから、北《きた》へ歸《かへ》つたと言《い》うてあるが、思《おも》ふに是《こ》れは南半球《みなみはんきう》に於《お》ける彼等《かれら》の事《こと》ではなく、北半球に於ける暦の上の話しで、冬至《とうじ》から一ヶ月後《げつご》即《すなは》ち小寒《せうかん》、大寒《たいかん》の節《せつ》の後《のち》は、北半球《きたはんきう》の舊暦《きうれき》の年末年始《ねんまつねんし》てあるので、北半球《きたはんきう》の暦《れき》をそのまゝ南半球《みなみはんきう》の夏至《げし》の部《ぶ》に應用《おうよう》した滑稽劇《こつけいげき》である。陸地《りくち》を求《もと》めつゝあると稱《しよう》せられる彼等《かれら》が、目當《めあ》てもなく、小寒大寒《せうかんたいかん》を冒《をか》して南極《なんきよく》に向《むか》つて乘《の》り込《こ》んだとは受《う》け取《と》れぬ話《はな》しで――此點《このてん》にも舊派史學者《きうはしがくしや》の不研究《ふけんきう》の場所《ばしよ》がある。

○日本名《にほんめい》、鯱星座《さちはこせいざ》。

二十四節誤謬の配當――橫山博士《よこやまはかせ》の天文學《てんもんがく》には前《まへ》に云《い》うた二十四節《せつ》を各宮《かくきう》に二節《せつ》づゝ配當《はいたう》して、白羊宮《はくやうきう》の春分《しゆんぶん》から始《はじ》めて、小滿《こまん》を双兒宮《さうじきう》に、大暑《たいしよ》を獅子宮《ししきう》に、霜降《さうかう》を天蠍宮《てんかつきう》に、小雪《せうせつ》を人馬宮《じんばきう》に、大寒《たいかん》を寶瓶宮《ほうへいきう》に、雨水《うすゐ》を双魚宮《さうぎよきう》に配當《はいたう》して居《ゐ》られるが、其《そ》れは當《あた》つて居《を》らぬやうである。前《まへ》に言《い》うた如《ごと》く、小滿はプレヤデスの飜《ほん》譯《やく》だから金牛宮中《きんぎうきうちう》の名《な》であつて、決《けつ》して双兒宮《さうじきう》のものではない。獅《し》子宮《きう》の獅《し》子の意《い》味《み》は立秋で決《けつ》して大暑《たいしよ》を意味《いみ》せない。霜降《さうかう》は人馬宮《じんばきう》サギッタリウスの別名《べつめい》と見《み》るべきもので天蠍宮《てんかつきう》には一致《ち》せぬ。大寒は摩《ま》羯宮《かつきう》の冬至《とうし》に屬《ぞく》すべきもので、寶瓶宮《ほうへいきう》のものではない。雨水《うすゐ》は寶瓶宮《ほうへいきう》の對譯《たいやく》であつて、双魚宮《さうぎよきう》のものではない。

其《そ》れ故《ゆゑ》に二十四季節《きせつ》を、今《いま》までの順《じゆん》に白羊宮《はくやうきう》春分《しゆんぶん》から、二つづゝ分配《ぶんはい》することは出來《でき》ぬことを一言《ごん》して、横山博士《よこやまはかせ》の誤謬《ごべう》を正《たゞ》して置《お》く。

黄道《くわうだう》十二宮《きう》は一週《しう》した。次《つぎ》に又《ま》た始《はじ》めの寶瓶宮《ほうへいきう》にかへり、新年《しんねん》の若水《わかみづ》を祝《しゆく》し、摩《ま》羯宮《かつきう》から歸《かへ》るべき寶船《たからぶね》の入港《にふかう》を待《ま》つのである。

第四部 南天の星座

南の天

プトレミイの南天《なんてん》の星座《せいざ》は十五あり、又《ま》た其他《そのた》に所謂《いはゆる》新星座《しんせいざ》も多《おほ》くあるが、其等《それら》の或者《あるもの》は我々《われわれ》北半球《きたはんきう》に在《あ》る者《もの》には、見《み》えぬ部分《ぶぶん》が少《すく》くない。赤道《せきだう》以《い》南《なん》約《やく》三十五度《ど》あたりに圏《けん》を作《つく》つて、それから南即《みなみすなは》ち南極《なんきよく》を中心《ちうしん》にする圏即《けんすなは》ち南極圏内《なんきよくけんない》は、北半球《きたはんきう》の稍《やゝ》北方《ほくはう》の緯度《ゐど》からは見《み》えない。

けれども始《はじ》めに云《い》ふた如《ごと》くプトレミイの星座目録《せいざもくろく》には普通《ふつう》に見《み》えない南極圏内《なんきよくけんない》の星座《せいざ》も存《ぞん》して居《ゐ》る所《ところ》を見《み》ても、是等《これら》星座《せいざ》は、南緯度《みなみゐど》で出來《でき》たことを思《おも》はせ、又《ま》た其《そ》れが南洋其他《なんやうそのた》を形《かたち》にしたものであることを知《し》るに於《おい》ては、星座構成《せいざこうせい》の歴史《れきし》と地理《ちり》とに、從來《じうらい》のものと異《ことな》る考《かんが》へが起《おこ》らねばならぬ。

今南天星座《いまなんてんせいざ》を研究《けんきう》すると、プトレミイの南天《なんてん》十五星座《せいざ》中其《ちうその》十一が太平洋や南洋や南北亞米利加《なんぼくあめりか》のもの、一つが埃及《えぢぷと》のもの、三つが印度《いんど》のものであることが知《し》れた以《い》上《じやう》は、愈々《いよいよ》舊來《きうらい》の星座《せいざ》歴史《れきし》は革命《かくめい》されねばならぬのである。

今南天星座《いまなんてんせいざ》を、地理的《ちりてき》と、天圖《てんづ》に於《お》ける位置《ゐち》と、神話關係《しんわくわんけい》とから考《かんが》へて、多少《たせう》の分類《ぶんるゐ》をして、成《な》るべく北《きた》から南《みなみ》の方《はう》へ進《すゝ》むことにする。乃《すなは》ちプトレミイ南天星座《なんてんせいざ》は

エーリダノス(河《がは》)

大魚《おほうを》(鯨《くぢら》)

南魚《みなみうを》

馬人《はじん》

狼《おほかみ》

南冠《みなみかんむり》

アルゴ丸《まる》

花筐《はなかたみ》

水蛇《みづへび》

杯泉《はいせん》
烏《からす》
小犬《こいぬ》
大犬《おほいぬ》
オオリオン
兎《うさぎ》

である。新星座《しんせいざ》は又《ま》た別《べつ》の部《ぶ》に述《の》べる。

第一章　河星座

河星座——一名《めい》エーリダノス星座《せいざ》と云《い》ひ、希臘名《ぎりしやめい》 Eridanus 羅典名《らてんめい》 Flus 即《すなは》ち「河圖《かと》」星座《せいざ》であつて金牛宮《きんぎうきう》の南《みなみ》にある、うねり曲《まが》つた、大《おほ》きな長《なが》い河《かは》で、オオリオンの足《あし》の下《した》から西《にし》に大魚星座《おほつをせいざ》の方《はう》に向《むか》ひ、又《ま》た東《ひがし》に折《を》れ、南《みなみ》に曲《まが》り、南極圏《なんきよくけん》に達《たつ》して居《ゐ》て、一旦《たん》星《ほし》の河《かは》の流《なが》れを認《みと》めた上《うへ》は、其河《そのかは》は百三十度《と》の廣《ひろ》がりの長《なが》さを有《も》つて居《ゐ》るのである。此《この》星座《せいざ》には北緯《ほくゐ》卅二度《と》以《い》北《ほく》では見《み》ることが出來《でき》ぬ一等星《とうせい》アカナル又《また》アケルナルと云《い》ふ明《あか》るい星《ほし》があるが我等《われら》北半球《きたはんきう》の者は其《そ》れを見《み》ることが出來《でき》ぬから、此星座《このせいざ》の北《きた》の方《はう》にある三等星《とうせい》クル

第六十七圖

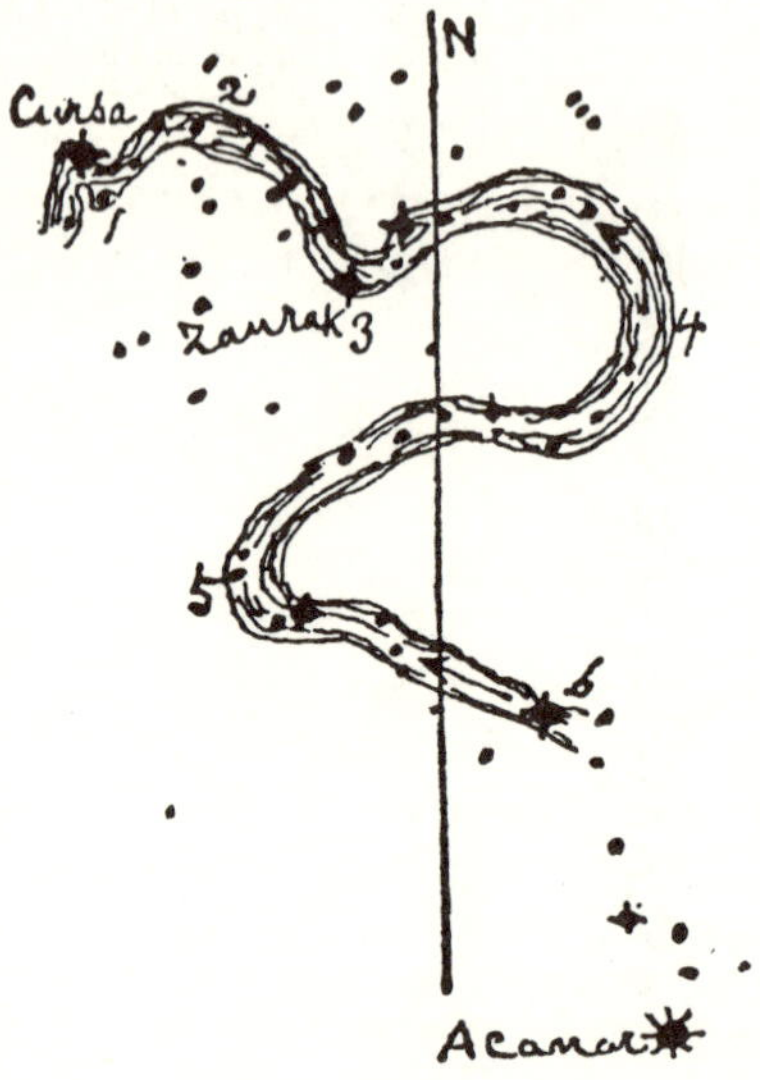

河星座

サなら見《み》ることが出來《でき》る。是《こ》れはオオリオンの足《あし》から西北《せいほく》三度《ど》の所《ところ》にある。又《ま》た其《そ》れから稍西《やゝにし》へ行《ゆ》くとサウラクと云《い》ふ三等星《こうせい》よりは小《ちい》いものがある。

歐米學者の鈍智に驚く――此星座《このせいざ》のエーリダノスと云《い》ふ河《かは》は果《はた》して何《いづ》れの河《かは》であるかに就《つ》いては古來《こらい》種々《しゆぐ》の說《せつ》があつて、歐米《おうべい》の學者等《がくしやら》は大抵之《たいていこれ》を神話的《しんわてき》、詩《し》歌的《かてき》の河《かは》で、後代《こうだい》ポー河《かは》だとか、ローン河《かは》だとか、又《また》はライン河《かは》だとか云《い》ふて居《ゐ》て未《いま》だ誰《たれ》も明瞭《めいれう》にナイル河《かは》であると斷定《だんてい》したものがないとは、平常歐《へいじやうおう》米人《へいじん》の智力《ちりよく》に敬意《けいい》を表《へう》する我等《われら》でも、彼等《かれら》の鈍智《とんち》に驚《おどろ》かざるを得《え》ぬ。

第六十八圖

河星座地圖

――實《じつ》に此河《このかは》はナイル河《かは》であることは、我等《われら》はこゝに斷言《だんげん》する者《もの》である。

南より北へ流れる河――元來此河《ぐわんらいこのかは》は南《みなみ》から北《きた》へ流《なが》れて居《ゐ》て、星座圖《せいざづ》には其《その》流《なが》れは矢を以つて示してある。此河《このかは》は往々《わうく》オオリオンの足下《あしもと》から流《なが》れて南《みなみ》へ行くやうに思《おも》はれて居《ゐ》るが、實《じつ》は其《そ》れは逆《ぎやく》で、南《みなみ》の方《はう》アカナル星《せい》の地點《ちてん》から流《なが》れ出《で》て、オオリオンの足下《あしもと》は其河口《そのかこう》なのである。

然《しか》るに彼等《かれら》が其《そ》れと擬《ぎ》して居《ゐ》る伊太利《いたり》のポー河《かは》は、西《にし》から東《ひがし》へ流《なが》れ、ローン河《かは》は北《きた》から南《みなみ》に流《なが》れて居《ゐ》る。獨《ひと》りライン河《かは》は南《みなみ》から北《きた》に流《なが》れて居《ゐ》るが、其河《そのかは》の屈折《くつせつ》の形《かたち》は何等《なんら》の似寄《によ》りもない。又《ま》た彼等《かれら》が擬《ぎ》する其等《それら》の河《かは》と、エーリダノスとの名稱上《めいしようじやう》の聯絡《れんらく》か又《また》は別名《べつめい》か、又《また》は對譯的關係《たいやくてきくわんけい》があるかと云《い》ふと、何等其證明《なんらそのしようめい》も聞《き》かぬ。さらば此河《このかは》は歐米《おうべい》の學者等《がくしやら》が是《これ》まで言《い》ひ來《きた》り、想像《さうざう》し來《き》つた河々《かは》の、何《いづ》れにも當《あた》つて居《を》らぬことを斷告《だんこく》して置《お》く。

全然これナイル河の形狀――請《こ》ふ此星座《このせいざ》の河《かは》の形《かたち》を見《み》よ。一見《けん》ナイル河《かは》と知《し》れるではないか。其《そ》れが直觀《ちよくくわん》されぬとは、扨《さ》ても從來《じうらい》の天文學者等《てんもんがくしやら》の頭《あたま》の働《はたら》きの惡《わ》るさよ。此河《このかは》の屈折《くつせつ》の形《かたち》を見《み》るが善《よ》い。素《もと》より星座《せいざ》の形《かたち》は屈折《くつせつ》が誇大《こだい》されては居《ゐ》るが、全體《ぜんたい》に於《おい》てナイル河《かは》の屈折《くつせつ》と一致《ち》して居《ゐ》る。星座《せいざ》の北《きた》の端《はし》の頸《くび》とも云《い》はれる小《ちいさ》い部分《ぶぶん》の屈折《くつせつ》はカイロから北《きた》、カノープス口《くち》へ向《むか》つて流《なが》れる形《たかち》ではないか、其《その》部分《ぶぶん》にクルサの星《ほし》がある。其《それ》から幾曲折《いくきよくせつ》の後《ご》、畫《ゑ》の終《をは》つて居《ゐ》る部分《ぶぶん》は、北緯《ほくゐ》十八度《ど》のベルベルあたりで、此點《このてん》てエーリダノス河《かは》の名《な》は實《じつ》は終《をは》るのである。此部分《このぶぶん》でアトバラ支流《しりう》が流《なが》れ込《こ》み、尙《な》ほ南《みなみ》へ溯《さかのぼ》ると靑《あを》ナイルが流《なが》れ込《こ》み、尙々《なほ〳〵》白《しろ》ナイルは源《みなと》を南《みなみ》に有《あ》つて、アルベルト・ニヤンザや、丼クトリヤ・ニヤンザの湖水《こすゐ》に達《たつ》するのである。そして此星座《このせいざ》にある一等星《とうせい》アカナルの名《な》がニヤンザの對譯名《たいやくめい》になつて居《ゐ》て、尙々以《なほ〳〵も》つて此河《このかは》がナイル河《かは》たることを證明《しようめい》するのである。星座《せいざ》と地圖《ちづ》とを比較《ひかく》し、其屈折《そのくつせつ》の角々《かどく》を１２３４５６の番號《はんがう》に合《あは》せて考《かんが》へたら、正確《せいかく》に會得《くわいとく》されるであらう。

アカナル星とニヤンザ湖―― ナイル河《かは》の源《みなもと》はニヤンザ湖《こ》であるが、此星座《このせいざ》の最《もつと》も南《みなみ》、即《すなは》ちニヤンザに當《あた》る部分《ぶぶん》にアカナル、又《ま》たアケルナル（Acanar, Achernar）の一等星《とうせい》があつて、其《そ》れが「ニヤンザ」と對譯《たいやく》になつて居《ゐ》る。星《ほし》の名《な》「アカナル」は「若《わ》か、奈良《なら》」で、語源《ごげん》は Kea-nea-ara 即《すなは》ち風《かぜ》や水《めづ》を「若《わ》かく噴《ふ》き出《だ》す」を意味《いみ》し又《ま》たニヤンザ Nyanza とは語源《ごげん》 Neo-ana-zao で、同《おな》じく『若《わ》かく噴《ふ》き出《だ》す』を意味《いみ》して見事《みごと》に對譯《たいやく》になつて居《ゐ》る。此對譯《このたいやく》の理由《りいう》に就《つい》ては、ナイル河《かは》のタイフン（サイホン）神話《しんわ》を述《の》べたら自《みづか》ら解《わ》かるのである。

クルサとザウラクの星――此河《このかは》の北《きた》の部分《ぶぶん》にクルサ Cursa (Crisis) の星《ほし》がある。其《それ》はナイル河《かは》の口《くち》に近《ちか》いカイロ Kairo のことで「歸《かへ》る」「回轉機《くわいてんき》」又《ま》た「急所《きふしよ》」等《とう》を意味《いみ》して對譯《たいやく》であり、星《ほし》の名《な》は羅甸語系《らてんごけい》の訛《なま》り、カイロは希臘語《ぎりしやご》である。

其《そ》れから少《すこ》し南《みなみ》へ行《い》つて、ザウラク (Zao-or-ac) の星《ほし》がある。其《そ》れは、「注意《ちうい》又《ま》た値《ね》を上《あ》げ加《くは》へる」を意味《いみ》し、北緯《ほくゐ》二十七度《ど》八分《ぶ》のあたりにナイル河《かは》に沿《そ》うたアンチノエ Anti-noe の町《まち》の名《な》の對譯《たいやく》で、同《おな》じく「增値《ましね》」である。

右《みぎ》の通《とほ》り形《かたち》から云《い》うても、星《ほし》の名《な》と地名《ちめい》との比較研究《ひかくけんきう》から云《い》うても、今《いま》は此河星《このかはせい》座《ざ》はナイル河《かは》たることは極《きは》めて明瞭《めいれう》になつた。

エーリダノス河とオシリス神話――けれども尙《な》ほ此星座《このせいざ》のエーリダノス河《かは》の名稱《めいしよう》の由來《ゆらい》と意味《いみ》とを知《し》らうとするには、先《ま》づオシリス神話《しんわ》を知《し》らねばならぬ。何故《なぜ》ならばエーリダノス河《かは》とはオシリス神《しん》の別名《べつめい》だからである。オシリスは萬《まん》民《みん》の救主《すくひぬし》と云《い》はれた人《ひと》で、全世界《ぜんせかい》を廻《まは》つて、人間《にんげん》を敎化《けうくわ》し、埃及《えぢぷと》のヘリオポリスを都《みやこ》として居《ゐ》たが、其弟《そのをとうと》にチフオンなる者《もの》が在《あ》つて王位《わうゐ》を窺《うかゞ》ひ、謀叛《むほん》を企《くはだ》て或時《あるとき》オシリスの祝賀會《しゆくがくわい》を開《ひら》いてオシリスを招待《せうたい》し、豫《あらかじ》め寸尺《すんしやく》を合《あ》はせて作《つく》つた箱《はこ》を用意《ようい》して置《お》いて、來客《らいきやく》の中《うち》で、一番其身《はんそのみ》の丈《たけ》が此箱《このはこ》の丈《たけ》に合《あ》うた人《ひと》に、此箱《このはこ》を贈《おく》ると申《まを》し出《だ》した。これはオシリスを箱《はこ》に入《い》れて生擒《いけど》る考《かんが》へである。來客等《らいきやくら》は一人《ひとり》として合《がふ》格《かく》せぬが、オシリスの番《ばん》になつて、其箱《そのはこ》には入《はい》ると見事《みごと》に合格《がふかく》したが、チフオン等《ら》謀叛《むほん》の徒《とがら》は、直《す》ぐ其箱《そのはこ》の蓋《ふた》を閉《し》めて、オシリスを箱詰《はこづ》めにしてナイル河《かは》に流《なが》した。そして其箱《そのはこ》は下《した》に流《なが》れて西埃及《にしえぢぷと》のビブロスの岸《きし》の葦間《あしま》にからまつたが、此神《このかみ》の生命《せいめい》成長《せいちやう》の神性《しんせい》に依《よ》つて、其葦《そのあし》はオシリスの屍骸《しがい》を容《い》れたまゝて、一本《ぽん》の大《おほ》きな木《き》となつたが、後其木《のちそのき》は裁《き》られてホイシニヤ國《こく》の王宮《わうきう》の柱《はしら》になつた。オシリスの妻《つま》イシスは夫《をつと》の無殘《むざん》な死《し》を悲《かな》しみ、又種々心《またしゆぐこゝろ》を盡《つく》して其屍骸《そのしがい》の行衞《ゆくゑ》を尋《たづ》ねて、遂《つひ》に其有《そのあ》りかを知《し》り、ホイニシヤの王宮《わうきう》から之《こ》れを取《と》りかへしてナイル河《かは》の上《かみ》の方《はう》のフイライに葬《はうむ》つた。其後《そのご》オシリスの子《こ》ホールスが成長《せいちやう》して、チフオンに復讎《ふくしう》した。

是《こ》れはオシリスの神話《しんわ》の大略《だいりやく》だが、是《こ》ればかりではナイル河《かは》がエーリダノス河《かは》の別名《べつめい》と云《い》ふ事《こと》が知《し》られぬ。尚《な》ほ他《た》の神話《しんわ》を之《これ》に加《くは》へて研究《けんきう》をせねばならぬ。日本書《にほんしよ》紀《き》の景行天皇傳《けいかうてんのうでん》である。

景行・忍呂別天皇――日本紀《にほんき》の景行天皇《けいかうてんのう》は埃及日本時代《えぢぷとにほんじだい》の天皇《てんのう》で、オシリスの神話《しんわ》に當《あた》るのである。天皇《てんのう》の御諱《おんいみな》大足《おほたらし》、忍呂別命《おしろわけのみこと》のオシロとはオシリスと同語《どうご》で語尾《ごび》が少《すこ》しく變《かは》つて居《ゐ》るに過《す》ぎず、忍呂別《おしろわけ》はオシリスのことである。都《みやこ》は日代《ひしろ》の宮《みや》埃及《えぢぷと》てはヒシリ Hesiri の宮《みや》と云《い》ひ、其希臘譯《そのぎりしややく》はヘリオ・ポリス即《すなは》ち日《ひ》の代《しろ》でこれはオシリスの都《みやこ》の名《な》と一致《ち》して居《ゐ》る。日本紀《にほんき》にも『籙《はこ》に膺《あた》り、圖《と》を受《う》け玉《たま》へり』とあつて箱にあたりと云《い》うてあるは、埃及神話《えぢぷとしんわ》其通《そのとほ》りて、忍呂別景行天皇《おしろわけけいかうてんのう》と、オシリスの神《かみ》との同一《どう》であることは疑《うたが》ふべき餘地《よち》がない。天皇《てんのう》の今《いま》一つの御諱名《おんいみな》『大足《おほたらし》』これがエーリダノスの別譯《べつやく》に當《あた》るのである。乃《すなは》ち大足《おほたらし》とは希臘語《ぎりしやご》 O-tarassi で、又《ま》た別語《べつご》に譯《やく》するとヒエリ・ダノス Hieri-Danos となり、これがエーリ・ダノスとなつたので「大《おほい》に行《おこな》ふ」「大《おほい》に成熟《せいじゆく》せしめる」を意味《いみ》し、ナイル河《かは》の神徳《しんとく》を名《な》としたものであつて、玆《こゝ》に日本書記《にほんしよき》が有《あ》つて、始《はじ》めてエーリ・ダノス星座《せいざ》の名《な》はナイル河《かは》の別名《べつめい》であることが知《し》られるのである。(ナイル流域《りうゐき》の景行天皇《けいかうてんのう》に關《くわん》しては近松《ちかまつ》の「日《やま》

本武尊《とたけるのみこと》東鑑《あづまかゞみ》」を見《み》るべし）

アカナル星ごタイフンご「水委」――此神《このかみ》の弟《おとうと》チフオンが謀叛《むほん》したとのことは此河《このかは》の源《みなもと》たるヸクトリヤ・ニヤンザ湖《こ》の水勢《すゐせい》を云《い》ふたもので、此湖水《このこすゐ》が即《すなは》ち「タイフン」即《すなは》ち「サイフオン」て、水又《みづまた》は風《かぜ》の噴出《ふんしゆつ》を意味《いみ》し、「ニヤンザ」は其別譯《そのべつやく》に當《あた》り、又《ま》た此星座《このせいざ》のアカナル星が又《ま》た其別譯《そのべつやく》であることは前《まへ》に説明《せつめい》した通《とほ》りである、其《そ》れ故《ゆゑ》に此星《このほし》の支那名《しなめい》は「水委《すゐい》」と云《い》ひ、水《みづ》の大量《たいりやう》を意味《いみ》するのである。

ファイトン關係の河に非ず――從來《じゆうらい》は此《この》エーリダノス河《かは》はナイル河《かは》と知《し》れて居《ゐ》なかつたからと、又《ま》た同じ名が、太古《たいこ》に印度《いんど》の恒河口《こうかぐち》にある所《ところ》から、希臘神《ぎりしやしん》話《わ》のファイトンが、日《ひ》の神《かみ》の太陽《たいやう》の車《くるま》を御《お》し損《そこ》ねて、エーリダノス河《かは》に墜《お》ちて死《し》んだとの其河《そのかは》を、此星座《このせいざ》のエーリダノス河《かは》に關係《くわんけい》せしめて居《ゐ》るが、其《その》エーリダノス河《かは》は、此星座《このせいざ》の河《かは》とは全然別物《ぜんぜんべつぶつ》で、其《そ》れは印度《いんど》、是《こ》れは埃及《えぢぷと》たることを明瞭《めいれう》にして置《お》かねばならぬ。

此《か》く研究證明《けんきうしようめい》して來《き》て、今《いま》まで何河《なにかは》か知《し》れぬと言《い》ひ來《きた》つた河《かは》は、始《はじ》めて明瞭《めいれう》にナイル河《かは》と知《し》れたのである。そして舊來《きうらい》の名《な》はエーリダノス星座《せいざ》であるが、又《ま》た日本《にほん》書紀《しよき》の名《な》を以《も》つてすれば、「河圖《かと》星座《せいざ》」とも、「大足星座《おほたらしせいざ》」とも、又《ま》た「景行星座《けいかうせいざ》」とも謂《い》ふて善《よ》いのである。

此河《このかは》は素《もと》より赤道以《せきだうい》北《ほく》に在《あ》るが印度《いんど》(星座劃成《せいざくわくせい》の地《ち》)から遠《とほ》いから、南天星座《なんてんせいざ》になつて居《ゐ》る。

第二章　大魚星座――(一名鯨星座)

大魚星座――希臘名《ぎりしやめい》ケイトス Kêtos。又《ま》た鯨《くぢら》とも云《い》はれて居《ゐ》る。魚《うを》でもなく獸類《じうるゐ》でもなく、一種《しゆ》の動物《どうぶつ》の形《かたち》である。此動物《このどうぶつ》の口《くち》の部分《ぶぶん》に二等星《とうせい》より聊《いさゝ》か劣《おと》つて居《ゐ》るメンカルがあり、其《そ》れから二十五度《ど》西南《せいなん》に三等星《とうせい》のミラがある。此《この》ミラの星《ほし》は其光度《そのくわうど》の變化《へんくわ》するに於《おい》て最《もつと》も有名《いうめい》なものである。倘《な》ほ西南《せんなん》にデニブ・カイトスの二等星《とうせい》がある。が總《そう》して此星座《このせいざ》には餘《あま》り見事《みごと》な星《ほし》はない。

印度洋（印度の西の）――星座《せいざ》の繪《ゑ》の如《ごと》き動物《どうぶつ》は陸《りく》にも海《うみ》にも素《もと》より無《な》い。勿論《もちろん》地理《ちり》に合《あ》はす爲《た》めのものと知《し》らねばならぬ。此星座《このせいざ》の形《かたち》を見《み》ると、印度《いんど》の西《にし》、波斯《ぺるしや》、ベルチスタンの南《みなみ》、亞拉比亞《あらびあ》の東《ひがし》の間《あひだ》の海《うみ》を形《かたち》としたもので、特《とく》に此動物《このどうぶつ》の口《くち》の形《かたち》などは波斯灣《ぺるしやわん》の入口《いりくち》、オルムズ海峽《かいけふ》そのまゝである。そして尾《を》は一トねぢ、ねぢて居《ゐ》るのは、印度《いんど》南端《なんたん》の陸《りく》を越《こ》える記號《きがう》で東《ひがし》の方《はう》ベンガル灣《わん》の方《はう》に及《およ》んで居《ゐ》るのである。それは印度洋《いんどやう》の名《な》は西《にし》から東《ひがし》の方《はう》へ進《すゝ》んで廣《ひろ》まつたものだからである。

星の名――尙《な》ほ此星座《このせいざ》にある星《ほし》の名《な》の大《おほ》きなものを見《み》ると、先《ま》づ其口《そのくち》にあるメンカル Menkar 星《ほし》の名《な》はオルムス海峽《かいけふ》の波斯《ぺるしや》の部分《ぶぶん》のカルマン Kar-man の地《ち》を名付《なつ》けたもので、二つの語《ご》が前後《ぜんご》してメンカルが、カル・マンとなつて居《ゐ》るのである。又《ま》た其咽喉部《そのいんこうぶ》にあるミラ Mira なる星《ほし》は「見《み》る」を意味《いみ》し、亞拉比亞《あらびあ》東南端《とうなんたん》のオマン (Oman, Omma) 即《すなは》ち「目《め》」「馬《うま》」「見《み》る」を意味《いみ》する地名《ちめい》の別譯《べつやく》である。又《ま》た其《その》背《せ》に當《あた》る部分《ぶぶん》のバテン・カイトス Baten Kaitos (Ba-Den Kaithos) の星《ほし》の名《な》は「バテン道錫蘭道《みちせいろんみち》」を意味《いみ》し、印度《いんど》西岸《せいがん》マラバル海岸《かいがん》の別譯《べつやく》である。そして其《その》「バ・テン」

とはダナエ Dan-ae 神話《しんわ》の名《な》を負《お》うたダナエの島即《すなは》ち錫蘭《せいろん》の別名《べつめい》で、又《ま》た其夫《そのをつと》たるゼウスの別名《べつめい》アダムス Ada-mus とも別譯《べつやく》になつて居《ゐ》る。又《ま》た此星《このほし》をデネブ Den-eb とも云《い》ひ、行雁星座《かりがねせいざ》にある星《ほし》の名《な》と同《おな》じである。

第九十六圖

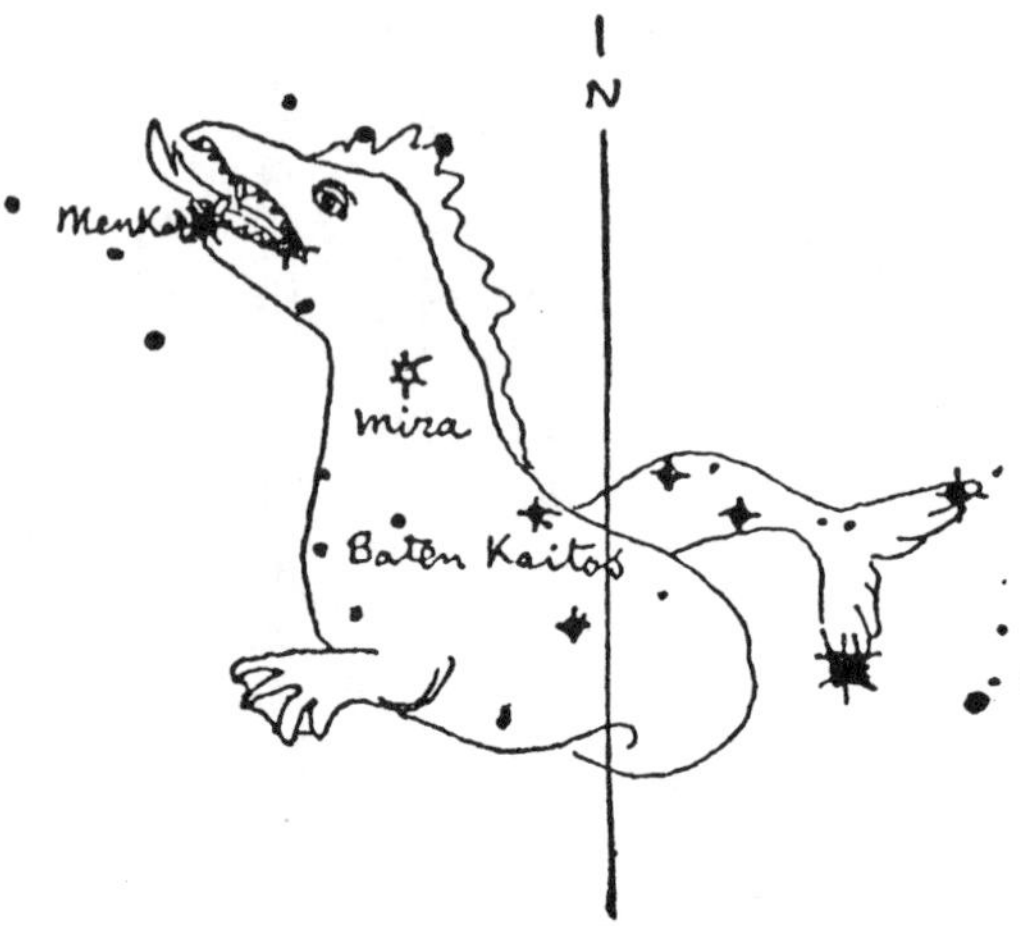

大魚星座

名稱語源―― 此星座《このせいざ》の希臘語《ぎりしやご》はケートス又《ま》たケータイ Kêtos, kêtai で、「高《たか》く、大《おほ》きく」を意味《いみ》し、「高太魚《かうたいぎよ》」である。此星座《このせいざ》は印度洋《いんどやう》の形《かたち》と云《い》ふたが元來《ぐわんらい》「インド」の語《ご》は羅甸系《らてんけい》の Add で、其《そ》れがアンド、インド (And, Ind) となつたもので積《つ》み、重《かさ》ね、加《くは》へ、大《おほ》きくすることである。荘子《さうし》が逍遙遊《せうえういう》に『それ水《みづ》の積《つも》るや厚《あつ》からざれば大舟《たいしう》を負《お》ふや力《ちから》なし』と云《い》ふた海《うみ》である。且《か》つ「魚《うを》」は日本語《にほんご》「イホ」で、「洋《うみ》」を「イホ」(やう)と發音《はんおん》し、魚《うを》と洋《うみ》とは同語源《どうごげん》てあるから、印度洋《いんどやう》は印度魚《いんどいほ》即《すなは》ち「大魚《おほうを》」であつて、其系圖《そのけいづ》を尋《たづ》ねるとポントスとガヤ即《すなは》ち海《うみ》と陸《りく》との子《こ》と云《い》ふてある。

第十七圖

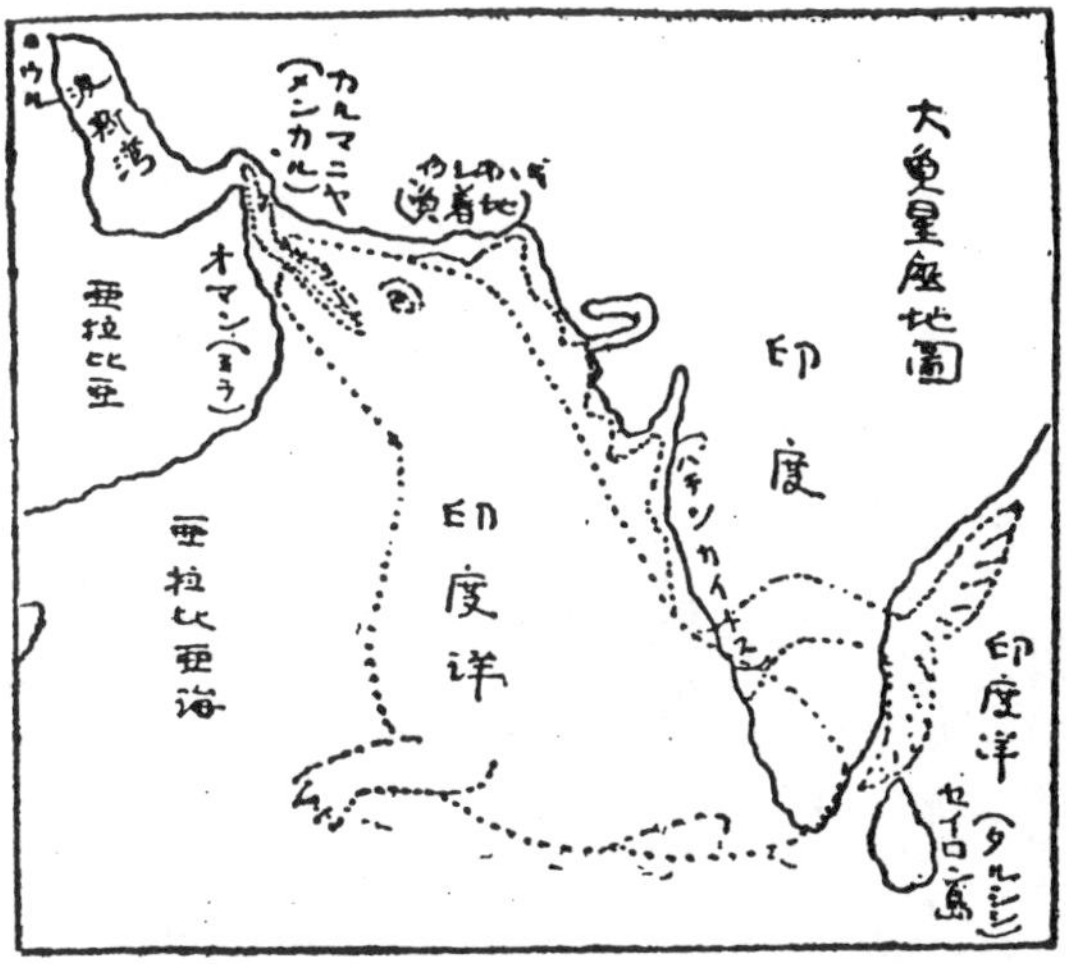

大魚星座地圖

此魚は——果《はた》して如何《いか》なる來歷《らいれき》を有《も》つて居《ゐ》るものであらうか。天文詩人《てんもんしじん》アラツスは、此魚《このうを》はアンドロメダを脅《おびや》かした其《そ》れてあると云《い》ふて居《ゐ》る。さうてある。けれども此魚《このうを》がアンドロメダ即《すなは》ち櫛稻田《くしいなだ》姫《ひめ》を脅《おびや》かした時《とき》は、此稻田姫《このいなだひめ》は波斯灣《べるしやわん》の奥《おく》に國《くに》が有《あ》つた時代《じだい》の事《こと》であつて、我《わ》が須佐之男命《すさのをのみこと》の國《くに》スサは、波斯灣《べるしやわん》の奥《おく》であり、稻田姫《いなだひめ》の土地《とち》も亦其所《またそこ》であつた。けれども此民族《このみんぞく》は東漸《とうぜん》して印度《いんど》の恒河口《こうかくち》に其土地《そのとち》が出來《でき》、アンドロメダ姫即櫛稻田姫《ひめすなはちくしいなだひめ》星座《せいざ》は印度《いんど》の土地《とち》を象《かた》どつたものである。けれども亦猶太方面《またゆだやはうめん》に傳《つた》はつたものには預言者ヨナの大魚――即《すなは》ちレヸヤタンとは此魚《このうを》のことである。舊約書《きうやくしよ》ヨナの話《はなし》に據《よ》ると――

或時《あるとき》エホバの神《かみ》ヨナに現《あら》はれて、ニネベの町《まち》へ行《い》てエホバの意《い》を傳《つた》へて其惡事《そのあくじ》を責《せ》めよとのことであつたが、ヨナはエホバの面《おもて》を避《さ》けてタルシシへ逃《のが》れようとしてヨッパに下《くだ》り行《いつ》て、タルシシへ行《ゆ》く舟《ふね》に乘《の》つた。其時《そのとき》エホバは大風《おほかぜ》を海《うみ》の上《うへ》に起《おこ》し、烈《はげ》しい颶風《ぐふう》が海《うみ》の上《うへ》にあつたから、船《ふね》は殆《ほとん》ど破《やぶ》れんとした。人々《ひとびと》は皆己《みなおの》れの信《しん》ずる神《かみ》を呼《よ》び、又《ま》た舟《ふね》を輕《かる》くする爲《た》めに積荷《つみに》を海《うみ》に投《な》げ入《い》れた。けれどもヨナは舟《ふね》の奧《おく》で熟睡《じゆくすゐ》して居《ゐ》た。其時船長《そのときせんちやう》が來《き》てヨナを起《お》こし、神《かみ》に祈《いの》るやう促《うな》がした。暫《しばら》くして人々《ひとびと》が云《い》ふに此災《このわざはひ》が來《く》るのは、誰《たれ》の故《ゆゑ》であるかを知《し》る爲《た》めに鬮《くじ》を引《ひ》くことにしたら、其鬮《そのくじ》はヨナに中《あた》つたから、人々《ひとびと》は其理由《そのりいう》を問《と》うた。ヨナは神《かみ》の面《おもて》を避《さ》けて神《かみ》を畏《おそ》れるものである旨《むね》を語《かた》つた。海《うみ》は益々《ますます》荒《あ》れた。人々《ひとびと》は議決《ぎけつ》して、全體《ぜんたい》の生命《いのち》を助《たす》ける爲《た》めにヨナを海《うみ》に投《な》げ入《い》れることゝして、とう〳〵彼《かれ》を海《うみ》に投《な》げ入《い》れたら海《うみ》は忽《たちま》ち靜《しづ》かになつた。けれどもエホバハ前以《まへも》つて大《おほ》きな魚《うを》を備《そな》へ置《お》いて、ヨナを呑《の》ましめた。ヨナは魚《うを》に呑《の》まれて三日《か》三夜《や》魚《うを》の腹《はら》の中《なか》に居《ゐ》た。

ヨナは魚《うを》の腹《はら》の中《なか》に居《ゐ》て、神《かみ》の力《ちから》の大《だい》なることを讃美《さんび》し、其仁恵《そのにんけい》を感謝《かんしや》した。神《かみ》は其魚《そのうを》に命《めい》じてヨナを陸《りく》に吐《は》き出《だ》さしめた。そして再《ふた》びヨナに命《めい》じてニネベに行《いつ》て神《かみ》の旨《むね》を宣《の》べしめた。

橘妃の入水地——ヨナの水《みづ》に投《な》げ入《い》れられた事件《じけん》は、日本《にほん》では日本武尊《やまとたけるのみこと》の妃橘姫《ひめたちはなひめ》の入水事《にふすゐじ》件《けん》として傳《つた》へられて居《ゐ》る（土地《とち》は素《もと》より現日本《げんにほん》の事《こと》ではない）。日《やま》本武尊《とたけるのみこと》が東夷《とうい》征伐《せいばつ》に行《ゆ》き玉《たま》ふ時相摸《ときさがみ》（オーマン）から走水《はしりみづ》の海《うみ》（オルムズ海峡《かいけふ》）を渡《わた》ります時《とき》其渡《そのわた》りの神浪《かみなみ》を起《た》て、船《ふね》は廻《ま》うて進《すゝ》むことが出來《でき》ない。そこで妃弟橘《ひをとたちはな》姫申《ひめまを》し玉《たま》ふに、妾《わらは》は御子《みこ》に代《かは》つて海《うみ》に入《い》りませう。御子《みこ》は所遣《まけ》の政《まつりごと》遂げて覆奏《ふくそう》し玉《たま》へと云《い》うて、海《うみ》に入《い》ります時《とき》に菅疊八重《すがたゝみやへ》、皮疊八重《かはたゝみやへ》、絹疊八重《きぬたゝみやへ》を波《なみ》の上《うへ》に敷《し》き、其《その》上《うへ》に下《お》りました。そこで其暴《そのあら》ぶる浪《なみ》は自《おのづか》ら止《や》んで、御船進《みふねすゝ》むことが出來《でき》た。其後《そのご》七日《か》して橘姫《たちはなひめ》の○○御櫛海邊《うみべ》に漂《たゞよ》ひ着《つ》いた。乃《すなは》ち其櫛《そのくし》を取《と》つて御陵《みはか》を作《つく》つて治《をさ》め置《お》いた。

比較説明——以上《いじやう》の神話《しんわ》傳説《でんせつ》で、此大魚《このおほうを》の何《なに》ものであるかは大抵《たいてい》知《し》れたと信《しん》ずる。豫言者《よげんしや》ヨナの土地《とち》は實《じつ》は舊來《きうちい》の人々《ひとぐ》の信《しん》ずる如《ごと》き地《ち》中海方面《ちうかいはうめん》のパレスチナではなく、波斯《ぺるしや》のカルン河《かは》の地《ち》で、上流《じやうりう》にアビ・チジ Abi Diz の名《な》があるはヨナの名《な》を表《あら》はして居《ゐ》る。何故《なぜ》ならばアビ・チジとは大魚《おほうを》を意味《いみ》し、「ヨナ」も實《じつ》は Io-ana で「大魚《おほうを》」を意味《いみ》し、其所《そこ》からチグリス河下流《かはかりう》の西南《せいなん》テレドン（昔《むかし》のアブラハムの居《ゐ》たウルの地《ち》）に下《くだ》つて、其所《そこ》から船《ふね》に乘《の》つたのである。これがヨッパ（Joppa, Jaffe,Aphie 「他行《たぎやう》」）と云《い》ふてある。そして彼《か》れが行《ゆ》かうとしたタルシ、Tarshish とは決《けつ》して今《いま》まで西洋學者《せいやうがくしや》が信《しん》じて居《ゐ》た如《ごと》く、地《ち》中海《ちうかい》の西班牙《すぺいん》の南岸《なんがん》などでなく、矢張《やはり》印度洋《いんどやう》の錫蘭島《せいろんたう》のことである。錫蘭島《せいろんたう》は希臘神話《ぎりしやしんわ》（實《じつ》は東洋神話《とうやうしんわ》）のダナエの島《しま》と謂《い》ひ、「ダナエ」なる語《ご》は「タルソ」と譯《やく》され、タルシ、とはタルソ島《たう》である（Danae=Doneo , =Tarassi > Tarshi + ish）

又《ま》たヨナが魚《うを》から吐《は》き出《だ》された所は、オルムズ海峡《かいけふ》たる大魚《おほうを》の口《くら》から東《ひがし》の方《はう》、今《いま》のベルチスタン、昔《むかし》のイクジオ・フアギの地《ち》である。イクジオ・フアギとは魚着《うをつき》、船着《ふねつき》、「なづき」「なぐはし」を意味《いみ》し、ヨナ（大魚《おほうな》）が着《つ》いたとの地名《ちめい》だから、其《そ》うと知《し》れる。元來《ぐわんらい》ヨナは希臘神話《ぎりしやしんわ》（實《じつ》は東洋神話《とうやうしんわ》）のアミタオンの子《こ》で、アイオロスなる風姓《ふうせい》の人《ひと》だから、大風《おほかぜ》に逢《あ》ふ話《はなし》がある。かのヨナは波斯灣《ぺるしやわん》の奥《おく》から、亞拉比亞海《あらびあかい》印度洋《いんどやう》の方《はう》へ出《で》るのだが、波斯灣《ぺるしやわん》の入口《いりくち》は狹《せま》く、海路《かいろ》最《もつと》も危險《きけん》で「走水《はしりみづ》」の稱《しよう》がある。此海《このうみ》の狹《せま》い所《ところ》が大魚《おほうを》の口《くち》――大洋《たいやう》の口《くち》であることは、星座圖《せいざづ》を見《み》ても、地圖《ちづ》を見《み》ても直《たゞ》ちに首肯《しゆかう》されることゝ信《しん》ずる。

鯨の名の理由――今此大魚《いまこのおほうを》は又《ま》た一般《ぱん》に鯨星座《くぢらせいざ》と謂《い》はれて居《ゐ》るのは、彼等《かれら》が難船《なんせん》して助《たす》かつた場所《はしよ》の名《な》に因《ちな》んだものであらう。此海峽《このかいけふ》をオルムズ Ormuz 海峽《かいけふ》と謂《い》ひ、安全《あんぜん》、避難所《ひなんしよ》、完全《ぐわんぜん》、圓輪《まるわ》、頸輪《くびわ》等《とう》を意味《いみ》するからである。それは橘姫《たちばなひめ》の話《はな》しに、七日《か》の後姫《ごひめ》の櫛《くし》が陸《りく》に着《つ》いたと云《い》ふてあるが、實《じつ》は其《そ》れは頸輪《くびわ》の「くしろ」(Xylo)のことで、「くしろ」は「くしら」即《すなは》ち鯨《くぢら》になる語《ご》である。

鯨《くぢら》の英語《えいご》は Whale で、其少變化《そのせうへんくわ》は Whole「完全《くわんぜん》」を意味《いみ》し、又《ま》た變化《へんくわ》して Wheel となつて「車輪《しやりん》」を意味《いみ》し、「完全《くわんぜん》」の意味《いみ》がある。だからヨナの生命《いのち》を救《すく》うて完《まつた》うした魚《うを》である。支那《しな》字鯨《くじら》は、「魚《うを》」と「京《きやう》」で、京《きやう》はミヤコ Mêko, Make, maga で

「大戍《だいせい》」を意味《いみ》し、昔《むかし》はいろは五十音《おん》の終《をは》りに「京《きやう》」の字《じ》を置《お》いたものであり、希臘《ぎりしや》のアルファベットの「大尾《だいび》」の字《じ》もオー・メガ即《すなは》ち「京《きやう》」としてある。又《ま》た「印度《いんど》」(洋《やう》)なる語《ご》は、高大《かうだい》、大戍《だいせい》で、英語《えいご》 End と同語《どうご》であるから、これも「京《きやう》」の意味《いみ》を運《はこ》んで居《ゐ》る。ヨナの大魚《おほうを》をレ井アタン Leviathan と云《い》ふてあるが其《そ》れは英語《えいご》にすれば Live-adan「生命《いのち》を與《あた》へる」で、矢張《やは》り完全《くわんぜん》、避難《ひなん》、救助《きうじよ》で、鯨《くぢら》の意味《いみ》がある。

第三章 南魚星座

――附。鶴星座。印度人星座――

南魚星座――羅甸名《らてんめい》ピスキス・アウストリーヌス Piscis Austrinus。此魚《このうを》は寶瓶宮《はうへいきう》より流《なが》れ出《で》る水《みづ》を其口《そのくち》に受《う》けて飲《の》み込《こ》んで居《ゐ》る形《かたち》。口《くち》のあたりに一等星《とうせい》フォム・アル・ハウトがある。星座《せいざ》の位置《ゐゐ》は赤道《せきだう》から南《みなみ》へ三〇度《と》。

シンガポール以東の海――此魚《このうを》は寶瓶宮《ほうへいきう》から流《なが》れ出《で》る水《みづ》即《すなは》ちマラッカ海峡《かいけふ》

に流《なが》れる水《みづ》を飲《の》んで居《ゐ》ることを考《かんが》へると、此魚星座《このうをせいざ》はシンガポール以東《いとう》の海《うみ》を形《かたち》にしたものとしか思《おも》はれん。其口《そのくち》にあるフォムアルハウトの星《ほし》はシンガポールに當《あた》つて居《ゐ》て、支那《しな》名北落師門《めいほくらくしもん》と云《い》ふて居《ゐ》る。其《その》「北落」とは北《きた》から落《お》ちる水《みづ》を形容《けいよう》したのか、又《また》は「北」は希臘語《ぎりしやご》キタ Keta で巨大《きよだい》を意味《いみ》し、「全《まつた》く」「眞《ま》」を意味《いみ》し、「落《らく》」とは「大水《おほみづ》」を意味《いみ》するラック Laccus 又《ま》たラッカで、北落とはマラッカを意味《いみ》するとも考《かんが》へられる。『師門』とは獅子門《しゝもん》で、スマトラが執獅子國《しつしゝこく》である所《ところ》から、此《この》シンガポールの海峽《かいけふ》を獅子門《しゝもん》即《すなはち》師門《しもん》と云《い》ふたものと判斷《はんだん》される。殊《こと》に此《この》フォムアルハウトの星《ほし》が全《まつた》くシンガポールの位置《ゐち》に當《あた》つて居《ゐ》る所《ところ》を考《かんが》へると、シンガポールとは印度語《いんどご》のシンガ Singa 即《すなは》ち「獅子《しゝ》」、ポール Pore は英語《えいご》や其他《そのた》の穴《あな》、明《あ》いた所《ところ》即《すなは》ち門《もん》で、北落《ほくらく》・師門《しもん》はマラッカ・シンガポールの對譯《たいやく》であり、フォム・アル・ハウトの星《ほし》の名《な》は「門獅子《もんしゝ》」である。

此語源的知識《このごげんてきちしき》を基礎《きそ》にして星《ほし》の名《な》フォムアルハウト Fom-al-haut を研究《けんきう》すると、其《そ》れは、「門《もん》・盡《こと〴〵》く・取《と》る」を意味《いみ》して、師門《しもん》の對譯《たいやく》になつて居《ゐ》る。

『東魚來つて四海を呑み――此星座《このせいざ》の魚《うを》は如何《いか》なる來歷《らいれき》ある魚《うを》であらうか。從來《じうらい》の天文神話學者《てんもんしんわがくしや》も何《なに》も知《し》らぬやうである。我々日本人《われ〳〵にほんじん》には自《おのづか》ら解《わ》かる節《ふし》があり又《ま》た研究《けんきう》の材料《ざいれう》もある。元來魚《ぐわんらいうを》に關《くわん》する星座《せいざ》は三つあつて先《ま》づ始《はじ》めに印度亞拉比亞間《いんどあらびあかん》の大魚《おほうを》一名鯨星座《めいくぢらせいざ》から始《はじ》まり、次《つぎ》にベンガル灣《わん》の雙魚星座《さうぎよせいざ》となり、遂《つひ》に東《ひがし》に當《あた》つて此魚《このうを》が凡《すべ》ての西《にし》から來《く》る水《みづ》を綜合《そうがふ》して呑《の》んで居《ゐ》ることは明瞭《めいれう》であるが、從來《じうらい》の天文神話學者《てんもんしんわがくしや》が、果《はた》して何等《なんら》の說明《せつめい》をも此魚《このうを》に就《つ》いて試《こゝろ》みて居《を》らぬとすれば、寧《むし》ろ當然《たうぜん》の事《こと》として、今若《いまも》し日本《にほん》(印度日本時代《いんどにほんじだい》)の古傳說《こでんせつ》に此魚《このうを》の何《なに》ものであるかの說明《せつめい》を求《もと》めて、我等《われら》は、之《こ》れは太平記《たいへいき》、楠正成《くすのきまさしげ》(太古神話時代《たいこしんわじだい》の英雄《えいゆう》で、日本《にほん》の年表時代《ねんへうじだい》の人物《じんぶつ》ではない。土地《とち》は印度《いんど》)『天王寺未來記《てんわうじみらいき》』披見《ひけん》の時《とき》の「東魚《とうぎよ》」と見《み》て可《よ》からうと思《おも》ふ。名《な》は南魚《みなみうを》だけれども印度《いんど》から云《い》はゞ東《ひがし》に當《あた》つて居《ゐ》る。天王寺未來記《てんわうじみらいき》には

第七十一圖

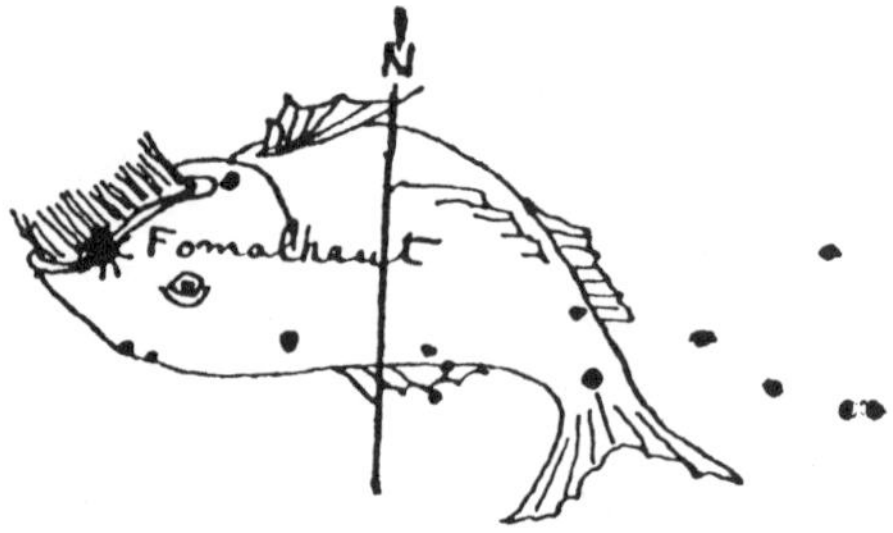

南魚星座

『人王《じんわう》九十五代《だい》に當《あた》つて天下《てんか》一たび亂《みだ》れて主安《しゆやす》からず。此時《このとき》東魚來《きた》つて四海を呑《の》む。』

第七十二圖

南魚星座地圖

との魚《うを》は是《こ》れと考《かんが》へられる。魚《うを》は「ナ」と云《い》ひ、希臘語《ぎりしやご》 Naus で海《うみ》を意味《いみ》し、又《ま》た海神《かいしん》ポセイドーンにもなり、其《そ》れが「足利《あしかゞ》」Arsi-gai-echa 即《すなは》ち海神《かいしん》の別名《べつめい》であつて、天下《てんか》を呑《の》むのである。此事《このこと》は太平記《たいへいき》には勿論《もちろん》あるが、プラトーンの「アトランチス物語《ものがたり》」にも此事《このこと》を云《い》ふて居《ゐ》る。けれども此《こゝ》には略《りやく》して置《お》く。

兎《と》に角《かく》に此魚《このうを》は『四海《かい》』の水《みづ》を呑《の》んで居《ゐ》ることは、太平記《たいへいき》の云《い》ふ通《とほ》りである。

『鶴』と『印度人』星座――太平記《たいへいき》は尙《な》ほ其次《そのつぎ》に『日《ひ》西天《せいてい》に沒《ぼつ》すること三百七

十餘箇日《よかにち》。西鳥來《きた》つて東魚《とうぎよ》を食《くら》ふ。其後《そのご》海內《かいない》一に歸《き》すること三年《ねん》。獼猴の如きもの天下《てんか》を掠《かす》むること三十餘箇年《よかねん》。太凶變《たいきようへん》じて一元《ぐわん》に歸《き》す云々《うんねん》』とあるが、これも亦星《またせい》座《ざ》に關《くわん》したもので、從來《じうらい》の天文學者《てんもんがくしや》が、新星座《しんせいざ》で、後世《こうせい》に作《つく》られたものだと云《い》ふて居《ゐ》るものゝ中《うち》・南魚星座《なんぎよせいざ》の近《ちか》くにある鶴星座《つるせいざ》と、印度人星座《いんどじんせいざ》とを云《い》うたものである。

乃《すなは》ち「鶴」星座《せいざ》はクレイン、又《また》はクラニヒ（Crane, Kranich, Secretary Bird）と謂《い》ひ、又《ま》た「シクレタリー・バード」と謂《い》ふて、西鳥《せいてう》又《ま》た食蛇鳥《しよくだてう》と云《い》ひ、「印度人」とは、昔《むかし》から紅毛人《こうもうじん》と謂《い》はれた者《もの》で、「獼猴《びかう》の如《ごと》きもの」とあるは紅毛人《こうもうじん》のことである。

是等《これら》の鶴《つる》や、印度人星座《いんどじんせいざ》は一千六百六十年頃《ねんころ》の獨逸《どいつ》の天文學者《てんもんがくしや》バイエルの新《あらた》に設《まう》けた星座《せいざ》と謂《い》はれて居《ゐ》るが、實《じつ》は彼《かれ》が新《あちた》に作《つく》つたものではなく、昔《むかし》から在《あ》つて彼《か》れの得《え》た材料《ざいれう》を彼《か》れが復活《ふくくわつ》させたに過《す》ぎぬと思《おも》ふ。何故《なぜ》ならばバイエルは十七世紀《せいぎ》の人《ひと》、舊來《きうらい》のまゝの日本年表《にほんねんへう》でも楠正成《くすのきまさなり》は十四世紀《せいき》の始《はじめ》の人物《じんぶつ》（實《じつ》は紀元前《きげんぜん》の太古《たいこ》の人《ひと》て疾《と》くに日本《にほん》に是等《これら》の星座《せいざ》の傳《でん》があつて、其《そ》れが如何《いか》なる方法《はうはふ》かで西洋《せいやう》に傳《つた》はつて、後世《こうせい》に取《と》り出《だ》されたものと思《おも》はれるからである。）

第四章　馬人星座（秦大津父星座）

——附。「狼星座」の史傳——

馬人星座——希臘名《ぎりしやめい》ケンタウロス Centauros。天蠍宮《てんかつきう》とアルゴ丸星座《まるせいざ》との間《あひだ》に在《あ》つて、馬人《はじん》が左《ひだり》の手《て》にチルソスの棒《ぼう》を持《も》ち、右《みぎ》の手《て》に狼星座《おほかみせいざ》の手《て》を執《と》つて居《ゐ》る形《かたち》。此星座《このせいざ》にある最《もつと》も輝《かゞや》く星《ほし》はリーギルと云《い》ひ、全天《ぜんてん》に於《お》ける第《だい》三の明《あかる》い星《ほし》で、色《いろ》は赤《あか》い。其次《そのつぎ》の明《あかる》い星《ほし》ケンタウリbは白色《はくしよく》で、オオリオン星座《せいざ》のベテルゲウスと殆《ほとん》ど同《おな》じ輝《かゞや》きであり、全天《ぜんてん》に於《お》ける十一番目《はんめ》の明《あかる》い星《ほし》となつて居《ゐ》る。是等《これら》二つの星《ほし》は馬《うま》の足《あし》にあつて近《ちか》くにある。此他此星座《このほかこのせいざ》には二等星《とうせい》が二つあり、三等星《とうせい》が七つあるなど、明《あか》るい見事《みごと》な星座《せいざ》である。けれども臺灣《たいわん》あたりからでなければ見《み》られぬ。

比律賓島——此星座《このせいざ》の形《かたち》は比律賓島《ひりつぴんたう》を象《かたど》つたもので、馬《うま》の左《ひだり》の前足《まへあし》のま直《すぐ》に踏《ふ》んばつて居《ゐ》るのは島《しま》の西《にし》のパラワン島其《たうその》まゝである。後足《あとあし》の屈《かゞ》まつた形《かたち》はミンダナオ島《たう》を始《はじ》として、其《そ》れから北《きた》の大小《だいせう》の島々《しま〳〵》の位置《ゐち》を形《かたち》にしたもの。馬《うま》の尾《を》も其東《そのとう》海岸《かいがん》の輪廓線《りんくわくせん》そのまゝである。上半身人間《かんはんしんにんげん》の胴《どう》から上《うへ》はルゾン島《たう》に當《あた》つて居《ゐ》る。馬《うま》の右《みぎ》の前足《まへあし》の蹄《ひづめ》の部分《ぶぶん》の屈《かゞま》り具《ぐ》合《あひ》は「此處《こゝ》パラワン水路《すゐろ》」と敎《なし》へて居《ゐ》るやうである

星の名——馬《うま》の右《みぎ》の前足《まへあし》の蹄《ひづめ》にあるリーギル Rigil (Regul) の星《ほし》は王《わう》又《また》は津《つ》、又《また》は區《く》を意味《いみ》し、丁度《ちやうど》パラワン島《たう》や其水路《そのすゐろ》に當《あた》つて、又其譯名《またそのやくめい》に當《あた》つて、居《ゐ》る。何故《なぜ》ならばパラワン Pala-wan のワンは「王《わん》」であり、又《ま》た其別名《そのべつめい》をパラ・グア Pala-gua と云《い》ふて、其《その》グアは又《ま》た地區《ちく》を意味《いみ》し、王《わう》を意味《いみ》し、星《ほし》の名《な》リーギルに當《あた》つて居《ゐ》る。パラは「棒《ぼう》」で、此島《このしま》は日《に》本譯《ほんやく》すると棒《ぼう》(坊《はう》)の津島《つしま》である。

第三十七圖

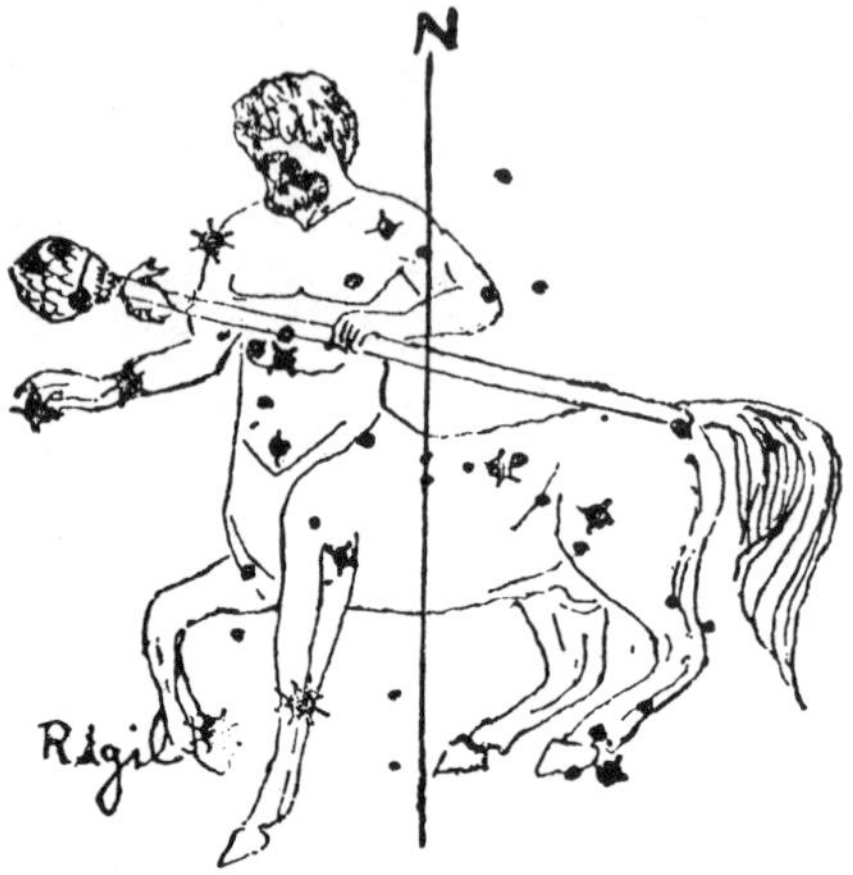

馬人星座

西洋學者の誤謬——フイリッピンの名《な》は Phil-hippin で「愛《あい》・馬《うま》」馬《うま》を愛《あい》することを意味《いみ》し、星座《せいざ》の名《な》「ケン・タウロス」も亦《また》「馬《うま》・愛《あい》」即《すなは》ち馬人《はじん》を意味《いみ》して何《なに》

の事《こと》はない對譯《たいやく》になつて居《ゐ》る。所《ところ》が又々《また〱》——

第四十七圖

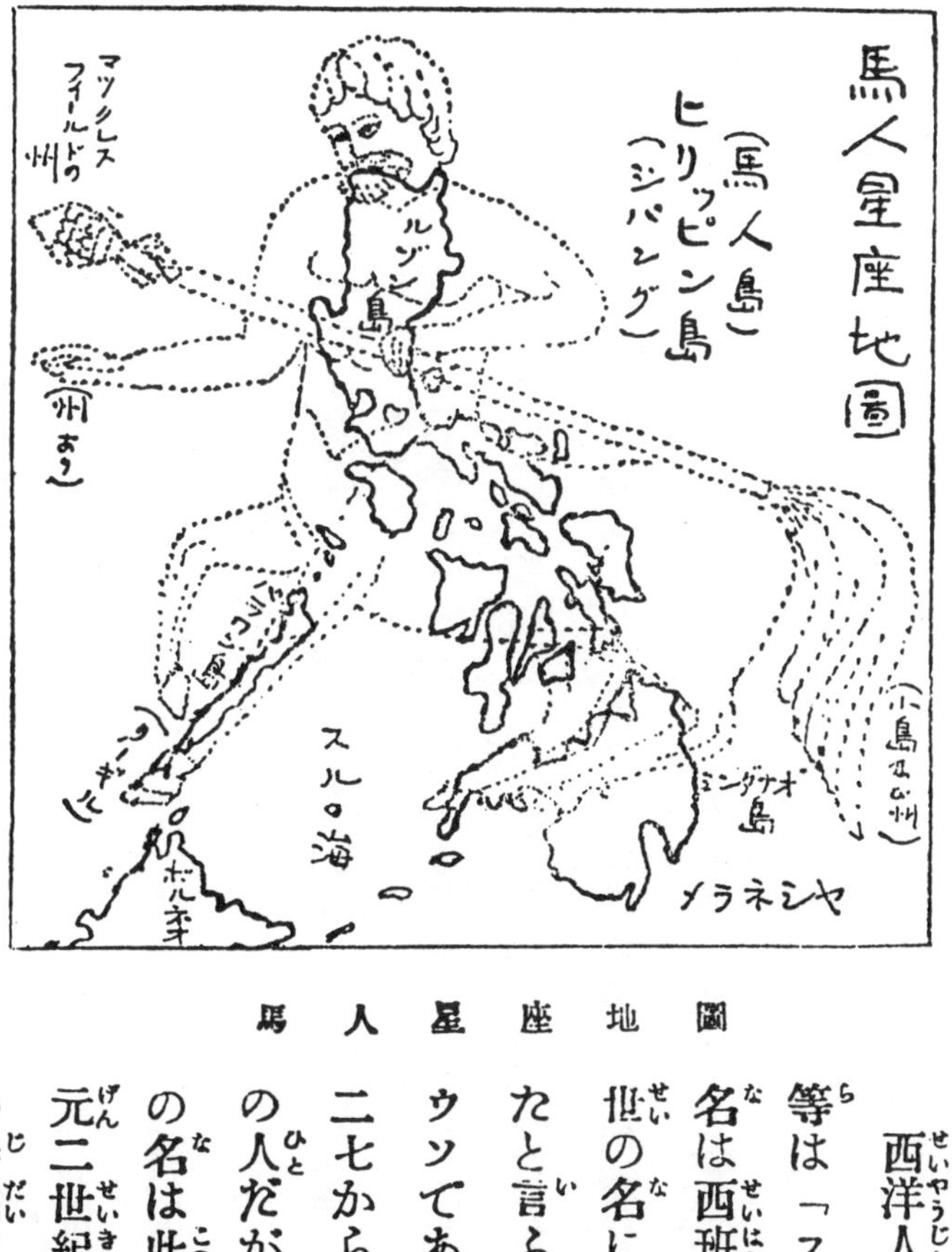

馬人星座地圖

西洋人《せいやうじん》は誤《あやま》つて居《ゐ》る彼《かれ》等《ら》は「フイリッピン」の名《な》は西班王《せいはんわう》フイリップ二世《せい》の名《な》に由《よ》つて命名《めいめい》されたと言《い》ふて居《ゐ》るが、全然《ぜん〲》ウソである。此王《このわう》は一五二七から一五九八年《ねん》の間《あひだ》の人《ひと》だが「フイリッピン」の名《な》は此星座《このせいざ》を纒《まと》めた紀《き》元《げん》二世紀《せいき》初《はじめ》のプトレミイの時代《じだい》に既《すで》に存在《ぞんざい》して居《ゐ》たのである。乃《すなは》ちケンタウロス Ken-Tauras の名《な》はフイリッピンの別譯名《べつやくめい》である。

希臘神話《ぎりしやしんわ》のユリセース即《すなは》ち我百合若《わがゆりわか》の漂流《へうりう》して行《いつ》たカリプソ Kalypso (Kali-opus)も島《しま》の名《な》の語源《ごげん》フイリツピンと同意味《どういみ》である。だからフイリツピン島《たう》は馬人《はじん》の形《かたち》で表《あら》はしてあるのと知《し》らねばならぬ。然《しか》るにたゞ偶然《ぐうぜん》フイリツプ二世《せい》がエラかつたもので、其當時《そのたうじ》東洋航海《とうやうかうかい》が盛《さかん》になつたものだから、後代彼等《こうだいかれら》は誤《あやま》つて、此王《このわう》の名《な》に由《よ》つて命名《めいく》されたと思《おも》ふたに過ぎぬ。又此島《またこのしま》はマルコ・ポーロの「ジパング」で、西洋人等《せいやうじんら》は此名《このな》の島《しま》を今《いま》の日本《にほん》だなど丶言《い》ふて居《ゐ》るが、其《そ》れも間違《まちが》つて居《ゐ》る。「ジパング」とはユリセース即《すなは》ち「百合若《ゆりわか》を解放《かいはう》」するを意味《いみ》し、單《たん》に「解放自由《かいはうじいう》」の意味《いみ》で「ルゾン」(呂宋《うそん》)の名《な》で傳《つた》はつて居《ゐ》る。西洋人等《せいやうじんら》が間違《まちがひ》を言《い》ひ始《はじ》めて、飜譯受賣《ほんやくうけうり》の外何《ほかなん》の藝《げい》もない日本《にほん》の學者等《がくしやら》は、日本《にほん》の事《こと》が西洋《せいやう》の書物《しよもつ》に出《で》た始《はじ》めだと喜《よろこ》んで居《ゐ》るなど、其馬鹿《そのはか》さ加減《かげん》が知《し》れぬ。日本《にほん》の學者《がくしや》たるものは少《すこ》しは自己獨得《じことくとく》の研究《けんきう》をやらねばならぬ。否《い》な、西洋人等《せいやうじんら》に敎《をし》へてやる所《ところ》が無《な》ければならぬ。今日《こんにち》の學者博士《がくしやはかせ》等《ら》の如《ごと》き無見識《むけんしき》でどうなるものか。

此馬人と狼とは何者ぞ――此星座《このせいざ》の馬人《はじん》は狼《おほかみ》の手《て》を執《と》つて居《ゐ》るが、彼《か》れは果《はた》して何者《なにもの》で、何故《なせ》に天《てん》に上《あ》げられる程有名《ほどいうめい》なものであるかに就《つ》いては、又々世上《またくせじやう》の如何《いか》なる神話《しんわ》も・史傳《しでん》も之《これ》を我等《われら》に說明《せつめい》し得《え》るものあることを聽《き》かぬ。矢張《やは》り日《に》本史傳《ほんしでん》でなければ說明出來《せつめいでき》ぬのである。

希臘神話《ぎりしやしんわ》で馬人《はじん》は色々《いろ〳〵》あつて、善《よ》い者《もの》もあり、惡《わる》い者《もの》もあり、アポローンの子《こ》アスクラピオスを敎育《けういく》したり、ヤソンを敎育《けういく》した馬人《はじん》の如《ごと》きは最《いつと》も賢明善良《けんめいぜんりやう》で、殆《ほとん》ど聖人《せいじん》であるかと思《おも》はれるが、此星座《このせいざ》の畫《ゑ》の如《ごと》き、狼《おほかみ》の手《て》を執《と》る理由《りいう》ある馬人《はじん》は未《いま》だ希臘神話《ぎりしやしんわ》にも見《み》ない。此馬人《このはじん》は果《はた》して誰《たれ》であらうか。

夢の馬人――日本書紀欽明天皇紀《にほんしよききんめいてんのうき》に此星座《このせいざ》の馬人《はじん》と狼《おほかみ》との事《こと》が言《い》ふてある。其文《そのぶん》に『天皇幼《てんのうをさな》き時《とき》夢み玉はく、人《ひと》あつて曰《いは》く、天皇秦《てんのうはだ》の大津父《おほつち》なる者《もの》を寵愛《ちようあい》し玉《たま》はゞ、壯大《さうだい》なるに及《およ》びて必《かなら》ず天下《てんか》を有《いう》し玉《たま》はんと、寤《めさ》め驚《おど》きて使《つかひ》を遣《つかは》して普《あまね》く求《もと》めて、山背《やましろ》の國紀伊郡深草《くにきいのこほりふかくさ》の里《さと》より得《え》つ。姓字《せいじ》果《はた》して夢み玉ふ所の如し。こゝに忻喜《よろこ》び玉《たま》ふこと身《み》に遍《み》ちて、未曾有《みぞう》の夢《ゆめ》と歎《ほ》め玉《たま》ふ。乃《すなは》ち之《これ》に告《つ》げて曰《いは》く「汝何事《なんぢなにごと》かありし」と。答《こた》へて曰《いは》く「何事《なにごと》もなし、但臣伊勢《たゞしんいせ》に向《まゐ》りて商價《あきな》ひて來《きた》り還《かへ》る時《とき》、山《やま》に二つの狼の相鬪《あひたゝか》ひて血《ち》に汚《よご》れたるに逢《あ》ひき。乃《すなは》ち馬を下《お》りて、口手《くちて》を洗《あら》ひ漱《すゝ》ぎて祈《き》請《せい》して曰《いは》く、汝《なんぢ》は是《こ》れ貴《たつと》き神《かみ》にまして、麁《あら》き行《ぎやう》を樂《たの》しむ。もし獵士《れふし》に逢《あ》はゞ擒《と》られんこと尤《もつと》も速《すみや》かならんと、乃《すなは》ち相鬪《あひたゝか》ふことを抑《お》し止《と》どめ、血《ち》にぬれたる毛《け》を拭《ぬぐ》ひ洗《あら》ひ、遂《つひ》に之《これ》を放《はな》ち遣《つか》はし、倶《とも》に命《いのち》を全《まつた》うせしめたり」と。天皇《てんのう》曰《いは》く、必《かなら》ず此報《このむくひ》ならんと。乃《すなは》ち近侍《きんじ》に令《れい》して優寵《ゆうちよう》せしめ玉《たま》ふこと日《ひ》に新《あらた》なり、大《おほい》に饒富《ねうふ》を致《いた》す。踐祚《せんそ》し玉《たま》ふに至《いた》りて大藏《おほくら》の省《しやう》に拜《なが》み玉《たま》ふと。』

此星座《このせいざ》の馬人《はじん》はこれである。秦《はだ》の大津父《おほつち》は馬《うま》に乘《の》つて居《ゐ》たから「馬《うま》より下《お》り」の語《ご》がある。）

馬と夢と、フイリツピン、――欽明天皇《きんめいてんのう》は夢《ゆめ》に馬人《はじん》を見《み》玉《たま》ふたのである。元《ぐわん》來《らい》、「馬《うま》」の語源《ごげん》は目《め》、夢《ゆめ》、見《み》、梅《うめ》、海《うみ》等《とう》と同語《どうご》で、希臘語《ぎりしやご》オムマ Omma と云《い》ひ、又《ま》た其別譯《れのべつやく》には、Mare, Hippo 等《こう》がある。夢《ゆめ》と馬《うま》と同意義《どうぃぎ》だから、天皇《てんのう》は夢に馬人を見《み》玉《たま》ふたのである。此後《このご》聖德太子《せいとくたいし》も夢殿に馬で行《ゆ》き玉《たま》ふた。Mare は英語《えいご》「夢遊《むいう》」であるが、又《ま》た海《うみ》をも意味《いみ》するのである。馬人《はじん》を希臘語《ぎりしやこ》でケン・タウロスと云《い》ふが其《その》「ケン」とは「見《けん》」で、Ken, Kentなどの歐語《おうご》と同語《どうご》であり、又《ま》た目《め》、馬《うま》である。「タウロス」とはDorosで美成《びせい》、愛《め》で、愛《あい》しを意味《いみ》し、別譯《べつやく》してフイリツピンの「フイリ」が「愛《あい》する」で、フイリツピンは、西班王フイリツプ二世よりもズット前に既にフイリツピンであつた。西洋歷史《せいやうれきし》などは容易《ようい》に信《しん》ずることが出來《でき》ぬ。殊《こと》に東洋《とうやう》や南洋《なんやう》のことなどは最《もつと》もさうである。我等《われら》は東洋人《とうやうじん》の自尊心《じそんしん》と自信《じしん》とを喚起《くわんき》せんてとを絶叫《ぜつきう》する者《もの》である。

且《か》つ秦《はだ》の大津父《おほつち》なる人《ひと》の名《な》も亦《また》フイリツピンと同語《どうご》である。それは、秦《はだ》はシンScin(Skin膚《はだ》)で、見《み》ること、目《め》、馬《うま》を意味《いみ》しヒツポの「馬《うま》」と對譯《たいやく》され、大津父《おほつち》は希臘《ぎりしや》名《めい》Otysで、同《どう》一、一致《ち》、愛好《あいかう》を意味《いみ》し、「フイリ」の「好《この》む」と對譯《たいやく》され、大津父《おほつち》・秦《はだ》はフイル・ヒツピン即《すなは》ちフイリツピンである。之《これ》に由《よ》つて考《かんが》へるとフイリツピンは蓋秦大津父《ふたはだおほつち》族《ぞく》の植民《しよくみん》したもので、其名《そのな》を島《しま》の名《な》にしたもの、そして其《そ》れがケンタウロスとして星座《せいざ》に上《あ》げられたものであらう。

フイリツピン及《およ》び其附近《そのふきん》の南洋《なんやう》のことを面白《おもしろ》く書《か》いたのは近松《ちかまつ》の『薩摩歌《さつまうた》』おま

ん源《げん》五兵衛《べゑ》の話《はなし》である。これは決《けつ》して現日本《げんにほん》の小《ちい》さな薩摩《さつま》あたりのことではない。其《そ》の「夢分《ゆめわ》け船《ふね》」の章《しやう》はフイリツピンのことで、坊《はう》の津《つ》（棒《ぼう》の津《つ》、馬人《はじん》の棒《ぼう》）はマニラのことであるから、其考《そのかんが》へて此日本《このにほん》の大文學《だいぶんがく》を研究《けんきう》すると、我等《われら》の神氣《しんき》は自《みづか》ら雄大《ゆうだい》に、世界的《せかいてき》になつて來《く》る。

又《ま》た日本歷史《にほんれきし》が、如何《いか》に世界的偉大《せかいてきゐだい》であるかを見《み》、天文星座《てんもんせいざ》の如《ごと》きも日本民族《にほんみんぞく》の歷史《れきし》に由《よ》つて成立《なりだ》つて居《ゐ》ることを思《おも》ふと、日本民族《にほんみんぞく》は大手《おほて》を振《ひろ》つて世界《せかい》の學界《がくかい》を横行濶歩《わうかうくわつぽ》して善《よ》いとの氣《き》が起《おこ》る。

○日本名《にほんめい》、秦《はた》の大津父星座《おほつちせいざ》

第五章　狼星座

狼星座――羅甸名《らてんめい》ループス Lupns。馬人星座《はじんせいざ》の左《ひだり》に在《あ》つて、馬人《はじん》に手《て》を執《と》られて居《ゐ》る形《かたち》。此星座《このせいざ》には三等星《とうせい》が三つある。

スマトラ島――馬人星座《はじんせいざ》の位置《ゐち》と、此星座《このせいざ》の形《かたち》とから考《かんが》へると、明《あきら》かにスマトラ島《たう》を象《かたど》つたもので、狼《おほかみ》の頭《あたま》は島《しま》の西北端《せいほくたん》、其左《そのひだり》の手《て》はマレイ半島《はんたう》の上《うへ》の方《はう》へ半《なか》ばあたりまで伸《の》ばし、右《みぎ》の手《て》は又《ま》たマレイ半島《はいたう》の東側《ひがしかは》に垂《た》れて折《を》れ屈《かゞ》んで居《ゐ》る。是《これ》は甚《はなは》だ無理《むり》な屈《かゞ》め方《かた》だが島《しま》の南端《なんたん》に限《かぎ》りがあり、又《ま》たバンカ島《たう》を畫《ゑ》に利用《りよう》せねばならぬから、アノ不《ふ》

第五十七圖

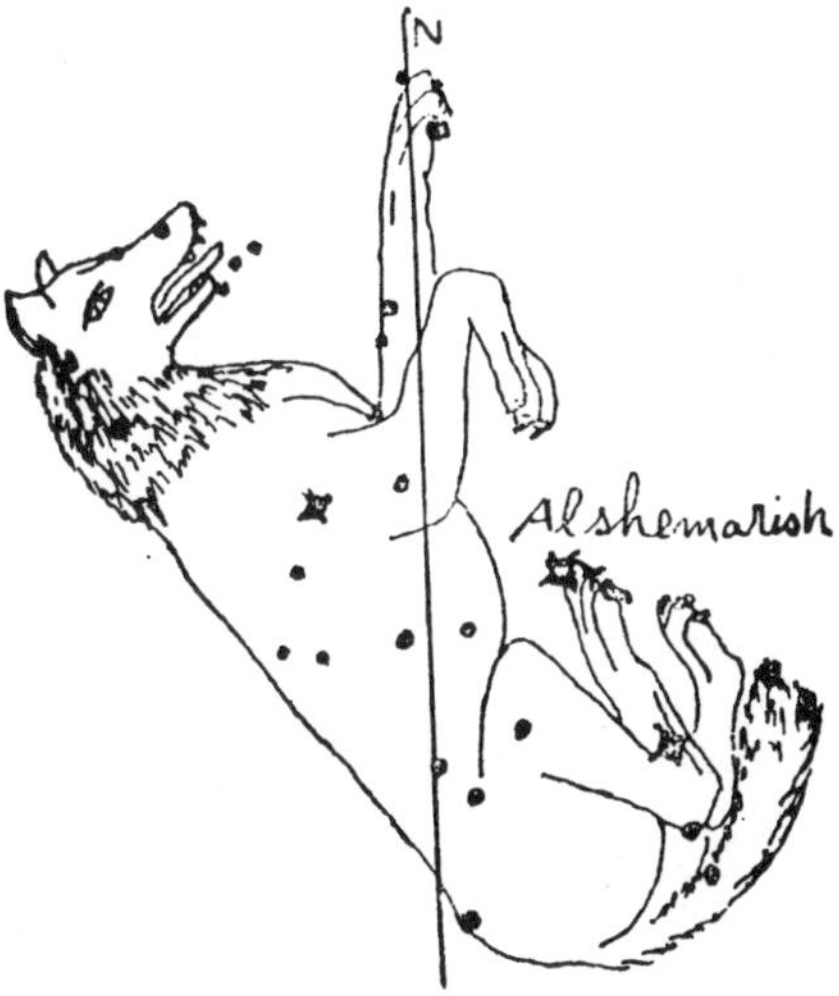

狼星座

自然《じいう》な形《かたち》としてある。

第六十七圖

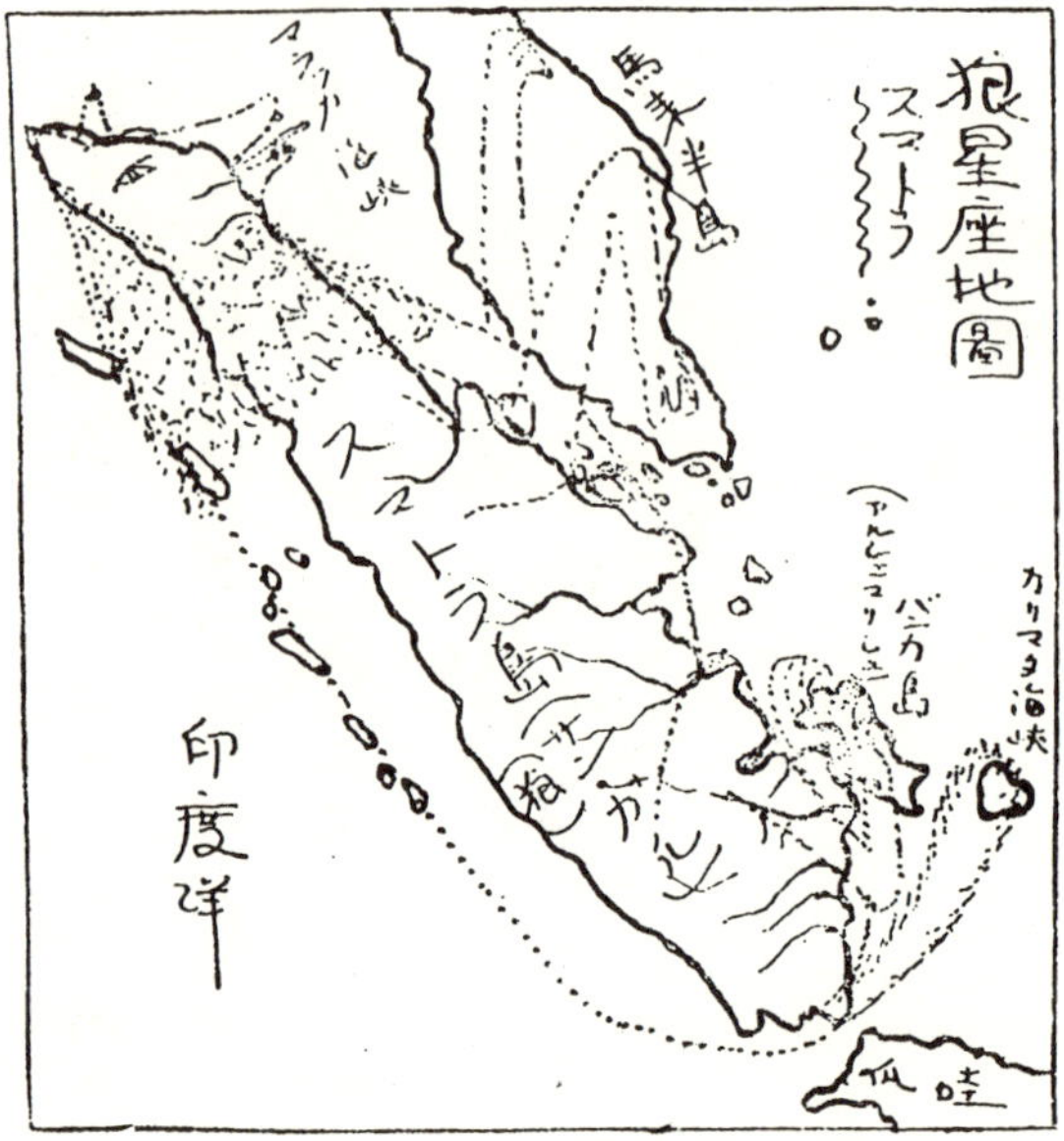

狼星座地圖

アルシエマリシとバンカ島

――此狼《このおほかみ》の足《あし》の尖《さ》きにアルシエマリシュ Al-shemarish(-Schema)の星《ほし》がある「寶渚島《はうしよたう》」を意味《いみ》し、乃《すなは》ちバンカ Banka島《たう》のことである。バンカは英語《えいご》バンクと同語《どうご》、寶藏《はうざう》、銀行等《ぎんかうとう》を意《い》味《み》する。此島《このしま》の事《こと》は「大唐西域《たいとうせいゐき》記《き》」第《だい》十一卷《くわん》僧伽羅《そうから》國《こく》の部《ぶ》に『此《この》國《く》もと寶渚《はうしよ》なりき』と出《で》て居《ゐ》る。

此星座《このせいざ》の神話《しんわ》――は馬《は》人星座《じんせいざ》の部《ぶ》に述《の》べて置《お》いたから略《りやく》する。

第六章　南冠星座

南冠星座――は人馬宮《じんばきう》の膝《ひざ》のあたりにあつて、月桂樹《げつけいじゆ》の楕圓的《じやうゑんてき》の冠《かむり》が斜《なゝめ》に西《せい》北《ほく》に向《むか》つて居《ゐ》る。羅《ら》典名《てんめい》はコロナ・アウストラリス Corvna Austvlis である。

南洋アウスタラリヤ東半部――羅《ら》典名《てんめい》「アウスタラリヤ冠《くわん》」と云《い》ふ、其《その》名《な》が已《すで》に體《たい》を表《あら》はして居《ゐ》る。オ、スタラリヤとは素《もと》より南《みなみ》を意味《いみ》するが、又《ま》た南《みなみ》を意味《いみ》して「南國《なんこく》」「南洋《なんやう》」の名《な》となつて居《ゐ》て、其《そ》れが南冠星座《なんくわんせいざ》の地形《ちがた》である。

其冠《そのかむり》の東《ひがし》の方《はう》の輪廓《りんくわく》は此島《このしま》の東海岸《ひがしかいがん》の線《せん》に一致《ち》して居《ゐ》る。其西《そのにし》の方《はう》の輪廓《りんくわく》は、同《どう》島北岸中央部《たうほくがんちうあうぶ》のアルネーム・ランドのアリゲートル川《かは》あたりから・内地《ないち》へ斜《なゝめ》に南《みなみ》に通《かよ》ふ道《みち》の線《せん》に當《あた》つて居《ゐ》る――此道路《このだうろ》は此星座圖《このせいざづ》から考《かんが》へると、太古《たいこ》からあつたものて、此星座圖《このせいざづ》の出來《でき》た時《とき》には既《すで》に一般《ぱん》に知《し》られて居《ゐ》たものと判斷《はんだん》され、又《ま》た此星座《このせいざ》圖《づ》の方《はう》から、太古《たいこ》の交通史《かうつうし》の材料《ざいれう》を供給《きようきふ》するのである。

此冠《このかむり》の北《きた》の端《はし》のリボンの部分《ぶぶん》はカーペンタリヤ灣《わん》の沿岸《えんがん》の形《かたち》で、東《ひがし》の方《はう》のリボンは殆《ほとん》ど直《すぐ》に上《うへ》に向《む》き、西《にし》の方《はう》のリボンは一寸《ちよつと》西《にし》の方《はう》へ直角《ちよくかく》に折《を》れて居《ゐ》る、それは其海岸線《そのかいがんせん》をアリゲートル川《かは》あたりまで畫《か》いたものである。

又《ま》た此冠《このかむり》の畫《ゑ》がアウストラリヤ島《たう》の東半部《ひがしはんぶ》で、西部《せいぶ》の方《はう》は關係《くわんけい》して居《ゐ》らぬが、此《この》島《しま》は此時分《このじぶん》も矢張《やはり》現今《げんこん》の如《ごと》く、東部《とうぶ》が開《あ》けて西部《せいぶ》は十分《ぶん》に開《あ》けず、人文《じんぶん》に關係《くわんけい》が薄《うす》かつたことと考《かんぎ》へられる。

第七十七圖

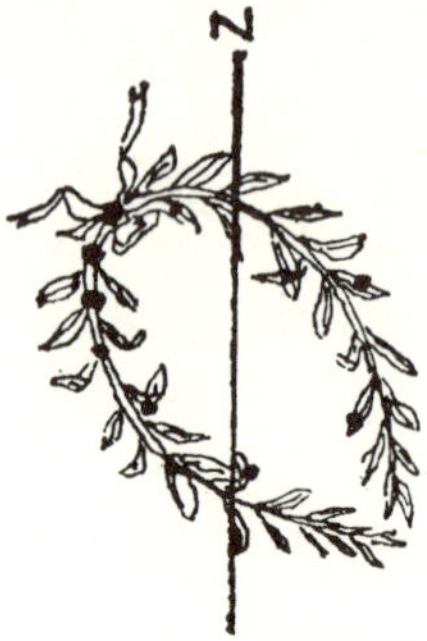

南冠星座

月桂冠史――月桂冠《げつけいくわん》の起源《きげん》は希臘《ぎりしや》神話《しんわ》ではアポローンであるが、日本《にほん》には垂仁天皇記《すゐにんてんのうき》に田道間守《たぢまもり》の橘《たちばな》――立花《たちばなすなは》即ち月桂樹《げつけいじゆ》の事《こと》がある。先《ま》づアポローンから――

アポローンは美男子《びだんし》であり音樂《おんがく》智惠《ちゑ》の神《かみ》であり、又《ま》た弓矢《ゆみや》の神《かみ》である。一日愛《にちあい》の女神《ぢよしん》の子《こ》で永久《えいきう》に小兒姿《こどもすがた》のアモールが弓矢《きうし》を持《も》つて遊《あそ》んで居《ゐ》たのを見《み》て、之《これ》を戒《いまし》めて云《い》ふに、小供《こども》は弓矢《ゆみや》のやうなあぶない物《もの》を弄《もてあそ》ぶべきでない炬火《たいまつ》でもやして遊《あそ》ぶがよいと。アモールは『あなたの矢《や》は何物《なにもの》にも中《あた》るでせうが、私《わたし》の矢《や》はあたにも當《あた》る』と答《こた》へたので、二人《ふたり》の神《かみ》の弓矢《ゆみや》の力《ちから》の競爭《きやうさう》が始《はじ》まつた。アモールの神《かみ》は高《たか》い山《やま》に登《のぼ》つて二條《すぢ》の矢《や》を用意《ようい》した。其《その》一つは黄金《わうごん》の矢《や》で、其矢《そのや》に中《あた》つたものは胸《むね》の中《うち》に戀愛《れんあい》の情《じやう》を起《おこ》すが今《いま》一つの矢《や》は鉛《なまり》の鈍《にぶ》い矢《や》で、其矢《そのや》に中《あた》つたものは戀《こひ》を厭《いと》ふて、其《そ》れをはねかすやうになるのであつたが、アモールは黄金《わうごん》の矢《や》を以《も》つてアポローンの胸《むね》を射抜《いぬ》き、鉛《なまり》の矢《や》を以《も》つてダフネの胸《むね》を射《ゐ》た。

時《よき》に其處《そこ》に住《す》んで居《ゐ》るダフネと云《い》ふ美《うつく》しい少女《せうぢよ》があつた。アポローンは此少女《このせうぢよ》を見《み》てから戀愛《れんあい》の情《じやう》が起《おこ》つて禁《きん》ずるこ

第七十八圖

南冠星座地圖

とが出來《でき》ぬやうになつたが、之《これ》に反《はん》してダフネの方《はう》は益々《ます〱》戀愛《れんあい》などを嫌《きら》ふやうになつた。

　或時《あるとき》少女《せうぢよ》は其近《そのちか》くの小山《こやま》に登《のぼ》つて方々《はう〴〵》を眺《なが》めて美《うつく》しい景色《けしき》を樂《たの》しんで居《ゐ》たら、彼方《あちら》に當《あた》つて立琴《たてこと》の音《ね》がして來《き》たが、暫《しばら》くにして其《そ》れも止《や》んで、美《うつく》しい丈《たけ》の高《たか》い、伊達姿《だてすがた》の貴公子《きこうし》が現《あら》はれた。ダフネは驚《おどろ》いて遁《に》げた。アポローンは其名《そのな》を名乘《なの》り『恐《おそ》ろしいものでも狼《おほかみ》でもなく、鷹《たか》でもない。我《われ》は音樂《おんがく》の神醫術《かみいじゆつ》の神《かみ》である。我《われ》はおん身《み》を思《おも》ふ者《もの》である』と言《い》うた。けれどもダフネはそんなことは耳《み》にもかけず、一生《しやう》懸命《けんめい》で飛《と》んで遁《に》げた。

　アポローンは追《お》つかける。少女《せうぢよ》はにげる。今《いま》やアポローンは手《て》を延《の》ばして彼女《かのぢよ》を捕《とら》へようとした時《とき》、少女《せうぢよ》は何時《いつ》も「父《ち》よ」と云《い》ふペーネウス河《かは》の神《かみ》に祈禱《いの》つて助《たすけ》を求《もと》めたら、川《かは》の神《かみ》はダフネを桂《かつら》の樹《き》に化《くわ》し、彼女《かのぢよ》の髮《かみ》は木《こ》の葉《は》となり、腕《うで》は枝《えだ》となり、足《あし》は地《ち》に生《は》えて幹《みき》となつた。アポローンは非常《ひじやう》に後悔《こうくわい》し、其木《そのき》を抱《いだ》いて接吻《せつぷん》せうとしたら、枝《えだ》は他方《たはう》を向《む》いて其《そ》れを避《さ》けた。此《こ》の通《とほ》りにしてアモールの弓矢《ゆみや》の力《ちから》は、アポローンの夫《そ》れよりも強《つよ》いことが知《し》れた。

けれどもアポローンは月桂樹《げつけいじゆ》に向《むか》つて云《い》うに、おん身《み》はたとひ我妻《わがつま》とならなかつたとも我《われ》は飽《あ》くまでもおん身《み》を我《わ》がものとして、おん身《み》を我《われ》の冠《かんむり》にし、我《われ》の立琴《たてごと》や、弓矢《ゆみや》を飾《かざ》らう。永久《えいきう》の青春《せいしゆん》は我《わ》がものである如《ごと》く、おん身《み》も亦常盤《またときは》に緑《みどり》で、うつらうことを知《し》らぬであらう』と。そしてダフネは月桂樹《げつけいじゆ》となつたけれども、アポローンの此言葉《このことは》を聽《き》いて頭《あたま》を下《さ》げて感謝《かんしや》の意《い》を表《へう》した。——これが希臘神話《ぎりしやしんわ》の月桂冠《げつけいくつん》の起原史《きげんし》である。けれどもアポローンはアウストラリャには關係《くわんけい》がないから此《こ》の星座《せいざ》の神話《しんわ》は他《ほか》に求《もと》める必要《ひつえう》がある。

田道間守の立花——　西洋《せいやう》で所謂月桂樹《いはゆるげつけいじゆ》は甚《はなは》だ廣《ひろ》い範圍《はんゐ》の種類《しゆるゐ》の總稱《そうしよう》であるが、日本《にほん》で其《そ》れに當《あた》る立花《たちはな》なるものも、亦時《またとき》に如何《いか》なるものであるか漠然《はくぜん》としてわからぬ事《こと》がある。平家劍《へいけつろぎ》の卷《まき》には、日本武尊《やまとたけるのみこと》の妃立花姫《ひめ》をやうら姫《ひめ》と云《い》ふてあるが、これは羅甸語《らてんご》ラウラ laura の日本的發音《にほんてきはつおん》、即《すなは》ち言語《げんご》の首《はじめ》にラ行音《げうおん》の來《く》る時《とき》はヤ行音《げうおん》に變《へん》じて居《ゐ》る所《ところ》の其發音《そのはつおん》に外《ほか》ならず、「やうら」たる立花《たちはな》はラウラ即《すなは》ち月桂樹《げつけいじゆ》たることが推知《すゐち》される。そして立花《たちはな》は「橘《たちばな》」と書《か》かれても居《ゐ》る。又《ま》た橘《たちばな》は垂仁天皇《すゐにんてんのう》紀《き》には時《とき》じくの「香《かぐ》の實《み》」としてあつて、天皇《てんのう》の命《めい》に由《よ》つて田道間守《だぢまり》なるものが常世《とこよ》の國《くに》へ其《そ》れを取《と》りに行《ゆ》くことが言《い》ふてあり、其《そ》れが立花即《たちはなすなは》ち月桂樹《げつけいじゆ》の起原《きげん》で、其立《そのたち》花《はな》を取《と》りに行《いつ》た土地《とち》がアウストラリヤの東海岸《ひがしかいがん》で、此星座《このせいざ》の圖案《づあん》の本《もと》となつた土地《とち》なのである。

日本書紀《にほんしよき》の言《い》ふ所《ところ》は次《つぎ》の通《とほ》りである――『天皇田道間守《てんのうたぢまり》に命《めい》じて常世國《とこよのくに》に遣《つかは》して非時《ときじく》の香菓《かぐのみ》を求《もと》めしめ玉《たま》ふ。今橘《いまたちはな》と謂《い》ふは是《こ》れなり。』後《のち》九年天皇崩《ねんてんのうほう》ず。其翌年《そのよくねん》『春《はる》三月田道間守常世《ぐわつたぢまりとこよ》の國《くに》より至《いた》りて持《も》ち參《まゐ》りて奉《たてまつ》れる物《もの》は非時《ときじく》の香菓《かぐのみ》八竿《ほこ》と八縵《かけ》となり。(其《そ》れを二つに分《わ》けて、一半《はん》を皇后《くわうごう》に獻《けん》じ、一半《はん》を先帝《せんてい》の御墓《みはか》に獻《けん》じ)田道間守《たぢまり》こゝに泣《な》きて悲歎《ひたん》して曰《いは》く「命《めい》を天朝《てんてう》に受《う》け、遠《とほ》く絶域《ぜつゐき》に往《ゆ》き、萬里《まんり》の浪《なみ》を蹈《ふ》み、遙《はる》かに弱水《じやくすゐ》を渡《わた》る。是《こ》の常世《とこよ》の國《くに》は神仙《しんせん》の秘區《ひく》、俗《ぞく》の臻《いた》る所《ところ》に非《あら》ず。是《これ》を以《も》つて往《わう》來《らい》の間《あひだ》自《おのづか》ら十年《ねん》を經《へ》たり。豈獨《あにひと》り峻瀾《しゆんらん》を凌《しの》ぎ更《あら》た本土《ほんど》に向《むか》ふことを期《き》せんや。然《しか》るに聖帝《せんてい》の神靈《しんれい》に頼《よつ》て僅《わづ》かに還《かへ》り來《く》るを得《え》たり。今《い》ま天皇既《てんのうすで》に崩《ほう》じて復命《ふくめい》するを得《え》ず臣生《しんい》けりと雖《いへども》亦《また》何《なに》の益《えき》あらんや」と、乃《すなは》ち天皇《てんのう》の陵《みさゝき》に向《むか》いて叫《おら》び、哭《な》きて自《みづか》ら死《し》せり。群臣之《ぐんしんこれ》を聞《き》きて皆涙《みななみだ》を流《なが》せり。田道間守《たぢまもり》は三宅連《みやけのむらじ》の始祖《しそ》なり』と。

タシマニヤ島の命名——田道間守《たぢまもり》の出立點《しゆつたつてん》は恒河口《こうかぐち》のメグラの地《ち》で、其《そ》れから萬里《はんり》の浪《なみ》を意味《いみ》するメラメシヤの海《うみ》を經《へ》て、弱水《じやくすゐ》たる太平洋《たいへいやう》を渡《わた》り、「常世《とこよ》」又《ま》た三宅《みやけ》を意味《いみ》するメキシコに行《ゆ》き、歸《かへ》り途《みち》にタシマニヤ島《たう》を發見《はつけん》して田道間守《たぢまもり》の名《な》を之《こ》れに命名《めいめい》した。西洋史《せいやうし》ではタシマニヤはアベル・ヤンスゾン・タシマンなる者《もの》が發見《はつけん》したと傳《つた》へて居《ゐ》るが、其《そ》れは全然《ぜん〳〵》ウソ。實《じつ》は此太古《このたいこ》の日本歴史《にほんれきし》の田道間守傳《たぢまもりでん》が西洋《せいやう》に傳《つた》はつて、其《そ》れを彼等《かれら》の歴史《れきし》に取《と》り込《こ》んで編入《へんにふ》したに過《す》ぎぬのである。

垂仁天皇及び皇后の御名命名——田道間守《たぢまもり》は其《それ》からアウストラリヤ東岸《とうがん》を探檢《たんけん》し、其所《そこ》で「橘《たちはな》」を獲《え》て來《き》たものと察《さつ》せられる。そして其地《そのち》に皇后《くわうごう》の名《な》を命名《いめめい》して「クインス・ラント」とし、垂仁天皇《すゐにんてんのう》の名《な》を命名《めいめい》して「カルペンタリヤ」灣《わん》の名《な》としたものである。

西洋史家の誤謬——其處《そこ》で西洋《せいやう》の誤謬歴史《ごびやうれきし》が、又《ま》た此土地《このとち》の命名《めいめい》の誤《あやま》つた歴《れき》史《し》を傳《つた》へ、カルペンタリヤ灣《わん》の名《な》は一千六百二十三年《ねん》和蘭《おらんだ》の船長《せんちやう》ジャン・カルステンツ Jan Carstensz が發見《はつけん》して、時《とき》の和蘭印度總督《おらんだいんどそうとく》ピエテル・カルペンチエール Pieter Carpentier (Car-penderi)の名譽《めいよ》の爲《た》めに彼《か》れの名《な》を此灣《このわん》に命名《めいめい》したもので、タシマンが再度《さいど》の航海《かうかい》から此灣《こんわん》の名《な》が海圖《かいづ》に表《あら》はれるやうになつたと云《い》ふて居《ゐ》る。所《ところ》が其《そ》れは全《まつた》く誤《あやま》つて居《ゐ》る。詳細《せうさい》の説明《せつめい》は略《りやく》するが船長《せんちやう》カル・ステンツの名《な》も總督《そうとく》カル・ペンチエールも實《じつ》は同一人《どうひとり》の對譯名《たいやくめい》に過《す》ぎず、而《しか》も其《そ》れは活目《いくめ》・入彦《いりひこ》・五十狹茅命《さちのみこと》・垂仁天皇《すゐにんてんのう》(AEquuma, Is-addi)の御名《ぎよめい》の別譯《べつやく》で、實《じつ》はタシマン即《すなは》ち田道間守《たしまもり》が垂仁天皇《すゐにんてんのう》と皇后《くわうごう》との名譽《めいよ》の爲《た》めに命名《めいめい》したのである。そして其地《そのち》から持《も》つて來《き》て「縵《かみ》」たる月桂冠《げつけいくわん》が此星座《このせいざ》の形《かたち》となつて、其來《そのき》た土地《とち》を紀念《きねん》して居《ゐ》るのである。且《か》つ此星座《このせいざ》と地理《ちり》とは今云《いまい》ふた西洋歷史家《せいやうれきしか》等《ら》が云《い》ふ船長《せんちやう》ジャン・カルステンツの紀《き》元《げん》一千六百二十三年《ねん》よりも前《まへ》なる埃及《えぢぷと》のプトレミイ以前《いぜん》に既《すで》に在《あ》つたものである。以上《いじやう》は西洋史家《せいやうしか》の傳《つた》へる所《ところ》は全《まつた》くウソで、我《わ》が東洋的研究《とうやうてきけんきう》が合理《がふり》であると云《い》はねばならぬが、勿論《もちろん》日本歷史《にほんれきし》の年表《ねんへう》も私《わたし》は採用《さいよう》せず、年代未詳《ねんだいみしやう》とするが當然《たうぜん》である。又《ま》た假《か》りに日本《にほん》の年表《ねんぺう》を採用《さいよう》するとしても、田道間守《たぢまもり》の歸國《きこく》は垂仁天皇初年《すゐにんてんのうしよねん》、西暦《せいれき》七十一年《ねん》で、西史《せいし》の所謂《いはゆる》カルペンチエールの年代《ねんだい》よりも一千五百四十一年《ねん》も昔《むかし》で、西《せい》史《し》の誤謬《ごびやう》は如何《いか》にしても否《いな》むことが出來《でき》ぬ。

又《ま》たクインス・ランドは后皇《ごうくわう》の紀念《きねん》の爲《た》めの名《な》だと私《わたし》は言《い》ふが、此島《このしま》に尙《な》ほヸクトリヤとか、新南《しんなん》ウエールスなどの地名《ちめい》があつて、現在英國《げんざいえいこく》の領地《りやうち》である所《ところ》から、此《この》クインス・ランド（皇后の地《くわうごうのち》）の名《な》は英國《えいこく》のヸクトリヤ女皇《ぢよくわう》の名《な》を負《お》ふたものだなどゝ思《おも》ふ者《もの》があるかも知《し》れんが、其《そ》れは大《だい》なる誤解《ごかい》。矢張垂仁天皇《やはりすゐにんてんのう》の皇后《くわうごう》の紀念《きねん》名稱《めいしよう》であつて、太古《たいこ》から此《この》クインス・ランドの名《な》は存《そん》して居《ゐ》たのである。

クインスランドより后皇の嘉樹――　アウストラリヤが「南國《なんこく》」を意味《いみ》するのは苟《いやしく》も羅甸語《らてんご》を知《し》る者《もの》には異存《いぞん》ある筈《はず》は無《な》い。屈原《くつげん》の「楚辭《そじ》」に「橘頌《きつしよう》」の一篇《へん》があつて、皇后《くわうごう》の土地《とち》即《すなは》ちクインス・ランドのことを言《い》ふて居《ゐ》る『后皇の嘉樹橘徠《かじゆたちばならい》服《ふく》す。命《めい》を受《う》けて遷《うつ》らず、南國に生《しやう》ず。深固《しんこ》にして徙《うつ》り難《がた》く更《さら》に志《こゝろざし》を一にせり……年歳少《ねんさいすくな》しと雖《いへども》師長とすべし……』とあつて、アウストラリヤたる南國《なんこく》を云《い》ひ、クインス・ランドたる后皇《こうくわう》の土地《とち》を謂《い》ひ、「師長《しちやう》」はヸクトリヤを意味《いみ》して居《ゐ》て、少《すこ》しも英國的新命名《えいこくてきしんめいめい》ではないことが知《し》られる。且《か》つ屈原《くつげん》とは日本《にほん》の勾大兄《まがりのおいね》の別名《べつめい》であることを一言《げん》して置《お》く。(尙《な》ほ此地《このち》のことはアルゴ丸《まる》一名船星座《めいふねせいざ》の章《しやう》に說《と》く)

此星座《このせいざ》は天文學其《てんもんがくその》ものからは極《きは》めて一さい星座《せいざ》で、大《おほ》きな星《ほし》も無《な》いけれども、天文《てんもん》學史《がくし》、地理學史《ちりがくし》、海上發見史《かいじやうはつけんし》、又《ま》た一般歷史《ばんれきし》には非常《ひじやう》に重要且《ちようえうか》つ有益《いうえき》で、又《ま》た日本《にほん》民族《みんぞく》に取《と》つては、西洋史轉覆《せいやうしてんぷく》の愉快《ゆくわい》なる材料《ざいれう》と證據《しようこ》とを提供《ていきよう》するものである。

アポローンが月桂樹《げつけいじゆ》を冠《かんむり》にしだしたのは、蓋《けだし》これよりも後代《こうだい》の事《こと》と考《かんが》へられる。

第七章　アルゴ丸星座（枯野丸星座）

アルゴ丸星座――羅甸名《らてんめい》アルゴ・ナヸス Argo Navis。アルゴ丸《まろ》又た船星座《ふなせいざ》と云《い》ひ、大犬星座《だいけんせいざ》の南《みなみ》に南極圏《なんきよくけん》の中《うち》にある大《おほ》きな星座《せいざ》、形《かたち》は舟《ふね》の艫《とも》。此星座《このせいざ》は餘《あま》りに大《おほ》きいから通例之《つうれいこれ》を龍骨《りうこつ》、艫《とも》、帆檣《ほしばしら》に分《わ》けてある。此星座《このせいざ》にはカノープス Canopus と云《い》ふてシリウスに亞《つ》ぐ明《あかる》い星《ほし》がある。けれどもシリウスは明《あか》るく見《み》える點《てん》に於《おい》て第一等《だいとう》であるが、必《かなら》ずしも眞《しん》の大《だい》ではなく、此《この》カノープスの如《ごと》きは其大《そのおほ》きさと、明《あかる》るさと、大距離《だいきより》との三者《しや》を兼《か》ねて、而《しか》も非常《ひじやう》に明《あか》るいので、其星《そのほし》の等級《とうきふ》は一等以上《とういじやう》零等《れいとう》、尚《な》ほ進《すゝ》んでX等《とう》と謂《い》はれる程《ほど》である。そして其眞光輝《そのしんくわうき》に於《おい》ては少《すく》なくとも我等《われら》の太陽《たいやう》の一萬倍以上《まんばいいじやう》もあると云《い》はれて居《ゐ》る。オオリオン星座《せいざ》のリーゲル星《せい》は稍々《やゝ》此《この》階級《かいきふ》の星《ほし》ではあるが、なか〳〵此《この》カノープスには及《およ》ばない。若《も》しカノープスが太陽《たいやう》よりも一萬倍明《まんばいあか》るいとすると、其《そ》れは僅《わづ》かに太陽《だいやう》の四十に等《ひと》しい、シリウスよりも二百五十倍明《あか》るいのである。シリウスが天界《てんかい》に於《お》て、最第一《もつともだい》に明《あか》るく見《み》えるのは、其《そ》れは比較的《ひかくてき》に地球《ちきう》に近《ちか》いからのことである。或人《あるひと》の如《ごと》きは、カノープスの絶大《ぜつたい》な所《ところ》から、是《こ》れを以《も》つて宇宙《うちう》の中心《ちうしん》ではないかと思《おも》ふ者《もの》もあるが、其《そ》れには十分《ぶん》の理《り》由《いう》はない。カノープスの光輝《くわうき》はシリウスと同《おな》じく、電氣《でんき》の如《ごと》き青白《あをじろ》い光輝《くわうき》を放《はな》つて居《ゐ》る。

第九十七圖

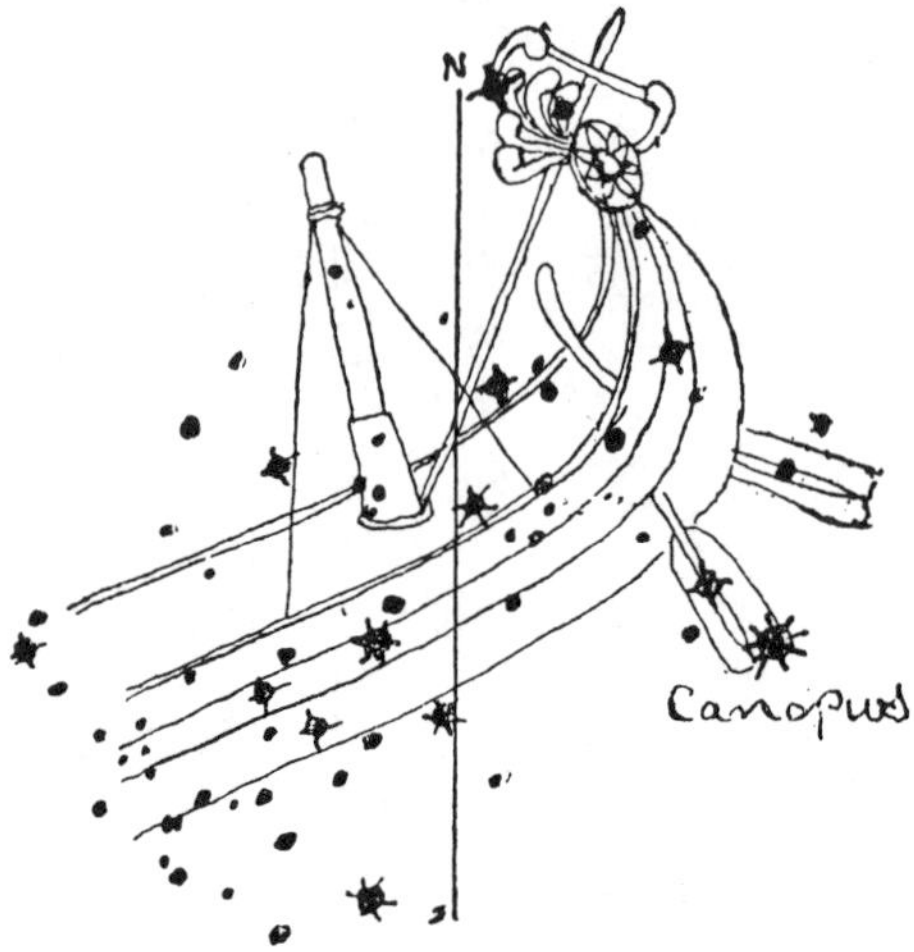

アルゴ丸星座

アウストラリヤ――今此星座《いまこのせいざ》は南天《なんてん》のものであると、又其形《またそのかたち》とを考《かんが》へて見《み》ると、是《こ》れはアウストラリヤを形《かたち》にしたもので、船《ふね》の艫《とも》は此島《このしま》の東海岸《ひがしかいがん》から二ユー・ギニャにかゝり、檣《ほばしら》はカルペンタリヤ灣《わん》の西《にし》の土地《とち》に當《あた》り、船體及《せんたいおよ》び龍骨《りうこつ》は島《しま》の西部《せいぶ》から南部《なんぶ》一帶《たい》で、舵《かぢ》は東南角《とうなんかく》のヸクトリヤの土地《とち》に當《あた》り、其部分《そのぶぶん》にカノープスの星《ほし》がある。

ヤソンのアルゴ丸遠征——希臘《ぎりしや》神話《しんわ》に、ヤソンがアルゴ丸《まる》なる太古《たいこ》の大船《たいせん》

第十八圖

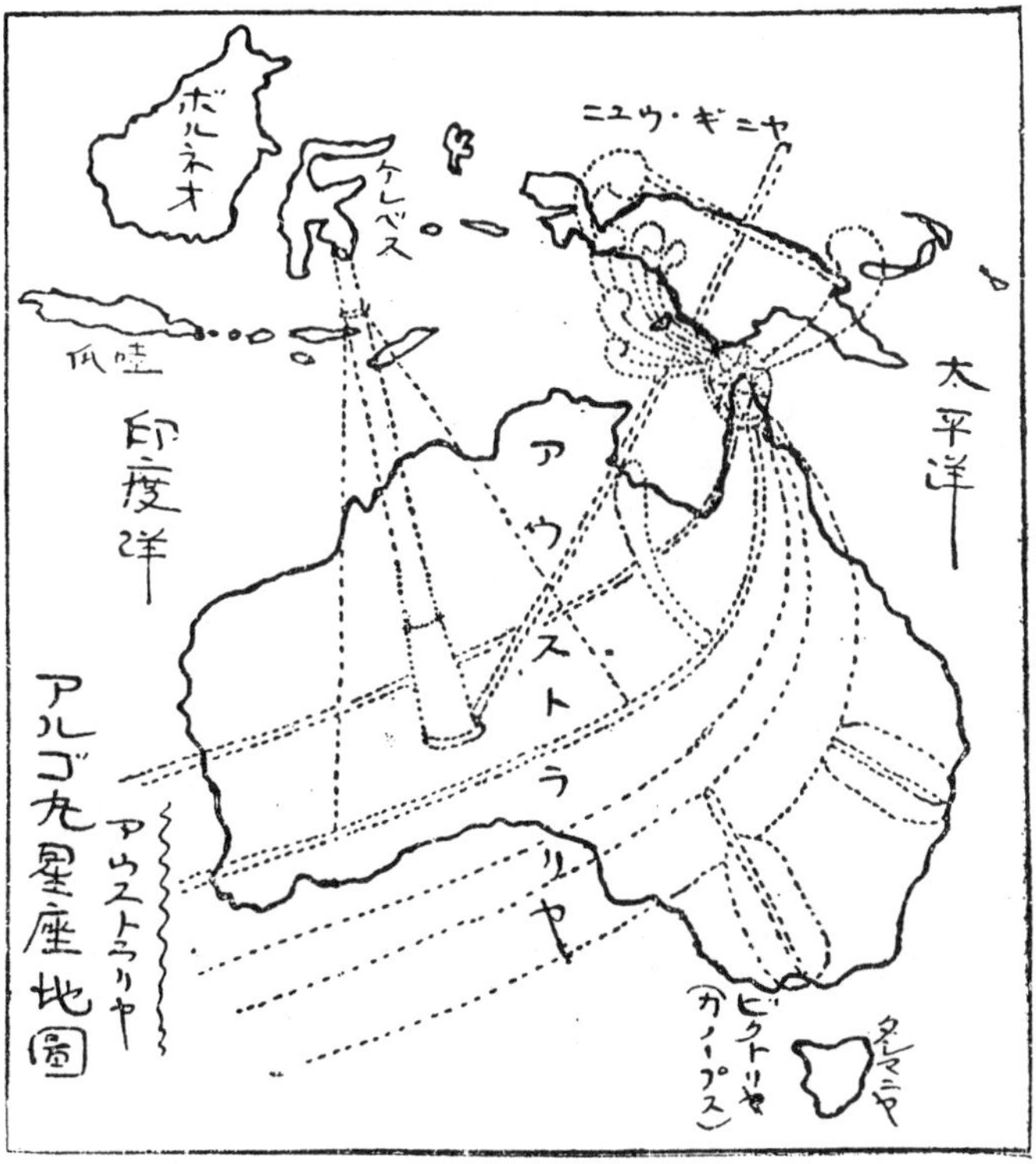

アルゴ丸星座地圖

でアヤの國《くに》へ遠征《ゑんせい》した話《はな》しがある。それはヤソンの祖先《そせん》の中《うち》に金毛《きんまう》の羊《ひつじ》(鹿《しか》)に乗《のつ》て大海《だいかい》を渡《わた》つてアヤの國《くに》へ行《いつ》たものがある。其後代《そのこうだい》の同族《どうぞく》たる者《もの》が、其羊《そのひつじ》の毛皮《けかは》を取《と》つて來《く》ることは一種《しゆ》の義務《ぎむ》であるとの感情《かんじやう》に基《もと》づいて、ヤソンは大海航行《だいかいかうかう》の野心《やしん》を起《おこ》し、アルゴスなる者《もの》が其目的《そのもくてき》の爲《た》めにドードーナの山《やま》から大《おほ》きな木《き》を切《き》り出《だ》し

其《そ》れをゑぐつて大《おほ》きな丸木《まるき》船《ぶね》を造《つく》り、其《そ》れに五十人《にん》の當時《たうじ》の英雄《えいゆう》が乘《の》り組《く》んで、アヤの國《くに》へ行《ゆ》くのである。

希臘神話《ぎりしやしんわ》に據《よ》ると、此《この》アルゴ丸《まる》は從來西洋人等《じうらいせいやうじんら》が誤解《ごかい》し來《きた》つた如《ごと》く、今《いま》の希臘《ぎりしや》から、黑海《こくかい》を航行《かうかう》した如《ごと》き小《ちい》さなものでなく、印度《いんど》から太平洋《たいへいやう》の波濤《はたう》を乘《の》り切《き》つて、中央《ちうあう》アメリカのメキシコへ行《い》つたのである、これはアルゴ丸《まる》なる船《ふね》の一つの傳說《でんせつ》。

アルゴ丸《まる》の傳說《でんせつ》は尙《な》ほ他《ほか》にもあつて、此船《このふね》が南洋《なんやう》のアウストラリヤへ行《いつ》た話《はなし》があつて、而《しか》も此星座《このせいざ》の地理《ちり》がアウストラリヤである所《ところ》を見《み》ると、此星座關係《このせいざくわんけい》の神話《しんわ》としては、此《こゝ》には後者《こうしや》の傳說《でんせつ》を硏究《けんきう》せねばならぬことになる。けれども話《はな》しが複雜《ふくざつ》になり、舊來《きうらい》の歷史《れきし》に大抹殺《だいまつさつ》を加《くは》へて、世人《せじん》を驚《おど》かさなければならぬには、著者《ちよしや》は聊《いさゝ》か躊躇《ちうちよ》せざるを得《え》ぬ。けれども硏究《けんきう》の結果《けつくわ》は隱《か》くすわけには行《ゆ》かぬ。

敢《あえ》て問《と》ふ此《この》アルゴ丸《まる》が南洋《なんやう》アウストラリヤ關係《くわんけい》のものであることを、從來《じうらい》の天文《てんもん》學者《がくしや》、歷史《れきし》家等《から》で、誰《たれ》か說明《せつめい》した者《もの》があるであらうか。蓋《けだ》し一人《ひとり》も有《あ》るまい。無《な》いとすれば、著者《ちよしや》は敢《あえ》て憚《はゞか》ることなく、說明《せつめい》を試《こゝろ》みるであらう。そうして其《そ》れは、コロムブスの航海《かうかい》が其《そ》れであることてある。

コロムブスこ紀之國屋文左衛門―― 亞米利加《めめりか》發見者《はつけんしや》は中世紀《むうせいき》の歐羅巴《ようろつぱ》のコロムブスと謂《い》はれて居《ゐ》るが、苟《いやしく》も眞《しん》にコロムブスの傳《でん》を研究《けんきう》し、其所謂航海日誌《そのいはゆるかうかいにつし》なるものを研究《けんきう》したものは、決《けつ》して彼《かれ》を中世紀《ちうせいき》の歐羅巴人《ようろつぱじん》と云《い》はず、又《ま》た其發見《そのはつけん》した土地《とち》は亞米利加大陸《あめりかたいりく》と云《い》はぬであらう。

敢《あえ》て問《と》ふ――諸君《しよくん》はコロムブス傳記《でんき》や、地理《ちり》や、所謂其航海日誌《いはゆるそのかうかいにつし》なるものを讀《よ》み又《ま》た十分《ぶん》其《そ》れを研究《けんきう》されたことがあるか。

今若《いまも》し舊研究以外《きうけんきういぐわい》に、獨立《どくりつ》の研究《けんきう》を以《も》つてコロムブスを研究《けんきう》すると、彼《か》れは印度《いんど》アルゲント即《すなは》ちアルゴスから出帆《しゆつぱん》して、其《そ》の乘《の》つて行《いつ》た船《ふね》は矢張此《やはりこ》のアルゴ丸《まる》てあり、其行《そのゆ》き着《つ》いた所《ところ》は南洋《なんやう》のアウストラリヤであり、決《けつ》して歐羅巴《ようろつぱ》から太西洋《たいせいやう》を渡《わた》つてアメリカへ行《いつ》たのではないことに氣《き》が付《つ》かれるであらう。

又《ま》た舊派歴史以外《きうはれきしいぐわい》を知《し》らぬものに取《と》つては――殊《こと》に日本人《にほんじん》に取《と》つては、一層驚《そうおどろ》きを加《くは》へ、著者《ちよしや》は其《そ》れが爲《た》めに不信《ふしん》を招《まね》く的《てき》のものが此船《このふね》に關《くわん》して日本《にほん》に傳《つた》はつて居《ゐ》るのである。其《そ》れは何《なん》であるかと云《い》ふと、コロムブスの航海なるものは日本では紀の國屋（五十嵐）文左衛門なるもの、蜜柑船の航海と寸分違はぬことである。事柄《ことがら》から人名地名《じんめいちめい》の對譯《たいやく》に至《いた》るまで全然同一《ぜん〳〵どう》で、紀《き》の國屋《くにや》も實《じつ》は此日本《このにほん》の紀州人《きしうじん》ではなく、印度《いんど》のアルゴス（乃《すなは》ち前述《ぜんじゆつ》ケヒウスー紀ー星座《せいざ》の土地《とち》）からアルゴ丸《まる》に乘《の》つてシンガポールを拔《ぬ》けて南洋《なんやう》に出《で》て、アウストトラリヤのメルボーンへ着《つ》くので――其《その》メルボーンが神田《かんだ》の「田町《メルボーン》」である。

然《しか》らばコロムブスは西洋史《せいやうし》に屬《ぞく》すべき人《ひと》でなく、之《これ》を西洋史《せいやうし》からは抹殺《まつさつ》して東洋《とうやう》史《し》に移《うつ》さねばならぬ。又《ま》た日本《にほん》の紀《き》の國屋《くにや》文左衛門《ぶんざゑもん》も決《けつ》して徳川氏時代《とくがはしじだい》の日本《にほん》の人《ひと》ではなく、印度《いんど》の太古《たいこ》の人《ひと》と云《い》はねばならぬ。そして此星座《このせいざ》歴史《れきし》は紀《き》の國屋《くにや》の話《はな》しを以《も》つてせねば説明《せつめい》が出來《でき》ぬのである。

『アルゴ丸』の名――ヤソンが乘《の》つたと云《い》ふアルゴ丸《まる》の名《な》は希臘語《ぎりしやご》 Argos で枯野《かれの》、荒野《あれの》、畦《あぜ》、放棄《はうき》、怠惰等《とう》を意味《いみ》するが、其《そ》れが紀《き》の國屋《くにや》の船《ふね》も其《そ》れで、名《な》は明《みやう》神丸《じんまる》と云《い》ふが實《じつ》は『ぶか〳〵浮《う》いて居《ゐ》た、壞《こは》れ船《ぶね》、厄介船《やくかいぶね》と云《い》ふて居《ゐ》た』と云《い》ふ船《ふね》て、全《まつた》く「アルゴス」の希臘語《ぎりしやご》の名《な》と同《おな》じてある。又《ま》たコロムブスの船《ふね》はサンタ・マリヤと云《い》ふて、マリヤは「玉姫《たまひめ》」を意味《いみ》し、紀《き》の國屋《くにや》の船《ふね》の明神丸《みやうじんまる》は和歌《わか》の浦《うら》の玉《たま》津島姫明神《つしまひめみやうじん》の其明神《そのみやうじん》で、サンタ・マリヤ丸《まる》と同《おな》じ名《な》である。

此《か》く比較《ひかく》して見《み》ると、希臘神話《ぎりしやしんわ》のヤソンや、コロムブスや、紀《き》の國屋《くにや》などの話《はなし》は何《いづ》れも同《おな》じものが種々《しゆ〴〵》に傳《つた》へられたもので、年代《ねんだい》は太古《たいこ》、其土地《そのとち》は印度《いんど》、南洋間《なんやうかん》のことゝ知《し》らねばならぬ。又《ま》た垂仁天皇記《すゐじんてんのうき》の立花《たちはな》を取《と》りに行《い》つた（印度《いんど》からアメリカ及《およ》び南洋《なんやう》へ）田道間守《たぢまもり》の十年《ねん》の大航海《だいかうかい》も是等《これら》の別傳《べつでん》の一つと見《み》ねばならぬ。

仁徳天皇記『枯野丸』――尚《な》ほ太古《たいこ》に溯《さかのぼ》つて見《み》ると、古事記《こじき》の仁徳天皇記《にんとくてんのうき》に大木《たいぼく》を切《き》つて枯野丸《からねまる》なる大《おほ》きな船《ふね》を作《つく》つた話《はなし》がある。此枯野丸《このからねまる》は又《ま》たアルゴ丸《まる》のことで、「枯野《からね》」は「アルゴス」の對譯《たいやく》である。

カノープス星とヰクトリヤ――此星座《このせいざ》のカノープスの星《ほし》は船《ふね》の舵《かぢ》に在《あ》つて、地理《ちり》はヰクトリヤに當《あた》つて居《ゐ》る。元來《ぐわんらい》カノープス Cano-opus なる語《ご》は「叶《かな》ふ自由《じいう》」を意味《いみ》し、「心《こゝろ》の欲《ほつ》するまゝ」「自由自在《じいうじざい》」從《した》つて「勝利《しようり》」を意味《いみ》し、羅甸語《らてんご》ヰクトリヤは其對譯《そのたいやく》である。アウストラリヤにはクインス・ランドや、新《にう》・南《さうす》ウエールスや、ヰクトリヤなど英國的《えいこくてき》の名《な》がある所《ところ》から、此《この》ヰクトリヤの地名《ちめい》は英國女皇《えいこくぢよくわう》ヰクトリヤの名《な》を命《めい》名したのだと思《おも》ふ人《ひと》もあらうが、全《まつた》く其《そ》うでなく、是等《これら》一つとして英國的命名《えいこくてきめいめい》のものでなく、クインス・ランドは間道間守《たぢまもり》の命名《めいめい》で、垂仁天皇《すゐにんてんのう》の「皇后《くわうごう》」の土地《とち》であり、今此《いまこの》ヰクトリヤは此《こゝ》に所謂紀《いはゆるき》の國屋《くにや》文左衞門《ぶんさゑもん》の名《な》を負《お》ふたもので、文左衞門《ぶんさゑもん》とは Pan-Scae-mon で「凡《すべ》て自由自在《じいうじざい》」を意味《いみ》し、カノープスと同意義《どういぎ》であり、又《ま》たヰクトリヤの意義《いぎ》である。其《そ》れ故《ゆゑ》に文左衞門《ぶんさゑもん》が出帆《しゆつはん》する時《とき》に重《かさ》ね々々《く》「勝利《しようり》」「勝利《しようり》」を口《くち》にして居《を》り、又《ま》た船頭《せんどう》が彼《かれ》を謂《い》ふて『五十嵐《いがらし》の旦那《だんな》は爲《な》すがまゝ』と、自由自在《じいうじざい》、勝利《しようり》のことを言《い》ふて居《ゐ》るに由《よ》つても、文左衞門《ぶんさゑもん》はカノープス、即《すなは》ちヰクトリヤであることが知《し》られる。

此《この》カノープスの星《ほし》の漢名《かんめい》は「老人」であるが、其《そ》れでは意味《いみ》が不《ふ》十分《ぶん》である。且《か》つ現時《げんじ》の天文學者《てんもんがくしや》などで、何故《なぜ》カノープスが老人《らうじん》であるかに至《いた》つては、知《し》つて居《ゐ》る人《ひと》は殆《ほとん》ど一人《ひとり》もあるまいが、今此語源的研究《いまこのごげんてきけんきう》を以《も》つてして、少《すこ》しでも、「論語《ろんご》」を讀《よ》んだものには其理《そのり》由《いう》が知《しれ》るであらう。論語《ろんご》に『七十にして心《こゝろ》の欲《ほつ》する所《ところ》に從《したが》ひ』の語《ご》がある。七十は老人《らうじん》であるが――心に欲するまゝ即《すなは》ちカノープスでもあり、文《ぶん》左衞門《さゑもん》でもあつて、必《かなら》ずしも老人《らうじん》を意味《いみ》せない。

新・南・ウエールスと五十嵐姓――　文左衞門《ぶんさゑもん》の姓《せい》は五十嵐《いがらし》。これが「新《にう》・南《さうす》・ウエールス」の地名《ちめい》となつて居《ゐ》る。ウエールス　Wales　は種々《しゆぐ》に呼《よ》ばれ、アングロ・サクソン語《ご》では Wealas《ウエアラシ》 と云《い》はれて居《ゐ》るが、其下半語《そのしゆはんご》アラシは五十嵐《イガアラン》のアラシと同語《どうご》で、前半語《ぜんはんご》 We《ウエ》―は希臘語《ぎりしやご》では Oe《オイ》, Ai《アイ》 となつて居《ろ》る語《ご》で上(高《かう》・峻《しゆん》)我等《ら》を意《い》味《み》し、又《ま》た別《べつ》の希臘語《ぎりしやご》 Ega《イガ》, Ex, Ek と對譯《たいやく》される。之《こ》れを「アラシ」に冠《くわん》すると一はイガ・アラシ(五十嵐《いがあらし》)となり、他《ほか》はウエ・アラシ(ウエールス)となつて、五十《いが》嵐姓《らしせい》はアウストラリヤの此部分《このぶぶん》に命名《めいめい》されて居《ゐ》る。――印度《いんど》からは新《あらた》に、南《みなみ》に命名《めいめい》されたものだから、「新《ニウ》、南《サウス》」の五十嵐國《ウエールス》となつたのである。

五十嵐姓《いがらしせい》は文字《もじ》の示《しめ》す如《ごと》く「風《ふう》」姓《せい》で、風神《ふうじん》アイオロスの子孫《しそん》であらう。『アイオロス』 Ai-olus の下半語《しもはんご》「オロス」は又《ま》たアラシの變化《へんくわ》、即《すなは》ちウエールスや、五十嵐《いがらし》と同《おな》じ名《な》である。されば風神《ふうじん》の子孫《しそん》たる五十嵐文左衛門《ぶんさゑもん》は、風波《ふうは》を冒《をか》して事《こと》ともせず乗《の》り出《だ》すのである。又《ま》た面白《おもしろ》いことにはヤソンのアルゴ丸《まる》には、五十人の英雄《えいゆう》揃《そろ》ひが乗組員《のりくみゐん》であつたことである。

幽靈星と幽靈船　――カノープスの星《ほし》は其色《そのいろ》が青白《あをじろ》い所《ところ》から、其名《そのな》が出來《でき》たのか『青白《あをじろ》い』幽靈《いうれい》のやうに輝《かゞや》く星《ほし》』と云《い》はれて居《ゐ》る。けれども青白《あをじろ》い星《ほし》は他《ほか》にもあつて、必《かなら》ずしも此星《このほし》ばかりに『幽靈《いうれい》のやう』との形容《けいよう》を附《つ》けないでも善《よ》さそうに見《み》えるが、其《そ》れには理由《りいう》がある。

此《この》カノープスは紀《き》の國屋文左衛門《くにやぶんさゑもん》の名《な》の對譯《たいやく》で、勝利自在《しようりじざい》を意味《いみ》するが、文左衛《ぶんさゑも》門《ん》が出帆《しゆつぱん》する時《とき》、身《み》を死地《しち》に陷《おとしい》入れて生《せい》を求《もと》めるとの考《かんが》へから、乗組員《のりくみゐん》一同死裝束《どうしにしようぞく》をして、白《しろ》の經帷子《きやうかたびら》を着《き》、頭陀袋《づだぶくろ》を前《まへ》に下《さ》げ、額《ひたひ》に亡者《はうしや》の記號《きがう》たる三角《かく》の切《きれ》を着《つ》けて全《まつた》く幽靈姿《いうれいすがた》となり、船《ふね》の名《な》を幽靈丸と改《あらた》めて出帆《しゆつぱん》したから、此《この》カノープスたる文左《ぶんさゑ》衞門《もん》は「幽靈《いうれい》の如《ごと》き」である所《ところ》から、此星《このほし》の説明《せつめい》にも其觀念《そのくわんねん》が附隨《ふずゐ》して居《ゐ》ると思《おも》はれる。

且《か》つ前《まへ》にも云《い》ふた如《ごと》く、文左衛門《ぶんさゑもん》とコロムブスとは同一人《おなじひとり》でコロムブスの出帆《しゆつぱん》した港《みなと》の名《な》はパロス Palos (pale)港《みなと》で、其《そ》れは「青白《せいはく》」を意味《いみ》する名《な》であつたことも、文左衛門《ぶんさゑもん》の幽靈的出帆《いうれいてきしゆつはん》を説明《せつめい》するものである。(コロムブスの出帆《しゆつぱん》の狀況《じやうきやう》も殆《ほとん》ど同《どう》一である)。日本歴史《にほんれきし》に北條氏《ほうでうし》の亡《ほろ》びる前《まへ》の『天王寺《てんわうじ》の妖靈星《えうれいせい》』なるものは或《あるひ》は是《こ》れかとも思《おも》はれる。

此幽靈星《このいうれいほし》は又《ま》た「マホメットの星《ほし》」と云《い》はれ、彼《か》れが崇拜《すうはい》したものとの傳說《でんせつ》があるが、マホメットとは「Ma-ommad 即《すなは》ち凡《すべ》て好《す》き自由《じいう》」を意味《いみ》して「文左衛門《ぶんさゑもん》」と同《おな》じ意味《いみ》であり、又《ま》た其宗敎起原《そのしうけうきげん》を研究《けんきう》すると關係《くわんけい》があるやうだが、此《こゝ》には略《りやく》する。

破船姿のアルゴ丸――　此星座《このせいざ》はアルゴ丸《まる》が海上《かいじやう》で難船《なんせん》して、舟《ふね》の舳《へさき》を失《うしな》つた形《かたち》と云《い》ふてある。そして其《そ》れはヤソンの話《はなし》には無《な》いがコロムブスの話《はなし》に、彼《かれ》等《ら》が目的地《もくてきち》に着《つ》いたは着《つ》いたが、或《ある》一夜《や》舵《かぢ》の注意《ちうい》を怠《おこた》つた爲《た》めに、船《ふね》は知《し》らず識《し》らずの間《あひだ》に淺瀨《あさせ》に乘《の》り上《あ》げて、遂《つひ》に助《すく》ふべからざる大破損《だいはそん》をしたとのことて、星座《せいざ》は其舳《そのへさき》を陸《りく》に乘《の》り上《あ》げ、艫《とも》の方《はう》のみ助《たす》かつた形《かたち》と思《おも》はれる。

希臘詩人の「密柑船」幽靈丸の歌——研究《けんきう》は實《じつ》に愉快《ゆくわい》である。アルゴ丸《まる》は紀《き》の國屋文左衞門《くにやぶんざゑもん》の船《ふね》たることは前《まへ》に述《の》べた通《とほ》りであるが、我等《われら》は尙《な》ほ面白《おもしろ》い材料《ざいれう》に接《せつ》するのである。それは希臘太古《ぎりしやたいこ》の天文詩人《てんもんしじん》アラトス Aratos の、アルゴ丸星座《まるせいざ》の部分《ぶぶん》の詩《し》である——

『艫《とも》の方《はう》よりアルゴ丸《まる》
靜《しづ》かに港《みなと》に入《い》りにける。
幽靈なせる其姿《そのすがた》。
船《ふね》の沖《おき》には星無《ほしな》けど、
帆《ほ》より後《うし》ろは輝《かゞや》けり』

(三)あれは紀《き》の國《くに》
蜜柑船《みかんぶね》
(一)沖《おき》の暗《くら》いのに
(二)白帆《しらほ》が見《み》える

と云《い》ふてあつて、『幽靈《スペクトラル》なせる其姿《そのすがた》』の形容《けいよう》は、確《たし》かに前《まへ》に云《い》ふた如《ごと》き紀の國屋の「幽靈丸」たるの直觀的斷案《ちよくくわんてきだんあん》を與《あた》へるではないか。特《とく》に此歌《このうた》は、我日本《わがにほん》の酒席《しきせき》には必《かなら》ず歌《うた》はれるカツポレの『沖《おき》の暗《くら》いのに白帆《しらほ》が見《み》える、アレハ紀《き》の國蜜柑船《くにみかんぶね》』全《まつた》く其《その》まゝではないか。此《こゝ》に於《おい》て日本《にほん》のカツポレ歌《うた》の價値《かち》は九天《てん》の上《うへ》に上《のぼ》り、古典《こてん》の古《こ》典《てん》の大古典的《たいこてんてき》の歌《うた》たる位置《ゐち》を占《し》めるのである。

此詩《このし》の作者《さくしや》アラトスは紀元前《きげんぜん》二世紀頃《せいきころ》アンチゴナス・ゴナトスの朝廷《てうてい》に仕《つか》へた詩《し》人《じん》で『フアイノメナ』Phaino-mena といふ詩《し》の作者《さくしや》と云《い》はれて居《ゐ》るが、實《じつ》は其《そ》れは印度《いんど》アラカンの土地《とち》のことである。日本《にほん》の此蜜柑船《このみかんぶね》の歌《うた》の作者《さくしや》は櫻川牛甫《さくらかははんぽ》と云《い》ふ幇《たいこ》間《もち》て、櫻川錦孝《さくらかはきんかう》と云《い》ふ者《もの》を下へ連れて來て、紀《き》の國屋《くにや》を煽動て、金《かね》を使《つか》はさうではないかと相談して、此歌《このうた》を作《つく》つて歌《うた》はせたとのことであるが、櫻川牛甫《さくらがははんぽ》とは實《じつ》はアラトスの詩《し》の名《な》で、櫻川《さくらがは》もアラトスも同一地名《どういちちめい》アラカン「花立《はなだ》て」を意味《いみ》する土地《とち》「牛甫《はんぽ》」とはフアイノメナの譯《わけ》で、又《ま》た「花立《はなた》て」の別譯《べつやく》である。又《ま》た櫻川錦孝《さくらかはきんかう》を「下へ連れて來《き》て、勸誘」するとは「アンチゴナス・ゴナトス」の名《な》の意譯《いやく》で、アンチゴナスの語源《ごげん》は Addi-gon＝「勸誘《くわんいう》・下」であつて、詩人《じじん》アラッスなるものは、幇間《たいこもち》櫻川牛甫《さくらがははんぽ》のことであるのも面白《おもしろ》い。

且《か》つアルゴ丸《まる》の名《な》 Argos は又《ま》た「輝く」ことを意味《いみ》し、蜜柑船《みかんぶね》の「蜜柑《みかん》」の語《こ》は羅《ら》甸語《てんご》 Mican ——、矢張《やはり》輝くことを意味《いみ》し、此蜜柑《このみかん》は橘類《たちはなるゐ》で橘《たちはな》は續日本紀《ぞくにほんき》には『珠《しゆ》玉《ぎよく》と光を競《きそ》ひ、金銀に交《まじは》りて愈々《いよ〳〵》美《び》なり』とあつて、アルゴ丸《まる》の名《な》は、又《ま》たミカン船《ぶね》と對譯《たいやく》されるのである。

紀《き》の國屋《くにや》には、此星座《このせいざ》に關《くわん》して、尚《な》ほ面白《おもしろ》い有益《いうえき》な、天文研究《てんもんけんきう》の材料《ざいれう》の話《はなし》がある。

文左衛門の、星座三區分――前《まへ》にも云《い》ふた如《ごと》く、アルゴ丸星座《まるせいざ》はあまり大《おほ》きいから、天文學者《てんもんがくしや》は便利《べんり》の爲《た》めに、此星座《このせいざ》を艫《とも》と、帆檣《ほばしら》と、船體《せんたい》との三部《ぶ》に分《わか》つて扱《あつか》ふて居《ゐ》るが、其《その》三區分法《くぶんはふ》も、文左衛門《ぶんざゑもん》から始《はじ》めて居《ゐ》ることが考《かんが》へられる。乃《すなは》ち幽靈丸《いうれいまる》が出帆《しゆつぱん》した時《とき》に、文左衛門《ぶんざゑもん》は、人々《ひと〴〵》を勵《はげ》ます爲《た》めに『難風吹《なんぷうふ》け。帆檣《ほばしら》を吹折《ふきを》れ、船《ふね》を碎《くだ》け』と傲語《がうご》をした。これが此星座《このせいざ》の三區分《くぶん》に當《あた》つて居《ゐ》る。乃《すなは》ち艫の部分《ぶぶん》は新《しん》・南《なん》・ウエールスに當《あた》つて居《ゐ》て、ウエールスなる名《な》はアイオロス同語《どうご》五十嵐《いがあらし》即《すなは》ち嵐《あらし》を意味《いみ》するから「難風吹《なんぷうふ》け」と云《い》ふて居《ゐ》る。次《つぎ》は帆檣《ほばしら》で、「帆檣を折《を》れ」と云《い》ふて居《ゐ》る。次《つぎ》は船體で『船《ふね》を碎《くだ》け』と云《い》ふて居《ゐ》る。且《か》つ又《ま》たアウストラリヤ Australia (Auster-alia) は　峻瀾又《また》は南溟を意味《いみ》して、船體《せんたい》に關《くわん》した方《はう》で、文左衛門《ぶんざゑもん》の傲語《がうご》は見事《みごと》後世《こうせい》の此星座《このせいざ》の三區分法《くぶんはふ》と一致《ち》して居《ゐ》る。又《ま》た破損《はそん》した船《ふね》の觀念《くわんねん》も出《で》て居《ゐ》る。

古事記なり、ラカイユに非ず――此船星座《このふれせいざ》を三部《よ》又《また》は四部《よ》に別《わか》つことは十八世紀《せいき》の中程《なかほど》のフランスの天文學者《てんもんがくしや》ラカイユ La Caille に始《はじ》まつたと謂《い》はれて、彼《かれ》は(一)船體《せんたい》(二)龍骨《りうこつ》(三)艫《とも》(四)帆柱《ほばしら》の四部《ぶ》に別《わ》けたとなつて居《ゐ》るが、此四分法《このしぶんはふ》は彼《かれ》に始《はじ》まつたのではなく、今《いま》も云《い》ふた太古《たいこ》の紀《き》の國屋文左衞門《くにやぶんざゑもん》からも始《はじ》まつて居《ゐ》るが又《ま》た我《わ》が古事記《こじき》の應神天皇《おうしんてんのう》の時《とき》、天《あめ》の日槍《ひぼこ》が日本《にほん》(埃及《えぢぶと》)へ歸化《きくわ》した時《とき》に持《も》つて來《き》た玉《たま》つ寶《たから》の中《うち》、『玉《たま》・二貫《ふたつら》』振浪比禮《なみふるひれ》。切浪比禮《なみきるひれ》。振風比禮《かせふるひれ》。風切比禮《かぜきるひれ》。奧津鏡《おきつかゞみ》。邊津《へつ》鏡《かゞみ》』なるもので、これは從來日本史家《じうらいにほんしか》が何《なん》であるかを説明《ぜつめい》し得《え》なかつたもので、星《せい》座《ざ》などゝは夢《ゆめ》にも知《し》らぬのであるが、一旦其氣《たんそのき》が注《つ》いたら、船星座《ふねせいざ》たることは直觀《ちよくくわん》されるが、日本《にほん》の歴史家《れきしか》等《ら》程《ほど》慣《あは》れむ可《べ》き馬鹿《はか》はない。言《い》ふて聽《き》かしても悟《さと》らぬ。――自家《じか》の無學《むかく》を知《し》らぬが、天下第一《てんかだい》の馬鹿《はか》である。

今是《いまこ》れをラカイユの區分法《くぶんはふ》に配當《はいたう》すると――

(一)浪振《なみ》る比禮《ひれ》――船體即《せんたいすなは》ちフル(Hull)

(二)浪切《なみ》る比禮《ひれ》――龍骨即《りうこつすなは》ちキール(Keel)

〔三〕｛風《かぜ》振《ふ》る比禮《ひれ》——／風《かぜ》切《き》る比禮《ひれ》——｝船《ほ》及《およ》び帆檣《ほばしら》

〔四〕奥《おき》津《つ》鏡《かゞみ》——艫《とも》

○〔邊《へ》つ鏡《かゞみ》——（船《ふね》の頭《へ》は破損《はそん》したりと）〕

となつて、ラカイユ以前《いぜん》の太古《たいこ》に、日本《にほん》では既《すで》に四つ、又《また》は六つに區分《くぶん》して居《ゐ》たので、恐《おそ》らく其《そ》れが何處《そこ》かに傳《つた》はつて居《ゐ》て、ラカイユが引《ひ》き出《だ》したものと知《し》られる。又《ま》た「玉《たま》・二貫《ふたつら》」なるものは「Thama Butha Dulla」で『星座《せいざ》・ナヰス・アルゴ』と譯《やく》されるが、古事記《こじき》は之《これ》を其《その》一星座《せいざ》の名《な》と知《し》らないで、別物《べつもの》として扱《あつか》ふて居《ゐ》る。又此天日槍《またこのあまのヒボコ》は有名《いうめい》なる、世界的天文學者《せかいてきてんもんがくしや》○○○○○ヒッパーコのことで、其發音《そのはつおん》の小變訛《せうへんくわ》である。此天文學者《このあまのりんがくしや》に就《つ》いては後《あと》に述《の》べる。

磁針星座——　序《ついで》に此《こゝ》に述《の》べて置《お》くが、アルゴ丸星座《まるせいざ》の帆檣《ほばしら》の上《うへ》の部分《ぶぶん》に、磁石《じしやく》と速度計《そくどけい》との小《ちい》さな星座《せいざ》（Sea Compas, Logleine）があつて、所謂《いはゆる》ラカイユの新星《しんせい》座《ざ》なるものであるが、是《こ》れは紀《き》の國屋文左衛門《くにやぶんゑもん》の磁石《じしやく》である。乃《すなは》ち彼《か》れの出帆《しゆつぱん》する時《とき》に彼《かれ》れは『帆檣《ほばしら》の下《した》に胡坐《あぐら》を組《く》んで、二尺《しやく》もあらうと云《い》ふ磁石《じしやく》を据《す》ゑて東西南北《とうざいなんぼく》を振《ふ》つて居《ゐ》る』と云《い》ふてあつて星座《せいざ》の帆檣《ほばしら》の部《ぶ》の上《うへ》に丁度磁石星座《ちやうどじしやくせいざ》がある、又《ま》た其《その》星座《せいざ》に速度計《そくどけい》があつて、船《ふね》の速力《そくりよく》、路程等《ろていとう》も知《し》れるやうになつて居《ゐ》るが、其《そ》れが、文左衛門《ぶんざゑもん》が『四五里《り》出《で》たら云々《うんぬん》』と云《い》ふてあるに當《あた》つて居《ゐ》る。

第八章　花筐星座

花筐星座――　羅甸名《らてんめい》アラ Ara。舊譯《きうやく》は祭壇《さいだん》としてあるが、其《そ》れよりは寧《むし》ろ花《はな》筐《かたみ》、又《ま》た花立《はなた》、又《ま》た立花《りつか》と譯《やく》すべきである。天蠍星座《てんかつせいざ》の南《みなみ》にあつて、其《その》二つの輝《かゞや》いて居《ゐ》る星《ほし》は三等星《とうせい》に過《す》ぎぬ。

緬甸アラカン――　此星座《このせいざ》の形《かたち》は祭壇《さいだん》と云《い》ふよりも寧《むし》ろ花立《はなたて》で、花《はな》を供《そな》えた形《かたち》である。羅甸名《らてんめい》や希臘語《ぎりしやご》は供《そな》へる、立《た》てる等《とう》を意味《いみ》するばかりだが、實《じつ》は「花《はな》」の語《げ》が略《りやく》してあると思《おも》はれる。星座《せいざ》の形《かたち》は印度緬甸《いんどびるま》のアラカン地方《ちはう》の形《かたち》である所《ところ》を見《み》ると、實《じつ》はアラ・カンの「カン」の語《こ》がまだあることが考《かんが》へられる。そして其《その》アラカンを濁音《だくおん》にしてアラガン（Arakan，Aragan）の希臘語《ぎりしやご》の形《かたち》にし考《かんが》へると、愈々《いよ〳〵》明瞭《めいれう》に「立《たて》・花《はな》」又《また》は「美《うつく》しものを供《そな》へる」「花《はな》を立《た》てる」等《とう》を意味《いみ》して、此星座《このせいざ》の形《かたち》の

第十八圖

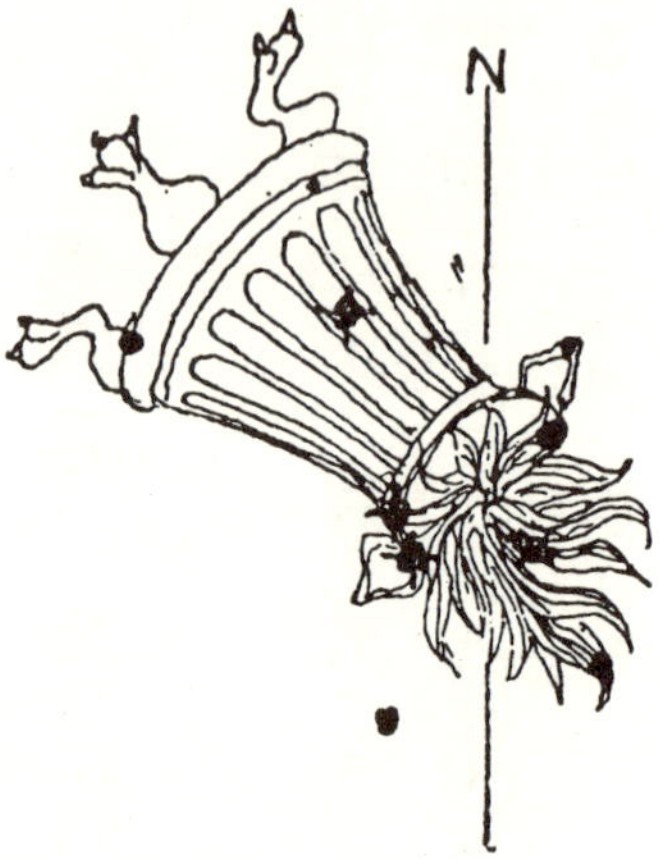

花筐星座

元《もと》たるアラカンの地《ち》は花立《はなた》て、花筐《はなかたみ》の名《な》の土《と》地《ち》たることも明瞭《めいれう》である。

此花臺《このはなだい》の三脚《きやく》は水掻《みづか》きのある動物《どうぶつ》の足《あし》であるのは、其地《そのち》に當《あた》るチッペラーTipperah(Dipper) 山地方《やまちはう》は「水掻《みづか》き」を意味《いみ》するからであることが知《し》られる。其花臺《そのはなだい》の長《なが》い形《かた》は、西《にし》は海岸《かいがん》、東《ひがし》はアラカン山《やま》を境《さかひ》としたものである。又《また》た蘭《らん》のやうな花《はな》のやうな形《かたち》は其《その》部分《ぶぶん》に當《あた》る川々《かは》の流《なが》れや、海岸《かいがん》の割《わ》れ目《め》を其形《そのかたち》にしたものと思《おも》はれる。且《そ》つ此星座《このせいざ》地《ち》は坊太郎《はうたらう》星座《せいざ》の地《ち》と重複《ぢうふく》したものである。

繼體天皇の花筐――全世界《ぜんせかい》の只《た》だ一つを除《のぞ》くの外《ほか》、如何《いか》なる神話《しんわ》、如何《いか》な

る傳說《でんせつ》、如何《いか》なる歷史《れきし》、如何《いか》なる天文學史《てんもんがくし》でも、緬甸《びるま》アラカンの土地《とち》を形《かたち》にした花《はな》篋星座《かたみせいざ》の物語《ものがたり》を爲《な》し得《え》るものがあるであらうか、たゞ其《その》一つを除《のぞ》くの外《ほか》、何物《なにもの》も何《なに》人《ひと》も之《これ》を說明《せつめい》し得《え》る者《もの》は無《な》い。

第二十八圖

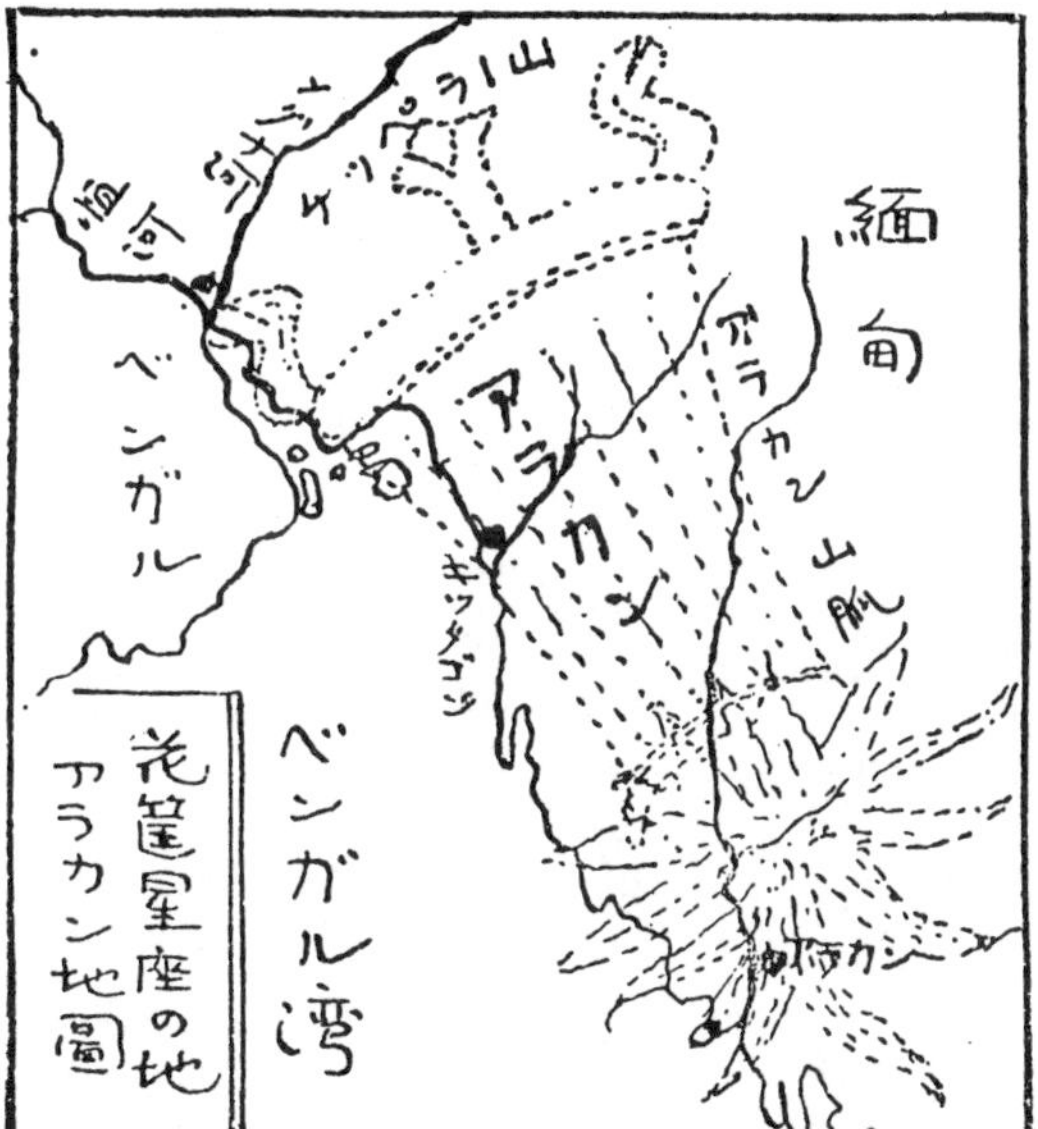

花篋星座地圖

其一《その》つとは、繼體天皇《けいたいてんのう》が、まだ大迹部《おほあとべ》の皇子《わうじ》と謂《い》はれ給《たま》ふた時《じ》代《だい》の其花篋傳說《そのはなかたみでんせつ》である。繼體天皇時代《けいたいてんのうじだい》の日本《にほん》は此島國《このしまくに》ではなく印度《いんど》アラカンであるとは新研究《しんけんきう》の證明《しようめい》する所《ところ》である。繼體天皇《けいたいてんのう》の御母振姬《おんはゝふりひめ》はカタイ（カセイ又《ま》たかすい）國即《こくすなは》ち滿洲《まんしう》奉天《ほうてん》——越前《ゑちぜん》の坂中井《さかなゐ》と云《い》ふてある——から印度《いんど》へ迎《むか》へられ給《たま》ふた御方《おかた》である。繼體天皇《けいたいてんのう》は御母振姬《おんはゝふりひめ》と共《とも》に鄕國滿洲《きやうこくまんしう》へ歸《かへ》つて育《そだ》ち給《たま》ふた人《ひと》である。淸寧天皇崩御《せいねいてんのうほうぎよ》ましましたが後嗣《あとつぎ》が無《な》かつたから、應神天皇《おうじんてんのう》五世《せい》の孫《まご》として滿洲《まんしう》に坐《ざ》した大部迹《おほあとべ》の皇子《くわうし》を印度《いんど》日本《にほん》へ迎《むか》へた、これが繼體天皇《けいたいてんのう》である。

照日の前―― 大迹部皇子《おほあとべくわうし》がまだ滿洲《まんしう》に居《ゐ》ました頃《ころ》照日《てるひ》の前《まへ》と云《い》ふ寵姫《ちようひめ》が有《あ》つた。天皇《てんのう》が迎《むか》へられて都《みやこ》へ行《ゆ》き給《たま》ふ時《とき》、花筐《はなかたみ》と玉章《たまづさ》とを照日《てるひ》の前《まへ》へ遣《つかは》して別《わか》れ給《たま》ふた。其後《そのご》照日《てるひ》の前《まへ》は皇子《くわうし》を慕《したう》ふて、物狂《ものくる》ひとなつて都《みやこ》へ上《のぼ》り、贈《おく》られた花筐《はなかたみ》をしるしとして、再《ふた》び召《め》し使《つか》はれることを願《ねか》ふて、再《ふた》び元《もと》のやうに愛《あい》されることゝなつたのである。此《この》「花筐《はなかたみ》」の事《こと》は謠曲《えうきよく》に最《もつと》も美《うつく》しく出《で》て居《ゐ》る。（花筐《はなかたみ》の語源《ごげん》は Kathamai ＝Gaio＋thamai で渇仰《かつかう》、奉呈《ほうてい》を意味《いみ》する語《ご》で Ara-gano がアラカンの地名《ちめい》の語源《ごげん》たると同《おな》じ意味《いみ》である）

華清國紀念―― 此花筐《このはなかたみ》は北方支那《ほくはうしな》の地名《ちめい》カタイと同《おな》じで、其地《そのち》と印度《いんど》アラカンとの關系《くわんけい》を示《しめ》めすもので、民族研究《みんぞくけんきう》には甚《はなは》だ必要《ひつえう》な材料《ざいれう》である。此《この》カタイは美《うつく》しい仙女《せんぢよ》の國《くに》で華清《くわせい》とか。くわする國《こく》とか又《ま》た赫胥《くわしよ》の國《くに》とか云《い》ふてある。此土地《このとち》を花《はな》筐《がたみ》なるものに比《たと》へ、之《これ》を印度《いんど》の土地《とち》に紀念《きねん》し、其《そ》れを又《ま》た天《てん》に星座《せいざ》に上《あ》げたものである。

又《ま》た繼體天皇は、新研究《しんけんきう》を以《も》つてすると、太古《たいこ》（實《じつ》は年代不明《ねんだいふめい》）の東亞の父で、天皇《てんのう》の皇子皇女《くわうしくわうぢよ》の御名《みな》は滿《まん》、蒙《まう》、西伯利亞《しべりあ》等《とう》の地名《ちめい》になつて居《ゐ》る。又《ま》た亞米利加《あめりか》は實《じつ》は天皇《てんのう》の發見《はつけん》で、又《ま》た南北亞米利加《なんほくあめりか》の國名《こくめい》や皇子皇女《くわうしくわうぢよ》の名《な》に由《よ》つて命名《めいめい》されて居《ゐ》るが、コロムブスの米國發見說《べいこくはつけんせつ》は勿論抹殺《もちろんまつさつ》される無數《むすう》の材料《ざいれう》がある。是等《これら》の事《こと》は別《べつ》に詳細《せうさい》に日本民族研究叢書《にほんみんぞくけんきうそうしよ》に論《ろん》ずることにする。

天氣豫報の星座に非ず——此星座《このせいざ》に就《つ》いて西洋天文學者《せいやうてんもんがくしや》の傳《つた》へる所《ところ》に據《よ》ると、若《も》し此星座《このせいざ》に煙《けむり》のやうに雲《くも》がかゝると、天氣《てんき》が荒《あ》れるとのことで、船頭等《せんどうら》は船《ふね》を出《だ》さないで港《みなと》に居《ゐ》ると云《い》ふことであるが、そんな馬鹿《はか》なことはない筈《はず》。此星座《このせいざ》は天《てん》に在《あ》つて、其《そ》の前《まへ》を雲《くも》は何時《いつ》でも往來《わうらい》して居《ゐ》る。其《そ》れで天氣《てんき》の好《よ》し惡《あし》があるべき理《り》由《いう》は無《な》い。是《こ》れは天文史家《てんもんしか》の傳《つた》へ誤《あやま》り。前《まへ》に巨蟹宮《きよかいきう》の部《ぶ》で、天氣豫報《てんきよはう》のことを云《い》ふたが、是《こ》れも全《まつた》く其《そ》れと同《おな》じで、實《じつ》は此星座《このせいざ》に當《あた》る土地《とち》、其土地《そのとち》の山《やま》に雲《くも》がかゝると暴風《はうふう》が起《おこ》るとの地理上《ちりじやう》の事《こと》で、誤《あやま》つて其事《そのこと》までも星座《せいざ》に上《あ》げたのである。

義經記の記事——そして其土地《そのとち》の傳說《でんせつ》を傳《つた》へるものは西洋《せいやう》にも何處《どこ》にもないこれも日本《にほん》にあるばかりで、其《そ》れは「義經記《よしつねき》」である。素《もと》より義經《よしつね》は太古《たいこ》の印度《いんど》日《に》本時《ほんじ》代《だい》の人物《じんぶつ》で、今次《いまつぎ》に引用《いんよう》する記事《きじ》は此星座《このせいざ》の地《ち》たるアラカン山《やま》のことである。

——義經《よしつね》は兄賴朝《あによりとも》と不和《ふわ》になつて船《ふね》で遁《に》げつゝある。其記事《そのきじ》に『和田《わだ》の岬《みさき》をこぎ過《す》ぎて、淡路《あはぢ》の瀨戶《せと》も近《ちか》くなる。繪島《ゑじま》が磯《いそ》を右手《めて》になしてこがれ行《ゆ》く程《ほど》に（皆印度《みないんど》の地名《ちめい》）時雨《しぐれ》の隙《ひま》より見給《みたま》へば、高き山のかすかに見《み》えければ、船《ふね》の中《なか》にて之《これ》を見《み》て「あの山《やま》は何《いづ》れの國《くに》の何處《どこ》の山《やま》ぞ」と申《まをし》ければ、ソンジ・ヤウツの國《くに》の山《やま》と申《まを》せども委《くは》しくは知《し》りたる人《ひと》もなく、……辨慶《べんけい》は「あれこそ播磨《はりま》の書寫《しよしや》の嶽《たけ》の見《み》ゆるや」と申《まを》しける。義經心《よしつねこゝろ》にかゝる事《こと》のあるは此山《このやま》の西《にし》の方《はう》より黑雲俄《こくうんには》かに山《やま》の上《うへ》へ切《き》れてかゝる。日《ひ》も西《にし》に傾《かたむ》き候《そふらふ》ばゞ、定《さだ》めて大風《おほかぜ》吹《ふ》くべしと覺《おぼ》ゆるぞ。自然《しぜん》に風落《かぜお》ち來《こ》らば如何《いか》なる島蔭荒磯《しまかげあらいそ》にも舟《ふね》を馳《は》せあげて、人《ひと》の命《いのち》を助《たす》けよと」ぞ仰《おほ》せられける……淡路《あはぢ》のみつしまの東《ひがし》をかすかに行《ゆ》く程《ほど》に、さきの山《やま》の北《きた》の腰《こし》に又《ま》た黑雲《くろくも》の車輪《しやりん》のやうなるが出《い》で來《く》る。判官《はんくわん》「あれは如何《いか》に」と仰《おほ》せければ辨慶《べんけい》「これこそ風雲《かぜくも》よ」

と申《まを》しも果《は》てぬに大風《おほかぜ》おち來《お》たる。……』と。これは此星座《このせいざ》の地《ち》アラカンの事《こと》で、ソンジャウツの國《くに》とは現日本《げんにほん》では無《な》い地名《ちめい》だが、其《そ》れはアラカンの南《みなみ》に續《つ》づくサンドウエイのことで、對譯《たいやく》である(Sand-way=Sondi-auso)。

萬葉集並庫山――又《ま》た此土地《このとち》の山《やま》と天氣《てんき》との事《こと》が萬葉集第《まんえふしふだい》七卷《くわん》に並庫山《なみくらやま》の歌《うた》にある『さゞ浪《なみ》の並庫山《なみくらやま》に雲居《くゐな》れば雨《あめ》ぞふるてふ歸《かへ》り來《こ》、我《わ》が夫《せ》』と。並庫山《なみくらやま》(武庫《むこ》山《やま》)とはアラ・カン山《やま》の別譯《べつやく》で「並《なら》べる花《はな》」を意味《いみ》する。(さゞ波《なみ》はアラカンの海《うみ》)

此《こ》の通《とほ》りに前《まへ》の巨蟹宮《きよかいきう》の天氣豫報《てんきよはう》たる書寫山《しやしやま》のことも、今此花筐星座《いまちのはなかたみせいざ》のアラカン山《まや》たる並庫山《なみくらやま》・別名武庫山《べつめいむこやま》の天氣豫報《てんきよはう》の事《こせ》も、義經記《よしつねぎ》に出《で》て居《ゐ》て、其天氣豫報《そのてんきよはう》とは星座《せいざ》そのものではなく、其星座《そのせいざ》の地理的《ちりてき》のことであることも明瞭《めいれう》となり、日本文學《にほんぶんがく》と我等《われら》の新研究《しんけんきう》とは西洋天文傳說《せいやうてんもんでんせつ》の誤謬《ごびやう》を、立派《りつぱ》に、合理的《がふりてき》に訂正《ていせい》し得《え》るのである。

第九章　水蛇星座

水蛇星座——希臘名《ぎりしやめい》 Hydra ヒドラ。水蛇《みづへび》でもあるが又《ま》た水汲《みづく》むこと。井戸《ゐど》、等《とう》の意味《いみ》もある。此星座《このせいざ》は長《なが》い〳〵星座《せいざ》で前後左右殆《ぜんごさいうほとん》ど十二の星座《せいざ》に接《せつ》して居《ゐ》る。

日本の星座——此水蛇星座《このみづへびせいざ》は日本諸島《にほんしよたう》を南《みなみ》は九州《しう》から、北《きた》は勘察加《かむさつか》の端《はし》まで連《つら》ねた形《おほかた》である。乃《すなは》ち尾《を》の尖《さき》は(1)九州《しう》の南端《なんたん》に當《あた》り、北《きた》へ曲《まが》つて(2)は山陰道《さんいんだう》に當《あた》り、南《みなみ》へ曲《まが》つて(3)は安《あ》房《はう》半島《はんたう》に當《あた》り、北《きた》へ曲《まが》つて(4)は北海道《ほくかいだう》に當《あた》り、東北《とうほく》して千《ち》島《しま》クリル海峽《かいけふ》(5)に至《いた》り・北《きた》に折《を》れて(6)は勘察加《かむさつか》の根《ね》に當《あた》り、東《ひがし》して頭《あたま》の尖《さき》はオリウトールに至《いだ》つて居《ゐ》る。

星の名——胸《むね》の部《ぶ》即《すなは》ちクリル連島《れんたう》の北端部《ほくたんぶ》にあるアルフアルト Alph-ard は羅《ら》甸系《てんけい》に飜譯《ほんやく》をすると El-curro(Curo-il)でクリル即《すなは》ち「クローの地《ち》」「九郎入《らうい》る」生命《せいめい》救助《きうじよ》、復活《ふくくわつ》を意味《いみ》するのである。北海道土人《ほくかいだうどじん》の傳説《でんせつ》に源《げん》九郎義經《らうよしつね》が北海道《ほくかいだう》へ來《き》たと云《い》ふて居《ゐ》るが、歴史的《れきしてき》一個人《こじん》たる九郎論《らうろん》は別《べつ》として、九郎《らう》なる名《な》を負《お》ふた者《もの》——個《こ》人《じん》か、民族《みんぞく》かが此方面《このはうめん》に來《き》たであらうとのことは此《この》クリル群島《ぐんたう》の名《な》即《すなは》ち九郎入《らうい》る、又《また》た九郎領《らうりやう》の名《な》で知《し》ることが出來《でき》、アイヌ人《じん》の言《い》ふことも、まんざら虚空《うそ》では無《な》いことが察《さつ》せられる。今《いま》まで日本《にほん》の語學者等《ごがくしやら》は此《この》「クリル」なる語《ご》は何《なに》を言味《いみ》するかを知《し》らなかつたことの憫《あは》れさよ。日本《にほん》には語源學《げげんがく》は無《な》いと言《い》はねばならぬ。

水蛇《みづへび》の頭《あたま》にあるミンキール Min-chir(—gêrus) の星《ほし》は「皆發言《みなはつごん》」を意味《いみ》し、勘察加半島《かむさつかはんたう》の根《ね》の東岸《とうがん》にあるオリウトール (Oli-utor)「終發言《をはりはつごん》」と對譯《たいやく》になつて居《ゐ》る。

カドモスの水蛇——　此水蛇星座《このみづへびせいざ》はヘーラクレースが退治《たいぢ》したレルナイヤの九頭龍《づりう》の水蛇《みづへび》だと云《い》ふ神話家《しんわか》もあるが、其《そ》うでは無《な》い。これはチバ家《け》の祖先《そせん》で、水蛇《みづへび》を殺《ころ》したカドモスが、又《ま》た終《をは》りに蛇《へび》になつた其蛇《そのへび》のやうであつて、其《そ》れには理由《りいう》があるが、先《ま》づカドモスの傳《でん》から述《の》べねばならぬ。

ホイニシヤ王《わう》アゲノールの子《こ》はカドモスであるが其妹《そのいもうと》にヨウロッパ媛《ひめ》があつてゼウスに愛《あい》せられ、ゼウスは牛《うし》の姿《すがた》になつて媛《ひめ》を誘拐《いうかい》し給《たま》ふたから、兄《あに》カドモスは父《ちゝ》の命《めい》に由《よ》つて妹《いもうと》を尋《たづ》ねる旅《たび》に出立《しゆつたつ》した。其時《そのとき》父《ちゝ》の命令《めいれい》は、若《も》し妹《いもうと》の行衞《ゆくゑ》が知《し》れぬ時《とき》は、再《ふた》び本國《ほんこく》へ歸《かへ》つて來《くる》なとのことであつた。カドモスは何《な》んぼ尋《たづ》ねても妹《いもうと》の行衞《ゆくゑ》は知《し》れぬ所《ところ》から、尋《たづ》ねあぐんで、アポローンの神託《しんたく》を受《う》けたら、其探索《そのたんさく》は止《や》めてしまへ、野《の》で牛《うし》に出逢《であ》ふたら其牛《そのうし》の行《ゆ》く所《ところ》について行《いつ》て、其止《そのと》まる所《ところ》に定住《ていぢう》し、其所《そこ》をチバと名付《なつ》けよとのことであつた。彼《か》れの出立《しゆつくつ》したホイニシャとは印度《いんど》ベンガルの東部《とうぶ》キッタゴンが中心《ちうしん》であつた。

第三十八圖

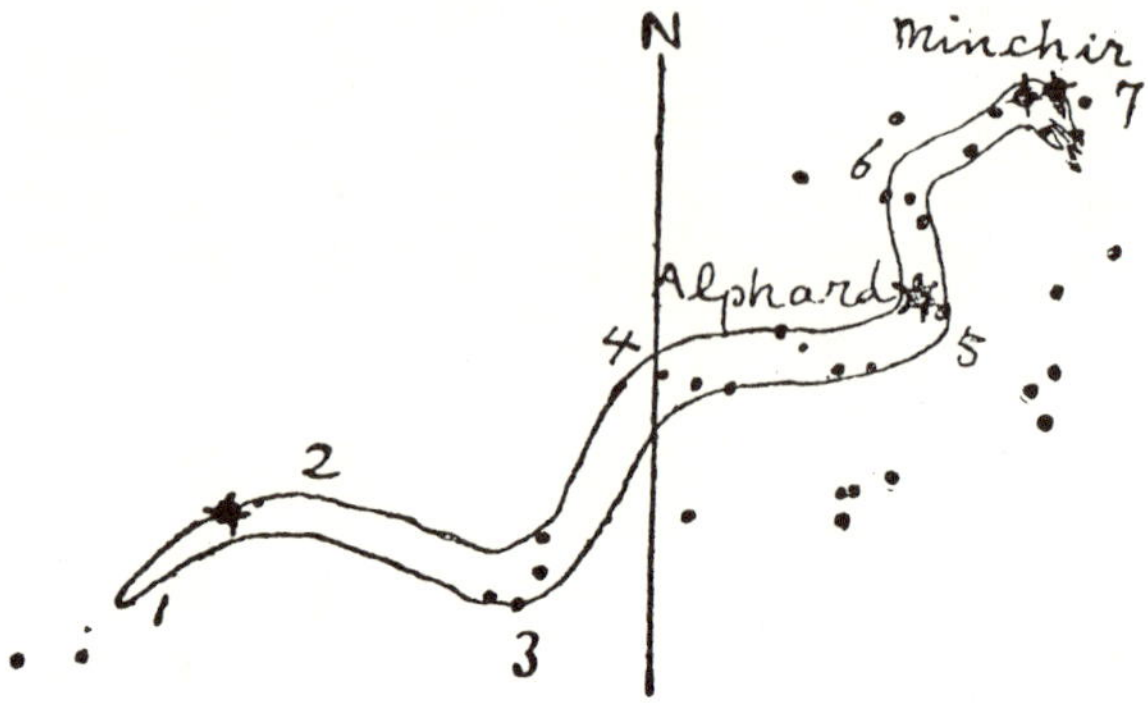

水蛇星座

カドモスはケーフイソス川《かは》（ベンガルのスバンリカ川《かは》）で野《の》で牛《うし》に出會《であ》ふた。其行《そのゆ》く所《ところ》について行《いつ》たら一の木《き》の茂《き》つた森《もり》があつた。其處《そこ》で彼《か》れはアテイナ女神《ぢよしん》を祭《まつ》る爲《た》めに清《きよ》い水《みづ》を求《もと》めに家僕《かぼく》三人《にん》を使《つか》はしたが、其水《そのみづ》の湧《わ》

第八十四圖

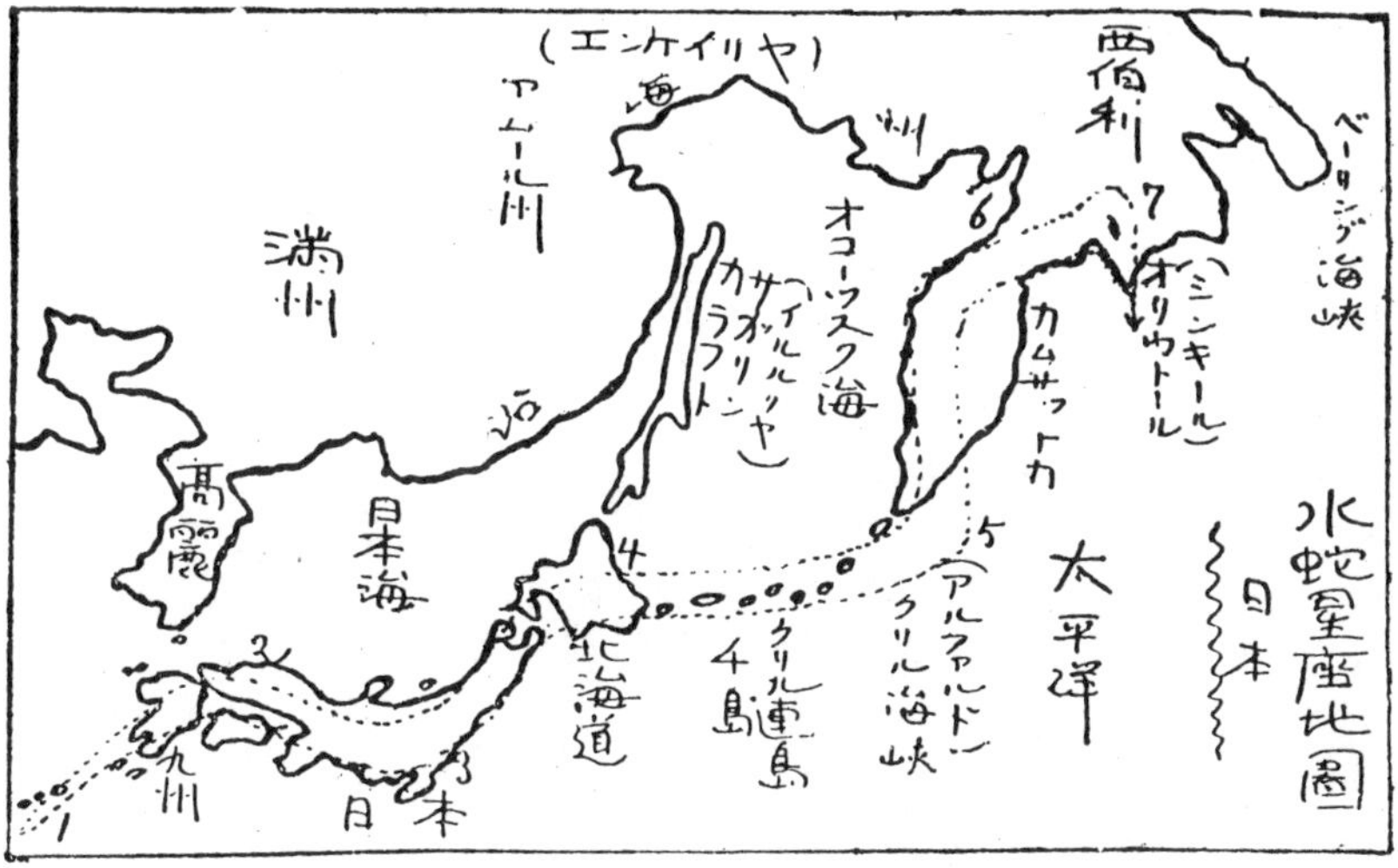

水蛇星座地圖

き出《で》る洞穴《ほらあな》には黄金《こがね》の色《いろ》をした大蛇《だいじや》が住《す》んで居《ゐ》て、カドモスの家來《けらい》が水《みづ》を汲《く》まうとして瓶《かめ》を水《みづ》に入《い》れて音《おと》を立《た》てるや否《いな》や、蛇《へび》は其體《そのからだ》を大《おほ》きな輪《わ》に巻《ま》き、鎌首《かまくび》を立《た》て、彼等《かれら》三人《にん》を咬殺《かみころ》し、巻《ま》き殺《ころ》し、毒氣《どくけ》を以《も》つて殺《ころ》して仕舞《しま》ふた。

カヅモスは、何時《いつ》まで立《た》つても家《け》來《らい》が歸《かへ》つて來《こ》ぬから、自分《じぶん》で行《いつ》て見《み》たら、大《おほ》きな蛇《へび》が口《くち》に血《ち》を滴《た》らして居《ゐ》たのを見《み》て、家來等《けらいら》を咬《か》み殺《ころ》したことを知《し》り、槍《やり》を以《も》つて、やつとの事《こと》で其《そ》の蛇《へび》を殺《ころ》した。

暫《しばら》く其蛇《そのへび》の大《おほ》きなことに驚《おどろ》いて見入《みい》つて居《ゐ》ると、アテイナ女神《ぢよしん》の聲《こゑ》がして、其蛇《そのへび》の歯《は》を地《ち》に蒔《ま》けとのことで、其如《そのごと》くしたら、地《ち》の中《なか》から甲冑《よろひかぶと》を着《き》た武士《ぶし》が生《は》えた。カドモスは彼等《かれら》の五人《にん》と共《とも》にチバの市《まち》を建《た》てた。

　カドモスの殺《ころ》した蛇《へび》は軍神《ぐんしん》アレエスの蛇《へび》であつたから、彼《かれ》は其罪《そのつみ》を贖《あがな》ふ爲《た》めに八年《ねん》の間《あひだ》アレエスの神社《しんじや》に仕《つか》へて居《ゐ》たが、其期限《そのきげん》も滿《み》ちたから、アテイナ女神《ぢよじん》はカドモスをチバ王《わう》と爲《な》し、ゼウスの神《かみ》は、アレエスとアフロヂテ女神《ぢよしん》との間《あひだ》の娘《むすめ》ハルモニヤをカドモスの妻《つま》として與《あた》へ給《たま》ふた。神々《かみがみ》は其《そ》れを祝《しゆく》して種々《しゆじゆ》の贈物《おくりもの》を爲《な》し給《たま》ひヘーフアイストスの神《かみ》は、精巧《せいこう》を極《きは》めた頸飾《くびかざり》を新婦《しんぷ》に贈物《おくりもの》とし給《たま》ふたが、何《ど》う云《い》ふものか、是《これ》から後《あと》は、此頸飾《このくびかざり》を持《も》つ者《もの》には、何時《いつ》も不幸《ふかう》が絶《た》えなんだ。そしてカドモスの一族《ぞく》は何《いづ》れも皆不幸《みなふかう》の死《し》を遂《と》げた。

　カドモスとハルモニヤとは、餘《あま》りに其《その》一族《ぞく》に不運《ふうん》が續《つ》づくのに失望《しつばう》して、チバを去《さ》つてエンケイリヤ（又《ま》たイルルリヤとも云《い》ふ）の地《ち》に移住《いぢう》して其地《そのち》の王《わう》となつたが、後《のち》ゼウスの神《かみ》は、彼《かれ》をエルーシヤに移《うつ》り住《す》ましめ給《たま》ふた。けれども不運《ふうん》は尚《な》ほカドモスの一家《か》に纏《まと》はつて居《ゐ》た。一日《いち》カドモスは歎息《たんそく》して言《い》ふた『若《も》し左程《さほど》までに蛇《へび》の生命《いのち》がアレエスの神《かみ》に貴重《きちよう》であるならば、我等自身《われらじしん》も亦蛇《またへび》になり度い』と。言葉が終るか終らぬかに．彼《かれ》も、彼《か》れの妻《つま》も、同《おな》じく蛇《へび》になつたとのことで、此星座《このせいざ》の蛇《へび》は蓋《けだし》カドモスが化《な》つた蛇《へび》である。彼《か》れは水汲《みづく》み事件《じけん》から水蛇《みづへび》を殺《ころ》し、遂《つひ》に自分《じぶん》も水蛇《みづへび》となつたので、彼《かれ》は何時《いつ》も水瓶《みづかめ》を携《たづさ》えて居《ゐ》る。

カドモス勘察加移住――カドモスは餘《あま》りに一家《か》の不幸《ふかう》の續《つゞ》づく爲《た》めにエンケイリヤ（又《また》たイルルリヤとも云《い》ふ）へ移住《いぢう》したとのことであるが、其《そ》れは何處《どこ》であるか。水蛇星座《みづへびせいざ》が日本《にほん》から勘察加《かむさつか》までに亘《わた》る地理《ちり》であることを思《おも》ふて、カドモスは勘察加《かむさつか》方面《はうめん》へ行《いつ》たことが考《かんが》へられる。何故《なぜ》ならばエンケイリヤ En-khelia とは「沿海領《えんかいりやう》」を意味《いみ》し、今《いま》の極東《きよくとう》沿海州《えんかいしう》のことだからである。そして勘察加《かむさつか》とは Kam-Khat-ska 實《じつ》はカム・カト・スカと發音《はつおん》すべき希臘語《ぎりしやご》の地名《ちめい》で、此地《このち》の人物《じんぶつ》をカム・カダ・レス Kam-khad-ales と云《い》ひ、語幹《ごかん》 Kat 又《ま》た Khad はカド・モスのカド（Kad＝Khadein）で、譯《やく》すると「不幸《ふかう》なる・カド・の處《ところ》」を意味《いみ》する。そして其《その》「カド」なる語《こ》は「壺《つぼ》」を意味《いみ》し、「得《う》る」「空虚《くうきよ》」「貧窮《ひんきう》」「願望《ぐわんばう》」「取得欲《しゆとくよく》」「物欲《ものほ》し」「缺乏《けつぼふ》」を意味《いみ》するからカドモスは何處《どこ》へ行《いつ》ても、不幸窮迫《ふかうきうはく》して居《ゐ》るのである。

彼《か》れは蛇《へび》の祟《た》りで其不幸《そのふかう》が來《く》るならば、自分《じぶん》も蛇《へび》になり度《た》いと「言《い》ひ終《をは》るや否《いな》や」蛇《へび》になつたとの其《その》ことが勘察加《かむさつか》の半島《はんたう》の根《ね》の東岸《とうがん》オリウトール Oli-utor「言《い》ひ終《をは》る」を意味《いみ》する地名《ちめい》が之《こ》れを傳《つた》へ、又《ま》た其對譯《そのたいやく》ミンキールの星《ほし》の名《な》も之《これ》を傳《つた》へて居《ゐ》る。

彼《か》れ又《また》はイルルリヤへ行《いつ》たとも言《い》ふてあるが、イルルリヤ Il-lylia とは「桂《かつら》の地《ち》」「榊《さかき》の地《ち》」を意味《いみ》し、其《そ》れはサガリン即《すなは》ちカラフトのことで、サガリンはサガ・アリン即《すなは》ち「榊《さかき》」を味意《いみ》し、日本《にほん》の一書《しよ》には「桂《かつら》」ともある。即《すなは》ちカドモスは勘察加《かむさつか》へ行《いつ》た、又《ま》た樺太《からふと》へ行《いつ》たとも言《い》はれて居《ゐ》ると傳《つた》へられたのである。

アラスカ移住――其後《そのご》ゼウスの神《かみ》は彼《かれ》をエルーシヤに移住《いぢう》せしめ給《たま》ふたとのことだが、エルーシヤとは「許《ゆる》し」「嬉《うれ》し」「大自由《だいじいう》の地《ち》」を意味《いみ》し、アラスカが其別《そのべつ》譯《やく》「凡《すべ》て好《す》き自由《じいう》」を意味《いみ》して對譯《たいやく》である。且《か》つ其南部《そのなんぶ》にカドヤク Kad-iak の名《な》の島《しま》が在《あ》つてカドモスの名《な》は語幹《ごかん》カドの語《ご》を有《も》つて居《ゐ》る所《ところ》を見《み》ると、カドモス一家《か》は此島《このしま》に移住《いぢう》したことが察《さつ》せられる。

此通《このとほ》りに星座《せいざ》の地形《ちけい》や、星《ほし》の名《な》や、地名《ちめい》や、又《ま》た傳説《でんせつ》と地理研究《ちりけんきう》となどが、系統《けいとう》を以《も》つて調和的《てうわてき》に一致《ち》して居《ゐ》る所《ところ》からして、此水蛇《このみづへび》はカドモスの化《な》つたものと斷言《だんげん》される——決《けつ》してヘエラクレエスの殺《ころ》した其水蛇《そのみづへび》では無《な》い。

此《この》カドモスは「片假名《かたかな》」、一名《めい》「神代文字《しんだいもじ》」西洋《せいやう》に所謂發音的《いはゆるはつおんてき》「アルフアベツト」の文字《もじ》を傳《つた》へた人《ひと》で、應神天皇紀《おうしんてんのうき》に、論語《ろんご》や千字文《じもん》を傳《つた》へた王仁《わに》と同《おな》じ人《ひと》である。

第十章　杯泉星座

杯泉星座——希臘名《ぎりしやめい》クラテルス Kruteros。杯《さかづき》、又《ま》たコツプなどゝ譯《やく》してあるが、此星座《このせいざ》には他《ほか》の深《ふか》い意味《いみ》があるから、此《こゝ》に從來《じうらい》の譯名以上《やくめいいじやう》のものを求《もと》めて「杯泉《はいせん》」と名付《なつ》けた。此星座《このせいざ》は獅子宮《しゝきう》と室女宮《しつぢよきう》との南水蛇星座《みなみみづへびせいざ》の脊《せ》の部分《ぶぶん》にあつて、二つの耳《みゝ》のある杯泉《はいけん》の形《かたち》である。

印度ハイデラバッド——此星座《このせいざ》の地理《ちり》を求《もと》めるには、單《たん》に肉體《にくたい》の目《め》ばかりでは、少々《せうく》六ッカシイ。先《ま》づ言語學《げんごがく》で星座《せいざ》の名《な》「クラテール」の何《なに》を意味《いみ》するか、乃《すなは》ち杯泉《はいせん》を意味《いみ》することを知《し》り、又《ま》た地圖《ちづ》と、地理《ちり》と、神話《しんわ》との嚮導《きやうだう》を得《え》て、漸《やうや》く氣付《きつ》き得《ふ》るのである。

第八十五圖

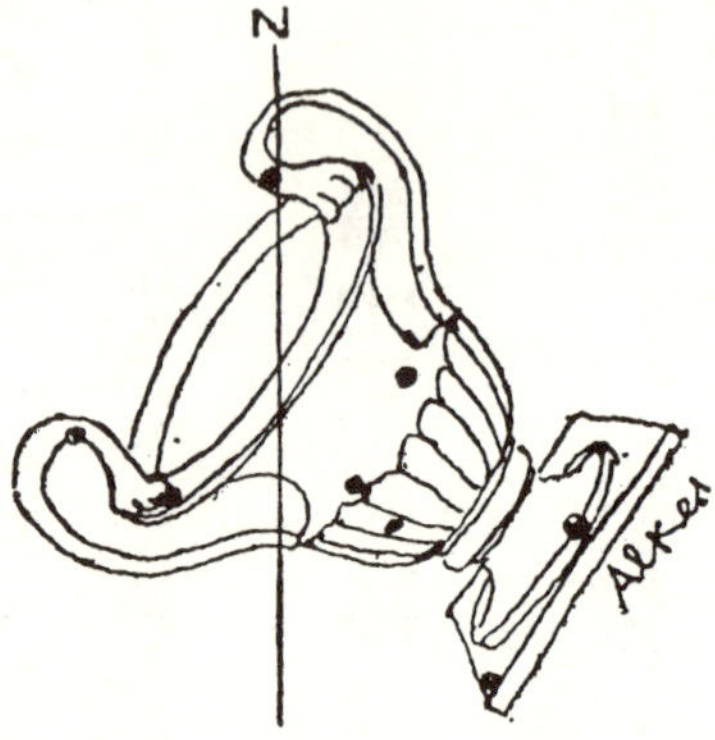

杯泉星座

中印度《ちういんど》から少《すこ》し南下《なんか》してハイデラバッドの地《ち》があつて、其《そ》れが、泉《いづみ》、井戸《ゐど》、又《ま》た「杯泉《はいせん》」を意味《いみ》し、又《ま》た此地《このち》に龍樹《りうじゆ》の水鉢事件《みづはちじけん》があり、又《ま》た「ひのくま(ゐのくま)」入道《にふだう》なる雲《くも》の化物《ばけもの》が出《で》に土地《とち》であることなどを知《し》つて、此杯泉星座《このはいせんせいざ》の形《かたち》を求《もと》めると、これはゴダワリ河《かは》と、キシトナ河《かは》との間《あひだ》のハイデラバットの地《ち》を象《かたち》と爲《な》し、河《かは》の流《なが》れを輪廓《りんくわく》として此杯泉《このはいせん》を畫《ゑが》いたものたることが知《し》られて、一々説《いちくせつ》明《めい》するまでもない。地圖《ちづ》に就《つ》いて見《み》られんことを希望《きばう》する。

臺《だい》の部分《ぶぶん》にアルケース Alkes の星《ほし》があつて「力強《ちからづよ》さ」を意味《いみ》し、ゴダワリ河《かは》に近《ちか》くのテジャ・マンドリイ Raja Mandry の地名《ちめい》が其對譯《そのたいやく》になつて居《ゐ》る。

第八十六圖

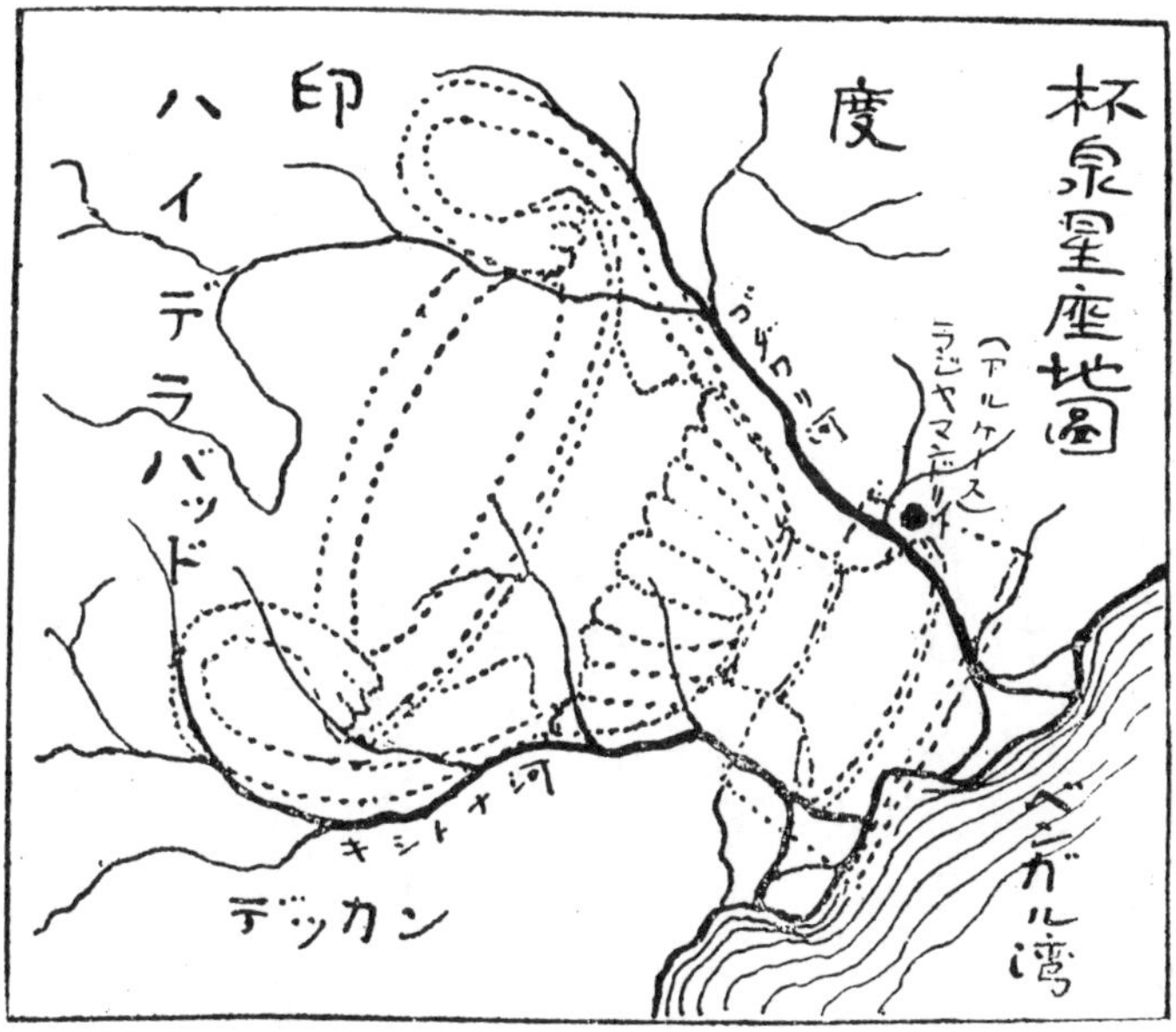

杯泉星座地圖

西洋學者の舊説盡くダメ――此杯泉星座《このはいせんせいざ》は印度《いんど》のハイデラバットである以上《いじやう》は、舊來《きうらい》の此杯泉説明《このはいせんせつめい》は盡《つ》く破《やぶ》れて仕舞《しま》はねばならぬ。アポローンの杯《さかづき》とか、バッカスの杯《さかづき》とか、ヘエラクレエスの杯《さかづき》とか何《なん》とかかとか舊説《きうせつ》があるが、彼等《かれら》ハイデラバッドに其《そ》れを證明《しようめい》することが出來《でき》るか――舊派《きうは》、西洋人《せいやうじん》等《ら》の説明《せつめい》は盡《つ》くダメ。西洋人《せいやうじん》の飜譯《ほんやく》をして自分《じぶん》の説《せつ》であるかの如《ごと》く見《み》せる日本《にほん》の學者等《がくしやら》に至《いた》つては愈々《いよ〳〵》ダメ。

此杯泉《このはいせん》は太古《たいこ》の日本民族《にほんみんぞく》のもの「日《め》の鏡《かゞみ》」なるものであるが、其說明《そのせつめい》に進《すゝ》むまへに尙《な》ほ東洋《とうやう》に面白《おもしろ》い傳說《でんせつ》があるから、先《ま》づ其《そ》れを述《の》べることにせう。

龍樹の水鉢——佛敎史上有名《ふつけうしじやういうめい》な龍樹菩薩《りうじゆぼさつ》の地《ち》はハイデラバットである。或時《あるとき》錫蘭《せいろん》（執獅子國《しつしこく》）から提婆菩薩《だいはぼさつ》が面會《めんくわい》に來《き》た時《とき》に、龍樹《りうじゆ》は取次《とりつぎ》の者《もの》に、鉢《はち》に一パイ水《みづ》を入《い》れて、其《そ》れを提婆《だいは》に示《しめ》さした。提婆《だいは》は水《みづ》を見《み》て默《もく》して針《はり》を其水鉢《そのみづばち》の中《なか》に投《な》げ入《い》れた。取次《とりつぎ》の者《もの》は何《なに》の事《こと》かわからない。疑《うたが》ひつゝも其《そ》れを龍樹《りうじゆ》に見《み》せた。龍樹《りうじゆ》の云《い》ふに『此人《このひと》は實《じつ》に智者《ちしや》である。殆《ほと》んど神《かみ》である。微《び》を察《さつ》し聖《せい》に亞《つ》ぎ、德《とく》の盛《さかん》なること此《かく》の如《ごと》し、宜《よろ》しく速《すみや》かに入《い》るべし』と。これは何《なに》の事《こと》はない「提婆《だいは》」（Dive）とは物《もの》の中《なか》、水《みづ》の中《なか》に「突《つ》き込《こ》む」を意味《いみ》する、其名《そのな》の說明《せつめい》で、針《はり》は突《つ》き込《こ》むもの即《すなは》ち提婆《だいは》の名《な》であることを言《い》ふたに過《す》ぎぬ。又《ま》た龍樹《りうじゆ》は「水鉢《みづばち》」即《すなは》ちハイデラバッドであることを示《しめ》したものである。そして、此杯泉《このはいせん》は龍樹《りうじゆ》にあつては「水鉢《みづばち》」となつて居《ゐ》る。

元來《ぐわんらい》「龍樹《りうじゆ》」とは何《なに》を意味《いみ》するか。これは羅甸語《らてんご》系《けい》リユーゾー Lusio 又《また》リユード Ludo 龍造《りうざう》、龍土《りうど》で遊戯《いうぎ》、變化《へんぐゑ》を意味《いみ》する語《ご》で、變化《へんぐゑ》の別《べつ》の羅甸語《らてんご》は Deccan 即《すなは》ち印度《いんど》の此地《このち》の總稱《そうしよう》である。此杯泉《このはいぜん》の變化作用《へんぐゑさよう》に就《つ》いては神話《しんわ》がある。

アラビヤ夜話の入道雲の話し——アラビヤ夜話《やわ》に、漁夫《ぎよふ》と、杯泉《はいせん》から出《で》た化者《はけもの》との話《はなし》がある。一の貧乏《びんばふ》な漁夫《ぎよふ》が網《あみ》を投《な》げたら圓《まる》い球《たま》のやうな罐《くわん》が上《あ》がつた。音《おと》もせぬ。ソロモンの封印《ふういん》がしてある。けれども開《あ》けて見《み》ると雲《くも》が續々《ぞくぞく》と出《で》て、海《うみ》一面《めん》に廣《ひろ》まつたと思《おも》うたら、其《そ》れが大入道《おほにふだう》の化物《はけもの》となつて、漁夫《ぎよふ》を殺《ころ》さうとした。所《ところ》が漁夫《ぎよふ》が一生《しやう》の智恵《ちゑ》を絞《しぼ》つて、其入道雲《そのにふだうくも》を再《ふた》び罐《くわん》の中《なか》には入《い》らして、上《うへ》から又《ま》た密閉《みつへい》して仕舞《しま》うたが。——此罐《このくわん》の本體《ほんたい》は何《なん》であるか。これと同《おな》じ話《はなし》が平家物語《へいけものかたり》の「劒《つるぎ》の卷《まき》」にあるのは面白《おもしろ》い。

日本の神鏡と入道雲の話し——其書《そのしよ》の言《い》ふ所《ところ》に據《よ》ると『抑《そもそも》帝王《ていわう》の御寶《みたから》に神璽《しんじ》、寶劒《ほうけん》、内侍所《ないじしよ》とて三つあり。凡《およ》そ神璽《しんじ》と申《まほ》すは神代《しんだい》より傳《つた》はりて代々《よゝ》の御帝《みかど》の御守《みまも》りにて、驗《しるし》の箱《はこ》に納《をさ》めけり。此箱開《このはこひら》くこと無《な》く、見《み》る人《ひと》もなし。これによつて後《ご》冷泉院《ゐん》の御時《おんとき》、いかゞ思《おぼ》しけん、此箱《このはこ》を開《ひら》かんとて、蓋《ふた》を取《と》り給《たま》ひしに、忽《たちま》ちに箱《はこ》より白雲立上《はくうんたちのぼ》り給《たま》ひけり。やゝありて雲《くも》は元《もと》の如《ごと》く返《かへ》り入《い》らせ給《たま》ひぬ。紀伊《きいの》内侍《ないじ》、蓋覆《ふたおほ》うて緘《か》らげ納《なさ》め奉《たてまつ》る』とあるが、誰《たれ》かこれはアラビヤ夜話《やわ》の記事《きじ》と別物《べつもの》と云《い》う者《もの》があらうか。土地《とち》はハイデラバッド杯泉《はいせん》の地《ち》、日本《にほん》には後《ご》冷泉院《ゐん》の時《とき》と云《い》うてある。同《おな》じ意味《いみ》である。

内侍所の鏡に非ず―― 右《みぎ》の記事《きじ》に據《よ》つて見《み》ると此杯泉《このはいせん》は日本皇家《にほんくわうか》の御寶内《みたからない》侍所《じしよ》の鏡《かゞみ》のやうであるが果《はた》してさうであらうか。

日本《にほん》の三種《しゆ》の神器《しんわ》の一たる伊勢《いせ》の御鏡《みかゞみ》は、人々《ひとぐ》の思《おも》ふが如《ごと》く、決《けつ》して世間《せけん》の平面《へいめん》鏡《きやう》ではない。斷《だん》じて無《な》い。八咫《た》の鏡《かゞみ》と云《い》うから八稜形《りようけい》だなどゝ思《おも》ふ者《もの》があるが、それは語學《ごがく》を知《し》らぬものゝこと。八咫《た》とは Add アダ、「若《わ》かく美《うつく》しくする」を意味《いみ》し其鏡《そのかゞみ》は酒杯《しゆはい》のことである。日本《にほん》の神器《しんき》たる伊勢《いせ》神鏡《しんきやう》の寫《うつ》しの内侍所《ないじしよ》の御鏡《みかゞみ》は、日本《にほん》書紀註釋者《しよきちうしやくしや》飯田《いひだ》武郷《たけさと》氏《し》の宮内省での實見記事に據《よ》ると、御鏡《みかゞみ》は素《もと》より窺《うたが》ひ見《み》らるべきでないが、其容器《そのようき》は竪《たて》一尺三寸《しやくすん》、直徑《ちよくけい》九寸《すん》の黄金鑵《わうごんくわん》で、アラビヤ夜話《やわ》の云《い》うが如《ごと》く鋲《びやう》で封《ふう》じてある。神鏡《しんきやう》は此容《このい》れ物《もの》の中《なか》に坐《ま》すので、此容器《このようき》の形狀《けいじやう》から推《お》すと、決《けつ》して平面鏡《へいめんきやう》とは思《おも》はれぬ。せの高い物たることが判《はん》ぜられる――然《しか》らば、どんなものであらうか。

三足兩耳の鼎――其說明《そのせつめい》は近松《ちかまつ》の「唐船噺今國姓爺」の始《はじ》めの部分《ぶぶん》が提供《ていきよう》する。其書《そのしよ》に三足兩耳《そくりやうじ》の鼎《かなへ》の事《こと》を記《し》るし、扨《さ》て次《つぎ》に『音《おと》に聞《き》く、日本《にほん》の內侍所《ないじどころ》の（御鏡《みかゞみ》）も是《こ》れに同《おな》じと承《うけたまは》る』と書《か》いて居《ゐ》る。天照天神《あまてらすおほみかみ》の御鏡《みかゞみ》は決《けつ》して平面鏡《へいめんきやう》でもなく八稜《りよう》形《けい》でもないことは、之《こ》れに依《よ》つても知《し》るべく、古來《こらい》『金甌《きんおう》』の語《ご》を使用《しよう》してあるは即《すなは》ち此事《このこと》で、神鏡《しんきやう》は金製《きんせい》の「甌《かめ》」である。杯泉《はいせん》である。

且《な》つ劒《つるぎ》の卷《まき》の記事《きじ》と、亞拉比亞夜話《あらびあやわ》との記事《きじ》とは同《おな》じものであり、又《ま》た龍樹《りうじゆ》の水《みづ》鉢《はち》にも關係《くわんけい》がありとすると、神鏡《しんきやう》の概念《がいねん》は得《え》られたが、此星座《このせいざ》の杯泉《はいせん》は內侍所《ないじどころ》の御《み》鏡《かゞみ》だとは言《い》へぬのである。

日前宮の御鏡なり――始《はじ》め高天原《たかまのはら》で神々《かみ〴〵》が日像《にちざう》の神鏡《しんきやう》を鑄造《ちうざう》し玉《たま》うた時《とき》に『初度《しよど》鑄《つく》る所少《ところすこ》しく意《い》に合《あ》はず、是《こ》れ紀伊國《きいのくに》の日前《ひのくま》の神《かみ》なり、次度《つぎに》鑄《つく》る所其狀美麗《ところそのさまびれい》なり、是《こ》れ伊勢《いせ》の大神《おほかみ》なり』と古語拾遺《こごしうゐ》にあるが、此杯泉《このはいせん》は即《すなは》ち日前《ひのくま》の御鏡《みかゞみ》である。其《そ》れは此星座地理《このせいざちり》が見事《みごと》に證明《しようめい》する。

「日前」は「マエ・ソリヤ」――此星座地理《このせいざちり》は中印度《ちういんど》と南印度《みなみいんど》との間《あひだ》、昔《むかし》のマエソリヤ Mae-Solia 「前《マエ》・日《ソル》」即《すなはち》「日前」で、毎日《まいにち》を意味《いみ》し、日本《にほん》で之《こ》れをヒノサキ、ヒノマヘなど言《い》う人《ひと》もあるが、又《ま》た『日《ひ》のくま』が正《たゞ》しいとなつて居《ゐ》る。「日《ひ》のくま」の「くま」は英語其他《えいごそのた》の Cuma (Come) で、續《つ》づき來《く》る、進《すゝ》み行《ゆ》くことを意味《いみ》し、マエ・ソリヤのマエ即《すなは》ち「前《まへ》」の語《ご》に當《あた》つて居《ゐ》る。だから此《この》マエソリヤ即《すなは》ち日前《ひのくま》の地《ち》にある杯泉星座《はいせんせいざ》は日前《ひのくま》の御鏡《みかゞみ》なることは明瞭《めいれう》である。（此鏡《このかゞみ》は吉備《きび》の國《くに》にあると云《い》うてあるが、吉備《きび》とは中印度東海岸《ちういんどひがしかいがん》キルカルス即《すなは》ちマエソリヤの古代名《こだいめい》のことであるが説明《せつめい》は略《りやく》して置《お》く）

日本名『日の鏡』――天《あま》の日《ひ》槍《ほこ》が日本《にほん》（當時埃及《たうじえぢぶと》）へ持《も》つて來《き》た寶物《ほうぶつ》の中《なか》に、日《ひ》の鏡《かゞみ》なるもるがあるが、實《じつ》は是《こ》れは此杯泉星座圖《このはいせんぜいぎづ》の事《こと》である。そして天《あま》の日《ひ》槍《ほこ》なる人《ひと》は西洋天文學史《せいやうてんもんがくし》に有名《いうめい》な人物《しんぶつ》ヒッパーコ Hipparchos の發音《はつおん》が短《みじ》かめられてヒポコーヒボコとなつたものに過《す》ぎぬ。此事《このこと》は後《あと》に詳細《せうさい》に說《と》く。

又《ま》た此星座《このせいざ》は希臘語《ぎりしやご》『クラテルス』と云《い》うが、アレキサンドルの東方征伐《とうはうせいはつ》の時《とき》の部《ぶ》下《か》の大將《たいしやう》の一人《ひとり》にクラテルスなる者《もの》があつて、其《そ》れを日本《にほん》では『建日《たけひ》』と云《い》うてあつて、此星座《このせいざ》が日前宮《ひのくまのみや》で「日《ひ》」に關係《くわんけい》あることが知《し》られる。

第十一章　烏星座

烏星座——羅甸名《らてんめい》コルブス Corvus。水蛇星座《みづへびせいざ》の北即《きたすなは》ち水蛇《みづへび》の尾《を》に近《ちか》い部分《ぶぶん》の背《せ》にとまつて居《ゐ》る位置《ゐち》、物《もの》をついばんで居《ゐ》る形《かたち》。けれども水蛇《みづへび》の背《せ》をつゝいて居《ゐ》ると云《い》ふわけでは無《な》い。二等星又《とうせいまた》は三等星《とうせい》が梯形《はしごかた》に近《ちか》い四角形《かくかた》を爲《な》して居《ゐ》る。

ニユー・ギニヤ島——是《こ》れはニユー・ギニヤ（グイアナ）島《しま》を形《かたち》にしたもので地圖《ちづ》の島《しま》の範圍《はんゐ》を鳥《とり》の胴《どう》とし、ひろげた翼《つはさ》は、北岸《ほくがん》に散《ち》らばつて居《ゐ》る小《ちい》さな島々《しま〴〵》をかけ合《あは》せたものであり、頭《あたま》は島《しま》の東部《とうぶ》。尾《を》は此島《このしま》の西《にし》にあるケラム島《しま》まで及《およ》び、足《あし》はパプアに當《あた》つて居《ゐ》る。

此島《このしま》は希臘神話《ぎりしやしんわ》のユリセース漂流譚中《へうりうたんちう》のハヤシの島《しま》であるが、後又《のちま》たグアナハ・ニイ Guanah-anii として傳《つた》へられて居《ゐ》るが、其《そ》れはグイアナ・ニイ即《すなは》ちニユー・グイアナの訛《なま》つた發音《はつおん》で「女護《によご》」の島《しま》 Neo Guno 即《すなは》ち若《わか》き女《をんな》の島《しま》である。又《ま》た此島《このしま》をサン・サルヴ・ドール Sau Salva Dor とも云《い》うた。其《そ》れには『太陽《たいやう》・祝賀《しゆくが》・鳥《とり》』の意味《いみ》があり、朝《あさ》を祝賀《しゆくが》する鳥《とり》は烏《からす》であつて、此星座《このせいざ》の形《かたち》は、烏《からす》が地《ち》に平伏《へいふく》して東《ひがし》に向《むか》つて喜《よろこ》びの感謝《かんしや》を致《いた》して居《ゐ》る姿《すがた》と見《み》るべきである。

第七十八圖

烏星座

星の名――翼《つばさ》の上《うへ》の方《はう》にアルゲラブ Al-gerab (Al-ger-ao)の星《ほし》があつて、凡《すべ》て自由《じいう》を意味《いみ》するが、其《そ》れに對《たい》する地名《ちめい》は島《しま》の中央《ちうあう》あたりの北岸《ほくがん》にキクロップス Cykl-opus 山《やま》があつて、凡《すべ》て自由《じいう》を意味《いみ》する點《てん》に於《おい》て對譯《たいやく》になつて居《ゐ》る。

アポローンの鳥に非ず――日本《にほん》で出來《でき》て居《ゐ》る星座《せいざ》の神話《しんわ》を書《か》いた或書物《あるしよもつ》

に此烏《このからす》はアポローンの烏《からす》で、アポローンの情婦《じやうふ》を監視《かんし》せしめる爲《た》めの烏《からす》。そして此《この》烏《からす》の報告《はうこく》で彼女《かのぢよ》の罪惡《ざいあく》を知《し》つてアポローンは彼女《かのぢよ》を殺《こ》ろした。烏《からす》は此功勞《このこうらう》で天《てん》へ上《あ》げられたなど、トホウもない間違《まちが》ひを書《か》いた者《もの》がある。此烏《このからす》は決《けつ》してアポローンの烏《からす》で無《な》いことは後《あと》に知《し》れるが、假令《たとへ》アポローンの烏《からす》としても、神話《しんわ》の筋《すぢ》は大間違《おほまちが》ひ、烏《からす》はウソを報告《はうこく》してアポローンに罰《ばつ》されたのである。何《なに》しに功勞《こうらう》があらう。天《てん》に上《あ》げられる理由《りいう》はない、此烏《このからす》は他《ほか》の話《はな》しを有《も》つて居《ゐ》る。そして其《そ》れは日本《にほん》に傳《つた》はるもの、外此星座《ほかこのせいざ》の烏《からす》を說《せつ》明《めい》し得《え》るものは無《な》いのである。

けれども此烏《このからす》の話《はなし》に進《すゝ》むには、先《ま》づ此島《このしま》の住民即《ぢうみんすなは》ちユリセース漂流譚中《へうりうたんちう》のハヤシ人《じん》なるものの事《こと》を一言《げん》せねばならぬ。

第八十八圖

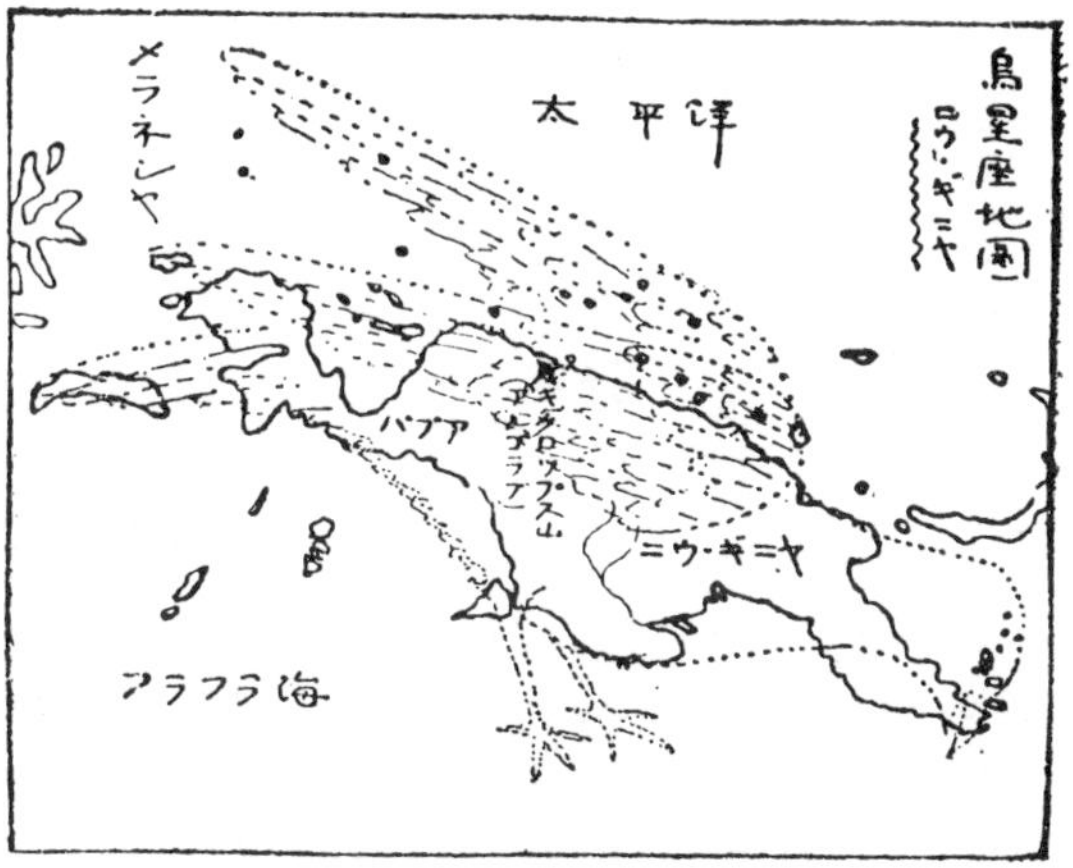

烏星座地圖

高麗の上表と烏の羽根——此《この》ハヤシ人《じん》は元《も》と天孫種族《てんそんしゆぞく》で、始《はじ》め西《にし》の方《はう》に居《ゐ》たものだが、近隣《きんりん》の民族《みんぞく》が、餘《あま》りに亂暴《らんぼう》なのを厭《いと》うて、ナウシトオスなる者《もの》の嚮《きやう》導《だう》で、東海《とうかい》の此島《このしま》に移住《いぢう》し、平和《へいわ》の天國《てんこく》を作《つく》り、航海《かうかい》の術《じゆつ》に長《ちやう》じて、外國《ぐわいこく》へは世界《せかい》上何處《じやうどこ》へでも行《ゆ》くが、自國《じこく》は鎖國《さこく》して居《ゐ》た。ユリセースの當時《だうじ》にはナウシカなる王《わう》女《ぢよ》があつたと云《い》うてある。此民族《このみんぞく》が此《この》ニユー・ギニヤに來《く》る前《まへ》には、柬甫《かんほ》塞《ちや》に居《ゐ》たもので、ハヤシの國《くに》を林邑《りんいう》と云《い》うたが、又《ま》た柬甫《かんほ》塞人等《ちやじんら》は「コマ」の國《くに》と云《い》うて居《ゐ》る、それは樹木即《じゆりくすなは》ち林《ばやし》の茂《しげ》りを希臘語《ぎりしやご》日本語《にほんご》でコマと云《い》うからである。

扨《さ》て此高麗《このこま》(コマ)の國《くに》と、其民族《そのみんぞく》の祖先《そせん》とに就《つ》いては面白《おもしろ》い話《はなし》が日本《にほん》に傳《つた》はつて居《ゐ》て、烏傳說《からすでんせつ》が其《そ》れから出《で》るのである。彼等《かれら》ハヤシ人《じん》の祖先《そせん》は日本《にほん》の朝廷《てうてい》に事《つか》へて學問《がくもん》の職《しよく》を奉《ほう》じ船史《ふねのふびと》と云《い》はれて居《ゐ》た。或時高麗《あるときこま》が上表《じやうべう》した。如何《いか》なる文章《ぶんしやう》であつたか、日本《にほん》の文官《ぶんくわん》史《し》官《くわん》が讀得《よみえ》まなかつた。其時船《そのときふね》の史王辰爾《ふびとわんときしか》が其《そ》れを讀《よ》んだ。日本《にほん》の史官《しくわん》は大叱《おほしか》られ、玉辰爾《わうときしか》は大《おほい》に褒《ほ》められた。其後高麗《そのごこま》が又《ま》た上表《じやうへう》した。今度《こんど》は烏《からす》の羽《はね》に墨《すみ》で書《か》いたものであるから、どうしたら善《よ》いかわからなかつた。其時辰爾《そのときときしか》は羽《はね》根《ね》を飯《めし》の湯氣《ゆげ》に蒸《む》して帛《きぬ》に印《お》して盡《こと〴〵》く其字《そのじ》を寫《うつ》して讀《よ》むことが出來《でき》た。其烏《そのからす》の羽《は》根《ね》の其烏《そのからす》は又《ま》た星座《せいざ》の烏《からす》で、ハヤシ人《じん》即《すなはち》高麗人《こまじん》の功績《こうせき》を語《かた》るものである。

又《ま》たユリセース神話《しんわ》にハヤシ人《じん》の當時《たうじ》の玉女《わうぢよ》はナウ・シカ Nou-sicaa (=Scia)とあるが、其《そ》れは「船史《ふねのふびと》」又《ま》た船《ふね》の智者《ちしや》を意味《いみ》するのも面白《おもしろ》い。其父《そのちゝ》ナウ・シトオス Nau-sithoos も矢張《やはり》「船《ふね》の史《ふびと》」の別譯《べつやく》であつて、辰爾《ときしか》を「トキシカ」と訓《おし》ませてある其《その》トキは、Duci (Daci) で、「シカ」は娘《むすめ》の名《な》ナウ・シカのシカと同《おな》じであつて、此島《このしま》の烏事件《からすじけん》に關聯《くわんれん》して、此《こゝ》に此烏《このからす》の羽《はね》の烏《からす》の星座《せいざ》が出來《でき》たのである。決《けつ》して從來《じうらい》の如《ごと》きアポローンの烏《からす》でないことを明瞭《めいれう》にして置《お》く。

第十二章　小犬星座

小犬星座――　羅甸名《らてんめい》カニス・ミノーリス Canis Minoris と謂《い》ひ、雙兒宮《さうじきう》の南《ななみ》に在《あ》つて、前犬星《まへいぬぼし》を意味《いみ》するプロ・クオンの一等星《とうせい》が輝《かゞや》いて居《を》り、又《ま》た三等星《とうとう》のゴメイサの星《ほし》がある。

第八十九圖

小犬星座

此星座《このせいざ》は大犬星座《おほいぬせいざ》のそれと共《とも》に、オオリオンが獵《れふ》に連《つ》れて行《ゆ》く二匹《ひき》の犬《いぬ》の一つと謂《い》はれて居《ゐ》る。

日本本島――　此星座《このせいざ》の形《かたち》は日本《にほん》の本島《ほんたう》の北部《ほくぶ》を象《かたど》つたもので、犬《いぬ》が前足《まへあし》を立《た》てゝ座《すは》つて居《ゐ》る。其頭《そのあたま》の部分《ぶぶん》は陸奥《むつ》に當《あた》り、下部《かぶ》は畿内《きない》に當《あた》つて居《ゐ》る。そして本島西半部《ほんたうせいはんぶ》は大犬星座《おほいぬせいざ》の右足《みぎあし》に當《あた》り、北海道《ほくかいだう》は大犬《おほいぬ》の左《ひだり》の足《あし》の尖《さき》に當《あた》つて居《ゐ》る。

星の名――　プロクオン Pro-kyon は前犬《まへいぬ》を意味《いみ》し、この日本島《にほんたう》は海路《かいろ》で、大犬《おほいぬ》

第十九圖

小犬星座地圖

沿海州等《えんかいしうとう》の地《ち》に行《ゆ》くに、先《ま》づ經過《けいくわ》すべき島《しま》だから、犬前《いぬまへ》、又《また》は前犬《まへいぬ》の名《な》が此星《このほし》に付《つ》けられたものと思《おも》はれる（大犬星座《おほいぬせいざ》より北《きた》にある所《ところ》から、少《すこ》し前《まへ》に上《あが》つて來《く》る故《ゆゑ》、前犬星《まへいぬほし》の名《な》があるとは舊來《きうらい》の説明《せつめい》である）。○○○ゴメイサGomeisa(Koméso)の星《ほし》は小犬《こいぬ》の頸《くび》のあたりにあつて希臘語《ぎりしやご》「美成《びせい》」を意味《いみ》し、丁度《ちやうど》基《そ》れが仙臺《せんだい》のある宮城《みやぎ》の地名《ちめい》の譯名《やくめい》ではなからうと思《おも》はれる。何故《なぜ》ならば「宮城《みやぎ》」とは Make《ミヤキ》 即《すなは》ち美成《びせい》、お作《つく》りを意味《いみ》するやうだからである。

第十三章　大犬星座

大犬星座――羅甸名《らてんめい》カニス・マヨーリス Canis Majoris。オオリオン星座《せいざ》と、小犬星座《こいぬせいざ》との間《あひだ》、天《てん》の赤道《せきだう》の南《みなみ》、大凡《おほよそ》十六度半《どはん》に當《あた》つて、天界第一《てんかいだい》の最《もつと》も明《あか》るい天《てん》狼星《らうせい》又《ま》た犬星《いぬほし》を有《も》つて居《ゐ》る大犬星座《おほいぬせいざ》がある。星座《せいざ》の形《かたち》は犬《いぬ》が走《はし》りつゝある形《かたち》で頭《あたま》は北《きた》、尾《を》は南《みなみ》にある。そして今云《いまい》ふた天界第一《てんかいだい》の明《あか》るい天狼星《てんらうせい》は實《じつ》に其光《そのひか》りはすさまじいもので、其明《そのあか》るさ、美《うつく》しさは、宛《あだか》も大《おほ》きな金剛石《こんがうせき》の輝《かゞ》やくやうで、殆《ほとん》ど形容《けいよう》が出來《でき》ぬ程《ほど》である。空氣《くうき》の靜《しづ》かな時《とき》には此星《このほし》は力強《ちからつよ》い白《しろ》い光《ひかり》を以《も》つて燃《も》えて居《ゐ》て、其《その》光《ひかり》はゆらめくことなく、目《め》には見《み》えぬが此星《このほし》の上《うへ》には空氣《くうき》の波《なみ》が立《た》つかとも思《おも》はれ其光線《そのくわうせん》は廣《ひろ》まりつゝ、躍《をど》りつゝ、炎《ほのほ》となり、きらめき、かゞやき。火花《ひはな》の如《ごと》く、又《ま》た最《もつと》も強《つよ》き輝《かゞやき》に固《かた》まり、又《ま》た色美《いろうつく》しく光《ひかり》を發射《はつしや》する如《ごと》き有樣《ありさま》である。

此天狼星《このてんらうせい》が殆《ほとん》ど天界第一《てんかいだい》の見事《みごと》な星《ほし》と見《み》えるが、實《じつ》は其《そ》れは割合《わりあひ》に近《ちか》くの僅《わづ》かに八光年餘《くわうねんよ》の巨離《きより》にあるからのことで、其光輝《そのくわうき》の度《ど》は、我等《われら》の太陽《たいやう》よりは僅《わづ》かに三十倍《ばい》に過《す》ぎず、オオリオン星座《せいざ》のリーゲルヤ、ベテルギウズ等《とう》が、太陽《たいやう》よりも數《すう》千倍《ばい》の上《うへ》であるの比較《ひかく》でない。

滿蒙西伯利亞——此犬星座《このいねせいざ》の圖《づ》を見《み》ると、これは滿州蒙古西伯利亞《まんしうまうこしべりあ》の地圖《ちづ》で犬《いぬ》の頭《あたま》は西伯利亞《しべりあ》ヤクートスクのコルマ河《かは》の邊《へん》に當《あた》り、咽喉《のど》はオコーック灣《わん》の岸《きし》に當《あた》り、犬《いぬ》の右前足《みぎまへあし》は其灣《そのわん》の北岸《ほくがん》からカムチャットスカにかゝり、後右足《あとみぎあし》は、股《また》は朝《てう》鮮《せん》、足《あし》の尖《さ》きは日本本道西南部《にほんほんたうせいなんぶ》にかゝり、後左足《あとひだりあし》は黃海《くわうかい》に當《あた》り、尾《を》は黃河《くわうか》の流《なが》れに並行《へいかう》して居《ゐ》る。

特《とく》に犬《いぬ》の前左足《まへひだりあし》の曲《まが》り具合《ぐあひ》はカラフト島《たう》を利用《りよう》し、後右足《あとみぎあし》の股《また》は朝鮮《てうせん》の地形《ちけい》を利《り》用《よう》してあるなど、此地理《このちり》の爭《あらそ》ふ可《べ》からざる形《かたち》である。

十二支中の戌——此犬《このいぬ》は如何《いか》なる犬《いぬ》であるかに就《つ》いて、西洋《せいやう》では種々《しゆ〳〵》の說《せつ》があつて希臘神話《ぎりしやしんわ》では、オオリオンの獵《れふ》に連《つ》れて行《ゆ》く犬《いぬ》だと云《い》ひ、北人《ほくじん》はシグウルドの犬《いぬ》だと云《い》ひ、印度人《いんどじん》は「鹿殺《しかごろ》し」の犬《いぬ》だと云《い》ひ又《ま》た或希臘神話《あるぎりしやしんわ》ではアクタイオンの犬《いぬ》で、アクタイオンは其飼《そのか》ひに犬咬《いぬか》み殺《ころ》された其犬《そのいぬ》だとも云《い》はれて居《ゐ》る。其傳説《そのでんせつ》は種々《しゆ〳〵》あるが又《ま》た其《そ》れが統一《とう》せられる理由《りいう》はあるが、先《ま》づ私《わたし》の研究上《けんきうじやう》、是《こ》れは十二支《し》の中《うち》の戌《いぬ》で、其《その》十二支《し》の戌《いぬ》の國《くに》に當《あた》つて居《ゐ》る其地理《そのちり》を表《あら》はしたものと斷定《たんてい》する。

第九十一圖

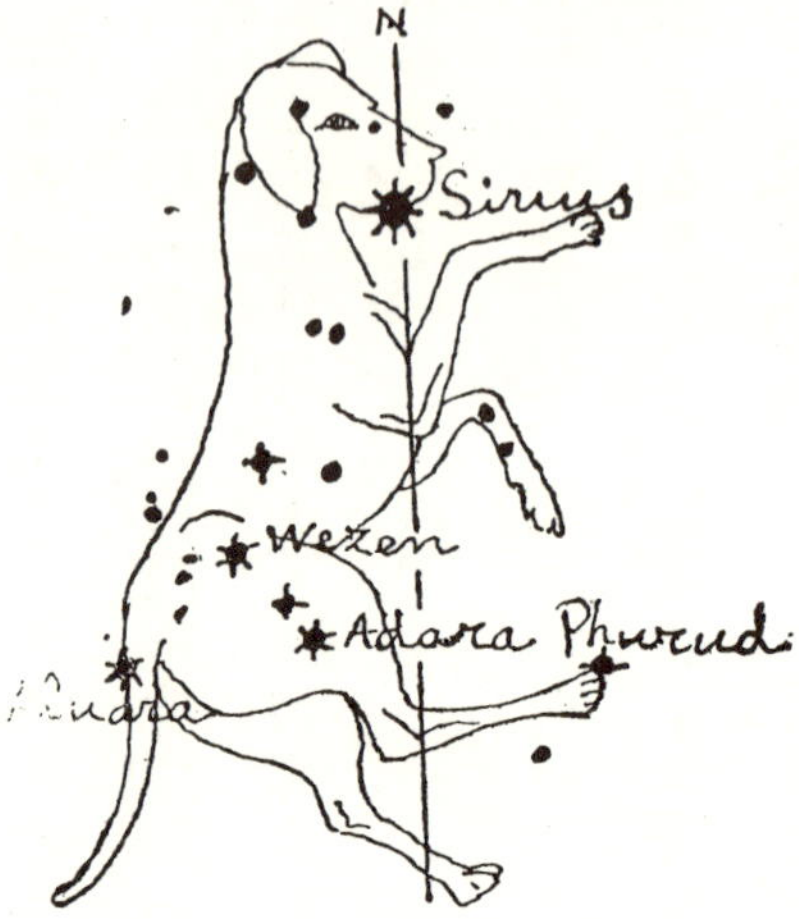

大犬星座

此《こゝ》に謂《い》ふ所《ところ》の十二支《し》は印度《いんど》のヒマラヤ山《ざん》を未《ひつじ》とし、西藏《ちべつと》のソロモン(ソロマ)山地方《やまちはう》を申《さる》(猿《さる》)とし、蒙古《まうこ》を酉《とり》とし、今此滿州《いまこのまんしう》、アムール、西伯利亞《しべりあ》等《とう》を戌《いぬ》としたもの(支《し》那南部《ななんぶ》は獅子《しし》即《すなは》ち亥《ゐ》)で、其《そ》の十二支《し》の戌《いぬ》の地《ち》を犬《いぬ》の形《かたち》に作《つく》つて表《あら》はしたものと云《い》ふのである。

此土地《このとち》は昔肅愼《むかししゆくしん》又《ま》たスキタイと云《い》ふて、其《そ》れが人間《にんげん》の名《な》になつて北人神話《ほくじんしんわ》のシグウルドとなつて、其犬《そのいぬ》がシグウルドの犬《いぬ》と謂《い》はれ、オオリオンが此土地《このとち》を犬《いぬ》として

第九十二圖

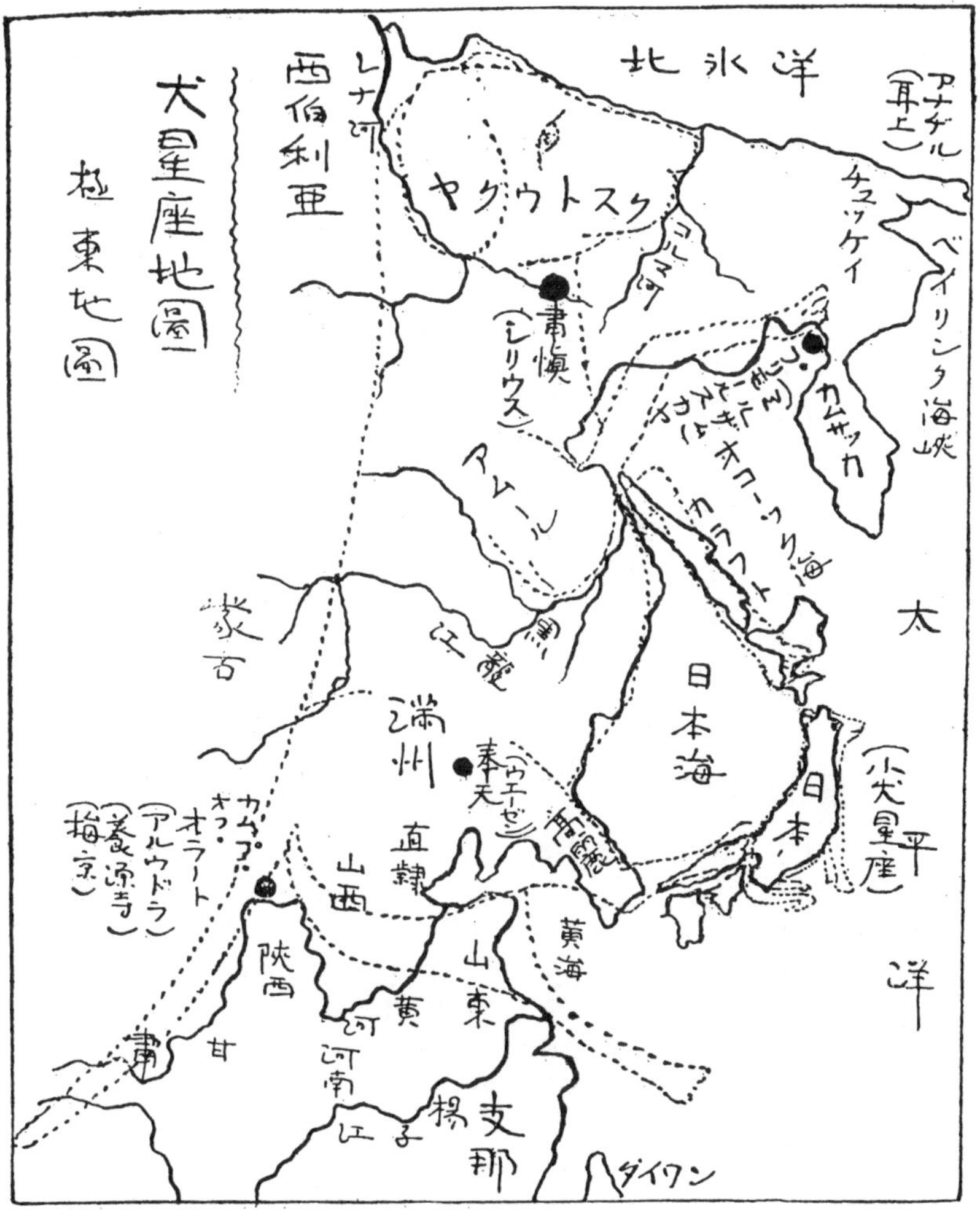

大犬星座地圖

一種の狩獵的《しゆれふてき》運動《うんどう》をした點《てん》から、此《こ》れはオオリオンの犬《いぬ》と謂《い》はれ、アクタイオンは又《ま》たオオリオン等《とう》に殺《ころ》される神話《しんわ》が、日本《にほん》に傳《つた》はつて居《ゐ》る點《てん》から　此犬《このいぬ》はアクタイオンを殺《ころ》した犬《いぬ》と謂《い》はれ、又《ま》たアクタイオンが鹿《しか》に化《な》つて、自分《じぶん》の飼犬《かひいぬ》に咬《か》み殺《ころ》された點《てん》から、此犬《このいぬ》は鹿殺《しかころ》しと云《い》ふ名《な》で傳《つた》はつて居《ゐ》ると考《かんが》へられる。

委奴國、即ち犬國――此犬星座《このいぬせいざ》を見《み》ると、滿州《まんしう》、蒙古《まうこ》、西伯利亞《しべりや》、揚子江《やうすこう》以北《ほく》、及《およ》び日本《にほん》を含《ふく》めた範圍《はんゐ》の地圖《ちづ》で、之《こ》れに小犬星座《こいぬせいざ》を併《あは》せると、日本全部《にほんぜんぶ》も犬國《いぬこく》の内《うち》になつて仕舞《しま》ふ。そこで我等《われら》は極東《きよくとう》の太古《たいこ》に於《おい》て「犬國《いぬこく》」なる大《おほ》きな國《くに》があつたことを、此星座《このせいざ》に由《よ》つて學《まな》ぶもので、又《ま》た其《そ》れを日本《にほん》で發掘《はつくつ》したものが證明《しようめい》するのである。其《そ》れは舊派《きうは》史學者《しがくしや》や考古學者《かうこがくしや》が解釋《かいしやく》に困《こま》つて居《ゐ》る物件《ぶつけん》と事件《じけん》とである――

『委奴王國』の發見――　天明《てんめい》四年《ねん》、今《いい》から百三十八年前《ねんぜん》筑前《ちくぜん》（これは今《いま》の日本《ほん》の）那珂郡滋賀島《なかぐんじがじま》の百姓甚兵衛《しやうじんべゑ》なる者《もの》が、村《むら》の渠《ほり》を浚《さら》へた時《とき》、一つの巨《おほ》きな石《いし》の下《した》から、金印《きんいん》、方《はう》七分《ぶ》八厘《りん》、厚《あつ》さ三分《ぶ》、蛇紐《へびひも》高《たか》さ四分《ぶ》、重《おも》さ二十九錢《せん》のものを獲《え》た其文《そのぶん》に『漢委奴國王《かんゐねこくわう》』とあつた。所《ところ》が舊派《きうは》の歴史家《れきしか》等《ら》は此《この》委奴の字《じ》をイヌと讀《よ》んだ者《もの》は一人《ひとり》もなく、皆之《みなこれ》をイドと讀《よ》み、其國名《そのこくめい》の所在《しよざい》は筑前《ちくぜん》の怡土郡《いとこほり》であるとか、宗《むな》像郡《かたごほり》の怡土《いと》郷《ごう》であるとか、古典《こてん》の伊都縣《いとのあがた》であるとか、凡《すべ》てイトの讀《よ》み方以外《かたいぐわい》に出《で》た者《もの》は一人《ひとり》もなかつたが、「委奴《ゐぬ》」は實《じつ》はイヌと讀《よ》むべきもので、前《まへ》に謂《い》ふた犬《いぬ》の國《くに》又《ま》た狗國と書《か》いてある昔《むかし》の國《くに》である。思《おも》ふに此委奴國《このゐぬこく》は大犬《おほいぬ》と小犬《こいぬ》との二つの星座《せいざ》地《ち》を併《あは》せた大王國《だいわうこく》で、現日本《げんにほん》も其内《そのうち》に含《ふく》み、舊派史學者等《きうはしがくしやら》が思《おも》ふやうな九州邊《しうへん》の一局《きよく》部《ぶ》の小國《せうこく》では無《な》かつたのである。

此委奴國《このゐぬこく》はイヌ又《ま》たヰイヌで、アイヌと同發音《どうはつおん》である所《ところ》を考《かんが》へると、之《こ》れは即《すなは》ち今《いま》のアイヌ民族《みんぞく》の太古《たいこ》の國《くに》と思《おも》はれる。今《いま》こそアイヌ族《ぞく》は敗殘民族《はいさんみんぞく》として殆《ほとん》ど亡《ほろ》んで居《ゐ》るが、此《この》天文星座の地圖に依《よ》つて其國《そのくに》の昔《むかし》の範圍《はんゐ》も殆《ほとん》ど明瞭《めいれう》にせられ、支那《しな》揚子《やうす》江以北《こういほく》、亞伯利亞《しべりあ》までも達《たつ》した大海岸國《だいかいかんこく》たることが知《し》られる。――これは太古《たいこ》に存《ぞん》して居《ゐ》たが、其後《そのご》消《き》えた『委奴國《ゐぬこく》の』發見《はつけん》と謂《い》ふべきである。又《ま》た星座研究《せいざけんきう》の副產《ふくさん》物《ぶつ》として史學上《しがくじやう》の一貢獻《こうけん》だと信《しん》ずる。

舊派史學者等《きうはしがくしやら》は此《この》委奴國《こく》と倭(ヤマト)とを混同《こんどう》して居《ゐ》るが、其《そ》れは別《べつ》であることを知《し》らねばならぬ。(犬《いぬ》の語源《ごげん》は Inu, Ino, Aino, Oino, Venus 同語《どうご》)

羅馬《らうま》神話《しんわ》（實《じつ》は印度《いんど》神話《しんわ》）にトロイの王族《わうぞく》イナイ王《わう》が殘黨《ざんたう》を引《ひ》き連《つ》れて新《あらた》に國《くに》を造《つく》る爲《た》めに奥《おく》の方《はう》へ行《いつ》たことが謂《い》ふてあるが其《そ》れが神武《じんむ》天皇《てんのう》の御兄《おんあに》稲氷《いなひ》王《わう》のことで印度《いんど》トロイ即《すなは》ちベンガルのキツタゴンから太平洋《たいへいやう》の方《はう》へ出《で》たもので、此犬《このいね》の國《くに》がイナイ王即《わうすなは》ちアイネアス、即《すなはち》アイノ即《すなは》ちイヌ王《わう》の名《な》が此國《このくに》の名《な》となつたと思《おも》はれる。此《この》イナイ王《わう》は『新羅《しらぎ》の祖《そ》』と云《い》ふてあるが、新羅《しらぎ》とはScyllaciと書《か》き、スキラなるものは神話《しんわ》では「犬」として表《あら》はしてあるに由《よ》つても、此犬國《このいねこく》と稲氷《いなひ》王《わう》との關係《くわんけい》が知《し》られる。（詳細《せうさい》は拙著民族研究叢書《せつしやみんぞくけんきうそうしよ》に譲《ゆづ》る）

此犬星座《このいねせいざ》の圖《づ》の存在《ぞんさい》に由《よ》つて太古《たいこ》の犬國《いねこく》の存在《ぞんざい》を知《し》り、又《ま》た其《そ》れが神武皇兄《じんむくわうけい》の稲《いな》氷《ひ》王《わう》の入《い》りました新羅《しらぎ》である。又《ま》た其《そ》れに後代日本《こうだいにほん》の名《な》を取《と》つて現《あら》はれやうになつたことも解《わ》かり、尚《な》ほ進《す》んで――支那《しな》楊子《やうす》江以《こうい》北《ほく》、滿州《まんしう》も蒙古《まうこ》も、アムールも、西《し》伯利亞《べりあ》も日本領《にほんりやう》であつなことが知《し》られるのである。

シリウス（天狼）星は肅愼――犬星座《いねせいざ》と犬國地理《いねこくちり》とが確定《かくてい》した以上《こじやう》は又《ま》た此《この》星座《せいざ》に屬《ぞく》する星《ほし》の名《な》が、地名《ちめい》であると考《かんが》へられる以上《いじやう》は、舊派《きうは》の天文學者《てんもんがくしや》の、シリウス Sirius の星《ほし》の名《な》の意味《いみ》の說明《せつめい》も亦隨《またしたが》つて趣《おもむき》を異《こと》にせねばならぬ。

從來《じうらい》ではシリウスとは希臘語《ぎりしやご》「セイロス」即《すなは》ち焦熱《せうねつ》を意味《いみ》すと云《い》ひ、埃及《えぢぷと》の「オシリヌ」の名《な》であると謂《い》ひ、又《ま》たケルト語《ご》の「シユル」であるなど謂《い》ひ、又《ま》な此犬星《このいぬほし》が上《あが》る時節《じせつ》は暑氣《しよき》が強《つよ》いから、愈々《いよいよ》炎熱《えんねつ》とか暑氣《しよき》とかの意味《いみ》があるやうに言《い》ふて來《き》たが、其《そ》れは全《まつた》くの間違《まちが》ひで、我等《われら》は矢張《やは》りこれは地名に由《よ》つて命名《めいめい》されたことを知《し》り舊派《きうは》の說明《みつめい》の廢棄《はいき》を命《めい》ずるものである。

此犬星座《このいぬせいざ》の地《ち》は昔《むかし》は又《ま》た肅愼《しゆくしん》と謂《い》ひ、希臘語《ぎりしやご》で Sky-thien《スクシン》と書《か》き、スキタイ、又《また》はスキチヤと謂《い》ふた民族《みんぞく》の土地《とち》である（肅愼《しゆくしん》は西《にし》は黑海《こくかい》の濱《はま》にも其國《そのくに》がある）。そして「肅愼《しゆくしん》」なる語《ご》は支那字《しなじ》ても希臘字《ぎりしやじ》でも謹愼《きんしん》を意味《いみ》するが、今之《いまこ》れを羅典譯《らてんやく》するとシリウス Sirius で、英語《えいご》でも眞面目《まじめ》・嚴肅《げんしゆく》のことを Serious と謂《い》ふは即《すなは》ち此語《このご》であつて、星《ほし》の名《な》シリウスの意義《いぎ》は此《か》く明確《めいかく》に知《し》られる。支那名《しなめい》天狼はスク・シンの「スク」Sky は英語《えいご》のスカイと同語《どうご》即《すなは》ち天であり、下半語《しゆはんご》シン（thien, thao）は視るを意味《いみ》し、英語《えいご》ロー Lo と謂《い》ひ又《ま》た狼《おほまみ》はローて視《み》るを意味《いみ》し、天狼《てんらう》は又《ま》た肅愼《しゆくしん》の別譯《べつやく》である。

ミルザムの星とプリモール・スカヤ――此星座《このせいざ》の右足《みぎあし》の尖《さき》にある二等星《とうせい》に近《ちか》いミルザム Mir-Zamは、「見《み》る・總《すべ》て」を意味《いみ》して、其海岸地《そのかいがんち》プリモール・スカヤ Primor-skaya を名《な》としたものである。即《すなは》ちプリモールは「總覽《そうらん》」「首相《しゆしやう》」を意《い》味《み》して明瞭《めいれう》な對譯《たいやく》である。日本《にほん》では此地《このち》を「大目付《おほめつけ》」と謂《い》ふてあるのも明瞭《めいれう》な對譯《たいやく》である。

ウエーゼンの星と奉天――犬《いぬ》の右股《みぎまた》にあるウエーゼン Wezen の星《ほし》は、獨《ど》逸語《いつご》の「存在《ぞんざい》」、これを廣《ひろ》い意味《いみ》で解《かい》して、其星《そのほし》の位置《ゐち》にある奉天《ふおーてん》は Phuo-teino「養育《やういく》」「存立《ぞんりつ》」を意味《いみ》する語《ご》に對譯《たいやく》になつて居《ゐ》る。(「奉天《ほうてん》」の語源《ごげん》は民族叢書《みんぞくそうしょ》に説明《せつめい》して置《お》いた)。

アダラの星と普蘭店――犬《いぬ》の臀部《でんぶ》にアダラ Adara(Ada-ara) の星《ほし》がある。地理《ちり》では遼東半島《れうとうはんとう》の普蘭店《ふらんてん》、ポート・アダムスの所《ところ》に當《あた》つて居《ゐ》る。アダムス Ada-mus はアダラと語幹《ごかん》アダ Ada に於《おい》て一致《ち》して居《ゐ》る。日本《にほん》の書物《しよもつ》には之《こ》れを『大迹部《おほあとべ》』

と云《い》ふてあつて、『大迹《おほあと》・部《べ》』は文字《もじ》通《とほ》りの順《じゆん》に「ボート・アダ・ムス」である。

アルウドラの星こオラート――　犬《いぬ》の尾《を》の根《ね》にアルウドラ Aludra (Aloydra) の星《ほし》があつて、其《そ》れが黄河《くわうか》の最《もつと》も北《きた》へ屈折《くつせつ》した其北方《そのほくはう》のオラート (Orat) の地《ち》の英語地圖《えいごちづ》にCamp of Orat とある所《ところ》の名《な》である。「オラート」は「梅京《はいきやう》」と譯《やく》し、別名《べつめい》を「源養寺《やうげんじ》」と云《い》ふて、其《そ》れが星《ほし》の名《な》アル・ウドラと對譯《たいやく》である(――此地名《このちめい》の小說《せうせつ》が日本《にほん》に傳《つた》はつたものがある)

右足《みぎあし》の尖《さき》の○○日本の地《ち》に當《あた》る Phurrud は何《なん》と對譯《たいやく》になつて居《ゐ》るか、未《ま》だ考《かんが》へが付《つ》かぬ。

第十四章　オオリオン星座（大石星座）

オオリオン星座――Orion。支那《しな》名參宿《めいさんしゆく》。金牛宮《きんぎうきう》の東南《とうなん》に天《てん》の最《もつと》も壯觀《さうくわん》たるオオリオンの星座《せいざ》が輝《かゞや》き、天《てん》の赤道《せきだう》は此星座《このせいざ》の中央《ちうあう》を貫《つらぬ》いて居《ゐ》て、此星座《このせいざ》は地球《ちきう》の何《いづ》れの地點《ちてん》からでも見得《みえ》る位置《ゐち》にある。星座《せいざ》の形《かたち》は、見事《みごと》なる偉丈夫《ゐぢやうぶ》が兩手《りやうて》をさし上《あ》げて、左《ひだり》には獅子《しゝ》の皮《かは》を指《さ》し上《あ》げ、右《みぎ》には杖《つゑ》を持《も》つて指《さ》し上《あ》げ、左《ひだり》の足《あし》は屈《かゞ》めて上《あ》げ、右《みぎ》の足《あし》はま《ま》直《すぐ》に立《た》つて居《ゐ》て、帶《おび》には前《まへ》に小《ちい》い刀《かたな》をつるして居《ゐ》る。左《ひだり》の胸《むね》にベラトリックスの二等星《とうせい》があり、右《みぎ》の肩《かた》にはベテルギウズの一等星以上《とうせいいじやう》の星《ほし》があり、左《ひだり》の足《あし》に同《おな》じく一等星《とうせい》のリーゲルがあり、右《みぎ》の足《あし》に三等星《とうせい》のサイフがあつて、是等《これら》四つの星《ほし》は縦《たて》に長方形《ちやうはうけい》を作《つく》り、其中央帶《そのちうあうおび》の部分《ぶぶん》に斜《なゝめ》に三つの星《ほし》が同《おな》じ間隔《かんかく》を置《お》いてま直《す》ぐに並《なら》んで居《ゐ》る。其《その》三つ星《ほし》の名《な》はミンタカ、アルニラム、アルニタクで、此星座《このせいざ》は、右《みぎ》の如《ごと》き長方形《ちやうはうけい》と、其中央《そのちうあう》の三つ星《ほし》とを、以《も》つて容易《ようい》に見付《みつ》けることが出來《でき》る。其《そ》れだから此星座《このせいざ》は三つ星の名《な》がある位《くらゐ》である。

實《じつ》に此星座《このせいざ》は全天《ぜんてん》に於《お》いて見事《みごと》なもので、他《ほか》に殆《ほとん》ど其壯觀《そのさうくわん》は比較《ひかく》すべきものがない。南天《なんてん》の十字架星座《じかせいざ》もなか〳〵明《あか》るいものであるが、オオリオンには遙《はるか》に劣《おと》つて居《ゐ》る。此《この》オオリオン星座《せいざ》の見事《みごと》さは、神話《しんわ》に於《おい》ては左《さ》まで有名《いうめい》でない所《ところ》のオオリオンに甚《はなは》だ顯著《げんちょ》な名聲《めいせい》を與《あた》へて、大神《おほかみ》ゼウスを始《はじ》め、其他《そのた》の神々《かみ〴〵》や女神等《ぢょしんら》も殆《ほとん》ど顔色《がんしょく》ない有樣《ありさま》である。ベテルゲウズと、リーゲルと、ベラトリクッスとは、此星座《このせいざ》に於《お》ける主要《しゅえう》の星《ほし》で、其中《そのうち》ベテルゲウズとリーゲルとは一等星以上零等《とうせいいじやうれいとう》の大《おほき》さである。

ベテルゲウズは其光輝《そのくわうき》は時々變化《ときぐ〵へんくわ》し、以前《いぜん》は盛《さかん》に輝《かゞや》き、北天《ほくてん》のカペラやヱガや又《ま》たアルクツロスなどよりも輝《かゞや》くものとして數《かぞ》へられて居《ゐ》たが、後《のち》に其輝《そのかゞやき》が減《げん》じ、今《いま》は又《ま》た回復《くわいふく》して居《ゐ》る。其色《そのいろ》は黄石榴《きじやくろ》のやうで時々其色《ときぐ〵そのいろ》を深《ふか》くし、又《ま》た淡《うす》くすることがある。其《そ》れは此星《このほし》は今《いま》や其光輝《そのくわうき》を消滅《せうめつ》せんとする初期《しょき》にあることを示《し》めして居《ゐ》る。そして此星《このほし》の輝《かゞやき》は我が太陽《たいやう》の數《すう》千倍《はい》と知《し》られて居《ゐ》る。

リーゲルの星《ほし》はベテルゲウスよりは稍々《やゝ》輝《かゞや》いて居《ゐ》て、我《わ》が太陽《たいやう》よりは大凡《おほよそ》一萬倍《まんばい》の輝《かゞや》きがあると云《い》はれて居《ゐ》る。色《いろ》は青白《あをじろ》最上等《さいじやうとう》の金剛石《こんがうせき》のやうである。そしてベテルグウスが老年《らうねん》の星《ほし》であるとすれば此《この》リーゲルは天《てん》の青春《せいしゆん》を樂《たの》しんで居《ゐ》る形《かたち》である

ベラトリックスは又《ま》たミルザムと呼《よ》ばれる。二等星《とうせい》。黄色《きいろ》。

第三十九圖

オリオン星座

帶《おび》の部分《ぶぶん》の三つ星《ほし》は長《なが》さ三度《ど》に亘《わた》り、ま直《つす》ぐに、殆《ほとん》ど同《おな》じ大《おほき》さの星《ほし》が並《なら》んで居《ゐ》る形《かたち》は、此星《このせい》座《ざ》の奇觀《きくわん》である。北《きた》なる二つは白《しろ》、下《した》なる一つは黄色《きいろ》。

北アメリカの星座——前《まへ》に北天《ほくてん》に於《おい》て牛車星座《ぎうしやせいざ》はアラスカのものであり、ペルセウス星座《せいざ》も北《きた》アメリカのものであることを謂《い》ふたが、今《いま》又《ま》た此《この》オオリオン星座《せいざ》も亦北《またきた》アメリカであつて、ペルセウスと聊《いさゝ》か形《かたち》が異《こと》なるに過《す》ぎぬのである。

第九十四圖

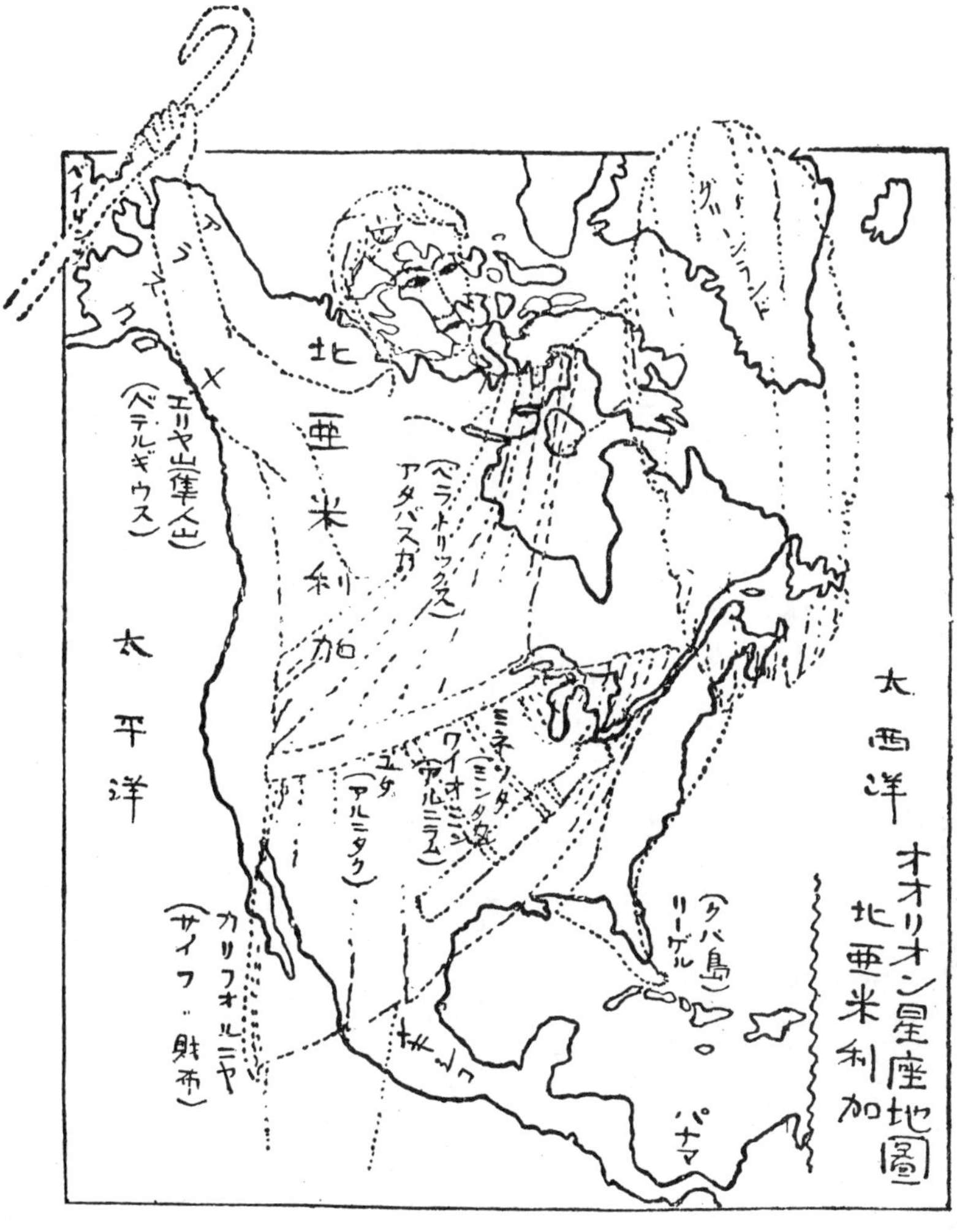

オオリオン星座地圖

彼《か》れの頭部《とうぶ》は北氷《ほくひよう》洋《やう》の島《しま》々である。右《みぎ》の手《て》はアラスカを通《とほ》つてシベリヤに連《つら》なり、持《も》つて居《ゐ》る棒《はう》はベーリング海峡《かいけふ》を象《かたど》つたものである。彼《か》れの左《ひだり》の手《て》に捧《さゝ》げて居《ゐ》る獅子《しゝ》の皮《かは》は、グリーン・ランドから垂《た》れ下《さが》つてラブラドールから合衆國東北部《がつしうこくとうほくぶ》を蔽《おほ》ふて居《ゐ》る。彼《か》れの左《ひだり》の足《あし》のつまさきの下《さが》り具合《ぐあひ》は見事《みごと》にフロリダからクバ島《じま》までに一致《ち》して居《な》り、右《みぎ》の足《あし》はメキシコに當《あた》つて居《ゐ》る。

彼《か》れの劍《けん》はミツシスシツピー河《かは》の東《ひがし》の枝《えだ》オハヨーの方《はう》へ向《むか》つて伸《の》ばして形《かたち》を作《つく》り彼《か》れの帶《おび》はミスシスシツピー河《かは》の上流《じやうりう》の西南《せいなん》のものと、コロラド河《かは》とを連《つら》ねた線《せん》から成《な》り、小刀《こかたな》の二つのつり革《かは》はミソウリ河《かは》とアルカンザス河《かは》とが其《そ》れに當《あた》り、凡《すべ》て巧《たく》みに北《きた》アメリカ全部《ぜんぶ》は此畫《このゑ》を以《も》つて表《あら》はされて居《ゐ》る。

星の地名――　オオリオンの右《みぎ》の肩《かた》のベテルゲウス Betel-geus （Bethel-geos, Phaith-el）の星《ほし》はアラスカ東南部《とうなんぶ》シトカ・ランドの聖《せい》エリヤの山《やま》のことである。何故《なぜ》ならば、ベテルとは火《ひ》の神《かみ》、日《ひ》の神《かみ》で、舊約書《きうやくしよ》のエリヤの別名《べつめい》だからである。又《ま》た此《この》エリヤは他《た》の諸宗教《しよしうけう》ではトールとも、ミトラとも、ポラックスとも、健御雷《たけみかづち》とも、又《ま》た他《ほか》の名《な》となる神《かみ》で、此神《このかみ》がアラスカの此地《このち》に來《き》たことは、日本《にほん》の書物《しよもつ》に書《か》いものがある。

左《ひだり》の胸《むね》のベラトリックス Bella-trix は『玉墻《たまがき》』を意味《いみ》する。其《そ》れ故《ゆゑ》に此星《このほし》はアマゾン星《せい》の別名《べつめい》がある。アマゾンとは女國自《ちよこくじ》衞《ゑい》(天園《アマゾノ》、山城《やましろ》、)を意味《いみ》する名《な》である。其《その》地理《ちり》はカナダのアタバスカ Atha-basca (Aith-fascia) て、正《まさ》にアマゾンと譯《やく》されるので、是《こ》れが星《ほし》の名《な》となつたのである。

左《ひだり》の足《あし》のリーゲル Rigel (Regula) の星《ほし》は支配《しはい》、頸等《くびとう》を意味《いみ》して、フロリダの南《みなみ》の「クバ」島《じま》が「頸《くび》」を意味《いみ》してリーゲルの譯名《やくめい》である。

右足《みぎあし》のサイフ Saiph は日本語《にほんご》財布財嚢《さいふざいのう》のことで、「カリフォルニヤ」を具體的《ぐたいてき》にしたものである。カリフォルニヤとは Cali-for-noeia が語源《ごげん》で、「カル・送《おく》る・價《あたひ》」を意味《いみ》し、「カルなる女性《ぢよせい》を送《おく》つて行《いつ》て、其價《そのあたひ》を得《え》て」其《そ》れを「サイフ」に入《い》れて歸《かへ》るとの小說地名《せうせつちめい》の星《ほし》の名《な》である。又た之《こ》れを天文學的《てんもんがくてき》に直《な》ほすと「ヰーナス星《せい》の太陽面《たいやうめん》經過《けいくわ》を觀測《くわんそく》すること」の意味《いみ》にもなる——是《こ》れに就《つ》いては日本《にほん》に詳細《せいさい》の悲劇小說《ひげきせうせつ》が傳《つた》はつたものがある。

帶《おび》の三つ星の、ミンタカ、アルニラム、アルニタク(Min-taka, Alni-lam, Alnitak)はミネソタ、ワイオミン、ユタに對譯《たいやく》されるやうだが說明《せつめい》は略《りやく》する。

オオリオン神話――希臘神話《ぎりしやしんわ》の傳《つた》へる所《ところ》に據《よ》るとオオリオン又《ま》たオリオン、又《ま》たオーアリオン Orion, O-arion は海神《かいじん》ポセイドーンとヨリアレとの間《あひだ》の子《こ》で、堂々《たう〳〵》たる偉丈夫《ゐぢやうぶ》。又《ま》た頗《すこぶ》る勇氣《ゆうき》に富《と》んだ獵師《れふし》である。こゝにキヨス王《わう》オイノピオンにメロオペなる娘《むすめ》があつて、オオリオンは此女《このをんな》を愛《あい》し、其島《そのしま》の惡獸《あくじう》たる獅子《し》を獵《か》つて害惡《がいあく》を除《のぞ》き、其獲物《そのえもの》を結納《ゆゐなふ》としてメロオペに結婚《けつこん》を申込《まをしこ》んだ。父《ちゝ》オイノピオンは其請《そのこひ》を許《ゆる》さなかつたから、强力《ごふりき》に訴《うつた》へて女《をんな》を奪《うば》ひ去《さ》らうとした。オイノピオンは大《おほい》に其《そ》れを怒《いか》つて、酒《さけ》でオオリオンを痲痺《まひ》させて、彼《か》れを目《め》くらにして、之《これ》を海岸《かいがん》に棄《す》てた。盲目《めくら》のオオリオンは神託《しんたく》に依《よ》り、又《ま》たヴルカンの神《かみ》の援助《えんじよ》に依《よ》つて日《ひ》の神《かみ》の所《ところ》に至《いた》り、其目《そのめ》の力《ちから》を回復《くわいふく》することが出來《でき》た。

此時以來彼《このときいらいかれ》は獵《れふ》の女神《ぢよしん》アルテミスに從《した》がふて獵師《れふし》となり又《ま》た女神《ぢよしん》に愛《あい》せられた。けれども女神《ぢよしん》の兄《あに》アポローンは、女神《ぢよしん》が此人間《このにんげん》と戀愛關係《れんあいくわんけい》にあることを嫌《きら》ふて、屢々《しば〳〵》

之《これ》を諫《いさ》めたが其甲斐《そのかひ》なかつた。一日《にち》アポローンはオオリオンが、海《うみ》を泳《およ》いで居《ゐ》たのを見《み》て、其《そ》れを知《し》らぬ妹《いもうと》に向《むか》つて、かの海上遠《かいじやうとほ》くの黒點《こくてん》を射《い》ることが出來《でき》るかと言《い》ふたら、アルテミスは見事其《みごとそ》れを射《ゐ》た。其後《そのご》波《なみ》がオオリオンの屍體《したい》を濱邊《はまべ》に打寄《うちよ》せたのを見《み》て、自分《じぶん》の過失《くわしつ》を非常《ひじやう》に悲《かな》しみ、彼《かれ》を天《てん》に上《あ》げて星座《せいざ》とし、彼《か》れの獵犬《れふけん》たるシリアスは彼《か》れに從《したが》ひ、入相《いりあひ》の星《ほし》プレヤデスは彼《か》れの前《まへ》に飛《と》んで居《ゐ》る。冬《ふゆ》の初季《しよき》にはオオリオンは終夜天《しうやてん》を横切《よこぎ》つて狩獵《かり》を爲《な》し、曉《あかつき》には父《ちゝ》ポセイドーンの水面《すゐめん》に下《お》りる。夏《なつ》の朝《あさ》には此星《このほし》は東《ひがし》の天《てん》に見《み》はれて、東光女神《しのゝめぢよしん》オーロラに愛《あい》されるが、日《ひ》が出《で》る時分《じぶん》になると。次第《しだい》に其光《そのひかり》を失《うし》なふ。これはアルテミス女神《ぢよしん》が、彼《か》れの幸福《かうふく》を嫉《しつ》妬《と》して、其矢《そのや》に殺《ころ》すものであるとのこと。

希臘神話《ぎりしやしんわ》のオオリオンの傳《でん》は、大抵此通《たいていこのとほ》りのもので、ヘエラクレエスの如《ごと》き大英《だいえい》雄《ゆう》よりも立派《りつぱ》な星座《ぜいざ》が與《あた》へてあるには、何《なに》か理由《りいう》があり、又《また》は尊貴《そんき》な太古史《だいこし》があるではないかと思《おも》はれる。次《つぎ》に聊《いさゝ》か比較研究《ひかくけんきう》をして見《み》たら其理由《そのりいう》も知《し》れるとと思《おも》ふ。獵夫ニムロドと、アル・ヤウザー――猶太人等《ゆだやじんら》はオオリオンを舊約書《さうやくしよ》の大《だい》獵師《れふし》ニムロデとして居《ゐ》る、ニムロデに就《つ》いて舊約書《きうやくしよ》の記事《きじ》は『クシ、ニムロデを生《う》めり。彼《かれ》始《はじ》めて世《よ》の權力《ちから》ある者《もの》となれり。彼《かれ》はエホバの前《まへ》にありて權力《ちから》ある獵夫《かりうど》となりき。是故《これゆゑ》に「エホバの前《まへ》にある獵夫《かりうど》ニムロデの如《ごと》し」と云《い》ふ諺《ことわざ》あり』と。彼《か》れの國《くに》はバビロニヤア、アススリヤであつたと云《い》ふてある。

亞拉比亞人《あらびあじん》はオオリオンをアル・ヤウザーと云《い》ふて居《ゐ》る。そして其《それ》には皆《みな》正《たゞ》しい理由《りいう》があるやうに見《み》える。日《に》本《にん》では——

息長・足日・廣額(舒明)天皇——の御名《みな》に當《あた》つて居《ゐ》る。土地《とち》は素《もと》より今《いま》の日《に》本《ほん》ではなく、印度《いんど》以西《いせい》である。たゞ古事記《こじき》、日本書紀《にほんしよき》を讀《よ》んでは何等《なんら》比較《ひかく》の考《かんが》へも起《おこ》らぬが、萬葉集《まんえふしふ》第《だい》一卷《くわん》「天皇内野《てんのうちの》に遊《あそ》び給《たま》へる時《とき》、中皇子命《なかのみこのみこと》、間人連老《はしびとのむらじおひ》をして獻《たて》まつらしめし歌《うた》」を讀《よ》むと、舒明天皇《ぢよめいてんのう》の「獵《かり》」のことが云《い》ふてあつて、オオリオンの獵夫《かりうど》、ニムロデの獵夫《かりうど》たることに比較《ひかく》して正當《せいたう》との感《かん》が起《お》きる。其歌《そのうた》は

『八隅《やすみ》しゝ 我大王《わがおほきみ》の 朝《あした》には 取《と》りなで給《たま》ひ 夕《ゆふべ》には いよせ立《た》てゝし みとらしの あづさの弓《ゆみ》の なかはずの 音《おと》すなり。朝獵《あさかり》に 今立《いまた》たすらし 夕《ゆふ》かり

に今立《いまさ》たすらし、みとらしの　あづさの弓《ゆみ》の　なかはずの音《おと》すなり。
玉《たま》きはる、内《うち》の大野《おほね》に馬《うま》並《な》めて、
朝《あさ》ふますらし、其草深野《そのくさふけね》』

とあつて、明瞭《めいれう》に天皇《てんのう》の御狩《みかり》獵の觀念《くわんねん》があり、又《ま》た右三人物《みぎじんぶつ》の名《な》や土地《とち》などを研究《けんきう》すると、益々《ますます》其《そ》の同《おな》じことが知《し》れる。この座星《せいざ》の亞拉比亞《あらびあ》名《めい》アル・ヤウザーAl Jau-zah の「ヤウザー」(auô ＋ zaô) は希臘語《ぎりしやご》で息長《おきなが》く・活動《くわつどう》すること即《すなは》ち息長・足日(-tarassi)を意味《いみ》し、「アル」は「凡《すべ》て」「大《だい》」「廣《ひろ》さ」を意味《いみ》して廣額と對譯《たいやく》になつて居《ゐ》る。

希臘神話《ぎりしやしんわ》ではオオリオンは海神《かいじん》とアマゾン女神《ぢよしん》ヨルアレとの間《あひだ》の子《こ》だと云《い》ふてあるが、舒明天皇《ぢよめいてんのう》の御祖父《ごそふ》の名《な》は沼名倉《ねなくら》・太《ふと》・玉敷命《たましきのみこと》・敏達天皇《びたつてんのう》で其《そ》れを譯《やく》＋ると、Nau-klea-bntho-thauma-scio で「海光《かいくわう》・太《だい》・莊嚴觀《さうごんくわん》」を意味《いみ》し其《そ》れが希臘神《ぎりしやしん》話《わ》で「海神《かいしん》」と傳《つた》はつたのである。御母《おんは》の名《な》は糠田姫《ねかたひめ》即《すなは》ち XyX-adda て「廣《ひろ》く長《なが》く」又《ま》た「夜《よる》・廣《ひろく》・長《ながく》」を意味《いみ》し、天皇《てんのう》の御父《おんち》は彥人《ひこひと》・大兄命《おほえのみこと》と云《い》ふて、これが「大在《おほあり》」

則《すなは》ちオオリ・オンの名《な》に當《あた》つて多少《たせう》の傳《つた》はり方《かた》が違《ちが》ふたのである。且《か》つオオリオン星座《せいざ》が終夜天《しうやてん》を狩《か》つて、海《うみ》を光《て》らして、大莊嚴觀《だいさうごんくわん》を呈《てい》することが、御祖父《おんそふ》や御母《おんはゝ》の名《な》となつて存《ぞん》して居《ゐ》るのは注意《ちうい》すべき事《こと》である。

『玉きはる内の大野』。カルマニヤ――舊約書《きうやくしよ》のニムロデ、亞拉比亞《あらびあ》のアル・ヤウザー、希臘《ぎりしや》のオオリオン、日本《にほん》の息長足日《おきながたらし》・廣額《ひろぬか》――此《か》く對比《たいひ》される人物《じんぶつ》の本元地《ほんげんち》は何處《どこ》であるかと研究《けんきう》すると、又《ま》た一層此人物《そうこのじんぶつ》に就《つ》いて知《し》ることが出來《でき》る。ニムロドは大獵師《だいれふし》と云《い》ふてあるが、專《もつぱ》ら何處《どこ》で獵《れふ》をしたかは舊約書《きうやくしよ》に言《い》ふてないが、日本《にほん》には幸《さいはひ》に、明瞭《めいれう》に『玉《たま》きはる内《うち》の大野《おほの》』と云《い》ふてあつて、其《そ》れが波斯《ぺるしや》の東《とう》部《よ》アリアナのカルマニヤのウチの野《の》たることが知《し》られる。舊約《きうやく》や、亞拉比亞云々《あらびあうんぬん》の事《こと》から考《かんが》へても、此内《このうち》の大野《おほの》が今《いま》の日本《にほん》でないことは誰《たれ》でも考《かんが》へられるであらう。

「玉《たま》きはる」とは何《なに》を意味《いみ》するか。舊派日本學者《きうはにほんがくしや》は單《たん》に枕辭《まくらことば》のみと云《い》ひ去《さ》るが此語《このご》の意味《いみ》は少《すこ》しも説明《せつめい》せぬ。これは希臘語《ぎりしやご》タウマ・キフアル Thauma Kephal で「美《うつく》しく整《とゝの》へ備《そな》ふ」「頭《あたま》、又《また》は髮《かみ》を整《とゝの》へる」の意味《いみ》があつて、波斯《ぺるしや》の東《ひがし》、カル・マニヤ

Kar-mania「頭《あたま》を整《とゝの》ふ」の土地《とち》に當《あた》つて居《ゐ》る。

そこでニムロド Nim-rod の名《な》を研究《けんきう》するに、希臘語羅甸語《ぎりしやごらてんご》ネモラド Nemo-rado の變訛《へんくわ》で、「頭《あたま》又た髮《かみ》を修《をさ》め整《とゝの》へる」ことを意味《いみ》して、萬葉集《まんえふしふ》の所謂《いはゆる》「玉《たま》きはる」なる語《ご》と對譯《たいやく》になつて居《ゐ》る

此地《このち》にウチ Uti の野《の》がある。又《ま》た此土地《このとち》を總稱《そうしよう》してアリアナ Ari-ana と云《い》ひ、「野《アリ》大《アナ》」即《すなは》ち大野《おほの》を意味《いみ》し、是《こ》れが萬葉《まんえふ》の所謂《いはゆる》『玉《たま》きはる、内《うち》の大野《おほの》で』ある。又《ま》たアリアナのアリは「在《あり》」アナは「大《おほ》」を意味《いみ》して、アリアナは大在り、即《すなは》ちオオアリオンの名《な》は是《こ》れであり、其本元地《そのほんげんち》は此處《こゝ》である。

此通《このとほ》りにオオアリオンは獵夫《かりうど》として大《だい》ニムロデ王《わう》たり、ヤウザーたり、又《ま》た息長《おきなが》足日廣額命《たらしひひろぬかのみこと》として、「玉《たま》きはる内《うち》の大野《おほぬ》」たるアリアナの、カルマニヤの、ウチに獵《れふ》した、太古史以來《たいこしいらい》の大立《おほた》て者《もの》である。

オオリオン東漸―― 此《この》オオリオンは大在《おほありま》又た大有《おほあり》、終《をは》り、尾張《をわり》、大《おほ》、永續《えいぞく》を意味《いみ》し、羅甸語系《らでんごけい》の Add, And, End, Ind となり、地理《ちり》は次第《しだい》に東漸《とうぜん》して印度と

なり、又《ま》た何時《いつ》も「玉《たま》きはる」たる美成《びせい》、修整《しうせい》の男子《だんし》として、ダイアナ女神《ぢよしん》の愛《あい》を得《え》たのである。(彼《か》れの後代《こうだい》の再來《じらい》は在原業平《ありはらのなりひら》)

オオリオンの太平洋横斷――　オオリオンは西亞細亞《にしあじあ》から東漸《とうぜん》して遂《つひ》に極《きよく》東《とう》アポローンの國《くに》たる安南《アンナン》、東京《トンキン》の方《はう》までも來《き》た。一日海《にちうみ》を渡《わた》りつゝあつたが、アポローンの神《かみ》は、彼《かれ》と、妹《いもうと》ダイアナとの戀愛關係《れんあいくわんけい》を厭《いと》ふて、策略《さくりやく》を以《も》つて、ダイアナ女神《ぢよしん》をして、彼《か》れを海上《かいじやう》に射殺《いころ》さし給《たま》ふた。ダイアナ女神《ぢよしん》は大《おほい》に其過失《そのくわしつ》を悲《かな》しみ彼《かれ》を天《てん》へ上《あ》げて見事《みごと》な星座《せいざ》にし給《たま》ふたとのことで、其《そ》れが北亞米利加《きたあめりか》の星座《せいざ》であるのは地理上《ちりじやう》の當然《たうぜん》である。

屈原と亞米利加星座――　支那史上《しなしじやう》に屈原《くつげん》なる人物《じんぶつ》があるが、これは支那《しな》の人《ひと》ではなく、印度太古《いんどたいこ》の人物《じんぶつ》オオリオンで、それを支那《しな》に傳《つた》へたに過《す》ぎぬ。彼《か》れの著書《ちよしよ》と稱《しよう》せられる楚辭《そじ》なるものがあつて、其中《そのうち》の離騷篇《りさうへん》の劈頭第《へきとうだい》一は、アメリカの此《この》オオリオンの星座《せいざ》を形容《けいよう》して書《か》いたものである。其書《そのか》き方《かた》は自分《じぶん》が自分《じぶん》を形容《けいよう》したもので、其文章《そのぶんしやう》の中《うち》には亞米利加地名《あめりかちめい》が讀《よ》み込《こ》んであるから其《そ》れを引用《いんよう》し、下段《げだん》に地名《ちめい》を對照《たいせう》して置《お》くが、說明《せつめい》は全《まつた》く略《りやく》する。

（離騷の文）

『帝高陽《ていかうよう》の苗裔《べうえい》にして、
朕《ちん》が皇考《くわうかう》を伯庸《はくよう》と曰《い》ふ
攝提《せつてい》、孟陬《まうしう》に貞《たゞ》しく
惟《こ》れ庚寅《かういん》に吾《わ》れ以《も》つて降《くだ》れり。
皇《ちゝ》、余《よ》を初度《しよど》に覽《み》て
肇《はじめ》て余《よ》に錫《たま》ふに嘉名《かめい》を以《も》てす。
余《よ》を名《な》づけて正則《せいそく》と曰《い》ひ
余《よ》を字《あざな》して靈均《れいきん》と曰《いは》ふ。
紛《ふん》として吾既《われすで》に此內美《このないび》あり
又之《またこれ》に重《かさ》ぬるに脩能《しうのう》を以《も》つてす。
江離《かうり》と辟芷《へきし》とを扈《か》ふり

（北米の地名）

高陽《かうよう》＝クシ・エチオピヤ
伯庸《はくよう》＝年男《としをとこ》＝アンクル・サム
孟陬《まうしう》＝子《ね》の國《くに》、ベーリング
庚寅《かのへとら》＝カナダ
初見《しよけん》＝アラスカ
嘉名《かめい》＝ガリシヤ
正則《せいそく》＝カナダ
靈均《れいきん》＝アルベルタ
內美《ないび》＝アメリカ
脩能《しうのう》＝メキシコ
江離《かうり》デボン島《たう》、辟芷《へきし》＝ボウ・フォート

秋蘭《しうらん》を紉《むす》んで以《も》つて佩《はい》と爲《な》す』　――秋蘭《しうらん》＝アッパラキャン山脈《さんみやく》と云《い》ふ具合《ぐあひ》に地名讀《ちめいよ》み込《こ》みの美文《びぶん》となつて居《ゐ》る。又《ま》たオオリオン星座《せいざ》の繪《ゑ》を見《み》ると一種何物《しゆなにもの》かを追《お》ひ求《もと》めて居《ゐ》る形《たかち》で『汨《いつ》として余及《われおよ》ばざらんとする如《ごと》く、年歳《ねんさい》の吾《われ》と與《とも》ならざらんことを恐《おそ》る』『玉《たま》きはる』の主義《しゆぎ》を以《も》つて、身體《からだ》も精神《せいしん》も調《しら》べ整《とゝの》へ、切《せつ》瑳琢磨《さたくま》して年歳《ねんさい》の吾《われ》と與《とも》ならざるを恐《おそ》るゝ狀態《じやうたい》たる此《この》オォリオンも屈原《くつげん》も實《じつ》は同《どう》一人物《じんぶつ》である。(舒明天皇以前《ぢよめいてんのういぜん》に・安閑天皇《あんかんてんのう》・勾大兄《まかりのおほえ》・廣國《ひろくに》・排武《したけ》・金日尊《かなひのみこと》、又《ま》た西洋《せいやう》史《し》にマゼランとして傳《つた》はつて居《ゐ》る人物《じんぶつ》も、此太古《このだいこ》の人物《じんぶつ》の別發現《べつはつげん》であることを一言《けん》して置《お》く)。

オオリオンの神話的《しんわてき》、又《また》は歷史的位置《れきしてきゐち》は、此《こ》の通《とほ》りに古《ふる》く、又《ま》た偉大《ゐだい》なもので、此大星座《このだいせいざ》を有《も》つて居《ゐ》るは當然《たうぜん》たることが始《はじ》めて解《わ》かる。實《じつ》に彼《か》れは天界《てんかい》四十七士卽《すなは》――四十七星座の大星であつて、支那《しな》の星占《ほしうら》に據《よ》ると『參《さん》は忠良孝子《ちうりやうかうし》たり。明《あき》らかにして大《だい》ならば臣《しん》は忠《ちう》、子《し》は孝《かう》』『安《やす》くして吉《きち》』『參《さん》は斬刈《ざんかい》を主《つかさ》とり、殺伐《さつはつ》を主《つかさ》どる』と――我等《かれら》の研究《けんきう》は此最後《このさいご》の一言《ごん》から、非常《ひじやう》に愉快《ゆくわい》な發展《はつてん》を爲《な》し得《え》る膨脹力《はうちやうりよく》を有《いう》して居《ゐ》る。

日本《にほん》では此星座《このせいざ》は「出石《いつし》の桙《ほこ》」「出石《いつし》の小刀《こがたな》」の名《な》を以《も》つて傳《つた》はつて居《ゐ》る。オオリオン星座《せいざ》を語源的《ごげんてき》に意譯《いやく》すると「大石《おほいし》」星座《せいざ》であるとは非常《ひじやう》に興味《きやうみ》あることである。

第十五章　兎星座

兎星座——羅甸語《らてんご》でLepus。オオリオン星座《せいざ》の南《みなみ》にあつて、其最《そのもつと》も輝《かゞや》いて居《ゐ》る二等星《とうせい》アルシはオオリオンの帶《おび》の中央《ちうあう》の星《ほし》の線《せん》に當《あた》つてある。形《かたち》は兎《うさぎ》としてはおかしな形《かたち》である。

南米北部——已《すで》に五車星座《しやせいざ》が北米《ほくべい》アラスカの地形《ちけい》であり、ペルセウや、オオリオンが北米《ほくべい》の地形星座《ちけいせいざ》であつたが、此兎星座《このうさぎせいざ》は南米《なんべい》の北部《ほくぶ》パナマからアマゾン河《かは》に至《いたる》る間《あひだ》の地形《ちけい》で、特《とく》に目《め》に付《つ》くのは兎《うさぎ》の尾《な》の形《かたち》であつて、著者《ちよしや》は此尾《このな》に由《よ》つて、此地理《あちり》に氣付《きづ》いたのである。

星の名―此星座《このせいざ》の中央部《ちうあうぶ》にある二等座《とうせい》アルシュ Arsh は希臘語《きりしやこ》 Arsis 上《のぼ》ると騒《さわ》ぐことを意味《いみ》し、此地《このち》のオリノコ Orino-co 河《かは》の名《な》と對譯《たいやく》である。

兎の國クイト――此兎星座《このうさぎせいざ》の地理《ちり》たる南米《なんべい》の此地《このち》は、昔《むかし》はクイト Quito と謂《い》はれ、これが兎《うさぎ》を意味《うい》するのである。何故《なぜ》ならばクイトとは羅甸語《らてんご》 Quotus の變化《へんくわ》で揚言《やうげん》、注意《ちうい》、言明等《げんめいとう》を意味《いみ》し、日本語《にほんご》ウサギは Ossa-age『言擧《ことげあ》げ』を意味《いみ》して對譯《たいやく》になるからである。屈原《くつげん》の離騒篇《りさうへん》には、此地《このち》の形《けい》容《よう》に「謠諑《えうたく》」の語《ご》を用《もち》ひて居《ゐ》る。繼體天皇《けいたいてんのう》の皇子菟皇子《くわうしうさぎのくわうしな》の名《な》を負《お》うた國《くに》も亦是《またこ》れである。

圖五十九第

兎　星　座

此兎は――獵師《れふし》オオリオンが狩《か》つて居《ゐ》た時《とき》に遁《のが》れて天《てん》へ登《のぼ》つて星座《せいざ》になつたものと傳《つた》へられて居《ゐ》るが、單《たん》に其《そ》れのみで星座《せいざ》になるには聊《いさゝ》か無意味《むいみ》ではなからうか。或《あるひ》は太古《たいこ》埃及《えぢぶと》で大國主神《おほくにぬしのかみ》に言擧《ことあげ》げした稻羽《いなは》の白兎《しろうさぎ》の再來變生《さいらいへんせい》では無《な》からうか。「然《しか》り」と云《い》ふ結論《けつろん》が出《で》るやうである。

第六十九圖

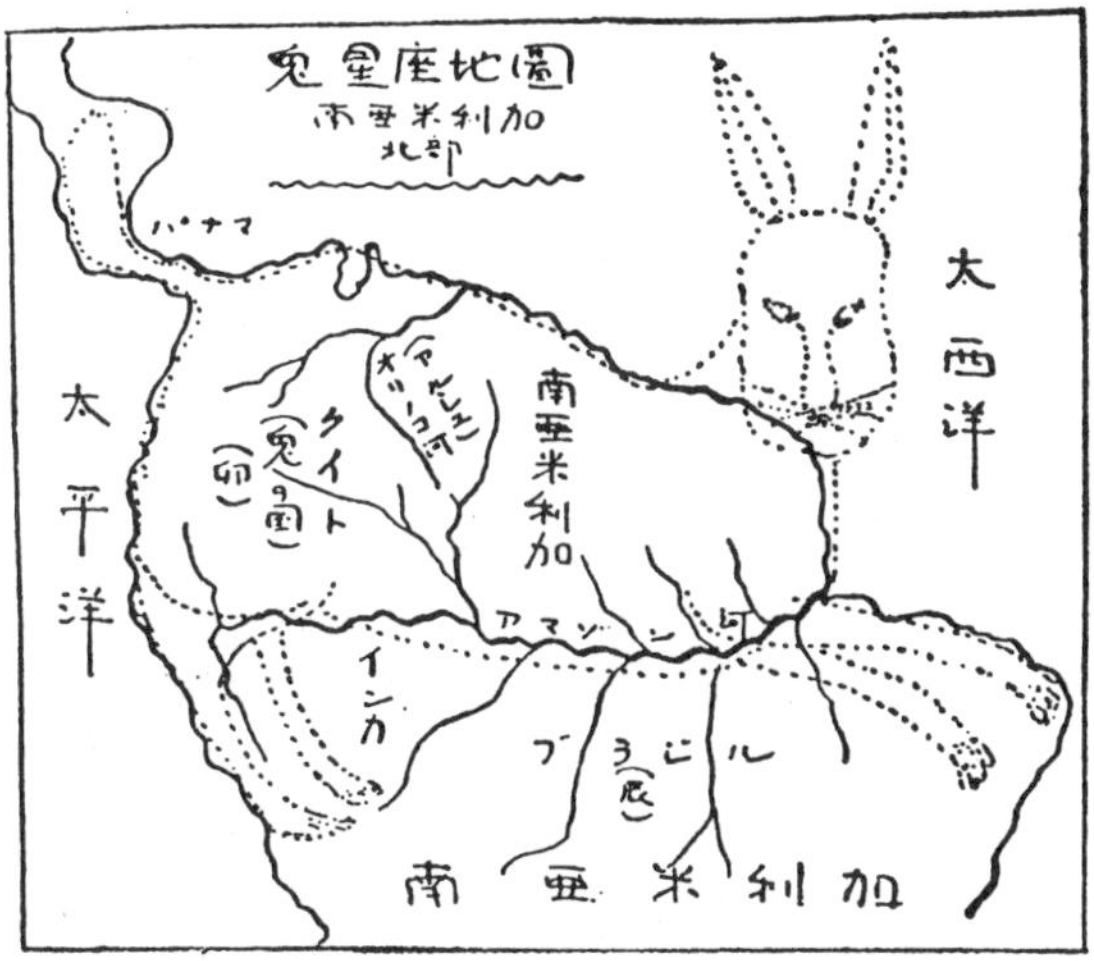

兎星座地圖

十二支の卯の國——

世界《せかい》太古《たいこ》の歴史《れきし》地理《ちり》を達觀《たつくわん》すると、十二支《し》を以《もつ》て國《こく》名順《めいじゆん》とした系統《けいとう》が三つ程《ほど》全世界《ぜんせかい》を取《と》り卷《ま》いて居《ゐ》る。其第《そのだい》(一)はアスシリヤ、バビロニヤ方面《はうめん》を根《ね》の國《くに》子の國として西《にし》に向《むか》ひ、猶太《ゆだや》が卯即《うすなは》ち兎《うさぎ》の國《くに》、イドムが辰《たつ》即《すなは》ち鰐《わに》の國《くに》で、此地《このち》に兎《うさぎ》と鰐《わに》の神話《しんわ》があつて、有名《いうめい》な稻羽《いなは》の白兎《しろうさぎ》の地《ち》があり、其《そ》れから西《にし》してモロッコが亥《ゐ》の國《くに》となつて居《ゐ》る。次《つぎ》に(二)又《ま》たバビロニヤ方《はう》面《めん》から東北《とうほく》に向《むか》つて、印度《いんど》西藏《じべつと》を經《へ》て滿洲《まんしう》蒙古《もうこ》支那《しな》までに十二支《し》の國《くに》があり又《ま》た(三)西伯利亞《しべりあ》韃靼《だつたん》地《ち》方《はう》を根《ね》の國《くに》子《ね》の國《くに》とし、アラスカを丑《うし》の國《くに》(五車星《しやせい》座《ざ》に說明《せつめい》した如《ごと》く)とし、カナダを庚寅《かのえとら》とし、此南米《このこんべい》のクイトが兎即《うさぎすなは》ち卯《う》の國《くに》てある以上《いじやう》は此兎《このうさぎ》は、稲羽《いなは》の白兎《しろうさぎ》の再來或《さいらいあるひ》は三來《らい》とも云《い》ふべきもので、此兎《このうさぎ》は過去世《くわこせ》に於《おい》て、大國主神《おほくにねしのかみ》に言擧《ことはあ》げした稲羽《いなは》の白兎《しろうさぎ》と云《い》はれた有名《いうめい》な兎《うさぎ》であつて、星座《ぜいざ》に上《のぼ》しても意味《いみ》がある。

（此國《このくに》の南《みなみ》ブラジルが辰《たつ》の國《くに》。バタゴニヤが巳《み》の國《くに》、太平洋《たいへいやう》が午《うま》の國《くに》、印度《いんと》ヒマラヤが未《ひつじ》の國《くに》）

第五部　一、所謂・新星座

二、二十八宿の新研究

三、每月中天の諸星座

一

所謂新星座

最《もつと》も古《ふる》いと云《い》はれて居《ゐ》るプトレミイの四十七星座《せいざ》では、まだ天《てん》の所々《ところ〴〵》に明《あ》き間《ま》があつて、天《て》を觀《み》る者《もの》に取《と》つては足《た》らぬ所《ところ》があるから、後世《こうせい》十七世紀《せいき》にタイコー・ブラヘー、バイエル、バルトスキウス、へベリウス、十八世紀《せいき》にラカイユ等《ら》の人々《ひと〴〵》が新《あたら》しい星座《せいざ》を加《くは》へたことになつて居《ゐ》る。けれども、其所謂新《そのいはゆるあたら》しく加《くは》へられた星座《せいざ》は果《はた》して、十七世紀《せいき》頃《ころ》に創作《さうさく》せられてたものであらうか。或《あるひ》は太古《たいこ》よりあつたものが一時埋《うづ》もつて居《ゐ》て、十七世紀《せいき》頃《ころ》に、何《なに》かの事情《じじやう》があつて、再《ふたう》び天文學者界《てんもんがくしやたい》に、表《あら》はれたものではあるまいか、――は從來《じうらい》の天文學者《てんもんがくしや》は一人《ひとり》も疑問《ぎもん》にせなかつたが――我等《われら》東洋《とうやう》に於《お》いて、歴史地理學《れきしちりがく》に關《くわん》して豐《ゆた》かな材料《ざいれう》を有《いう》する者《もの》は其《そ》れを疑問《ぎもん》とし其等《それら》は十七世紀《せいき》の、其創案者《そのさうあんしや》の名《な》を負《お》うて居《ゐ》る其等《それら》の人々《ひと〴〵》の創作《さうさく》ではなく、實《じつ》は昔《むかし》からあつて、傳《つた》はつたものが、再《ふたゝ》び其時代《そのじだい》に世《よ》に出《で》て、プトレミイの諸星座《しよせいざ》の、明《あ》き間《ま》へ割《わ》り込《こ》んだものだと判斷《はんだん》を下《くだ》すのである。其内ラカイユの新星座《しんせいざ》はどうも後《こう》世《せい》彼《か》れの創作《さうさく》で全《まつた》くの新星座《しんせいざ》――あまり研究に興味もなく、値《あたゐ》もないものたることは言《い》ふて置《お》く。

今此《いまこゝ》に、其等《それら》の所謂新星座《いはゆるしんせいざ》を、盡《こと〴〵》くは研究《けんきう》はせないが、其内重要《そのうちちようえう》なものを研究《けんきう》して其等《それら》が決《けつ》して十六世紀《せいき》や、十七世紀《せいき》の歐羅巴人に由つて作られたのでなく、矢張《やは》り、東洋人《じん》に由《よ》つて、太古《たいこ》に作《つく》られたものであることを我等《われら》は知《し》つた者《もの》である。

何故《なぜ》ならば、其等《それら》の星座《せいざ》は矢張《やは》り東洋《とうやう》の地圖《ちづ》を星座圖《せいざづ》にしたものだからである。

若《も》し果《はた》して其等《それら》星座《せいざ》が　歐羅巴人《ようろつぱじん》に由《よ》つて新《あらた》に作《つく》られたものとすれば、何《な》んで彼等《かれら》が東洋《とうやう》の地理《ちり》を利用《りよう》するであらうか。彼等《かれら》若《も》し地圖《ちづ》が天圖《てんづ》になつたものたることを知《し》つたなら、彼等《かれら》決《けつ》して未知《みち》の東洋地圖《とうやうちづ》を天圖《てんづ》にするなどのことなく、必《かなら》ず歐羅巴《ようろつぱ》の地形《ちけい》を星座圖《せいざづ》にしたであらう。又《ま》た若《も》し地理天圖關係《ちりてんづくわんけい》を知《し》らなかつたなら、必《かなら》ずラカイユの如《ごと》き、趣味《しゆみ》なきものを持《も》つて來《く》るであらう。

然《しか》るに研究《けんきう》の結果上《けつくわじやう》、其等《それら》の星座《せいざ》(ラカイユのものは除《のぞ》く)は、東洋地圖《とうやうちづ》を現《あら》はしたものたることを知《し》つた以上《いじやう》は、又《ま》た其等《それら》に關《くわん》する神話《しんわ》が東洋《とうやう》のものであることが明《あき》かになつた以上《いじやう》は、其等所謂新星座《それらいはゆるしんせいざ》も、東洋太古《とうやうたいこ》のものが、一時《じ》隱《かく》れて居《ゐ》て、十七世紀《せいき》頃《ころ》再《ふたゝ》び世《よ》に出《で》たものと斷言《だんげん》するも誤《あやま》りでないと思《おも》ふ。今次《いまつ》ぎに研究《けんきう》する所《ところ》に據《よ》つて、其等《それら》は矢張《やは》り

東洋《とうやう》のものである。

太古《たいこ》のものである。

十六七世紀《せいき》の西洋人《せいやうじん》の作《さく》でない。

との確信《かくしん》を與《あた》へることゝ信《しん》ずる。

第一章　麒麟星座（北天）

麒麟星座――カメロパルダリス Camelopardalis。牛車星座《ぎうしやせいざ》と、北極《ほくきよく》との間《あひだ》にある極《きは》めて微《かす》かな星座《せいざ》で、これは天文學者《てんもんがくしや》ケプラーの養子《やうし》ヤコブス・バルトスキウスの作《つく》つたものと云《い》ふてあるが、實《じつ》はさうでない。

第七十九圖

麒麟星座

南亞米利加――南《みなみ》アメリカの星座《せいざ》は、前《まへ》に兎星座《うさぎせいざ》を云《い》ふたが、此麒麟星座《このきりんせいざ》も南《みなみ》アメリカのものである。だから甚《はなはだ》しく丈《たけ》が高《たか》い。頭《あたま》は北《きた》アメリカにかゝり、胴《どう》は南《みなみ》アメリカの北部《ほくぶ》、前足《まへあし》はチリから、アルゼンチンの南端《なんたん》に達《たつ》し、後足《うしろあし》はファルクランドを踏《ふ》み、尻《しり》はブラジルの角《かど》に當《あた》つて居《ゐ》る。

屈原の騏驥——此星座《このせいざ》に、或《あるひ》は神話《しんわ》はなくとも、重要《ちようえう》な意義《いぎ》の敎訓《けうくん》の歴史《れきし》はある。前《まへ》にオオリオン星《せい》座《ざ》の部《ぶ》に、北《きた》アメリカに關《くわん》する屈原《くつげん》の「離騷《りさう》」の文《ぶん》を引用《いんよう》したが、今其文《いまそのぶん》の續《つゞ》きは南《みなみ》アメリカに及《およ》び『壯《さう》に撫《よ》りて穢《ゑ》を棄《す》て、何《なん》ぞ此度《このど》を改《あらた》めざる。騏《き》驥《き》に乘《じやう》じて、以《も》つて馳騁《だへい》せば、來《きた》れ、吾《わ》れ先路《せんろ》に道《みち》びかん』と言《い》ふて居《ゐ》て、其騏驥《そのきき》が所謂麒麟《いはゆるきりん》と云《い》ふてあるが、實《じつ》は善《い》い馬《うま》、青《あを》い馬《うま》のことである。そして此《こ》の『來《きた》れ、吾《わ》れ先路《せんろ》に導《みちび》かん』の語《ご》が星座《せいざ》の名《な》に對譯《たいやく》され

第八十九圖

麒麟星座地圖

てカメロパルダリスと云《い》ふ長《なが》い名《な》になつて居《ゐ》る。即《すなは》ち Came-lo-par-o-lo-alis で「來《きた》れ・見《み》よ・先《せん》・路《ろ》・導《みちび》く」と譯《やく》されるのである。之《こ》れに由《よ》つて見《み》ると、南《みなみ》アメリカは騏驥《きき》の名《な》があつたものと考《かんが》へられる。そして北米《ほくべい》と南米《なんべい》との間《あひだ》の海《うみ》をカリビヤンの海《うみ》(Caribbian)と云《い》ふのであるが、其《そ》れは羅甸語系《らてんごけい》希臘語系《ぎりしやごけい》の Car-hippian の訛《なま》つたもので「悲想《ひさう》」又《ま》た「青毛《あをげ》の馬《うま》」を意味《いみ》し、即《すなは》ち「騏驥《きき》に乗《の》りて」の語《ご》は此地名《このちめい》を讀《よ》んだものと思《おも》はれる。

研究《けんきう》の結果《けつくわ》は此通《このとほ》りであつて、麒麟星座《きりんせいざ》と左《さ》に述《の》べる二つの一角獸《かくじう》とは、亞細亞《あじあ》から北亞米利加《きたあめりか》、南亞米利加《みなみあめりか》の地理《ちり》に關《くわん》するものだが、これが果《はた》して十六世紀《せいき》の歐羅巴人《ようろつぱじん》の考《かんが》へから出《で》たものと言《い》ふことが出來《でき》るであらうか。否《いな》。

此星座《このせいざ》はプトレイの星座配置《せいざはいち》の精神《せいしん》から云《い》はゞ、實《じつ》は南天《なんてん》に置《お》くべきものであるが、たゞムヤミに天《てん》の明《あ》き間《ま》に入《い》れたのは、彼等《かれら》がプトレ・ミイの本原《ほんげん》の考《かんが》へを知《し》らなかつたに由《よ》るものである。

第二章　一角獸星座（北天）

一角獸星座――希臘語《ぎりしやご》モノ・ケロス Mono-keros。大犬《おほいぬ》とアルゴ丸《まる》の舳《へさき》との北《きた》に、東《ひがし》から西《にし》に四十度《ど》の長《なが》さに亘《わた》つた星座《せいざ》であるが、其星《そのほし》は皆小《みなちい》さいもので、名《な》も付《つ》いて居《を》らぬ。これは前《まへ》に云《い》ふたバルトスキウスが一千六百二十四年頃《ねんごろ》作《つく》つた星座《せいざ》と云《い》ふてあるが、これも亦疑問《またぎもん》である。

二つの一角獸――一角獸星座《かくじうせいざ》に二つの全《まつた》く異《ちが》うた形《かたち》があつて、一つは馬《うま》に一角《かく》ある形《かたち》、右《みぎ》を向《む》き、他《ほか》はわけのわからぬ形《かたち》で、一角《かく》があるか何《なに》か知《し》れず、尾《を》は魚《うを》のやうで巻《ま》きねぢて居《ゐ》て左《ひたり》を向《む》いて居《ゐ》て、二つの星座《せいざ》を比較《ひかく》すると全《まつた》く別物《べつもの》のやうて、其地理《そのちり》も異《ちが》うて居《ゐ》るが、此星座《このせいざ》は昔《むかし》は「馬《うま》」と云《い》ふたとのことであるから、馬《うま》の形《かたち》をした方《はう》は前《まへ》のもの、他《た》は後《あと》に出來《でき》たものと思《おも》はれる。

一は亞細亞東北部一帶――今其古《いまそのふる》い方《はう》の星座《せいざ》を見《み》るに、これは全《まつた》く亞細亞《あじあ》東北部《とうほくぶ》一帶《たい》の形《かたち》で、馬《うま》の顔《かほ》はカムサツカに當《あた》り、角《つの》はチユツケー半島《はんたう》に當《あた》り、咽喉部《いんこうぶ》はオコツク灣《わん》に沿《そ》ひ、足《あし》はカラフト日本《にほん》の方《はう》へ伸《の》し、胴《どう》は西伯《しべ》利亞《りあ》南部《なんぶ》一帶《たい》で尾《を》は西部亞細亞《せいぶあじあ》ウラル山《さん》の邊《へん》まで行《いつ》て居《ゐ》る。

第九十九圖

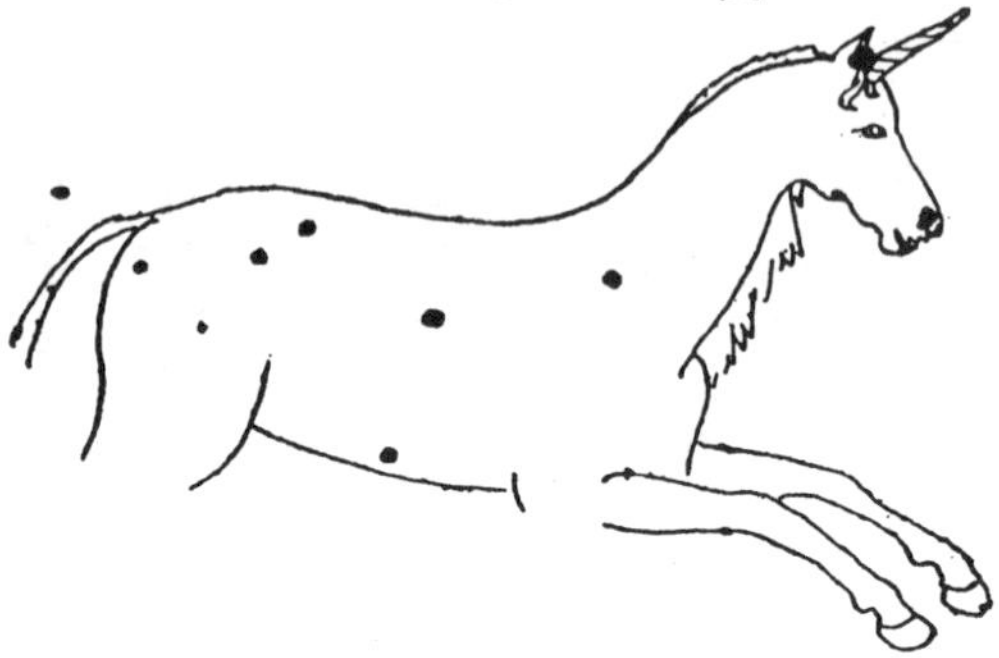

一角獸星座(一)

第百圖

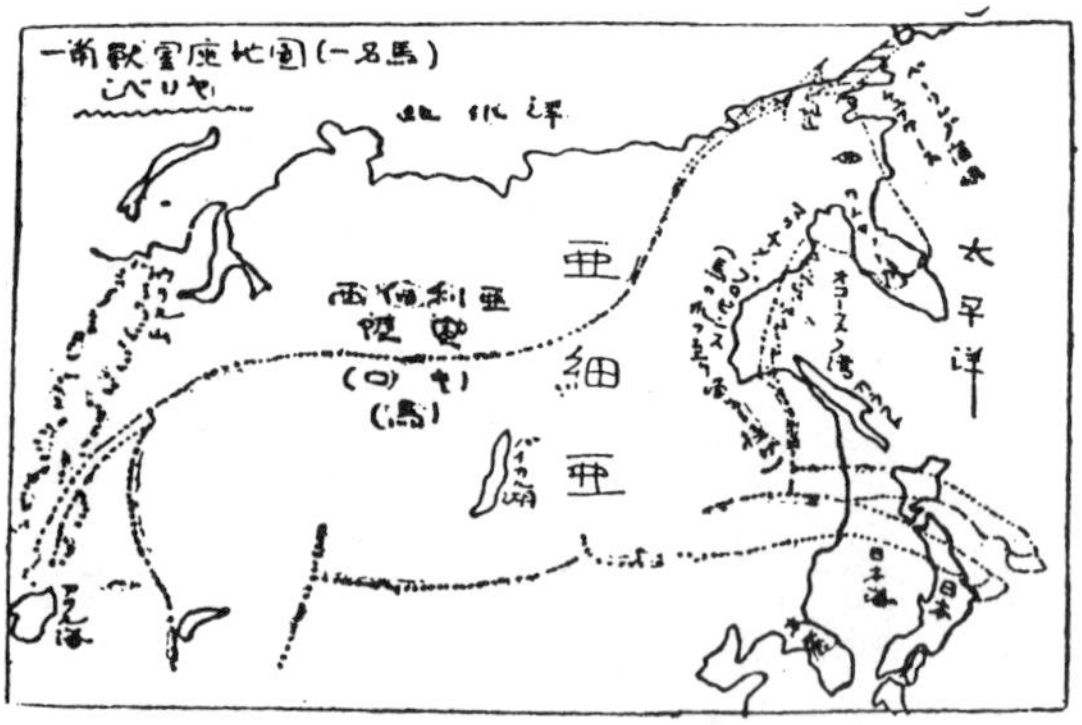

一角獸星座地圖(一)

昔の馬人種の國——

此星座範圍《このせいざはんゐ》の土地《とち》は、昔《むかし》の馬人種《うまじんしゆ》の土地《とち》で、北人神話《ほくじんしんわ》の「エッダ」の中《なか》にあるロキLoki一族《ぞく》の地《ち》を表《あら》はしたものである。そして其地《そのち》はは中央亞細亞《ちうあうあじあ》から東《ひがし》カラフトまで及《およ》んで居《ゐ》る。ロキとは「見《み》る」を意味《いみ》し、希臘語《ぎりしやご》オムマ Omma は目《め》、見《み》る、馬《うま》、海《うみ》、梅《うめ》等《とう》の語源《ごげん》で、オムマは發音上《はつおんじやう》「馬《ウム》」である。

第百一圖

一角獸星座（二）

第百二圖

一角獸星座地圖（二）

東洋古代史《とうやうこだいし》では右言《みぎい》ふた地《ち》は肅愼《しゆくしん》の地《ち》・西《せい》洋《やう》の Sky-thien《スクシーン》 の地《ち》で昔《むかし》は其地《そのち》を「馬《うま》」と云《い》ふたことは、東洋史家《とうやうしか》の知《し》つて居《ゐ》る所《ところ》である。沿海州《えんかいしう》とはマリ・チメと云《い》ふて、其《その》「マリ」は海《うみ》でもあるが、又《ま》た馬《うま》で、『馬《うま》の爪《つめ》の至《いた》り留《と》まる極《きは》み』を意味《いみ》する土地《とち》である。

後に出來た——と思《おも》はれる一角獸星座《かくじうせいざ》は此馬《このうま》がベーリング海峽《かいけふ》を超《こ》えて、北《きた》亞米利加《あめりか》北部《ほくぶ》一帶《たい》の形《かたち》になつて、以前《いぜん》の馬《うま》とは全《まつた》く形《かたち》を變《か》へて、クルリと一と回《まは》り回《まは》つて左《ひだり》を向《む》いた形《かたち》である。そして特《とく》に一目《もく》して北《きた》アメリカの地形《ちけい》と知《し》れるのは、此動物《このどうぶつ》の左《ひだり》の方即《はうすなは》ち頭部《とうぶ》で、口《くち》から長《なが》い舌《した》のやうなものを出《だ》して居《ゐ》る形《かたち》はアラスカ半島《はんたう》から、アレウチン連島《れんたう》を形《かたち》としたものであることは、誰《たれ》にでも、直《す》ぐわかるであらう。

第三章　黒髪星座（北天）

黒髪星座――ベレニケーの髪《かみ》。希臘名《ぎりしやめい》コマ・ベレニケー Koma Berenike。肉眼《にくがん》で見《み》ると、僅《わづ》かに光《ひと》る一點《てん》。小《ちい》さな星《ほし》の數《かず》があるばかりで、星《ほし》には名《な》もない。けれども昔《むかし》からある北天《ほくてん》の星座《せいざ》である。

此髪――は埃及王《えぢぷとわう》プトレミイ・ヨウエルゲテースが、アスズリヤに遠征《ゑんせい》する時《とき》其妻《そのさい》ベレニケーがゼフイリウムと云《い》ふ所《ところ》のアルシノエの神社《じんしや》に、夫《をつと》の捷利《せふり》を祈《いの》つて自分《じぶん》のみどりの黒髪《くろかみ》を切《き》つて奉納《ほうなふ》したものである。所《ところ》が不思議《ふしぎ》なことには、其奉納《そのほうなふ》した髪《かみ》は何時《いつ》しか紛失《ふんしつ》して所在不明《しよれいふみい》であつたが、サモスの天文學者《てんもんがくしや》コノンと云《い》ふ者《もの》が其黒髪《そのくろかみ》は天《てん》に上《あ》げられて、ベレニケーの黒髪《くろかみ》と、云《い》ふ星座《せいざ》になつたと報告《ほうこく》したとのことである。

印度フイリダイ。髪の地——此星座《このせいざ》の形《かたち》は明《あきら》かに中印度《ちういんど》のマハーナヂ河《かは》の上《かみ》の方《はう》、昔《むかし》のフイリダイ Phylidai 別語《べつご》でコマ Koma で、其《そ》れは木《こ》の葉《は》、髪《かみ》の毛《け》を意味《いみ》し、其河《そのかは》の流《なが》れが此星座《このせいざ》の輪廓《りんくわく》を成《な》して居《ゐ》る、西洋《せいやう》に傳《つた》はつて居《ゐ》る神話《しんわ》に埃及《えぢぷと》とか、アススリヤとかの地名《ちめい》があるが、此星座《このせいざ》地理《ちり》が實《じつ》は印度《いんど》であることを示《しめ》して居《ゐ》る。

明智光秀の妻の黑髪——プトレミー・ヨウエルゲテースは、埃及王《えぢぷとわう》と云《い》ふてあるが、其《こ》れは地《ち》中海方面《ちうかいはうめん》の埃及《えぢぷと》ではなく、實《じつ》は印度の埃及即《すなは》ち恒河口《こうかぐち》の西《にし》の地《ち》一帶《たい》の名《な》である。此《こゝ》に所謂《いはゆる》アススリヤとはチグリス河《かは》の其《そ》れではなく、南印度《みなみいんど》のアススリヤであることは、種々《しゆ〳〵》の研究材料《けんきうざいれう》で知《し》ることが出來《でき》るが、要《えう》するに此話《このはなし》しは印度《いんど》のものである。

第百三圖

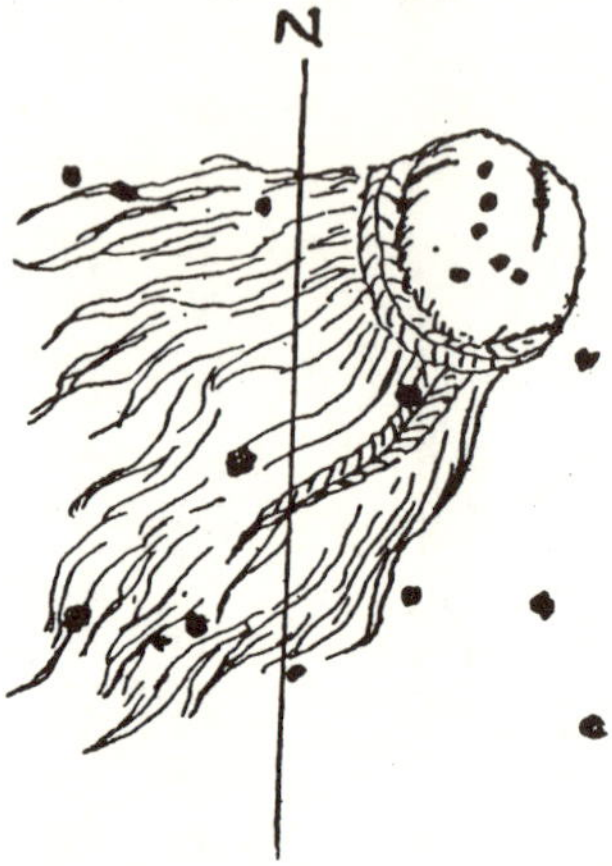

黑髮星座

之《こ》れと同《おな》じものが日本《にほん》では、明智《あけち》光秀《みつひで》（此日本《このにほん》の、年表時代《ねんへうじだい》の人《ひと》でない）の妻《つま》の話《はなし》してある。其《そ》れは光秀《みつひで》が諸所《しよしよ》へ旅行《りよかう》して、室《むろ》の津《つ》で、旅費《りよひ》に窮《きう》した時《とき》に、妻《つま》お巻《まき》なる賢婦人《けんぷじん》が、旅費《りよひ》を作《つく》る爲《た》めに、自分《じぶん》の黑髮《くろかみ》を、旅館《りよくわん》の主人《しゆじん》に賣《う》つた。すると旅館《りよくわん》の主人《しゆじん》の妻《つま》は又《ま》た一層値《そうね》を上《あ》げて夫《をつと》から其《その》切《き》り髮《かみ》を買《か》い取《と》つた。所《ところ》が此家《このいへ》の隣家《りんか》に明石《あかし》屋《や》なる遊女屋《いうぢよや》があつて、其所《そこ》の千代香《ちよか》、本名《ほんみやう》お鶴《つる》なる者《もの》が、光秀《ひでみつ》の境遇《きやうぐう》に同情《どうじやう》して、又《ま》た非常《ひじやう》の高値《たかね》に其髮《そのかみ》を買《か》ひ取《と》つて、殆《ほとん》ど寶《たから》のやうにした。そして其黑髮《そのくろかみ》は織田《おだ》信長《のぶなが》の手《て》に入《い》ることゝなつたとのことがあつて、此星座《このせいざ》のベレニケーの髮《かみ》なるものは、實《じつ》は日本《にほん》の光秀《ひでみつ》の妻《つま》の髮《かみ》なのである。人名地名《じんめいちめい》は盡《ことごと》く對譯《たいやく》であることが其《そ》れを證明《しようめい》する。

プトレミイと惟任將軍――プトレミイ・ヨウエルゲテース Ptolemaios Euergetes とは明智《あけち》光秀《みつひで》の別名《べつめい》惟任將軍《これたふしやうぐん》の名《な》の對譯《たいやく》である。「惟任《これたふ》」とは重大《ぢうだい》な事《こと》を、「保《たも》

第百四圖

髪星座地圖

ち任《た》へる」を意味《いみ》し、プトレミイ P-tole-maios と全然同《ぜんぜんおな》じ意義《いぎ》である。又《また》ヨウエルゲテース Eu-erge-tes も「難業《なんげふ》を行《おこな》ふ」を意味《いみ》して、光秀《みつひで》が惟任將軍《これたふしやうぐん》の名《な》があり終生種々《しうせいしゆく》の困難《こんなん》な事業《じげふ》を堪《た》へて來《た》たことの意味《いみ》を運《はこ》んで居《ゐ》る。

妻お卷どの――光秀《みつひで》の妻《つま》の名《な》はお卷《まき》と云《い》ふが、今光秀《いまみつひで》が旅費《りよひ》に窮《きう》した室《むろ》の津《つ》とは印度東海岸《いんどひがしかいがん》のキルカルの地《ち》のダムラである。何故《なぜ》ならば、キルカルとは「卷《ま》き」を意味《いみ》し、お卷《まき》どのゝ名《な》であり、其《その》地《ち》のマハーナヂ河口《かこう》のダムラ Dhamura (Dome)は「室《むろ》」を意味《いみ》するからである。

此《この》ダムラの南《みなみ》にパルミラ Palmyra(Balmy) 岬《みさき》があつて、これが遊女《いうぢよ》千代香《ちよか》の名《な》に當《あた》つて居《ゐ》る。此地《このち》のアルシノエ神社《じんしや》に黒髪《くろかみ》を奉納《ほうなふ》したとのことであるが、アルシノエ Arsi-noe とは「値《ね》を上《あ》げる」ことを意味《いみ》し、お卷《まき》どのゝ髪《かみ》が、次《つぎ》へ次《つぎ》へと値《ね》が上《あが》つたことは此《この》アルシノエの名《な》の内《うち》に含《ふく》まれて居《ゐ》る。

東ガツは『ベレニケー』――印度東岸《いんどとうがん》一帶《たい》を東《ひがし》ガツ Ghats(Kato) と云《い》ふが「東《ひがし》」とは持來《もちきた》す、生《しやう》ずるを意味《いみ》し、ガツは希臘語《ぎりしやご》○○カツで別譯《べつやく》してニケー Nike と云《い》ひ、勝利《かつり》を意味《いみ》し、東《ひがし》ガツは「勝利《しようり》を持來《もちきた》す」を意味《いみ》し、前《まへ》に云《い》ふた髪《かみ》の地《ち》フイリダイと、東《ひがし》ガツとは、『コマ・ベレニケー』の星座《せいざ》の名《な》となるのである。

日本《にほん》では何《なん》でもなく思《おも》ふた居《ゐ》る明智光秀《あけちみつひで》の妻《つま》の切髪《きりかみ》は、世界《せかい》に於《おい》ては、天《てん》に上《あ》げられて、星座《せいざ》にまでなつて居《ゐ》るのである。日本人《にほんじん》は實《じつ》に日本歴史《にほんれきし》を尊重《そんちよう》せぬのに驚《おどろ》かざるを得《え》ない。

第四章　楯星座（北天）

楯星座――ソビエスキイの楯《たて》 Scutum Sobiesci はポーランドの天文學者《てんもんがくしや》へベリウスの新《あらた》に作《つく》つた星座《せいざ》と謂《い》はれて居《ゐ》るもので、相模《さがみ》太《た》郎星座《らうせいざ》と、蛇取《へびと》り星座《せいざ》の頭《あたま》との間《あひだ》に在《あ》つて、四等星《とうせい》、五等星《とうせい》の數《かず》あるのみである。

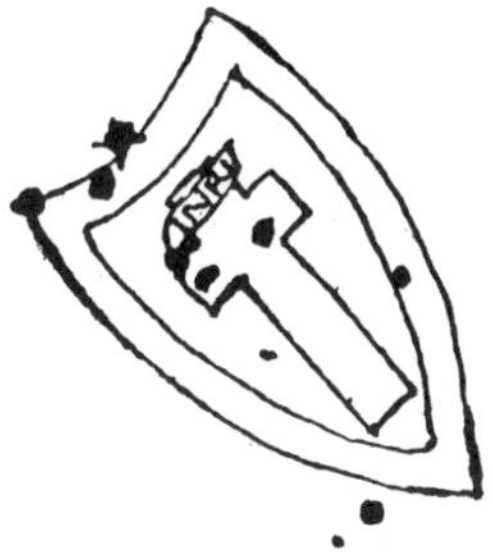

第百五圖

楯星座

鴻門の樊噲の盾――此星座《このせいざ》の楯《たて》の持主《もちぬし》ソビエスキイとはポーランド王《わう》ジョーン三世《せい》のことで、二萬《まん》のポーランド軍《ぐん》を牽《ひき》ゐて、ウインナを救《すく》ひ、トルコ人《じん》を打破《うちやぶ》つた勇士《ゆうし》、其人《そのひと》の楯《たて》と云《い》はれて居《ゐ》るが、實《じつ》はこれは支那《しな》歷史《れきし》に傳《つた》はる鴻門《こうもん》の會《くわい》の樊噲《はんくわい》の楯《たて》、和田《わだ》の酒盛《さかもり》の蘇我《そが》五郎《らう》の甲《よろひ》で、此鴻門事《このこうもんじ》件《けん》は支那《しな》ではなく、和田《わだ》の酒盛《さかもり》は日本《にほん》での事《こと》でもなく實《じつ》は印度《いんど》サバの土地《とち》の事《こと》である。サバは棒《さほ》で、英語《えいご》等《とう》でポールと云《い》ひ、其《そ》れがポーランド即《すなは》ち棒《さほ》の國《くに》の名《な》となつて西洋《せいやう》に寫《うつ》され、其歴史《そのれきし》も共《とも》に傳《つた》へられたのである。西洋《せいやう》のポーランドのソビエスキイ如《ごと》き王《わう》に何《なに》の世界的紀念《せかいてききねん》すべきことがあらう。又《ま》たソビエスキイ Sobie-ski とは「サバの國《くに》」「棒《さほ》の國《くに》」「蘇我《そが》の國《くに》」（Saô-aga）」と對《たい》譯《やく》される。

蘇我五郎の援兵――

ソビエスキイが二萬《まん》の兵《へい》を以《も》つてウインナを救《すく》うたとは樊噲《はんくわい》たる五郎時致《らうときむね》が鴻門《こうもん》の宴會《えんくわい》へ來《き》て、兄《あに》十郎《らう》を救《すく》ひ、十郎《らう》が『千萬騎《まんき》の兵《へい》を後《うし》ろに持《も》つより頼《たの》もし』と云《い》ふた其事《そのこと》に當《あた》つて居《ゐ》る。（鴻門《こうもん》の會《くわい》に就《つい》ては拙著《せつしや》『世界《せかい》の三大宴《だいえん》會《くわい》を見《み》られよ）

第百六圖

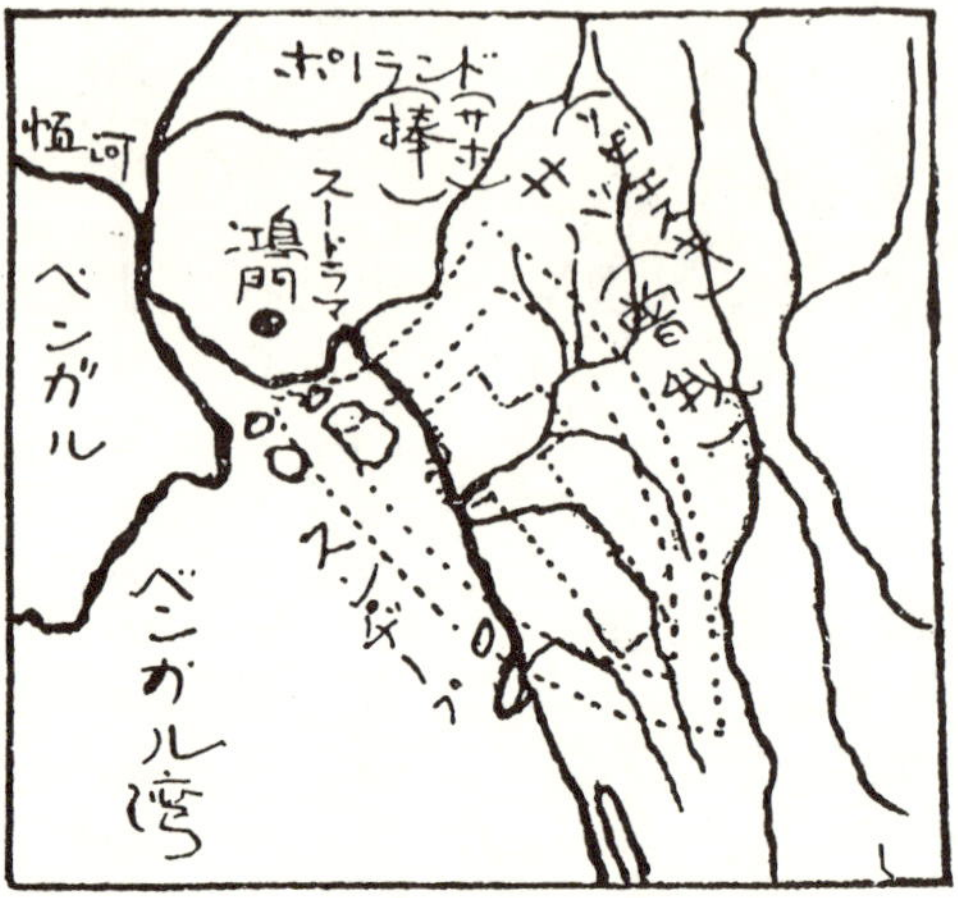

楯星座地圖

されば此楯《このたて》は無意味《むいみ》な、小事件《せうじけん》たる西洋《せいやう》のポーランドの其《そ》れでなく、東洋《とうやう》、印度《いんど》のサバたるポーランドの樊噲《はんくわい》即《すなは》ち五郎時致《らうときむね》の楯《たて》。有名《いうめい》なる『鴻門《こうもん》の楯《たて》』である。

チッペラー山地《やまち》方《はう》——此星座《このせいざ》の土地《とち》は緬甸《びるま》のチベッツラー山《やま》から南《みなみ》に續《つゞ》く土地《とち》で、昔《むかし》のサバ（Saba）である。

第五章　山猫星座（北天）

第七百圖

山猫星座地圖

山猫星座——リンクス Lynx。所謂《いはゆる》ヘベリウスの新《しん》星座《せいざ》なもので、双兒宮《ぎうじきう》の北《きた》大熊星座《おほくませいざ》と牛車星座《ぎうしやせいざ》との間《あひだ》にある、あまり明瞭《めいれう》でない星座《せいざ》で、三等星《とうせい》、四等星《とうせい》、五等座位《とうせいぐらゐ》の星《ほし》がある。

印度東、ガッツ——此星《このせい》

座《ざ》の山猫《やまねこ》の形《かたち》を見《み》又《ま》た印度《いんど》地名《ちめい》を研究《けんきう》すると、其《そ》れは印度東海岸《いんどひがしかいがん》の東《ひがし》ガッ Ghats を形《かたち》にしたものと知《し》れる。

「東《ひがし》」は高《たか》まるもので「山《やま》」と譯《やく》される意味《いみ》がある。「ガッ」は希臘語《ぎりしやご》カッ Katos の變《へん》化《くわ》、「勝《か》つ」で、別語《べつご》をニコ Niko と譯《やく》す。ニコは日本語《にほんご》猫《ねこ》であり、カッは英語等《えいごとう》の Cat 即《すなは》ち猫《ねこ》であるから、東《ひがし》ガッは簡單《かんたん》に山猫《やまねこ》と譯《やく》される。此地《このち》は昔《むかし》サン・ガル人種《じんしゆ》の土地《とち》で、これを鍋島《なべしま》と譯《やく》することは飜譯例《ほんやくれい》となつて居《ゐ》る。又《ま》た此地方《このちはう》一帶《たい》をデッカン Deccan (Deco) と云《い》ひ、お作《つく》り、化粧《けしやう》、化《ば》けることを意味《いみ》し、是等《これら》の地名《ちめい》を集團《しふだん》して考《かんが》へると、此猫《このねこ》は明瞭《めいれう》に日本《にほん》に所謂《いはゆる》「鍋島《なべしま》の猫《ねこ》」である。だから鍋島《なべしま》の猫事件《ねこじけん》は印度《いんど》の此地理《このちり》で研究《けんきう》すると明瞭《めいれう》に知《し》れるのである。

第百八圖

宮守星座地圖

此星座《このせいざ》は十六世紀《せいき》のポーランド人《じん》ヘベリウスの新作《せいさく》でないことも亦《また》知《し》られる。

ヘベリウスの其他《そのた》の星座《せいざ》の中《うち》――

蜥蜴星座——カムチヤツカを形《かたち》にしたもの（實《じつ》は宮守《やもり》か）。

狐と鵞鳥星座——は印度《いんど》アスサム地方《ちはう》の形《かたち》で、白羊宮《はくやうきう》の羊《ひつじ》の後足《あとあし》や尾《を》の形《かたち》と殆《ほとん》ど同《おな》じなのは其《その》わけてある。

第百九圖

宮守星座地圖

へベリウス——は從來人《じゆうらいひと》々から誤解《ごかい》された如《ごと》く、彼《か》れは自分《じぶん》の虚名《きよめい》を揚《あ》げて、後世《こうせい》に傳《つた》へる爲《た》めに新星座《しんせいざ》を作《つく》つた者《もの》ではなく、たゞ從來《これまで》、如何《いか》にしてか傳《つたは》つて居《ゐ》ながら、天圖《てんづ》に入《い》れられなかつたものを、再《ふた》び後世《こうせい》に持《も》ち出《だ》して、天《てん》の諸方《しよはう》の空《あ》き間《ま》を埋《うづ》めたと云《い》ふに過《す》ぎず、星座《せいざ》の繪《ゑ》や、傳説《でんせつ》は歴《れき》として東洋古代《とうやうこだい》のものであるが研究《けんきう》は略《りやく》する。此他《このた》ラカイユの新星座《しんせいざ》こそは彼《か》れの新作《しんさく》らしく、どうも研究《けんきう》の趣味《しゆみ》が起《おこ》らぬ。只《た》だ、アルゴ丸星座《まるせいざ》の區分法《くぶんはふ》は彼《か》れに始《はじ》まつたのでなく、我古事記《わがこじき》が明瞭《めいれう》に其通《そのとほ》りに區分《くぶん》して居《ゐ》ることを一言《げん》して置《お》くに止《と》どめる。

第六章　南方十字星座（南天）

南方十字星座――北天《ほくてん》に於《おい》て歸雁星座《かりがねせいざ》の其形《そのかたち》の、首《くび》と尾《を》とを一直線《ちよくせん》に伸《の》ばし兩翼《りやうよく》を張《は》つた形《かたち》が一種《しゆ》の十字形《じけい》をして居《ゐ》るに對《たい》して、此《こゝ》に南天《なんてん》の十字形《じけい》がある。

此星座《このせいざ》は世界的有名《せかいてきいうめい》なもので、杯泉星座《はいせんせいざ》の正南《まみなみ》馬人星座《はじんせいざ》の馬《うま》の足《あし》の間《あひだ》に、南極《なんきよく》から大凡《おほよそ》三十度《ど》の距離《りより》にあるが、春分秋分點《しゆんぶんしうぶんてん》の歳差《さいさ》の爲《た》めに十字形《じけい》は徐々《ぢよく》に南《みなみ》の方《はう》に行《ゆ》きつゝある。詩人《しじん》ダンテは此《こ》れを「四ツ星《ぼし》」と云《い》ひ、アメリゴー・ベスプッチは其第《そのだい》一航海《かうかい》の時《とき》、大《おほい》に此星《このほし》の美《び》に打《う》たれて、喜《よろこ》んで『ダンテの四ツ星《ぼし》を見《み》た』と書《か》いて居《ゐ》る。昔《むかし》の西班牙《すぺいん》の航海者《かうかいしや》は此星《このほし》の水平線上《すゐへいせんじやう》の傾斜《けいしや》に依《よ》つて時間《じけん》を計《はか》つたのである。此星座《このせいざ》はヒッパーコスの時代《じだい》には馬人星座《はじんせいざ》の一部《ぶ》であつた。

南半球《みなみはんきう》に旅行《りよかう》する人《ひと》で此星《このほし》の初《はじ》めての感《かん》じのない者《もの》は一人《ひとり》として無《な》い。此星座《このせいざ》は四ッの輝《かゞや》いた星《ほし》が十字形《じけい》を爲《な》し、丁度紙鳶《ちやうどたこ》のやうである。其長《そのなが》い方《はう》の棒《ぼう》は殆《ほとん》ど南極《なんきよく》を指《さ》して居《ゐ》る。其《その》四ッ星《ほし》は一等星《とうせい》、二等星《とうせい》、二等星《とうせい》、三等星《とうせい》で、其最《そのもつと》も大《おほ》きな星《ほし》は十字形《じけい》の根《ね》の位置《ゐち》にある。十字形《じけい》の頂上《ちやうじやう》の星《ほし》は橙色《だいだいいろ》で、其他《そのた》の星《ほし》は白《しろ》い。

第百十圖

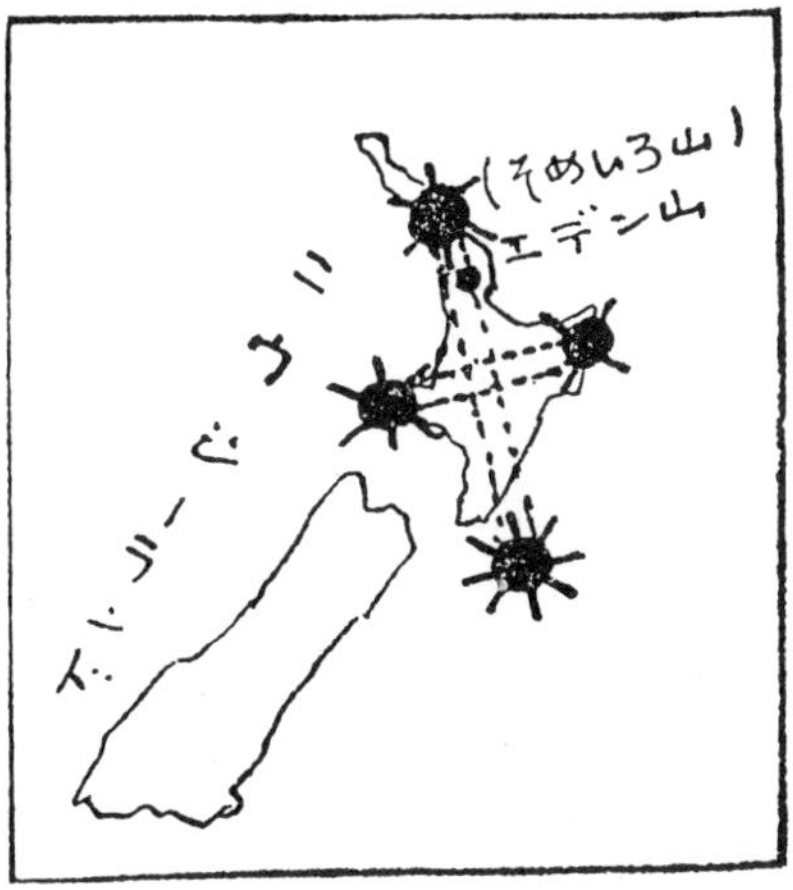

南方十字星座及び地圖

ニウ・ジーランド――此星座《このせいざ》はニウ・ジーランドの北島《ほくたう》オークランド一名青《めいあな》が島《しま》を形《かたち》にしたものである。此島《このしま》は紙鳶《たこ》のやうな形《かたち》で、稍々《やゝ》屈《まが》つては居《ゐ》るが殆《ほとん》ど十字形《じけい》と云《い》ふても善《よ》い。

京傳の『南方十字兵衛――』此星座《このせいざ》に就《つい》ては神話《しんわ》は殆《ほとん》どない。けれども我等《われら》は當然此星座《たうぜんこのせいざ》のもの、即《すなは》ち此地理《このちり》に屬《ぞく》すべき話《はなし》を持《も》つて居《ゐ》る。其《そ》れは不思議《ふしぎ》にも京傳《きやうでん》が書《か》いた「雙蝶記《さうてふき》」第《だい》三にある南方十字兵衛の話《はなし》である。南方《なんはう》十字兵衛《じべゑ》なる名《な》が既《すで》に南方《なんはう》十字《じ》形星座《けいせいざ》の名《な》と同《おな》じなのは、何人《なにびと》にも直観的判断《ちよくくわんてきはんだん》を下《くだ》さしめる。彼《か》れは主人《しゆじん》に忠義《ちうぎ》のもので、主人《しゆじん》の過失《くわしつ》を身《み》に負《お》ひ、自殺《じさつ》して主人《しゆじん》を世《よ》に出《だ》し「南《なん》方《はう》」の家《いへ》を嗣《つ》がせたものである。

元來此《ぐわんらいこの》ニウ・ジーランド New Zee-land とは「若《わか》き男子《だんし》」の國《くに》を意味《いみ》し、之《こ》れに對《たい》して一對《たい》のニウ・ギニヤ New Guinea (—guna) は「若《わか》き女子《ぢよし》」の島《しま》、發音上《はつおんじやう》ニオ・ニゴノ島《しま》則《すなはち》女護《ぢよご》の島《しま》があり、前者《ぜんしや》は南方《なんはう》、後者《こうしや》は北方《ほくはう》の島《しま》であり、南方家《なんはうけ》と云《い》へばニウ・ジーランドのことである。京傳《きやうでん》の書物《しよもつ》にそめいろ山即《やますなは》ち須彌山《しゆみせん》の事《こと》が云《い》ふてあつて、南方《なんぱう》の土地《とち》は「青《あを》」の方角《はうかく》であると云《い》ふてある。青《あを》は日本語《にほんご》「セイ」希臘《ぎりしや》語《ご》ニウ・ゼイ・ランドのゼイと同語《どうご》である。

又《ま》た十字兵衛《じべゑ》が常《つね》に身《み》を離《はな》さゞる刀《かたな》に朝烏《あさがらす》の名刀《めいたう》のことが云《い》ふてあるが。其《そ》れは前《まへ》に云《い》ふた烏星座《からすせいざ》のニウ・ギニヤのことである。素《もと》より男子《だんし》の島《しま》と女子《ぢよし》の島《しま》とは離《はな》るべきものでない。又其刀《またそのかたな》の形容《けいよう》に『其紋《そのもん》、星《ほし》の連《つらな》るが如《ごと》く、其光波《そのひかりなみ》の溢《あふ》るゝが如《ごと》く』とあるは、星座《せいざ》の形容《けいやう》と思《おも》はれる。

ローエルと僕『路平』―― 此星座《このせいざ》はローエル（ロイエル）Royer が星座《せいざ》にしたと云《い》はれて居《ゐ》るが、此《この》ローエルなる人物《じんぶつ》の傳《でん》は一向《かう》わからぬ。思《おも》ふに是《こ》れは矢張《やはり》十字《じ》兵《べ》衛《ゑ》の話《はなし》しの中《うち》の人物《じんぶつ》たる路平《ろへい》なる者《もの》で、十字《じ》兵《べ》衛《ゑ》の死後《しご》彼《か》れに代《かは》つて忠義《ちうぎ》を盡《つ》くし、主人《しゆじん》を勵《はげ》まして十字《じ》兵《べ》衛《ゑ》の志《こゝろざし》を無《む》にせぬやう力《つと》めた者《もの》、即《すなは》ち『南方《なんぜう》十字《じ》兵《べ》衛《ゑ》』なるものを傳《つた》へた者《もの》、換言《くわんげん》すれば南方《なんはう》十字《じ》星座《せいざ》を傳《つた》へたものと云《い》ふても可《よ》いと思《おも》はれる。何故《なぜ》ならば路平《ろへい》と、ローエルとは同《おな》じ名《な》の變化《へんくわ》したものゝやうだからである。乃《すなは》ちローエルは希臘語《ぎりしやご》 Ryo-hier:「誤《あやま》りの道《みち》より救《すく》ふ者《もの》」を意味《いみ》し、路平《ろへい》は矢張《やは》り Ryo で、「平《へい》」はヒラ即《すなは》ち Hiera ローエルの名《な》の下半語《しゆはんご》と同《おな》じだからである。

されば此方面《このはうめん》の手《て》づるから研究《けんきう》したら此星座《このせいざ》の歴史《れきし》は知《し》れることゝ思《おも》ふ。京傳《きやうでん》の不思議《ふしぎ》の材料《ざいれう》に感謝《かんしや》する。

第七章　南の三角星座（南天）

南の三角星座――北《きた》の三角《さんかく》に對《たい》して南《みなみ》の三《み》角星座《くませいざ》が馬《は》人星座《じんせいざ》の馬《うま》の前足《まへあし》の左《ひたり》にある。これは一千六百三年頃《ねんごろ》にバイエルが作《つく》つた星座《せいざ》で、彼《かれ》は之《これ》を「三家長《さんかちやう》」と云《い》ふて居《ゐ》る。二等星《とうせい》一つ、三等星《とうせい》二つある。

セレベス島――これはセレベス島《たう》の形《かたち》で、此島《このしま》をテルナテ Ter-nate と謂《い》ひバイエルが云《い》ふた如《ごと》く「三家長《さんかちやう》」を意味《いみ》する、馬琴《ばきん》の弓張月《ゆみはりつき》の大島《おほしま》や琉球記事《りうきうきじ》は、實《じつ》は南洋《なんやう》を書《か》いたもので、（今《いま》の我《わ》が大島《おほしま》や琉球《りうきう》の如《ごと》き小《ち》さい地理《ちり》でない）、其《そ》れには此島《このしま》は「三くま」即《すなは》ち三角《みくま》と云《い》ふてある。されば此星座圖《このせいざづ》も十六世紀《せいき》の歐羅巴《ようろつぱ》人《じん》が特《とく》に東洋《とうやう》の地圖《ちづ》に據《よ》つて作《つく》つたものとも思《おも》はれず、矢張《やは》り、昔《むかし》から東洋《とうやう》にあつたものが西洋《せいやう》に傳《つた》はつたと云《い》ふが正當《せいたう》である。

バイエルの『鶴《つる》』『インド人《じんら》』等の星座《せいざ》は南魚星座《なんぎよせいざ》の部《ぶ》に述《の》べて置《お》いた。

二

第八章　二十八宿の新研究――世界一週地名

支那《しな》の星座法《せいざはふ》は二十八宿《しゆく》なるもので、其等《それら》を黄道《くわうだう》に沿《そ》うて配置《はいち》し、其宿《そのしゆく》の南北《なんぽく》に位置《ゐち》する其他《そのた》幾何《いくつ》かの星座《せいざ》を、其宿《そのしゆく》の名《な》の下《もと》に統轄《とうかつ》せしめるのであるから、其各宿《そのかくしゆく》の中《なか》には、又《ま》た多《おほ》くの星團《せいだん》が種々《しゆぐ》の名《な》を有《いう》して居《ゐ》るのである。二十八宿《しゆく》の名《な》は通例《つうれい》左《さ》の如《ごと》き順序《じゆんじよ》にしてある。

（一）角《かく》宿《しゆく》
（二）亢《がう》宿《しゆく》
（三）氐《てい》座《しゆく》
（四）房《ばう》宿《しゆく》
（五）心《しん》宿《しゆく》
（六）尾《び》宿《しゆく》

印度《いんど》東部《とうぶ》より南部《なんぶ》まで

（七）箕《き》宿《しゆく》
（八）斗《と》宿《しゆく》
　　アリアナ。波斯《ぺるしや》

（九）牛《ぎう》宿《しゆく》
（一〇）女《ぢよ》宿《しゆく》
（一一）虚《きよ》宿《しゆく》
（一二）危《き》宿《しゆく》
　　阿弗利加《めふりか》

（一三）室《しつ》宿《しゆく》
（一四）壁《へき》宿《しゆく》
（一五）奎《けい》宿《しゆく》
（一六）婁《ろう》宿《しゆく》
（一七）胃《ゐ》宿《しゆく》
（一八）昴《はう》宿《しゆく》
（一九）畢《ひつ》宿《しゆく》
　　再び印度の東部より西北へ

（二〇）觜《し》宿《しゆく》
（二一）參《さん》宿《しゆく》
　}グリーンランド。北亞米利加《きたあめりか》

（二二）井《せい》宿《しゆく》
（二三）鬼《き》宿《しゆく》
（二四）柳《りう》宿《しゆく》
　}日《に》本《ほん》及《およ》び極東《きよくとう》

（二五）星《せい》宿《しゆく》
（二六）張《ちやう》宿《しゆく》
（二七）翼《よく》宿《しゆく》
（二八）軫《しん》宿《しゆく》
　}後印度《ごいんど》

で、黄道《くわうだう》に沿《そ》うて地球《ちきう》を一週《しう》して居《ゐ》る。

けれども是等《これら》の名稱《めいしよう》は果《はた》して何《なに》を意味《いみ》するのであらうか。古來其星占《こらいそのほしうら》を云《い》ふてある書物《しよもつ》などはあるが、其等《それら》の名稱《めいしよう》は果《はた》して何《なん》であるかを説明《せつめい》したものは殆《ほとん》ど無《な》いやうである。――吾等《われら》は其等《それら》文字《もじ》の意義《いぎ》を問《と》うのではない。其等《それら》の名稱《めいしよう》は果《はた》して何《なに》の名稱《めいしよう》であるかを問《と》うのである。

前《まへ》に研究《けんきう》した西洋《せいやう》に傳《つたは》つた星座《せいざ》は地圖《ちづ》を天圖《てんづ》としたものたることは證明《しようめい》された。又《ま》た全世界の地理《ちり》は、星宿《せいしゆく》の意匠系統《いしやうけいとう》をした人《ひと》には知《し》れて居《ゐ》たことも亦明瞭《またメいれう》になつた。

世界一週諸國名―― 是《こ》れと同《おな》じく、私《わたし》は、支那《しな》二十八宿《しゆく》も、亦世界《またせかい》を一と週《まは》りして、其重要《そのちようえう》な國名《こくめい》を天《てん》に上《あ》げて黄道《くわうだう》に沿《そ》うた星《ほし》の名《な》としたものであることを發見《はつけん》したのである。乃《すなは》ち是等《これら》二十八宿《しゆく》は、たとへば、世界《せかい》一週旅行《しうりよかう》の顯著《けんちよ》なステーションの如《ごと》きものだと云ふのである。

特別六宿―― 但《たゞ》し右《みぎ》二十八宿《しゆく》の中第《うちだい》十四の壁宿《へきしゆく》から、第《だい》十九の、畢宿《ひつしゆく》までの六宿《しゆく》は、特《とく》に印度北部《いんどほくぶ》のもので、此六宿《このしゆく》を取《と》り除《の》けて、第《だい》十三宿《しゆく》の室宿《しつしゆく》と、第《だい》二十の觜宿《ししゆく》とを直接《ちよくせつ》せしめて一順《じゆん》すると順序正《じゆんじよたゞ》しく其《そ》れが世界《せかい》を一週《しう》する地名《ちめい》と知《し》れるのである。

概觀―― 第《だい》一角宿《かくしゆく》から第《だい》六の尾宿《びしゆく》までは、印度《いんど》ベンガル東端《とうたん》からデッカンの南《なん》端《たん》までの地名《ちめい》である。第《だい》七の箕宿《きしゆく》と第《だい》八の斗宿《としゆく》とは印度《いんど》河《かは》の西《にし》のアリアナから波斯《ぺるしや》の西端《せいたん》までの地名《ちめい》。第《だい》九の牛宿《ぎうしゆく》から第《だい》十一の危宿《きしゆく》までは阿弗利加《あふりか》のアビスシニヤからモロコまでの地名《ちめい》。(第《だい》十三の室宿《しつしゆく》から第《だい》十九の畢宿《ひつしゆく》までは再《ふた》び印度《いんど》へ歸《かへ》つて、其《その》西北《せいほく》の地名《ちめい》。)第《だい》二十の觜宿《しゆく》と第《だい》二十一の參宿《さんしゆく》とは北亞米利加《きたあめりか》の地名《ちめい》。第《だい》二十二の井《せい》宿《しゆく》から柳宿《りうしゆく》までは北太平洋《きたたいへいやう》の日本《にほん》から、滿蒙《まんもう》、南方支那《なんはうしな》までの地名《ちめい》。第《だい》二十五の星宿《せいしゆく》から第《だい》二十八の軫宿《しんしゆく》までは東京《とんきん》から馬來半島《まらいはんたう》・サンド・ウエイまでの地名《ちめい》である。今聊《いまいさゝ》か説明《せつめい》を試《こゝろ》みる爲《た》めに印度《いんど》ベンガル東部《とうぶ》から出立《しゆつたつ》して、西《にし》に向《むか》つて各宿《かくしゆく》を經《へ》て行《ゆ》くことにする。

(印度東部より南部まで)

角宿。アラカン―― ベンガル東部《とうぶ》アラカンの地《ち》を別名《べつめい》『角《つの》』の國《くに》と言《い》ふたから此地名《このちめい》が第《だい》一の角宿《かくしゆく》の名《な》となつたのである。

亢宿。恒河口の西―― 亢《こう》は抵抗《ていかう》・確立《かくりつ》、不拔《ふばつ》等《とう》を意味《いみ》し、恒河口《こうかぐち》の西《にし》の地《ち》一帶《たい》の舊稱《きうしよう》であることは、神話《しんわ》や其他《そのた》の研究《けんきう》に由《よ》つて知《し》ることが出來《でき》る。

氐宿チヨタ・ナグブル——氐《てい》は大抵《たいてい》、平均等《へいきんとう》を意味《いみ》し、衡平《かうへい》の天秤宮《てんしやうきう》の地《ち》チヨタ・ナグブルである。

房宿。マハーナヂ——房《ばう》は寝室《しんしつ》を意味《いみ》し、中印度《ちういんど》を南《みなみ》へ下《くだ》つたマハー・ナヂ Maha-Nadi である。「ナヂ」とは寝室《しんしつ》(ねど)を意味《いみ》し、又《ま》た「ねんね」「子供《こども》」を意味《いみ》する。

心宿。ニザム——マハー・ナヂの西《にし》の方《はう》をニザム Nizam (Nysia) と云《い》ひ「心《しん》」を意味《いみ》する希臘語源《ぎりしやごげん》ニシャの訛《なま》りである。

尾宿。デツカン——尾《び》は終《をは》りで、印度南部《いんどなんぶ》の總稱《そうしよう》デツカン Deccan (Decc) 即《すなは》ち「成《な》り上《あ》り」終《をは》りを意味《いみ》し、即《すなは》ち尾《び》である。

(アリアナ及び波斯)

箕宿。アリアナ——印度河《いんどかは》の西一帶《にしいつたい》を昔《むかし》はアリアナ Ari-ana と云《い》ふたが、其《そ》れが「箕《みの》」である。何故《なぜ》ならば箕《みの》はミノ、希臘語《ぎりしやご》Meno《ミノ》で確固《かくこ》、不抜《ふばつ》、大在《おほあり》を意味《いみ》し、アリ・アナは「在《アリ》・大《アナ》」で箕宿《きしゆく》とアリアナとは對譯《たいやく》だからである。

斗宿。波斯——斗《と》は百合《ひやくごふ》である。「百合《ゆり》」をゆりと讀《よ》み、又《ま》た之《こ》れをガウル(Gallos, Gall と謂《い》ひ、又《ま》た之《こ》れを周《しゆう》と謂《い》ひ、百合《ゆり》をスサ Susa と謂《い》ひ、昔《むかし》の波斯《べるしや》をスサ(須佐《すさ》)の國即《くにすなは》ち斗《と》の國《くに》と云《い》ふたのである。

以上《いじやう》は印度《いんど》から波斯《べるしや》に至《いた》るまでの星宿《せいしゆく》の地名《ちめい》であるが、是《こ》れから阿弗利加《あふりか》へ渡《わた》るのである。

(阿弗利加)

牛宿。オークスミ・タルム——阿弗利加《あふりか》の中央部《ちうあうぶ》、今《いま》のアビスシニヤを昔《むかし》はオ、クスミ・タルム Auxmi-tarum「牛鬼《うしおに》」の國《くに》と云《い》ふたこれが即《すなは》ち牛宿《ぎうしゆく》の名《な》である。

女宿。グイニヤ——牛鬼《うしおに》の國《くに》の西《にし》にグイニヤ(Guinea)(ギニヤ)の國《くに》がある希臘語《ぎりしやご》「女《をんな》」を意味《いみ》する「グナ」Guna の變訛《へんくわ》した國名《こくめい》で、女國《ぢよこく》である。其《そ》れが女宿《ぢよしゆく》の地名《ちめい》となつたことは簡單明瞭《かんたんめいれう》、此地《このち》にダホメイの女軍國《ぢよぐんこく》が現在《げんざい》までもあつた。

虚宿。アイル——サハラ沙漠《さばく》の南《みなみ》の部分《ぶぶん》にアイルと云《い》ふ山地《さんち》のオ、アシスがある。アイル Air は英語《えいご》のエア即《すなは》ち空氣《くうぎ》と同語《どうご》で、空は即《すなは》ち虚である。

危宿。アトラス山脈——阿弗利加西北部《あふりかせいほくぶ》に亘《わた》つて居《ゐ》るアトラスAtlas（A-tlao）山脈《さんみやく》の名《な》は「危《き》」、冒險《ばうけん》を意味《いみ》して危宿《きしゆく》の名《な》は此地名《このちめい》である。

此《か》くて印度《いんど》から出立《しゆつだつ》した星宿旅行《せいしゆくりよかう》は阿弗利加《あふりか》の西北端《せいほくたん》まで來《き》たのである。若《も》し次《つぎ》の第《だい》十三の室宿《しつしゆく》から第《だい》十九の畢宿《ひつしゆく》までを取《と》り除《の》けて、危宿《きしゆく》と觜宿《しゆく》とを連《つら》ねると、我《われ》等《ら》は阿弗利加《あふりか》からグリーンランド、北亞米利加《きたあめりか》へ渡《わた》ることになるが、今此危宿《いまこのきしゆく》は、「西偏《にしのほとり》」の地《ち》と云《い》はれて居《ゐ》るから、二十八宿《しゆく》の組識者《そしきしや》は、此地名《このちめい》から東《ひがし》へ歸《かへ》り、再び印度の地名《ちめい》を星宿《せいしゆく》に上《あ》げて、第《だい》十三室宿《しつしゆく》から第《だい》十九の畢宿《ひつしゆく》を二十八宿中《しゆくちう》に割《わ》り込《こ》んで居《ゐ》る。そして其《そ》れが大部分《だいぶぶん》北斗《ほくと》七星《せい》の土地《とち》と同《おな》じであつて、愈々《いよ〳〵》印度《いんど》を以《も》つて「北《きた》」の極即《きよくすなは》ち中心《ちうしん》として居《ゐ》ることが考《かんが》へられる。

(再び印度ベンガル)

室宿。カマルプ——前《まへ》に小熊星座《こくませいざ》の部《ぶ》で、小熊《こくま》の尾《を》の尖《さき》に北極星《ほくきよくせい》があつて、其《そ》れは印度北部《いんどほくぶ》アスサムのガウハチ、一名《めい》カマルプの地《ち》に當《あた》つて居《ゐ》ると云《い》ふたが、今此室宿《いまこのしつしゆく》は其別名《そのべつめい》を以《も》つてこゝに繰《く》り返《かへ》されて居《ゐ》るのである。乃《すなは》ちカマルブとは羅甸語《らてんご》 Camera を語源《ごげん》として「室《しつ》」を意味《いみ》し、別名《べつめい》ガウハチは希臘語《ぎりしやり》其他《そのた》の Gaio-hat「美《うつく》しき冠《かぶ》り物《もの》」を意味《いみ》し、支那《しな》には「華蓋《くわがい》」と云《い》ふてあつて、此北極星《このほくきよくせい》を「勾陳《くちん》」と云《い》ひ、希臘語《ぎりしやご》クヂン Kudin でガウハチと同《おな》じ意味《いみ》である。

壁宿、キツタゴン――室宿《しつしゆく》の地《ち》から南《みなみ》へ直下《ちよくか》して、キツタゴンの地《ち》が「壁《へき》」の地《ち》である。乃《すなは》印キッタゴン Chit-tagon とは、豊富《ほうふ》な壁《かべ》、又《ま》た屏風《びやうぶ》」「拷衾《たくぶすま》」を意味《いみ》し、此地《このち》は希臘神話《ぎりしやしんわ》のトロイ城《じやう》の地《ち》で．此城《このしろ》の壁《かべ》は實《じつ》に有名《いうめい》なものであつた。此地《このち》は又《ま》た北斗《ほくと》の天璇《てんせん》の地《ち》である。

奎宿、ヂヤモンド港――恒河口《こうかぐち》を西《にし》へ行《ゆ》くとスンダルバンスで、「禁裡《きんり》」又《ま》た「九重《こゝのへ》」を意味《いみ》し、フグリ河《かは》の河口《かこう》にヂヤモンド港《かう》がある。ヂヤ・モンド Dia-mond とは「美玉《びぎよく》」「九重《こゝのへ》」に沿《そ》ふ」を意味《いみ》し、且《か》つ「月《つき》」は「モンド」であり、又《また》「モンド」は「土《つち》を重《かさ》ねる」を意味《いみ》し、土《つち》を重《かさ》ねるは支那字《しなじ》で「圭《けい》」て美玉《びぎよく》を意味《いみ》し、ヂヤ・モンドの「ヂヤ」は「大《だい》」を意味《いみ》し、こゝに「奎《けい》」は實《じつ》に「大《だい》・圭《けい》」で、ヂヤモンド又《ま》たスンダルバンスを意味《いみ》する地名《ちめい》。北斗《ほくと》七星《せい》の天璣《てんき》の地《ち》は又《ま》た是《こ》れてある。

婁宿。マンダライ——婁《ろ》は「見《み》る」こと、「望《のぞ》む」ことを意味《いみ》し、恒河《こうか》からバギラチ河《かは》に枝《えだ》が出《で》るあたりの土地《とち》の名《な》マンダライ Mandalai「望《のぞ》み、見《み》る」を意味《いみ》する土地《とち》の對譯《たいやく》であり。又《ま》た此地《このち》のムルシダ・バッド Murshida-bad（Myr-sida）の町《まち》の名《な》も同《おな》じ意味《いみ》である。

胃宿。ベハール——胃《ゐ》は物《もの》を取《と》り、保《たも》つ物《もの》、又《ま》た力《ちから》であり、權《けん》である。英語《えいご》のスト・マック獨逸語《どいつご》のマーゲンも皆胃《みなゐ》と力《ちから》とを意味《いみ》して居《ゐ》る。此星宿《このせいしゆく》の名《な》は婁宿《ろうしゆく》の地《ち》の西《にし》一帶《たい》のベハール Behar のことで、希臘語《ぎりしやご》、英語《えいご》等《とう》の Bar, Bear など、同《おな》じ語《ことは》の變化《へんくわ》である。

昴宿。モングール——昴《ばう》とは入相《いりあひ》のことで、日本名《にほんめい》スバル、又《ま》たスマルと云《い》ふは「しまる」「仕舞《しま》ふ」のことて、又《ま》たお化粧《けしやう》を「おしまひ」と云《い》ふのも同《おな》じく、恒河《こうか》に沿《そ》うたモングール Mon-ghyr（Mon, gaur）の町《まち》が「お仕舞《しま》ひ」「化粧完成《けしやうくわんせい》」等《とう》を意《い》味《み》して昴《ばう》の對譯地名《たいやくちめい》である。

畢宿、パトナー――尙《な》ほ西《にし》にパトナ市《し》がある。パトナはハトナ Patna = Phatna で、「はて」終《をは》りで、畢宿《ひつしゆく》の地名《ちめい》である。

是《こ》れで印度《いんど》二度目《どめ》の星宿增補地理《せいしゆくぞうほちり》は濟《す》んだ。星宿創作者《せいしゆくさうさくしや》は今度《こんど》は東《ひがし》へ向《むか》つて行《いつ》て印度《いんど》からの極東《きよくとう》――グリーン・ランドの觜宿《しゝゆく》から始《はじ》めて、西《にし》へ方向《はうかう》を取《と》り、再《ふた》び印《いん》度《ど》の軫宿《しんしゆく》へ來《きた》り、其次《そのつぎ》の次《つぎ》たる、始《はじめ》の出發點《しゆつぱつてん》角宿《かくしゆく》へ歸着《きちやく》して、世界《せかい》の星宿地《せいしゆくち》一週《しう》を終《をは》るのである。

(北亞米利加)

觜宿。グリーン・ランド――觜《し》とは口《くち》ばし、突《つ》くこと切《き》ること、けづること又《ま》た白髮《しらが》・老人等《らうじんら》の意味《いみ》があつて希臘語《ぎりしやご》之《これ》をスクルモ Skylmos と謂《い》ひ、日本《にほん》では其《その》發音《はつおん》を表《あら》はして宿毛《すくも》、九十九《つくも》など謂《い》ひ、支那《しな》では宿莽《しゆくもう》と書《か》いたものもある。

此觜宿《このしゝゆく》はグリーン・ランドのことで、グリイン・ランドは從來誤《じうらいあやま》つて綠州《りよくしう》の意味《いみ》で傳《つた》はつて居《ゐ》るが、種々東西《しゆ〴〵とうざい》の神話《しんわ》、史籍《しせき》に考《かんが》へると、實《じつ》は其《そ》れはゲローン・ランドの間違《まちが》いで、ゲローン Geron とは希臘語《ぎりしやご》老人《らうじん》を意味《いみ》して、見事前記《みごとぜんき》の宿毛《すくも》、宿莽の白髪老人《しらがらうじん》の對譯《たいやく》になつて居《ゐ》る。屈原《くつげん》の離騒《りさう》にはグリーンランドのことを謂《い》ふて、『夕《ゆふべ》に州《しう》の宿莾を攬《と》る』と出《だ》て居《ゐ》る。且《か》つ前《まへ》にも云《い》ふた如《ごと》くオオリオン星座即《せいざすなは》ち參《さん》宿《しゆく》は北《きた》アメリカを象《かたど》つたもので、此觜宿《このし・ゆく》は參宿《さんしゆく》の左肩《さけん》に當《あた》つて居《ゐ》て、又《ま》た其《そ》れがグリーン・ランドたることを示《し》めして居《ゐ》る。

參宿。北亞米利加——參《さん》は古《いにしへ》から白虎《びやくこ》と云《い》ふて居《ゐ》る。庚寅《かのえとら》である。北米《ほくべい》カナダ Cana-adda は又《ま》た庚寅《かのえとら》を意味《いみ》し、參宿《さんしゆく》の土地《とち》たることは明白《めいはく》である。

井宿。日本——前《まへ》に水蛇星座《みづへびせいざ》を研究《けんきう》して其《そ》れが日本連島《にほんれんたう》であることを謂《い》ふたが「井《ゐど》」はヒドラ Hydra と謂《い》ひ、水蛇でも、井戸でもあつて、米國《べいこく》の西《にし》の日本《にほん》は、位置《ゐち》から謂《い》ふても正當《せいたう》である。

鬼宿。韃靼——井宿日本《せいしゆくにほん》の西《にし》の方《はう》は滿《まん》、蒙《もう》、西伯利亞《しべりあ》等《とう》で、昔《むかし》は其《そ》れを總稱《そうしよう》して韃靼《たつたん》と謂《い》ふた、韃靼《たつたん》は Tartar て地獄《ぢごく》又《ま》た鬼《おに》の住所《ぢうしよ》を意味《いみ》し、鬼宿《きしゆく》は此地名《このちめい》てある。是《こ》れから地理《ちり》は南《みなみ》へ下《くだ》り、西《にし》へ行《ゆ》くのである。

柳宿。揚子江——楊子江《やうすこう》の支那發音《しなはつおん》は Yang-tse-kiang で、楊《やう》は Yang 英語等《えいごとう》の Young「若《わか》きを」意味《いみ》しヤングの變化《へんくわ》ヤナギ即《すなは》ち柳《やなぎ》である。

星宿。遲羅——星《ほし》は「日《にち》」「生《せい》」を意味《いみ》し、遲羅《しやむ》は「遲」即《すなは》ち「日《にち》」「進《す》む」で同《おな》じ名《めい》稱《しよう》の對譯《たいやく》である。

張。馬來——張《ちやう》はり伸《の》ばすを意味《いみ》し、馬來《まらい》は Mala で長《なが》きもの又《ま》た棒《ぼう》などを意味《いみ》し、對譯《たいやく》となつて居《ゐ》る。

翼。緬甸——緬甸《びるま》は語源《ごげん》ヒルマ Herma ヘルメースの神《かみ》の名《な》を負《お》うたもので、此神《このかみ》は風《かぜ》の速《はや》さや、凡《すべ》て翼的《よくてき》の神《かみ》であるから、此神《このかみ》の神性《しんせい》を介《かい》して翼《つはさ》と緬甸《びるま》とは對《たい》譯《やく》になつて居《ゐ》る。

軫宿。サンド・ウエイ——軫《しん》は『車《くるま》と爲《な》し、風《かぜ》を主《つかさ》どる』と云《い》ふてあつて、重《おも》きを、遠《とほ》くに送《おく》ることを意味《いみ》し、緬甸《びるま》の西海岸《にしかいがん》にサンド・ウエーSand-way(Send-away)の地《ち》があり、「遠《とほ》くへ送《おく》る」を意味《いみ》して、軫《しん》の意譯《いやく》である。

軫宿《しんしゆく》の北《きた》が始《はじ》めに出發《しゆつぱつ》した角宿《かくしゆく》の地《ち》で、我等《われら》は諸宿《しよしゆく》を經由《けいゆ》して地球《ちきう》を一週《しう》して、無事《ぶじ》に始《はじ》めの出發點《しゆつぱつてん》に歸《かへ》つたものである。

二十八宿と、其地名と、プトレミイ星座對照表―― 二十八宿《しゆく》は世界《せかい》一週《しう》の地名《ちめい》たることは明瞭《めいれう》になつた。今《いま》二十八宿《しゆく》と、其等《それら》の地名《ちめい》と、又《ま》た天圖《てんづ》に於《お》いて、プトレミイの星座《せいざ》の何《いづ》れに其等《それら》があるかを對照表《たいせうへう》に作《つく》つて見《み》よう。けれどもプトレミイの星座《せいざ》が表《あら》はして居《ゐ》る地理《ちり》と、二十八宿《しゆく》が名《な》を負《お》うて居《ゐ》る其等《それら》の土地《とち》とは、必《かな》ずしも一致《ち》して居《を》らず、二十八宿《しゆく》は、又《ま》た全《まつた》く別《べつ》の方法《はうはふ》で系統《けいとう》を作《つく》つて居《ゐ》るやうである。

二十八宿	地名	プトレミイ星座に於ける位置
(一)角	印度東部アラカン	室女の中央部
(二)亢	恒河口の西	室女と天秤との間
(三)氐	ベンガル州西部	天秤
(四)房	マハー・ナヂ地方	天蠍の首部
(五)心	大ニザム	天蠍の胸部
(六)尾	デッカン	天蠍の尾

(七)箕	アヲアナ	人馬(相模太郎)の足
(八)斗	波斯	人馬の弓
(九)牛	阿弗利加、オークスミ・タルム	摩羯の胸
(一〇)女	グイニヤ女國	寶瓶の羽織
(一一)虚	サハラ沙漠のアイル	寶瓶の左胸
(一二)危	アトラス山地方	天馬の頭
(一三)室	印度アスサムのカマルプ	天馬の腿
(一四)壁	キッタゴン	天馬の翼とアンドロメダとの間
(一五)奎	ヂヤモンド港	アンドロメダの左體
(一六)婁	ムルシダ・バッド	白羊の中部
(一七)胃	ベハール州のバガルプル	白羊の中部
(一八)昴	モングール市	金牛の背部

(一九)畢	パトナ市	金牛の額
(二〇)觜	グリーンランド	オオリオンの左手
(二一)參	北アメリカ	オオリオン星座
(二二)井	日　本	双児の足
(二三)鬼	韃靼(滿蒙、西伯利亞)	巨蟹の中部
(二四)柳	支那楊子江	水蛇の頭部
(二五)星	暹　羅	水蛇の胸部
(二六)張	馬來半島	水蛇の胸の下部
(二七)翼	ビルマ	水蛇の背部
(二八)軫	サンド・ウエイ	杯泉星座右部

三

第九章　毎月中天の星座

二十八宿毎月の中星——北極を週回する諸星の位置
——星の等級を表はす符號

毎月中天の星座——我々《われ〳〵》の星座《せいざ》記述《きじゆつ》の順序《じゆんじよ》は、北極《ほくきよく》から始《はじ》めて、遠心的《ゑんしんてき》に廣《ひろ》め、黄道帶《くわうだうたい》から、越《こ》えて南天《なんてん》にと云《い》ふ風《ふう》に、靜的《せいてき》に記述《きじゆつ》して來《き》たが、地球《ちきう》の年週《ねんしう》と自轉《じてん》とに由《よ》つて、毎月見《せんげつみ》えて來《く》る星座《せいざ》や、中天《ちうてん》に來《く》る星座《せいざ》が變《かは》るから、今度《こんど》は動的《どうてき》に左《さ》に毎月一日午後九時頃東京《とうきやう》の子午線《しごせん》に來《く》る星座《せいざ》を擧《あ》げる。括弧内《ない》の圏點したのは、其星座《そのせいざ》に在《あ》つて、天界顯著《てんかいけんちよ》な星《ほし》の名《な》である。

	(北極より北へ)	(北極より南へ)
十二月	麒麟。龍。大熊。	櫃日宮。櫛稲田姫。三角。双魚。白羊。大魚(ミラ)
一　月	小熊(北極星)。	須佐之男尊(アルゴル)。金牛(アルデバラン)。エーリ

	龍の一部。	ダノス河(アケルナル)
二月	龍	麒麟。牛車(カペラ)。オオリオン(ベテルギウス。リーゲル)双兒。(カストル、ポラクッス)。兎。鳩
三月		山猫。双兒(カストル、ポラクッス)小犬(プロクオン) 蟹。大犬(シリウス)一角獸。アルゴ丸(カノオプス)
四月	氣比宮	大熊。小獅子。獅子(レグルス)。六分儀。水蛇。排氣器。 アルゴ丸(カノープス)
五月	橿日宮	大熊。髮。獵犬。杯泉。鳥。馬人(馬人座アルファ)
六月		小熊。龍。坊太郎(アルクツロス)。室女(スピカ)。馬人 (馬人座アルファ)
七月		小熊。北冠。ヘエラクレエス。蛇取。天秤。狼。定規。
八月		龍。天琴(ウエガ)。ヘエラクレエス。大鷹(アルタイル) 矢。天蠍(アンタレス)。蛇取。楯。花筐。望遠鏡。

九月		龍。雁（デネブ）。小狐。入鹿。相模太郎。南冠。
十月	麒麟	氣比宮。守宮。天馬。摩羯。南魚（フォムアルハウト）
十一月	小熊	氣比宮。櫃日宮。櫛稲田姬。天馬。賓瓶。南魚（フォムアルハウト）。鶴

二十八宿の中星

二十八宿《しゆく》毎月《まいげつ》の中星《ちうせい》に就《つい》て、從來日本《じうらいにほん》では昏《くれ》、曉《あけ》、夜半《やはん》の中星《ちうせい》を求《もと》める法《はふ》として左《さ》の如《ごと》くしてある。上段《じやうだん》は昏《くれ》、中段《ちうだん》は夜半《やはん》、下段《げだん》は曉《あけ》の中星《ちうせい》である。

（二十四節）	（太陽暦）	（昏）	（夜半）	（曉）
冬至	（十二月下旬）	室	參	軫
小寒	（一月上旬）	壁	井	亢
大寒	（一月下旬）	奎	井	氐

立春	（二月上旬）	胃	柳	氐
雨水	（二月下旬）	昴	張	心
啓蟄	（三月上旬）	畢	翼	尾
春分	（三月下旬）	井	翼	箕
清明	（四月上旬）	井	軫	斗
穀雨	（四月下旬）	柳	角	斗
立夏	（五月上旬）	張	氐	牛
小満	（五月下旬）	翼	房	虚
芒種	（六月上旬）	翼	尾	危
夏至	（六月下旬）	角	箕	室
小暑	（七月上旬）	亢	斗	壁
大暑	（七月下旬）	氐	斗	奎
立秋	（八月上旬）	房	女	胃

處署（八月下旬）	尾	危	昴
白露（九月上旬）	箕	室	畢
秋分（九月下旬）	箕	室	参
寒露（十月上旬）	斗	奎	井
霜降（十月下旬）	牛	婁	柳
立冬（十一月上旬）	女	胃	星
小雪（十一月下旬）	虚	昴	張
大雪（十二月上旬）	危	畢	翼

北極を周回する諸星の位置（附錄一）

北極時計《ほくきよくとけい》——星《ほし》は凡《すべ》て北極《ほくきよく》を中心《ちうしん》にして回《まは》つて居《ゐ》る。上圖《じやうづ》は我々《われ〳〵》の緯度《ゐど》で大抵何時《たいていいつ》でも見《み》える範圍《はんゐ》の北極《ほくきよく》に近《ちか》い明《あき》らかな星座《せいざ》を出《だ》したものである。是等《これら》の星《ほし》は皆北方《みなほくはう》地平《ちへい》の右《みぎ》から上《あ》がつて・左西《ひだりにし》の方《はう》へ下《お》りるので、丁度時計《ちやうどとけい》の面《めん》を見《み》るやうである。

第百十一圖

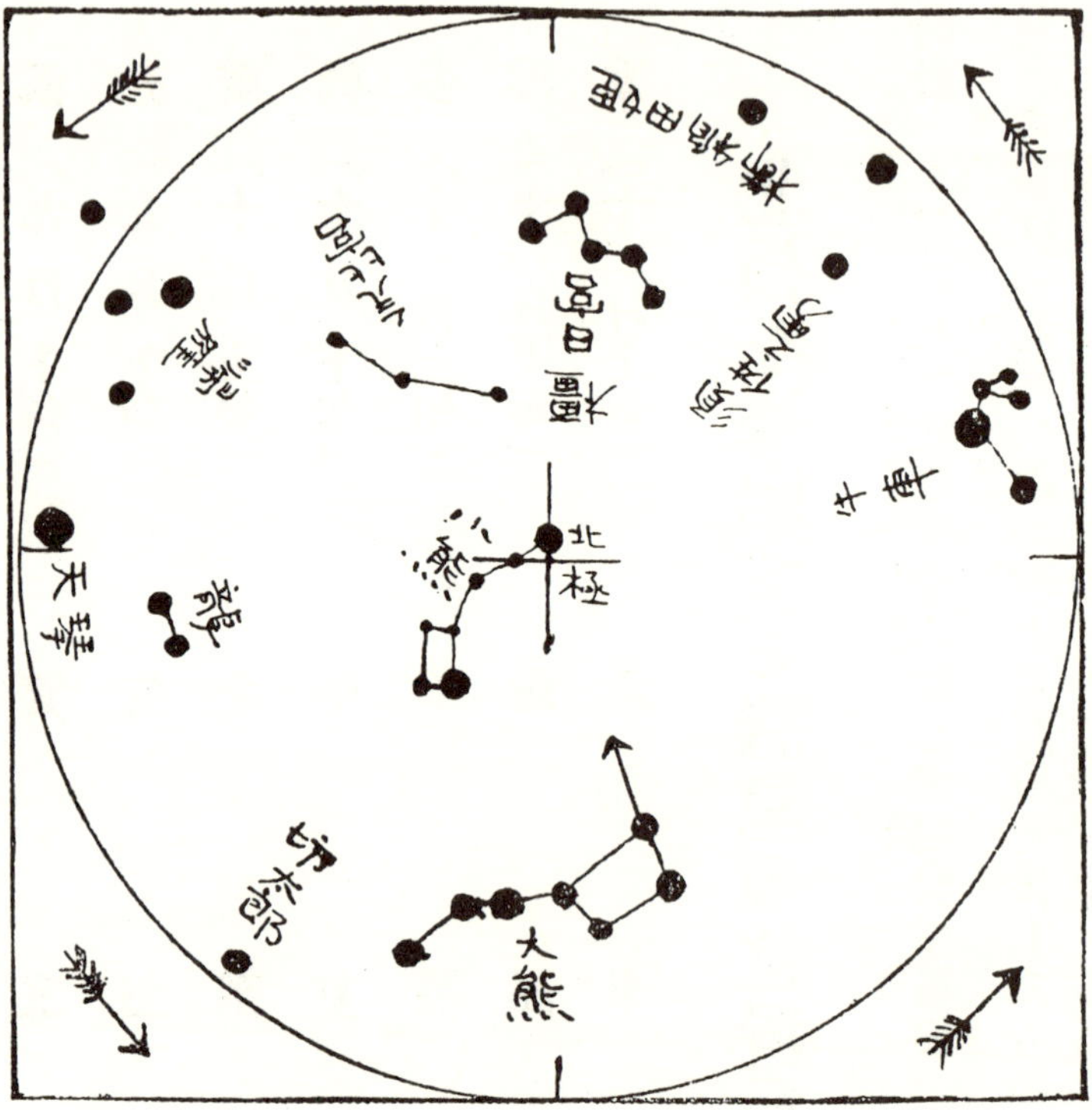

北極周回星の位置圖

此時《このと》計面《けいめん》は二十四時間《じかん》よりは四分《ふん》少《すくな》くで完全《くわんぜん》に一と週《まは》りするから、若《も》し、一夜《や》一定時《ていとき》に地平上特殊《ちへいじやうとくしゆ》の或位《あるゐ》置《ち》を目標《もくへう》として置《お》いたら、翌晩《よくはん》は其《それ》等《ら》の星《ほし》は四分速《ふんはや》く其位置《そのゐち》に達《たつ》するのである。だから十五日《にち》の後《のち》には、其《それ》等《ら》の星《ほし》は一時間早《じかんはや》く、一箇月後《かげつご》には、二時間早《じかんはや》く、三箇月《かげつ》の後《ご》には六時間早《じかんはや》く達《たつ》するやうになる。此《この》圖《づ》は(1)(2)(3)(4)の各邊《かくへん》を北《きた》の地平《ちへい》として、

(一) 十二月一日 午後八時
(二) 三月一日 同
(三) 六月二日 同
(四) 九月一日 同

に於《お》ける北極《はくきよく》週回諸星《しうくわいしよせい》の位置《ゐち》を表《あら》はすものである。

其故《それゆゑ》に一夜《や》の中《うち》で、此星《このほし》の進行《しんかう》を注意《ちうい》する時《とき》は時間《じかん》を知《し》ることが出來《でき》る(毎夜《まいよ》四分早《ふんはや》く來《く》ることを念頭《ねんとう》に置《お》いて)。又《ま》た毎夜同《まいよおな》じ時間《じかん》に星《ほし》の進行《しんかう》を觀《み》たら、一年中《ねんぢう》の何月《なんげつ》と云《い》ふことも知《し》ることが出來《でき》、一種《しゆ》の北極時計《ほくきよくとけい》である。(大熊七星《おほくませい》のみを出《だ》したばかりでは、往々其《わうわうそ》れが地平《ちへい》の或物《あるもの》に遮《さへぎ》られて見《み》えぬ場合《ばあひ》が少《すく》ないから、其他《そのた》の星《ほし》も記入《きにふ》して目標《もくへう》にするを便利《べんり》として、此《こゝ》には北極《ほくきよく》を週回《しうくわい》する諸星《しよせい》を出《だ》して置《お》いた。)

星座《せいざ》の手引《てび》き——此圖《このづ》は又《ま》た北方諸星座《ほくはうしよせいざ》の位置《ゐち》を知《し》る基準《きじゆん》となり、是等《これら》の諸星《しよせい》か

ら他《ほか》の星座《せいざ》の位置《ゐち》を見付《みつ》ける用《よう》にもなる。

星の等級を表はす符號（附錄二）

（1）（2）（3）

一等星　二等星　三等星　四等星　五等星

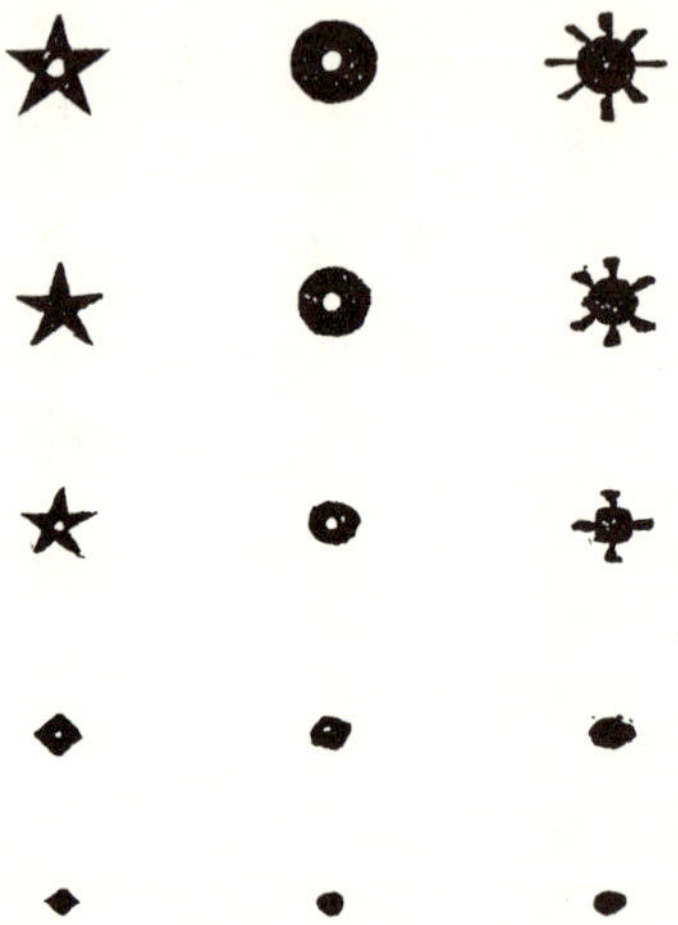

星《ほし》の等級《とうきふ》は明《あき》かるさて、定《さだ》めるのであつて、種々《しゆく》の符號《ふがう》が用《もち》ゐられ、（一）の如《ごと》き（二）の如《ごと》き（三）の如《ごと》き又《ま》た他《ほか》にもある。

十七世紀《せいき》の頃《ころ》バイエルが、肉《にく》眼《がん》に視《な》える星《ほし》を、其光度《そのくわうど》に從《したが》うて順次《じゆんじ》に希臘文字《ぎりしやもじ》アルフア、ベータ等《とう》で呼《よ》ぶことにしたが、希《ぎり》臘文字《しやもじ》は二十四であるから、其《そ》れ以上《いじやう》の星《ほし》の數《かず》が其星座《そのせいざ》に有《あ》る時《とき》には、其《そ》れからさきは羅馬字《ろうまじ》のａｂｃを用《もち》ゆることにした。例《たと》へば大熊星《おほくませい》α、大熊星《おほくませい》β、又《また》はオオリオンＡ、オオリオンβと云《い》ふ如《ごと》きである。けれどもこれは其星座《そのせいざ》以内《いない》での光度《くわうど》の順序《じゆんじよ》を示《しめ》すもので、他《た》の星座《せいざ》の星《ほし》との比較的《ひかくてき》のものではない。又《ま》た数字《すうじ》を以《も》つて星座《せいざ》中《ちう》の星《ほし》の順序《じゆんじよ》を表《あら》はす法《はう》もある。

今希臘文字《いまぎりしやもじ》を知《し》らぬ人《ひと》の為《た》めに左《さ》に大字《だいじ》小字《せうじ》を表《ひやう》にして読《よ》み方《かた》を示《し》めす。

Α《アルファ》 α	Β《ベータ》 β	Γ《ガムマ》 γ	Δ《デルタ》 δ	Ε《エプシロン》 ε	Ζ《ゼータ》 ζ	Η《エータ》 η
Θ《テータ》 θ	Ι《イオタ》 ι	Κ《カッパ》 κ	Λ《ラムダ》 λ	Μ《ミー》 μ	Ν《ニー》 ν	Ξ《クシイ》 ξ
Ο《オミクロン》 ο	Π《パイ》 π	Ρ《ロー》 ρ	Σ《シグマ》 σ	Τ《タウ》 τ	Υ《ウプシロン》 υ	Φ《フイー》 φ
Χ《キー》 χ	Ψ《プシイ》 ψ	Ω《オメーガ》 ω				

第六部 世界の天文學史上太古日本民族の位置

――『埃及・日本』『印度・日本』と日本主義

日本民族《にほんみんぞく》は世界《せかい》の天文學《てんもんがく》の歴史上《れきしじやう》、實《じつ》に唯一《ゆゐ》卒先《そつせん》の民族《みんぞく》でありながら、歴史家《れきしか》の無知無學《むちむがく》の爲《た》めに、天文學史上《てんもんがくしじやう》、何《なに》の事《こと》なき、平々凡々《へいへいぼんぼん》の民族《みんぞく》と爲《な》されて了《しま》つた。日本《にほん》の古典《こてん》は、民族祖先《みんぞくそせん》の世界的偉大《せかいてきゐだい》なことを傳《つた》へて居《ゐ》るに係《かゝ》はらず、後世國學者《こうせいこくがくしや》、史學者等《しがくしやら》が、其《そ》れを解《かい》し得《え》ぬ爲《た》めに、光榮《くわうえい》ある偉大《ゐだい》は、無意味《むいみ》の小《ちい》さなものと爲《な》されて仕舞《しま》うた。

畢竟《ひつきやう》これは彼等《かれら》舊派《きうは》の國學者《こくがくしや》・史學者等《しがくしやら》が、日本民族《にほんみんぞく》は太古《たいこ》長年月《ちやうねんぐわつ》の間《あひだ》に西部《せいぶ》亞細亞《あじあ》・埃及方面《えぢぷとはうめん》から印度方面《いんどはうめん》へ移動《ゐどう》し來《きた》つたことを知《し》らず、我等《われら》の所有《しよいう》する古典《こてん》は實《じつ》は『埃及《えぢぷと》・日本《にほん》』或《あるひ》は、『印度《いんど》・日本《にほん》』時代《じだい》の世界的大日本《せかいてきだいにほん》を傳《つた》へて居《ゐ》ることを知《し》らぬ所《ところ》から此不見識《このふけんしき》に陷《おちゐ》つたものと云《い》はねばならぬ。若《も》し夫《そ》れ國學國史《こくがくこくし》の新研究《しんけんきう》に依《よ》つて、此事《このこと》を明《あきら》かにした以上《いじやう》は、太古《たいこ》の日本民族《にほんみんぞく》は、世界《せかい》の文化《ぶんくわ》――天文學《てんもんがく》は勿論《もちろん》に――於《お》て、眞《しん》に偉大《ゐだい》なる功績《こうせき》を致《いた》したるものたることが自覺《じかく》されるのである。

日本太古史《にほんたいこし》に於《お》て、崇神《すうじん》、垂仁《すゐにん》、景行《けいかう》、成務《じやうむ》、仲哀《ちうあい》、應神《おうじん》、仁德天皇《にんとくてんのう》の時代《じだい》は、日本歴史《にほんれきし》の中心《ちうしん》は埃及《えぢぷと》に在《あ》つて、此際日本《このさいにほん》は天文地理《てんもんちり》及《およ》び其他《そのた》一切《たい》の文化事業《ぶんくわじげふ》に關《くわん》して、非常《ひじやう》に貢獻《こうけん》したもので、我等《われら》の今日《こんにち》に持《も》ち傳《つた》へて居《ゐ》る歴史《れきし》は、甚《はなは》だ不完全《ふくわんぜん》ではあるが、尚《な》ほ眞率熱心《しんそつねつしん》な研究者《けんきうしや》には、見事《みごと》な材料《ざいれう》と證據《しようこ》とを供給《きようきふ》するのである。

第一章　成務天皇の經度、緯度の創始

地理學上《ちりがくじやう》、經度緯度《けいどゐど》は非常《ひじやう》に重要《ちようえう》なものだが、其《そ》れは何《いづ》れの時《とき》、何人《なにびと》の創見《さうけん》に出《で》たものであらうか。これは地理學上《ちりがくじやう》の事《こと》とは言《い》ひながら、又《ま》た天文學《てんもんがく》にも關係《くわんけい》あることである。

日本《にほん》の愚昧《ぐまい》なる國學者《こくがくしや》も國史家《こくしか》も知《し》らぬが――地理學上經度緯度《ちりがくじやうけいどゐど》なるものは、實《じつ》

は日本《にほん》から始《はじ》まつたもので、成務天皇の時《とき》から其《そ》れが行《おこな》はれたことが日本書紀《にほんしよき》に書《か》いてある。けれども彼等《かれら》は其《そ》れとは知《し》つて居《を》らぬ。日本書紀《にほんしよき》の記事《きじ》に據《よ》ると『山河《さんか》を隔《へだ》てゝ國縣《こくけん》を分《わか》ち、……東西《とうざい》を以《も》つて日《ひ》の縱《たて》となし、南北《なんぼく》を以《も》つて日《ひ》の横《よこ》と爲《な》す』とある。『日《ひ》の縱《たて》』とは「經《けい》」であり、『日《ひ》の横《よこ》』は「緯《ゐ》」である。即《すなは》ちこれが地理上《ちりじやう》の經度《けいど》緯度《ゐど》の起原《きげん》である。此成務天皇《このじやうむてんのう》は『埃及日本時代《えぢぷとにほんじだい》』の天皇《てんのう》であることは、新研究《しんけんきう》の立《りつ》說《せつ》する所《ところ》で、地理《ちり》、測量《そくりやう》等《とう》に於《お》て、埃及《えぢぷと》が世界《せかい》に率先《そつせん》したことは數學史家《すうがくしか》の直《すぐ》に承《しよう》認《にん》する所《ところ》である。此地理的學術上《このちりてきがくじゆつじやう》の基礎《きそ》は、やがて天文學《てんもんがく》にも應用《おうよう》されるのである。西洋歷史《せいやうれきし》には、經緯度《けいゐど》は、ヒッパーコから始《はじ》まつたと云《い》ふてあるが、此《この》ヒッパコーは又《ま》た問題《もんだい》の人物天《じんぶつあま》の日槍《ひぼこ》たることは次《つぎ》に說《と》く。

第二章　ヒッパーコ、日本に歸化し星座圖を持ち來る

——埃及日本——

天文學者二人——古事記《こじき》では應神天皇《おうじんてんのう》の時《とき》、日本書紀《にほんしょき》では垂仁天皇《すゐにんてんのう》の時《とき》、何《いづ》れか、實《じつ》は不明《ふめい》の時代《じだい》に宇斯岐《うすぎ》・阿利叱智干岐《ありしちかんぎ》が日本《にほん》に歸化《きくわ》し、又《ま》た暫時後《ざんじのち》に天《あま》の日槍《ひぼこ》なるものが日本《にほん》に歸化《きくわ》した。彼等《かれら》は何者《なにもの》であるか。悲《かな》しいかな、日本《にほん》の歷史家《れきしか》は一人《ひとり》も知《し》るものがない。實《じつ》は彼等《かれら》は一は天文學者《ウシキ》・アリシチ・アルコスであり、他《た》は有名《いうめい》なヒッパーコ（ヒボコ）であるが、先《ま》づ此《こゝ》にはヒッパーコの日槍《ひぼこ》から研究《けんきう》を始《はじ》める。

天の日槍——古事記《こじき》の云《い》ふ所《ところ》に據《よ》るに『昔新羅《むかししらぎ》の王子《わうし》、名《な》は天《あま》の日槍《ひぼこ》と云《い》ふあり、是人歸化《このひとまゐわた》り來《き》けり。參渡《まゐわた》りける所以《ゆゑん》は、新羅《しらぎ》に一つの沼《ぬま》あり、名《な》を阿具沼《あぐぬま》と云《い》ふ。此沼《このぬま》の邊《ほとり》に一つの賤《しづ》の女《め》晝寢《ひるね》たりき。こゝに日《ひ》の光《ひかり》虹《にぢ》の如《こと》、其陰《そのほと》を指《さ》した

るを、亦《また》ある賤《しづ》の夫《を》、其狀《そのさま》を異《あや》しと思《おも》ひ、恒《つね》に其女人《そのをんな》の行《おこな》ひを伺《うかゞ》ひけり。

かれ其女人《そのをんな》、其晝寢《そのひるね》たりし時《とき》より妊身《はらみ》て、赤玉《あかだま》をなも生《う》みける。こゝに其伺《そのうかゞ》へる賤《しづ》の夫《を》、其玉《そのたま》を乞《こ》ひ取《と》りて、恒《つね》は包《つゝ》みて腰《こし》に著《つ》けたりき。此人山谷間《このひとたにべ》に田《た》をつくれりければ、耕人《たびと》等の飲食物《くらひもの》を牛《うし》に負《お》はせて、山谷《たに》の中《なか》に入《い》りけるに、其國主《そのコニキシ》の子《こ》、天《あま》の日槍《ひぼこ》遇逢《あへ》へり。かれ其人《そのひと》に問《と》ひけらく、何《な》ぞ汝《いまし》、飲食《くらひもの》を牛《うし》に負《おは》せて山谷《たに》へは入《い》るぞ。汝《いまし》必《かなら》ず此《こ》の牛《うし》を殺《ころ》して食《く》ふならんと言《い》ひて、即《すなは》ち其人《そのひと》を捕《とら》へて、獄囚《ひとや》に入《い》れむとすれば、其人答《そのひとこた》へけらく、吾《わ》れ牛《うし》を殺《ころ》さんとに非《あら》ず、たゞ田人《たびと》の食《しよく》を送《おく》るにこそあれと云《い》ふ。されども猶赦《なほゆる》さゞりければ、其腰《そのこし》の玉《たま》を解《と》きて、其國主《そのこにきし》の子《こ》に幣《まひ》しつ、かれ、其賤《そのしづ》の夫《を》を赦《ゆる》して、其玉《そのたま》を持《も》ち來《き》て、床《とこ》の邊《へ》に置《お》けりしかば、即《すなは》ち美《うつく》しき孃子《をとめ》に化《な》りぬ。乃《すなは》ち婚《まぐは》ひして嫡妻《むかつめ》としたりき。

こゝに孃子《をとめ》、常《つね》に種々《くさぐ》の珍味《ためつもの》を設《まう》けて、いつも〳〵も其夫《そのひこぢ》にすゝめき。

かれ其國主《そのこにきし》の子《こ》、心奢《こゝろおご》りて妻《つま》を詈《のゝ》しれば、其女《そのをんな》「凡《およ》そ我《われ》は汝《いまし》の妻《つま》になるべき女《をんな》に非《あら》ず、我《わ》が祖《おや》の國《くに》に行《ゆ》かんとすと言《い》ひて、竊《ひそ》かに小船《こふね》に乘《の》りて逃《に》げて渡《わた》り來《き》て、難《なに》波《は》になも留《とゞ》まりける（——此《こ》は難波《なには》の「姫《ひめ》ごぞ」の社《やしろ》に坐《おは》すアカル姫《ひめ》と申《まを》すなり）。

こゝに天《あま》の日矛《ひぼこ》、其妻《そのつま》の遁《のが》れし事《こと》を聞《き》きて、乃《すなは》ち追《お》ひ渡《わた》り來《き》て、難波《なには》に到《いた》らんとするほどに、其渡《そのわた》りの神《かみ》塞《さへ》て入《い》れざりき。かれ更《さら》に還《か》へりて、但馬《たじま》の國《くに》に泊《は》てつ。即《すなは》ち其國《そのくに》に留《とゞ》まる』『その天《あま》の日矛《ひぼこ》の持渡《もちわた》り來《き》つる物《もの》は、玉つ寶と云《い》ひて、珠二貫《たまふたつら》。又《ま》た振浪比禮《なみふるひれ》、切浪比禮《なみきるひれ》、振風比禮《かぜふるひれ》、切風比禮《かぜきるひれ》、又《ま》た奧津鏡《おきつかゞみ》、邊津鏡《へつかゞみ》、合《あ》はせて八《や》種《くさ》なり（此《こ》は伊豆志《いづし》の八前《やまへ》の大神《おほかみ》なり）』（古事記《こじき》應神天皇記《おうじんてんわうき》）とある。

日本書紀垂仁天皇紀《にほんしよきすゐじんてんわうき》には『三年春《ねんはる》三月《ぐわつ》新羅《しらぎ》の王子《わうじ》天《あま》の日《ひ》槍《ほこ》來歸《まゐき》けり。持《も》ち來《きた》れる物《もの》は、羽太《はぶと》の玉一個《たまひとつ》、足高《あしたか》の玉一個《たまひとつ》、鵜鹿々《うかゝ》の赤石《あかし》の玉一箇《たまひとつ》、出石《いづし》の小刀一口《こがたなひとつ》、出《いづ》石《し》の鉾一枝《ほこひとつ》、日《ひ》の鏡一面《かゞみひとつ》、熊《くま》の神籬一具《ひもろぎひとそなへ》、併《あは》せて七物《なゝくさ》あり』。一書《しよ》に據《よ》れば『初《はじ》め天《あま》の日槍《ひぼこ》、艇《ふね》に乘《の》りて播磨《はりま》の國《くに》に泊《と》まり、完粟《しさは》の邑《むら》に在《あ》りし時《とき》、天皇三輪《てんのうみわ》の君《きみ》の祖《そ》大友主《おほともぬし》と、倭《やまと》の直《あたへ》の祖長尾《おやながを》市《いち》とを播磨《はりま》に遣《つか》はして日槍《ひぼこ》に問《と》はしめて曰《いは》く、汝《いまし》は誰《たれ》人ぞ、且《か》つ何《いづ》れの國《くに》の人《ひと》ぞと。天日槍答《あまのひぼここた》へて曰《いは》く僕《やつがれ》は新羅國王《しらぎのこくわう》の子《ご》なり。日本國《やまとのくに》に聖《ひじり》皇《のきみ》居《ゐ》ますと聞《き》きて、己《おのれ》の國《くに》を弟知古《おとゝちこ》に授《さづ》けて化歸《まゐ》けりと。』

玉つ寶は星座圖なり——日槍《ひほこ》が持《も》つて來《き》た玉《たま》つ寶《たから》なるものは果《はな》して身體《からた》を裝飾《さうしよく》する寶玉類《ほうぎよくるゐ》であらうか。苟《いやしく》も天文星座《てんもんせいざ》を知《し》り、叉《ま》た此史傳全班《このしでんぜんはん》を達觀《たつくわん》して見《み》た者《もの》には、決《けつ》して是等《これら》は玉石類《ぎよくせきるゐ》ではなく、殊《こと》に船《ふね》に關《くわん》した記事《きじ》などは明《あきら》かに『アルゴ丸星座《まるせいざ》』ではないかとの問題《もんだい》は起《おこ》らざるを得《え》ぬ。一旦其問題《たんそのもんだい》が起《おこ》つた以上《いじやう》は、其着眼《そのちやくがん》を以《もつ》て研究《けんきう》すると、愈々益々其等《いよ〳〵ます〳〵これら》の玉《たま》つ寶《たから》なるものは星座圖《せいざづ》で、『熊《くま》の神籬《ひもろぎ》』の如《ごと》きは大熊星座《おほくませいざ》、小熊星座《こぐませいざ》であることに氣《き》が付《つ》き、此歷史的記事《このれきしてききじ》は、凡《すべ》て愉快《ゆくわい》に解決《かいけつ》が着《つ》く。其《そ》れのみならず此天《あま》の日槍《ひほこ》なる人物《じんぶつ》は天文學者《てんもんがくしや》ヒッパーコのことで、其發音《そのはつおん》の少《すこ》しばかり異《ちが》ふて居《を》るに過《す》ぎぬことも直《す》ぐ心付《こゝろづ》かれる。

埃及・日本——垂仁天皇時代《すゐにんてんのうじだい》は、日本《にほん》は今《いま》の極東島國《きよくとうたうごく》ではなく、「埃及日本《えじぷとにほん》」であるが、日本年表《にほんねんぺう》は信用《しんよう》は出來《でき》ぬ。此埃及《このえじぷと》・日本《にほん》へヒッパーコが歸化《きくわ》した事《こと》が、天《あま》の日槍《ひほこ》の事件《じけん》として傳《つた》はつて居《ゐ》るのである。

此《こゝ》に所謂玉《いはゆるたま》つ寶《たから》なるものが天文星座《てんもんせいざ》の圖《づ》であると云《い》ふことなどは舊來《きうらい》の國史家《こくしか》や國學者等《こくがくしやら》は、可愛《かあい》ソーながら夢《ゆめ》にも知《し》り得《え》ぬ。試《こゝろ》みに古事記傳《こじきでん》でも、日本書記註釋《にほんしよきちうしやく》ても見《み》られよ。彼等《かれら》の註解《ちうかい》は實《じつ》に抱腹絶倒的《はうふくぜつたうてき》である。著者《ちよしや》は十年前《ねんぜん》に拙著《せつちよ》日本《にほん》太古《たいこ》史《し》で教《をし》へて置《お》いたが、未《ま》だ其《そ》れでも目《め》が醒《さ》めて居《を》らぬ。日本學問界の無神經には呆《あき》れざるを得《え》ない。今日《いまひ》槍《ほこ》の玉《たま》つ寶《たから》なるものを研究《けんきう》して見《み》よう。

『玉』は星座——玉《たま》つ寶《たから》の玉《たま》とは寶石《はうせき》や、珠玉等《しゆぎよくら》を云《い》ふたものではなく、其《それ》は希《ぎり》臘語《しやご》タマ Thama 群團等《あつまりとう》を意味《いみ》する語《ご》で、羅甸語《らてんご》、星座《せいざ》を Con-stellation と云《い》ひ、星《せい》團《だん》と謂《い》ふと同《おな》じ意味《いみ》である。即《すなは》ち固《かた》まり、一つになることを日本語《にほんご》たまに成《な》ると云《い》ふ類《るゐ》の語《ご》である。

『玉・二貫』アルゴ丸——玉二貫《たまふたつら》と云《い》ふと絲《いと》に貫《ぬ》いた玉二貫《たまふたつら》と云《い》ふやうに見《み》えるが、「玉《たま》」は前《まへ》に云《い》ふた「星座《せいざ》」のこと、「二《ふ》たつら」とは Butha-dulla で、Navia Argo 即《すなは》ちアルゴ丸《まる》と對譯《たいやく》で、老朽船《らうきうせん》、枯野丸《かれのまる》を意味《いみ》するのであつて、玉《たま》を二つ貫《つらぬ》いたと云《い》ふのではない。

振浪比禮、切浪比禮等——六種《しゆ》のものは玉《たま》二貫《くわん》たるアルゴ丸星座《まるせいざ》の部分《ぶぶん》々々《〳〵》の名《な》で、振浪比禮《なみふるひれ》とは船體《せんたい》即《すなは》ちフル Hull である。切浪比禮《なみきるひれ》とは龍骨《りうこつ》即《すなは》ちキール Keel

で、フルとキールは「振《ふる》」と「切《きる》」の語《ご》で表《あら》はされて居《ゐ》る。振風比禮《かぜふるひれ》、切風比禮《かぜきるひれ》とは帆《ほ》と帆柱《ほばしら》とであることは、苟《いやしく》も星座《せいざ》を知《し》つた者《もの》には直《す》ぐ氣付《きつ》かれる筈《はず》である。

奧津鏡、邊津鏡――とは船《ふね》の舳艫《ちくろ》に鏡《かゞみ》を付《つ》けたもので、星座《せいざ》の繪《ゑ》は邊《へ》つ鏡《かゞみ》を示《し》めして居《ゐ》る（舳《みよし》にも鏡《かゞみ》を懸《か》けたことは、日本書紀《にほんしよき》日本武尊《やまとたけのみこと》の東征《とうせい》の時《とき》の船《ふね》の記事《きじ》にもある）。

古事記《こじき》は此通《このとほ》りにアルゴ丸即《まるすなは》ち「玉《たま》ふたつら」を六部《ぶ》に分《わ》けて居《ゐ》る。佛蘭西《ふらんす》の天文《てんもん》學者《がくしや》ラカイユが此星座《このせいざ》を四部《ぶ》に分《わか》つたとあるが、古事記《こじき》の此記事《このきじ》に據《よ》つて、此星座《このせいざ》は太古《たいこ》から、諸部分《しよぶぶん》に分《わか》れて居《ゐ》たことが知《し》れ、ラカイユに始《はじ》まつたものでないと斷言《だんげん》されるのである。――吾等《われら》は日本史料《にほんしれう》を以《もつ》て此點《このてん》の西洋天文學史《せいやうてんもんがくし》を訂正《ていせい》する。

そして此玉《このたま》つ寶《たから》を星座《せいざ》に配當《はいたう》すると、

振浪比禮……船體
切浪比禮……龍骨
振風比禮……帆

切風比禮………帆檣
奥津鏡　——
邊つ鏡………艫

となつて、玉《たま》つ寶《たから》なるものは明瞭《めいれう》にアルゴ丸星座《まるせいざ》たることが知《し》れる。日本《にほん》の國學者《こくがくしや》等《ら》は大《おほ》いに目《め》を覺《さ》まさねばならぬことを警告《けいこく》して置《お》く。

古事記《こじき》は此《この》六種《しゆ》と、「玉二貫《たまふたつら》」なるものを二つの數《かず》と思《おも》ふて別《べつ》の二種《しゆ》として扱《あつか》ふて合《あは》せて八種《くさ》、之《これ》を「八前《やまへ》の大神《おほかみ》」と云《い》ふて居《ゐ》るが「玉二貫《たまふたつら》」は二つのものではなく、フタ・ツラと云《い》ふ星座《せいざ》の總名《そうめい》で、合計《がふけい》八種《しゆ》ではなく、「八前《やまへ》」とは Iamae(James) アルゴ丸《まる》の土地《とち》「天野《あまの》」の別名《べつめい》である。

日本書紀《にほんしよき》は尚《な》ほ他《た》の星座《せいざ》を傳《つた》へて居《ゐ》る——

羽太の玉——又《ま》た羽細《はほそ》の玉《たま》とは「大鷹星座《おほたかせいざ》」であるらしい。何故《なぜ》ならば大鷹《おほたか》は Boreias, 語源《ごげん》 Bar で、つかみ取《と》り、締《し》めることを意味《いみ》し、羽太《はぶと》又た羽細《はほそ》は Hapt 其《その》變化《へんくわ》 Hapso で、締《し》め、結《むす》び、つかみ、取《と》る等《など》を意味《いみ》し、大鷹《おほたか》の性質《せいしつ》を表《あら》はして居《ゐ》るからである。且《か》つ、文字《もんじ》にも「羽《は》」「太《ふと》」の字《じ》があるのは大鷹關係《おほたかくわんけい》の羽根《はね》たることを示《し》めして居《ゐ》る。

足高の玉――は白羊星座《はくやうせいざ》、羅甸名《らでんめい》アリエス Aries である。アリエスとは足・高を意味《いみ》して簡單明瞭《かんたんめいれう》。

鵜鹿々《うかゝ》の赤石《あかし》の玉《たま》――此星座《このせいざ》の名《な》は他《た》に比較《ひかく》して長《なが》い。一寸意味《ちよつといみ》が取《と》りにくいが蓋是《けだしこ》れは北冠星座《きたかんむりせいざ》即《すなは》ちバッカスがアリアドネ姫《ひめ》に與《あた》へた冠《かんむり》の星座《せいざ》であるらしい。何故《なぜ》ならば「ウカカ」とは Ur-kagka で『天《てん》に輝《かゞや》く』を意味《いみ》し、赤石《あかし》」とは蓋《けだし》「明《あか》し」でアリアドネの此冠《このかんむり》は天《てん》に上《あ》げられるに從《したが》つて「愈々明《いよ／＼あきら》かに輝《かゞや》く」との神話《しんわ》があり、且《か》つ此星座《このせいざ》にはゲンマ即《すなは》ち「寶石《ほうせき》」なる星《ほし》もあつて、赤石と云《い》はれたものであらう。けれども若《も》し此斷定《このだんてい》が誤《あやま》つたとすれば、他《た》に一つの意見《いけん》を立《た》てゝ宿題《しゆくだい》にして置《お》いても可《よ》いと思《おも》ふ。其《そ》れは此鵜鹿々《このうかゝ》の赤石《あかし》の玉《たま》と云《い》ふ名《な》が他《た》に比較《ひかく》して長《なが》い所《ところ》から考《かんが》へて、これは二つの玉《たま》が一つに混合《こんがふ》したもので、鵜鹿々《うかゝ》の玉《たま》と、赤石《あかし》の玉《たま》とに別《わか》つが正當《せいたう》かとも思《おも》はれる。若《も》し其《そ》うする時《とき》は――

鵜鹿々の玉――は「蛇取星座《へびとりせいざ》」で希臘名《ぎりしやめい》 Ophi-ucha オヒアカが、鵜鹿々《うかゝ》と訛《なま》つたものであるかも知《し》れぬ。

赤石の玉――とは或《あるひ》は南冠《みなみかんむり》星座《せいざ》かとも考《かんが》へられる。赤石《あかし》は蓋明石《けだしあかし》て、チヤモンドたり、月桂冠《げつけいくわん》たり、南冠《みなみかんむり》星座《せいざ》は月桂冠《げつけいくわん》だからである。けれども今《いま》は此《こゝ》に書物《しよもつ》の言《い》ふ通《とほ》りに、此《こ》れは一つのものとして、北冠《きたかんむり》星座《せいざ》のことゝして置《お》かう。

出石の小刀、出石の桙――これはオオリオンの佩《お》びて居《ゐ》る小刀《こがたな》と、持《も》つて居《ゐ》る杖《つゑ》とを云《い》ふたもので、要《えう》するに此《この》二つを併《あは》せたらオオリオン星座《せいざ》である。そしてオオリオンの別名《べつめい》は「出石《いづし》」である。出石《いづし》の語源《ごげん》はイスシ又《ま》たイスキ I-sci で、彼《か》れはイスキ・アンデル、即《すなは》ちイスカンデルなる名《な》で、此名《このな》は又《ま》たアレクサンドルと別《べつ》譯《やく》せられ、彼《か》れは一個《こ》のアレクサンドルであるが此事《このこと》は此點《このてん》で説明《せつめい》を略《りやく》して置《お》く。

日の鏡――は杯泉星座《はいせんせいざ》即《すなは》ち我史上《わがしゞやう》の日前《ひのくま》の鏡《かゞみ》である。

熊の神籬――とは大熊星座《おほくませいざ》か小熊星座《こぐませいざ》か、或《あるひ》は兩者《りやうしや》を併《あはせ》て云《いふ》たものであらう。

比禮と神籬――此《こゝ》に振浪比禮《なみふるひれ》、切浪比禮《なみきるひれ》など「比禮《ひれ》」の語《ことば》があり、又《ま》た熊《くま》の「神籬《ひもろぎ》」なる語《ことば》もあるが、其《そ》れは何《なん》であるか。思《おも》ふに比禮《ひれ》とは希臘語《ぎりしやご》○○聖物を意味《いみ》するヒエレ Hiere であり、神籬《ひもろぎ》とは神聖《しんせい》なる垣《かき》、境等《さかひとう》を示《し》めし、思《おも》ふにヒモロギ Hym-oro-ago が語源《ごげん》で、物《もの》の境《さかひ》をすることとて即《すなは》ち星座《せいざ》たることが知れる。

此《か》く研究《けんきう》して見《み》ると、日槍《ひぼこ》が持《も》たらした玉《たま》つ寶《たから》なるものは、星座圖《せいざづ》たることは爭《あらそ》ふことが出來《でき》ぬと信《しん》ずる。我國《わがくに》の國學者《こくがくしや》、歴史家《れきしか》等《ら》は果《はた》して何《なん》と答《こた》へ得《う》るか。

第三章　天の日槍は天文學者ヒッパーコ。阿利叱智・干岐はアリシチ・アルコス

玉《たま》つ寶《たから》なるものは既《すで》に星座圖《せいざづ》に極《きま》つた以上《いじやう》は、次《つぎ》は天《あま》の日槍等《ひぼことう》は果《はた》して何者《なにもの》であるかの問題《もんだい》である。且《か》つ前《まへ》にも云《い》ふた如《ごと》く、當時《たうじ》の日本《にほん》は「埃及日本《えじぷとにほん》」であり・印度《いんど》は西方太古日本民族《せいはうたいこにほんみんぞく》の植民地《しよくみんち》の趣《おもむき》があつた事《こと》を心《こゝろ》に置《お》いて研究《けんきう》に進《すゝ》まねばならぬ。

若《も》し此點《このてん》が明《あきら》かになつたら、研究《けんきう》の端緒《たんしよ》は直《すぐ》に開《ひら》ける。先《ま》づ阿利叱智《ありしち》・干岐《かんき》なる者《もの》から研究《けんきう》しよう。

天日槍《あまのひぼこ》と前後《ぜんご》して『意富加羅《おほから》の王子《わうじ》于斯岐《うしき》・阿利叱智《ありしち》・干岐《かんき》、日本《にほん》に聖皇《せいわう》ありと聞《き》きて歸化《きくわ》す』とあるが、彼《か》れも天文學者《てんもんがくしや》であらうとの見當《けんたう》を以《も》つて研究《けんきう》すると、天文《てんもん》學者《がくしや》アリシチ・アルコス Arist-archos 其人《そのひと》と氣《き》が付《つ》く筈《はず》である。即《すなは》ち『于斯岐《うしき》』とは Our-Sci《ウシキ》 即《すなは》ち「天《あま》の識《しき》」即《すなは》ち「天文《てんもん》」學者《がくしや》を意味《いみ》し、阿利叱《ありし》智はアリシチであり、「干岐《かんき》」は蓋英語等《けだしえいごとう》の王《わう》を意味《いみ》する「キング」の訛《なま》つたものでアリシチ・アルコスの「アルコス」即《すなは》ち「王《わう》」の語《ご》と對譯《たいやく》になつて居《ゐ》る。だから日本書紀《にほんしよき》は意富加羅《おほから》の王子と云《い》ふて居《ゐ》る。且《か》つアリシチアルコスはカリヤの人物《じんぶつ》で、日本書紀《にほんしよき》が意富《おほ》・加羅《から》と云《い》ふて居《ゐ》るカラは即《すなは》ちカリヤではないか。然《しか》らば宇斯岐《うしき》・阿利叱智《ありしち》・干岐《かんき》は、天文學者《てんもんがくしや》・アリシチ・アルコスたることは確《かく》として明《あきら》かである。

阿利叱智干岐《ありしちかんき》がアリシタルコスであることが知《し》れた以上《いじやう》は、天《あま》の日槍《ひぼこ》――星座《せいざ》を持《も》つて來《き》た彼《か》れは、有名《いうめい》な天文學者《てんもんがくしや》ヒツパーコで、其名《そのな》ヒボコはヒツパーコ Hipparchos の少《すこ》しく訛《なま》つたものたることに、第一《だいい》に氣《き》が付《つ》くてあらう。次《つぎ》に又《ま》たヒッパーコは學術的天文學《がくじゆつてきてんもんがく》、地理學《ちりがく》の祖《そ》で、星座《せいざ》を作《つく》つたものと謂《い》はれ、又《ま》た埃及《えじぷと》に歸化《きくわ》してアレキサンドリヤで天體《てんたい》を觀察《くわんさつ》したと傳《つた》へられ、其《そ》れが玉《たま》つ寶《たから》即《すなは》ち星座圖《せいざづ》を持《も》つて來《き》た天《あま》の日槍《ひぼこ》が、日本《にほん》(埃及《えじぷと》)に歸化《きくわ》して出石《いづし》(歴山《れきざん》)に行《い》つた事《こと》と同《おな》じであることも考《かんが》へられるであらう。西洋歴史《せいやうれきし》に據《よ》るとヒッパーコ即《すなは》ち日槍《ひぼこ》は西歴紀元前約《せいれききげんぜんやく》百六十年《ねん》から百二十五年頃《ねんごろ》の人《ひと》で、衆星《しうせい》の表《へう》を作《つく》り、星座《せいざ》の圖《づ》を作《つく》り、球體平面法《きうたいへいめんはふ》を發明《はつめい》し、天體軌道《てんたいきだう》の楕圓《だゑん》なこと、太陽運行《たいやううんかう》の不同《ふどう》、春分秋分《しゆんぶんしうぶん》の次第《しだい》など、種々天文學《しゆ〴〵てんもんがく》上《じやう》の發見《はつけん》をした人《ひと》と傳《つた》へられて居《ゐ》る。

ヒッパーコ(日槍)の生國は印度――ヒッパーコの生國《しやうこく》はビッニヤと謂《い》ふてあり、日槍《ひぼこ》の生國《しやうこく》は新羅《しらぎ》と云《い》ふてあるがビッニヤ Bi-thynia は角《つの》、突《つき》、大角《だいかく》の土地《とち》で、新羅《しらぎ》 Scyllaci は其名《そのな》の對譯《たいやく》であるが、新羅《しらぎ》なる國《くに》は世界上《せかいじやう》一箇所《かしよ》でなく、伊太《いた》利《り》にも、小亞細亞《せうあじあ》にも、印度《いんど》にもあつて、此《こゝ》に謂《い》ふ所《ところ》の新羅《しらぎ》は印度《いんど》のアラカンの新羅《しらぎ》。今《いま》の朝鮮《てうせん》には何《なん》の關係《くわんけい》もない。此地《このち》にキッタゴン Chit-tagon の町《まち》があつて「栲《たく》衾《ぶすま》」を意味《いみ》し、新羅《しらぎ》の別名《べつめい》である。今若《いまも》し古事記《こじき》を比較《ひかく》の材料《ざいれう》として研究《けんきう》すると、ヒッパーコの生國《しやうこく》ビッニャは、日槍《ひぼこ》の生國印度新羅《しやうこくいんどしらぎ》たることが知《し》られる。古事記《こじき》の所《いは》謂《ゆる》、此地《このち》の阿貝沼《あぐぬま》とは、キッタゴン 別名《べつめい》イスラマ・バット Islama-bad の別譯《べつやく》である。此地《このち》は又《ま》た『日《ひ》の輝虹《ひかりにじ》の如《ごと》く』と女性《ぢよせい》との關係《くわんけい》ある土地《とち》、又《ま》た「天野《あまの》」の別名《べつめい》ある土《と》地《ち》である。そして天《あま》の日《ひ》槍《ぼこ》たるヒッパーコは、此地《このち》から埃及日本《えじぷとにほん》へ來《きた》るものである。

第四章　天日槍（ピッパーコ）の「埃及日本」

入國地理

入國地理。埃及――天日槍《あまのひぼこ》が日本《にほん》へ來《き》た時《とき》は播磨《はりま》の宍粟《しさは》の邑《むら》に泊《とま》つて居《ゐ》て、天皇《てんのう》の許可《きよか》を得《え》て菟道川《うぢがは》から溯《さかのぼ》つて、北《きた》の方淡海《はうあふみ》の國《くに》の吾名《あな》の邑《むら》に入《い》り、淡海《あふみ》から若狹《わかさ》を經《へ》て、西《にし》、但馬《たじま》に到《いた》り、出石《いづし》に住所《ぢうしよ》を定《さだ》めたと日本書紀《にほんしよき》にあるが、此地理《このちり》は現《げん》日本《にほん》では説明《せつめい》が出來《でき》ぬ。彼《か》れは突然新羅《とつぜんしらぎ》（今《いま》の朝鮮《てうせん》と假定《かてい》して）から、何《なん》の傳手《つて》もなく、播磨《はりま》の宍粟《しさは》(而《しか》も現日本《げんにほん》では山地《さんち》)へ碇泊《ていはく》する理由《りいう》はない。若《も》し川《かは》を泝《さかの》ぼるなら先《ま》づ淀川《よどがは》を云《い》ふべきが、其《そ》れが云《い》ふてなく直《す》ぐに菟道川《うぢがは》を云《い》ふてある。而《しか》も日本《にほん》の菟道《うぢ》(宇治《うぢ》)川《がは》は泝《さかのぼ》ることの出來《でき》ぬ川《かは》であることは、實地地理《じつちちり》を知《し》る人《ひと》の知《し》る所《ところ》である。彼《か》れは近江《あふみ》から若狹《わかさ》、但馬《たじま》へ行《い》て居《ゐ》るが、其中間《そのちうかん》に丹波《たんは》も丹後《たんご》も拔《ぬ》けて居《ゐ》る。又其淡海《またそのあふみ》の吾名《あな》の邑《むら》などは何處《どこ》であるか日本《にほん》では考證《かうしよう》がつかぬ。

けれども若《も》し比《ひ》較的新研究《かくてきしんけんきう》に據《よ》つて着眼《ちやくがん》を定《さだ》め、當時《たうじ》の日本《にほん》は埃及日本《えじぶとにほん》であり、此《こゝ》に謂《い》ふてある播磨《はりま》とはパレスチナのこと、難波《なには》とはスヱヅ(攝津《せつつ》)のことであることを知《し》つて研究《けんきう》すると、菟道川《うぢがは》とはスヱヅの西南《せいなん》、鹿《しか》を意味《いみ》するラムレー川《かは》である。今《いま》は此川《このかは》は川床《かはとこ》に過《す》ぎぬが、昔《むかし》は立派《りつぱ》に舟行《しうかう》が出來《でき》た河《かは》で、此河《このかは》に依《よ》つて紅海《こうかい》からナイル河《かは》に連絡《れんらく》を取《と》り、地《ち》中海《ちうかい》へ出《で》たものである。其《その》ラムレー川《がは》たる菟道川《うぢがは》がナイル河《がは》へ出《で》るあたりに昔《むかし》のバビロン市《し》(バビロニヤの其《そ》れとは別《べつ》)があつた。バビロンとは「淡海《あふみ》」を意味《いみ》する。又《ま》た其近《そのちか》くに昔《むかし》のヘリオポリス一名《めい》アナ(Ana, Anu)の邑《むら》があつて、日《び》檜《ほこ》が通過《つうくわ》した土地《とち》である。其少《そのすこ》し北《きた》の部分《ぶゞん》を現名《げんめい》カルビエー Kalybich

と云《い》ひ、「若狹《わかさ》」即《すなは》ち若《わ》かき美《び》を意味《いみ》する。又《ま》た
アレキサンドリヤ。出石――カルビエーから西北《せいほく》の部分《ぶぶん》をベヘイラ(Beheira=Baer)と云《い》ひ、其《そ》れが希臘語《ぎりしやご》但馬《たじま》(Desma)で、其地《そのち》にアレキサンドリヤの邑《むら》があつてこれが出石《いづし》である。「出石《いづし》」とは語源《ごげん》イズシ I.sci 又《ま》た「イスキ」である。だから現名《げんめい》ではイスカンデリエー即《すなは》ちイスキ・アンデリエー、又《ま》たイズシ・アンデリエーと云《い》ふて居《ゐ》る。日檜《ひぼこ》のヒツパーコがアレキサンドリヤへ來《き》て天體觀察《てんたいくわんさつ》を行《おこな》ふたとは、日本《にほん》古典《こてん》の所謂《いはゆる》「出石《いづし》」である。「出石《いづし》」と「アレキサンドリヤ」とは飜譯例《ほんやくれい》であり、又《ま》た「葛城《かつらぎ》」と云《い》ふのも飜譯例《ほんやくれい》である。

西洋《せいやう》の天文學者《てんもんがくしや》で、往々《わう〳〵》ヒツパーコがアレキサンドリヤへ行《いつ》たことを疑《うたが》ふ者《もの》があるが、此《か》く日本《にほん》の古典《こてん》に、明瞭《めいれう》に入國地理《にふごくちり》までも記《しる》してある所《ところ》を見《み》ると、彼《か》れが埃《えじ》及《ぷと》へ來《き》たことは疑《うたが》ふべき理由《りいう》がない。

且《か》つヒツパーコは印度方面《いんどはうめん》から來《き》た人物《じんぶつ》だから、彼《か》れの持《も》つて來《き》た玉《たま》つ寶《たから》なるものは、皆其方面即《みなそのはうめんすなは》ち印度《いんど》や南太平洋《みなみたいへいやう》や、亞米利加等《あめりかとう》を星座《せいざ》にしたものである。又《ま》た

印度《いんど》はアレキサンドリヤよりも南方《なんばう》に在《あ》るから、アレキサンドリヤで見《み》えぬ星座《せいざ》も印度《いんど》では見《み》えるから、ヒツパーコ等《ら》が作《つく》り創《はじ》めたと云《い》はれる星座《せいざ》にエーリダノスの河星座《かはせいざ》、アルゴ丸《まる》の船星座《ふねせいざ》などがあつても異《あや》しむに足《た》らぬので、其等《それら》は印度《いんど》方面《はうめん》から埃及《えじぷと》へ持《も》つて來《き》たものたることが考《かんが》へられる。古事記《こじき》に據《よ》つて見《み》ると、日槍《ひぼこ》が持《もた》らした八種《やくさ》の玉《たま》つ寶《たから》と云《い》はれて居《ゐ》るアルゴ丸星座《まるせいざ》は、アレキサンドリヤに「八前《やまへ》の大《おほ》神《かみ》」として祭《まつ》られたとのことである。

プトレミイ氏は鳥取氏――プトレミイは星座《せいざ》を大成《たいせい》したものと傳《つた》はつて居《ゐ》るが、これは日本《にほん》では鳥取氏である。垂仁天皇記《すゐにんてんのうき》に、太子《たいし》本牟《ほむ》知別王《ちわけのみこ》(アレキサンドル)に關《くわん》して、鵠《くゞひ》(つる)の鳥《とり》を追《お》ふて埃及《えじぷと》からパレスチナ、シリヤ、ペルシヤ、アリアナ、西藏《ちべつと》まで行《ゆ》き、それから印度《いんど》河《がは》を下《くだ》り、波斯灣《ぺるしやわん》の入口《いりくち》カルマニヤのアナミス即和那美《すなはちわなみ》の港《みなと》まで、世界大旅行《せかいだいりよかう》をして、鵠《くゞひ》の鳥《とり》を取《と》つた山邊《やまべ》の大鷹《おほたか》、又《ま》た湯川《ゆかは》の板擧《たな》(ロセツタ)なる人物《じんぶつ》がある。其鳥《そのとり》を取《と》つた功勞《こうらう》に對《たい》して天皇《てんのう》は彼《か》れに「鳥取《ととり》」の姓《せい》を賜《たま》はつた。此鳥取《このとつとり》が即《すなは》ちプトレミイ氏《し》(エピフアネース)の祖先《そせん》で、鳥取《とつとり》はプトレミイの譯名《やくめい》で西史《せいし》に傳《つた》はつて居《ゐ》る。彼《か》れが大旅行《だいりよかう》を爲《な》した所《ところ》を見《み》ると、地理學者《ちりがくしや》たることが考《かんが》へられる。又《ま》た其旅行《そのりよかう》した土地《とち》を考《かんが》へると、アレキサンドル大王東征《だいわうとうせい》の道《みち》と全然《ぜん〴〵》一致《ち》して居《ゐ》て、其大將《そのたいしやう》に又《ま》たプトレミイなる者《もの》があつて、世界《せかい》を周行《しうかう》したと云《い》ふてある。「倭姫世紀《やまとひめせいき》」にも鶴《つる》、眞鳥《まとり》なる人物《じんぶつ》があつて、鳥取姓《とつとりせい》の人《ひと》と思《おも》はれる。今此《いまこゝ》に種々《しゆ〴〵》あるプトレミイ姓《せい》の人《ひと》を研究《けんきう》し盡《つ》くすことは出來《でき》ぬが「トリ・プトレミイ」は略《りやく》されて「プトレミイ」となつたものであり、其《そ》れが「鳥取《とつとり》」の別譯《べつやく》である。乃《すなは》ち『トリ・プ・トレミイ』のトリは鳥《とも》か、又《また》は鶴《つる》(Tri＝True)の語《ご》に當《あた》り、Pは「眞《ま》」「御《み》」の敬語《けいご》、トレ・マイオス Tolemaios は「邁往《まいわう》」「進取《しんしゆ》」で、簡單《かんたん》に「鳥取《とつとり》」である。若《も》しプトレミイ氏《し》は鳥取氏《とつとりし》でありとすると、星座《せいざ》を大成《たいせい》したプトレミイも亦《また》日本民族《にほんみんぞく》であることは勿論《もちろん》と云《い》はねばならぬ。

日本民族中心主義――そして埃及《えじぷと》に於《お》ける日本民族《にほんみんぞく》は、仁徳天皇前後《にんとくてんのうぜんご》から、漸次《ぜんじ》に印度《いんど》に東漸《とうだん》して、「印度《いんど》・日本《にほん》」が出來《でき》、諸姓氏《しよせいし》も東漸《とうだん》し、諸神話《しよしんわ》も東漸《とうだん》し、地《ち》名地理《めいちり》等《とう》も東漸《とうぜん》したことは澤山《たくさん》の材料《ざいれう》が之《これ》を證明《しようめい》する。が年代《ねんだい》はとても不明《ふめい》で、西《せい》史《し》も、日本史《にほんし》も到底《たうてい》其《そ》れを明確《めいかく》にすることは出來《でき》ぬが、非常《ひじやう》の太古《たいこ》のやうである。

所謂《いはゆる》、プトレミイに依《よ》つて大成《たいせい》された星座《せいざ》は、果《はた》して埃及《えじぷと》で出來《でき》たか、印度《いんど》で出《で》來《き》たかと云《い》ふと、寧《むし》ろ印度で出來《でき》た形跡《けいせき》があることは前《まへ》に言《い》ふた通《とほ》りで、印度地理を星座に形成したものゝ多《おほ》いことが其《そ》れを證明《しようめい》する。

して見《み》ると、今日《こんにち》の所謂《いはゆる》プトレミイの星座《せいざ》なるものゝ大成《たいせい》したのは、日本民族《にほんみんぞく》——プトレミイ族《ぞく》も——の印度《いんど》に東漸《とうだん》した後《のち》に出來《でき》たもの、其《そ》れが西方《せいはう》に傳《つた》はつたと謂《い》はねばならぬ。

且《か》つプトレミイ氏は鳥取氏《とつとりし》であり、日本民族であるが故《ゆゑ》に、彼《か》れが其星座《そのせいざ》の「王《わう》族星座《ぞくせいざ》」に、日本《にほん》の尊《たつと》い神《かみ》たる氣比宮《ケヒウス》、櫃日宮《カシオピヤ》、櫛稲田姫《アンドロメダ》(又《また》は應神天皇《おうじんてんのう》)、須佐之《ペルセ》男命《ウス》の如《ごと》きを描《か》いて、北極周圍《ほくきよくしうゐ》の最《もつと》も尊貴《そんき》の位置《ゐち》に置《お》き、又《また》其他《そのた》日本民族關係《にほんみんぞくくわんけい》の神《しん》話《わ》、史傳《しでん》——例《たと》へば日本武尊星座《ヘエラクレエスせいざ》、相模太郎星座《さがみたらうせいざ》、坊太郎星座《ばうたらうせいざ》、枯野丸星座《かれのまるせいざ》、入鹿《いるか》星座《せいざ》、オオリオン大石星座《おほいしせいざ》、及《およ》び其他等《そのたとう》——を、堂々星座中《だう〳〵せいざちう》に入《い》れて、日本民族《にほんみんぞく》の尊貴《そんき》と、日本民族中心主義《にほんみんぞくちうしんしゆぎ》と、其意氣《そのいき》とを全天下《ぜんてんか》に示《し》めして居《ゐ》る理由《りいう》も釋然《しやくぜん》として解《かい》せられる。

第五章　帝舜。日槍。ヒツパーコ

——帝舜日本に歸化す——

支那史上《しなしじやう》の太古《たいこ》の聖帝堯舜《せいていげうしゆん》は、人皆其聖人《ひとみなそのせいじん》たるを知《し》つて居《ゐ》るが、彼等《かれら》が天文學者《てんもんがくしや》たることは殆《ほとん》ど知《し》らぬ。世界萬人《せかいはんじん》、彼等《かれら》は支那人《しなじん》であると信《しん》じて居《ゐ》るが、實《じつ》は又《ま》た堯《げう》は我應神天皇《わがおうじんてんわう》たり、スカンヂナヸヤに傳《つた》へてはオーヂンの神《かみ》であり、舜《しゆん》は埃及《えじぷと》日本《にほん》に歸化《きくわ》した天《あま》の日槍《ひぼこ》即《すなは》ちヒツパーコたることは、一人《にん》として知《し》る者《もの》はない。けれども天《あま》の日槍《ひぼこ》の傳《でん》と舜《しゆん》の傳《でん》との比較研究《ひかくけんきう》は其《そ》れを證據立《しようこだて》て、又《ま》た帝舜《ていしゆん》の傳《でん》と、我仁德天皇《わがにんとくてんのう》の傳《でん》との比較《ひかく》は、兩聖帝《りやうせいてい》の同《どう》一人物《じんぶつ》であつて、其《そ》れが種々世界《しゆ〴〵せかい》に傳《つた》はつたものたることを敎《をし》へる。

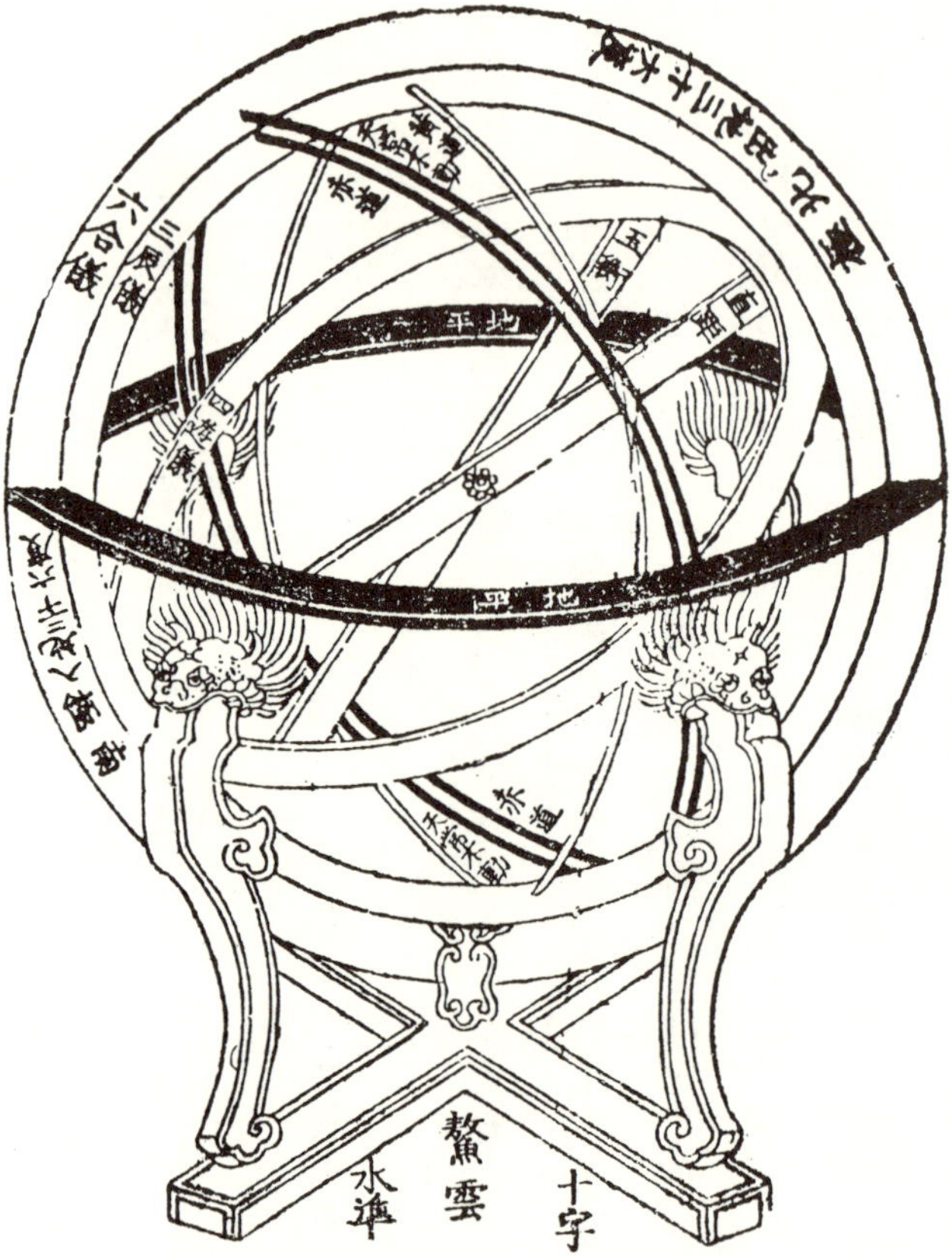

帝舜の璿璣玉衡の圖

天文學者としての堯舜——此《こゝ》に詳細《しやうさい》の論《ろん》は出來《でき》ぬが、支那《しな》史《し》堯帝《げうてい》の時代《たい》は決《けつ》して支那《しな》の事《こと》ではなく、實《じつ》は小亞細亞《せうあじあ》、猶太《ゆだや》、亞拉比亞《あらびや》方面《はうめん》の歴史《れきし》で、堯《げう》の都《みやこ》平陽は猶太《ゆだや》のエルサレム（佛典《ぶつてん》の王舍城）で、天文學者《てんもんがくしや》を國《くに》の四方《はう》に置《お》いて天文《てんもん》や時節《じせつ》の事《こと》を掌《つかさど》らしめた。乃《すなは》ち『義和《ぎわ》に命《めい》じて欽《つ》しみて昊天《かうてん》に若《した》がひ、日月星辰《じつげつせいしん》を暦《れき》象《しやう》し敬《つゝ》しんで人時《じんじ》を授《さづ》けしめ、分《わか》つて義仲《ぎちう》に命《めい》じて嵎夷《どうい》に宅《おら》しめ暘谷《やうこく》と曰《い》ひ、寅《つゝ》しんで出日《しゆつじつ》を賓《ひん》し東作（亞《あ》拉《ら》比《び》亞《や》東端《とうたん》マケ Make）を平秩《へいちつ》せしむ。義叔《ぎしゆく》に命《めい》じて南交（亞《あ》拉《ら》比《び》亞《や》南隅《なんぐう》ホーメリタイ Homeritai）に宅《お》らしめ南訛《なんくわ》を平秩《へいちつ》せしむ。分《わか》つて和仲《わちう》に命《めい》じて西《にし》に宅《お》らしめ寅《つゝ》しんで納日《なふじつ》を餞《せん》し、西戎（亞《あ》拉《ら》比《び》亞《や》西端《せいたん》ミヂアン Midian＝Made）を平秩《へいちつ》せしむ。申《かさ》ねて和叔《わしゆく》に命《めい》じて朔方《さくはう》に宅《お》らしめ幽都（高加索《かうかそす》、昔《むかし》のイベリ國《こく》）と云《い》ひ、朔易《さくえき》を平在《へいざい》せしむ』とあつて、地理《ちり》は明《あきら》かに小亞細亞《せうあじあ》、猶太《ゆだや》、亞拉比亞《あらびあ》であり天文《てんもん》と人事《じんじ》との關係《くわんけい》を重《おも》んじたことを示《し》めすものである。

舜《しゆん》が堯《げう》に用《もち》ゐられ、擧《あ》げられて帝位《ていゐ》を繼《つ》ぐに當《あた》つては、『璿璣玉衡《せんきぎよくかう》』即《すなは》ち觀天機《くわんてんき》を以《し》つて七政《せい》を齊《との》へたと云《い》ふてあつて、舜《しゆん》も亦天文學者《またてんもんがくしや》であつた事《こと》は明瞭《めいれう》である。特《とく》に舜《しゆん》の璿璣玉衡《せんきぎよくかう》は有名《いうめい》なものである。

舜は東夷より埃及へ――舜《しゆん》は堯《げう》に繼《つ》いで帝位《ていゐ》に登《のぼ》つた人物《じんぶつ》であるが、元《もと》は外國人《ぐわいこくじん》で、孟子《まうし》に『舜《しゆん》は諸馮《しよひよう》に生《うま》れ、負夏《ふか》に遷《うつ》り、鳴條《めいでう》に卒《お》ふ。東夷《とうい》の人《ひと》なり』とあつて、東夷《とうい》から堯《げう》の土地《とち》へ移住《いぢう》したものである。そして其來《そのき》た土地《とち》は埃及《えじぷと》であることは、舜傳《しゆんでん》を研究《けんきう》したら明瞭《めいれう》に知《し》られる。乃《すなは》ち負夏とは埃及《えじぷと》のナイル河《がは》の西口《にしくち》の方《はう》にあるべヘイラ Beheira で、負夏《ふか》を意味《いみ》し、又《ま》た絺《かたびら》を意味《いみ》する土地《とち》である。舜《しゆん》は歴山に耕《たが》やしたと云《い》ふてあるがこれは其《その》べヘイラの北《きた》のアレキサンドリヤのことである。彼《か》れが漁《すなど》りした雷澤とは、其《そ》の地《ち》のマレオチヌ湖《こ》の譯名《やくめい》である。堯《げう》が二女娥《ぢよが》黄《わう》、女英《ぢよえい》を嬀汭《ぎぜい》に降《かう》して舜《しゆん》に妻《め》合《あは》せた其《そ》の嬀汭とはナイル河《か》に沿《そ》ふた有名《いうめい》なギゼイ Gizeh のことで、舜《しゆん》の遷《うつ》つて來《き》た土地《とち》の埃及《えじぷと》であることは餘《あま》りに明瞭過《めいれうす》ぎるではないか。

舜の本國と日槍の本國――日《ひ》槍《ほこ》も埃及《えじぷと》アレキサンドリヤへ行《いつ》た、舜《しゆん》も亦《また》埃《えじ》及《ぶと》の歴山《れきざん》に行《いつ》た。日《ひ》槍《ほこ》の本國新羅《ほんごくしらぎ》とは、印度《いんど》恒河《こうか》口《ぐち》の東《ひがし》の方《はう》であることは前《まへ》に言《い》ふたが、舜《しゆん》の本國諸馮《ほんごくしよひよう》なる土地《とち》も其《そ》れと同《おな》じ名《な》の別譯《べつやく》である。「諸馮」とは「諸共《もろとも》に・深《ふか》きにとび込《こ》む」を意味《いみ》し、恒河口《こうかこう》のスン・チープ Syn-Deep 水道《すゐだう》の名《な》が全《まつた》く其《そ》れと對譯《たいやく》になつて居《ゐ》る。又《ま》た「水《みづ》に入《い》つて、洗《あら》ひ清《きよ》めて再《ふた》び上《あが》つて美《うつく》しくなる」の意味《いみ》があつて、其《そ》れを又《ま》た希臘語《ぎりしやご》 Scyllaci《シラギ》 即《すなは》ち新羅《しらぎ》と謂《い》ふので、舜《しゆん》の本國諸馮《ほんごくしよひよう》は日《ひ》槍《ほこ》の本國《ほんごく》新羅《しらぎ》の對譯《たいやく》たることが知《し》られる。

そして又《ま》た、日槍《ひぼこ》の本國《ほんごく》に於《お》いての話《はな》しは、舜《しゆん》の父母《ふぼ》等《など》の話《はな》しと殆《ほとん》ど同《おな》じなことを發見《はつけん》するのである。乃《すなは》ち日槍《ひぼこ》の本國《ほんごく》に於《お》ける話《はなし》は前《まへ》に引用《いんよう》して置《お》いた通《とほ》りであるが、舜傳《しゆんでん》では——舜《しゆん》の父瞽叟《ちゝこそう》、姓《せい》は嬀《ぎ》。妻《つま》を握登《あくと》と曰《い》ひ、大虹《おほにじ》を見《み》て、意感《いかん》じて舜《しゆん》を姚墟《てうきよ》に生《う》む故《ゆゑ》に姚《でう》を姓《せい》とす。目《め》は重瞳子《ぢうどうし》、故《ゆゑ》に重華《ぢうくわ》と曰《い》ふ。字《あざな》は都君《とくん》。父瞽叟《ちゝこそう》の父《ちゝ》を橋牛《けうぎう》と云《い》ひ、其祖先《そのそせん》は顓頊《せんぎよく》、昌意《しやうい》。昌意《しやうい》より舜《しゆん》に至《いた》るまで七世《せい》。舜《しゆん》の父瞽叟盲《ちゝこそうめくら》にして舜《しゆん》の母《はゝ》死《し》す。瞽叟《こそう》更《さら》に妻《つま》を娶《めと》り象《しやう》を生《う》む。父《ちゝ》後妻《ごさい》の子《こ》を愛《あい》して常《つね》に舜《しゆん》を殺《ころ》さんと欲《ほつ》す。舜《しゆん》避逃《ひたう》す(史記本紀《しきほんき》及《およ》び註釋《ちうしやく》)とあつて、舜《しゆん》の一家《か》が埃及《えじぷと》の負夏《ふか》に遷《うつ》るよりは前《まへ》の事《こと》である。

そこで之《これ》を日槍《ひぼこ》の話《はな》しと比較《ひかく》すると、日槍《ひぼこ》の方《はう》では阿具沼《あぐぬま》の事《こと》が云《い》ふてあるが、舜《しゆん》の方《はう》では母《はゝ》の名《な》握登《あくと》とあつて、Agu と Act と同語《どうご》の小變化《せうへんくわ》で、擧《あ》げ、又《ま》た行《おこな》ふ、上《あ》げる事《こと》を意味《いみ》し、其《そ》れが前《まへ》に云《い》ふたキツタゴン一名《めい》イスラマ・バッド Islama-bad (I-sil-omma—)なる名《な》の對譯《たいやく》に當《あた》つて居《ゐ》る。日槍《ひぼこ》の場合《ばあひ》では、一人《ひとり》の賤夫《しづのを》が牛《うし》に荷《に》物《もつ》を負《お》はせて山《やま》に行《ゆ》く話《はなし》があるが、舜《しゆん》の方《はう》では祖先《そせん》の名《な》橋牛とあつて、重《おも》きを負《お》ふた牛《うし》を意味《いみ》する。

日槍《ひぼこ》の場合《ばあひ》には一女子《ぢよし》が晝寢《ひるね》して居《ゐ》た時日《ときひ》の輝《ひかり》が虹《にじ》のやうに陰上《ほと》を指《さ》したとあるが、舜《しゆん》の方《はう》では、母《はゝ》が大虹《おほにじ》を見《み》たとある。

是等《これら》二人《ふたり》に表《あら》はされて居《ゐ》る人物《じんぶつ》の生《うま》れた土地《とち》、遷《うつ》つた土地《とち》、其他《そのた》の事柄《ことがら》や名稱《めいしよう》などが同《おな》じである所《ところ》を見《み》ても、是等《これら》二人《ふたり》は實《じつ》は同《どう》一人《じん》と考《かんが》へられるが、又《ま》た其名《そのな》を研《けん》究《きう》すると日槍《ひぼこ》のヒッパーコ Hippo-archos の「ヒッポ」は馬《うま》、目《め》、見《み》る等《とう》を意味《いみ》し、下半語《しゆはんご》「アーコス」は王《わう》、重《おも》き、力等《ちからなど》を意味《いみ》し、美觀《びくわん》、美華《びくわ》、及《およ》び其他《そのた》の意味《いみ》の人名《じんめい》であるが、舜も亦美華《またびくわ》、目《め》、見《み》る等《とう》の意味《いみ》があるから、彼《か》れの母《はゝ》は大虹《おほにじ》を見《み》て舜《しゆん》を生《う》んだとある、目《め》は重瞳子《ぢうどうし》とあり、又《ま》た「重華帝《ぢうくわてい》に協《かな》ふ」などとも云《い》はれて居《ゐ》る。して見《み》ると舜（シユン）は獨逸語《どいつご》 Schön 英語《えいご》 Shine, Shone 羅甸語《らてんご》 Scien で美《び》、輝《かゞや》き、又《ま》た「好《す》き」「愛《あい》」等《とう》を意味《いみ》する語《ご》に當《あた》つて居《ゐ》る。又《ま》れ「舜《しゆん》」なる支那《しな》文字《もんじ》を分解《ぶんかい》すると爫、冖、夕、ヰの四文字《もんじ》から成立《せいりつ》して居《ゐ》て、之《こ》れを羅馬字《ろうまじ》になほすと E-U-tha-ô

で、希臘語《ぎりしやご》 Eu-thao「美觀《びくわん》」又《ま》た「帝《てい》に協《かな》ふ」を意味《いみ》して、舜《しゆん》はヒツパーコの名《な》と對譯《たいやく》たることは益々《ますく》明瞭《めいれう》となつた。

日槍《ひぼこ》に在《あ》つては、其妻《そのつま》が逃《に》げたが、舜《しゆん》に在《あ》つては、彼《か》れが逃《に》げた。

右《みぎ》の通《とほ》り日槍《ひぼこ》も舜《しゆん》も何《いづ》れも天文學者《てんもんがくしや》であり、其傳説《そのでんき》に於《お》ても一致《ち》し、又《ま》た其名《そのな》も對譯《たいやく》であるを見《み》るに於《お》ては、天《あま》の日槍《ひぼこ》は舜《しゆん》たることは愈々《いよく》明瞭《めいれう》である。

播磨《はりま》（パレスタイン）風土記《ふうどき》に據《よ》ると、日槍《ひぼこ》が日本《にほん》へ來《き》たのは神代大國主神《じんだいおほくにぬしのかみ》の時代《じだい》としてあり、日槍《ひぼこ》を『客神《きやくかみ》』として、大國主神《おほくにぬしのかみ》も其《その》『盛《さかん》なる行《おこな》ひを畏《おそ》れた』程《ほど》の人物《じんぶつ》としてある所《ところ》を見《み》ると、日槍《ひぼこ》の年代《ねんだい》は從來《じうらい》の人々《ひとぐ》が想《おも》ふ如《ごと》き後世《こうせい》でなく、餘程《よほど》の昔《むかし》であるらしい。そして堯舜時代《げうしゆんじだい》とするも當然《たうぜん》と考《かんが》へられる。（日本《にほん》の年表《ねんぺう》は太々的《だいくてき》に繰《く》り上《あ》げるが正《たゞ》しい）

堯と應神天皇——古事記《こじき》の云《い》ふが如《ごと》く、舜《しゆん》たる日槍《ひぼこ》が應神天皇《おうじんてんわう》の時代《じだい》に日本《にほん》に來《き》たとすれば、其時《そのとき》の天皇《てんわう》たる堯《げう》は我應神天皇《わがおうじんてんわう》であらねばならぬ。

應神《おうじん》とは語源《ごげん》 Odd = Add ∨ Odin「男子《だんし》」「始《はじ》め」「與《あた》へ」を意味《いみ》し、堯《げう》は Geo = Give

て「與《あた》へ」を意味《いみ》して、應神《おうじん》と堯《げう》とは對譯《たいやく》である。だから北人神話《ほくじんしんわ》のエッダ經《きやう》にはオーヂン(應神《おうじん》)の神《かみ》は『天《てん》に日月《じつげつ》を配置《はいち》し、其軌道《そのきだう》を定《さだ》め、晝夜《ちうや》四季《き》を正《たゞ》しうしたから、地《ち》は草《くさ》や木《き》が出來《でき》るやうになつた』と云《い》ふてある。そして是《こ》れは堯典《げうてん》の、堯《げう》が義和《ぎわ》に命《めい》じて『欽《つゝ》しみて昊天《かうてん》に若《した》がうて日月星辰《じつげつせいしん》を曆象《れきしやう》し、敬《つゝ》しんで人時《じんじ》を授《さづ》け』と云《い》ふのと全然同一《ぜんぐどう》で、エッダにはオーヂン即《すなは》ち應神《おうじん》と云《い》ふてあるのは最《もつと》も注意《ちうい》せねばならぬ。舜即《しゆんすなは》ち日槍《ひぼこ》が神代《じんだい》の人物《じんぶつ》であると同《おな》じく、日本歴史《にほんれきし》の應神天皇《おうじんてんわう》も實《じつ》は神代《かみよ》の神《かみ》と見《み》ねばならぬ。

舜と仁德天皇――舜《しゆん》は堯《げう》に繼《つ》いで帝位《ていゐ》に登《のぼ》つた、又《ま》た堯《げう》は應神天皇《おうじんてんわう》に當《あた》るとせば、應神天皇《おうじんてんわう》の次《つぎ》の天皇《てんわう》は仁德天皇《にんとくてんのう》であるから、舜《しゆん》は又《ま》た仁德天皇《にんとくてんわう》に當《あた》ると云《い》はねばならぬ。

舜《しゆん》は聖人《せいじん》である、仁孝《じんかう》を以《も》つて聞《きこ》えて居《ゐ》ることは、仁德天皇《にんとくてんわう》が『聖帝《せいてい》』の稱《しよう》あり、『仁孝遠《じんかうとほ》く聞《き》こゆ』とのことゝ同《おな》じである。

堯《げう》の子《こ》丹朱《たんしゆ》は不肖《ふしやう》の子《こ》であつたから、堯《げう》は天下《てんか》を舜《しゆん》に授《さづ》けた。堯崩《げうほう》じて三年の喪終《をは》つて舜《しゆん》は丹朱《たんしゆ》に譲《ゆづ》つて南河《なんか》(コンゴー河《かは》)の南《みなみ》に避《さ》けたことは、應神天皇崩《おうじんてんわうほう》じて仁《にん》徳天皇《とくてんわう》が宇治《うぢ》の稚郎子《わかいらつこ》と互《たがひ》に天位《てんゐ》を譲《ゆづ》り合《あ》ひ給《たま》ふこと三年と云《い》ふに同《おな》じことである。堯《げう》が二女娥黄《ぢよがわう》。女英《ぢよえい》を舜《しゆん》に妻合《めあは》せて媯汭《ぎぜい》に居《を》らしめたことは、宇治《うぢ》の稚郎子《わかいらつこ》が自《じ》分《ぶん》の妹八田《いもとやた》の稚娘女《わかいらつめ》(と宇治《うぢ》の稚郎女《わかいらつめ》と)を仁徳天皇《にんとくてんわう》に與《あた》へたこと丶同《おな》じものである。そして矢田《やた》の稚娘女《わかいらつめ》は女英《ぢよえい》に、宇治《うぢ》の稚娘女《わかいらつめ》は娥黄《がわう》に當《あた》つて居《ゐ》る、――女英《ぢよえい》には子《こ》なく、矢田《やた》の稚娘女《わかいらつめ》にも子《こ》が無《な》い。其《その》二對《つゐ》の女性《ぢよせい》の名《な》の語源的對譯《ごげんてきたいやく》と地理《ちり》とを表《へう》にすれば、

宇治の稚郎女《わかいらつめ》(Aegi)　娥黄《がわう》(Gaio 頌讃《しようさん》、美《び》)　アヅルマキダイ(埃及《えじぷと》の西《にし》)
八田の稚郎女《わかいらつめ》(Adda)　女英《ぢよえい》(光華《くわうくわ》、美《び》)　マルマリカ(同《おなじく》)

の通《とほ》りで、此《こ》の二女《ぢよ》を媯汭《ぎぜい》に降《くだ》し居《を》らしめたとの媯汭《ぎぜい》 Gizeh は即《すなは》ち宇治《うぢ》のことである。

舜《しゆん》を大舜《たいしゆん》と云《い》ふてあるが、前《まへ》に云《い》ふた如《ごと》く其名《そのな》の語源《ごげん》は Shon=Scien で、美《び》、光《くわう》、愛《あい》、好《す》きを意味《いみ》し、又《ま》た鹿《しか》、捧《さ》げ等《とう》の意味《いみ》があるが、仁徳天皇《にんとくてんわう》は大鷦鷯命《おほさゝぎのみこと》と云《い》ひ、

サ、ギは「捧《さゝ》げ」Sacia-age(Scia)で、舜《しゆん》の名《な》の語源《ごげん》と同《おな》じで、大鷦鷯《おほさゝぎ》は即《すなは》ち大舜《たいしゆん》の對《たい》譯《やく》である。又《ま》た此語源《このごげん》「サ、ギ」は「愛《あい》」を意味《いみ》するから舜《しゆん》は大孝《だいかう》であり、孟子《まうし》には切《しき》りに愛のことが云《い》ふてあつて『人少《ひよせう》なれば父母《ふぼ》を慕《した》ひ、色《いろ》を好《この》むを知《し》れば少艾《せうかい》を慕《した》ふ。大孝終身父母《たいかうしうしんふぼ》を慕《した》ふ。五十にして慕《した》ふ者《もの》、我《わ》れ大舜《たいしゆん》に於《おい》て之《これ》を見《み》る』と云《い》ふてあるが、仁德天皇《にんとくてんわう》も甚《はなは》だ愛《あい》の心《こゝろ》に富《と》み、『仁孝遠《じんかうとほ》く聞《き》こゆ』。父《ち、》に孝《かう》に、人民《じんみん》を愛《あい》し、弟《おとゝ》を愛《あい》し、又《ま》た女《をんな》も好《す》き給《たま》ふた。『博《ひろ》く愛《あい》する之《これ》を仁と云《い》ふ』、仁德天皇《にんとくてんのう》の名《な》は此德《このとく》を示《し》めし、又《ま》たこれが大舜《たいしゆん》に於《おい》て對譯《たいやく》されて居《ゐ》るのである。

此《こゝ》に於《おい》て仁德天皇《にんとくてんわう》、帝舜《ていしゆん》、日槍《ひぼこ》、ヒッパーコ等《とう》の史的關係《してきくわんけい》は實《じつ》に微妙《びめう》なもので、舊來《きうらい》の如《ごと》き狹隘《けうあい》な見識《けんしき》の歷史家《れきしか》の到底了解《たうていれうかい》することの出來《でき》ぬ所《ところ》である。が此《こゝ》に仁德《にんとく》天皇《てんわう》は舜關係《しゆんくわんけい》から考《かんが》へて、又《ま》た太古《たいこ》の大天文學者《だいてんもんがくしや》であつたことを見《み》る者《もの》である。(尙《な》ほモーゼス、日本武尊《やまとたけのみこと》、アレキサンドル、アポローン等《とう》の傳記《でんき》は互《たがひ》に出入《しゆつにゆ》して居《ゐ》る。土地《とち》は阿弗利加《あふりか》北部《ほくぶ》から、南《みなみ》はモザムビック(九疑)、アンゴラ(蒼梧)のモスサメデス Mossa-Medes (Medeia《メイジア》=鳴條《めいでう》、即《すなは》ち舜《しゆん》の死《し》せし所《ところ》)の邊《へん》までに及《およ》ぶものであるとも一言《げん》して置《お》く。）

又《ま》た若《も》し西洋歴史《せいやうれきし》の如《い》ふが如《ごと》く、經度緯度《けいどゐど》の發明者《はつめいしや》はヒッパーコでありとすると我等《われら》は之《これ》を舜《しゆん》又《また》は仁德天皇《にんとくてんわう》として、阿弗利加事件《あふりかじけん》とせねばならず。從《したが》つて前《まへ》に云《い》ふた成務天皇《じやうむてんわう》の「阿弗利加《あふりか》」と緣《えん》があつて、要《えう》するに『阿弗利加《あふりか》・日本《にほん》』に於《お》ける發見《はつけん》と云《い》ふべきである。

エラトステネースは舜の別名――阿弗利加北岸《あふりかほくがん》、埃及《えじぷと》の西《にし》の方《はう》のクレネイ（舜《しゆん》の倉稟《ベンガジ》の地《ち》）の人《ひと》エラストテネースは、プトレミイ・ヨウエルゲテース（鳥取氏《とつとりし》）に招《まね》かれて、アレキサンドリヤに來《き》て、王室圖書館《わうしつとしよくわん》の役人《やくにん》となり、アリシチアルコスの後繼者《こうけいしや》となつた。彼《か》れは古代《こだい》の天文學者《てんもんがくしや》が、廣《ひろ》く用《もち》うる所《ところ》の渾天儀《こんてんぎ》（璿璣《せんき》）なるもの丶發明者《はつめいしや》と謂《い》はれて居《を》り、又《ま》た是《こ》れに依《よ》つて種々《しゆ〴〵》の觀察測量《くわんさつそくりやう》を行《おこな》ふたと稱《しよう》せられて居《ゐ》る。

所《ところ》が、實《じつ》は彼《か》れはヒッパーコ即《すなは》ち舜《しゆん》を別傳《べつでん》したもので、舜《しゆん》は渾天儀《こんてんぎ》の發明者《はつめいしや》で、之《これ》は璿璣玉衡《せんきぎよくかう》の名《な》を以《も》つて傳《つた》へられて居《ゐ》る。そしてエラトステネース Eruto-sthenes

とは「愛《あい》・力《ちから》」を意味《いみ》し、大舜は大愛《たいあい》、仁德《じんとく》、博愛《はくあい》を意味《いみ》するに於《おい》て、エラト・ステネースとの對譯《たいやく》であつて、大舜傳《たいしゆんでん》の一部《ぶ》が、エラトステネースとなつたに過《す》ぎぬ。そして彼《か》れが埃及南方《えじぶとなんぱう》の測量《そくりやう》をして居《ゐ》ると同《おな》じく、舜《しゆん》の地理《ちり》も亦遠《またとほ》く阿弗利加南方《あふりかなんぱう》に及《およ》んで居《ゐ》るのである。

第六章　アリシチアルコス(再び)。張騫。コノン。アルキメデス。タイコー・ブラヘー

埃及《えじぶと》・日本《にほん》と印度《いんど》とは太古《たいこ》非常《ひじやう》な親密《しんみつ》な關係《くわんけい》であつたことは、日槍《ひぼこ》や、阿利叱智干岐《ありしちかんき》等《とう》の往來《わうらい》に由《よ》つても知《し》れるが、其後《そのご》日本民族史《にほんみんぞくし》の中心《ちうしん》は印度《いんど》に遷《うつ》つて「印度《いんど》・日本《にほん》」が出來《でき》ることは、國史《こくし》の新研究《しんけんきう》が其《そ》れを敎《をし》へるのである。其《そ》れだから天文學史《てんもんがくし》に於《おい》ては、埃及《えじぶと》、印度《いんど》、日本《にほん》、希臘等《ぎりしやとう》は殆《ほとん》ど區別《くべつ》なく、一團《だん》となつて此學《このがく》に貢献《こうけん》して居《ゐ》て、西洋歷史《せいやうれきし》などに、或《あるひ》は希臘人《ぎりしやじん》と謂《い》はれ、或《あるひ》は丁抹人《でんまるくじん》、或《あるひ》はポーランド人《じん》、又《また》は

日本人《にほんじん》、或《あるひ》は漢人《かんじん》など云《い》はれて居《ゐ》る昔《むかし》の天文學者《てんもんがくしや》も、實《じつ》は印度《いんど》に於《お》ける其《そ》れ〲の地《ち》(其地名《そのちめい》が歐羅巴《ようろつぱ》に移寫《いしや》された)の人《ひと》であつたのである。

前《まへ》に説《と》いた如《ごと》く、舜又《しゆんま》た日槍《ひぼこ》が、種々《しゆ〲》の異名《いめい》で、部分的《ぶゞんてき》に傳《つた》へられる如《ごと》く、アリシチアルコスも亦《また》種々《しゆ〲》の別名《べつめい》を以《も》つて、種々部分的《しゆ〲ぶゞんてき》に傳《つた》へられて居《ゐ》ることが發見《はつけん》された。

三人の名の同一――ヒッパーコの先輩《せんはい》と稱《しよう》されるアリシチアルコスは、日本《にほん》史上《しじやう》には于斯岐《うすき》・阿利叱智《ありしち》・干岐《かんき》として出《で》て居《ゐ》ることは前《まへ》に言《い》ふたが、これが又《ま》た支《し》那天文學史《なてんもんがくし》の天《あま》の河《がは》に出《で》る張騫《ちやうきん》に當《あた》り、後世《こうせい》に繰《く》り下《さ》げて丁抹《だんまるく》の天文學者《てんもんがくしや》タイコー・ブラヘーとなつて居《ゐ》ることが發見《はつけん》されるのである。先《ま》づ其名《そのな》を語源《ごげん》から比較研究《ひかくけんきう》をすると、三者同《しやどう》一名《めい》の別譯《べつやく》であることが知《し》られ、乃《すなは》ち

アリスチ・アルコス　Ari-sto, Archos

タイコー・ブラヘー　Brahe(Bor, Bar), Tycho(Teycho)

張騫　騫・張

であるが、說明《せつめい》は略《りやく》して置《お》き、字書《じしよ》が說明《せつめい》をするてあらう。

ウラニエン・ボルグと宇斯岐――タイコー・ブラヘー(一千六百年頃死《ねんごろし》すとしてある)はウラニエン・ボルグに天文臺《てんもんだい》を建《た》てたとのことであるが、阿利叱智《ありしち》・干岐《かんき》は『宇斯岐《うすき》』(臼杵《うすき》)と云《い》ひ、蓋《けだし》 Our-sci で天文《てんもん》、又《ま》た天文臺《てんもんだい》、又《ま》た天王山《てんのうざん》を意味《いみ》して對譯《たいやく》てある。張騫《ちやうきん》の話《はなし》の中《なか》にも『天文《てんもん》の者《もの》』の語《ご》があり、觀天《くわんてん》のことが謂《い》ふてある。

兩人の新星發見――其最《そのもつと》も注意《ちうい》すべきことは――タイコー・ブラヘーは一千五百七十二年《ねん》にカシオピヤ(櫃日宮)星座《せいざ》に一新星《しんせい》を發見《はつけん》したとあるが、これは張騫《ちやうきん》が天《あま》の河《がは》の源《みなもと》を見《み》に行《い》つた時《とき》、天文《てんもん》の者《もの》が新星《しんせい》を發見《はつけん》したとのことゝ同《どう》一てある。そして其《そ》れがカシオピヤ星座《せいざ》に於《お》けることで、其星座《そのせいざ》地理《ちり》はメグナ河《がは》の河口《かはくち》乃《すなは》ち張騫《ちやうきん》が行《い》つた所《ところ》であることは天《あま》の河《がは》の章《しやう》に謂《い》ふた通《とほ》りであるに於《おい》ては、タイコー・ブラヘーの發見《はつけん》した新星《しんせい》なるものは、張騫關係《ちやうきんくわんけい》の新星《しんせい》と同《おな》じものたることが知《し》られ、タイコー・ブラヘーは歐羅巴《ようろつぱ》の十七世紀《せいき》の丁抹《でんまろく》から抹殺《まつさつ》して、太古《たいこ》の東洋《とうやう》に移《うつ》さねばならぬ人物《じんぶつ》となるのてある。

コノン――紀元前《きげんぜん》二百八十年頃《ねんごろ》の人《ひと》としてあるサモス人《じん》コノンなる人《ひと》がある。彼《かれ》は、前《まへ》に云《い》ふた如《ごと》く、ベレニケーの髮《かみ》が、奉納《ほうなふ》してある神社《じんしや》から紛失《ふんしつ》した時《とき》に、其《そ》れを天《てん》に於《お》いて星座《せいざ》となつて居《ゐ》るのを發見《はつけん》したと謂《いは》れて居《ゐ》るが、又《ま》た其黒髮星座《そのくろかみせいざ》はタイコー・ブラヘーが定《さだ》めたものとも云《い》ふてあつて、兩人間《りやうにんかん》に疑問《ぎもん》がある。そして考《かんが》へて見《み》ると兩人實《りやうにんじつ》は同《どう》一人《じん》であることが知《し》られるのである。

乃《すなは》ちタイコー・ブラヘーは張騫《ちやうきん》と同《どう》一人《じん》で、張騫《ちやうきん》は筏《いかだ》に乘《の》つて來《き》て居《ゐ》るが、其《その》「筏《いかだ》」とは即《すなは》ち「カノー」船《ふね》のことで、カノー Cano が、カノン Canon となり又《ま》たコノン Conon となつて、此天文學者《このてんもんがくしや》の別名《べつめい》となつたに過《す》ぎぬのである。且《か》つタイコー・ブラヘーの「ブラ」も、ベレ・ニケーの「ベレ」も希臘語源《ぎりしやごげん》 Bar で船《ふね》、筏《いかだ》を意味《いみ》するので、天文學者《てんもんがくしや》コノンの名《な》は、又《ま》たタイコー・ブラヘーの別名《べつめい》と知《し》られる。

アルキメデス――コノンの友人《いうじん》に有名《いうめい》なアルキメデスがある。これも亦別名《またべつめい》の同人《どうじん》で、アルキ・メデス Archimedes は「長久《ちやうきう》」を意味《いみ》し、張騫《ちやうきん》、アリスチ・アルコス等《とう》と同《おな》じ意味《いみ》の名《な》で、同《どう》一人《じん》を別傳《べつでん》したものと察《さつ》せられる。

臼杵の天文山――是等《これら》の人々《ひとびと》の地理《ちり》は天《あま》の河《かは》、『天琴星座地圖《てんきんせいざちづ》』の土地《とち》で、日《に》本《ほん》に傳《つた》はる「大分古地圖《おほいたこちづ》」の土地《とち》、――其地圖《そのちづ》に臼杵・惡六屋敷なる地名《ちめい》があつて、其《そ》れが宇斯岐《うすき》・阿利叱智《ありしち》・干岐《かんき》の土地《とち》、臼杵《うすき》は宇斯岐《うすき》であり、これがウラニエン・ボルグの天文山《てんもんざん》、天王山《てんのうざん》、天主臺《てんしゆだい》であることが察《さつ》せられる。又《ま》た「惡六《あく》」は「上《あ》ぐ・六」で、六は Logu, Long「長《なが》さ」を意味《いみ》して阿利叱智《ありしち》・干岐《かんき》、タイコー・ブラヘー及《およ》び其他《そのた》の名《な》に對譯《たいやく》になつて居《ゐ》る。ざらばアリシチ・アルコスも、阿利叱智《ありしち》・干岐《かんき》も、張騫《ちやうきん》も、コノンも、アルキメデスも、タイコー・ブラヘーも、臼杵惡六《うすきあく》も、皆同《みなどう》一人《じん》の別名《べつめい》で、印度人《いんどじん》であることが知《し》られる。そして日本書紀《にほんしよき》に據《よ》ると、彼《か》れは一度《と》埃及《えじぷと》日《に》本《ほん》へ來《き》て、又《ま》た本國印度《ほんごくいんど》へ歸《かへ》つたと云《い》ふてあるが此《こゝ》には略《りやく》する。

太閤關白とタイコー・ブラヘー――爰《こゝ》に光秀《みつひで》の妻《つま》の髮《かみ》がベレニケーの髮《かみ》星座《せいざ》となつて出《で》て居《ゐ》る以上《いじやう》は、太閤關白《たいかふくわんぱく》・秀吉《ひでよし》が出《で》ても時代錯誤《じだいさくご》ではあるまい。たゞ日本《にほん》の歷史家《れきしか》は新《あたら》しい時代《じだい》に繰《く》り下《さ》げて居《ゐ》るが、實《じつ》はホーマーのイリアッドには太《たい》閤關白《かふくわんぱく》のことはアトレウスとして出《で》て居《ゐ》るのである。そして此《こゝ》に謂《い》ふ所《ところ》のタイコー・

ブラヘーは西暦《せいれき》一千五百四十六年生《ねんうま》れ、一千六百一年死去《ねんしきよ》、其生卒《そのせいそつ》も不思議《ふしぎ》に太閤《たいかふ》秀吉《ひでよし》と殆《ほとん》ど同時代《どうじたい》に近《か》い人《ひと》となつて居《ゐ》るが、實《じつ》は其《そ》れも誤傳《ごでん》で、東洋《とうやう》の太古《たいこ》の人《ひと》が西《にし》に傳《つた》はつて、新《あたら》しい時代《じだい》に出《だ》されたのである。そしてタイコー・ブラヘー Tykho-Brahe(Teykho-Boreias)は太閤《たいかふ》・關白《くわんぱく》(掌握《しやうあく》)を意味《いみ》するが、參考《さんかう》の爲《た》めに、タイコー・ブラーの小《ちひさ》い傳《でん》を出《だ》して太閤關白《たいかふくわんぱく》の傳《でん》と比較《ひかく》して見《み》ると、實《じつ》に意外《いぐわい》のものがある。

○タイコー・ブラヘー

一五四六年クヌドストルプに生る

一五五九コペンハーゲンにて修業（十四歳）

フレデリック（「與ふ」。ギブ。岐阜）二世に事ふ

一五七二カシオピヤ星座に新星燃え輝く

○太閤關白

一五三七生る（父木下彌助

松下之綱に仕ふ（十六歳）

岐阜、安土（信長）に事ふ

一五八三、越前柴田亡び北庄燒く

一五七六天文臺着手	安土城に天主臺を造る
一五八〇天文臺成る	天主教徒を城南に置く、翌年安土に信長に謁す
一五九九プラーグにてルードルフ二世に事ふ	一五八九年聚樂邸に後陽成天皇行幸
一六〇一死去	一六〇〇關ヶ原豐臣方全敗

大要右《たいえうみぎ》の通《とほ》りで、

（一）ブラヘーの生《うま》れた一五四六年《ねん》に對《たい》して、秀吉《ひでよし》の一五三七年《ねん》は十年の差《さ》で、何《なに》かの傳《つた》へ誤《あやまり》ではなからうか、それに又《ま》た一年年表《ねんぺう》がずれて居《ゐ》ると思《おも》はれる。そしてブラヘーの生《うま》れ故郷《こきやう》クヌッド・ストルプは秀吉《ひでよし》の父《ちゝ》の名《な》木下彌《きのしたや》助《すけ》の對譯《たいやく》である。即《すなは》ち前半語《ぜんはんご》「クヌド」Knud(Gnosta)は語源希臘語《ごげんぎりしやご》グノシタ、其《そ》れがキノシタと訛《なま》つたもので、又《ま》た其《そ》れがギンナン Gennan と變化《へんくわ》するから秀吉《ひでよし》の父《ちゝ》の村《むら》は銀杏村《ぎんなんむら》の別名《べつめい》があると云《い》はれて居《ゐ》る。此《この》ギンナンの語《ご》は「良家《りやうか》の生《うま》れ」を意味《いみ》するから、銀杏《ぎんなん》の木《き》は公孫樹《いてふ》と云《い》はれるのである。だからブラヘーも亦《また》「良家《りやうか》の子孫《しそん》」と傳《つた》へられて居《ゐ》る。後半語《こうはんご》ストルプは Storp 又《ま》た Strop と綴《つゞ》つてある所《ところ》を見《み》て本源《ほんげん》の語《ご》に返《かへ》すと、Sto-or-opus でヤスケ Ia-scae と對譯《たいやく》され即《すなは》ち父《ちゝ》の名《な》「彌助《やすけ》」である。然《しか》らばクヌド・ストルプの地名《ちめい》は木下《きのした》・彌助《やすけ》の名《な》と一致《ち》するのである。

(二)ブラヘーがコペンハーゲンに行《い》つたことは、秀吉《ひでよし》が松下之綱《まつじたゆきつな》の僕《しもべ》となつたことに當《あた》つて居《ゐ》る。コペンハーゲン Kopen-hagen(—hangen)は英語系《えいごけい》又《また》は獨逸語系《どいつごけい》の語《ご》「松下《まつした》」即《すなは》ち「待《ま》ち居《ゐ》る」を意味《いみ》し、又其《またその》「ハンゲン」は懸《か》け、繋《つな》ぐで、「之綱《ゆきつな》」の意味《いみ》に當《あた》つて居《ゐ》る。此時《このとき》ブラヘーは十四歳《さい》、秀吉《ひでよし》は十六歳《さい》となつて居《ゐ》た。

(三)ブラヘーはフレデリツキ(Fre-derik)二世《せい》に事《つか》へたが、「フレデリツキ」とは「與《あた》へる」を意味《いみ》し、其《そ》れが英語系《えいごけい》のギブ Give 即《すなは》ち岐阜て、織田信長《おだのぶなが》(フレデリツキ)の居城《きよじやう》。そして信長《のぶなが》は父信秀《ちゝのぶひで》から云《い》はゞ第《だい》二世《せい》である。

(四)ブラヘーはカシオピヤ星座《せいざ》に、突然新《とつぜんあたら》しい星《ほし》が「燃《も》え輝《かゞや》く」を發見《はつけん》したとあるが、これは秀吉《ひでよし》が越後《ゑちご》の柴田《しはた》を討《う》ち、柴田亡《しばたほろ》び其妻小谷《そのつまこたに》の方自刃《かたじゞん》し、北《きた》の庄《しやう》が焼《や》けて燃《も》え上《あが》つたことに當《あた》つて居《ゐ》る。そしてカシオピヤはエチオピヤ王《わう》の妻《つま》と云《い》ふてあり、エチオピヤは『越《えち》の國《くに》』で柴田《しばた》は越後《えちご》であつた。年表《ねんぺう》は前者《ぜんしや》は一五七二年《ねん》、後者《こうしや》は一五八三年《ねん》、前《まへ》の如《ごと》く十箇年の傳《つた》へ誤《あやま》りに、一年の年表《ねんぺう》のずれがあるやうである。

(五)プラヘーは一五七六年《ねん》にウラニエン・ボルグの天文臺《てんもんだい》に着手《ちやくしゆ》した。此年《このとし》秀吉《ひでよし》は安土城《あづちじやう》に天主臺《てんしゆだい》を造《つく》つた。(之《こ》れに依《よ》つて城《しろ》の天主臺《てんしゆだい》は天文観測臺《てんもんくわんそくだい》たることが知れる)

(六)一五八〇に天文臺出《で》來《き》た。此年秀吉《このとしひでよし》は安土城《あづちじやう》の南《みなみ》に天主敎徒を置《お》いた。翌年《よくねん》秀吉安土城《ひでよしあづちじやう》に信長《のぶなが》に謁《えつ》したとある。

(七)一五九九年《ねん》プラヘーはプラーグで、ルードルフ二世《せい》に事《つか》へ、プラーグに移《うつ》つた。秀吉《ひでよし》は聚樂邸《しゆらくてい》を造《つく》り之《これ》に移《うつ》り、一五八九年後《ねんご》陽成天皇行幸《やうぜいてんわうぎやうかう》あり、秀吉大《ひでよしおほい》に敬意《けいい》を以《も》つて仕《つか》へた。其《その》「プラーグ」Prag はプラグマチックと同語《どうご》で「聚樂《しゆらく》」を意味《いみ》し、ルードルフ Rud-olph 二世《せい》は「陽成《やうぜい》二世《せい》」即《すなは》ち後陽成天皇《ごやうぜいてんわう》を意味《いみ》する。年表《ねんぺう》は一五九九年《ねん》と一五八九との十箇年の差《さ》(前《まへ》に度々《たび〳〵》あつた如《ごと》く)があるが、これも何《なに》かの傳《つた》へ誤《あやま》りと思《おも》はれる。

（八）一六〇一年《ねん》にブラヘーは死《し》んだ、太閤關白《たいかふくわんぱく》は年表上《ねんぺうじやう》其《そ》れよりも三年前死《ねんぜんし》んだが、此《この》一六〇〇即《すなは》ち一年《ねん》ずれた年《とき》は關《せき》が原《はら》で太閤方《たいかふがた》の全敗《ぜんぱい》の年《とし》である。

右《みぎ》の通《とほ》りに、タイコー・ブラヘーと太閤關白《たいかふくわんぱく》との比較《ひかく》は、殆《ほとん》ど不思議《ふしぎ》なまでの一致《ち》がある。そこで西洋《せいやう》の其人《そのひと》は、實《じつ》は西洋《せいやう》でなく、日本《にほん》の近代史上《きんだいしじやう》の其人《そのひと》も其年代《そのねんだい》の日本《にほん》の人《ひと》でなく、印度《いんど》ブラフマプートラ河《がは》とメグナ河口《がはくち》の土地《とち》の人《ひと》であるとの考證《かうしよう》が立《た》つのである。況《いはん》や太閤傳殊《たいかふでんこと》に朝鮮征伐《てうせんせいばつ》は、ホーマーの「イリアッド」に詳細《しやうさい》に出《で》て居《ゐ》るに於《おい》てをやである。

天文六年——特《とく》に面白《おもしろ》いのは、太閤關白《たいかふくわんぱく》の生《うま》れたのは西暦《せいれき》一五三七で年號《ねんがう》では天文六年。日本《にほん》で偉大《ゐだい》なる大將《たいしやう》たる太閤《たいかふ》は、西洋《せいやう》には偉大《ゐだい》なる天文學者《てんもんがくしや》として傳《つた》はり、太閤《たいかふ》の生《うま》れた年《とし》は天文《てんもん》六年《ねん》と云《い》ふのは、面白《おもしろ》い意味《いみ》が含《ふく》まれて居《ゐ》ると考《かんが》へられる。今若《いまも》し『天文《てんもん》・學《がく》』を希臘譯《ぎりしややく》するとUrano《ウラノ》-logia《ロギヤ》であつて、後半語《こうはんご》「ロギヤ」は「ログ」（Logus）即《すなは》ち其《そ》れが「六《ロク》」の語源《ごげん》——「天文《ウラノ》・六《ログ》」年《ねん》となるのである。誰《たれ》か太閤關白《たいかふくわんぱく》が天文學者《てんもんがくしや》たることを知《し》つて居《ゐ》る者《もの》があらうか、我々《われ〳〵》新研究者《しんけんきうしや》と雖今《いへどいま》が初耳《はつみゝ》である。

尚《なほ》此他《このた》にも此樣《このやう》な史傳《しでん》の傳《つた》へ違《ちがひ》は少《すくな》くないことゝ思《おも》ふ。我々《われ〳〵》は尚《な》ほ遡《さかのぼ》つて有名《いうめい》なピタゴラスを研究《けんきう》して見《み》ることにする。

第七章 ピタゴラス——祇園南海

——其天體音樂の詩——

紀元前《きげんぜん》六百年頃《ねんごろ》、希臘《ぎりしや》のサモスに生《うま》れたと謂《い》はれて居《ゐ》るピタゴラスなる哲學者數《てつがくしやすう》學者《がくしや》がある。其傳記《そのでんき》も、其學說《そのがくせつ》も不明《ふめい》で、又《ま》た神秘《しんぴ》であるが、彼《か》れの哲學《てつがく》は『一元《げん》說《せつ》』であり、又《ま》た天文學《てんもんがく》に關《くわん》しては、彼《か》れは『天體音樂《てんたいおんがく》を聽《き》く』と云《い》ふ人《ひと》であるが、實《じつ》は彼《か》れも希臘人《ぎりしやじん》ではなく、印度太古《いんどたいこ》の人《ひと》、而《しか》も日本人祇園南海《にほんじんぎをんなんかい》である。祇園南海《ぎをんなんかい》は日本近古史德川時代《にほんきんこしとくがはじだい》の人《ひと》と云《い》ふてあるが、其《そ》れは全然誤謬《ぜんぐごべう》で、太古《たいこ》の「印度《いんど》・日本《にほん》」學者《がくしや》を後代《こだい》に繰下《くりさ》げたに過《す》ぎぬ。此《か》くの如《ごと》き事《こと》は、單《たん》に此人《このひと》のみならず、彼《か》のアリストテレースの如《ごと》きも、日本《にほん》では山鹿素行《やまがそかう》となつて居《ゐ》る。——此事《このこと》は「先哲叢談《せんてつそうだん》」の山鹿素行《やまがそかう》の傳《でん》と、ラエルテスのアリストテレース傳《でん》とを比較《ひかく》したら、正確精密《せいかくせいみつ》に寸《すん》分達《ぶんちが》はぬに驚《おどろ》くてあらう。

一元説と與一――ピタゴラスなる名は Pytha-agoras で、「一《ひと》」と「上《あ》げる」(與《あた》へる)とを意味《いみ》する日本語《にほんご》の訛《なま》りである。だから彼《か》れは「一元《げん》」論者《ろんしや》なのである。祇《ぎ》園南海《をんなんかい》は少《わか》い時《とき》は與一《よいち》と云《い》ふたが與《よ》一は「一《いち》を與《あた》へる」「一《ひ》ト上《あ》ごる」で、即《すなは》ち「ピタゴラス」ではないか。祇《ぎ》園《なん》とは Geon で、英語《えいご》 Given「與《あた》へる」を意味《いみ》し、「一つ」「與《あた》へる」「一を置《お》く」を意味《いみ》するピタゴラスの名《な》は是《こ》れで、明《あきら》かに祇園與一の別譯《べつやく》である。

兩人の天體音樂觀――ピタゴラスに天體音樂《てんたいおんがく》を聽《き》くの學説《がくせつ》があると同《おな》じく、祇園與《ぎをんよ》一にも其《そ》れと同《おな》じものがある。嘗《かつ》て彼《か》れ十六歳《さい》の時燭《ときしよく》一寸《すん》を限《きか》り『雲《くも》に昇《のぼ》つて星《ほし》を聽《き》く』を題《だい》として詩《し》を作《つく》つた。其《そ》れは『紫微《しび》遙裔彩雲迎《えうえいさいうんむか》ふ。衆緯森々白玉《しうゐしんしんはくぎよく》の京《きやう》。月《つき》は九重《こゝのへ》に傍《そ》うて瑤闕冷《えうけつひや》ゝか。風《かぜ》は五色《しきさ》を飄《ひろが》へして羽衣輕《ういかる》く。錦機夜靜《きんきよしづ》かにして星梭響《せいしさんひゞ》き。環珮秋深《くわんぱいあきふか》くして天歩鳴《てんぽな》る。應《まさ》に是《こ》れ均天夢中《きんてんむちう》に到《いた》るべし。勞《らう》せずして遠《とほ》く漢《かん》の君平《くんぺい》を問《と》ふ』である。

是《こ》れは全《まつた》くピタゴラスの所謂《いはゆる》天體音樂《てんたいおんがく》なるものだが、ピタゴラスの其意見《そのいけん》は何等《なんら》精密《せいみつ》に傳《つた》はらぬが、其《そ》れは詩《し》として日本《にほん》には見事《みごと》に傳《つた》はつて居《ゐ》るのである。

天體音樂の詩――此通《このとほ》りピタゴラスは祇園《ぎをん》・與《よ》一と對譯《たいやく》であり、天體音樂《てんたいおんがく》に關《くわん》しても兩者同《りやうしやおな》じであるなどは、兩人《りやうにん》の同《どう》一を示《し》めすものではないか。若《も》し尙《な》ほ進《す》んで其詩《そのし》を研究《けんきう》すると、其《そ》れは大熊星座中《おほくませいざちう》の北斗七星を詠《よ》んだもので、又《ま》た印度地理《いんどちり》も勿論《もちろん》七星《せい》の名《な》に含《ふく》められて居《ゐ》る――

(一)紫微遙脅彩雲迎ふ――とは北斗《ほくと》七星中《せいちう》の天樞星《てんすうぼし》ヅッペを云《い》ふたもので、前《まへ》に大熊星座中《おほくませいざちう》に一言《ごん》して置《お》いた如《ごと》く、其星《そのほし》はスルマ河《がは》の上流《じやうりう》シルカル Silchar (Sci-el-chair)で、「彩雲迎《さいうんむか》ふ」を意味《いみ》する。そして其土地《そのとち》の總稱《そうしよう》はヂッペラー即《すなは》ち Dipper で柄杓《しやく》又《ま》た勺《しやく》を意味《いみ》し、又《ま》た指針《ししん》を意味《いみ》し、北極《ほくきよく》を指《さ》し示《し》めす星《ほし》に當《あた》つて居《ゐ》る。

(二)衆緯森々白玉の京――とは天璇星《てんせんほし》メラクを云《い》ふたもので、南《みなみ》のキッタゴンに當《あた》つて居《ゐ》る。此地名《このちめい》は「條《でう》」「列《れつ》」を意味《いみ》し「衆緯森々《しうゐしんしん》」の形容《けいよう》がある。又《ま》た此地《このち》の別名《べつめい》に白玉《はくぎよく》、又《ま》た白石《はくせき》(Parian Stone)の名《な》があつて、「白玉《はくぎよく》の京《きやう》」と云《い》ふてある。又《ま》た此白《このはく》玉《ぎよく》を璇（おつくり玉《たま》）と云《い》ふので、其《そ》れが天璇《てんせん》の星《ほし》の名《な》になつて居《ゐ》る。

プラトーンの理想國《りさうこく》十巻《くわん》の終《をは》りの部分《ぶぶん》にエルなるものの地獄旅行《ぢごくりよかう》の事《こと》が書《か》いてあつて、彼《か》れの言《い》ふ所《ところ》に據《よ》ると『四日目《かめ》には、彼等《かれら》は天《てん》からの光《ひかり》を見得《みう》る場所《はしよ》に來《く》る。其光明《そのくわうみやう》は柱《はしら》の如《ごと》く直線《ちよくぜん》で、全天全地《ぜんてんぜんち》を照《て》らし、色彩虹霓《しきさいにぢ》の如《ごと》く、光輝《くわうき》と純潔《じゆんけつ》とは之《こ》れにも優《まさ》つて居《ゐ》る』と云《い》ふてあるは此前《このまへ》の句《く》（一）「紫微遙裔彩雲迎《しびえうえいさいうんむか》ふ」の句《く》の、シルカルの土地《とち》を云《い》ふたものである。又《ま》たエルは次《つぎ》に『其翌日《そのよくじつ》の旅行《りよかう》には、光明《くわうみやう》の中央《ちうあう》に、上《うへ》から垂《た》れ懸《か》つて居《ゐ》る數條《すうでう》の天《てん》の鎖《くさり》を見得《みう》る場所《はしよ》に來《く》る』と云《い》ふて居《ゐ》るが、之《こ》れは（二）「衆緯森々《しうゐしん〳〵》たり、白玉《はくぎよく》の京《きやう》」の句《く》に當《あた》つて居《ゐ》るので、プラトーンは實《じつ》は印度人《いんどじん》、其《そ》れが歐洲《おうしう》に傳《つた》はつたものたることを示《しめ》して居《ゐ》る。

（三）月は九重に傍うて瑤闕冷か——これは天璣星《てんきせい》ファイドを云《い》ふたもので、キッタゴンから西《にし》の方《はう》に一線《せん》を引《ひ》き、フグリ河《かは》の西《にし》の口《くち》のヂャモンド港《かう》が其星《そのほし》の地名《ちめい》である。乃《すなは》ち「ヂャ・モンド」とは「傍《そ》ふ・月《つき》」を意味《いみ》する名《な》、其東《そのひがし》の方《はう》の土地《とち》一帶《たい》をスンダルバンスと謂《い》ひ、「九重《こゝのへ》」を意味《いみ》し、フグリ河《がは》の西《にし》のループナライン Rup-narain

(Ropē—)河《がは》は「瑤闕冷《えうけつれい》」を意味《いみ》して此句《このく》はフグリ河口《かはぐち》を謂《い》ふたものである。

(四)風は五色を飄して羽衣輕く——これは天權星《てんけんせい》メグレッに當《あた》り、バギラチ即《すなは》ちフグリ河《がは》と、其上《そのうへ》の方《はう》のムルシダ・バッドとを云《い》ふたものである。「ムルシダ」Mur-shida(Myr-scida)とは多《おほ》くの色彩《しきさい》を意味《いみ》し「五色《しき》」の語《ご》に當《あた》り、又《ま》た此地《このち》一帶《たい》を昔《むかし》はマンダライ Mandalaə 即《すなは》ち曼陀羅《まんだら》の地《ち》と云《い》ふて、風《かぜ》は五色《しき》を飄《ひるが》へすの意味《いみ》がある。又《ま》たフグリ Hugli 河《かは》の名《な》は嚢《ふくろ》でもあるが、又《ま》た「羽衣《はごろも》」とも云《い》ひ、此河《このかは》の別名《べつめい》をバギ・ラヂ Bhagi-rrathi(Bag-rhadio)河《がは》と云《い》ひ、「輕《かる》く運《はこ》ぶ」を意味《いみ》し「羽衣輕《はごろもかる》く」の飜譯句《ほんやくく》が出來《でき》る。

(五)錦機夜靜かにして星梭響き——これは玉衡星《ぎよくかうせい》アリオートを謂《い》ふたもので、恒《こう》河《か》に沿《そ》うて西《にし》の方《はう》へ行《いつ》たモングールの土地《とち》の名《な》である。モングール Monghyr(Mon,gayr)とは「皆《みな》一様《やう》に平《たひら》に」「お仕舞《しまひ》」「黃昏《たそがれ》」「夕顏《ゆふがほ》」「完成《くわんせい》」等《とう》を意味《いみ》し、星《ほし》の名《な》アリオートは Al-ioth で、其對譯《そのたいやく》に當《あた》つて居《ゐ》る。玉衡《ぎよくかう》とは「平《たひ》らに美《うつく》しく」を意味《いみ》して、又《ま》た對譯《たいやく》である。そして此地《このち》は機織《はだおり》の土地《とち》で、其南《そのみなみ》の一帶《たい》の地《ち》をチョタ・ナグ・プルと云《い》ひ、「ナグ」は「長《なが》」と「靜《なぎ》」とを意味《いみ》し、又《ま》た梭《をさ》ともなり錦機夜靜《きんきよしづ》かにの句《く》となり、又《ま》た「星梭《せいさん》ひゞく」の句《く》ともなる。

(六)環佩秋深くして天歩鳴る――これは開陽星《かいやうせい》ミザルの星《ほし》を謂《い》ふたもので、モングールよりも西《にし》のアルラーの地名《ちめい》である。アルラー Ar-rah は陽《やう》の開發《かいはつ》を意味《いみ》し、星《ほし》の名《な》ミサル Miz-ar (Missi-ar) は其對譯《そのたいやく》である。且《か》つ恒河《こうか》の此部分《このぶゞん》一帶《たい》をベハール Behar (Bear) と謂《い》ひ、「環佩《くわんはい》」を意味《いみ》し、又《ま》た昔《むかし》はアムバスタイ Ambastai と云《い》ひ、「天《てん》歩《ぽ》」を意味《いみ》する。

(七)應に是れ均天夢中に到るべし――これは搖光星《えうくわうせい》ベネタスクを謂《い》ふたもので、現在地名《げんざいちめい》ミルザプルは其《そ》れである。ミルザプルは、昔《むかし》はクリソボラと謂《い》ひ、對譯《たいやく》で(Mir-Zapur=Kly-Sobora)、「夢中《むちう》に見《み》る」「明《あきら》かに見《み》る」を意味《いみ》し、又《ま》た「見《み》せぶらかす」を意味《いみ》し、之《これ》を「搖光《えうくわう》」光《ひかり》を搖《ゆ》らがすと譯《やく》し、又《ま》た「均天夢中《きんてんむちう》」とも云《い》ふのである。ベネタスク Benethasch (Phaine-thao-sci) も亦希臘語《またぎりしやご》の、其意味《そのいみ》の訛《なま》りである。

以上《いじやう》で七星《せい》と其地理關係《そのちりくわんけい》の説明《せつめい》を終《をは》つたが、詩《し》には尙《な》ほ一句殘《くのこ》つて居《ゐ》る。

（八）勞せずして遠く漢の君平を問ふ——漢《かん》の君平《くんぺい》は天文學者《てんもんがくしや》。君平《くんぺい》とはコロムボCol-ombo の譯名《やくめい》である。又《ま》た「コロムバ」と言《い》ふと「鳩《はと》」のことで、パトナ市《し》は「鳩名《はとな》」Patna(Phatto-na) であることは説明《せつめい》の材料《ざいれう》があるが、此《こゝ》には略《りやく》して置《お》く。

此《か》く研究《げんきう》して來《く》ると、ピタゴラスと祇園與《ぎをんよ》一とは同《どう》一人《じん》であり、希臘《ぎりしや》の人《ひと》でもなく、日本《にほん》の人《ひと》でもなく、太古《たいこ》の『印度日本《いんどにほん》』の學者《がくしや》が、東《ひがし》と西《にし》とに別々《べつ〴〵》に傳《つた》はつたに過ぎぬことが知《し》られる。彼《か》れの土地《とち》は恒河口《こうかぐち》の東南方《とうなんぱう》、昔《むかし》のアルゴスの地《ち》で、今《いま》のキッタゴンである。彼《か》れの又《また》の名《な》は伯玉《はくぎよく》とあるは衆緯森々、白玉の京の人《ひと》たるを示《し》めして居《ゐ》る。

我等《われら》若《も》し尚《な》ほ希臘學者《ぎりしやがくしや》の人名《じんめい》を遡《さかのぼ》つて行《ゆ》くと、アナクシマンドロスの新研究《しんけんきう》を行《おこな》はねばならぬ。

第八章　師大撓とアナクシマンドロス

――ジユリアン暦に關して疑問――

暦《れき》の起原如何《きげんいか》んと問《と》ふたら、西洋人《せいやうじん》も、日本《にほん》の飜譯學者等《ほんやくがくしやら》も、必《かなら》ず希臘《ぎりしや》のアナクシマンドロスである　又《ま》た現行《げんかう》のものは、ジユリアン暦《れき》を改良《かいりやう》したグレゴリー暦《れき》であると答《こた》へるであらうが、其希臘《そのぎりしや》のアナクシマンドロスは實《じつ》は希臘人《ぎりしやじん》でなく、太古《たいこ》の印度人《いんどじん》である、又《ま》たジユリアン暦《れき》は果《はた》してジユリアス・カイザルの定《さだ》めたものであるか、グレゴリー暦《れき》は果《はた》して羅馬法王《ろうまはふわう》グレゴリー十三世《せい》が改正《かいせい》したものであるか、に就《つ》いては、新研究《しんけんきう》は疑問《ぎもん》――寧《むし》ろ否定的《ひていてき》の疑問《ぎもん》を提出《ていしゆつ》するものである。

前《まへ》にも云《い》ふた如《ごと》く、今《いま》まで歐羅巴《ようろつぱ》の希臘人《ぎりしやじん》と思《おも》ふた數々《かず〴〵》の學者《がくしや》は、皆實《みなじつ》は印度人《いんどじん》であるが如《ごと》く、此所謂希臘哲學者《このいはゆるぎりしやてつがくしや》の古參者《こさんしや》たるアナクシマンドロスも亦印度人《またいんどじん》であつたのである。所謂希臘學者《いはゆるぎりしやがくしや》の古《ふる》い者《もの》は、第《だい》一タレース、アナクシマンドロス、アナクシメネース、アナクサゴラス等《とう》で、西史《せいし》の傳《つた》へる所《ところ》に據《よ》ると、アナクシマンドロスは地球《ちきう》の球形《きうけい》であるとの知識《ちしき》を有《いう》し、黄道《くわうだう》の理《り》も知《し》り、又《ま》た『時計盤《ダイヤル》』をも發明《はつめい》した人《ひと》と云《い》ふてあるが。所《ところ》が比較研究《ひかくけんきう》を行《おこな》うて見《み》ると、彼《か》れは支那黄帝時代《しなくわうていじだい》の師大撓其人《しだいとうそのひと》に當《あた》つて居《ゐ》ることが知《し》られ、師大撓《しだいとう》は北斗《ほくと》の建《さ》すを占《うらな》うて『甲子《えと》』を作《つく》つたと云《い》ふてあつて、これがアナクシマンドロスの時計盤《ダイヤル》を發明《はつめい》したと同《おな》じことである。

そうして師大撓《しだいとう》は從來支那人《じうらいしなじん》と思《おも》はれて居《ゐ》るが、新研究《しんけんきう》は之《こ》れを否定《ひてい》して、同《おな》じく印度人《いんどじん》と斷定《だんてい》すること、アナクシマンドロスに對《たい》したと同《おな》じなのである。そして支那史黄帝時代《しなしくわうていじだい》なるものは、決《けつ》して今《いま》の支那《しな》ではなく、印度《いんど》であつたのである。

今若《いまも》し兩人《りやうにん》の名《な》を對照《たいせう》するとアナクシマンドロスは Ana-Xi-mandros で、之《こ》れは「大《だい》・師《し》・撓《とう》」と見事《みごと》に對譯《たいやく》される。又《ま》た是《こ》れがベン・ガル Ben Gal(Bene Gaul)州《しう》の名《な》と對譯《たいやく》であつて、ベンとは師《し》、大《だい》を意味《いみ》し、ガルとは撓《た》め、曲《まが》ること、周《しう》、輪《わ》、百《ゆ》合《り》等《とう》を意味《いみ》し、ベン・ガルは師大撓及《しだいとうおよ》びアナクシマンドロスの對譯《たいやく》に當《あた》り、此學者《このがくしや》の名《な》は實《じつ》は印度《いんど》の此地名《このちめい》で、彼《か》れは印度人《いんどじん》たることが知《し》られる。特《とく》に師大撓《しだいとう》が北斗《ほくと》の建《ます》を占《うらな》うたとあるが、『斗《と》』とは「ます」度量《とりやう》、即《すなは》ち百合《ひやくがふ》で、又《ま》た「ガロン」などの量《りやう》の名《な》の語源《ごげん》となり、それがベン・ガルの「ガル」に當《あた》り、愈々《いよいよ》彼《かれ》はベン・ガル人《じん》たることが明《あきら》かに示《し》めされるのである。（又《ま》たベン・ガルは日蓮とも譯《やく》される。だから日蓮宗《にちれんしう》には星占《ほしうらなひ》のことが傳《つた》はつて居《ゐ》る。）

又《ま》た此人《このひと》の次々《つぎつぎ》の所謂希臘學者《いはゆるぎりしやがくしや》たるアナクシメネーは、ベンガル中部《ちうぶ》のバギラチ河上流《かはじやうりう》のムルシダバッドの對譯《たいやく》、アナクサゴラスはクリシナガルの對譯《たいやく》に當《あた》つて居《ゐ》る。又《ま》た是等《これら》三人《にん》よりも前《まへ》で、所謂希臘學問《いはゆるぎりしやがくもん》の開祖《かいそ》たるタレースThalesは花、開花を意味《いみ》して、バギラチ河上流地《がはじやうりうち》一帶《たい》の昔《むかし》のマンダラ（Mandalae 曼陀羅《まんだら》）の地《ち》で、開花を意味《いみ》し、彼《か》れは此地《このち》の人《ひと》と知《し》れるのである。此《この》タレースは或夜熱心《あるよねつしん》に空《そら》を仰《あふ》いで星《ほし》を眺《なが》めつゝ散歩《さんぽ》して居《ゐ》たら、沼《ぬま》の中《なか》に墮《お》ちて泥《どろ》だらけになり、其所《そこ》に來合《きあ》はせた老女《らうぢよ》に助《たす》けて上《あ》げてもらうたとの話《はな》しがあるが、其《そ》れは其《そ》の地《ち》のムルシダバッドMur-shida-bad（Myr-scida-bad）の地名神話《ちめいしんわ》で、ムルシダとは無量《むりやう》に・好《す》き、五色《しき》の色《いろ》、大《おほい》に天《てん》を好《す》きの意味《いみ》があり、バッドとは沼《ぬま》、又《ま》た井戸《ゐど》を意味《いみ》するから、天《てん》に見とれて沼《ぬま》に陥《おちゐ》つたと云《い》ふ話《はなし》が作《つく》られたのである。これは日本《にほん》では當麻《たいま》曼陀《まんだ》羅《ら》、染殿《そめどの》の井戸《ゐど》、化尼化《けにけ》女出現《ぢよしゆつげん》の地《ち》と傳《つた》へられて居《ゐ》る。そしてタレースも亦希臘人《またぎりしやじん》でなく、太古《たいこ》の印度人《いんどじん》であることが知《し》られるのである。

右《みぎ》に説《と》いた所《ところ》に由《よ》つて、師大撓《しだいとう》も、アナクシマンドロスも、何《いづ》れも意味同《いみおな》じく、且《か》つ其《そ》れがベン・ガルの州名《しうめい》と同《おな》じであることも明瞭《めいれう》となつた。そしてベン・ガルは「百合《ゆり》」を意味《いみ》することも、語學《ごがく》を知《し》る人《ひと》には異存《いぞん》ないことである。

そこで考《かんが》へねばならぬことは、此《この》「ゆり」を意味《いみ》する人《ひと》は暦《れき》の起原《きげん》を爲《な》した者《もの》てあるが、西洋現行暦《せいやうげんかうれき》はジユリウス・カイザルのジユリヤン暦の改正《かいせい》されたものと云《いは》れて居《ゐ》て、ジユリウスは眞正《しんせい》の發音《はつおん》はユリ・ウス即《すなは》ち「百合《ゆり》・氏《うし》」で、前《まへ》に説《と》き來《きた》つたベン・ガルのユリ(百合《ゆり》)氏《うし》たる師大撓《しだいとう》や、アナクシマンドロスなどゝ果《はな》して異《ちが》う人物《じんぶつ》であらうかとの疑問《ぎもん》は起《おこ》らざるを得《え》ない。たゞ偶然耶《ぐんぜんや》蘇《そ》紀元前頃《きげんぜんごろ》、羅馬《ろうま》にユリウスなる大人物《だいじんぶつ》が史上《しやう》に出現《しゆつげん》したので、此《この》ユリウスに、太古印度《たいこいんど》の「ベン・ガル」の百合氏《ゆりうし》の暦《れき》を持《も》つて行《いつ》たものゝやうである。尚《な》ほ次《つぎ》の研究《けんきう》を以《も》つてすると、益々《ます〳〵》此疑問《このぎもん》に意味《いみ》が重《おも》くなつて來《く》る。

第九章　容成暦とグレゴリイ暦

——グレゴリイ暦に關して疑問——

既《すで》にジユリヤン暦《れき》に就《つ》いて疑問《ぎもん》を起《お》こした以上《いじやう》は、又《ま》た其《そ》れを改良《かいりやう》したと稱《しよう》せられる現行《げんかう》グレゴリイ暦《れき》にまで疑問《ぎもん》を延長《えんちやう》することも、亦《ま》た不能《ふのう》でない。ユリアン暦《れき》が百合《ゆり》(ユリ)を意味《いみ》する師大撓《しだいとう》や、アナクシマンドロスの暦《れき》であると思《おも》はれる如《ごと》く西暦《せいれき》一千五百八十二年《ねん》二月《ぐわつ》に改良命令《かいりやうめいれい》を出《だ》した羅馬法王《ろうまはふわう》グレゴリイ十三世《せい》の暦《れき》なるものも、實《じつ》は此《この》グレゴリイではなく、其同意味《そのどういみ》の名《な》の太古《たいこ》の人容成《ひとようせい》なる者《もの》が作《つく》つたと云《い》はれて居《ゐ》る暦《れき》のことではなからうかと思《おも》はれるのである。

容成《ようせい》とは支那《しな》史黄帝《しくわうてい》の時《とき》の人《ひと》で、暦《れき》を造《つく》つたと傳《つた》へられ居《ゐ》るが、其容成《そのようせい》なる名《な》は又《ま》たグレゴリイと對譯《たいやく》になつて居《ゐ》るのである。乃《すなは》ち容成——とは「形成《かたちな》る」を意味《いみ》して美《うつく》しき形《かたち》を成《な》すことを意味《いみ》するは素《もと》よりで、希臘語《ぎりしやご》の所謂《いはゆる》「プラスチック」なる語《ご》に當《あた》り、又《ま》た希臘哲學者《ぎりしやてつがくしや》のアナクサゴラスと對譯《たいやく》になつて居《を》り、又《ま》た其《そ》の別語《べつご》てグレゴリオ Gregorio と譯《やく》される。其語源《そのごげん》は Grego-orio で、前半語《ぜんはんご》「グレゴ」は優美を意味《いみ》するグレース、グリークGrace, Greekと同語《どうご》で、ポルトガルでは「グレゴ」Gregoと云《い》ひ、後半語《こはんご》オリオ orio』は見《み》る、形《かたち》を成《な》すを意味《いみ》し、『グレゴリオ』は簡明《かんめい》に『容《よう》成《せい》』なる名《な》に當《あた》つて居《ゐ》ることが知《し》られる。そして前《まへ》に云《い》ふたアナクシマンドロヌの師大撓《しだいとう》がベンガル州《しう》の名《な》と同《おな》じである如《ごと》く、プラスチックを意味《いみ》する所《ところ》のグレゴリオの容成も亦支那人《またしなじん》ではなく、ベンガル中部《ちうぶ》のバキラチ河《がは》の上流地《じやうりうち》の總稱《そうしよう》プラッシ Plassi 即《すなは》ち「プラスチック」を意味《いみ》する土地《とち》を云《い》ふたものと思《おも》はれる。

思《おも》ふに黄帝時代《くわうていじだい》の太古印度《たいこいんど》に在《あ》つて、容成《ようせい》が暦《れき》を造《つく》り、「グレゴリオ」の譯名《やくめい》て、其《そ》れが如何《いか》なる形《かたち》かで西《にし》に傳《つた》はつて居《ゐ》たのを、十五世紀《せいき》の羅馬法王《ろうまはふわう》が、偶々《たま〱》グレゴリオの名《な》てあつた所《ところ》から、此暦《このれき》は此法王《このはふわう》の命令《めいれい》に由《よ》つて用《もち》ゐられるやうになつたと訛傳《くわでん》せられたか、又《また》は法王《はふわう》が自分《じぶん》の名《な》と同《おな》じ暦《れき》であつた所《ところ》から、虚名心《きよめいしん》に依《よ》つて其《その》暦《れき》を使用《しよう》せしめたのではなからうか。此點疑問《このてんぎもん》がないでもない。(此《か》くの如《ごと》き例《れい》は往《わう》々あることで、太平洋上《たいへいやうじやう》の、「愛馬者《あいはしや》」を意味《いみ》するフイリッピン群島《ぐんたう》の名《な》は、西班牙《すぺいん》王《わう》フイリップ二世《せい》の名《な》に由《よ》つて命名《めい〳〵》されたとは西洋歴史《せいやうれきし》の謂《い》ふ所《ところ》であるが、其《そ》れはウソで、實《じつ》は太古《たいこ》から同意義《どういぎ》の別語《べつご》「ケンタウロス」即《すなは》ち馬人《ばじん》又た「愛馬人《あいはじん》」で命名《めい〳〵》されて居《ゐ》たのであると同《おな》じである)。

特《とく》にグレゴリイ暦改正《れきかいせい》の話《はな》しが面白《おもしろ》い。其《そ》れに關係《くわんけい》して出《で》て居《ゐ》る同《おな》じ人《ひと》の名《な》が別《べつ》譯《やく》の名《な》で繰《く》り返《か》へされて、全《まつた》く他《た》の人《ひと》であるかの如《ごと》く云《い》ふてあることである。乃《すなは》ち法王《はふわう》グレゴリイは、暦改正《れきかいせい》の事《こと》をクラヰウス Cla-vius なる者《もの》に命《めい》じ、クラヰウスは更《さら》にリリウス・スロウシウス Lilius Sloysius なる者《もの》の意見《いけん》を採用《さいよう》したと云《い》ふてあるが、グレゴリイが命令《めいれい》を下《くだ》した所《ところ》のクラヰウスなる者《もの》は、Kleo-via を語源《ごげん》として「通《とほ》して美《うつく》しき」「何時《いつ》も若《わか》き」を意味《いみ》し、アナクサゴラスの先輩《せんぱい》アナ・クシ・メネスと對譯《たいやく》され、彼《か》れは又《ま》た、天文學者《てんもんがくしや》リリウス・スロウシウス(蓋先輩《けだしせんぱい》)の説《せつ》を採用《さいよう》したと云《い》ふてあるが、其《その》リリ・ウスのリリは Lily と同語《どうご》百合を意味《いみ》し、ユリウスのユリでもあり、ベン・ガルの百合《ゆり》でもあり、スロウシウス Sloysius は蓋《けだし》 Salutas の訛《なま》りで、「祝福《しゆくふく》する者《もの》」即《すなは》ち「師《し》」に當《あた》る、スロウシウス・リリウスは師大撓の別譯《べつやく》に當《あた》つて居《ゐ》て、所謂《いはゆる》グレゴリイのジユリヤン暦改正《れきかいせい》なるものは、實《じつ》は容成《ようせい》が、其先輩《そのせんぱい》たる師《し》大撓《だいたう》の説《せつ》を採用《さいよう》したと云《い》ふと同《おな》じで、容成即《ようせいすなは》ちアナクサゴラスが其先輩《そのせんぱい》アナクシメネを通《とほ》し溯《さかのぼ》つて、又《ま》た其先輩師大撓即《そのせんぱいしだいたうすなは》ちアナクシマンドロスの説《せつ》を採用《さいよう》したと云《い》ふに當《あた》り、此太古《このたいこ》の事《こと》を其等《それら》の古人《こじん》の名《な》の意譯《いやく》が同《おな》じである所《ところ》から、一はユリウス・カイザルに、他《た》はグレゴリイ十三世《せい》に附着《ふちやく》せしめしたものと思《おも》はれる。

さらば是等《これら》多《おほ》くの人名《じんめい》は、實《じつ》は、二人《ふたり》の名《な》の種々《しゆぐ》に譯《やく》されたもので、之《これ》を二つに分《わ》けると、

師大撓
アナクシマンドロス
リリウス・スロウシウス
ユリウス
} 同一人

容成
アナクサゴラス
グレゴリイ
　}同一人

となる。此二人《このふたり》は佛典《ぶつてん》には又《ま》た目犍羅夜那《もつけんらやな》 Maud-gaiya-yana と舍利弗《しやりほつ》 Sari-Putra の名《な》を以《も》つて表《あら》はされて居《ゐ》る。

西洋人《せいやうじん》の歷史《れいし》には由來甚《ゆらいはなはだ》しき誤謬《ごべう》が多《おほ》い。又《ま》た東洋《とうやう》の事《こと》を西洋《せいよう》の事《こと》として傳《つた》へるなどのことは少《すく》くない。殊《こと》に西洋《せいやう》十五六世紀《せいき》の時代《じだい》は、西洋史《せいやうし》の殆《ほとん》ど信用《しんよう》されぬ時《じ》代《だい》の事《こと》であり、又《ま》た前述《ぜんじゆつ》の如《ごと》き有様《ありさま》であるから、其《その》ジユリアン曆《れき》に就《つ》いても、グレゴリイ曆《れき》に就《つ》いても、其《そ》れに疑念《ぎねん》を存《そん》するも決《けつ》して無理《むり》でないと信《しん》ずる。

此通《このとほ》りに太古《たいこ》の所謂希臘等《いはゆるぎりしやとう》の天文學者《てんもんがくしや》なるものは、實《じつ》は全然印度太古《ぜん〴〵いんどたいこ》の人物《じんぶつ》であつて、決《けつ》して歐羅巴《ようろつぱ》の希臘人《ぎりしやじん》ではないのである。だからプラトーンの書物《しよぶつ》も實《じつ》は印《いん》度學問《どがくもん》が西《にし》に傳《つたは》つたものに過《す》ぎず、ソークラテスも印度《いんど》の聖人《せいじん》——而《しか》も日本人《にほんじん》——が西《にし》に傳《つた》へられて改作《かいさく》されたに過《す》ぎず、太古《たいこ》の西洋《せいやう》には天文學上《てんもんがくじやう》、何等《なんら》の誇《ほこ》る物《もの》が無《な》い。又《また》其《そ》れと同時《どうじ》に、今《いま》まで太古《たいこ》支那《しな》のものと思《おも》ふた天文學史上《てんもんがくしじやう》の事件《じけん》も、其《そ》れも支那《しな》ではなく、實《じつ》は印度《いんど》や、埃及《えじぶと》のことであつた。其《そ》れに、降《くだ》つて歐羅巴《ようろつぱ》の古《こ》代《だい》の人《ひと》の事業《じげふ》と思《おも》はれた事《こと》すらも、實《じつ》は印度《いんど》の太古《たいこ》に返《か》へさねばならぬやうな問題《もんだい》も起《おこ》つて來《き》て、舊來《きうらい》の學者《がくしや》の研究《けんきう》の無能《むのう》であつたことが暴露《ばくろ》され、新研究《しんけんきう》の必要《ひつえう》が切《せつ》に感《かん》ぜられるのである。

第十章　結　論

以上《いじやう》に於《おい》て、我等《われら》は星座《せいざ》に關《くわん》しては、大要殆《たいえうほとん》ど全《まつた》く之《こ》れを研究《けんきう》した。星座《せいざ》とは從《じう》來《らい》の學者《がくしや》が思《おも》ふた如《ごと》く星《ほし》と星《ほし》との間《あひだ》に線《せん》を引《ひ》いて作《つく》つた形《かたち》ではなく、地上《ちじやう》一定《てい》の地《ち》理《り》を形《かたち》として、其《そ》れを天《てん》に上《あ》げたもので、地圖の天圖化たることが明瞭《めいれう》にされた。

又其地圖《またそのちづ》は、決《けつ》して希臘《ぎりしや》でも歐羅巴《ようろつぱ》でもなく、歐羅巴のみを除外した全世界《ぜんせかい》の地《ち》圖《づ》で、中央亞細亞《ちうあうあじあ》も勿論《もちろん》、阿弗利加《あふりか》全部《ぜんぶ》、太平洋《たいへいやう》も南洋《なんやう》も、且《か》つ又南北兩亞米利加《またなんぼくりやうあめりか》も、明瞭《めいれう》に其地圖《そのちづ》が天圖《てんづ》に作《つく》られて星座《せいざ》になつて居《ゐ》るのである。

プトレミイは西暦《せいれき》百三十年頃《ねんごろ》の埃及人《えじぶとじん》でありとすると、西史上《せいしじやう》のコロムブス等《とう》も未《ま》だ生《うま》れぬ時《とき》で、少《すく》くとも其時《そのとき》早《はや》く既《すで》に北亞米利加《きたあめりか》はオオリオン星座《せいざ》の形《かたち》となり、南亞米利加《みなみあめりか》は兎星座《うさぎせいざ》や、麒麟星座《きりんせいざ》となつて居《を》り、其《そ》れが埃及方面《えじぶとはうめん》までも知《し》られて居《ゐ》たことも明瞭《めいれう》となつた。

若《も》し然《しか》りとすると、其《そ》れは單《たん》に天文學史上《てんもんがくしじやう》の事《こと》のみに止《とゞ》まらず、延《ひ》いて廣《ひろ》く從來の世界歴史は、全然異る趣を呈し、コロムブス以前《いぜん》に明瞭《めいれう》に全世界《ぜんせかい》は知《し》られて居《ゐ》たので、彼《か》れの新大陸發見史《しんたいりくはつけんし》などは憚《はゞか》ることなく、抹殺《まつさつ》せられ、世界《せかい》の交通史《かうつうし》や、文《ぶん》明史《めいし》に大變革が來《きた》らねばならぬことゝなる。(然《しか》りコロムブスも、マゼランも、クックも、其他當時《そのたたうじ》の史上《しじやう》の大部分《だいぶゞん》の航海者等《かうかいしやら》は、實《じつ》は東洋人《とうやうじん》。其《そ》れが西《にし》に傳《つた》はつて、彼等《かれら》の歴史《れきし》に編入《へんにふ》されたに過《す》ぎぬのであるが、其《そ》れは他日《たじつ》の機《き》を待《ま》つ。)

從來《じうらい》は、星座《せいざ》の作《つく》られたり天文《てんもん》の研究《けんきう》されたのは、埃及《えじぶと》や、バビロニヤや、又《また》は希臘《ぎりしや》などであつたと謂《い》はれて居《ゐ》たが、右《みぎ》に於《おい》て我等《われら》が研究《けんきう》した結果《けつくわ》を見《み》ると、全《まつた》く其《そ》うてはなく、希臘《ぎりしや》と思《おも》ふたことも、バビロニヤと思《おも》ふたことも、埃及《えじぷと》と思《おも》ふたことも盡《ことごと》く其《そ》うではなく、今《いま》まで學者《がくしや》が疑問《ぎもん》とし、又《ま》たは輕《かる》んじて居《ゐ》た氣味《きみ》のある印度《いんど》であつて、其《そ》れが各國《かくこく》に傳《つた》へられて、各國《かくこく》で出來上《できあが》つたものかの觀《くわん》を呈《てい》したに過《す》ぎぬのであるは、實《じつ》に意外《いぐわい》と云《い》はねばならぬ。例《たと》へば希臘《ぎりしや》の天文學者《てんもんがくしや》と思《おも》ふたものも實《じつ》は印度人《いんどじん》であり、支那《しな》の天文學者《てんもんがくしや》と思《おも》ふたものも、其《そ》れも印度《いんど》の人《ひと》であつて、其《その》人々《ひとびと》の名《な》が各國《かくこく》の語《ご》に譯《やく》して傳《つた》へられて居《ゐ》ることが知《し》れた。印度《いんど》。印度《いんど》。印度《いんど》！

　殊《こと》にウヌボレ強《つよ》い西洋人等《せいやうじんら》は、ピタゴラスが印度《いんど》へ旅行《りよかう》して、其時《そのとき》希臘《ぎりしや》の學術《がくじゆつ》を印度《いんど》に傳《つた》へ、其《そ》れから天文學《てんもんがく》は印度《いんど》に出來《でき》たなど云《い》ふ者《もの》もあるが、ピタゴラスは希臘人《ぎりしやじん》でなく、實《じつ》は印度人《いんどじん》であることは前《ぜん》に證明《しようめい》した所《ところ》であつて、逆《ぎやく》に印度《いんど》から西洋《せいやう》に天文學《てんもんがく》は傳《つた》はつたのである。勿論文明《もちろんぶんめい》は埃及《えじぷと》バビロニヤ等《とう》から東漸《とうぜん》した事《こと》は否《いな》まれぬが、其大體《そのだいたい》の發達《はつたつ》を遂《と》げたのは實《じつ》は印度《いんど》であつたのである。

　其《そ》れだから、前々《まへまへ》にも言《い》ふた如《ごと》く、星座《せいざ》は全《まつた》く印度中心で造《つく》られ、星座全體中《せいざぜんたいちう》、印度地理《いんどちり》を天圖《てんづ》にしたものゝ數《すう》は甚《はなは》だ多《おほ》く、又《ま》た印度《いんど》星座《せいざ》を星座の最高至尊部たる北極及《およ》び北極近《ほくきよくちか》くに置《お》いてあるなど、全《まつた》く印度《いんど》中心主義《ちうしんしゆぎ》で、印度人《いんどじん》が造《つく》つたものたることを示《し》めして居《ゐ》る。

特《とく》に我等《われら》日本人《にほんじん》の注意《ちうい》せねばならぬ事《こと》、又《ま》た愉快《ゆくわい》に思《おも》ふ事《こと》は、星座《せいざ》は全《まつた》く日本主義――「印度《いんど》・日本《にほん》」中心主義《ちうしんしゆぎ》で出來《でき》て居《ゐ》ることである。乃《すなは》ち星座《せいざ》の至尊部《しそんぶ》たる北極《ほくきよく》及《およ》び北極近《ほくきよくちか》くには所謂《いはゆる》『王族星座《わうぞくせいざ》』なるものがあつて、ケヒウス、カシオピヤ、アンドロメダ、ペルセウ等《とう》は當然《たうぜん》日本《にほん》の氣比《けひ》の大神《おほかみ》、橿日《かしひ》の女神《ぢよしん》、櫛稻田姫《くしいなたひめ》、須佐之男《すさのをの》命《みこと》であつて、これ等《ら》は又《ま》た出雲《いづも》の祖先《そせん》であり、其《そ》れからして出雲王朝《いづもわうてう》が出來《でき》、其《そ》の王位《わうゐ》を繼《つ》ぎ給《たま》ふたのが我日本皇室《わがにほんくわうしつ》である。そして日本《にほん》は始《はじ》め波斯《ぺるしや》、バビロニヤ等《とう》に國《くに》して居《ゐ》たが、後《のち》に印度《いんど》に東遷《とうせん》して、其地《そのち》に神史《しんし》や傳說《でんせつ》を移《うつ》し植《う》ゑて、印度《いんど》に於《お》ける其地理《そのちり》が、王族星座《わうぞくせいざ》に造《つく》られたのである。そして其《そ》れが日本皇室《にほんくわうしつ》の祖先《そせん》で、星座《せいざ》の北極至尊《ほくきよくしそん》の所《ところ》に置《お》いてあるのを見《み》ても、プトレミイが組織《そしき》したとの星座《せいざ》が、日本中《にほんちう》心的《しんてき》に出來《でき》て居《ゐ》ることが知《し》られる。

特《とく》に氣比《けひ》の大神《おほかみ》ケヒウスが、北極星の上《うへ》に立《た》つて、天圖地圖《てんづちづ》を經緯總攬《けいゐそうらん》し給《たま》ふ高き姿《すがた》に對《たい》しては、何者《なにもの》か敬畏《けいい》の感《かん》の起《おこ》らぬ者《もの》があらうか。此氣比《このけひ》の大神《おほかみ》は蓋天文地《けだしてんもんち》理《り》の神《かみ》で、『氣比《きひ》』を又《ま》た『吉備《きび》』と書《か》き、此星座圖《このせいざづ》は、此神《このかみ》の崇敬《すうけい》の爲《た》めに『眞備《まつぶさ》』に繪圖面《ゑづめん》〇〇マピ Mappe(Map) に於《お》いて、此神《このかみ》を紀念《きねん》するものと思《おも》はれる。

其《そ》れのみでなく、此他《このほか》に尚《な》ほ純日本的《じゆんにほんてき》の神話《しんわ》や歴史《れきし》を天《てん》に上《あ》げたものは少《すく》なくない。例《たと》へば坊太郎《はうたらう》、相模太郎《さがみたらう》、爲朝《ためとも》の矢星座《やぜいざ》の如《ごと》き、又《ま》た馬人《はじん》と狼《おほかみ》、烏《からす》、花筐星座《はなかたみせいざ》の如《ごと》き、アルゴ丸《まる》は紀《き》の國屋《くにや》の船《ふね》、ヘエラクレエスは日本武尊《やまとたけのみこと》、オオリオンは日本史上《にほんしじやう》に種々《しゆぐ》に現《あら》はれて居《ゐ》る重大人物《ぢうだいじんぶつ》の星座《せいざ》である如《ごと》き、又《ま》た室女宮《しつぢよきう》は或《あるひ》は我《わ》が豐受大神《とようけおほかみ》お多福女神《たふくめがみ》たるが如《ごと》き、純然《じゆんぜん》たる日本神話《にほんしんわ》や歴史《れきし》に依《よ》つて作《つく》られた星座《せいざ》が多數《たすう》を占《し》めて居《ゐ》るが如《ごと》きは、星座《せいざ》の全系統《ぜんけいとう》が日本中心主義《にほんちうしんしゆぎ》で出來《でき》て居《ゐ》ることを示《し》めすものである。そして是等《これら》星座《せいざ》を組織《そしき》し系統《けいとう》した所《ところ》のプトレミイは、我《わ》が鳥取氏《とつとりし》の人《ひと》であるに於《おい》ては、太古《たいこ》の日本民族《にほんみんぞく》が世界《せかい》の天文學《てんもんがく》に於《お》ける位置《ゐち》は、決《けつ》して小《ちひさ》いものではない。

我等《われら》は右《みぎ》に於《おい》て人文地文《じんぶんちぶん》を結《むす》び合《あ》はせて、以《も》つて天文《てんもん》を研究《けんきう》し、所謂天球《いはゆるてんきう》なるもの、美《び》と大《だい》と無限《むげん》とを觀《み》た。今《いま》やプラトーンのフアイドロス篇《へん》の靈魂《れいこん》の性質《せいしつ》と、神《かみ》々の天界旅行《てんかいりよかう》の神秘論《しんぴろん》を以《も》つて、此篇《このへん》を結《むす》ぶことにせうと思《おも》ふ。――

『抑《そもそ》も靈魂《れいこん》の翼《つばさ》なるものは、最《もつと》も神性《しんせい》に似《に》て居《ゐ》る有形物《いうけいぶつ》であつて、其自然《そのしぜん》の性質《せいしつ》として、下《した》に降《くだ》るものをして、之《これ》を諸神《しよしん》のまします上《うへ》なる世界《せかい》に向《む》かつて、高《たか》く飛《と》び揚《あ》がらせるものである。抑《そつと》も神聖《しんせい》なるものとは、美《び》と、智惠《ちゑ》と、善《ぜん》と、又《ま》た其他此《そのたこ》のやうなもので、靈魂《れいこん》の翼《つばさ》は是等《これら》に由《よ》つて養《やしな》はれ、又《ま》た速《すみや》かに成長《せいちやう》する。けれども若《も》し不善《ふぜん》、愚痴《ぐち》及《およ》び善《ぜん》の反對物《はんたいぶつ》に養《やしな》はれる時《とき》は、消耗《せうもう》し、瘠《や》せ衰《おと》ろへるのである。

『全能《ぜんのう》の大神《おほかみ》ゼウスは、羽根《はね》ある馬車《ばしや》の手綱《たづな》を手《て》にし、萬物《ばんぶつ》に秩序《ちつじよ》を與《あた》へ、萬物《ばんぶつ》を注意《ちうい》しつゝ、天《てん》に上《のぼ》る時《とき》には、神々《かみ〴〵》や神人等《かみびとら》は隊列《たいれつ》を整《とゝの》へて之《これ》に從《したが》ひ、指定《してい》された順《じゆん》序《じよ》を以《も》つて進軍《しんぐん》する。そして彼等《かれら》は內天《なんてん》に於《おい》て數多《あまた》の幸福《かうふく》な光景《くわうけい》を觀《み》、又《ま》た此方《こなた》、彼方《かなた》に多《おほ》くの途《みち》があつて、幸福《かうふく》なる神々《かみ〴〵》は、途《みち》すがら其《そ》れ〴〵自分《じぶん》の務《つと》めを行《おこな》ひ給《たま》ふ。又《ま》た何者《なにもの》でも神々《かみ〴〵》に隨行《ずゐかう》し度《た》いと思《おも》ひ、又《ま》た其力《そのちから》ある者《もの》は、隨行《ずゐかう》することが出《で》來《き》る。

『神々《かみ〳〵》が其宴會《そのえんくわい》や饗應《きやうおう》に行《ゆ》き給《たま》ふ時《とき》は、穹窿《きうりう》高《たか》く其頂上《そのちやうじやう》に進行《しんかう》し給《たま》ふので、其進行《そのしんかう》の終點《しゆうてん》に達《たつ》した時《とき》は、進《すゝ》んで天《てん》の外面《ぐわいめん》に立《た》ち給《たま》ひ、穹窿《きうりう》は彼等《かれら》を載《の》せて回轉《くわいてん》し、彼等《かれら》は其《そ》れに依《よ》つて天《てん》の彼方《かなた》の物《もの》を觀《み》ることが出來《でき》る。けれども諸天《しよてん》の上《うへ》なる天《てん》に就《つい》ては、地上《ちじやう》如何《いか》なる詩人《しじん》と雖《いへど》も未《いま》だ嘗《かつ》て正當《せいたう》に歌《うた》ふた者《もの》なく、又《ま》た歌《うた》ひ得《う》る者《もの》もない。此處《こゝ》には眞《しん》の知識《ちしき》に關《くわん》した眞實體《しんじつたい》が存在《そんざい》して、無形無色《むけいむしよく》、感覺《かんかく》を以《も》つて知《し》る可《べ》からず、たゞ靈魂《れいこん》の嚮導者《きやうだうしや》たる所《ところ》の心意《しんい》に依《よ》つてのみ、之《こ》れを見《み》ることが出來《でき》る。こゝに神《かみ》の睿智《えいち》は、心意《しんい》と、純粹知識《じゆんすゐちしき》とに養《やしな》はれ、又《ま》た各靈魂《かくれいこん》の睿智《えいち》は、其固有《そのこいう》の食物《しよくもつ》を受《う》け得《え》るものは、實在《じつざい》を見《み》ることを喜《よろこ》び、再《ふた》び眞理《しんり》を眺《なが》めて滿足《まんぞく》し、こゝに世界《せかい》の回轉《くわいてん》は再《ふた》び以前《いぜん》の位置《ゐち》に之《こ》れを返《かへ》すのであつて、其穹窿《そのきうりう》の廻轉中《くわいてんちう》、靈魂《れいこん》は正義《せいぎ》や、節制《せつせい》や絶對知識《ぜつだいちしき》を見《み》るのである。』

天球内《てんきうない》の事物《じぶつ》、美《び》は素《もと》より美《び》である。けれどもプラトーンは尙《な》は天球外《てんきうぐわい》の絶對知識《ぜつたいちしき》を得《え》んとして居《ゐ》る、正《まさ》にこれ陸象山《りくしやうざん》の詩《し》である——

仰首攀ニ南斗一
翻レ身依ニ北辰一。
擧レ首望ニ天外一
我無ニ這般人一。

補遺

一　ヘエラクレエス星座は『日本武尊星座』

日本武尊星座――前《まへ》に説《と》いた北天《ほくてん》のヘエラクレエス星座《せいざ》は、今《いま》ではヘエラクレエスと云《い》ふことになつて居《ゐ》るが、以前《いぜん》はたゞ「膝《ひざ》まづける人《ひと》」と云《い》ふ星座《せいざ》であつて、何人《なんぴと》とも名《な》が無《な》かつたのをエラトステネースが、之《こ》れはヘエラクレエスであると言《い》うた以來《いらい》、其名《そのな》に極《きま》つたのであつて本書《ほんしよ》でも其《そ》れを其《その》まゝに傳《つた》へて置《お》いたが、尙《な》ほ此亞弗利加星座《このあふりかせいざ》に關《くわん》して、研究材料《けんきうざいれう》を有《いう》する我々日本人《われ〳〵にほんじん》は、たゞ其《その》まゝ是《こ》れをヘエラクレエスであると言《い》ひ去《さ》るのみでは不滿足《ふそんぞく》、必《かなら》ずやこれに日本名《にほんめい》を付《つ》け。又《ま》た其《そ》日本神話《にほんしんわ》を述《の》べるが正當《せいたう》と考《かんが》へられる。そして此星座《このせいざ》の主人公《しゆじんこう》はヘエラクレエスでもあるが、又《ま》た實《じつ》に我《わ》が太古史上《たいこしじやう》の英雄日本武尊《えいゆうやまとたけのみこと》であつて、此星座《このせいざ》は、我等《われら》は當然《たうぜん》

『日本武尊星座《やまとだけのみことせいざ》』と呼《よ》ぶべきである。

日本武尊と南部阿弗利加——日本武尊《やまとだけのみこと》は纏向《まきむく》の日代《ひしろ》の宮即《みやすなは》ち埃及《えじぶと》のヘリオポリスにまします大足忍呂別尊即《おほたらしおしろわけのみことすなは》ちオシリスの神《かみ》の皇太子《くわうたいし》で、薨去《がうきよ》の後其靈《のちそのれい》は白《はく》鳥《てう》となつて、北《きた》の方埃及《はうえじぶと》アレキサンドリヤから、南《みなみ》の方阿弗利加《はうあふりか》のモザムビクあたりまで飛《と》び去《さ》つたことが『なづきの田《た》のいなからに〳〵』から『海《うみ》が行《ゆ》けば輿《こし》なづむ』云々《うんぬん》の歌《うた》に歌《うた》うてあつて、南部阿弗利加《なんぶあふりか》の形《かたち》を日本武尊《やまとだけのみこと》の像《ざう》に表《あら》はすのは最《もつと》も其當《そのたう》を得《え》たものである。

『膝まづける男』——そればかりでなく、此星座《このせいざ》は前《まへ》にも言《い》うた如《ごと》く、以前《いぜん》は『膝《ひざ》まづける男《をとこ》』と云《い》ふ名《な》であつたが、其《そ》れを希臘語《ぎりしやご》及《およ》び其他《そのた》でヲグナ（O Gona, Gen, Kneeu, Kna）と謂《い》ひ、又《ま》た『童男《ヲグナ》』の意味《いみ》である。そこで日本書紀《にほんしよき》を見《み》ると日本《やまと》武尊《たけのみこと》は一名《めい》を『日本《やまと》の童男《をぐな》』と云《い》うて、其名《そのな》は明《あき》らかにヘエラクレエス星座本來《せいざほんらい》の名《な》たる『ヲ・グナ』と同《おな》じである。

棍棒と八尋矛——日本武尊《やまとたけのみこと》が東夷《とうい》を征伐《せいばつ》し玉《たま》ふ時《とき》に天皇《てんのう》は『比々多木《ひゝらぎ》の八尋《やひろ》

矛《ほこ》』なるものを賜《たま》ふたが、其《そ》れは棍棒《こんぼう》のことで、八尋矛《やひろほこ》とは必《かなら》ずしも八尋《やびろ》の長《なが》さを云《い》ふのでなく、ヤヒロは發音《はつおん》の假字《かりじ》で A-eilo 矛《ほこ》、即《すなは》ち棍棒《こんぼう》又《また》槌《かけや》を意味《いみ》するのである（大國主神《おほくにぬしのかみ》の八尋矛《やひこほこ》は槌《つち》のことである）。そして此星座《このせいざ》の英雄《えいゆう》も棍棒《こんぼう》を持《も》つて居《ゐ》るのは、日本武尊《やまとたけのみこと》の八尋矛《やひろほこ》である。

日本武尊とヘエラクレエス――其英雄豪傑《そのえいゆうがうけつ》の資質《ししつ》と、其《その》一生艱難辛苦《しやうかんなんしんく》を嘗《な》めた點《てん》などを比較《ひかく》しても、日本武尊《やまとだけのみこと》とヘエラクレエスとは同《どう》一人物《じんぶつ》たることが感《かん》ぜられる。日本武尊《やまとだけのみこと》は東方《とうはう》十二道の荒《すさ》ぶる神達《かみたち》、又《ま》た人達《ひとたち》を和《やは》げるの大事業《だいじげふ》を成《な》し遂《と》げ玉《たま》うたが、ヘエラクレホスには十二勞役なるものがあつて、兩者《りやうしや》の内容《ないよう》は聊《いさゝ》か趣《おもむき》を異《こと》にするが、其艱難勞役《そのかんなんらうえき》たるや同《おな》じである、又《ま》た十二の數《すう》も同《おな》じであつて、兩人《りやうにん》の傳《でん》は互《たがひ》に出入《しゆつにふ》して、同《どう》一人《じん》を別々《べつべつ》に傳《つた》へたものと考《かんが》へられる。そして日本武尊《やまとたけのみこと》は埃及方面《えじぷとはうめん》から東《ひがし》の方亞細亞《はうあじあ》、印度方面《いんどはうめん》へ向《むか》ひ、ヘエラクレエスは、印度《いんど》から阿弗利加《あふりか》の方《はう》へ行《ゆ》くことになつて居《ゐ》る、日本武尊《やまとたけのみこと》は東征《とうせい》であり、ヘエラクレエスは日本武尊《やまとたけのみこと》が西《にし》へ歸《かへ》られる順序《じゆんじよ》に傳《つた》へたものと知《し》れるのである。

左の手――此星座《このせいざ》の繪《ゑ》には二《ふ》た通《とほ》りあつて、一は前《まへ》に云《い》うた通《とほ》り左《ひだり》の手《て》に獅《し》子、の皮《かは》を持《も》たせてあるが、他《た》のものは木《き》の枝《えだ》と蛇《へび》三頭《とうく》を握《にぎ》つた形《かたち》になつて居《ゐ》る。然《しか》らば其《そ》の木《き》の枝《えだ》と蛇《へび》とは何《なん》であるかとの質問《しつもん》が起《おこ》る。

元來日本武尊《ぐわんらいやまとたけのみこと》は、比較研究上《ひかくけんきうじやう》又《ま》た埃及《えじぷと》、猶太方面《ゆだやはうめん》にはモーゼスとして傳《つた》はつて居《を》り、東方《とうばう》、亞細亞《あじあ》に於《おい》てはアポローン又《ま》たアレキサンドル傳《でん》に出入《しゆつにふ》して居《ゐ》るが、今《いま》此木《このき》の枝《えだ》と蛇《へび》とは、モーゼスがミヂヤンの野《の》で『棘《しば》の中《なか》に』立《た》つて居《ゐ》たことや、又《ま》た其杖《そのつゑ》が蛇《へび》になり、其蛇《そのへび》が杖《つゑ》となつたなどのことを表《あら》はしたものではなからうにと思《おも》はれる。此《この》モーゼスが行《い》つて居《を》つたミヂヤンの野《の》とは阿弗利加南部《あふりかなんぶ》モッサ・メデスと、モス・アムビカ即《すなは》ち『モーゼ愛《め》で』『モーゼ疑《うたが》ふ』の地《ち》であつて、次《けつ》して舊來信《きうらいしん》じ來《きた》つた如《ごと》く、亞拉比亞方面《あらびやはうめん》のことではない。又《ま》た此《この》モス・アムビカは日本武尊《やまとたけのみこと》の『うみか行《ゆ》けば』の地《ち》である。

要《えう》するに『膝《ひざ》まづける男《をとこ》』の名《な》の星座《せいざ》は、其最《そのもつと》も古《ふる》き、又《ま》た最《もつと》も正統《せいとう》のものとして『日本《やまと》武尊《たけのみこと》星座《せいざ》』と云《い》うべきであることを補《おぎな》うて置《お》く。

二　オオリオンは『大石星座』

大石星座——天界《てんかい》四十七士《し》たる星座《せいざ》の大將《たいしやう》たる美事《みごと》なる星座《せいざ》は、實《じつ》にオオリオンである。前《まへ》にも云《い》ふた如《ごと》くオオリオン Orion は「大居《おほお》リオン」であり、又《ま》たオホアリオン O-Arion とも云《い》うが、其《そ》れは「大在《おほお》リオン」で、居りも在りも同《おな》じである。其《その》存在を表《あら》はす別語《べつご》に Is 即《すなは》ちイス又《ま》たイシなる語《ご》があつて、存在《そんざい》と又《ま》た石《いし》とを意味《いみ》し、之《こ》れに「大《おほ》」の字《じ》を冠《くわん》して、譯《やく》すると、乃《すなは》ち大石となり、此大星《このおほぼし》たるオオリオン星座《せいざ》は大石星座《おほいしせいざ》となるのである。

『全天のゴル コンダ』——昔《むかし》から此星座《このせいざ》は『全天《ぜんてん》のゴルコンダ』と云《い》はれて居《ゐ》るが、其《そ》れは果《はた》して何《なに》を意味《いみ》するのであるか。盖日本人以外《けだしにほんじんいぐわい》の者《もの》は其《そ》れを知《し》り得《う》る者《もの》は世界上殆《せかいじやうほとん》ど無《な》からうと思《おも》はれる。元來《ぐわんらい》ゴルコンダとは中印度《ちういんど》のハイデラバッドの市《まち》の西北約三里《せいほくやくり》ばかりの所《ところ》で、諸王《しよわう》の墓所《はかしよ》があるのを以《も》つて有名《いうめい》な町《まち》である。そして印度の此地名が、昔《むかし》から此星座《このせいざ》の形樣《けいやう》に用《もち》ゐられて居《ゐ》るのは從來《じうらい》の考《かんが》へからすると一種《しゆ》の不思議《ふしぎ》ではないか。若《も》し從來《じうらい》の如《ごと》く、天文學《てんもんがく》や、星座《せいざ》などは希臘《ぎりしや》や、歐羅巴《ようろつぱ》で形作《けいさく》されたものとすれば、何《なに》が故《ゆゑ》に餘《あま》り人《ひと》の知《し》らぬ印度《いんど》の地名《ちめい》たるゴルコンダなどの墓地《ぼち》で有名《いうめい》な地名《ちめい》を以《も》つて來《き》て、此星座《このせいざ》の偉大《ゐだい》を形樣《けいやう》するてあらうか。其《そ》れは日本人《にほんじん》たる我々《われ〳〵》でなければ、又《ま》た史學《しがく》の新研究者《しんけんきうしや》てなければ、說明出來《せつめいでき》ぬのである。

ハイデラバッド、泉岳寺——先《ま》づ、此《この》ゴルコンダの所在地《しよざいち》たるハイデラバッド Hydera-bad とは何《なに》を意味《いみ》するかを知《し》らねばならぬ。即《すなは》ちこれは「泉•岳《せんがく》」を意味《いみ》するのは、聊《いさゝ》か語源學《ごげんがく》を知《し》る者《もの》の容易《ようい》に知《し》る所《ところ》で、ハイデラバッドは泉岳寺と譯《やく》されるのである。

印度《いんど》に泉岳寺《せんがくじ》があるが、日本《にほん》にも泉岳寺《せんかくじ》があつて、四十七士《し》の墓《はか》を以《も》つて有名《いうめい》であり、其《その》四十七士《し》の大將《たいしやう》は大石良雄《おほいしよしを》であることは、四十七星座《せいざ》の大星《おほぼし》はオオリオンたると同《おな》じである。言《い》ふこと勿《なか》れ——『我《わ》が元祿《げんろく》十五年《ねん》は僅《わづ》かに二百年《ねん》の昔《むかし》である。

印度《いんど》などの歴史地理《れきしちり》がまがひ込《こ》む理由《りいう》がない』と。否々《いな〳〵》歴史《れきし》は何時《いつ》もウソに充滿《じうまん》して居《ゐ》る。今日《けふ》、昨日《きのふ》の事《こと》と雖《いへども》、大《おほ》ウソが傳《つた》へられることは、毎日《まいにち》の新聞紙《しんぶんし》を見《み》ても知《し》られる。二百年《ねん》もあらば、どんな大《おほ》ウソでも大間違《おほまちがひ》でも、歴史《れきし》の年表中《ねんぺうちう》に投《な》げ込《こ》むことは極々容易《ごく〳〵ようい》のことであるから、我《わ》が元祿《げんろく》の十五年《ねん》の出來事《できごと》としてあることも實《じつ》は幾《いく》千年前《ねんぜん》の天又神話《てんもんしんわ》、地理神話《ちりしんわ》、世界交通《せかいかうつう》の大歴史《だいれきし》を小說化《せうせつくわ》して、其年表中《そのねんぺうちう》に投《な》げ込《こ》んだものでないとは言《い》へぬ。舊派史學《きうはしがく》の獨斷妄信《どくだんもうしん》よりも、先《ま》づ其事柄《そのことがら》を見《み》、又《ま》た出來《でき》るならば世界《せかい》の史類《しるゐ》など〻比較研究《ひかくけんきう》を試《こゝろ》み、然《しか》る後判斷《のちはんだん》を下《くだ》しても晩《おそ》からぬてあらう。

『譽れの止どめ』(ゴルコンダ)――兎《と》に角《かく》、ハイデラバッド即泉岳寺《すなはせんがくじ》にあるゴルコンダの墓地とは何《なに》を意味《いみ》するか。ゴルコンダ Gol-Conda (Gaio, olos-Conda)『譽《ほま》れの譬《たと》へ・止《と》どめ』を意味《いみ》し、又《ま》た羅甸語《らてんご》希臘語《ぎりしやご》の結合《けつがふ》した Daca-naia《ダカナワ》(高輪《たかなは》。Deco-naio)とも譯《やく》される語《ご》であつて、最《もつと》も愉快《ゆくわい》なことは「假名手本忠臣藏《かなてほんちうしんぐら》」の最《もつと》も末尾《をはり》に『忠士《ちうし》の武名高輪《ぶめいたかなは》に「殘す譽れのたとへの止どめ」』と云《い》ふ句《く》があるが、其《そ》れが

「ゴルコンダ」の明瞭《めいれう》な飜譯《ほんやく》になつて居《ゐ》ることである。此元祿《このげんろく》十五年《ねん》の事變《じへん》と云《い》はれて居《ゐ》る忠臣藏《ちうしんぐら》なるものは、太古《たいこ》の天文《てんもん》、地理《ちり》、民族交通神話《みんぞくかうつうしんわ》を後代《こうだい》に繰《く》り下《さ》げて小説《せつ》に作《つく》つたものであることは、もはや否《いな》まれぬ。そして大石は實《じつ》に大星である。

星座と其神話 終り

大正十二年七月十日印刷
大正十二年七月十五日發行

定價金四圓五拾錢

著者　東京市外戸塚町諏訪百七十九番地
木村鷹太郎

發行者　東京市日本橋區蛎売町三丁目一番地
越元次良

印刷者　東京市日本橋區蛎売町三丁目十三番地
粟田岡治郎

發行所　東京日本橋區人形町通
振替東京七五〇六番
東盛堂
電話濱町長二一四四番

1

天空の地図

全天を覆う雄大な星辰の輝きは、暦学、天文学を生み、数学を生んだ。その科学の根源であった星々は、いつのころからか神話を題材とした星座にまとめられ、いくつかの星には固有名さえつけられるようになったのである。今日、天文学、宇宙科学の最先端の場面においても、「オリオン座のアルファ、牡牛座のベータ」などと表現されている。

しかし、今日にいたるも、全天八十八の星座が表す形態の必然性に関して問題意識をもった人物はほとんどいない。おおかたの学者は「古代人が、天空の星を適当につないで星座を作った」として、「なぜその形である必要があったか」を問わないのである。

しかし、冷静に星座の形態を観察するとき、そこには理解しがたい矛盾が溢れていることに気づかなければならない。

第一にその形の不自然さである。牡牛、ペガサスはなぜ下半身が無いのか。ヘラクレス、ケフェウスはなぜ転倒しているのか。星の無い空間まで詳細に書かれた星座図は何を意味するのか。また、星座の形は、必ずしも付近の目だつ星を中心に作られているわけでもない。

第二に、星の名前の不自然さである。星座図を見ると、必ずしも大きな星ばかり名前がついているわけではない。また、その語源が必ずしも明快ではない。

これらの疑問に唯一明快な解答を与えたのが、本書『星座とその神話』なのである。

著者・木村鷹太郎は、自ら「新史学」と名づけた驚異の歴史学をうち立て、明治から昭和初期にかけて、日本歴史学界の異端児として一部の信奉者の支持を受けていたが、世に受け入れられることなく、昭和七年にこの世を去った。

木村については、八幡書店で復刻した「日本太古史」（品切）の解説で筆者が小伝を加えているので、ここでは省くが、木村の日本史に対する基本概念は、日本民族ギリシャ渡来説に集約される。しかし、木村の新史学は、単なる一つの学説に終わらないのである。新史学の奥行きは無限に深く、その奥には、人類史を全て書き換えずにはおかないエネルギーが秘められているのである。

その大まかな構想は、中央アフリカに生まれた文明が、エジプト、中東を経て、ギリシャ、インドに拡散し、世界に広がったとする。そして、その多くの伝承が、諸国の神話伝承に保存されている、というものである。

これだけならば、さして奇矯とは思えないが、木村の新史学は、「これら世界の歴史は全て日本の古文献の中に残されている」、言うなれば、世界の古代史は日本の古代史である、というのである。

この研究の中で、木村がもっとも力をいれた分野に「神話地理学」があるが、これは神話の多くを地理神話として読み込むことによって、神話の「本原地」を明らかにしていったものである。すなわち、木村は「高天原とは小亜細亜のアルメニヤであり、スカンジナヴィヤの『エッダ』の所謂アスガルドの神国も亦此地である。そして二神が天降り玉うた地は今のバルキスタンで、其地のマクランが古典に所謂淤能碁呂《おのごろ》島である。希臘神話の人間の祖と云はれて居るデューカリオーンの船の地も実は此地である（希臘ではない）。此男女二神は此地で『国生み』『神生み』なるものを為し給うた。其国生みなるものは国土の経営を謂ひ、神生みとは其等国土の経営者を定め玉うたものと解せられる。今、新研究に拠って其等の国土を研究すると、亜細亜西部一帯、亜拉比亜、阿弗利加、欧羅巴全部に亘るもので、其等の地名は極めて明確に古典に記してあり、太古に知られて居た丈けの凡ての世界を包含したもので、其等は凡て高天原の神政統治の下に在ったのである。然らば、日本古典に拠ると、全世界は高天原神国の開拓統治に属するものと謂はねばならぬ」（『日本民族祖先の雄図』大正六年）

との論を展開していったのである。この研究の一環として完成した本書『星座とその神話』は、木村の研究の中でも高く位置づけられるものであり、今後更に研究の必要の有るテーマであろう。

ここで木村は、星座は、その星座が示す神話テーマの舞台となった国あるいは地方の「地図を天に上げたものであり、星の名は、地図上の古代都市の名に当っているのである」との結論を出したのである。これを理解することによって、初めて、先に記した多くの星座図に見られる形態の矛盾が氷解するのであり、また、逆に星座図上の星の名から「現在忘れ去られている古代都市の概略の位置を推定する」ことさえ可能なのである。

本書はまさに新史学の秘鍵の一つであり、この秘鍵は、他の多くの封印された歴史の扉を開く鍵ともなるものなのである。

ちなみに本書原本は大正十二年七月十五日発行、紺クロスにガニメデス星座を空押しした瀟洒な装丁の本であった。しかし、不運にも出版直後に関東大震災に遭い、紙型、在庫ともにほとんどが消滅してしまったために、木村の著作の中でも数の少ないものである。木村は生前特に本書の再刊を希望していたが、遂に果たされなかった。また、新史学を志す後進の国松文雄氏に、「古代人は星を見ながら世界を航海したのだよ。それは星座が世界地図だったからだよ」と語っている。まさに本書は世界の地理学史、航海術史、文明移動史を覆すものなのである。

今回、八幡書店の努力によって、本書が再び日の目を見ることができたことは、真に喜ばしいことといわねばならない。

戸高一成

星座とその神話

定価　六八〇〇円＋税

平成十三年九月十四日　復刻版発行

著者　木村鷹太郎

発行　八幡書店
東京都品川区上大崎二―十三―三十五
ニューフジビル二階
電話　〇三（三四四二）八一二九
振替　〇〇一八〇―一―九五一七四